Auto-Reparaturanleitung Band 1343

VW T6 Transporter

2,0 Liter Benzinmotor
2,0 Liter Dieselmotor

5 Gang-Schaltgetriebe
6 Gang-Schaltgetriebe
7-Gang DSG
4Motion

Ab Modelljahr 2015

IMPRESSUM

978-3-7168-2311-8

Auto-Reparaturanleitung
Band 1343

Text und redaktionelle Bearbeitung:
Silke und Christoph Pandikow

Bilder/Zeichnungen:
Christoph Pandikow, Silke Pandikow, Auto-Intern GmbH, PCI Diagnosetechnik GmbH & Co. KG, Hella KG aA Hueck & Co, Bosch Presseabteilung,

Lizenziert von
Volkswagen AG.

Herstellung:
IPa, D-71665 Vaihingen/Enz

Druck und Bindung: CPI Druckdienstleistungen GmbH, Ferdinand-Jühlke-Straße 7, 99095 Erfurt

Gewerbestrasse 10
CH-6330 Cham
Postadresse:
Postfach 4161
CH-6304 Zug
Telefon: ++41 (0)41 741 77 55
Telefax: ++41 (0)41 741 71 15
www.bucheli-verlag.ch
1. Auflage 2020

Inhalt

VW T6.1 Multivan auf dem Genfer Auto-Salon 2019

Inhalt

Folgende Symbole verdienen im Laufe der Arbeit besondere Beachtung:

Sichtprüfung

Teil genau ansehen; besonders beachten.

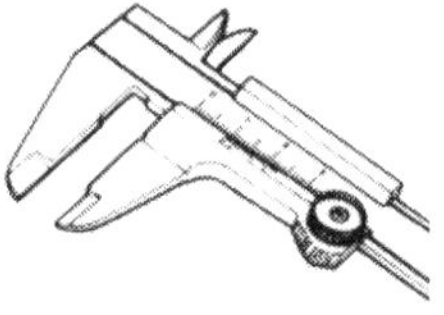

Messen

Schieblehre oder anderes Messwerkzeug nötig.

Achtung

Besondere Vorsicht geboten; Sicherheitshinweise beachten!

Tipp

Wertvoller Hinweis für einfacheres Schrauben; Erläuterung von Bauteilen und Begriffen.

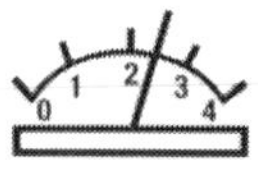

Messen mit elektr. Messgeräten

Multimeter- oder Diagnosegeräte-Einsatz erforderlich.

1 Einleitung

Arbeiten mit diesem Buch

Ein Reparaturhandbuch ist dann ein Reparaturhandbuch, wenn es bei Reparaturen zur Hand gehen kann. Es soll also helfen, Ihren VW T6 wieder »in die Gänge« zu bringen. Ganz klar, als blutiger Laie werden Sie nur mit einiger Hilfe gezielt arbeiten können. Bedenken Sie, dass Ihr Fahrzeug in jedem (oder zumindest in fast jedem) Teil etwas mit Sicherheit im Straßenverkehr zu tun hat. Jede einzelne Sekunde, in der Ihr Fahrzeug in Betrieb ist. Nehmen Sie die Fehler deshalb immer ernst. Gerade Anfänger übersehen oft Kleinigkeiten, die nachher durchaus größere oder zumindest schwer aufzufindende Fehler ergeben. Bei einer Fehlersuche am eigenen Fahrzeug unterhielten sich zwei angehende Kfz-Mechatroniker: »... was hast du denn zuletzt repariert?«, letztendlich fand sich dort dann auch der Fehler. Diese Anekdote zeigt sehr deutlich, dass zum einen die eigene Arbeit, zum anderen der Ablauf der Arbeiten, die Kenntnisse über den Funktionszusammenhang der Systeme und natürlich auch die Informationsquellen, die zur Verfügung stehen, immer hinterfragt werden müssen. Dieses Buch eignet sich aber auch, um die Details Ihres VW T6 einmal genauer unter die Lupe zu nehmen.

Wir haben den Aufbau so gestaltet, dass die Informationen praxisgerecht auf- und umgearbeitet wurden.

In den einzelnen Kapiteln wird der Umgang mit den Test- und Messgeräten genauer vorgestellt. Es handelt sich um getestete Übungen, die Sie problemlos nachvollziehen können.

»An modernen Autos kann man gar nichts mehr selber machen!«, das ist ein typischer Satz, der weder richtig ist, noch die motivierten Schrauber unter den Lesern von der Reparatur abhalten sollte. Betrachtet man sich die Probleme genauer, die mit der Fehlerdiagnose entstehen, stellt sich ein einfaches Prinzip heraus. Grundsätzlich sind Bauteile, deren Funktionsabläufe nachvollzogen und im wahrsten Sinne des Wortes »begriffen« werden können, leicht zu prüfen.

Elektrisches Messen

Leuchtet eine Glühlampe nicht, wird sie in der Regel demontiert und der Zustand des Glühfadens gegen das Licht kontrolliert. Über die Glühlampe, beziehungsweise ihren Aufbau, ist jedem bekannt, dass sie ohne den Glühfaden nicht funktionieren kann. Könnte man in alle Bauteile hineinsehen und den Funktionsablauf und den Aufbau auf diese Art kontrollieren, würde kaum ein Mechaniker über die immer komplizierter werdende Technik schimpfen. Hier kommt die Messtechnik zum Zuge. Es ist nämlich möglich, die Funktionsabläufe und die Funktion optisch zu überprüfen. Es ist auch möglich, das Bauteil selbst zu prüfen. Auch dafür werden keine teuren Spezialgeräte gebraucht. Sie oder Ihr Mechaniker müssen sich lediglich bereit erklären, die Technik und dazugehörige Prüfmethoden anzunehmen und gelegentlich auch etwas dazuzulernen.

Ganz klar, gibt es Einschränkungen für Arbeiten, die aus Sicherheitsgründen nicht durchgeführt werden sollten. Dazu zählen Arbeiten z. B. an der Klimaanlage und am Airbagsystem.

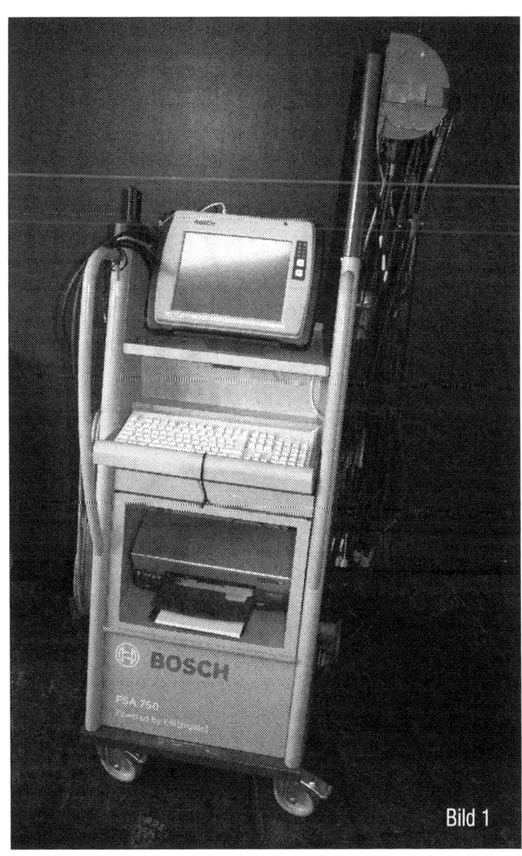

Bild 1

Bild 1
Bosch KTS 650/670 mit FSA 750-Modul und Abgastester.

»Die Tester kann sich keiner leisten!«, ist auch eine These, die wir widerlegen werden. Anhand der Beschreibungen der Spezialwerkzeuge und deren ungefähren Preise lassen sich hier die Kosten leicht überschauen. Die notwendige Ausrüstung ist bei den meisten Schraubern oftmals schon vorhanden. Andere Teile sind gar nicht so teuer und lassen sich sinnvoll als Geburtstagsgeschenkidee an die Lieben weitergeben.
Die Aufgabe dieses Reparaturhandbuches ist es, eine Hilfestellung für Wartungsarbeiten und Reparaturen am Fiat Ducato zu geben.
Das Buch wendet sich an die ambitionierten Schrauber, die mit ihrer Erfahrung Reparaturen, Wartungsarbeiten und Einstellungen an ihrem Fahrzeug vornehmen wollen. Da zu allen diesen Arbeiten ein OBD-Diagnosetester dazugehört und dieser für deutlich unter 100 Euro im günstigsten Fall erhältlich ist, wird die Arbeit anhand eines »Beispiel«-Testers dargestellt. Sie halten ein Buch in der Hand, das Lernstoff, Informationsquelle und Nachschlagewerk ist. Es soll die praktische Arbeit am Fahrzeug erleichtern und Sie ermutigen sich »Know-how« anzueignen, auch als Ungeübter den ersten Schritt zu machen oder als Erfahrener sich recht tiefgehend mit der Diagnose auseinanderzusetzen.
Um einen möglichst schnellen Zugriff auf die Informationen in diesem Buch zu ermöglichen, sind die technischen Daten, die zur Einstellung, Reparatur und Wartung benötigt werden, in einem separaten Kapitel zusammengefasst. Alle technischen Angaben, die speziell bei den Arbeiten benötigt werden, finden Sie natürlich auch an den entsprechenden Stellen. Die Montagearbeiten werden auf gängige Reparaturen beschränkt. Sie sollten aber immer sicherstellen, dass Sie in der Lage sind, die Reparaturen selbst durchzuführen. Ungeeignete Messgeräte oder auch fehlerhafte Handhabung eines Messgerätes können nicht nur finanzielle Folgen haben. Für die Arbeiten an Airbagsystemen ist eine spezielle Ausbildung erforderlich, die mit einem Sachkundenachweis abgeschlossen wird.

⚠ Unterlassen Sie es zu Ihrer eigenen Sicherheit, an Sitzen oder anderen Bauteilen Hand anzulegen, ohne diese spezielle Ausbildung abgeschlossen zu haben. Arbeiten an diesem System ohne Sachkunde sind GROB fahrlässig und gefährden Ihr Leben. Sollten Probleme an diesem System auftauchen, suchen Sie immer eine Werkstatt auf und erkundigen Sie sich auch darüber, inwieweit die »Airbag-Sachkunde« besteht.

⚠ In den einzelnen Airbageinheiten befinden sich zwar »kleine«, aber nicht ungefährliche Mengen an Sprengstoff. Nicht umsonst sind der Transport, der Umgang und die Lagerung gesetzlich im Sprengstoffgesetz geregelt. Die Arbeiten am Airbagsystem werden aus diesem Grunde nicht beschrieben. Es gibt aber auch so noch genügend Arbeiten, die Sie durchaus in Eigenregie angehen können.
Natürlich beschäftigt sich dieses Buch nicht nur mit Elektronik oder der reinen Montagearbeit. Auch einige Arbeiten mit den Diagnosegeräten wurden mit Praxisbezug ausgewählt und im Detail dargestellt.

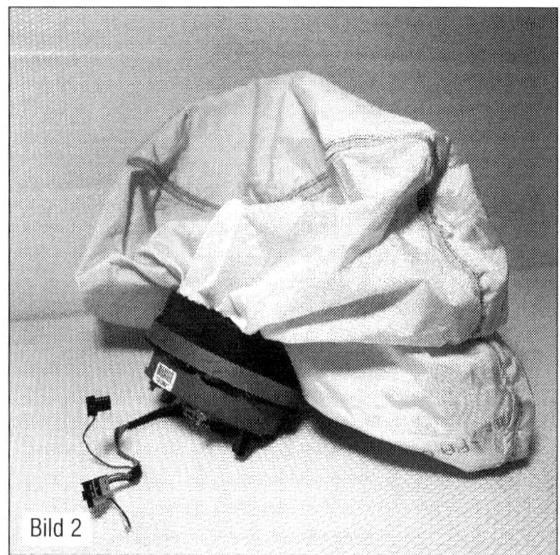
Bild 2
EXPLOSIV: gezündeter Airbag.

Bild 3
»Self-made«-Beulendoktor.

Sicherheit geht immer vor

Sicherheit hat beim Heimwerken absolute Priorität. Nur Arbeiten anpacken, die man wirklich beherrscht. Handwerkliche Tätigkeiten, mit denen man in der Praxis bislang wenig oder gar keine Erfahrung hatte, sollte man niemals auf die leichte Schulter nehmen. Unsachgemäß ausgeführte Arbeiten können früher oder später fatale Folgen haben (Bilder 4-12).

Umgang mit Pyrotechnik-Bauteilen

Der Sicherheitsaspekt gilt insbesondere für pyrotechnische Bauteile. Diese enthalten einen Treibstoff, bei dessen Abbrand ein Gas erzeugt wird. In manchen Fällen steht für die Gaserzeugung noch zusätzlich in einem Druckbehälter gespeichertes Druckgas zur Verfügung. Die Zündung erfolgt über elektrische/mechanische Anzünder. Bei unsachgemäßer Handhabung von Komponenten dieser Systeme kann es zu schweren Unfällen kommen. Deshalb keine Schraub- oder gar Reparaturversuche an der Sicherheitsausstattung vornehmen, sondern bei notwendigen Instandsetzungen an eine Fachwerkstatt mit Fehler-Auslesegeräten, Diagnose-Einrichtungen und geschultem Personal wenden!

Mechaniker, die an Rückhaltesystemen arbeiten, müssen spezielle Schulungen nachweisen und bei den zuständigen Behörden gemeldet sein. Pyrotechnische Bauteile dürfen auch nur im eingebauten Zustand und mit vom Hersteller freigegebenen Diagnosesystemen geprüft werden, keinesfalls mit Prüflampe, Voltmeter oder Ohmmeter. Nach dem Berühren von gezündeten pyrotechnischen Bauteilen: Hände waschen! Bauteile, die auf eine harte Unterlage herabgefallen sind oder Beschädigungen zeigen, dürfen nicht mehr verbaut werden.

Lagerung, Transport und Entsorgung von Airbag-, Gurtstraffer- und Batterieabtrennungseinheiten (pyrotechnische Bauteile) unterliegen der jeweiligen nationalen Gesetzgebung.

Bild 4

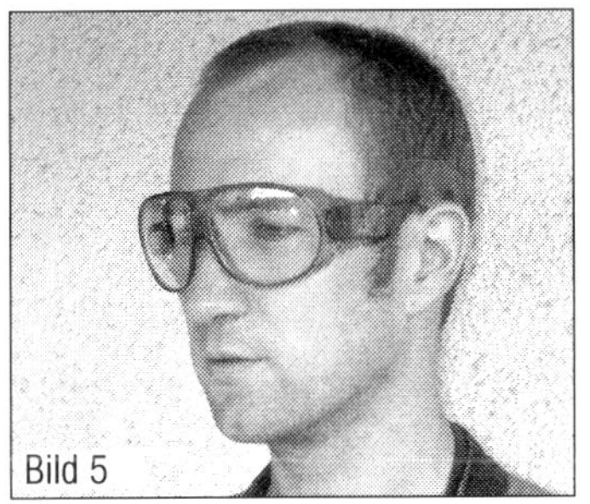
Bild 5

Bild 6

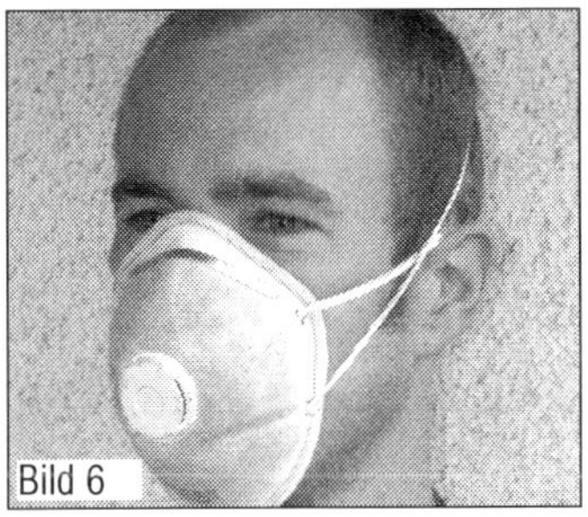

Bild 7

Bild 8

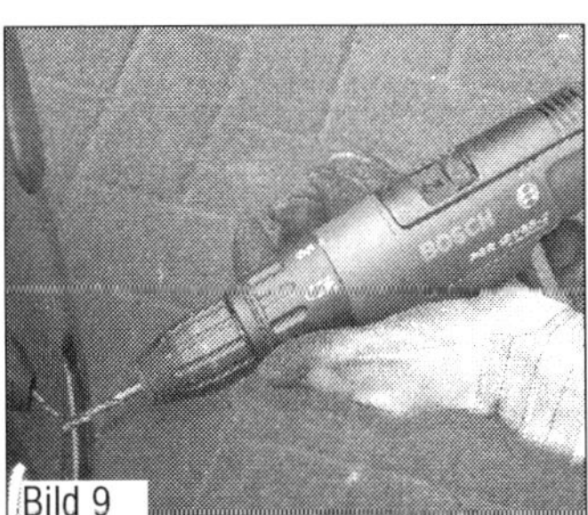
Bild 9

Bild 10

Bild 11

Bild 12

Bild 4
Gehörschutz: bei Blecharbeiten mit Winkelschleifer u. Ä. notwendig.

Bild 5
Schutzbrille: Besonders beim Bohren, Schleifen und Meißeln tragen.

Bild 6
Atemschutzmaske mit auswechselbaren Filterelementen: Bei Arbeiten mit atemgängigen Stäuben unerlässlich.

Bild 7
Bei Arbeiten in der Grube: Unbedingt für Frischluft sorgen.

Bild 8 Nicht rauchen:
Sollte eigentlich bei Reparaturarbeiten gerade an der Kraftstoffanlage die Regel sein.

Bild 9
Arbeitshandschuhe: Bei vielen Arbeiten angebracht, beim Umgang mit Bohrmaschinen jedoch sehr gefährlich.

Bild 10
Leere Sprühdosen, Altöl Bremsflüssigkeit u. a. als Sondermüll entsorgen.

Bild 11
Durchgebrannte Sicherungen: Niemals mit Alufolie, Büroklammern o. Ä. flicken.

Bild 12
Hochspannung: Vorsicht bei laufendem Motor oder eingeschalteter Zündung.

Umgang mit Bauteilen der Klimaanlage
Für das Kfz-Gewerbe sind z. B. auf europäischer Ebene zahlreiche relevante Gesetze erlassen worden. National ist z. B. in der BRD zusätzlich zur Präzisierung der europäischen Gesetzgebung ab dem 1. August 2008 die Chemikalien-Klimaschutzverordnung in Kraft getreten.

-Verordnung (EG) Nr. 1005/2009
-Verordnung (EG) Nr. 842/2006
-Verordnung (EG) Nr. 706/2007
-Verordnung (EG) Nr. 307/2008
-Richtlinie 2006/40/EG
-Chemikalien-Klimaschutzverordnung, Kreislaufwirtschafts- und Abfallgesetz (für die BRD)

Alle Personen, die an Kraftfahrzeug-Klimaanlagen Wartungs- und Reparaturarbeiten durchführen, müssen eine Schulung oder ein Trainingsprogramm besucht haben und die Sachkunde nachweisen (Sachkundenachweis).

⚠ Beim unkontrollierten Druckablassen besteht Gefahr durch Vereisung. Hieraus können schwerwiegende Verletzungen entstehen (Gefrierbrand ist nicht nur bei Grillfleisch unschön!). Bei nicht entleertem Kältemittelkreislauf tritt Kältemittel aus. Das Kältemittel ist vor dem Öffnen des Kältemittelkreislaufs abzusaugen. Wird der Kältemittelkreislauf nach dem Absaugen innerhalb 10 Minuten nicht geöffnet, kann durch Nachverdampfung Druck im Kältemittelkreislauf entstehen. Das Kältemittel muss dann nochmals abgesaugt werden. Alle geöffneten Bauteile des Kältemittelkreislaufs sind gegen Eintritt von Luftfeuchtigkeit mit geeigneten Verschlussstopfen zu verschließen. Es ist verboten, beim Betrieb, bei Instandsetzungsarbeiten und bei Außerbetriebnahme von Kältemittel enthaltenden Erzeugnissen entgegen dem Stand der Technik die in ihnen enthaltenen Stoffe in die Atmosphäre entweichen zu lassen.

Bild 13

Bild 13
Achtung Stromschlag! Restladungen und Induktionsspannungen können gesundheitsgefährdend sein.

Verletzungsgefahr durch automatischen Motorstart bei Fahrzeugen mit Start-Stopp-System
Bei Fahrzeugen mit aktiviertem Start-Stopp-System (erkennbar an einer Meldung im Schalttafeleinsatz) kann der Motor bei Bedarf automatisch starten.

☞ Deshalb sicherstellen, dass bei Arbeiten am Fahrzeug das Start-Stopp-System deaktiviert ist (Zündung ausschalten, bei Bedarf Zündung wieder einschalten).

Verletzungsgefahr bei Arbeiten an der elektrischen Anlage
Nicht nur die schon angesprochene Zündanlage birgt einige Überraschungen, die Sie in ungünstigen Situationen oder bei körperlichen Vorschäden leicht in Lebensgefahr bringen können. Im Gegensatz zur Hauselektrik sind keine »Personenschutzschalter« vorgesehen. Ziehen Sie grundsätzlich nicht leitende Handschuhe an, wenn Sie an Bauteilen arbeiten, deren Ladungszustand Sie nicht kennen.

Für Arbeiten an Hybridfahrzeugen oder Elektrofahrzeugen ist ein besonderer Lehrgang erforderlich. Für die zum Redaktionsschluss in diesem Buch behandelten Modelle ist ein solches Fahrzeug noch nicht lieferbar. Die derzeitige Entwicklung kann ein solches Modell aber schon in wenigen Jahren auf die Räder, die Straße und dann sicherlich auch in Ihre Werkstatt bringen.

Richtiges Aufbocken

Im Bordwerkzeug des Transporter T6 ist der übliche Spindelwagenheber nur vorhanden, wenn ein Reserverad und nicht das Reifenreparaturset zur Serienausstattung gehört. Mit dem Dichtmittel ist ja bei einer Reifenpanne der Radausbau nicht mehr nötig. Die Reparatur geschieht über das Ventil des beschädigten Reifens. Ist der Spindelwagenheber im Bordwerkzeug (Bild 14), kann man mit diesem einfachen Gerät das Fahrzeug für viele Arbeiten hoch genug anheben. Mit einer untergelegten Bohle können Sie die Hubhöhe sogar noch etwas vergrößern. Ratsam vor allem bei weichem Untergrund ist es, ein 2 cm dickes Brett mit 30 x 30 cm Seitenlänge unter den Heberfuß zu legen. Das verringert die Gefahr, dass der Heberfuß in den Boden einsinken kann. Der Bordwagenheber darf jedoch nur dazu dienen, das Fahrzeug anzuheben. Eine ausreichende Abstützung für Arbeiten an der Wagenunterseite stellt er nicht dar, dazu sind Unterstellböcke (Bild 15) erforderlich. Schon bei kleineren Arbeiten, z. B. dem Wechseln der Bremsbeläge, soll das angehobene Fahrzeug aus Sicherheitsgründen unbedingt mit Unterstellböcken abgestützt sein. Zum Anheben bequemer, effektiver und auch sicherer sind Werkstattwagenheber, auch Rangierwagenheber genannt (Bild 16, mit geeigneter Gummi- oder Holzzwischenlage). Die beste Möglichkeit ist natürlich eine Hebebühne. Um Beschädigungen am Fahrzeugboden bzw. ein Abkippen des Fahrzeugs zu vermeiden, darf das Fahrzeug nur an den vorgesehenen, mit einer Eindrückung markierten und extra verstärkten Aufnahmepunkten am Unterholm angehoben werden. Der Wagen darf keinesfalls an der Motorölwanne, am Getriebe oder an den Achsen angehoben werden, da sonst schwerwiegende Schäden eintreten können.

An- und Abschleppen

Bei manchen Pannen muss das Fahrzeug abgeschleppt werden. Anschleppen sollte man nur, wenn keine Möglichkeit besteht, den Motor mit Starthilfekabeln zu starten.

⚠ **Fahrzeuge ohne Schmiermittel** im Schaltgetriebe oder mit Automatikgetriebe dürfen nur mit angehobenen Antriebsrädern abgeschleppt werden.

Das Anschleppen von **Fahrzeugen mit automatischem Getriebe** zum Starten des Motors ist aus technischen Gründen nicht möglich. Beim Abschleppen von Fahrzeugen mit automatischem Getriebe muss der Wählhebel in Position »N« sein, und es darf nicht weiter als 50 km und nicht schneller als 50 km/h geschleppt werden, da sonst das Getriebe zerstört wird.

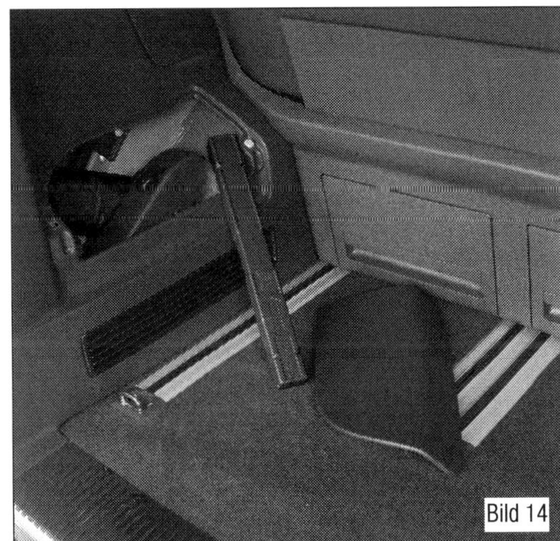

Bild 14
Bordwerkzeug im Seitenfach hinten links. Auch eine abnehmbare Anhängekupplung, ein Verbandskissen und das Warndreieck lassen sich hier gut verstauen.

Bild 15
Unterstellböcke paarweise kaufen und verwenden, mit Splint (am Kettchen) sichern.

Bild 16
Rangierwagenheber sind sicherer und leichter zu bedienen als Spindelwagenheber.

Zum **An- und Abschleppen** sollten Kunstfaserseile oder Seile aus ähnlich elastischem Material verwendet werden. Sicherer ist eine Abschleppstange. Beim Abschleppen dürfen keine unzulässigen Zugkräfte und keine stoßartigen Belastungen auftreten. Seil oder Stange dürfen nur an den vorgesehenen Abschleppösen vorn oder hinten angebracht werden. Die einschraubbare Öse befindet sich im Bordwerkzeug, die Einschraubgewinde werden nach Entfernen einer kleinen Abdeckung in den Stoßfängerverkleidungen vorn und hinten zugänglich. Von Hand eindrehen, mit durchgestecktem Radschraubenschlüssel festziehen.

Bei **Schleppmanövern abseits regulärer Straßen** besteht die Gefahr, dass die Befestigungsteile überlastet werden. Wird ein Abschleppseil verwendet, muss der Fahrer des ziehenden Wagens beim Anfahren und Schalten besonders weich einkuppeln. Der Fahrer des gezogenen Wagens hat darauf zu achten, dass das Seil straff gehalten wird. An beiden Fahrzeugen die Warnblinkanlage einschalten. Die Zündung muss eingeschaltet sein, damit das Lenkrad nicht blockiert ist und Blinkleuchten, Hupe und Scheibenwischer bei Notwendigkeit eingeschaltet werden können. Da der Bremskraftverstärker nur bei laufendem Motor arbeitet, muss ggf. das Bremspedal kräftiger getreten werden. Beim Anschleppen von Fahrzeugen mit Schaltgetriebe ist Folgendes zu beachten:

- Vor dem Anschleppen 2. oder 3. Gang einlegen, Kupplung halten.
- Zündung einschalten, damit Lenkrad nicht blockiert und Blinkleuchten, Hupe sowie Wisch-Waschanlage benutzt werden können.
- Kupplungspedal loslassen, wenn beide Fahrzeuge in Bewegung sind.
- Sobald der Motor angesprungen ist, Kupplung treten und Gang herausnehmen, um Auffahren auf das Zugfahrzeug zu vermeiden.

Einige Kniffe für Schrauber

Eine unlösbare Verschraubung oder eine abgerissene Schraube haben schon manchen Heimwerker von seinem Reparaturvorhaben wieder abgebracht. Unsere Hinweise sollen helfen, ungewohnte Arbeiten durchzuführen.

Verrostete Verschraubungen lösen

- Die freiliegenden Gewindegänge des Gewindebolzens von Rost und Schmutz befreien.
- Gewinde mit einer Drahtbürste säubern und anschließend mit Rostlöser besprühen.
- Bei Schnell-Rostlösern die Mutter sofort losdrehen.
- Bei anderen Rostlösern etwas warten.
- Wenn die Kanten einer Mutter bereits rund gedreht sind oder wenn Rost die Anlageflächen deformiert hat, hilft nur noch Gewalt.
- Gripzange verwenden. Damit lässt sich die Mutter fest greifen und oft losdrehen.
- Hilft das nicht weiter, wird ein scharfer Meißel angesetzt und die Mutter aufgemeißelt.
- Eine gut zugängliche Mutter kann auch entlang des Gewindes mit einer Metallsäge aufgesägt werden. Werkstätten benutzen einen Mutternsprenger.

Innensechskant- und Innenvielzahnschrauben lösen

- Das Schraubenloch muss von jeglichem Schmutz gesäubert sein, ehe das Werkzeug angesetzt wird.
- Am besten eignen sich Steckeinsätze mit langem Sechskant oder Vielzahn (Torx).
- Im Gegensatz zu Winkelschlüsseln, bei denen die Kraft schräg ansetzt, vertragen die Steckeinsätze einen Hammerschlag auf der Adapterseite mit dem Vierkant. Der Schlag lockert den Sitz der Schraube und erleichtert merklich das Lösen.

Schlitz- und Kreuzschlitzschrauben lösen

Schrauben können so fest sitzen, dass sie sich nicht mehr mit dem Schraubendreher herausdrehen lassen. Bei Kreuzschlitzschrauben dreht sich der Schraubendreher auch bei starkem Druck auf den Griff aus dem Kreuzschlitz heraus. Nach einigen erfolglosen Versuchen ist der Schlitz vermurkst, die Schraube ist praktisch unlösbar.

- Stabilen Schraubendreher ansetzen und mit kräftigem Hammerschlag auf das Griffende versuchen, die Schraubverbindung zu lösen. Meistens bricht die mit dem Kopf fest korrodierte Schraube los. Sie lässt sich dann normal herausdrehen.
- Hilft der kräftige Hammerschlag nichts, muss ein Schlagschrauber her. Bei jedem Schlag auf dessen Griffoberseite wird der Schraubendrehereinsatz unter Druck ein wenig weiter gedreht.

Blechschrauben ausbohren

Lässt sich in einem Schraubenkopf kein Werkzeug mehr ansetzen, hilft nur noch ausbohren.

- Erst entfernt man mit einem passenden Bohrer den Schraubenkopf. Eventuell mit einem kleineren Bohrer vorbohren.
- Das Gewindeteil lässt sich jetzt entweder durchstoßen oder mit einer Zange von der Rückseite abnehmen.
- Andernfalls mit einem dünnen Bohrer das Gewindeteil ausbohren. Den Bohrerdurchmesser nicht zu groß wählen, sonst hält später nur eine dickere Blechschraube.

Stehbolzen lösen und festdrehen

- Anlagefläche für Schraubenschlüssel schaffen.
- Auf dem freien Gewindeteil zwei Muttern fest gegeneinander drehen (kontern).
- An den blockierten Muttern den Schraubenschlüssel ansetzen und den Bolzen lösen.

Abgerissene Schrauben ausbohren

Das Gegengewinde, in dem die abgerissene Schraube steckt, sollte möglichst wenig Schaden nehmen.

- Körnerschlag auf Schraubenrestmitte.
- Bis Schraubengröße M8 mit einem Kernlochbohrer arbeiten. Das ist der Durchmesser einer Schraube ohne Gewindeflanken.

Faustregel: Gewindedurchmesser multipliziert mit 0,8.

Bild 17

- Schrauben größer als M8 mit einem dünneren Bohrer vorbohren.
- Wenn sich die Metallreste nicht mit einer Reißnadel aus den Gewindegängen entfernen lassen, Gewinde nachschneiden.

Gewinde schneiden

Hat das Metall noch genug Substanz, kann ein größeres Gewinde eingeschnitten werden. Andernfalls muss eine Gewindebuchse eingesetzt werden. Das Nach- oder Neuschneiden von Gewinden geht in drei Stufen vor sich. Die entsprechenden Gewindeschneider heißen Vorschneider (mit einem Ring am Schaft gekennzeichnet), Mittelschneider (zwei Ringe am Schaft) und Fertigschneider (drei Ringe oder ohne Kennzeichnung).

- Gewindeschneider nacheinander unter ständigem Ölen in das vorgebohrte Kernloch hinein- und wieder herausdrehen.
- Beim Hineindrehen ab und zu absetzen und ein Stück zurückdrehen. Sonst werden die Metallspäne zu lang und klemmen.

Bild 18

Bild 17
Ausbohren eines abgerissenen Bolzens.

Bild 18
Gewindeschneiden mit Vorsicht und Bedacht.

2 Modell

Modellvorstellung

Mit dem Modelljahr 2016 wurde eine umfangreiche Erneuerung der inzwischen 6. Modellgeneration des VW-Transporters umgesetzt, die einmal mehr die Vorreiterrolle von Volkswagen-Nutzfahrzeugen in den Segmenten Großraumlimousinen und Transporter beweist. Die Modellfamilie umfasst auch in der Faceliftversion die bereits bekannten Modellvarianten Pritsche, Kastenwagen, Kombi, Caravelle, Multivan und den California als Camper. Während Kombi, Caravelle, Multivan, California vorwiegend zur Personenbeförderung ausgelegt sind, liegt der Schwerpunkt in den übrigen Ausführungen des T6 2016 hauptsächlich beim Lastentransport. Innerhalb der Modellpalette gibt es Ausführungen mit kurzem als auch mit langem Radstand und drei unterschiedliche Dachhöhen. Für unterschiedliche Einsatzbedingungen variieren die Fahrzeuge in ihrer maximal möglichen Zuladung. Zudem sind einige Modellvarianten mit Allradantrieb (4MOTION) erhältlich.

Markante Veränderungen
Neben den äußerlichen Veränderungen wie das neue Design im Innenraum mit neuen Kombiinstrumenten, neuen Stoffen und Lenkrädern, eine neue ansprechende Außenausstattung wie neue Außenspiegel, Motorhaube, Scheinwerfer, Frontend, Rückleuchten, Felgen sowie ein neues Farbprogramm. Den Multivan gibt es ab diesem Modelljahr nun auch mit langem Radstand. Es hat sich natürlich auch in Sachen Technik einiges verändert.

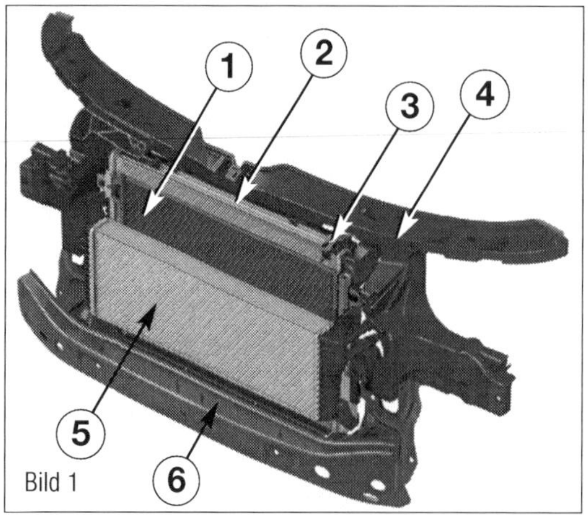

Bild 1

Bild 1
Frontend beim T6.
1 Klimakondensator
2 Wasserkühler
3 Kühler Servolenkung
4 Motorträger
5 Ladeluftkühler
6 Aufprallträger

Motor und Antrieb
Die Ottomotoren der Baureihe EA211 und neue TDI-Motoren der Baureihe EA288 mit SCR-System und Common-Rail-Einspritzsystem sowie ein 7-Gang-Doppelkupplungsgetriebe ergänzen das Antriebskonzept. Auch die Allradvarianten »4MOTION« sind nun mit Doppelkupplungsgetriebe und Servotronic lieferbar.

Komfort und Bedienung
Dazu kommen noch neue Fahrerassistenzsysteme, neues Infotainment-Programm und neue Klimabedienteile. Die Unterscheidungen sind also mitnichten mit einer Veränderung des äußeren Designs abzutun. Informationen über die Systeme, die in Ihrem Fahrzeug verbaut worden sind, werden spätestens dann wichtig, wenn Sie aufgrund eines Ausfalls im Rahmen der Fehlersuche an den Systemen arbeiten wollen.

Karosserie
Die Karosserie wurde im Wesentlichen vom Vorgängermodell übernommen. Neu gestaltet wurden die Front- und die Heckpartie. Sie wurden an das aktuelle Familiengesicht bei Volkswagen angepasst und sind für Multivan, Caravelle, California und Nutzfahrzeuge angeglichen. Veränderungen sind an der Motorhaube, den Kotflügeln, dem Kühlergrill mit Volkswagen-Emblem, dem Stoßfänger vorn und hinten sowie der Heckklappe mit größerem Fensterausschnitt zu erkennen. Zudem wurde die Tankklappe vergrößert. Hier findet nun auch der Stutzen für den Zusatzstoff Add-Blue bei den Dieselvarianten Platz.

Diverse Assistenten
Je nach Ausstattungsvariante oder auch dem Kundenwunsch bei der Fahrzeugneubestellung werden im T6 vom Soundsystem bis zu aufwändigen Rückfahrsystemen verbaut. Die technische Nachrüstung ist zwar oft möglich, aber mit viel Arbeit verbunden. Erstmalig präsentiert Volkswagen Nutzfahrzeuge das so genannte Car-Net. Dahinter steht die Nutzung onlinebasierter Daten für Smartphone, verbesserte Navigation und Infotainment-Erweiterungen.

Die Abmessungen

Zur Übersicht der unterschiedlichen Karosserieformen haben wir Ihnen an dieser Stelle die wichtigsten Abmessungen zusammengetragen. Die Karosserieabmessungen werden Ihnen auf den Bildern vorgestellt. Tabellarisch haben wir weitere Daten zu den Bauformen zusammengetragen. Gewichte, Zuladung, Auflastungen und Nutzlasten hängen stark von den einzelnen Auf- und Anbauten ab.

Kasten und Bus mit flachem und mittelhohem Dach

Die Abmessungen der Karosserie dieses Fahrzeuges finden Sie im Bild 2.

Bezeichnung	Wert
Ladefläche kurzer Radstand	4,3 m²
Ladefläche langer Radstand	5 m²
Laderaumvolumen Flachdach	5,8 m³
Laderaumvolumen mittelhoch	6,7 m³
Abmessung Schiebetür (B x H)	1,017 m x 1,282 m
Heckklappe (B x H)	1,473 m x 1,299 m
Wendekreis kurzer Radstand	11,9 m
Wendekreis langer Radstand	13,2 m

Kasten und Bus mit Hochdach

Die Variante mit Hochdach wird nur mit dem langen Radstand geliefert. Die Abmessungen der Karosserie dieses Fahrzeuges finden Sie im Bild 3.

Bezeichnung	Wert
Laderaumfläche	5 m²
Laderaumvolumen	9 m³
Abmessung Schiebetür (B x H)	1,017 m x 1,282 m
Abmessung Schiebetür hohe Ausführung (B x H)	1,017 m x 1,734 m
Heckflügeltüren (B x H)	1,473 m x 1,694 m
Wendekreis	13,2 m

Pritschenbus

Der Pritschenbus in der Variante »einfache Kabine« ist mit langem/kurzem Radstand erhältlich. Die Abmessungen der Karosserie dieses Fahrzeuges finden Sie im Bild 4.

Bezeichnung	Wert
Laderaumfläche kurzer Radstand	4,9 m²
Laderaumfläche langer Radstand	5,7 m²
Wendekreis kurzer Radstand	11,9 m
Wendekreis langer Radstand	13,2 m

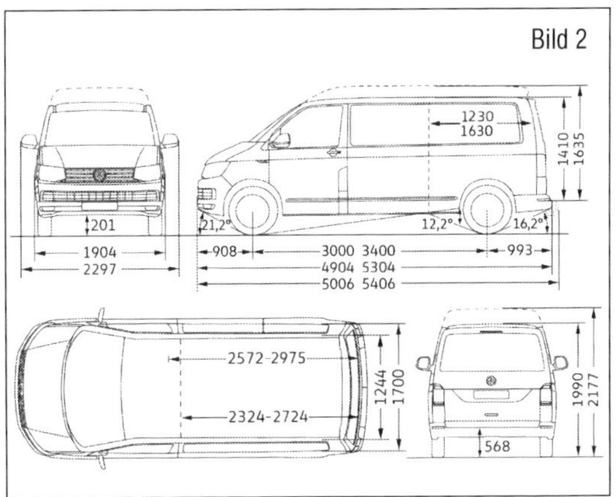

Bild 2
Fahrzeugabmessungen bei geschlossenen Fahrzeugen in der Übersicht.

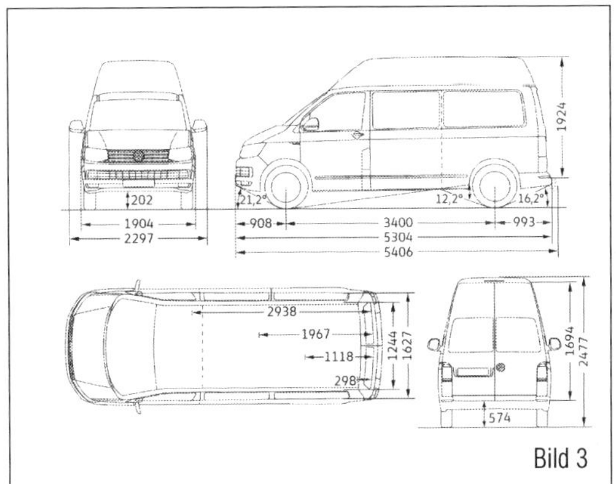

Bild 3
Fahrzeugabmessungen bei Hochdachfahrzeugen in der Übersicht.

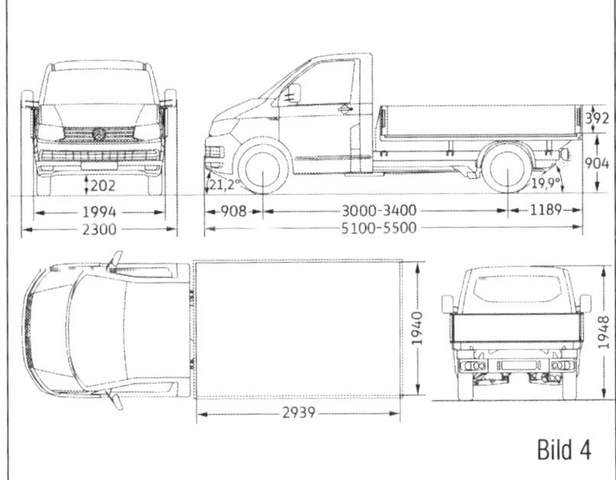

Bild 4
Fahrzeugabmessungen bei Pritschenfahrzeugen in der Übersicht.

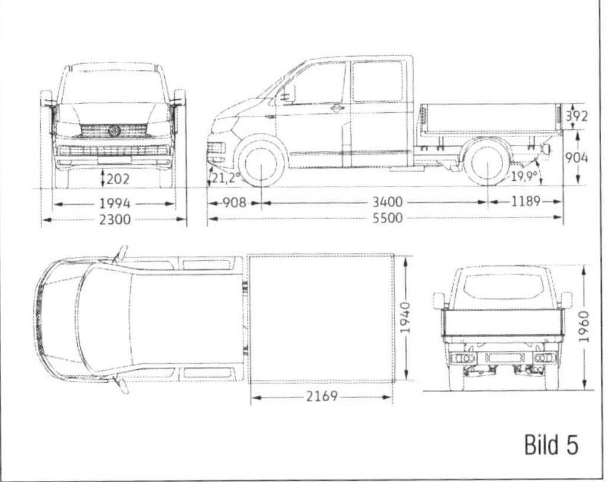

Bild 5
Fahrzeugabmessungen bei Pritschenfahrzeugen mit Doppelkabine in der Übersicht.

Bild 6
1 Typenschild
2 Wartungshinweise an der Kipper-Pritsche

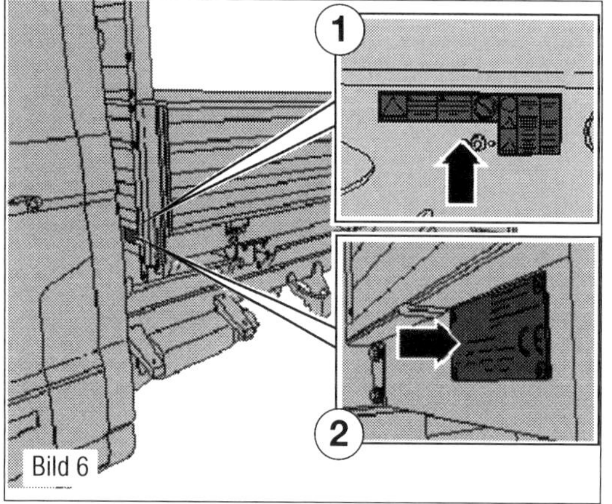

Bild 6

Bild 7
Typenschild (1) beim Kofferaufbau.

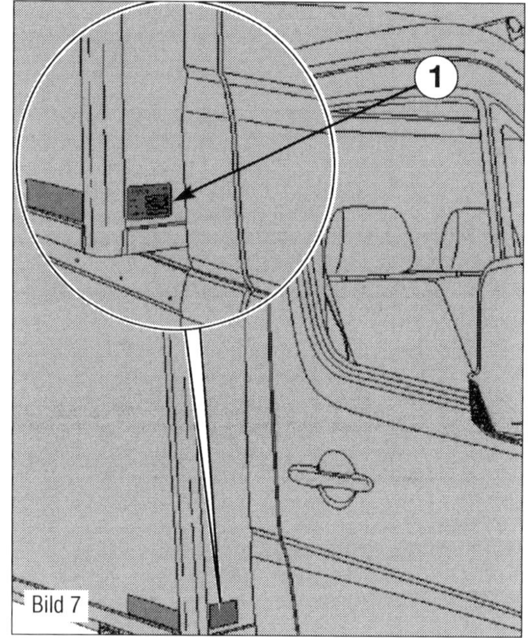

Bild 7

Bild 8
Typenschild auf Tragrohr und Unterfahrschutz bei der Heckladebühne.

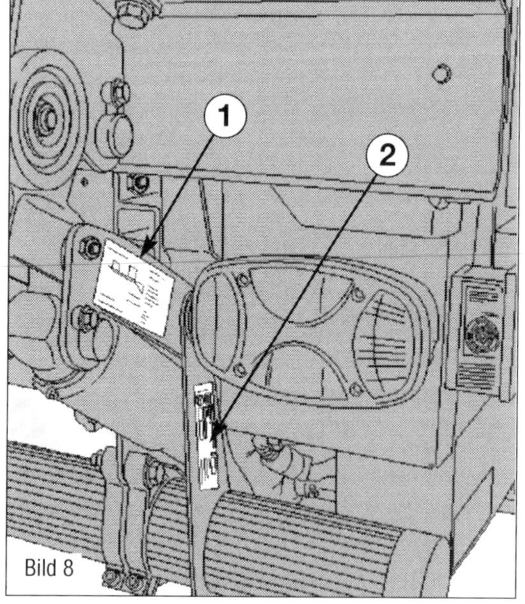

Bild 8

Pritschenbus DOKA
Den Pritschenbus in der Variante »doppelte Kabine« gibt es nur mit langem Radstand. Die Abmessungen der Karosserie dieses Fahrzeuges finden Sie im Bild 5.

Sonderausrüstungen

Auch wenn es sich beim T6 um den kleinen Transporter der Volkswagengruppe handelt, steht eine große Auswahl an Aufbauvarianten zur Verfügung, die fest am Fahrzeug montiert sind und ein eigenes Typenschild besitzen.

Kipperpritsche (Bild 6)
Die Serienpritsche stammt von der Firma Hanschel. Die Bedienungs- und Wartungshinweise (2) finden sich vorne links am Rahmen des Kipperaufbaus. Das Typenschild (1) befindet sich vorn links an der Stirnwand.

Kastenaufbau/Koffer (Bild 7)
Das Typenschild (1) der meisten Kofferaufbauten befindet sich vorn rechts am Kofferaufbau hinter der Fahrzeugtür. Die Bedienungs- und Wartungshinweise sind zumeist an der Innenseite des Kofferaufbaus hinten rechts im Eingangsbereich zu finden. Wenn diese durch Ausbauten verdeckt werden sollen, sollten Sie diese fotografieren und als Ausdruck zu den Fahrzeugpapieren hinzufügen.

Ladebühne (Bild 8)
Die Sicherheitshinweise befinden sich bei den meisten Fahrzeugen an der Innenseite des Kofferaufbaus hinten rechts oder am oder im Bedienpult bei Pritschenfahrzeugen. Das Typschild ist auf dem Tragrohr (1) und oft auch zusätzlich am Unterfahrschutz (2) befestigt. Zusätzlich ist die Gerätenummer mit Schlagzahlen in den linken Befestigungsflansch eingeschlagen.

Identifizierung

Fahrgestellnummer
Die Fahrzeug-Identifizierungsnummer befindet sich hinter der Frontscheibe auf der Fahrerseite unten. Weiterhin können Sie die Fahrzeug-Identifizierungsnummer auch in

der Mitte der Stirnwand im Wasserkasten finden.

Aufschlüsselung der Fahrzeug-Identifizierungsnummer

WVW	Herstellerzeichen
ZZZ	Füllzeichen
7H/J	Typ
Z	Füllzeichen
G	Modelljahr 2016
D	Produktionsstätte
000 001	Laufende Nummer

Fahrzeugdatenträger

Den Fahrzeugdatenträger finden Sie gleich zweimal im Fahrzeug. Zum einen ist er auf der Abdeckung unter der Schalttafel verklebt. Der Datenträger befindet sich auch im Serviceplan des Fahrzeuges. Der Aufkleber im Serviceplan und der auf dem Fahrersitzgestell unterscheiden sich nicht und enthalten die gleichen Daten.

Der Aufkleber auf der Spritzwand rechts (Bild 10) enthält folgende Fahrzeugdaten:

1 – Fahrzeug-Identifizierungsnummer
2 – Fahrzeugtyp, Motorleistung, Getriebe
3 – Motor- und Getriebekennbuchstaben, Lacknummer, Innenausstattung
4 – Mehrausstattungen, PR-Nummern

Gerade für die Teilebestellung beim Zubehörhändler sind neben der Fahrgestellnummer und dem Zulassungsdatum auch der Motor- sowie der Getriebekenncode sehr wichtig.

Servicevorgaben

Was den Service angeht, teilt der Fahrzeugdatenträger mit, ob das Fahrzeug mit der Produktionssteuerungsnummer (PR-Nummer) (1 im Bild 10) ausgestattet ist. Diese Nummern geben Aufschluss über die werkseitig vorgegebenen Service-Intervalle.

■ **Flexibler Service:**
Erkennbar ist der flexible Service bereits an den PR-Nummern QI6, QI8, VI1, VI2. Der flexible Service ermöglicht lange Service-Intervalle entsprechend der individuellen Fahrweise und den Einsatzbedingungen. Bei

Bild 9
Sichtbare Fahrgestellnummer im Sichtfenster der Windschutzscheibe.

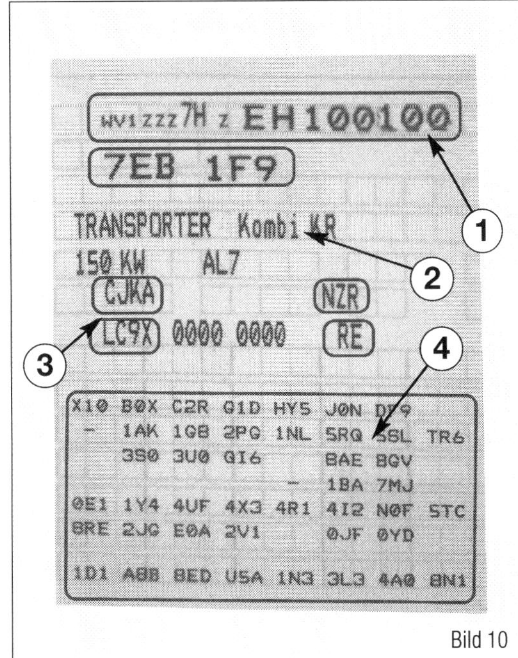

Bild 10
Fahrzeugdatenträger.
1 Fahrzeug-Identifizierungsnummer
2 Fahrzeugtyp, Motorleistung, Getriebe
3 Motor- und Getriebekennbuchstaben, Lacknummer, Innenausstattung
4 Mehrausstattungen, PR-Nummern

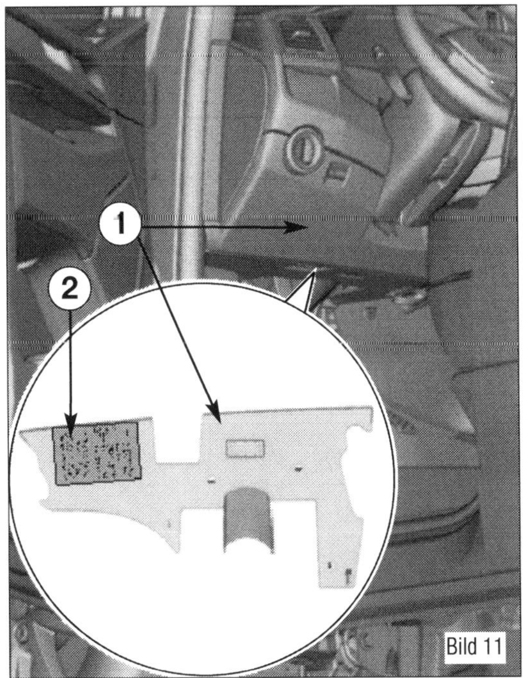

Bild 11
Einbauposition des Fahrzeugdatenträgers.
1 Abdeckung der Schalttafelverkleidung
2 Fahrzeugdatenträger

Fahrzeugen mit flexiblem Service wird das Service-Intervall durch das Steuergerät ermittelt und dem Fahrer von der Service-Intervall-Anzeige in Tachodisplay (SIA) angezeigt. Diese Fahrzeuge haben einen Motorölstandsensor sowie zumeist Bremsbelagverschleißanzeige. Die Errechnung der Serviceintervalle erfolgt flexibel zu den Einsatzbedingungen. Eingangsmesswerte wie Fahrstrecke, Kraftstoffverbrauch, Öltemperatur und Belastung des Dieselpartikelfilters werden vom Steuergerät bewertet. Das Ergebnis aus dieser Bewertung ist ein Maß für den Verschleiß des Motoröls durch thermische Belastung. Der Verschleiß des Motoröls ist dann ausschlaggebend für die erreichbare Fahrstrecke bis zum nächsten Service.

 Für den flexiblen Service ist ein spezielles Longlife-Motoröl erforderlich.

 Bei Fahrzeugen mit flexiblem Service, die nach »festem Service« gewartet werden, muss die Service-Intervall-Anzeige »nicht flexibel« umcodiert werden.

■ **Fester Service:**
Erkennbar ist der flexible Service an den PR-Nummern QI1, QI2, QI3, QI4, QI5. Bei Fahrzeugen mit festem Service wird mit festen Service-Intervallen gerechnet. Das heißt, die angegebenen Kilometer- oder Zeitwerte sind vorher von Volkswagen Nutzfahrzeuge ermittelt und festgelegt worden. Bei üblichen Betriebsbedingungen ist das Erreichen dieser Service-Intervalle technisch abgesichert. Die Service-Intervalle sind daher auf Laufleistung oder Zeitabstände festgelegt.

Bild 12

Bild 12
1 Taste links
2 Display
3 Taste rechts

Anzeige im SIA

Es gibt verschiedene Kombi-Instrumente, deshalb können die Ausführungen und Anzeigen der Displays durchaus variieren. Beim Display ohne Anzeige von Warn- oder Informationstexten werden die Störungen und auch die Informationen ausschließlich über die Kontrollleuchten angezeigt. Service-Termine werden nach Ölwechsel-Service und Inspektionen unterschieden. Die Service-Intervall-Anzeige informiert über den nächsten Service-Termin, der einen Motorölwechsel enthält, und über die nächste fällige Inspektion.

Fahrzeuge ohne Textmeldung
Welcher Service-Termin aktuell angezeigt wird, ist bei Fahrzeugen ohne Textmeldungen im Display (2 im Bild 12) des Kombi-Instruments oben rechts in der Displayanzeige ablesbar. Im Display des Kombi-Instruments erscheint ein Schraubenschlüssel-Symbol mit einer Anzeige in km und dem Uhr-Symbol mit einer Anzeige in Tagen bis zum fälligen Service-Termin. Die angegebene Kilometerzahl ist die Anzahl der Kilometer, die noch maximal bis zum fälligen Service-Termin gefahren werden können. Zusätzlich wird oben rechts in der Displayanzeige angezeigt, für welchen Service-Termin die Erinnerung gültig ist (1 für Ölwechsel-Service, 2 für Inspektion).

Wird die Service-Erinnerung für beide Service-Termine angezeigt (Anzeige 1 und 2 oben rechts im Display des Kombi-Instruments), sind bei Fahrzeugen ohne Textmeldungen die Kilometerzahl und die Anzeige in Tagen für den unmittelbar folgenden Service-Termin gültig.

Fahrzeuge mit Textmeldung
Bei Fahrzeugen mit Textmeldungen im Display des Kombi-Instruments erscheint die Information »Ölwechsel« oder »Inspektion» mit der entsprechenden Anzahl der Tage oder der Restfahrstrecke bis zum Servicetermin. Bei fälligem Service erscheint die Meldung »Service jetzt« im Display. Die Service-Vorwarnung wird erstmalig 20 Tage vor dem errechneten fälligen Service angezeigt. Die angezeigte Restfahrstrecke wird immer auf 100 km gerundet bzw. die Rest-

zeit auf ganze Tage. Die aktuelle Service-Meldung lässt sich erst ab 500 km nach dem letzten Service abfragen. Bis dahin erscheinen nur Striche in der Anzeige. Nach dem Service muss die Intervallanzeige zurückgesetzt werden.

Servicemeldung abfragen

Bei eingeschalteter Zündung, abgestelltem Motor und stehendem Fahrzeug kann jederzeit (frühestens aber 500 km nach dem letzten Service) die aktuelle Servicemeldung abgefragt werden. Das kann mit den Bedientasten am Schalttafeleinsatz erfolgen ebenso wie das nach jedem Ölwechsel- und Intervall-Service nötige Zurücksetzen der SIA mit der Wippe im Scheibenwischerhebel. Natürlich können Sie diese Arbeiten auch mit dem Fahrzeugdiagnosetester erledigen.

Bei einem fälligen Service ertönt beim Einschalten der Zündung ein akustisches Signal, und für einige Sekunden erscheint das blinkende Schraubenschlüssel-Symbol. Bei Fahrzeugen mit Textmeldungen im Display des Kombi-Instruments erscheint »Ölwechsel jetzt!« oder »Inspektion jetzt!«.

Abfragen der Meldung über Bedientasten am Schalttafeleinsatz
Bei eingeschalteter Zündung, abgestelltem Motor und stehendem Fahrzeug kann die aktuelle Service-Meldung abgefragt werden. Ein überfälliger Service wird durch ein Minuszeichen vor der Kilometer- oder Tagesangabe angezeigt.

Fahrzeuge ohne Textmeldung
■ Die Taste (1 im Bild 12) im Kombi-Instrument so oft drücken, bis das Schraubenschlüssel-Symbol und oben rechts in der Displayanzeige die Zahl 1 angezeigt werden. Die angezeigten Werte gelten für den Ölwechsel-Service.
■ Die Taste (1 im Bild 12) im Kombi-Instrument erneut drücken. Das Schraubenschlüssel-Symbol und oben rechts in der Displayanzeige die Zahl 2 werden angezeigt. Die angezeigten Werte gelten für die Inspektion.

Fahrzeuge mit Textmeldung
■ Das Menü »Einstellungen« anwählen.
■ Im Untermenü »Service« Menüpunkt »Info« auswählen. Die Restlaufzeit bis zum Service wird dann im Display angezeigt.

Ein überfälliger Service wird mit einem Minuszeichen vor der Tages- oder Kilometerangabe angezeigt.

Service-Intervall-Anzeige zurücksetzen

Nach erfolgtem Service muss die Anzeige (SIA) wieder zurückgesetzt werden (»Anpassung«).

Mit dem Fahrzeugdiagnosetester geht das professionell vor sich:
■ Tester im Fahrzeug anschließen, Zündung einschalten, »Geführte Funktionen« anwählen.
■ Nacheinander auswählen: Marke, Typ, Modelljahr, Motorkennbuchstaben. Fahrzeugidentifikation bestätigen.
■ Dann wiederum nacheinander auswählen: Schalttafeleinsatz, Service-Intervall-Anzeige zurücksetzen.
■ Die Anpassung gemäß den »Geführten Funktionen« vornehmen, dann »Sprung« anwählen und »Beenden« drücken.
■ Zündung ausschalten, Diagnosestecker abziehen, Zündung wieder einschalten.
■ Es wird nun kein Serviceereignis mehr angezeigt.

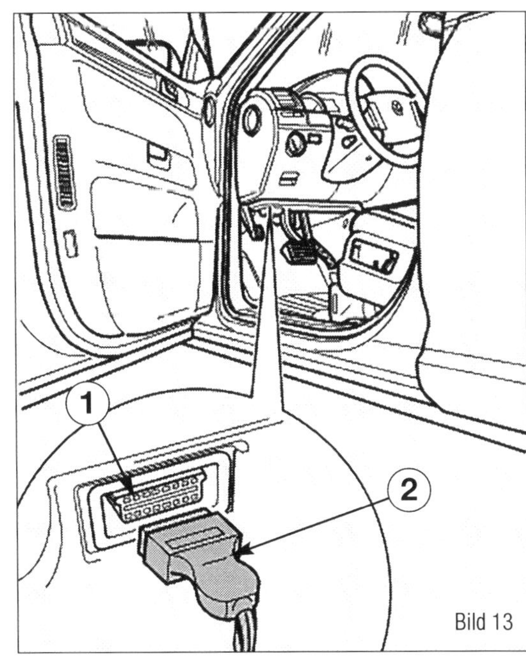

Bild 13
1 Fahrzeugdiagnosetester
2 OBD-Stecker

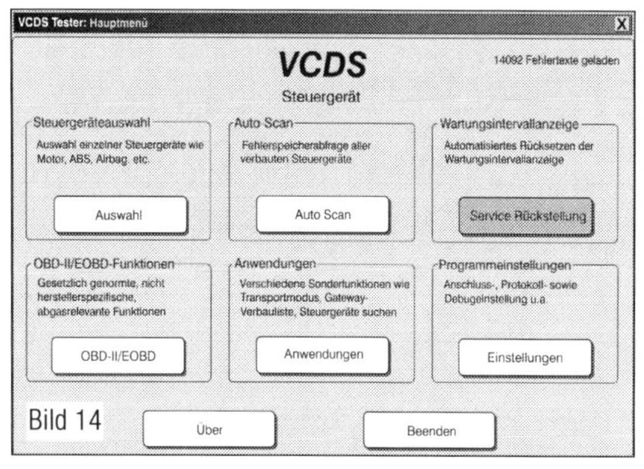

Bild 14
Anwahl der Servicerückstellung in der Startmaske des VCDS.

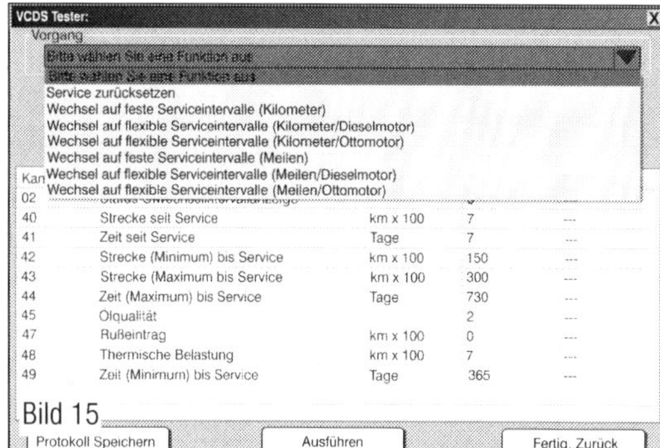

Bild 15
Auswahl der Anwahlmöglichkeiten für die Servicerücksetzung.

Bild 16
1 Taste links (Funktion)
2 Taste rechts (Bestätigung)

Zurücksetzen des »Ölservice« über Bedientasten am Schalttafeleinsatz (Tasten Bild 16)
Setzen Sie die Ölwechsel-Service-Anzeige nicht zwischen den Service-Intervallen zurück, da es sonst zu falschen Anzeigen im Display kommen kann. Wenn bei gültigem flexiblen Ölwechsel-Service die Service-Intervall-Anzeige manuell zurückgesetzt wird, wird der feste Ölwechsel-Service aktiviert. Das Service-Intervall wird nicht mehr individuell ermittelt.

Fahrzeuge ohne Textmeldung
■ Zündung ausschalten.
■ Taste rechts (2 im Bild 16) im Kombi-Instrument drücken und gedrückt halten.
■ Zündung wieder einschalten.
■ Taste rechts (2 im Bild 16) loslassen und innerhalb von etwa 20 Sekunden Taste links (1 im Bild 12) drücken.

Fahrzeuge mit Textmeldung
■ Zündung ausschalten.
■ Taste rechts (0.0/Set) im Kombi-Instrument drücken und gedrückt halten.
■ Zündung wieder einschalten.
■ Taste rechts (0.0/Set) loslassen.
Bestätigungsabfrage im Kombi-Instrument mit der Taste »OK/Reset« im Scheibenwischerhebel oder der Taste »OK« im Multifunktionslenkrad bestätigen.

Zurücksetzen »Inspektions-Service« über Bedientasten am Schalttafeleinsatz
(2 Tasten Bild 16)
Wenn die Fahrzeugbatterie bei Fahrzeugen mit flexiblem Ölwechsel-Service längere Zeit abgeklemmt war, ist keine zeitliche Berechnung für den nächsten fälligen Service möglich. Die Service-Anzeigen können daher falsche Berechnungen anzeigen. In diesem Fall müssen die maximal zulässigen Wartungsintervalle beachtet werden.

Fahrzeuge ohne Textmeldung
■ Zündung ausschalten.
■ Warnblinkanlage einschalten.
■ Taste rechts (2 im Bild 16) im Kombi-Instrument drücken und gedrückt halten.
■ Zündung wieder einschalten.
■ Taste rechts (2 im Bild 16) loslassen und innerhalb von etwa 20 Sekunden Taste links (1 im Bild 12) drücken.
■ Warnblinkanlage ausschalten.
Die Service-Meldung verlischt nach einigen Sekunden bei laufendem Motor oder durch Drücken der Taste »OK/Reset« im Scheibenwischerhebel oder der Taste »OK« im Multifunktionslenkrad.

Fahrzeuge mit Textmeldung
■ Zündung ausschalten.
■ Warnblinkanlage einschalten.
■ Taste rechts (2 im Bild 16) im Kombi-Instrument drücken und gedrückt halten.
■ Zündung wieder einschalten.
■ Taste rechts (2 im Bild 16) loslassen.
■ Bestätigungsabfrage im Kombi-Instrument mit der Taste »OK/Reset« im Scheibenwischerhebel oder der Taste »OK« im Multifunktionslenkrad bestätigen.
■ Warnblinkanlage ausschalten.

Zurücksetzen des »Ölservice« über Bedientasten am Schalttafeleinsatz

■ Zündung ausschalten.
■ Taste (2 im Bild 16) im Kombi-Instrument drücken und gedrückt halten.
■ Zündung wieder einschalten.
■ Taste rechts (2 im Bild 16) loslassen. Die Service-Intervall-Anzeige befindet sich nun im Rückstellmodus.
■ Warten bis im Display die Anzeige »Inspektions-Service zurücksetzen?« erscheint.
■ Die Taste (1) einmal kurz drücken.
■ Zündung ausschalten.
■ Taste (2 im Bild 16) im Kombi-Instrument drücken und gedrückt halten.
■ Zündung wieder einschalten.
■ Taste rechts (2 im Bild 16) loslassen und innerhalb von 20 Sekunden wieder drücken.

 Das Display schaltet nach kurzer Zeit in die Normalanzeige zurück.

Umcodierung Longlife

■ Zum Umcodieren muss ein Fahrzeugdiagnosetester angeschlossen werden.
■ Zündung einschalten, »Geführte Funktionen« anwählen.
■ Nacheinander auswählen: Marke, Typ, Modelljahr, Motorkennbuchstaben.
■ Fahrzeugidentifikation bestätigen und wiederum nacheinander auswählen: Schalttafeleinsatz, Service-Intervall-Verlängerung anpassen.
■ Anpassung gemäß den »Geführten Funktionen« vornehmen, anschließend »Sprung« anwählen und »Beenden« drücken.
■ Die Zündung ausschalten und den Diagnosestecker abziehen.

Service nach Plan

Gerade bei den großen Markentestern und dem Werkstatttester des Volkswagenpartners liegt der Serviceplan elektronisch vor. Um auch ohne großes Testequipment die Wartung nach Plan durchführen zu können, haben wir Ihnen hier einen Plan zusammengestellt. Untergliedert haben wir ihn nach sinnvollen Arbeitspositionen, welche wie die originalen Pläne auch, einen optimierten Ablauf für Ihre Wartungsarbeiten zulassen. Ausgelegt ist dieser Plan nach den Wartungsansprüchen im Marktbereich »Nordeuropa«. Wird das Fahrzeug in »staubreichen Ländern« betrieben, sollten Sie je nach Dauer die Filtereinheiten gelegentlich reinigen und wenn erforderlich frühzeitig wechseln. Im Anschluss haben wir die Zeit- oder laufleistungsabhängigen Zusatzarbeiten zusammengestellt.

Servicenachweis

Auch wenn Sie die Arbeiten in Eigenregie durchführen, sollten Sie sich ein Wartungsprotokoll zusammenstellen. So können Sie die erledigten Arbeiten leichter nachvollziehen. Die folgenden Seiten können hier gut als Kopiervorlage herhalten, um eine übersichtliche Dokumentation zu erstellen.

Service- und andere Wechsel-Intervalle Modelljahr 2013 (7E und 7F)

QI1	Ölwechsel-Service (fest)	alle 5000 km/1 Jahr	
QI2	Ölwechsel-Service (fest)	alle 7500 km/1 Jahr	
QI3	Ölwechsel-Service (fest)	alle 10.000 km/1 Jahr	
QI4	Ölwechsel-Service (fest)	alle 15.000 km/1 Jahr	
QI5	Ölwechsel-Service (fest)	alle 20.000 km/1 Jahr	
QI6	Ölwechsel-Service (flexibel)	alle 30.000 km/2 Jahr	
QI8	Ölwechsel-Service (flexibel)	alle 40.000 km/2 Jahre	
VI1	Ölwechsel-Service (flexibel)	alle 30.000 km/1 Jahr	
VI2	Ölwechsel-Service (flexibel)	alle 40.000 km/1 Jahr	
Fahrzeuge mit Ottomotor		Inspektion *	nach 30.000 km/ 2 Jahren, dann alle 30.000 km/1 Jahr
Fahrzeuge mit Dieselmotor		Inspektion *	nach 40.000 km/ 2 Jahren, dann alle 40.000 km/1 Jahr

* Ein erweiterter Inspektionsumfang wird nach erstmalig nach 3 Jahren, anschließendalle 2 Jahre oder 120.000 km fällig. Bei kombinierten Kilometer- und Zeitangaben gilt: je nachdem was zuerst eintritt

Bereifung

Öl*Service	Insp.* Arbeiten	Erw.* Arbeiten	Arbeitsschritte und Prüfungen
	X		Profiltiefe, Zustand und Reifenlaufbild der Bereifung sowie Reifenalter einschließlich des Reserverads und Reifendruck: prüfen, ggf. berichtigen

Fahrzeug von innen

Öl*Service	Insp.* Arbeiten	Erw.* Arbeiten	Arbeitsschritte und Prüfungen
	X	X	Innenraum-, Kofferraum- und Handschuhfachleuchte, Zigarettenanzünder, Steckdosen und Kontrollleuchte: Funktion prüfen
	X		Luftfilter mit Sättigungsanzeige im Kombi-Instrument: prüfen
	X		Signalhorn: Funktion prüfen

Fahrzeug von außen

Öl*Service	Insp.* Arbeiten	Erw.* Arbeiten	Arbeitsschritte und Prüfungen
	X		Frontbeleuchtung - Standlicht, Abblendlicht, Fernlicht, Nebelscheinwerfer, Blinkanlage, Warnblinkanlage: Funktion prüfen
	X		Schlussleuchte - Bremslicht (auch 3. Bremslicht), Schlusslicht, Rückfahrleuchte, Nebelschlussleuchte, Kennzeichenleuchte, Blink anlage, Warnblinkanlage: Funktion prüfen
	X		Frontscheibe: Sichtprüfung auf Beschädigung durchführen
	X		Scheibenwisch- und -waschanlage, Spritzdüseneinstellung: Funktion und Beschädigung prüfen; ggf. einstellen
	X		Scheibenwischerblätter: Auf Beschädigung und Endablage prüfen; ggf. einstellen
		X	Karosserie innen und außen: Sichtprüfung auf Korrosion bei geöffneten Türen und Klappen durchführen
		X	Schiebedach: Funktion prüfen, Führungsschienen reinigen und mit Spezialfett fetten (Bei nicht ordnungsgemäßer Funktion Ursache feststellen und beseitigen)
		X	Dichtungen der Schiebefenster: reinigen
		X	Türen: Türfeststeller schmieren

Fahrzeug von unten

Öl*Service	Insp.* Arbeiten	Erw.* Arbeiten	Arbeitsschritte und Prüfungen
X			Motoröl ablassen
X			Dicke der Bremsbeläge und Zustand der Bremsscheiben vorn sowie hinten prüfen
	X		Ölstand der Servolenkung prüfen
	X		Zustand und Spannung des Keilrippenriemens prüfen

Öl*Service	Insp.* Arbeiten	Erw.* Arbeiten	Arbeitsschritte und Prüfungen
	X	X	Sichtprüfung der Bremsanlage auf Undichtigkeiten und Beschädigungen durchführen
		X	Sichtprüfung des Motors und der Bauteile im Motorraum (von unten) auf Undichtigkeiten und Beschädigungen durchführen (auch Getriebe, Achsantrieb und Gelenkschutzhüllen)
		X	Unterboden: Sichtprüfung auf Beschädigungen des Unterbodenschutzes und der Unterbodenverkleidungen
	X	X	Sichtprüfung der Abgasanlage auf Undichtigkeiten, Befestigung und Beschädigungen durchführen
		X	Spurstangenköpfe auf Spiel, Befestigung und den Zustand der Dichtungsbälge prüfen
		X	Sichtprüfung der Achsgelenke, Axiallager, Koppelstangenlager und der Stabilisatorgummilager auf Beschädigung durchführen
	X	X	Sichtprüfung der Bremsanlage und Stoßdämpfer auf Undichtigkeiten und Beschädigungen durchführen

Motorraum

Öl*Service	Insp.* Arbeiten	Erw.* Arbeiten	Arbeitsschritte und Prüfungen
X			Motoröl wechseln und Ölfilter ersetzen sowie nach dem Auffüllen ggf. bis Max-Markierung ergänzen (VW-Motorölspezifikationen beachten!)
	X		Motorölstand prüfen
	X		Sichtprüfung der Batterie durchführen und magisches Auge prüfen
	X		Batterie mit einem geeigneten Batterietester prüfen
	X		Bremsflüssigkeitsstand (abhängig vom Belagverschleiß) prüfen
	X		Sichtprüfung des Motors und der Bauteile im Motorraum (von oben) auf Undichtigkeiten und Beschädigungen
	X		Frostschutz und Kühlmittelstand im Kühlsystem prüfen und ggf. auffüllen (Frostschutz-Sollwert: -25 °C)
		X	Ölstand der Servolenkung prüfen
	X		Zustand und Spannung des Keilrippenriemens prüfen
	X		Fanghaken der Frontklappe schmieren

Sichtprüfung   Messen

Abschließende Arbeiten

Öl*Service	Insp.* Arbeiten	Erw.* Arbeiten	Arbeitsschritte und Prüfungen
X			Ölwechsel-Service (fest/flexibel) der Service-Intervall-Anzeige zurücksetzen
	X		Inspektion der Service-Intervall-Anzeige zurücksetzen
	X		Scheinwerfereinstellung prüfen und gegebenenfalls einstellen
	X		Probefahrt durchführen: Fuß- und Handbremse, Schaltung, Lenkung
		X	Pannenset (falls vorhanden) prüfen (Reifenfüllflasche mit Dichtmittel ersetzen, wenn das Mindesthaltbarkeitsdatum erreicht ist)
		X	Fahrzeugsystemtest (Fehlerspeicherabfrage) durchführen

Öl* = Ölservice
Insp.* = Inspektionsservice
Erw.* = Zeit- und/oder laufleistungsabhängige Zusatzarbeiten

Zeit- und/oder laufleistungsabhängige Zusatzarbeiten ab Modelljahr 2016

Arbeitsschritte und Prüfungen	Fälligkeit
Dicke der Scheibenbremsbeläge vorn und hinten prüfen	regelmäßige Abstände, in Abhängigkeit von Belastung und Bremsverhalten
Allrad-Kupplung: Öl wechseln (ohne Filter) ■ Technische Produktinformation »2020175« beachten ■ Fahrzeuge mit Allradantrieb	alle 60.000 km spätestens alle 4 Jahre
Staub- und Pollenfilter (Innenraumfilter): Gehäuse reinigen und Filtereinsatz ersetzen	alle 60.000 km spätestens alle 2 Jahre
Doppelkupplungsgetriebe (DSG): Öl wechseln	alle 60.000 km spätestens alle 4 Jahre
Luftfilter: Gehäuse reinigen und Filtereinsatz ersetzen	alle 120.000 km spätestens alle 6 Jahre
Abgasuntersuchung (AU) durchführen	3 Jahre nach Erstzulassung und dann alle 2 Jahre
Dichtungen der Schiebefenster reinigen	erstmalig nach 3 Jahren, dann alle 2 Jahre
Bremsflüssigkeit wechseln	erstmalig nach 3 Jahren, dann alle 2 Jahre

Nur Dieselmotoren

Arbeitsschritte und Prüfungen	Fälligkeit
Keilrippenriemen: Zustand und Spannung prüfen ■ Motoren ohne automatische Spannrolle ■ Gilt nur für Dieselmotor	Alle 120.000 km spätestens alle 2 Jahre
Zahnriemen für Nockenwellenantrieb prüfen ■ Gilt für 2,0-l-Dieselmotoren	Alle 40.000 km
Zahnriemen und Zahnriemenspannrolle für Nockenwellenantrieb: Ersetzen • Nur 2,0-l-Dieselmotoren	Bei 210.000 km
Dieselpartikelfilter (falls vorhanden): Aschemasse (Füllungsgrad) abfragen	Alle 200.000 km, dann alle 40.000 km

Nur Benzinmotoren

Arbeitsschritte und Prüfungen	**Fälligkeit**
Keilrippenriemen: Zustand und Spannung prüfen ■ Motoren ohne automatische Spannrolle ■ Gilt nur für Benzinmotor	Alle 30.000 km spätestens alle 2 Jahre
Zahnriemen für Nockenwellenantrieb prüfen ■ Gilt für 2,0-l-Benzinmotor	Alle 30.000 km
Zahnriemen für Nockenwellenantrieb prüfen ■ 2,0-l-Benzinmotor mit dem Motorkennbuchstaben AXA	2 Jahre
Zahnriemen für Kühlmittelpumpe ersetzen ■ 2,0-l-Benzinmotor mit den Motorkennbuchstaben CJKA, CJKB	Alle 180.000 km
Antriebsrad Zahnriemen für Kühlmittelpumpe ersetzen ■ 2,0-l-Benzinmotor mit den Motorkennbuchstaben CJKA, CJKB	Alle 180.000 km
Zahnriemen für Nockenwellenantrieb ersetzen ■ Ohne Zahnriemenspannrolle ersetzen ■ 2,0-l-Benzinmotor	Alle 180.000 km
Zündkerzen ersetzen	Alle 60.000 km spätestens alle 4 Jahre

3 Werkzeug und Ausrüstung

Ob nun reines Hobby oder beruflich: Das Schrauben birgt gewisse Risiken. Vom kleinen Kratzer bis hin zum tödlichen Unfall ist schon alles vorgekommen. Ärgerlich ist es aber auch schon, wenn durch einen unpassenden Schraubenschlüssel eine Schraube so beschädigt wird, dass sie sich nur mit einem erheblichen Aufwand lösen lässt.
Einige Arbeiten werden durch Spezialwerkzeug deutlich erleichtert. Sollten Sie bestimmte Tätigkeiten öfter durchführen, scheuen Sie sich nicht, die Preise für das Spezialwerkzeug anzufragen. Gelegentlich sind die Preise so günstig, dass es sich nicht mal lohnt, die Werkzeuge nachzubauen.

Standardausrüstung für mechanische Arbeiten

Sicherlich ist es immer besser, auf die Werkzeugsätze der Top-Markenhersteller zurückzugreifen. Als Basis allerdings sind auch schon günstigere Ausführungen recht bekannter Marken erhältlich. Gerade für die Arbeiten an modernen Fahrzeugen müssen neben den üblichen Sechskantnüssen auch Vielzahn- und Torxeinsätze zur Verfügung stehen (Bild 4). Eine günstige Alternative für unsere Zwecke bieten »Snap On«- oder »KS-Tool«-Werkzeugkoffer, die ein sehr komplettes Angebot liefern. Sind die Sätze im Angebot, kann man sein Werkzeugsortiment mit einem solchen Set leicht auch um 100 Euro erweitern.
An Werkzeug lässt sich leider kein Geld einsparen. Zum einen ist die Lebenserwartung dieses Werkzeuges stark an den Anschaffungspreis gekoppelt und zum anderen ist es extrem wichtig, dass die Maßhaltigkeit genau stimmt.
Wenn es um die Demontage von einzelnen Bauteilen geht oder auch nur zur Ablage von ausgebauten Fahrzeugteilen, ist eine Werkbank sehr hilfreich (Bild 2). Ist sie stabil genug, kann sie bei der Demontage der Motorteile gute Dienste leisten. Bei der Demontage fallen regelmäßig einige Schrauben an. Um diese besser wieder zuordnen zu können und sie sicher und sauber zu lagern, empfiehlt es sich, für die einzelnen Baugruppen jeweils eine, am besten verschließbare Kiste zu verwenden (Bild 3).

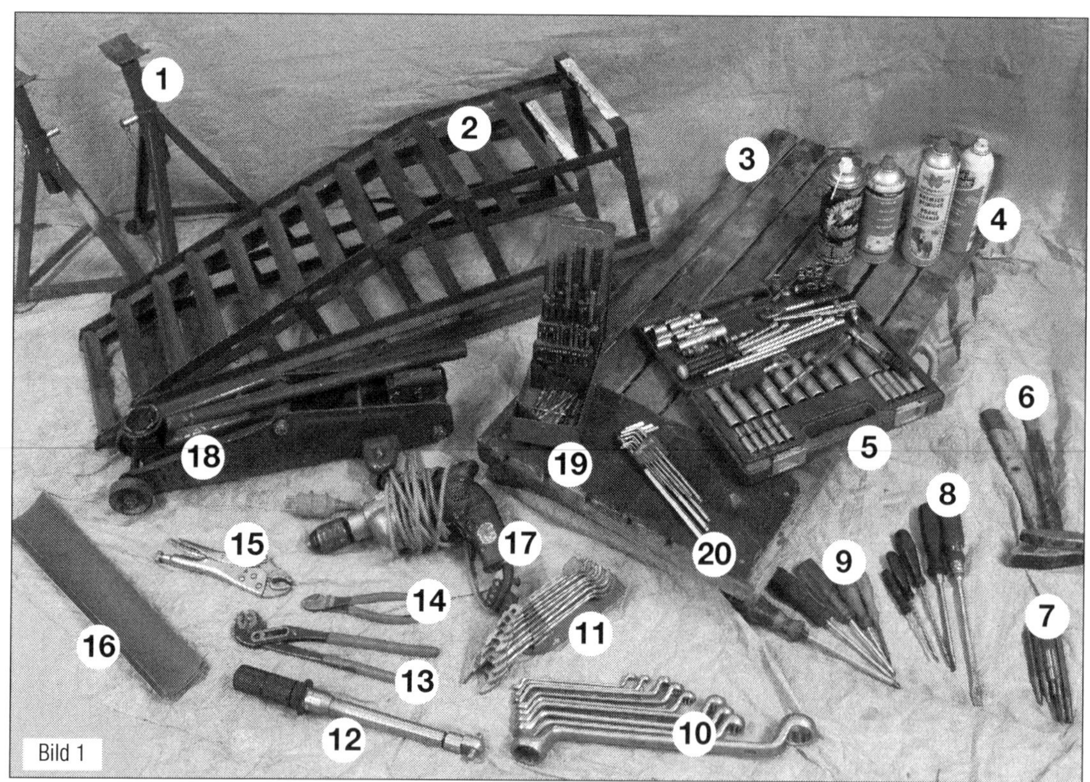

Bild 1
Standardwerkzeug in der Übersicht.
1 Unterstellböcke
2 Auffahrrampen
3 Rollbrett
4 Sprühfett, Rostlöser und Bremsenreiniger
5 Ratschenkasten-Werkzeugset
6 Schlosserhammer 500 g und Schlosserhammer 200 g
7 Durchschlagset und Körner
8 Schlitz-Schraubendreherset
9 Kreuz-Schraubendreherset
10 Ringschlüsselset
11 Gabelschlüsselset
12 Drehmomentschlüssel
13 Wasserpumpenzange
14 Seitenschneider
15 Grip- oder Schnappzange
16 Schleifpapier Korn 120
17 Handbohrmaschine
18 hydraulischer Wagenheber
19 Bohrerset
20 Innensechskant/Torx/-Vielzahnset

Spezialwerkzeuge

Ein hilfreicher Spezialist für enge Stellen ist ein so genannter Greifer oder auch ein »Magnet am Stiel« (Bild 5). Der Motorraum ist gerade bei heutigen Fahrzeugen recht zugebaut. Fällt eine Schraube oder Klammer hinunter, muss diese natürlich wieder herausgesammelt werden. Oft genug wird es für die Finger zu eng. Der Versuch, mit einem Schraubendreher das Entfallene in erreichbare Nähe zu bekommen, endet meist mit einer noch verzwickteren Lage. Der Greifer oder auch ein Magnet kann helfen, die entflohenen Teile ohne fingerbrecherische Aktionen wieder einzufangen.

Zahnriemenvorspannungsprüfer (Bild 6)

Bei allen Motorvarianten ohne automatischen Zahnriemenspanner muss dieser entsprechend den Angaben des Herstellers gespannt werden. Ist er zu lose, können genau wie bei zu fester Spannung Schäden an Riemen oder den Umlenkungen entstehen.

Standardausrüstung für Arbeiten an der elektrischen Anlage

Diagnose-Tools und Auslesegeräte

Unabdingbar ist heutzutage, die in jedem Steuergerät eingebauten Fehlerspeicher auszulesen. Es geht schon lange nicht mehr darum, die großen Fehler abzulegen, sondern eben auch kleine Funktionsstörungen, die vom Steuergerät erkannt werden, für eine Fehlerabfrage bei der Inspektion oder bei der Reparatur zu sichern. Es gibt heute schon Auslesegeräte für die OBD (On-Board-Diagnose) unter 100 Euro, die zumindest das Auslesen nach Codenummer ermöglichen. Wir verwenden in diesem Buch den »VCDS« (VCDS-Diagnosesystem), um die Auslese, einige Bauteilprüfungen und Einstellungen im Bordnetz durchzuführen. Dieses PC-basierte Diagnosesystem liegt mit seinen 350 Euro ungefähr beim Preis eines Profiratschenkastens. Zusätzlich wird lediglich ein Notebook mit Windows-Betriebssystem oder ein ausgedienter Desktop-PC benötigt. Regelmäßige, kostenlose Softwareupdates halten Sie stets auf dem neuesten Stand (Bilder 7 und 8). Die Auslesegeräte werden

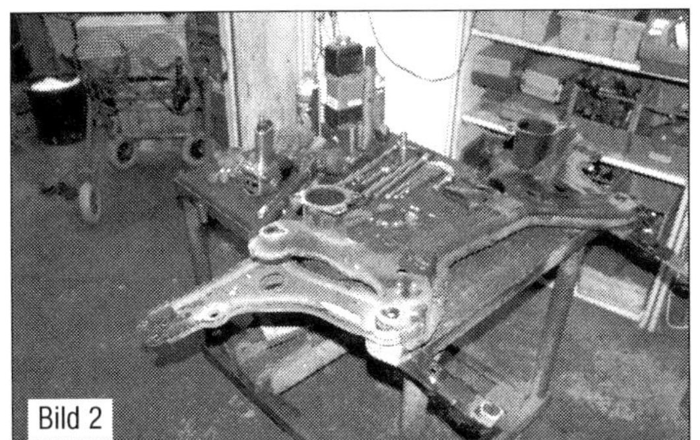

Bild 2
Werkbank und Ablage.

Bild 3
Kistchen und Kästchen – das spart Zeit.

Bild 4
Innensechskant, Torx und Vielzahn ... öfter mal was Neues.

Bild 5
Greifer.

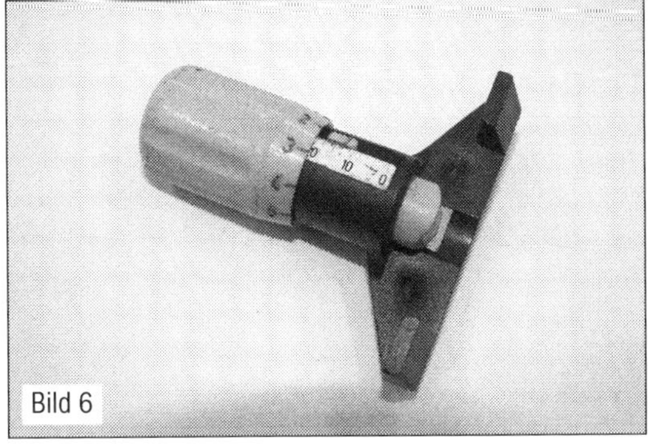

Bild 6
Zahnriemenvorspannungs-Prüfer.

zunehmend vielfältiger, und es ergeben sich neue Möglichkeiten. Der »C-Recorder« ermöglicht eine Langzeitüberwachung der Bordelektronik bis zu 24 Stunden Fahrzeit (Nr. 3 in Bild 7). Das ist eine sehr hilfreiche Variante für die Fehlersuche, gerade bei kaum zu ortenden sporadisch auftretenden Fehlern.

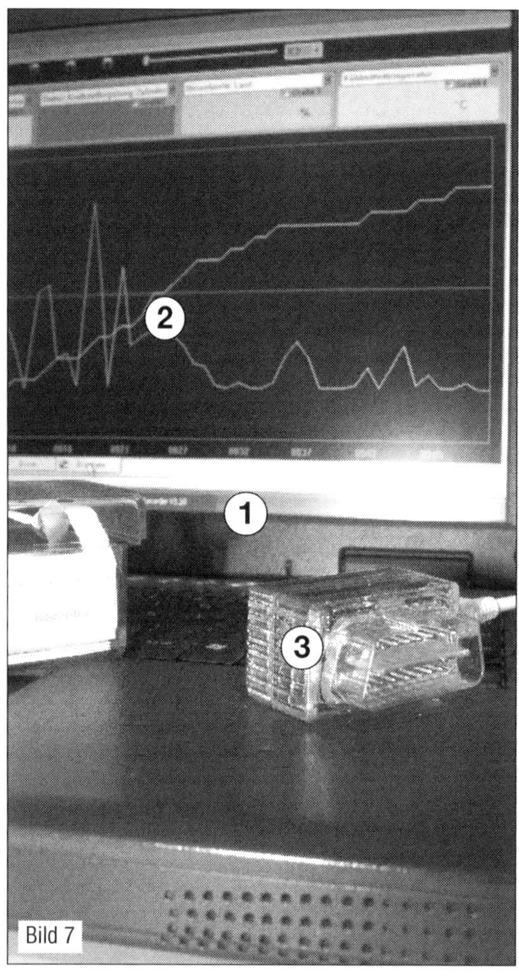

Bild 7
Aufzeichnen während der Fahrt: alle OBD-Daten bis zu 24 Stunden erfassen.
1 Laptop
2 Kennlinien
3 Datenlogger

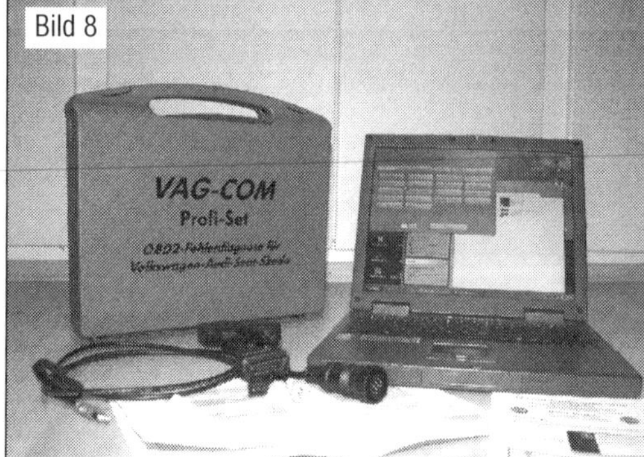

Bild 8
VCDS: Volldiagnose zum günstigen Kurs.

Sinnvolle Anschaffungen für die Messtechnik

Messspitzen

Riesige Probleme bereitet es, eine Messung an einem angeschlossenen Kabel am Bauteil in Funktion zu realisieren. Zumal ja weder die Isolierung noch das Kabel selbst oder der Stecker beschädigt werden sollen. Die Firma Rose Messtechnik in Limburg-Offheim stellt einen Nadelkontaktierer (Bild 10) her, der genau diese Anforderungen erfüllt (www.rose-netztechnik.de). Das Anstichloch im Kabel ist so klein, dass es keine relevanten Löcher in der Isolierung hinterlässt.

Messbecherersatz »kraftstofffest«

Für die Messungen an der Benzinpumpe oder auch nur mal zum Auffangen von Kraftstoff werden Behältnisse mit Volumenangaben benötigt. Mit etwas Geduld finden sich in der Haushaltsabteilung des Supermarktes recht günstig verwendbare Messbecher oder Schüsseln.

Zum Selbermachen

Natürlich sind Messwerkzeuge in der Regel teuer. Es sei denn, man zeigt etwas Kreativität und Bastlerspürsinn. Die Profigeräte sind sicherlich deutlich professioneller, der Eigenbau aber ist genauso einsatzfähig und kostet oft nur wenige Euro. Messkabelsätze lassen sich aus passenden Anschlüssen vom Schrottplatz leicht und funktionell selbst herstellen (Bilder 11 bis 13). Die Standardausrüstung für Arbeiten an der Karosserie ist im Bild 14 zusammengestellt.

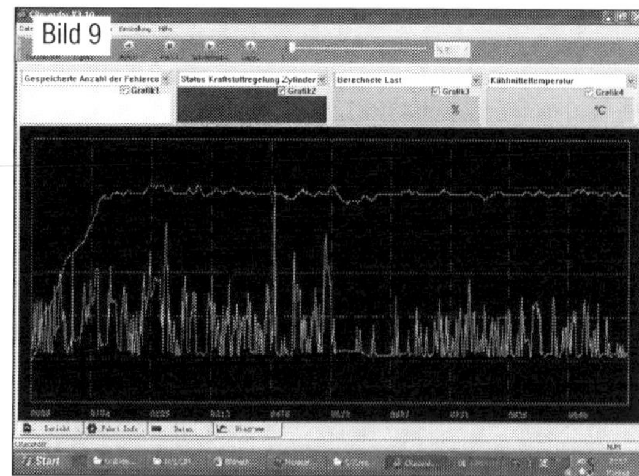

Bild 9
Adapter für den Anschluss von Bauteilen an Batterie-Plus und Masse. Die Kabel und Stecker ermöglichen den Test auch außerhalb des Fahrzeuges.

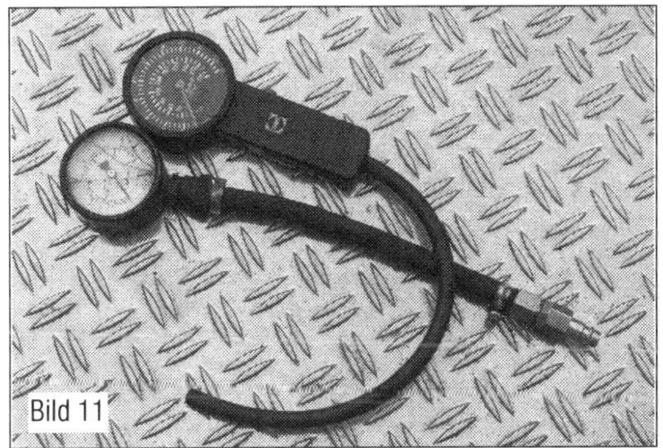

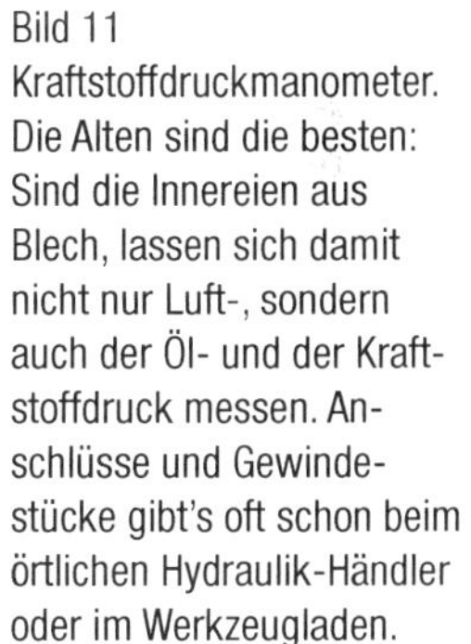

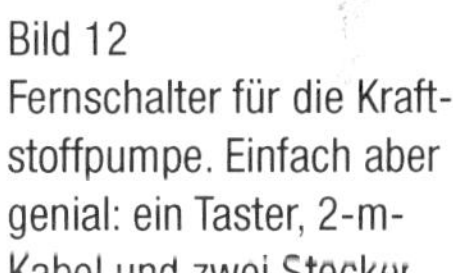

Bild 10
Nadelkontaktierer im Einsatz.

Bild 11
Kraftstoffdruckmanometer. Die Alten sind die besten: Sind die Innereien aus Blech, lassen sich damit nicht nur Luft-, sondern auch der Öl- und der Kraftstoffdruck messen. Anschlüsse und Gewindestücke gibt's oft schon beim örtlichen Hydraulik-Händler oder im Werkzeugladen.

Bild 12
Fernschalter für die Kraftstoffpumpe. Einfach aber genial: ein Taster, 2-m-Kabel und zwei Stecker.

Bild 13
Datenvielfalt zur Überwachung.

Sichtprüfung Messen

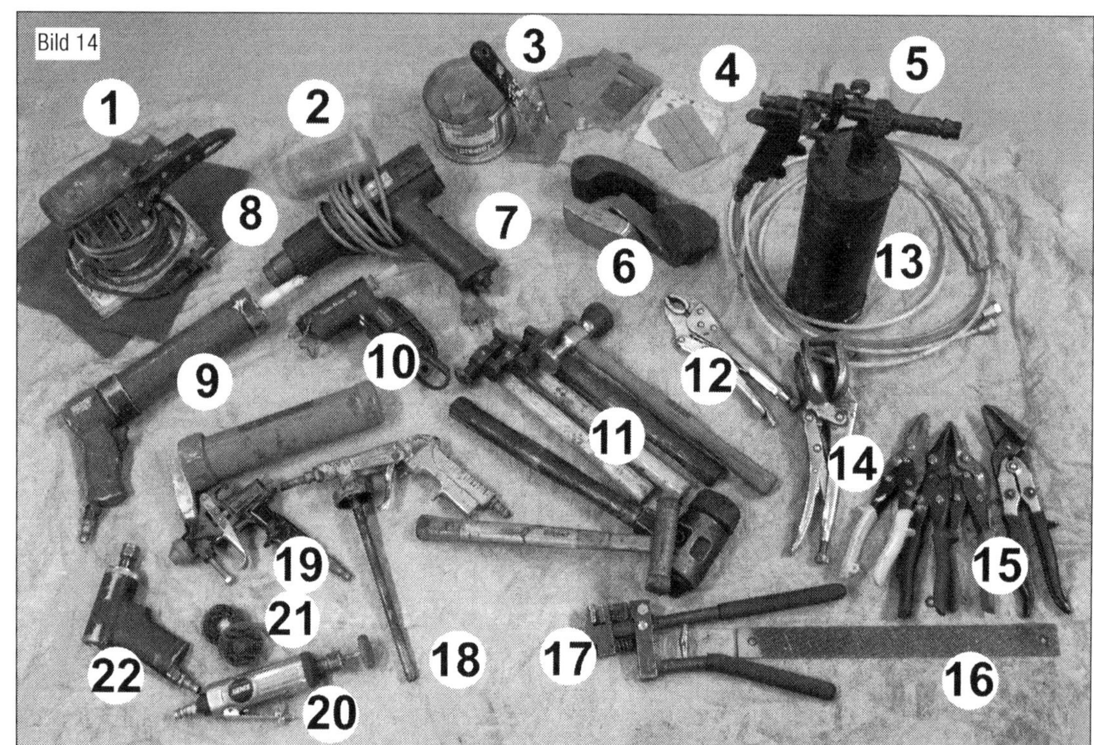

Bild 14
Standard-Ausrüstung für Arbeiten an der Karosserie.
1 Schwingschleifer
2 Schleifklotz
3 Spachtelmasse
4 Japanspachtelset
5 Hohlraumpistole
6 Ausbeuleisen
7 Heißluftföhn
8 Schleifpapier
9 Kartuschen-Pistole
10 Heißklebepistole
11 Hammerset
12 Gripzange flach
13 Hohlraumversiegelungssonden
14 Gripzange abgesetzt und breit
15 Scherenset für gerade und kurvige Schnitte
16 Karosseriefeile
17 Absetzzange
18 Unterbodenschutzpistole
19 Nahtabdichtungsspritzpistole
20 Luftschleifer gerade
21 Bristlelock-Kunststoffschleifpads
22 Luftschleifer winklig

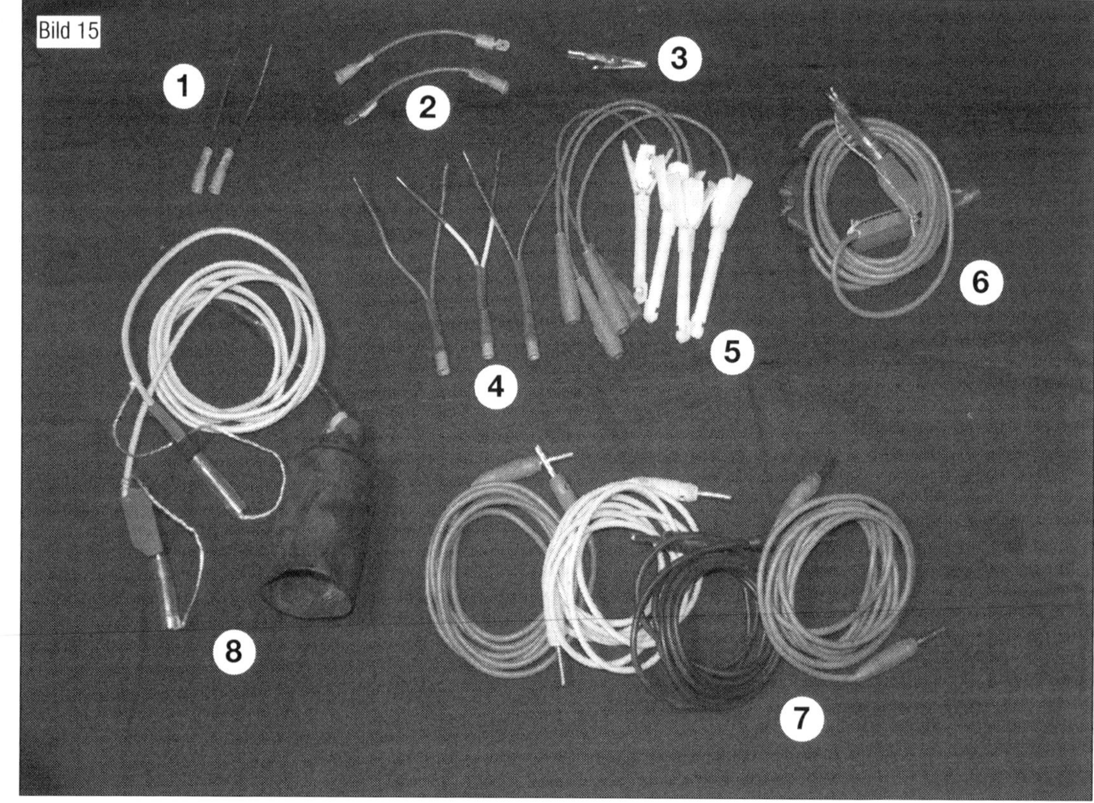

Bild 15
1 Messspitzen, um die Abdichtungen der Steuergerätestecker zu umgehen
2 Flachstecker auf Rundstecker für Laborkabel
3 Krokodilklemme mit Rundstecker
4 Y-Stecker, um Sensoren parallel messen zu können
5 Nadelkontaktierer
6 Anschlusskabel mit Sicherung
7 Laboranschlusskabel (2 m)
8 Anschlusskabel mit Schalter

4 Motoren

Den VW T6 gibt es nicht mehr mit klassischen Saugrohreinspritzern »SRE«. Diese Mehrpunkt-Einspritzanlage bezeichnet: Eine Düse pro Zylinder spritzt im Ansaugkrümmer den zerstäubten Kraftstoff in den jeweiligen Ansaugkanal. Für Direkteinspritzung bei Benzinmotoren steht bei Volkswagen eigentlich der Begriff FSI »Fuel Stratified Injection«. Wenn diese Motoren noch aufgeladen werden, nennt VW sie »TSI« (vorher TFSI). Geschieht das mit Abgasturbolader, werden sie als »Turbocharger« bezeichnet, geschieht die Aufladung per Turbolader und Kompressor, heißen sie »Twincharger«. Wir führen die beiden TSI-Motoren auf. Die Motoren gibt es in unterschiedlichen Leistungsstufen mit dem Hubraum von immer 2,0 l. Dazu kommen noch zwölf TDI-Dieselmotoren, die zwar unterschiedliche Leistungsbereiche aufweisen, sich aber für die hier beschriebenen Arbeiten recht gut zusammenfassen lassen. Downsizing ist das Zauberwort, was ausschließlich 2-l-Motoren im T6 übrig lässt. Turbolader und Bi-Turbolader machen eine hohe Leistungsausbeute und passend verlaufende Drehmomentkurven möglich.

Die Motormerkmale – Technische Daten

Benzinmotoren

Kraftstoff (Qualität)	Benzin (95 ROZ)	Benzin (95 ROZ)
Hubraum	2,0 l	2,0 l
Motorkennbuchstaben	CJKA	CJKB
Zylinderzahl	4	4
Ventile pro Zylinder	4	4
Leistung kW bei 1/min	150/4200-6000	110/3750-6000
Drehmoment Nm bei 1/min	350/1500 bis 4000	280/1500 bis 3750
Bohrung Ø mm	82,5	82,5
Hub mm	92,8	92,8
Material Zylinderkopf/Motorblock	Aluminium-Legierung/ Grauguss	Aluminium-Legierung/ Grauguss
Anzahl der Nockenwellen	2	2
Lage der Nockenwellen	oben	oben
Antrieb der Nockenwellen	Steuerkette	Steuerkette
Anzahl der Kurbelwellenlager	5	5
Gemischaufbereitung	direkte Benzin-Einspritzung	direkte Benzin-Einspritzung
Aufladung/Typ/Druck	Turbolader mit Umluftventil	Turbolader mit Umluftventil
Zündanlage	Einzelspule	Einzelspule
Abgasreinigung	3-Wegekat/2 Sonden	3-Wegekat/2 Sonden
Schadstoffklasse	Euro 5	Euro 5

Dieselmotoren Euro 5

Kraftstoff (Einspritzsystem)	Diesel (TDI)	Diesel (TDI)	Diesel (TDI)	Diesel (TDI)
Hubraum	2,0 l	2,0 l	2,0 l	2,0 l
Motorkennbuchstaben	CAAA	CAAB	CAAC	CFCA
Zylinderzahl	4	4	4	4
Ventile pro Zylinder	4	4	4	4
Leistung kW bei 1/min	62/3500	75/3500	103/3500	132/4000
Drehmoment Nm bei 1/min	200/1250 bis 2500	250/1500 bis 2500	340/1750 bis 2500	400/1500 bis 2000
Bohrung Ø mm	81,0	81,0	81,0	81,0
Hub mm	95,5	95,5	95,5	95,5
Aufladesystem	VTG-Lader	VTG-Lader	VTG-Lader	Bi Turbo
Material Zylinderkopf/ Motorblock	Aluminium-Legierung/ Grauguss	Aluminium-Legierung/ Grauguss	Aluminium-Legierung/ Grauguss	Aluminium-Legierung/ Grauguss
Anzahl der Nockenwellen	2	2	2	2

Kraftstoff (Einspritzsystem)	Diesel (TDI)	Diesel (TDI)	Diesel (TDI)	Diesel (TDI)
Lage der Nockenwellen	oben	oben	oben	oben
Antrieb der Nockenwellen	Zahnriemen	Zahnriemen	Zahnriemen	Zahnriemen
Anzahl der Kurbelwellenlager	5	5	5	5
Gemischaufbereitung	Common Rail	Common Rail	Common Rail	Common Rail
Abgasreinigung	Dieselpartikelfilter, Zweiwege-Oxikat	Dieselpartikelfilter, Zweiwege-Oxikat	Dieselpartikelfilter, Zweiwege-Oxikat	Dieselpartikelfilter, Zweiwege-Oxikat
Schadstoffklasse	Euro 5	Euro 5	Euro 5	Euro 5

Dieselmotoren Euro 6

Kraftstoff (Einspritzsystem)	Diesel (Rail)	Diesel (Rail)	Diesel (TDI)	Diesel (TDI)	Diesel (TDI)
Hubraum	2,0 l	2,0 l	2,0 l	2,0 l	2,0 l
Motorkennbuchstaben	CXEB	CXFA	CXGC	CXGA	CXGB
	CXEC	CXHA	CXHB		
Zylinderzahl	4	4	4	4	4
Ventile pro Zylinder	4	4	4	4	4
Leistung kW bei 1/min	150/4000	110/3250	84/3250	62/2750	75/3000
	146/4000	bis 3750	bis 3750	bis 3750	bis 3750
Drehmoment Nm bei 1/min	450/1400 bis 2400	340/1500 bis 3000	250/1500 bis 3000	220/1250 bis 2500	250/1500 bis 2750
Bohrung Ø mm	81,0	81,0	81,0	81,0	81,0
Hub mm	95,5	95,5	95,5	95,5	95,5
Aufladesystem	Bi-Turbo	VTG-Turbo	VTG-Turbo	VTG-Turbo	VTG-Turbo
Material Zylinderkopf/ Motorblock	Aluminium-Legierung/ Grauguss	Aluminium-Legierung/ Grauguss	Aluminium-Legierung/ Grauguss	Aluminium-Legierung/ Grauguss	Aluminium-Legierung/ Grauguss
Anzahl der Nockenwellen	2	2	2	2	2
Lage der Nockenwellen	oben	oben	oben	oben	oben
Antrieb der Nockenwellen	Zahnriemen	Zahnriemen	Zahnriemen	Zahnriemen	Zahnriemen
Anzahl der Kurbelwellenlager	5	5	5	5	5
Gemischaufbereitung	Common Rail	Common Rail	Common Rail	Common Rail	Common Rail
Abgasreinigung	Dieselpartikelfilter, Zweiwege-Oxikat	Dieselpartikelfilter, Zweiwege-Oxikat	Dieselpartikelfilter, Zweiwege-Oxikat	Dieselpartikelfilter, Zweiwege-Oxikat	Dieselpartikelfilter, Zweiwege-Oxikat
Schadstoffklasse	Euro 6	Euro 6	Euro 6	Euro 6	Euro 6

Arbeiten am Motor

Maßnahmen für Sicherheit, einwandfreie Funktion und Sauberkeit

⚠ Bei Arbeiten am Motor, an der Kraftstoffversorgung (Kapitel 7) und an der Einspritzanlage sind bestimmte Maßnahmen zu treffen und Hinweise zu befolgen, die zur Ihrer Sicherheit dienen, eine einwandfreie Funktion aller Systeme gewährleisten sollen und Fehlfunktion oder Schäden durch Verunreinigung vermeiden helfen. Wir stellen sie hier grundlegend für alle folgenden Arbeiten voran.

Sicherheit

- Bei allen Montagearbeiten am Kraftstoffsystem Schutzbrille und Schutzhandschuhe tragen. Hautkontakt mit Kraftstoff vermeiden.
- Der Kraftstoff bzw. die Kraftstoffleitungen im Kraftstoffsystem können sehr heiß werden (Verbrühungsgefahr). Außerdem steht das Kraftstoffsystem unter Druck. Vor dem Öffnen des Systems deshalb einen Putzlappen um die Verbindungsstelle legen und durch vorsichtiges Lösen der Verbindung Druck abbauen.
- Aus Sicherheitsgründen muss vor dem Öffnen des Kraftstoffsystems die Sicherung für die Kraftstoffpumpe aus dem Sicherungshalter entfernt werden, da die Pumpe durch den Türkontaktschalter der Fahrertür aktiviert werden kann.
- Kraftstoffleitungen sind mit Schnellver-

schlüssen gesichert. Kraftstoffschläuche dürfen nur mit Federbandschellen gesichert werden. Die Verwendung von Klemm- oder Schraubschellen ist nicht zulässig.

- Beim Aus- und Einbau des Gebers für Kraftstoffvorratsanzeige oder der Kraftstoffpumpe (Kraftstofffördereinheit) aus gefüllten oder teilweise gefüllten Kraftstoffbehältern muss bereits vor Beginn der Arbeiten in die Nähe der Montageöffnung des Kraftstoffbehälters der Schlauch einer eingeschalteten Abgas-Absauganlage zum Absaugen der frei werdenden Kraftstoffgase gelegt werden.
- Bei den TSI-Motoren ist die Einspritzanlage in einen Hochdruckbereich (maximal ca. 200 bar) und in einen Niederdruckbereich (ca. 6 bar) aufgeteilt. Vor dem Öffnen des Hochdruckbereichs, z. B. beim Ausbau der Hochdruckpumpe, des Kraftstoffverteilers, der Einspritzventile, der Kraftstoffrohre oder des Kraftstoffdruckgebers, muss der Kraftstoffdruck im Hochdruckbereich definiert auf einen Restdruck von ca. 6 bar abgebaut werden. Dazu ist ein Werkstatt-Diagnosesystem nötig.

Bei Einsatz des VAS 5051 wird die »Geführte Funktion: Kraftstoffhochdruck abbauen« ausgeführt: Zündung ausschalten, sauberen Putzlappen um die Verbindungsstelle legen, vorsichtig öffnen, Druck ablassen, ausfließenden Kraftstoff auffangen. Fehlerspeicher abfragen, alle Einträge löschen, Readinesscode erzeugen.

Funktionssicherheit

- Bei allen Montagearbeiten, insbesondere aufgrund der engen Bauverhältnisse im Motorraum, Leitungen aller Art z. B. für Kraftstoff, Kühl- und Kältemittel, Unterdruck und elektrische Leitungen so verlegen, dass die ursprüngliche Leitungsführung wiederhergestellt wird.
- Alle Kabelbinder, die beim Ausbau gelöst oder aufgeschnitten werden, sind beim Einbau an der gleichen Stelle wieder zu befestigen.
- Um Beschädigungen an den Leitungen zu vermeiden, auf ausreichenden Freigang zu allen beweglichen oder heißen Bauteilen achten.

Sauberkeit (»5 Regeln«)

- Verbindungsstellen und deren Umgebung vor dem Lösen gründlich reinigen.
- Ausgebaute Teile auf einer sauberen Unterlage ablegen und abdecken. Keine fasernden Lappen benutzen.
- Geöffnete Bauteile sorgfältig abdecken bzw. verschließen, wenn die Reparatur nicht umgehend ausgeführt wird.
- Nur saubere Teile einbauen: Ersatzteile erst unmittelbar vor dem Einbau aus der Verpackung nehmen. Keine Teile verwenden, die unverpackt (z. B. im Regal oder in Werkzeugkästen) aufgehoben wurden.
- Bei geöffneter Kraftstoff- und Einspritzanlage möglichst nicht mit Druckluft arbeiten und das Fahrzeug nach Möglichkeit nicht bewegen.

Diagnosetester einsetzen

An diesem Kapitel lässt es sich leicht erkennen, dass viele Funktionen über die Elektronik virtuell realisiert worden sind. Die Anschaffung eines Testers für die Diagnose ist zwingend erforderlich. Nicht einmal der Anbau der Anhängerkupplung oder das Einstellen des Lichtes ist mehr möglich, wenn man eine fachgerechte Arbeit abliefern möchte. Es geht nicht mehr darum, einen Fehlerspeicher zu löschen, um dann mal »rumzuraten«, was es denn gewesen sein könnte. Es wäre das Gleiche, wenn Sie die Seiten dieses Buches ungelesen ausreißen und dann raten, was denn dringestanden haben könnte. Die Diagnose über die Fehlerspeicher vereinfacht die Arbeit am Fahrzeug um einiges. Man muss lediglich lernen mit diesem »Werkzeug« zu arbeiten. Ohne Tester bleibt nur der Weg zum Händler, um den Fehlerstatus zu erfassen oder Einstellungen zu machen.

VAG-Tester

Ein großer Teil der Reparaturarbeiten schließt die Diagnose von Fehlern ein. Diese wird durch die ELSA (Elektronisches Service Auskunftssystem) im Zusammenspiel mit den Diagnosegeräten unterstützt. VAS 5051, 5052 oder 5053 können in der Fachwerkstatt an allen vernetzten Arbeitsplätzen betrieben werden und bieten direkten Zugriff auf aktuelle Werkstattliteratur sowie Unterstützung vom Hersteller über Telediagnose. Bei der Diagnose werden alle Kunden- und Fahrzeugdaten an die angeschlossenen Geräte weitergeleitet und sind automatisch an jedem Arbeitsplatz abrufbar. Während einer Reparatur können technische Problemlösungen nachgeschlagen oder im VW Service Net ® tagesaktuelle Zusatzinformationen abgerufen werden. Diese Anbindung an das Netzwerk ermöglicht Software-Updates von Steuergeräten, Geheimnis- und Komponentenschutz, Softwareversionsmanagement, Übertragung von Diagnoseprotokollen, die besagte Telediagnose, die softwaregestützte Durchführung von Aktionen und viele weitere Funktionen.

Das System »ELSA« steht mit aktuellen Daten zur Verfügung. Möglich sind dadurch:

- Datenaustausch zwischen kaufmännischem Bereich und Werkstatt;

Bild 1
Kleines Fehlerspeicher-Abfragegerät für den kleinen Geldbeutel.

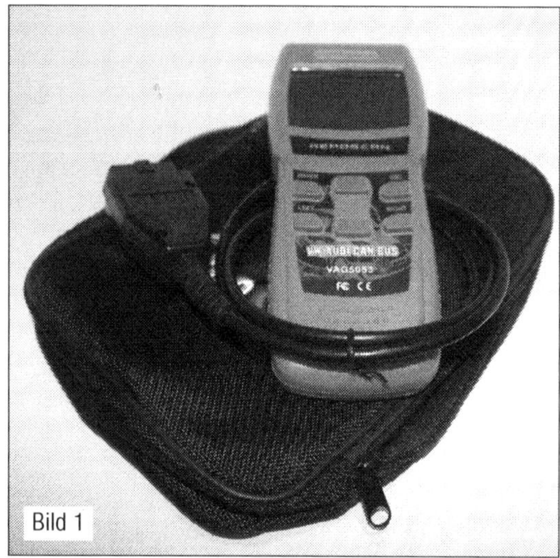

Bild 1

Bild 2
Handtester im Einsatz: oftmals wie dieser hier nur in englischer Sprache.

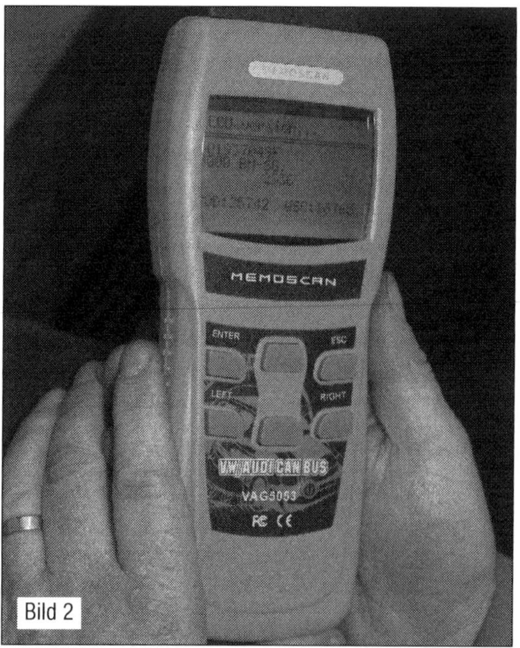

Bild 2

- Datenaustausch über Werkstattauslastung und Terminvereinbarung;
- Austausch von Kunden-, Fahrzeug- und Termindaten;
- Rückfluss von Daten über bereits ausgeführte Reparaturen von der Werkstatt auf den Fortschrittsmonitor, sodass der Serviceberater gegebenenfalls in den laufenden Prozess eingreifen kann;
- Datenrückfluss von der Werkstatt für Qualitätskontrolle und Rechnungserstellung;
- Bereitstellung von Daten über benötigte Arbeitszeiten, Arbeitspositionen und Ersatzteile;
- Einbeziehung des Teiledienstes ab Terminvorbereitung in den Service-Prozess.

VCDS oder VAG-COM

Natürlich wählen wir wie auch beim Werkzeug nicht die billigste Variante aus, sondern empfehlen Ihnen die Anschaffung eines Systems, das im Laufe der nächsten Jahre noch einiges an Potenzial in deutscher Sprache liefern wird. Der »VCDS« kommt aus den USA und wird hier in einer deutschen Ausgabe von wenigen Händlern angeboten.

- Reizvoll ist der Aufbau der »Wiki-Seite« der Firma PCI Tuning, auf der zukünftig Fehlerbeschreibungen und die Vorgehensweisen mit dem VCDS abgearbeitet werden sollen. Die Standortbeschreibung der Testerbesitzer könnte die Diagnose auch für die privaten Schrauber sehr auflockern.
- Auf der Internetseite des deutschen Vertriebs www.vcdspro.de können Sie sich genauer informieren. Gerade diejenigen unter den Lesern, die dem Thema »Diagnose« kritisch gegenüberstehen, werden zumeist nach wenigen Versuchen erkennen, wie einfach der Umgang mit Laptop und Fahrzeug wird.

Eine typische Situation im Umgang mit den Fahrzeugen dieser Generation liegt in der schon recht umfangreichen Steuerung und Regelungstechnik.

- Abgestimmt und eingestellt wird oft auf der virtuellen Ebene.

Handgeräte zum Lesen und Löschen

OBD2 ist das Zauberwort, welches den Zugang zumindest zu den Motorsteuergeräten ermöglicht. Die Normung der Diagnose ermöglicht zumindest in diesem Bereich den

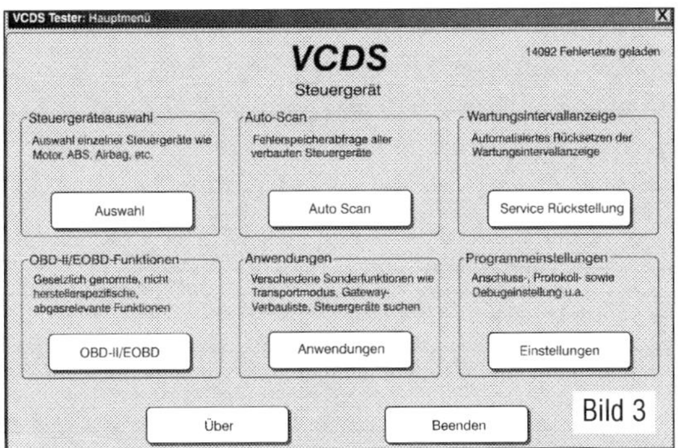

Bild 3
Startmaske des VCDS als Zugang zu allen Diagnosefunktionen.

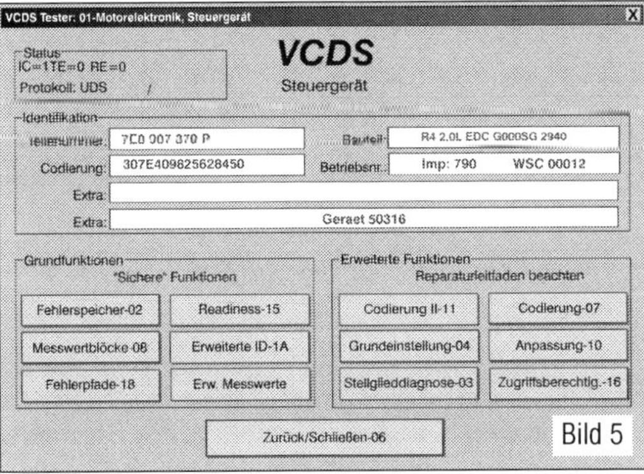

Bild 5
Die nächste Ebene erlaubt den Zugang zum Fehlerspeicher oder auch zu Messwerten.

Zugang zu allen aktuellen Fahrzeugen. Um den Fehlerspeicher auszulesen oder auch Prüffunktionen der Eigendiagnose ausführen zu können, reicht meist schon ein Diagnosetool, welche durchaus schon um 100 Euro in diversen Onlineversteigerungen angeboten werden. Oft noch günstiger sind die kleinen Handgeräte schon im Baumarkt um die Ecke erhältlich. Wichtig hierbei ist immer, dass die entsprechende Software und zumindest eine Beschreibung auf Deutsch mitgeliefert wird.

Fehlerspeicher abfragen

Schwierig? Kann ich nicht? Ach was! Wer es schafft E-Mails abzurufen, ohne den Computer zu zerstören, kann auch diese Arbeiten leicht erlernen. Wir zeigen Ihnen an einigen Beispielen, wie Aufgaben dieser Art angegangen werden können und möchten Sie animieren, sich zusammen mit Fachforen auch mit der Thematik Tester und Diagnose genauer auseinanderzusetzen.

- Wir gehen davon aus, dass Sie den VCDS ordnungsgemäß nach Handbuch installiert haben.
- Schließen Sie den VCDS auf Ihrem Laptop an die OBD-Dose im Fahrerfußraum an. Die Diagnosedose finden Sie im Fahrerfußraum von unten frei zugänglich (Bild 15 Kap. 3). Der

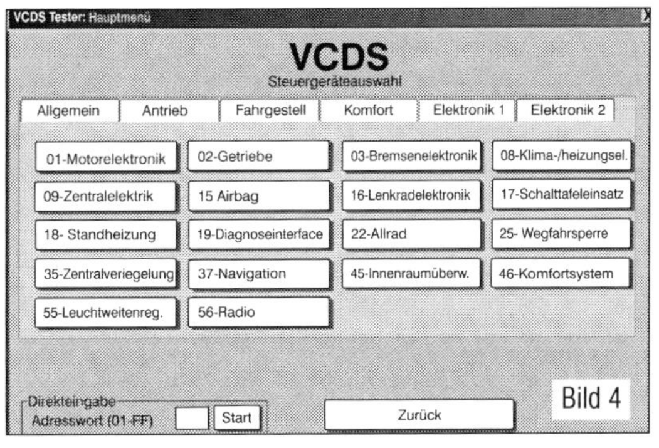

Bild 4
Der Zugang über eine Sortierungsmaske schafft schnell einen Überblick.

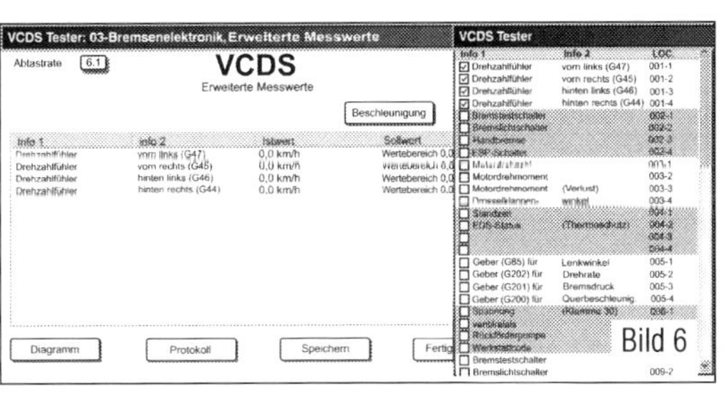

Bild 6
Abfrage der Messwerte der Radsensoren bei der ABS-Systemprüfung.

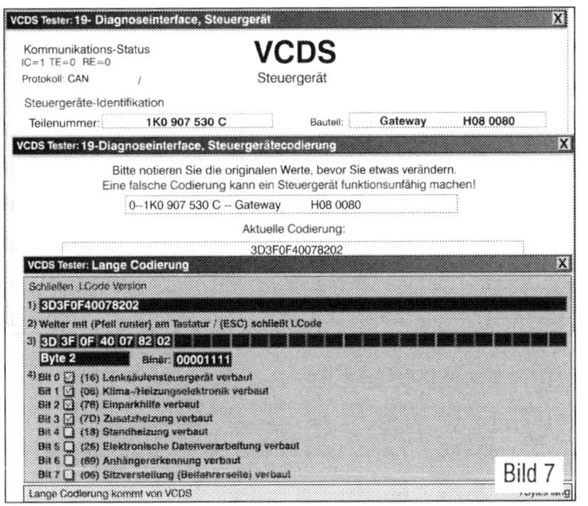

Bild 7
Programmierung der Fahrzeugelektrik nach dem Anbau einer Anhängekupplung.

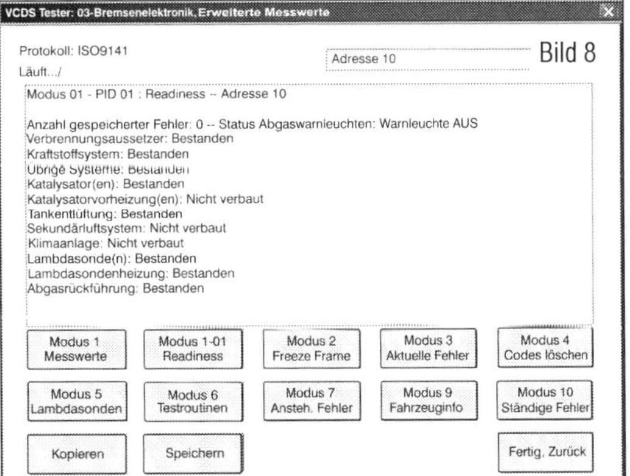

Bild 8
Prüfung des Readynesscodes mit dem VCDS vor dem TÜV Termin.

Anschluss ist sofort erkennbar. Stecken Sie den OBD-Stecker in die Diagnosedose und den USB-Anschluss in Ihren Laptop.

- Starten Sie den VCDS auf Ihrem Laptop.
- Schalten Sie die Zündung ein.
- Klicken Sie auf die Taste »Auswahl« (Bild 3).

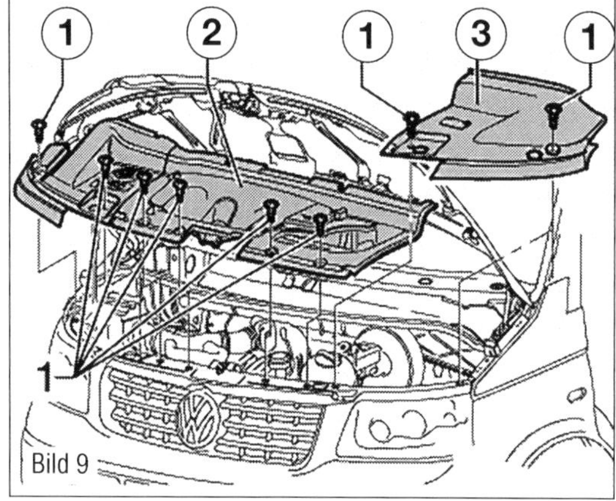

Bild 9
Motorraumverkleidung oben in Teilen.
1 Drehverschlüsse
2 Geräuschdämpfung rechts
3 Geräuschdämpfung links

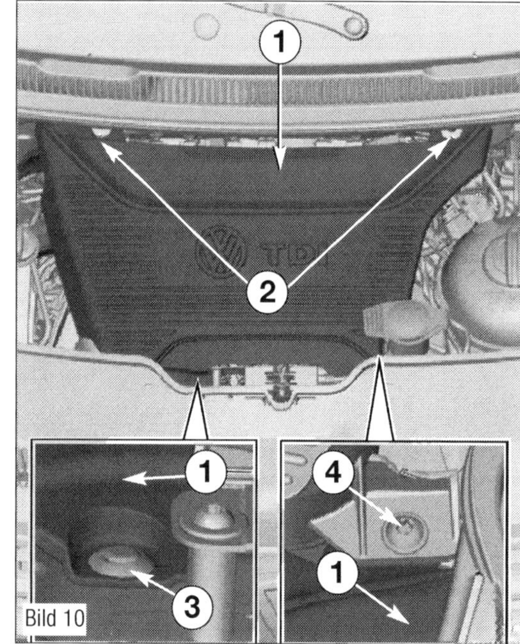

Bild 10
Motorraumverkleidung oben klein.
1 Geräuschdämpfung
2 Halter
3 Spreizniete
4 Schraube

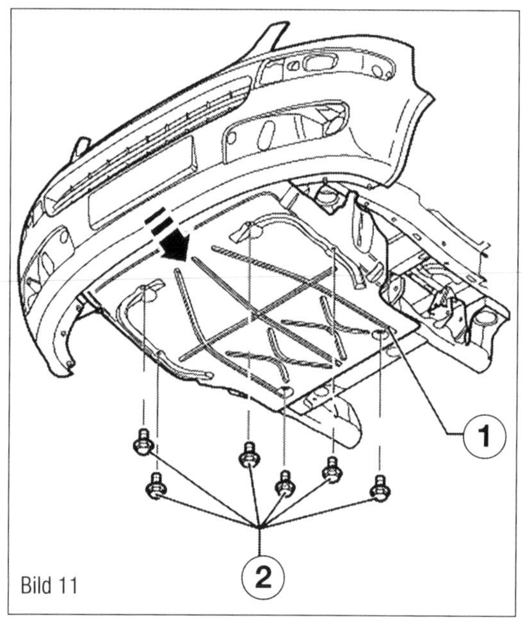

Bild 11
Motorraumverkleidung unten in Teilen.
1 Geräuschdämpfung
2 Schrauben

- Klicken Sie den Karteikartenreiter »Antrieb« oder auch »Verbaut« an (Bild 4).
- Klicken Sie auf die Taste »01 Motorelektronik« (Bild 4).
- Klicken Sie auf die Taste »Fehlerspeicher 02« (Bild 5). Nun werden Ihnen die Fehler, soweit vorhanden, als Text angezeigt.
- Sie können die Fehleranzeige speichern, drucken oder kopieren. Sie sollten in jedem Fall den Fehler vermerken, um diesem vielleicht einmal nachgehen zu können. Die Erfahrung zeigt, dass man sich den Fehler auf Dauer nicht im Kopf merken kann. Anschließend können Sie den einzelnen oder alle Fehler mit einem Klick löschen.
- Klicken Sie auf die Taste »fertig, Zurück«, um die Bildmaske wieder zu verlassen.
- Schalten Sie die Zündung aus.
- Ziehen Sie den Tester aus der Diagnosedose.

Derselbe Vorgang kann auf dem Handgerät nachvollzogen werden. Lediglich die Anwahl ist deutlich geringer. Für einen Ausdruck muss das Gerät an einen Computer oder Laptop angeschlossen werden. Die Anwahl der Funktionen erfolgt über die Pfeiltasten. »Enter« betätigt die getroffene Anwahl und »ESC« erlaubt den Rückzug aus der angewählten Maske. Das hier dargestellte Gerät ist für die VAG-Fahrzeuge optimiert und erlaubt auch den Zugang in andere Steuergeräte. Reine OBD2-Geräte ermöglichen in der Regel nur den Zugang zur Motorelektronik. Die Belegung und die Steuergerätesprache ist nur für den OBD2-Bereich verbindlich auf die abgasrelevanten Bauteile und die Motorelektronik geregelt.

Motorabdeckungen oben und unten aus- und einbauen

Die Motorabdeckung ist nicht bei allen Modellen verbaut. Auch nicht immer in allen Teilen.
Sollte in Ihrem Modell nur ein Teil oder keine Abdeckung über dem Motor verbaut sein, muss das nicht an der Vergesslichkeit eines Mechanikers liegen. Es kann sein, dass die Ausrüstung ab Werk so vorgesehen war.

Motorabdeckung oben (groß) demontieren (Bild 9)
Motorabdeckung ausbauen

■ Drehverschlüsse (1 im Bild 10) ausrasten und die linke Motorabdeckung (3) nach oben herausnehmen.
■ Drehverschlüsse (1) ausrasten und die rechte Motorabdeckung (2) nach oben herausnehmen.

Motorabdeckung einbauen
■ Linke Motorabdeckung aufsetzen und Drehverschlüsse (1) festdrehen.
■ Hintere Bolzen der Motorabdeckung in Halter auf dem Motor einsetzen.
■ Motorabdeckung (2) auf Frontend auflegen und Drehverschlüsse (1) festdrehen.

Motorabdeckung oben (klein) demontieren (Bild 10)
■ Die Spreizniet (3) entriegeln (abziehen).
■ Die Schraube (4) herausdrehen.
■ Die Motorabdeckung (1) aus den Haltern (2) herausziehen und abnehmen.

Die Montage erfolgt sinngemäß in umgekehrter Reihenfolge.
■ Drehen Sie die Schrauben zuerst nur handfest an und richten Sie die Geräuschdämpfung spannungsfrei aus.

Motorabdeckung unten demontieren (Bild 11)
Die Motorraumabdeckung unten (Geräuschdämpfung wird auch als Spritzschutz bezeichnet) ist mit den Schrauben (2) verschraubt und im Bereich des Stoßfängers eingeschoben.
■ Drehen Sie die Schrauben (2) heraus.
■ Nehmen Sie die Geräuschdämpfung (1) in Pfeilrichtung ab.

Die Montage erfolgt sinngemäß in umgekehrter Reihenfolge.
■ Drehen Sie die Schrauben zuerst nur handfest an und richten Sie die Geräuschdämpfung spannungsfrei aus.
■ Drehen Sie die acht Schrauben mit jeweils 12 Nm Anzugsdrehmoment fest. Die Schrauben (2) dürfen nur einmal verwendet werden oder müssen bei Wiederverwendung mit Schraubensicherungsmittel gesichert werden.

Prüfung auf Undichtigkeiten und Beschädigungen

Die Sichtprüfung ist von oben und von unten vorzunehmen, weshalb als Erstes die Motorabdeckung (oben) und dann auch die Geräuschdämpfung (unten) abzubauen sind.

Sichtprüfung wie folgt durchführen:
■ Motor und Bauteile im Motorraum auf Undichtigkeiten und Beschädigungen prüfen.
■ Leitungen, Schläuche und Anschlüsse des Kraftstoffsystems, des Kühl- und Heizsystems, des Ölkreislaufs, der Klimaanlage, der Ansauganlage und der Bremsanlage auf Undichtigkeiten, Scheuerstellen, Porosität und Brüchigkeit prüfen.

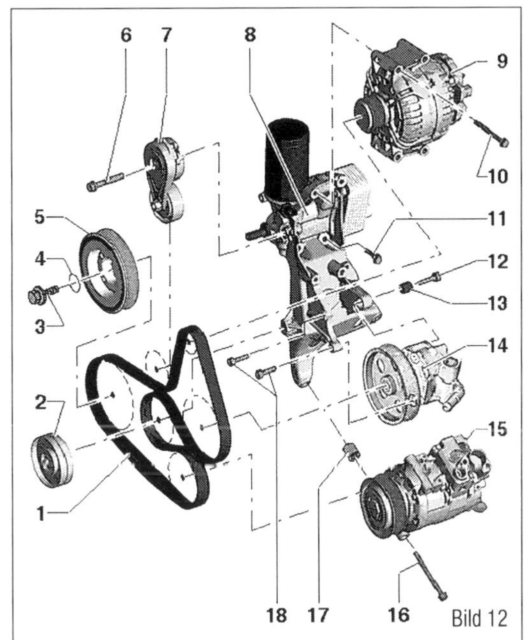

Bild 12

Bild 12
2,0-l-MED.
1 Keilrippenriemen
2 Umlenkrolle
3 Schraube
4 O-Ring
5 Schwingungsdämpfer
6 Schraube
7 Spannvorrichtung für Keilrippenriemen
8 Halter für Nebenaggregate
9 Generator
10 Schraube
11 Schraube
12 Schraube
13 Hülse
14 Flügelpumpe
15 Klimakompressor
16 Schraube
17 Passhülse
18 Schraube

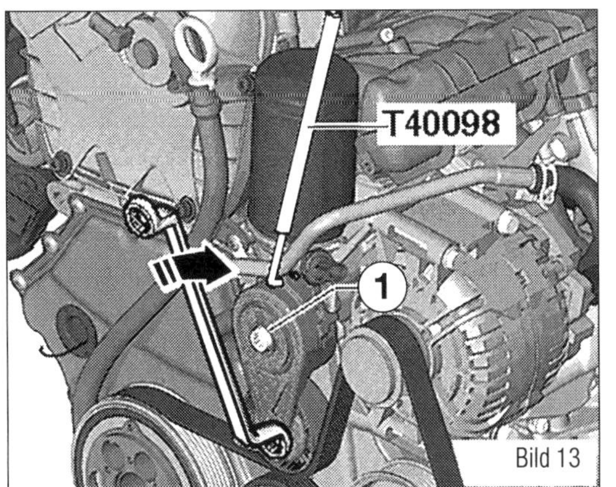

Bild 13

Bild 13
2,0-l-MED.
T 40098 Absteckdorn
Pfeil = Bewegungsrichtung zum Entspannen und Sichern mit dem Absteckdorn

■ Alle festgestellten Mängel durch Reparatur beseitigen.
■ Bei nicht verbrauchsbedingtem Flüssigkeitsverlust: Ursachen ermitteln und beseitigen.

Prüfen des Keilrippenriemen-Zustands

Fahrzeug anheben, Geräuschdämpfung (Spritzschutz, untere Motorverkleidung) ausbauen, Motor am Schwingungsdämpfer/Riemenscheibe mit einem Steckschlüssel durchdrehen.

Keilrippenriemen auf Unterbaurisse (Anrisse, Kernbrüche, Querschnittbrüche), Lagentrennung (Deckschicht, Zugstränge), Ausbruch am Unterbau, Ausfransen der Zugstränge, Flankenverschleiß (Materialabtrag, ausgefranste Flanken, Flankenverhärtung, glasige Flanken, Oberflächenrisse), Öl- und Fettspuren prüfen.

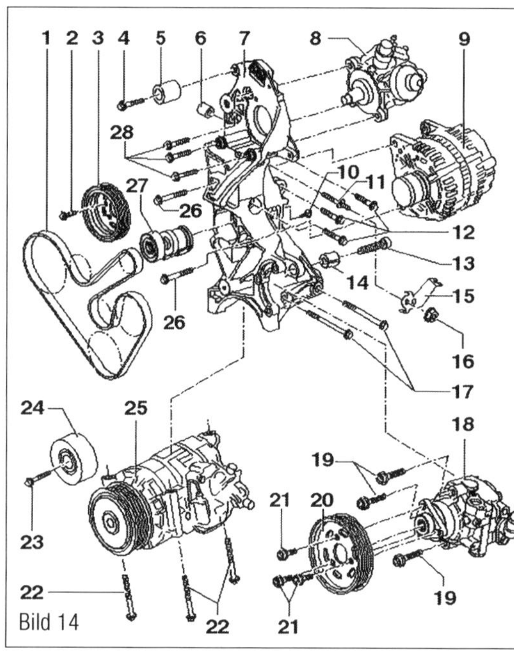

Bild 14
2,0-l-Diesel.
1 Keilrippenriemen
2 Schraube
3 Riemenscheibe
4 Schraube
5 Umlenkrolle
6 Passhülse
7 Halter für Nebenaggregate
8 Hochdruckpumpe
9 Generator
10 Schraube
11 Doppelschraube
12 Schraube
13 Schraube
14 Hülse
15 Halter
16 Mutter
17 Schraube
18 Flügelpumpe
19 Schraube
20 Riemenscheibe
21 Schraube
22 Schraube
23 Schraube
24 Umlenkrolle
25 Klimakompressor
26 Schraube
27 Spannelement für Keilrippenriemen
28 Schraube

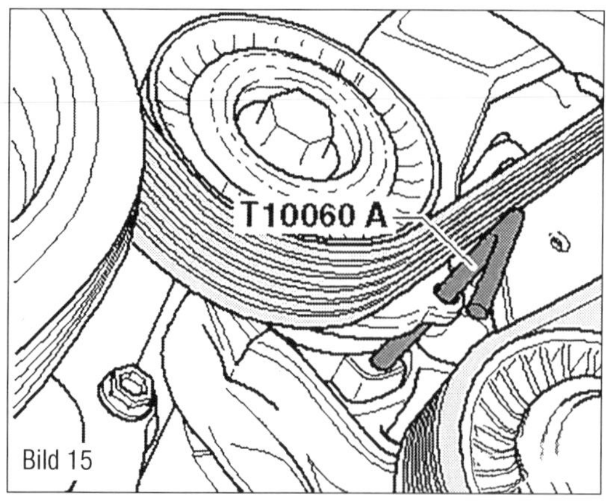

Bild 15
2,0-l-Diesel: T 10060 A Absteckdorn zum Sichern.

■ Werden Mängel festgestellt, muss der Keilrippenriemen unbedingt ersetzt werden.
■ Zum Verlauf des Keilrippenriemens siehe Reparaturanleitung »Keilrippenriemen aus- und einbauen«.

Keilrippenriemen Aus- und Einbau

Der Keilrippenriemen treibt als wichtiger Teil des Kurbeltriebs die Nebenaggregate Drehstromgenerator und Klimakompressor an. Der Aufbau sieht für die Benziner und auch für die Dieselmotoren ähnlich aus, unterscheidet sich aber im Detail.

 Abweichungen ergeben sich vor allem durch drei Faktoren:
■ Kühlwasserpumpe im Riementrieb oder separat angetrieben,
■ Klimakompressor vorhanden oder keine Klimaanlage,
■ Bauformen und Platzierung von Spannelement und Umlenkrollen.

De- und Montage am 2,0-l-MED-Benzinmotor (CJKA, CJKB)

■ Geräuschdämpfung oben (soweit verbaut) ausbauen.
■ Laufrichtung des Keilrippenriemens kennzeichnen.
■ Spannelement zum Entspannen des Keilrippenriemens mit einem passenden Schlüssel in Pfeilrichtung (Bild 13) schwenken.
■ Spannelement mit einem Spiralbohrer arretieren.
■ Geräuschdämpfung unten ausbauen.
■ Keilrippenriemen abnehmen.

Der Einbau erfolgt in umgekehrter Reihenfolge.
■ Nach fertiggestellter Arbeit immer den Motor starten und den Riemenlauf kontrollieren.

De- und Montage am 2,0-l-Dieselmotor (CAAA-CAAC, CFCA)

■ Geräuschdämpfung oben (soweit verbaut) ausbauen.
■ Laufrichtung des Keilrippenriemens kennzeichnen.
■ Spannelement zum Entspannen des Keilrippenriemens mit einem passenden

Schlüssel im Uhrzeigersinn schwenken.

- Spannelement mit dem Absteckdorn (T10060 A im Bild 17) arretieren.
- Keilrippenriemen abnehmen.

Der Einbau erfolgt sinngemäß in umgekehrter Reihenfolge.

- Keilrippenriemen zuletzt auf das Spannelement auflegen.
- Nach fertiggestellter Arbeit immer den Motor starten und den Riemenlauf kontrollieren.

De- und Montage am 2,0-l-Dieselmotor (CXEB, CXFA, CXGA, CXGB, CXHA, CXGC, CXHB, CXEC)

- Geräuschdämpfung oben (soweit verbaut) ausbauen.
- Laufrichtung des Keilrippenriemens kennzeichnen.
- Zum Entspannen des Keilrippenriemens Spannvorrichtung (1 im Bild 17) mit Ringschlüssel gegen den Uhrzeigersinn in »Pfeilrichtung« schwenken.
- Die Spannvorrichtung mit dem Absteckdorn (T10060 A) arretieren.
- Den Keilrippenriemen (2) abnehmen.

Der Einbau erfolgt sinngemäß in umgekehrter Reihenfolge.

 Die Laufrichtung bei einem bereits gelaufenen Keilriemen beachten.

- Die Spannvorrichtung mit Ringschlüssel halten und Absteckdorn (T10060 A) wieder herausziehen.
- Die Spannvorrichtung entlasten.
- Den Keilrippenriemen auf richtige Lage prüfen.
- Den Motor starten und Keilrippenriemenlauf kontrollieren.

Schraubertipp

- Achten Sie vor dem Einbau des Keilrippenriemens darauf, dass alle Aggregate (Generator, Klimakompressor) festmontiert sind.
- Beim Einbauen des Keilrippenriemens achten Sie bitte auf die Laufrichtung und auf einen korrekten Sitz des Riemens in den Riemenscheiben.
- Nach fertiggestellter Arbeit grundsätzlich Motor starten und Riemenlauf kontrollieren.

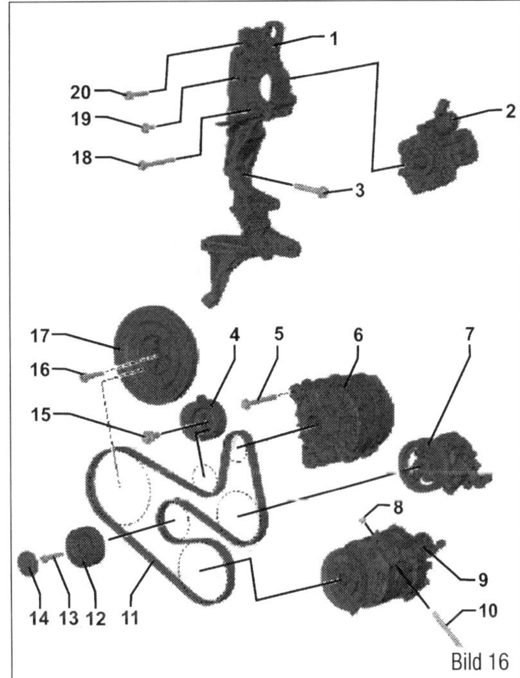

Bild 16
2,0-l-Diesel CXEB, CXFA, CXGA, CXGB, CXHA, CXGC, CXHB, CXEC.
1 Halter für Nebenaggregate
2 Hochdruckpumpe
3 Schrauben
4 Spannvorrichtung für Keilrippenriemen
5 Schraube
6 Generator
7 Flügelpumpe
8 Passhülse
9 Klimakompressor
10 Schraube
11 Keilrippenriemen
12 Umlenkrolle
13 Schraube
14 Abdeckkappe
15 Schraube
16 Schrauben
17 Schwingungsdämpfer
18 Schraube
19 Schraube
20 Schraube

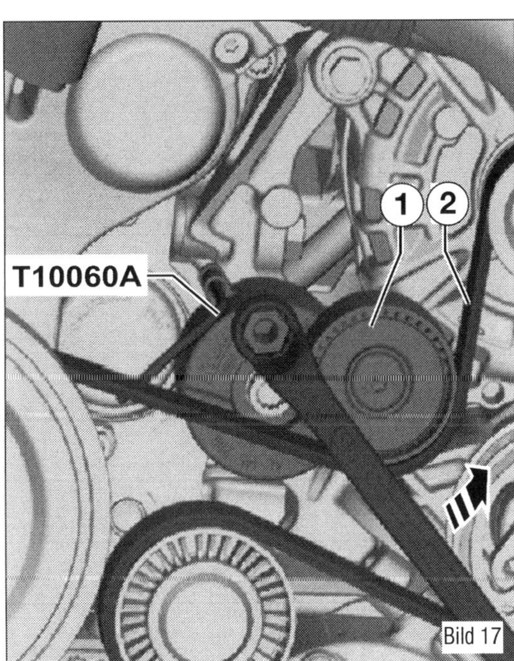

Bild 17
2,0-l-Diesel CXEB, CXFA, CXGA, CXGB, CXHA, CXGC, CXHB, CXEC.
1 Spannvorrichtung
2 Keilrippenriemen
T 10060 A Absteckdorn
Pfeil = Bewegungsrichtung zum Entspannen und Sichern mit dem Absteckdorn

Arbeiten am Zahnriementrieb der TDI-Motoren

Der Ventiltrieb der Diesel-Motoren ist über einen Zahnriemen gesteuert. Dieser muss zum Wechsel, aber auch zum Ausbau des Zylinderkopfes ausgebaut werden. Wir stellen die erforderlichen Arbeitsschritte für die einzelnen Bauweisen der Motortypen vor.

Bild 18
Zahnriementrieb der TDI-Motoren.
1 Zahnriemen
2 Schraube
3 Kurbelwellen-Zahnriemenrad
4 Schraube
5 Umlenkrolle
6 Schraube
7 Spannrolle
8 Schraube
9 Nockenwellenrad
10 Schraube
11 Schraube
12 Nabe
13 Zahnriemenschutz hinten
14 Schraube
15 Schraube
16 Umlenkrolle
17 Schraube
18 Nabe
19 Schraube
20 Zahnriemenrad der Hochdruckpumpe
21 Schraube
22 Kühlmittelpumpe
23 Schraube
24 Zahnriemenschutz-Oberteil
25 Zahnriemenschutz-Unterteil
26 Zahnriemenschutz-Mittelteil
27 Schraube
28 Schraube
29 Riemenscheibe/Schwingungsdämpfer
30 Schraube
31 Schutzblech
32 Schraube
33 Motorhalter

Bild 19
2,0-l-Diesel: Unterschiedliche Spannrollen.
Merkmale Spannrolle A: Zur Montage Absteckwerkzeug nötig, auf richtigen Sitz der Spannrolle im Zahnriemenschutz achten, Spannen des Zahnriemens durch Drehen des Exzenters der Spannrolle »im Uhrzeigersinn«.
Merkmale Spannrolle B: Kein Absteckwerkzeug nötig, Die Spannrolle hat keinen Sitz im Zahnriemenschutz, spannen des Zahnriemens durch Drehen des Exzenters der Spannrolle »entgegen dem Uhrzeigersinn«.

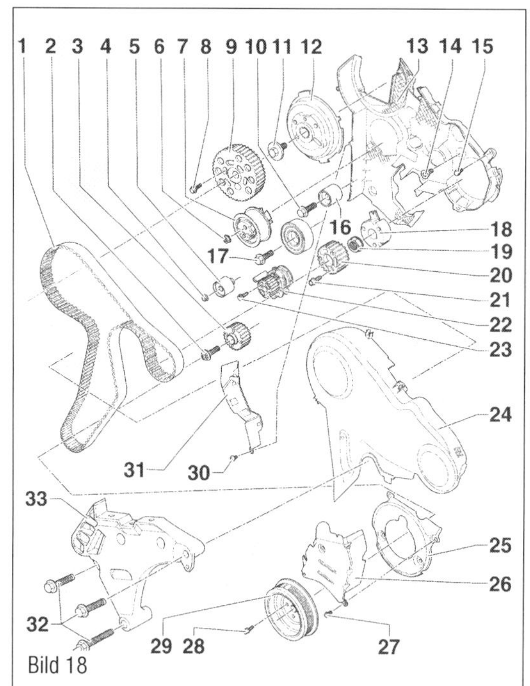

Bild 18

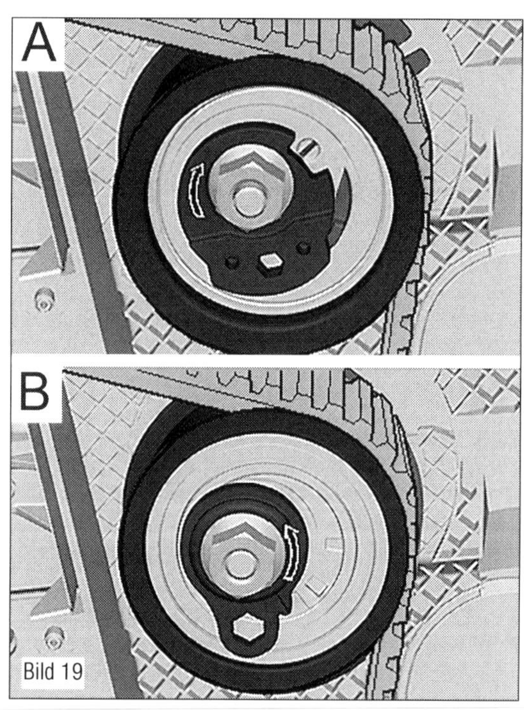

Bild 19

Demontage der Zahnriemenabdeckung (CAAA-CAAC, CFCA)

Die Montagearbeiten unterscheiden sich für die einzelnen Motoren kaum.

Zahnriemenabdeckung oben

- Zündung ausschalten und Zündschlüssel abziehen.
- Motorabdeckung oben und Geräuschdämpfung ausbauen.
- Kraftstofffilter und Zusatzkraftstoffpumpe V393 ausbauen.
- Stecker vom Kühlmitteltemperaturgeber am Kühlerausgang abziehen.
- Die drei Klammern am Zahnriemenschutz öffnen und den Zahnriemenschutz oben abnehmen.

Zahnriemenabdeckung unten

- Radhausschale vorn rechts, Keilrippenriemen und den Schwingungsdämpfer ausbauen.
- Den Zahnriemenschutz oben ausbauen.
- Zahnriemenschutz Mitte ausbauen (Bild 28) und die Befestigungsmutter des Kühlmittelrohres herausschrauben.
- Zahnriemenabdeckung unten demontieren.

Demontage des Zahnriemens (CAAA-CAAC, CFCA)

Auch beim Zahnriemen gilt: Vor dem Ausbau die Laufrichtung markieren, den Riemen auf Verschleiß prüfen, ihn nicht knicken. Einstellarbeiten am Zahnriemen dürfen immer nur bei kaltem Motor durchgeführt werden, da sich die Zeigerposition des Spannelements abhängig von der Motortemperatur ändert.

- Saugrohrdruckgeber (3 im Bild 20) aus dem Ansaugschlauch (4) im Uhrzeigersinn entriegeln und herausziehen.
- Saugrohrdruckgeber (3) zur Seite legen.
- Federbandschelle (2) öffnen und Ansaugschlauch (4) vom Luftfiltergehäuse abziehen und zur Seite legen.
- Ausgleichsbehälter für Hydrauliköl abbauen und zur Seite legen.

Fahrzeuge mit Monoturbo-Motor

- Halteklammer anheben und den Druckschlauch vom Ladeluftkühler zum Motor abziehen.
- Den Zahnriemenschutz abnehmen.
- Schraube vom Druckrohr vom Turbo zum Ladeluftkühler herausdrehen.

Fahrzeuge mit Biturbo-Motor

- Verbindungsschlauch am Pulsationsdämpfer lösen und zur Seite legen.

Fortsetzung alle Fahrzeuge

- Elektrischen Leitungsstrang aus dem Zahnriemenschutz oben aushängen.

■ Klammern öffnen und den Zahnriemenschutz abnehmen.
■ Keilrippenriemen ausbauen.
■ Schwingungsdämpfer ausbauen.
■ Spannelement für Keilrippenriemen entspannen.
■ Zahnriemenschutz unten ausbauen. Dazu die Schrauben (Pfeile im Bild 21) herausdrehen.
■ Motor auf oberen Totpunkt drehen.
■ Kurbelwellen-Zahnriemenrad mit dem Kurbelwellenstopp (T10050 im Bild 22) abstecken. Dazu Kurbelwellenstopp von der Stirnseite des Zahnriemenrads her in dessen Verzahnung aufschieben. Die Markierung (2) auf dem Zahnriemenrad und die Pfeilmarkierung (1) auf dem Kurbelwellenstopp (T10050) müssen sich gegenüberstehen (Pfeil). Dabei muss der Zapfen des Kurbelwellenstopps (Pfeil im Bild 23) in die Bohrung des Dichtflansches eingreifen. Der Pfeil auf dem Nockenwellenrad (1) muss dabei nahezu auf »12 Uhr« stehen.
■ Laufrichtung des Zahnriemens (3 im Bild 24) kennzeichnen.
■ Schrauben des Hochdruckpumpenrades lösen und dann herausdrehen.

Spannrolle A (Bild 19):
■ Mutter der Spannrolle lösen und den Exzenter der Spannrolle mit dem Steckschlüssel (T10264) entgegen dem Uhrzeigersinn drehen, bis die Spannrolle mit dem Absteckstift (T10265) arretiert werden kann.
■ Den Exzenter der Spannrolle im Uhrzeigersinn bis zum Anschlag drehen. Die Mutter (1 im Bild 25) handfest anziehen.

Spannrolle B (Bild 19):
■ Mutter (1 im Bild 26) der Spannrolle lösen.
■ Exzenter (2) der Spannrolle mit dem Steckschlüssel (T10409) im Uhrzeigersinn (Pfeil) drehen, bis die Spannrolle entspannt ist.
■ Mutter (1) handfest anziehen.
■ Zahnriemen zuerst von der Umlenkrolle und dann von den übrigen Zahnrädern abnehmen.

Fortsetzung für beide Spannrollen:
■ Zahnriemen zuerst vom Nockenwellenrad und dann von den übrigen Zahnrädern abnehmen.

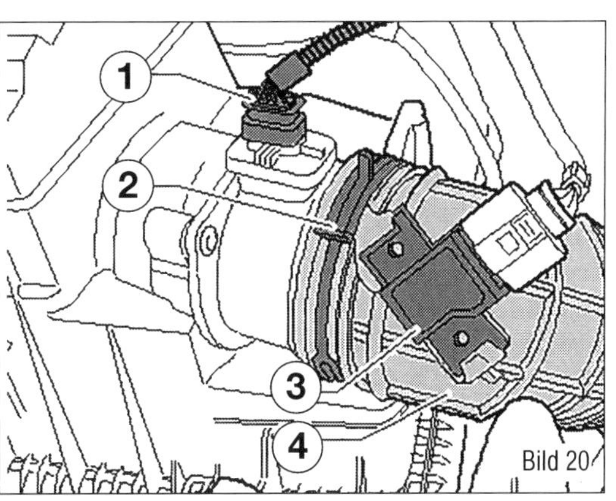

Bild 20
2,0-l-Diesel.
1 Anschluss Luftmassenmesser
2 Federbandschelle
3 Saugrohrdruckgeber
4 Ansaugschlauch Luftfilter/Turbolader

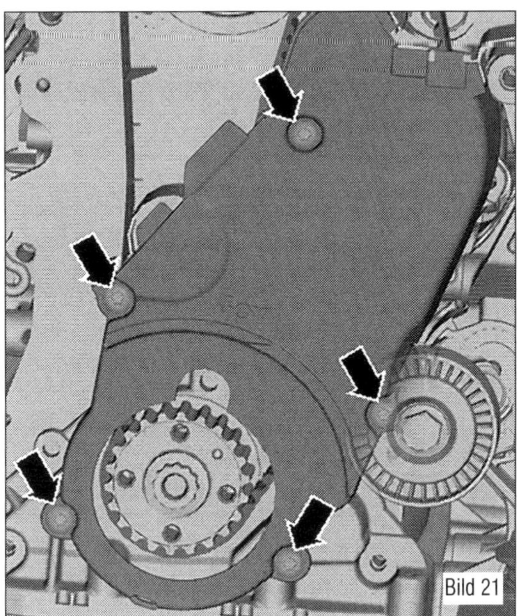

Bild 21
2,0-l-Diesel: Zahnriemenschutz unten. Pfeile Verschraubungen.

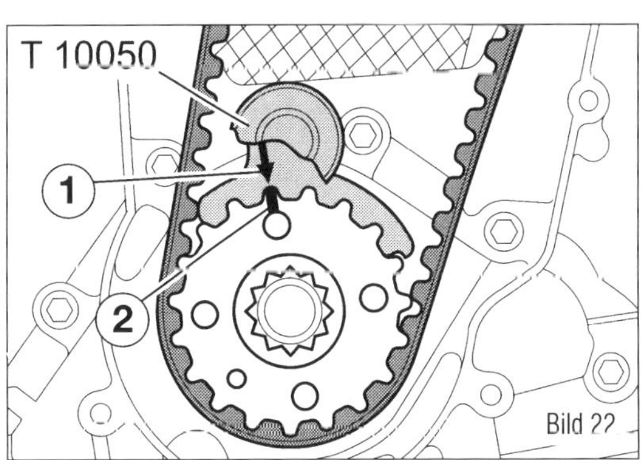

Bild 22
2,0-l-Diesel.
T10050 Absteckwerkzeug Kurbelwelle
1 Pfeilmarkierung
2 Markierung auf dem Kurbelwellenrad

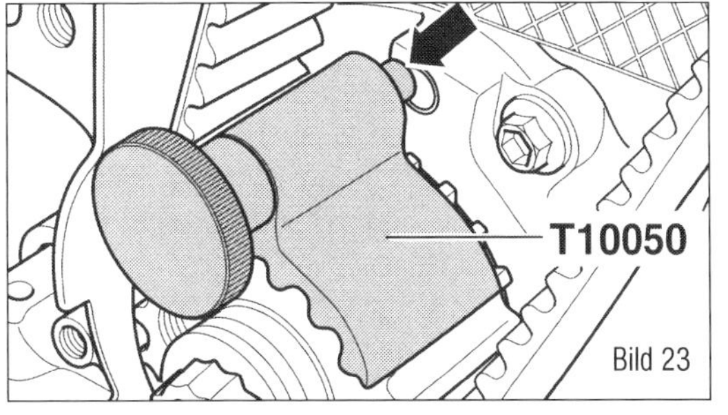

Bild 23
2,0-l-Diesel.
T10050 Absteckwerkzeug Kurbelwelle
Pfeil = Bohrung und Passnase

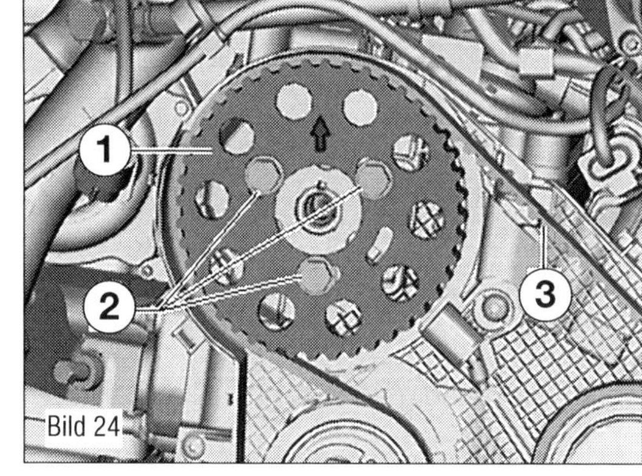

Bild 24
2,0-l-Diesel.
1 Nockenwellenrad
2 Schrauben Nockenwellenrad
3 Zahnriemen

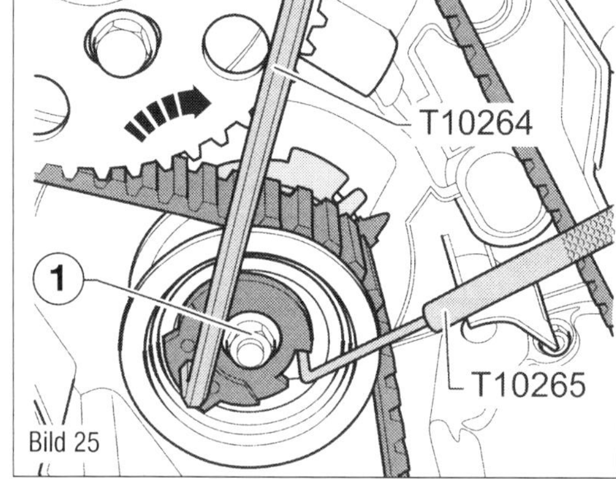

Bild 25
2,0-l-Diesel.
T10264 Inbusschlüssel
T10265 Absteckwerkzeug Kurbelwelle
1 Mutter Spannrolle

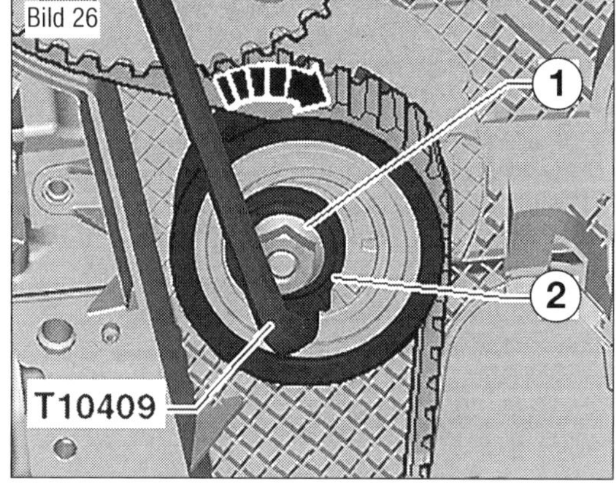

Bild 26
2,0-l-Diesel.
T10409 Absteckwerkzeug
1 Mutter Spannrolle
2 Exzenter

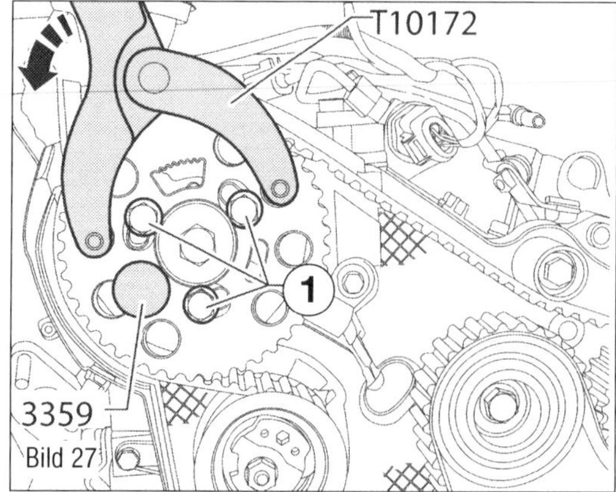

Bild 27
2,0-l-Diesel.
T10172 Gegenhalter
3359 Absteckwerkzeug
1 Schraube Nockenwellenrad

Der Einbau erfolgt in umgekehrter Reihenfolge, dabei Folgendes beachten:

- Soll die Spannrolle erneuert werden, muss die Motorstütze ausgebaut werden.
- Die Schrauben für Nockenwellen- und Hochdruckpumpenrad müssen ersetzt werden.
- Die Spannrolle muss mit dem Absteckwerkzeug abgesteckt und entspannt fixiert sein.
- Die Kurbelwelle ist mit dem Kurbelwellenstopp (T10050 im Bild 23) arretiert.
- Spannrolle A: Die Spannrolle muss mit dem Absteckwerkzeug (T10265) abgesteckt und auf Rechtsanschlag fixiert sein.
- Spannrolle B: Spanner der Spannrolle in 9-Uhr-Stellung bringen und fixieren.

Fortsetzung für beide Spannrollen

- Gegebenenfalls die Nabe der Nockenwelle mit dem Gegenhalter drehen, bis sich die Nabe der Nockenwelle abstecken lässt. Dazu mindestens eine Schraube (2 im Bild 24) handfest anziehen.
- Nabe der Nockenwelle mit dem Absteckstift für Diesel-Einspritzpumpe (3359 im Bild 27) arretieren. Dazu den Absteckstift durch das äußere freie Langloch in die Bohrung des Zylinderkopfs stecken.
- Die handfest angezogenen Schrauben wieder lösen. Die Nabe der Hochdruckpumpe mit einem Schraubendreher an den Schraubenköpfen drehen, bis sich die Nabe der Hochdruckpumpe abstecken lässt.
- Die Nabe der Hochdruckpumpe mit dem Absteckstift für Diesel-Einspritzpumpe (3359 im Bild 28) arretieren. Dazu den Absteckstift in die Passung außerhalb des Zahnriemenrads schieben.
- Die Schrauben (1) lose eindrehen. Das Zahnriemenrad Hochdruckpumpe muss sich gerade noch drehen lassen und darf nicht kippen.
- Das Nockenwellenrad (3 im Bild 29) und das Zahnriemenrad der Hochdruckpumpe (5) in ihren Langlöchern im Uhrzeigersinn auf Anschlag drehen.
- Zahnriemen in der folgenden Reihenfolge auflegen (Bild 29):

1 - Kurbelwellen-Zahnriemenrad
2 - Spannrolle
3 - Zahnriemenrad Nockenwelle
4 - Zahnriemenrad Kühlmittelpumpe
5 - Zahnriemenrad Hochdruckpumpe
6 – Umlenkrolle

Spannrolle A:

■ Die Mutter der Spannrolle lösen und das Absteckwerkzeug (T10265 im Bild 25) herausziehen. Auf den richtigen Sitz der Nase der Spannrolle im Zahnriemenschutz hinten achten.

■ Den Exzenter der Spannrolle mit dem Winkelschraubendreher (T10264) vorsichtig im Uhrzeigersinn drehen. Der Zeiger muss etwas über die Mitte der Lücke der Grundplatte stehen (das korrigiert sich beim Erzeugen der Vorspannung). Darauf achten, dass sich die Mutter (1) nicht mitdreht.

■ Spannrolle in dieser Lage festhalten und Mutter der Spannrolle festziehen.

Weiter alle Fahrzeuge:

■ Den Gegenhalter (T10172 im Bild 24) wie gezeigt ansetzen. Den Gegenhalter (T10172) in Pfeilrichtung drücken und das Nockenwellenrad auf Vorspannung halten.

■ In dieser Stellung die Schrauben (1) des Nockenwellenrads und des Zahnriemenrads der Hochdruckpumpe zunächst handfest anziehen und nachfolgend festziehen.

Spannrolle B:

■ Mutter (1 im Bild 26) der Spannrolle lösen.

■ Exzenter (2) der Spannrolle mit dem Winkelschraubendreher (T10409) vorsichtig entgegen dem Uhrzeigersinn drehen. Der Zeiger oberhalb der Spannrolle muss etwas über die Mitte der Lücke auf der Grundplatte stehen (korrigiert sich beim Erzeugen der Vorspannung). Darauf achten, dass sich die Mutter (1) nicht mitdreht. Die Markierungen auf dem Spannelement und der Spannrolle (Pfeil) sind jetzt nahezu in Deckung.

■ Die Spannrolle in dieser Lage festhalten. Die Mutter der Spannrolle (1) festziehen.

■ Den Gegenhalter (T10172 im Bild 27) wie gezeigt ansetzen. Den Gegenhalter gegen den Uhrzeigersinn drücken und das Nockenwellenrad auf Vorspannung halten.

■ In dieser Stellung die neuen Schrauben (1) des Nockenwellenrads und des Zahnriemenrads der Hochdruckpumpe zunächst handfest anziehen und nachfolgend festziehen.

Fortsetzung für beide Spannrollen

■ Den Absteckstift für Diesel-Einspritzpumpe (3359 im Bild 28) und den Kurbelwellenstopp (T10050 im Bild 23) entfernen.

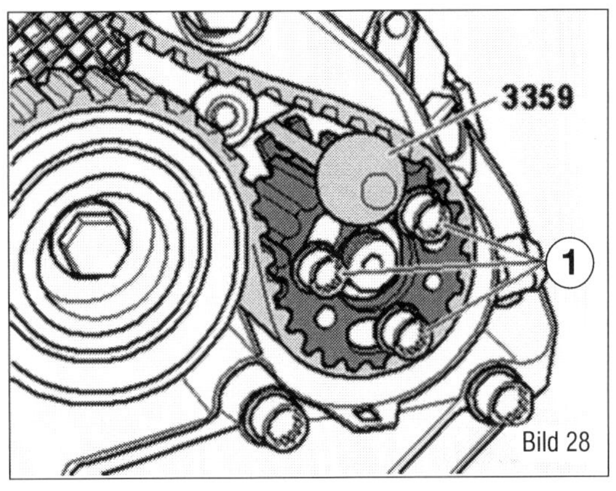

Bild 28
2,0-l-Diesel.
3359 Absteckwerkzeug
1 Schraube Hochdruckpumpe

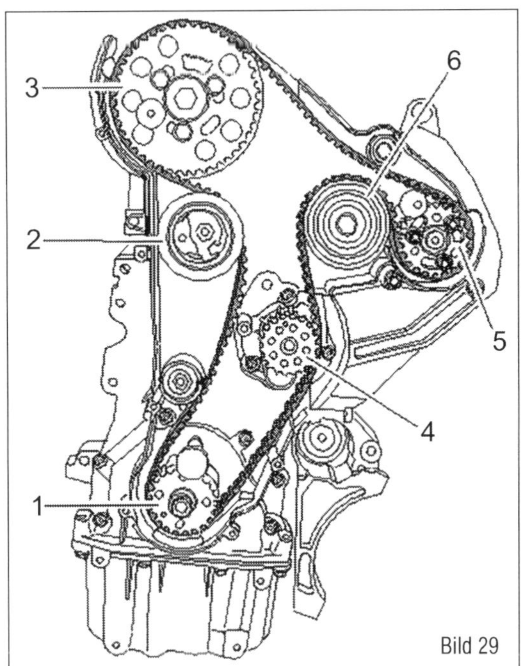

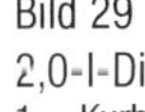
Bild 29
2,0-l-Diesel.
1 Kurbelwellen-Zahnriemenrad
2 Spannrolle
3 Zahnriemenrad Nockenwelle
4 Zahnriemenrad Kühlmittelpumpe
5 Zahnriemenrad Hochdruckpumpe
6 Umlenkrolle

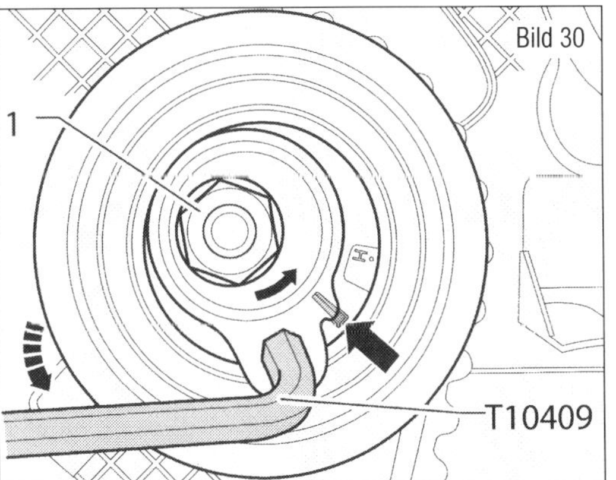

Bild 30
2,0-l-Diesel.
T10409 Absteckwerkzeug
1 Mutter Spannrolle
Pfeil = Markierung

■ Kurbelwelle mindestens 2 Umdrehungen in Motordrehrichtung weiterdrehen und kurz vor oberen Totpunkt für Zylinder 1 stellen.

■ Den Kurbelwellenstopp (T10050 im Bild 23) wieder an das Kurbelwellen-Zahnriemenrad ansetzen.

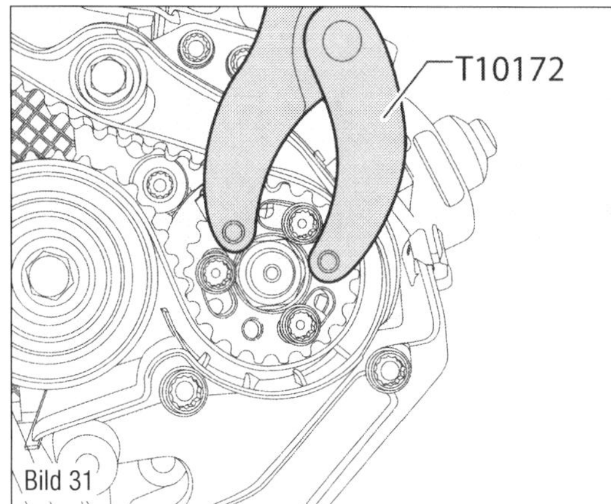
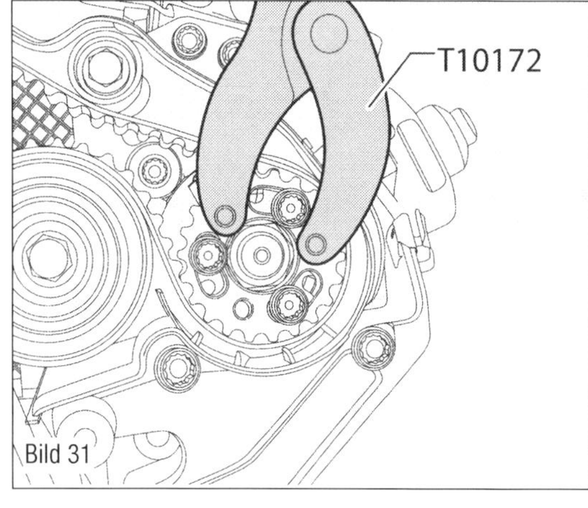

Bild 31
2,0-l-Diesel: T10172 Gegenhalter.

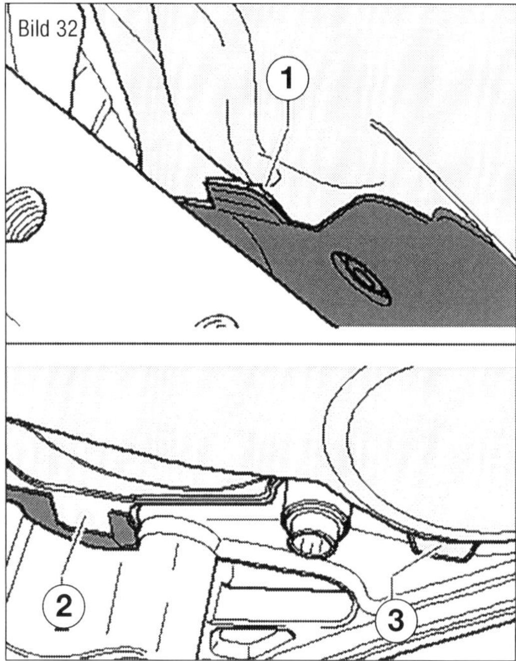

Bild 32
2,0-l-Diesel.
1 Nase Zahnriemenschutz unten
2 Nase Zahnriemenschutz Mitte
3 Nase Zahnriemenschutz Mitte

■ Jetzt die Kurbelwelle in Motordrehrichtung drehen, bis der Zapfen des Kurbelwellenstopps (Pfeil im Bild 23) aus der Drehbewegung heraus in den Dichtflansch eingreift.

Kontrolle der Steuerzeiten
Bei der folgenden Kontrolle beschränkt sich das Abstecken auf Nockenwelle und Kurbelwelle. Die Absteckposition der Hochdruckpumpen-Nabe lässt sich nur sehr schwer wiederfinden. Eine geringe Abweichung (Pfeil) hat jedoch keinen Einfluss auf den Motorlauf.
■ Kontrollieren Sie, ob sich
A) die Nabe der Nockenwelle mit dem Absteckstift für Diesel-Einspritzpumpe (3359 Bild 28) arretieren lässt.
B) der Spannrollenzeiger mittig oder max. 5 mm rechts von der Grundplattenlücke steht.

Lässt sich die Nabe der Nockenwelle nicht arretieren:
■ Den Kurbelwellenstopp (T10050 im Bild 23) so weit zurückziehen, dass der Zapfen die Bohrung freigibt.
■ Die Kurbelwelle entgegen der Motordrehrichtung etwas über den oberen Totpunkt hinausdrehen.
■ Die Kurbelwelle langsam in Motordrehrichtung drehen, bis sich die Nabe der Nockenwelle abstecken lässt.
■ Nach dem Abstecken die Schrauben des Zahnriemenrads der Nockenwelle lösen.

Steht der Zapfen des Kurbelwellenstopps (T10050 im Bild 23) links neben der Bohrung:
■ Die Kurbelwelle in Motordrehrichtung drehen, bis der Zapfen des Kurbelwellenstopps aus der Drehbewegung heraus in den Dichtflansch eingreift.
■ Schrauben des Zahnriemenrads der Nockenwelle zunächst handfest anziehen und anschließend festziehen.

Steht der Zapfen des Kurbelwellenstopps (T10050 im Bild 23) rechts neben der Bohrung:
■ Die Kurbelwelle wieder etwas entgegen der Motordrehrichtung drehen.
■ Jetzt die Kurbelwelle in Motordrehrichtung drehen, bis der Zapfen des Kurbelwellenstopps aus der Drehbewegung heraus in den Dichtflansch eingreift.
■ Schrauben des Zahnriemenrads der Nockenwelle zunächst handfest anziehen und anschließend festziehen.
■ Absteckstift für Diesel-Einspritzpumpe (3359) und Kurbelwellenstopp (T10050 im Bild 23) entfernen.
■ Kurbelwelle mindestens 2 Umdrehungen in Motordrehrichtung weiterdrehen und kurz vor oberen Totpunkt für Zylinder 1 stellen.
■ Kontrolle wiederholen.
■ Lässt sich die Nabe der Nockenwelle jetzt abstecken, die Schrauben wie folgt nachziehen:
A) Nockenwellenrad: 45° weiterdrehen. Mit Gegenhalter (T10172) und Adaptern (T10172/4) gegenhalten.
B) Hochdruckpumpenrad: 90° weiterdrehen. Mit Gegenhalter (T10172) und Adaptern (T10172/8) gegenhalten.

- Den Zahnriemenschutz unten einbauen.
- Den Schwingungsdämpfer/Riemenscheibe einbauen.
- Den Keilrippenriemen einbauen.
- Zahnriemenschutz oben zuerst hinten in den Zahnriemenschutz Mitte (1) einhängen.
- Danach den Zahnriemenschutz oben in den Zahnriemenschutz Mitte (2) und (3) einhängen.
- Keilrippenriemen einbauen.
- Falls vorhanden, Geräuschdämpfung einbauen.

Demontage der Zahnriemenabdeckung (CXEB, CXFA, CXGA, CXGB, CXHA, CXGC, CXHB, CXEC)

Die Montagearbeiten unterscheiden sich für die einzelnen Motoren kaum.

Zahnriemenabdeckung oben (5 im Bild 33):

- Zündung ausschalten und Zündschlüssel abziehen.
- Motorabdeckung oben und Geräuschdämpfung ausbauen (soweit vorhanden).
- Die Rastnasen am Zahnriemenschutz öffnen und den Zahnriemenschutz oben abnehmen.

Zahnriemenschutz seitlich (4 im Bild 33):

- Zahnriemenschutz oben wie beschrieben ausbauen.
- Schraube (3) herausdrehen.
- Zahnriemenschutz seitlich (4) abnehmen.

Die Montage erfolgt sinngemäß in umgekehrter Reihenfolge.

- Ziehen Sie die Schraube (3) mit 12 Nm an.

Zahnriemenabdeckung unten (1 im Bild 33):
Der Zahnriemenschutz ist unten mit einer Führung versehen, die in den Dichtflansch greift. Zur Demontage des Zahnriemenschutzes bei eingebauter Motorstütze muss diese Führung im Zahnriemenschutz zerstört werden.

- Den Zahnriemenschutz seitlich ausbauen.
- Den Schwingungsdämpfer ausbauen.

Zahnriemenschutz bei auslaufender Serie:

- Bohrung nach den angegebenen Maßen im Bild 34 setzen.

Um Schäden zu vermeiden, folgenden Arbeitsschritt sehr sorgfältig durchführen!

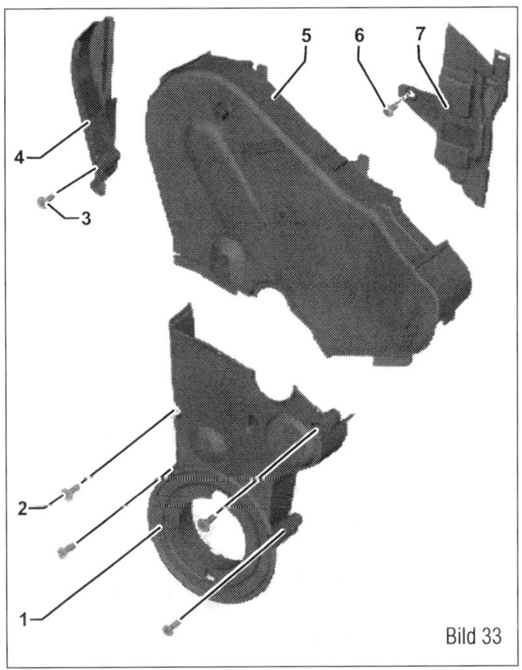

Bild 33

Bild 33
2,0-l-Diesel (CXEB, CXFA, CXGA, CXGB, CXHA, CXGC, CXHB, CXEC).
1 Zahnriemenschutz
2 Schrauben
3 Schraube
4 Zahnriemenschutz
5 Zahnriemenschutz
6 Schraube
7 Zahnriemenschutz

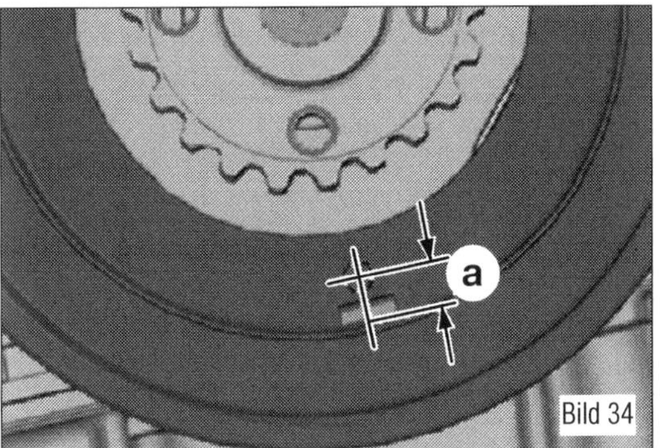

Bild 34

Bild 34
2,0-l-Diesel (CXEB, CXFA, CXGA, CXGB, CXHA, CXGC, CXHB, CXEC).
a Abstand für die Bohrung 10 mm mit 8 mm Durchmesser bei den alten Varianten

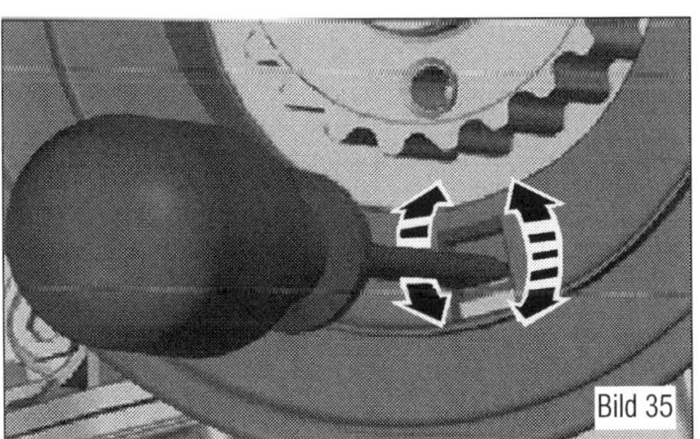
Bild 35

Bild 35
2,0-l-Diesel (CXEB, CXFA, CXGA, CXGB, CXHA, CXGC, CXHB, CXEC). Abbrechen der Rastnase mit einem Schraubendreher bei den neuen Varianten.

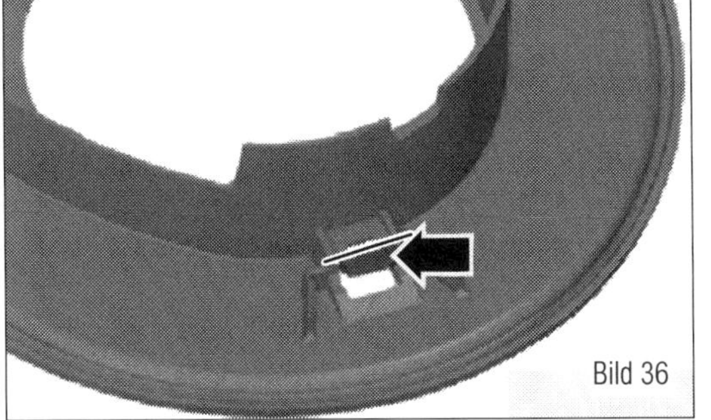
Bild 36

Bild 36
2,0-l-Diesel (CXEB, CXFA, CXGA, CXGB, CXHA, CXGC, CXHB, CXEC). Abtrennen der Rastnase vor der Montage einer neuen Verkleidung bei den neuen Varianten.

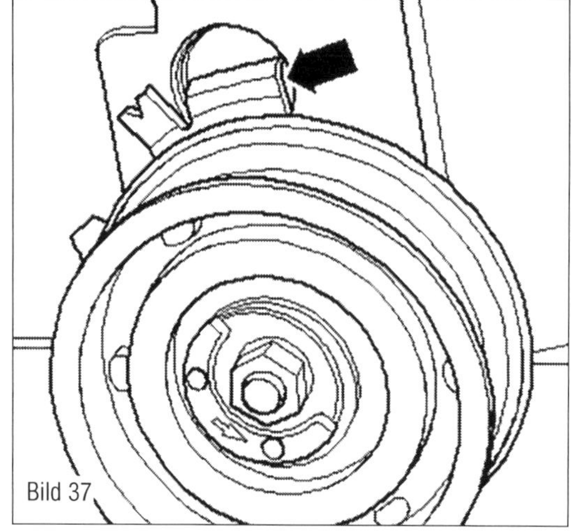

Bild 37
Der Haltewinkel (Pfeil) sitzt in der Vertiefung.

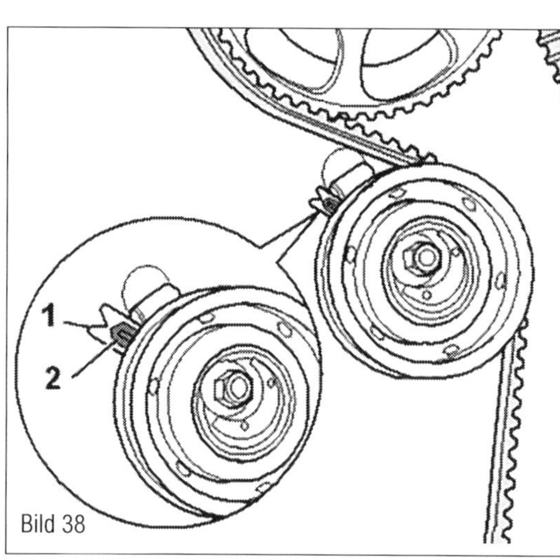

Bild 38
Kerbe (1) und Markierung (2) müssen übereinstimmen.

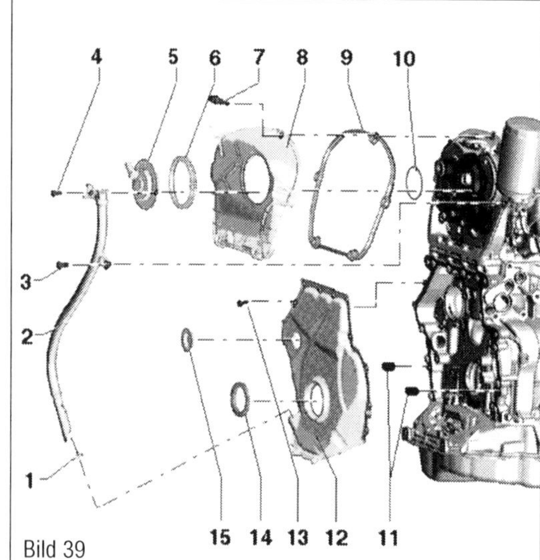

Bild 39
2,0-l-MED.
1 O-Ring
2 Führungsrohr Ölmessstab
3 Schraube
4 Schraube
5 Ventil 1 Nockenwellenverstellung
6 Dichtring
7 Schraube
8 Abdeckung oben Steuerkette
9 Dichtung
10 O-Ring
11 Passstifte
12 Abdeckung unten für Steuerkette
13 Schraube
14 Wellendichtring
15 Verschlussstopfen

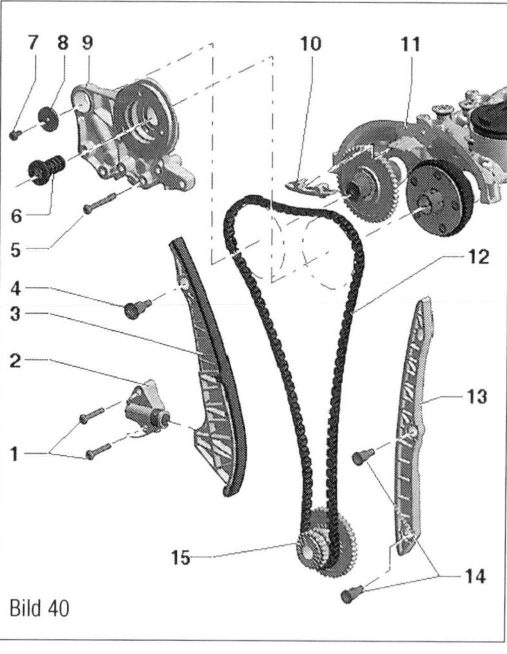

Bild 40
2,0-l-MED.
1 Schraube
2 Kettenspanner
3 Spannschiene Steuerkette
4 Führungsbolzen
5 Schraube
6 Regelventil
7 Schraube
8 Unterlegscheibe
9 Lagerbrücke
10 Gleitschiene Nockenwellensteuerkette
11 Nockenwellengehäuse
12 Nockenwellensteuerkette
13 Gleitschiene Nockenwellensteuerkette
14 Führungsbolzen
15 Kettenrad

Weiter für alle Varianten:

- Schraubendreher durch die Bohrung führen und die Führungsnase des Zahnriemenschutzes nach hinten wegbrechen.

Zahnriemenschutz neuerer Bauart:

- Den Schraubendreher in den Schlitz der Führungsnase stecken.
- Durch Drehen des Schraubendrehers in Pfeilrichtung (Bild 35) die Führungsnase wegbrechen.

Weiter für alle Varianten:

- Die Schrauben (2 im Bild 33) herausdrehen.
- Den Zahnriemenschutz unten (1 im Bild 33) abnehmen.

Die Montage erfolgt sinngemäß in umgekehrter Reihenfolge.

- Wenn ein neuer Zahnriemenschutz eingebaut wird, muss die Führungsnase (Pfeil im Bild 36) vor dem Einbau abgetrennt (Linie) werden.

Halbautomatische Zahnriemenspannrolle prüfen

Um die Zahnriemenspannrolle prüfen zu können, darf der Motor maximal handwarm sein. Der Haltewinkel (Pfeil im Bild 37) muss in die Aussparung eingreifen. Um die Stellung des Zeigers und der Kerbe besser beurteilen zu können, sollten Sie einen Spiegel benutzen.

Prüfablauf

- Motorabdeckung oben ausbauen.

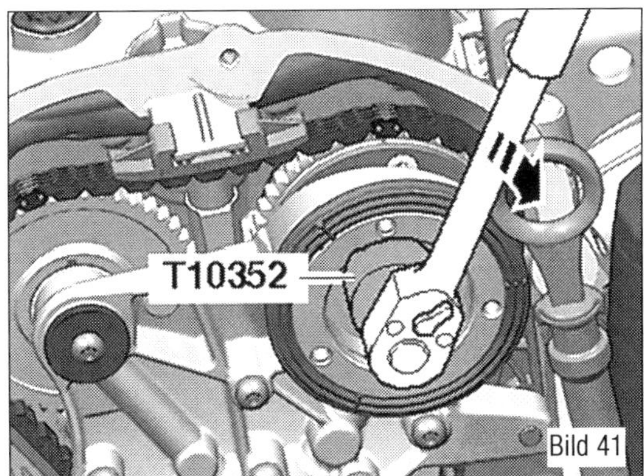

Bild 41
2,0-l-MED.
T 10352 Demontagewerkzeug
Pfeil = Demontagerichtung

- Zahnriemenschutz-Oberteil ausbauen.
- Motor auf OT für Zylinder 1 stellen.
- Zahnriemen mit kräftigem Daumendruck belasten. Der Zeiger (2 im Bild 38) muss sich verschieben.
- Zahnriemen wieder entlasten und Kurbelwelle 2 Umdrehungen in Motordrehrichtung weiterdrehen, bis Motor wieder auf OT für Zylinder 1 steht. Dabei ist es wichtig, dass die letzten 45° (1/8 Umdrehung) ohne Unterbrechung gedreht werden.
- Die Spannrolle muss in ihre Ausgangslage zurückgehen (Kerbe (1) und Zeiger (2) stehen sich wieder gegenüber).
- Zahnriemenschutz-Oberteil einbauen.
- Motorabdeckung oben einbauen.

Arbeiten am Kettentrieb der MED-Motoren

Zwei unterschiedliche Bauweisen sind im T6 verbaut worden. Aufgrund der Unterschiede stellen wir beide Bauweisen getrennt vor.

Steuerkette alte Varianten

- Abdeckung oben (8 im Bild 39) für Steuerkette ausbauen.
- Regelventil (6 im Bild 40) je nach Ausführung mit Demontagewerkzeug »T10352« oder Demontagewerkzeug »T10352/1« in Pfeilrichtung ausbauen.

⚠ Bitte beachten: Das Regelventil hat Linksgewinde.

- Schrauben (Pfeile im Bild 42) herausdrehen und Lagerbrücke abnehmen.
- Falls vorhanden, Geräuschdämpfung unten ausbauen.
- Schwingungsdämpfer mit dem Gegenhalter (T10355 im Bild 44) in OT-Stellung (Pfeil) drehen. Kerbe am Schwingungsdämpfer muss der Pfeilmarkierung an der

Bild 42
2,0-l-MED: Schrauben Lagerbrücke (Pfeile).

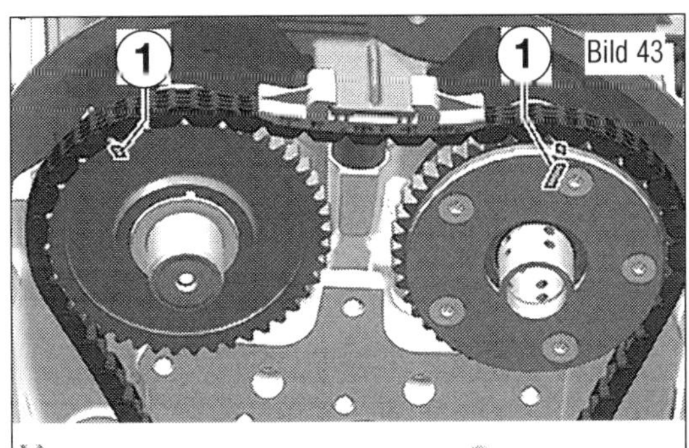

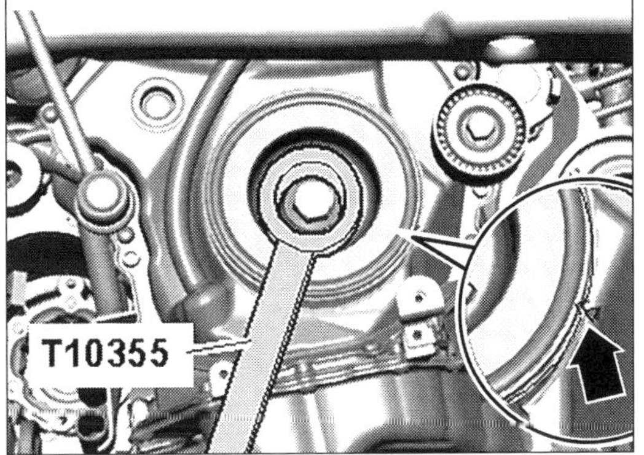

Bild 43
2,0-l-MED.
1 Markierung auf den Nockenwellenrädern
Pfeil = Markierung auf der Riemenscheibe der Kurbelwelle
T10355 Gegenhalter

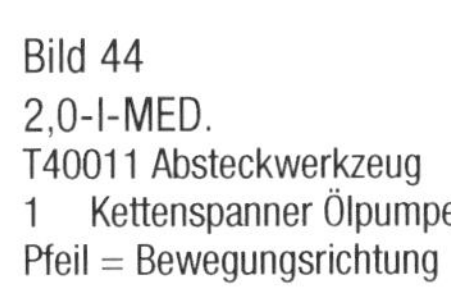

Bild 44
2,0-l-MED.
T40011 Absteckwerkzeug
1 Kettenspanner Ölpumpe
Pfeil = Bewegungsrichtung

Abdeckung unten für Steuerketten gegenüberstehen. Markierungen (1) der Nockenwellen müssen nach oben zeigen.

- Abdeckung unten (12 im Bild 39) für die Steuerkette ausbauen.
- Kettenspanner der Ölpumpe in (Pfeilrich-

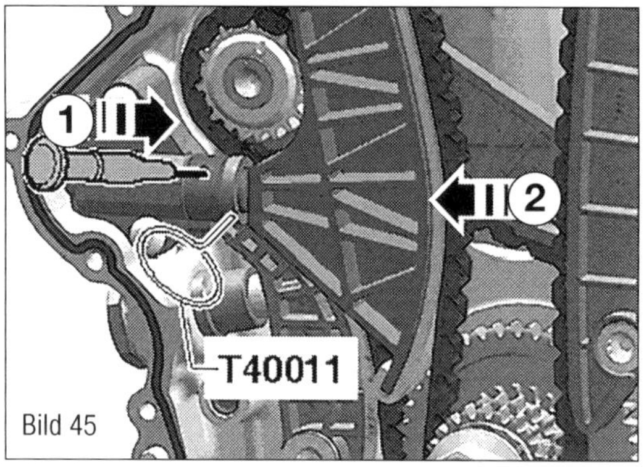

Bild 45
2,0-l-MED.
1 Schraubendreher zum Anheben des Arretierkeils
2 Bewegungsrichtung zum Entspannen
T40011 Absteckstift

Bild 46
2,0-l-MED: Markierungen an den Kettenrädern zum Positionieren der farbigen Glieder der Steuerkette.
Pfeil = Drehrichtung

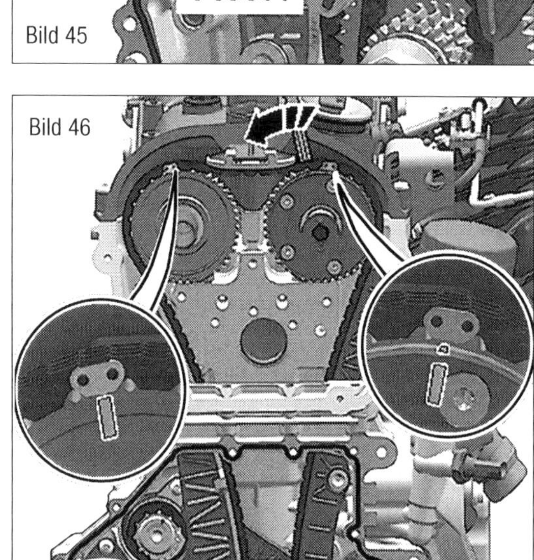

Bild 47
2,0-l-MED.
1 Markierung auf dem Nockenwellenrad
2 und 3 Markierung am Zylinderkopfdeckel
T10355 Gegenhalter

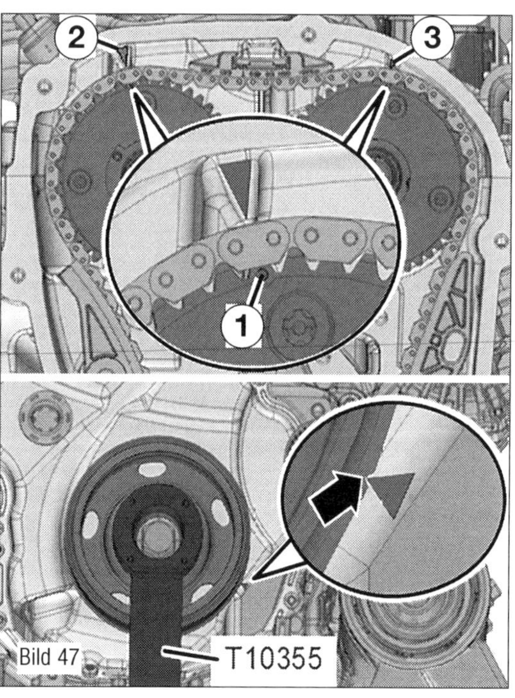

tung im Bild 44) drücken und mit Absteckstift (T40011) arretieren.

- Kettenspanner der Ölpumpe (1) ausbauen.
- Steuerkette der Ölpumpe abnehmen.
- Arretierkeil des Kettenspanners anheben.

Dazu eine Reißnadel oder einen geeigneten Schraubendreher in die Bohrung des Kettenspanners in (Pfeilrichtung 1 im Bild 45) einstecken.

- Spannschiene für Steuerkette in (Pfeilrichtung 2) drücken und mit Absteckstift (T40011) sichern.
- Nockenwellensteuerkette vom Zylinderkopf abnehmen. Einlassnockenwelle springt in Motordrehrichtung.
- Spannschiene für Steuerkette (3 im Bild 40) ausbauen.
- Gleitschiene für Nockenwellensteuerkette (13) ausbauen.
- Steuerkette abnehmen.

Der Einbau erfolgt in umgekehrter Reihenfolge, dabei ist Folgendes zu beachten:

- Der nachfolgende Arbeitsablauf muss in einem Arbeitsgang durchgeführt werden. Dazu ist ein 2. Mechaniker erforderlich.
- Die farbigen Kettenglieder (Bild 46) der Steuerkette müssen an den Markierungen der Kettenräder positioniert werden.
- Den Schlüssel so lange festhalten, bis die Spannschiene eingebaut ist.
- Steuerkette auf die Auslassnockenwelle auflegen.
- Steuerkette auf die Kurbelwelle auflegen.
- Einlassnockenwelle mit Schlüssel in Pfeilrichtung (im Bild 46) drehen und Steuerkette auflegen.
- Spannschiene für Steuerkette einbauen und Schraube (4 im Bild 40) festziehen.
- Gleitschiene für Nockenwellensteuerkette einbauen und Schrauben (14) festziehen.
- Lagerbrücke aufstecken und Schrauben (Pfeile im Bild 42) handfest eindrehen.
- Absteckstift (T40011 im Bild 45) entfernen.
- Schrauben (Pfeile im Bild 42) für die Lagerbrücke festziehen.
- Regelventil (6 im Bild 40) einbauen.
- Abdeckung unten (12 im Bild 39) für Steuerkette einbauen.
- Abdeckung oben (8) für Steuerkette einbauen.
- Spannvorrichtung für Keilrippenriemen einbauen.

■ Keilrippenriemen einbauen.
■ Falls vorhanden, Geräuschdämpfung einbauen.

Steuerkette neue Varianten

■ Motor in Einbaulage abfangen.
■ Motorstütze ausbauen.
■ Abdeckung oben für Steuerkette ausbauen.
■ Geräuschdämpfung ausbauen.
■ Rechtes Radhausschalen-Vorderteil ausbauen.
■ Schwingungsdämpfer mit dem Gegenhalter »T10355« in »OT-Stellung« drehen. Die Markierungen (1 im Bild 47) der Nockenwellenkettenräder müssen den Markierungen (2) und (3) gegenüberstehen. Die Kerbe am Schwingungsdämpfer und die Markierung an der Abdeckung unten für Steuerketten (Pfeil) müssen sich gegenüberstehen.
■ Abdeckung unten für Steuerkette ausbauen.
■ Steuerventile links und rechts mit Montagewerkzeug »T10352/2« in ausbauen.

Tipp: Die Steuerventile haben Linksgewinde.

■ Schrauben (Pfeile im Bild 48) herausdrehen und Lagerbrücke abnehmen.
■ Schrauben (Pfeile im Bild 49) herausdrehen.
■ Montagehebel (T40243) an den Verschraubungen (Pfeile) einschrauben.
■ Sicherungsring (1) des Kettenspanners zusammendrücken und festhalten.
■ Montagehebel (T40243) langsam in Pfeilrichtung drücken und festhalten.
■ Kettenspanner mit Absteckwerkzeug (T40267 im Bild 50) sichern.
■ Montagehebel (T40243) ausbauen.
■ Nockenwellenfixierung (T40271/2) wie im Bild 51 an den Zylinderkopf schrauben und in die Verzahnung des Kettenrads in Pfeilrichtung (2) schieben. Einlassnockenwelle gegebenenfalls mit Montagewerkzeug (T40266) verdrehen (1).
■ Nockenwellenfixierung (T40271/1) an den Zylinderkopf schrauben.

Tipp: Für den folgenden Arbeitsschritt ist die Hilfe eines 2. Mechanikers notwendig.

■ Auslassnockenwelle mit Montagewerkzeug (T40266 im Bild 51) in Pfeilrichtung (A) festhalten. Schraube (1) herausdrehen und Spannschiene (2) nach unten führen.

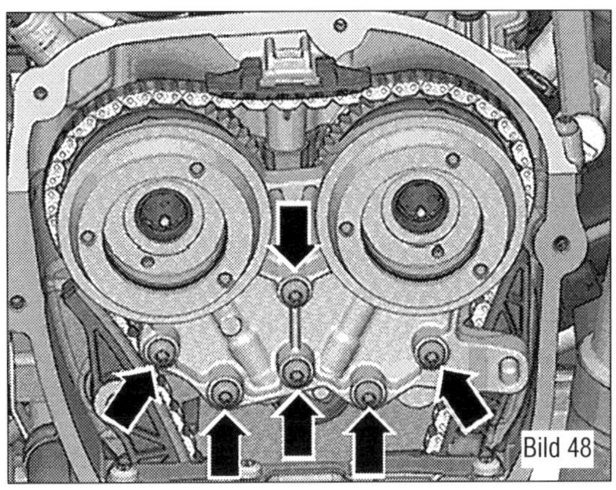

Bild 48
2,0-l-MED: Schrauben der Lagerbrücke (Pfeile).

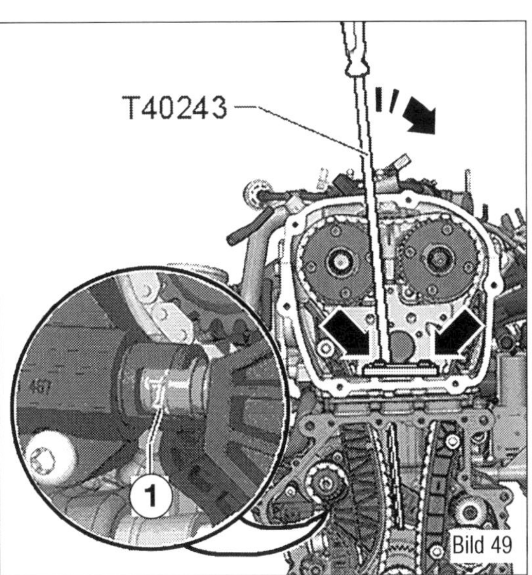

Bild 49
2,0-l-MED.
T 10243 Montagehebel
Pfeil = Bewegungsrichtung
1 Sicherungsring

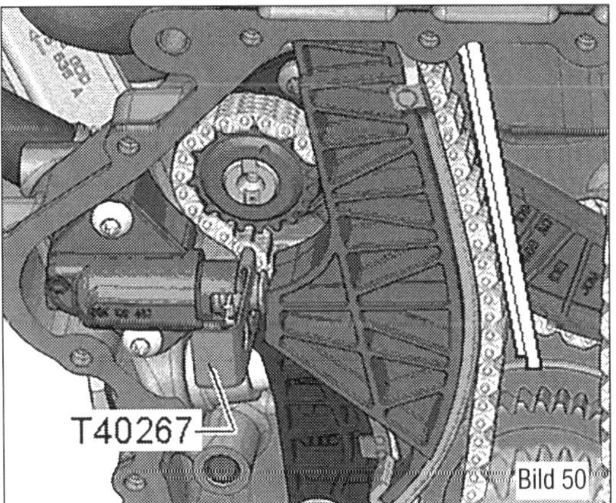

Bild 50
2,0-l-MED: T 40267 Absteckwerkzeug Kettenspanner.

Nockenwelle so weit im Uhrzeigersinn (A) weiterdrehen, bis die Nockenwellenfixierung (T40271/1) in die Verzahnung des Kettenrads (C) geschoben werden kann.
■ Gleitschiene oben über den Nockenwellenrädern ausbauen, dazu mit einem Schraubendreher Verrastung entriegeln und Gleitschiene nach vorn abdrücken.

Sichtprüfung

Messen

Bild 51
2,0-l-MED.
1 Schraube
2 Spannschiene
A Drehrichtung
B Montagerichtung
C Sitz im Kettenrad
T40266 Montagewerkzeug
T40271/1 Nockenwellenfixierung

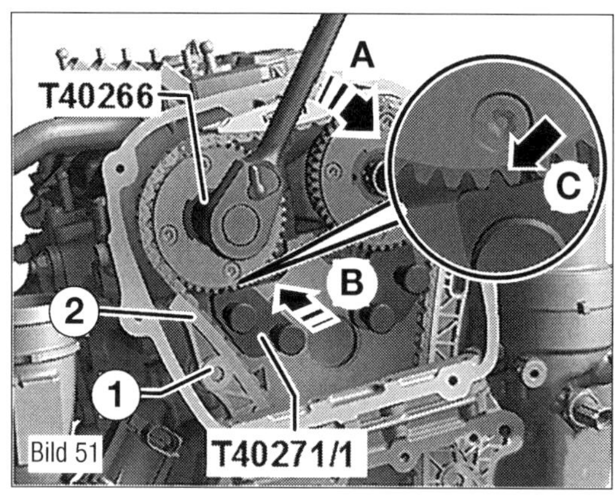

Bild 52
2,0-l-MED.
1 Kettenspanner
T40267 Absteckwerkzeug Kettenspanner
Pfeile = Schrauben

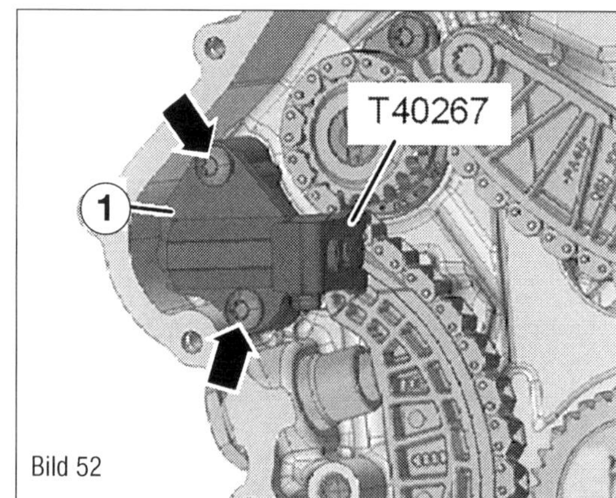

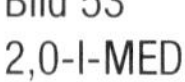

Bild 53
2,0-l-MED.
1 Schraube Kettenspanner für die Ölpumpe.
T40011 Absteckstift

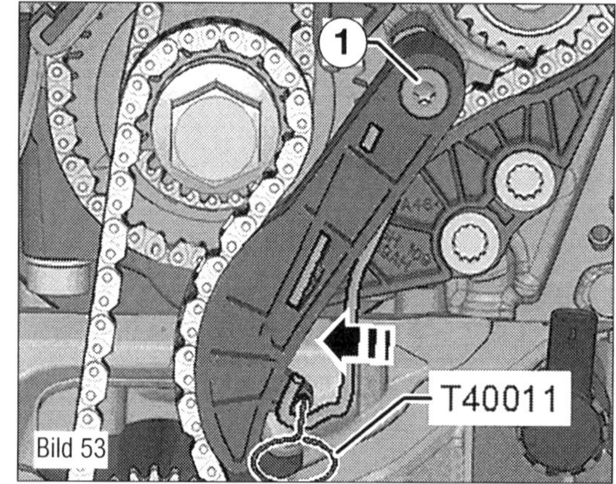

Bild 54
2,0-l-MED: Ablage der Steuerkette auf die Nockenwellenradzapfen.
Pfeile = farbige Kettenglieder

- Schrauben (Pfeile im Bild 52) herausdrehen und Kettenspanner (1) ausbauen.
- Spannbügel des Kettenspanners der Ölpumpe in Pfeilrichtung (im Bild 53) drücken und mit Absteckstift (T40011) arretieren.
- Schraube (1) herausdrehen und Kettenspanner ausbauen.
- Schrauben (14 im Bild 40) herausdrehen und Gleitschiene (13) ausbauen.
- Nockenwellensteuerkette von den Nockenwellenrädern abnehmen und auf die Zapfen der Nockenwellen hängen (Pfeile im Bild 54).
- Kettenspanner (1 im Bild 55) für Ausgleichswellensteuerkette ausbauen.
- Schrauben (1 im Bild 56) herausdrehen.
- Spannschiene (2) und Gleitschienen (3) und (4) ausbauen.
- Spannschraube (A im Bild 57) lösen und Spannbolzen (B) herausdrehen.
- Dreistufiges Kettenrad herausnehmen, dazu Steuerkette für Ölpumpenantrieb abnehmen.
- Nockenwellensteuerkette und Antriebskette für Ausgleichswelle abnehmen.

Einbauen

- OT der Kurbelwelle prüfen, die Abflachung an der Kurbelwelle (Pfeil im Bild 58) muss waagerecht stehen.
- Markierung am Zylinderblock (1), wie gezeigt, mit einem wasserfesten Stift anbringen.
- Zahn (1 im Bild 59) des dreistufigen Kettenrads mit einem wasserfesten Stift zur Markierung (2) kennzeichnen.
- Zwischenrad und Ausgleichswelle auf Markierungen (Pfeil im Bild 60) drehen, Schraube (1) nicht lösen. Die Markierungen auf Zwischenrad und Ausgleichswelle sind schwer einsehbar.
- Antriebskette für Ausgleichswellen auflegen, die farbigen Kettenglieder (Pfeile im Bild 61) an den Markierungen der Kettenräder positionieren.
- Gleitschiene (3 im Bild 56) einbauen und Schrauben (1) festziehen.
- Nockenwellensteuerkette mit den farbigen Kettengliedern (Pfeile im Bild 54) auf die Zapfen der Nockenwellen hängen.
- Steuerkette für Ölpumpenantrieb auf das dreistufige Kettenrad legen.
- Dreistufiges Kettenrad in Pfeilrichtung (Bild 62) zum Motor schwenken und auf die

Kurbelwelle stecken. Die Markierungen (Pfeile) müssen sich gegenüberstehen.

■ Spannbolzen (T10531/2 im Bild 57) in die Kurbelwelle einschrauben und handfest anziehen.

■ Durchdrehwerkzeug »T10531/3« ansetzen. Bundmutter »T10531/4« handfest aufschrauben. Mit einem Maulschlüssel SW 32 das Durchdrehwerkzeug leicht hin und her bewegen, dabei die Bundmutter nachziehen, bis das Kettenrad fest auf der Verzahnung der Kurbelwelle sitzt. Erst jetzt die Spannschraube (A im Bild 58) festziehen.

■ Farbiges Kettenglied der Antriebskette für Ausgleichswellen (Pfeil unten im Bild 63) an der Markierung des dreistufigen Kettenrads positionieren. Spannschiene (2 im Bild 56) und Gleitschiene (4) einbauen. Schrauben (1) der beiden Schienen festziehen.

■ Kettenspanner (1 im Bild 55) einbauen.

■ Einstellung nochmals prüfen, die farbigen Kettenglieder (Pfeile oben und unten im Bild 63) müssen an den Markierungen der Kettenräder stehen.

■ Nockenwellensteuerkette auf Einlassnockenwelle, Auslassnockenwelle und Kurbelwelle auflegen. Die farbigen Kettenglieder (Pfeile im Bild 46) an den Markierungen der Kettenräder positionieren.

■ Gleitschiene (13 im Bild 40) einbauen und Schrauben (14) festziehen.

■ Obere Gleitschiene über den Nockenwellenrädern einbauen.

Für den folgenden Arbeitsschritt ist die Hilfe eines 2. Mechanikers notwendig.

■ Auslassnockenwelle mit Montagewerkzeug (T40266 im Bild 51) etwas in Pfeilrichtung (A) drehen und Nockenwellenfixierung (T40271/1) aus der Verzahnung des Kettenrads schieben.

■ Nockenwelle entlasten, bis die Steuerkette an der oberen Gleitschiene über die Nockenwellenräder anliegt. Nockenwelle in dieser Position festhalten, Spannschiene (3 im Bild 40) einbauen und die Schraube festziehen.

■ Kettenspanner (1 im Bild 52) einbauen und Schrauben (Pfeile) festziehen.

■ Kettenspanner (1 im Bild 44) einbauen. Der Drahtbügel muss in der Aussparung am Ölwannenoberteil zur Anlage kommen.

■ Schraube (1) festziehen und Absteckstift (T40011) entfernen.

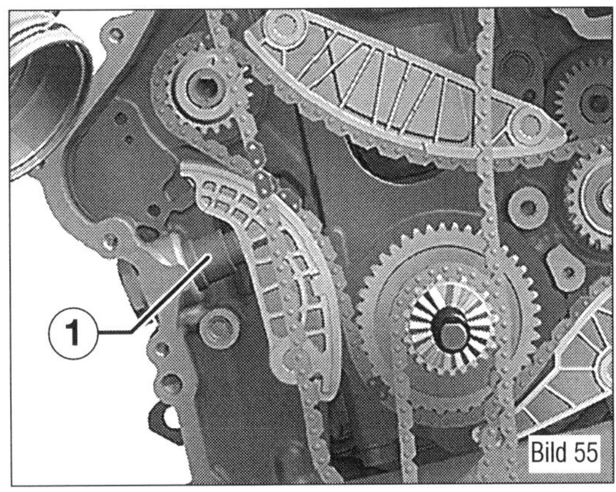

Bild 55
2,0-l-MED.
1 Kettenspanner für die Ausgleichskette

Bild 56
2,0-l-MED
1 Schrauben
2 Spannschiene
3 Gleitschiene
4 Gleitschiene

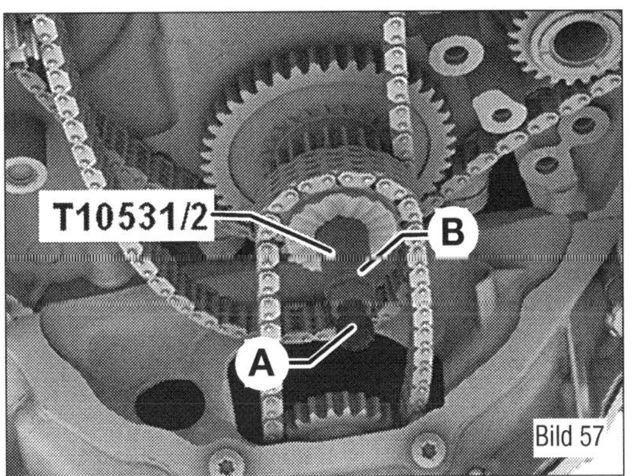

Bild 57
2,0-l-MED.
T10531/2 Spannbolzenr
A Spannschraube
B Spannbolzen

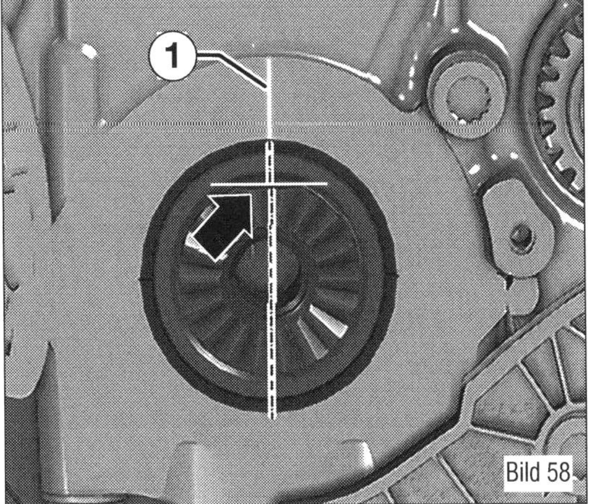

Bild 58
2,0-l-MED.
1 Markierung mit wasserfestem Stift
Pfeil = Abflachung auf der Kurbelwelle

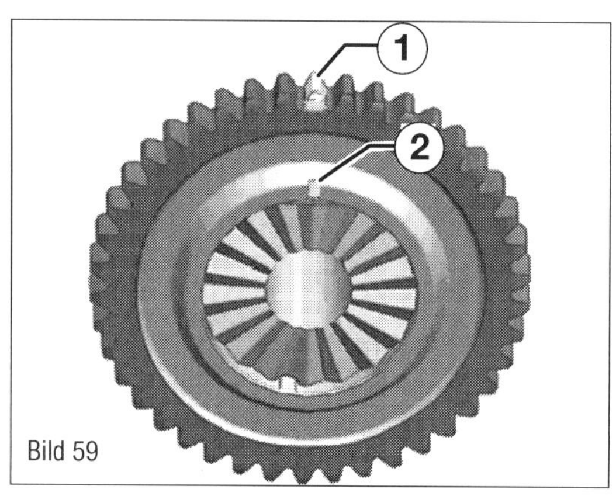

Bild 59
2,0-l-MED.
1 mit wasserfestem Stift markierter Zahn
2 Markierung auf dem Kettenrad

Bild 60
2,0-l-MED.
1 Schraube
Pfeil = schwer einsehbare Markierungen auf den Zahnrädern

Bild 61
2,0-l-MED: Farbige Kettenglieder (Pfeile) auf den Markierungen der Ausgleichswellen.

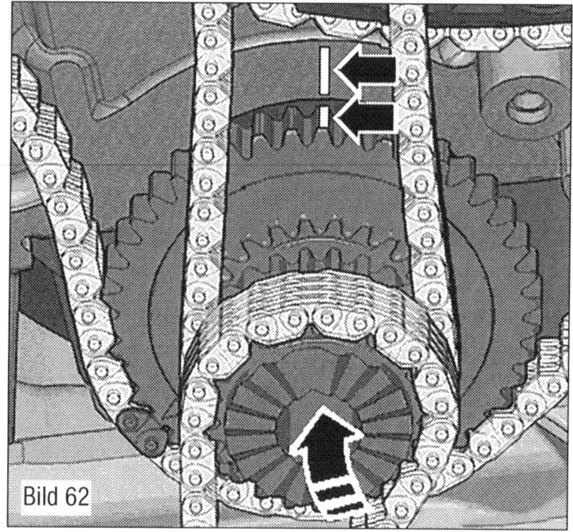

Bild 62
2,0-l-MED. Montage des dreistufigen Kettenrades auf der Kurbelwelle.
Pfeile = Markierungen auf dem Rad und am Motorblock

■ Einlassnockenwelle mit Montagewerkzeug (T40266 im Bild 41) im Uhrzeigersinn drehen, bis die Nockenwellenfixierung »T40271/2« (B) aus der Verzahnung des Kettenrads geschoben werden kann.

■ Nockenwelle entlasten und Nockenwellenfixierung »T40271/1« und »T40271/2« ausbauen.

■ Einstellung prüfen, die farbigen Kettenglieder (Pfeile im Bild 64) müssen an den Markierungen der Kettenräder stehen.

■ Schrauben (Pfeile im Bild 49) eindrehen und festziehen.

■ Bohrungen (Pfeile im Bild 65) mit Motoröl beölen.

☞ Spannhülse (1) ist nicht bei jeder Lagerbrücke vorhanden. Wenn eine Spannhülse verbaut ist, wird diese mit der Schraube in den Zylinderkopf gezogen.

■ Lagerbrücke aufstecken, dabei nicht verkanten. Die Schrauben (Pfeile im Bild 48) handfest eindrehen.

■ Absteckwerkzeug (T40267 im Bild 52) entfernen.

■ Schrauben (Pfeile im Bild 48) für die Lagerbrücke festziehen.

■ Steuerventil einbauen.

■ Motor zweimal in Motordrehrichtung durchdrehen.

☞ Bedingt durch die Übersetzung, stimmen die farbigen Kettenglieder nach dem Drehen des Motors nicht mehr überein.

■ Durchdrehwerkzeug abnehmen und Abdeckung (Bild 67) unten für Steuerkette einbauen.

☞ Schrauben (1) und (4) erst nach dem Einbau des Schwingungsdämpfers mit Weiterdrehwinkel festziehen. Die Schrauben müssen für den Einbau des Schwingungsdämpfers wieder herausgedreht werden.

■ Schwingungsdämpfer einbauen.

■ Abdeckung oben für Steuerkette einbauen.

■ Spannvorrichtung für Keilrippenriemen einbauen.

■ Keilrippenriemen einbauen.

Der weitere Einbau erfolgt in umgekehrter Reihenfolge, dabei Folgendes beachten:

■ Nach Arbeiten am Kettentrieb müssen die Lernwerte im Motorsteuergerät angepasst werden.

Ausgleichswellensteuerkette aus- und einbauen

- Abdeckung oben für Steuerkette ausbauen.
- Falls vorhanden, Geräuschdämpfung ausbauen.
- Abdeckung unten für Steuerkette ausbauen.
- Nockenwellensteuerkette (12 im Bild 40) ausbauen.
- Gleitschiene für Nockenwellensteuerkette (13) ausbauen.
- Kettenspanner für Nockenwellensteuerkette (2) ausbauen.
- Kettenspanner der Ausgleichswellensteuerkette (1 im Bild 55) ausbauen.
- Spannschiene (15 im Bild 67) ausbauen.
- Gleitschiene (18) ausbauen.
- Gleitschiene (13) ausbauen.
- Steuerkette abnehmen.

Der Einbau erfolgt in umgekehrter Reihenfolge, dabei Folgendes beachten:

- Zwischenwellenrad/Ausgleichswelle auf Markierungen (Pfeil im Bild 60) drehen.
- Steuerkette auflegen.

Farbige Kettenglieder der Steuerkette müssen an den Markierungen der Kettenräder positioniert werden (Bild 64).

Steuerzeiten prüfen

- Abdeckung oben für Steuerkette ausbauen.

Zum Drehen des Schwingungsdämpfers eine Ratsche mit Steckschlüsseleinsatz SW24 verwenden. Schwingungsdämpfer immer in Motordrehrichtung auf »OT« stellen. OT-Stellung nicht durch Rückwärtsdrehen korrigieren!

- Kerbe am Schwingungsdämpfer (Bild 47) muss der Pfeilmarkierung an der Abdeckung unten für Steuerketten gegenüberstehen (Spiegel verwenden).
- Markierungen (1) der Nockenwellen müssen nach oben zeigen.
- Abstand von der Außenkante Steg (A im Bild 68) zur Markierung (B) auf der Einlassnockenwelle messen. Sollwert: 61 bis 64 mm.
- Wird der Sollwert erreicht, Abstand zwischen der Markierung auf der Einlassnockenwelle (B im Bild 69) und der Markierung auf der Auslassnockenwelle (C) messen. Sollwert: 124 bis 126 mm.

Versatz von einem Zahn bedeutet eine Abweichung gegenüber dem Sollwert

Bild 63
2,0-l-MED: Farbige Kettenglieder (Pfeile) auf den Markierungen der Ausgleichswellen und der Kurbelwelle.

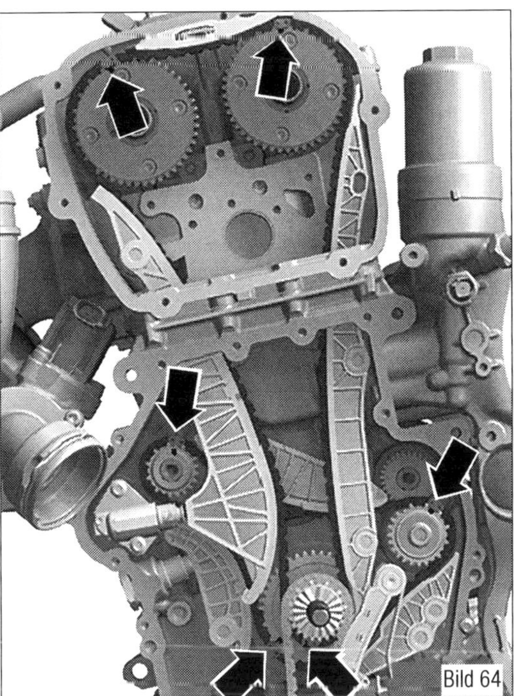

Bild 64
2,0-l-MED: Position der Markierungen und der farbigen Kettenglieder für Steuerkette und Ausgleichskette.

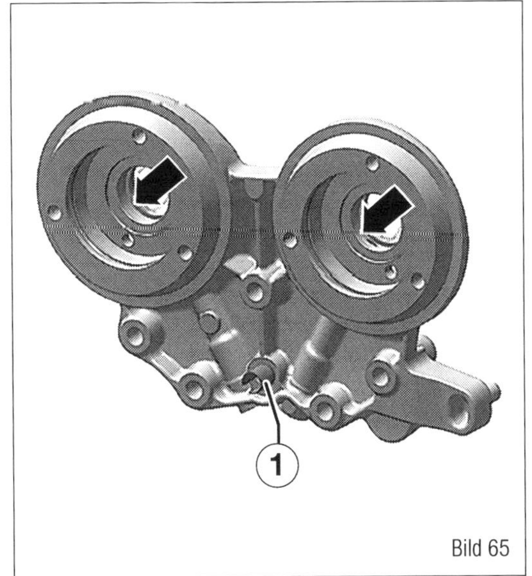

Bild 65
2,0-l-MED.
1 Passhülse
Pfeile = Bohrungen

Bild 66
2,0-l-MED: Anzugsfolge 1 bis 8 für die Schrauben der unteren Steuerkettenabdeckung.

Bild 67
2,0-l-MED.
1 Schraube
2 Ausgleichswelle
3 Rohr für Ausgleichswelle
4 Kettenspanner
5 Zylinderblock
6 Ausgleichswelle
7 O-Ring
8 Lagerbolzen
9 Zwischenwellenrad
10 Schraube
11 Unterlegscheibe
12 Schraube
13 Gleitschiene
14 Führungsbolzen
15 Spannschiene
16 Führungsbolzen
17 Steuerkette
18 Kettenrad
19 Gleitschiene
20 Führungsbolzen

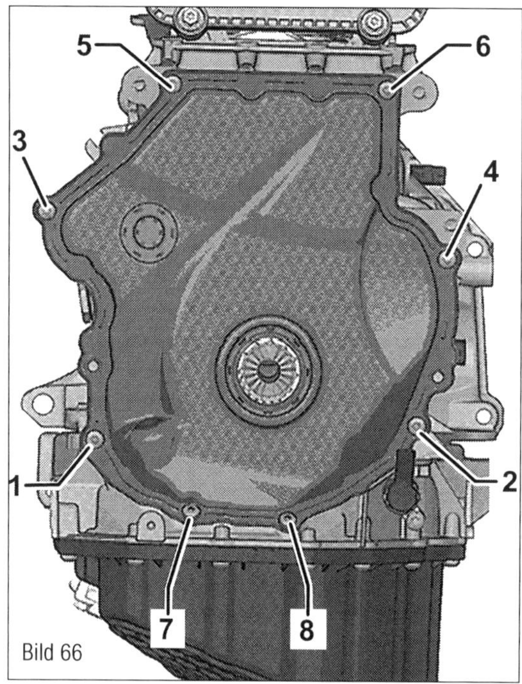

Bild 66

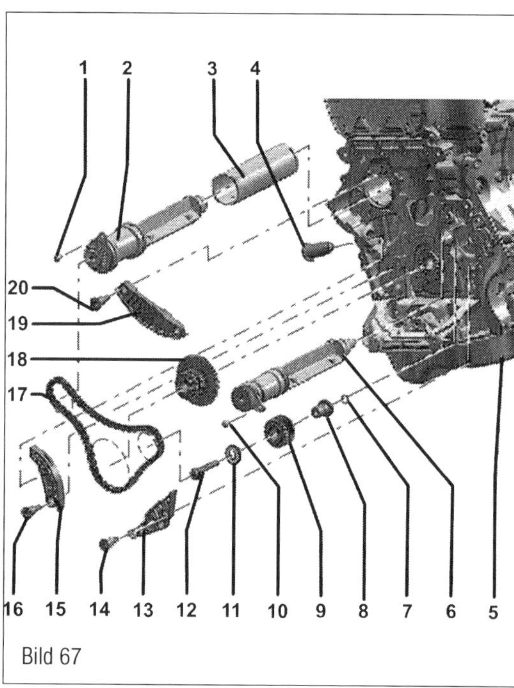

Bild 67

von ca. 6 mm. Wird ein Versatz festgestellt, muss die Steuerkette neu aufgelegt werden.

Abdeckung oben für Steuerkette aus- und einbauen

- Luftfiltergehäuse ausbauen.
- Stecker vom Ventil für Nockenwellenverstellung (1 im Bild 70) abziehen.
- Schrauben (Pfeile) ausdrehen und Ventil (1) für Nockenwellenverstellung abnehmen.
- Schrauben (1 bis 5 im Bild 71) herausdrehen und Abdeckung oben für Steuerkette abnehmen.

Der Einbau erfolgt in umgekehrter Reihenfolge, dabei Folgendes beachten:

- Dichtring und O-Ring mit Motoröl einölen.
- Abdeckung oben für Steuerkette mit der angegebenen Anzugsreihenfolge einbauen.
- Ventil (1 im Bild 70) für Nockenwellenverstellung einbauen.

Abdeckung unten für Steuerkette aus und einbauen

- Luftfiltergehäuse ausbauen.
- Spannvorrichtung für Keilrippenriemen ausbauen.
- Motorstütze ausbauen.
- Schwingungsdämpfer ausbauen.
- Umlenkrolle ausbauen.
- Schrauben (Pfeile im Bild 70) herausdrehen.
- Führungsrohr für Ölmessstab aus der Abdeckung für Steuerkette ziehen.

Abdeckung mit 8 Schrauben

- Schrauben (1 bis 8 im Bild 66) herausdrehen.
- Abdeckung unten für Steuerkette abheben. Dazu bei (1) und (2) beginnen.

Abdeckung mit 15 Schrauben

- Schrauben (1 bis 15) herausdrehen.
- Abdeckung unten für Steuerkette abheben. Dazu bei (2) und (3) beginnen.

⚠ Um Deformationen zu vermeiden, nicht zwischen den Schraubpunkten angreifen.

Der Einbau erfolgt in umgekehrter Reihenfolge, dabei ist Folgendes zu beachten:

- Wurde die Abdeckung verbogen, muss diese ersetzt werden.
- Die Abdeckung muss nach dem Auftragen des Silikon-Dichtmittels innerhalb 5 Minuten eingebaut werden.
- Nach der Montage der Abdeckung muss das Dichtmittel ca. 30 Minuten trocknen. Erst danach darf Motoröl eingefüllt werden.
- Die Dichtmittelraupe darf nicht dicker als vorgeschrieben sein, da sonst überschüssiges Dichtmittel in die Ölwanne gelangen und das Sieb im Ölansaugrohr verstopfen kann.
- Schrauben, die mit Weiterdrehwinkel

angezogen werden, müssen ersetzt werden.
- Dichtringe, Dichtungen und selbstsichernde Muttern müssen ersetzt werden.
- Aufgrund der Verschmutzungsgefahr des Schmiersystems müssen offene Teile des Motors abgedeckt werden.
- Dichtmittelreste am Zylinderblock mit einem Flachschaber entfernen.

 Verletzungsgefahr der Augen! Schutzbrille tragen!

- Dichtflächen von Öl und Fett reinigen.
- Prüfen, ob beide Passstifte zur Zentrierung der Abdeckung (Pfeile im Bild 74) vorhanden sind.
- Tubendüse an der vorderen Markierung abschneiden (an der Düse ca. 3 mm).

Abdeckung mit 15 Schrauben
- Silikon-Dichtmittel wie im Bild 73 gezeigt, auf die saubere Dichtfläche (Pfeil 1 im Bild73) und auf die Kanten (Pfeile 2) an der Abdeckung auftragen.
- Dicke der Dichtmittelraupe etwa 2 bis 3 mm.
- Abdeckung sofort ansetzen und Schrauben in Anzugsreihenfolge (Bild 72) mit 15 Schrauben festziehen.

Abdeckung mit 8 Schrauben:
- Silikon-Dichtmittel wie in der Abb. gezeigt, auf die saubere Dichtfläche (Pfeil 1 im Bild 73) und auf die Kanten (Pfeile 2) an der Abdeckung auftragen.
- Dicke der Dichtmittelraupe etwa 2 bis 3 mm.
- Abdeckung sofort ansetzen und Schrauben nach Anzugsreihenfolge (Bild 66) mit 8 Schrauben festziehen.

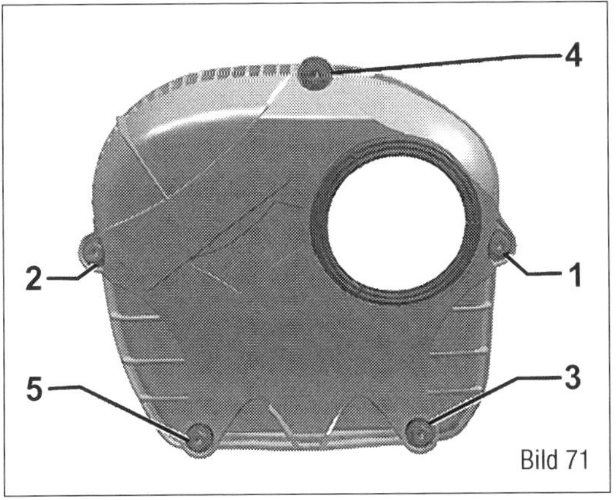

Bild 71

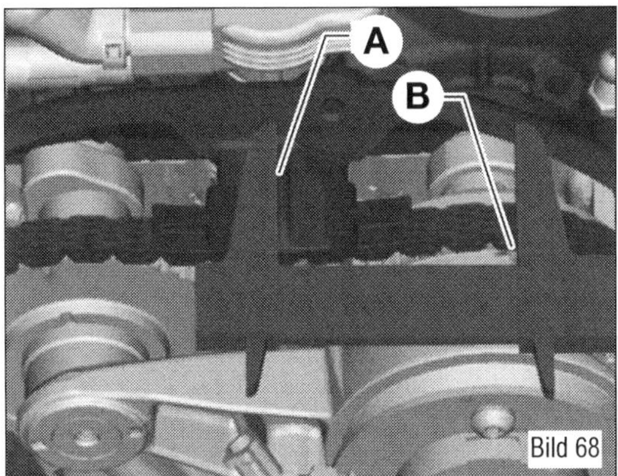

Bild 68

Bild 68
2,0-l-MED.
A Außenkante Steg
B Markierung Einlassnockenwelle

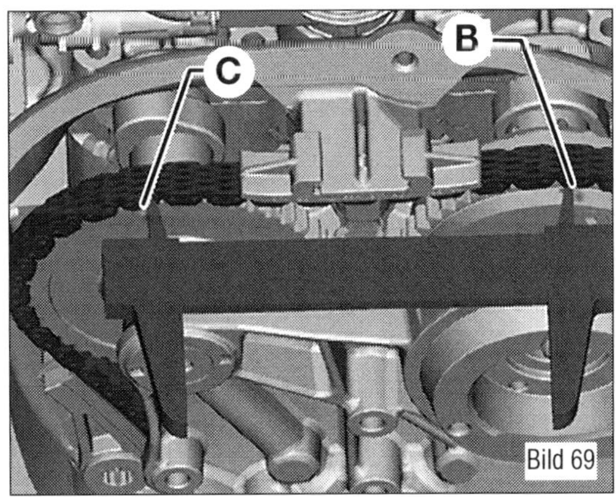

Bild 69

Bild 69
2,0 l MED
B Markierung Einlassnockenwelle
C Markierung Auslassnockenwelle

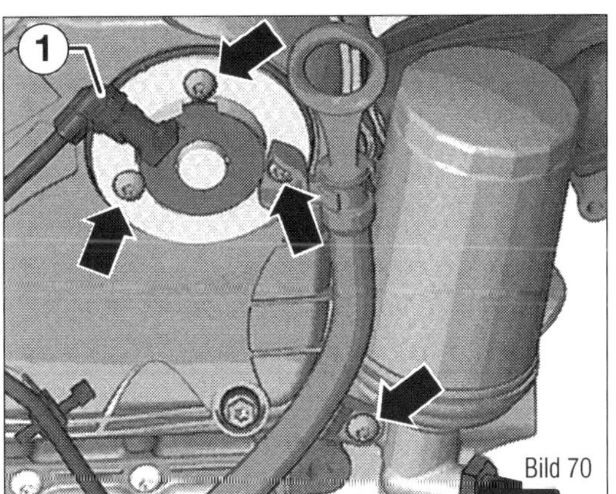

Bild 70

Bild 70
2,0-l-MED.
1 Ventil für Nockenwellenverstellung
Pfeile = Schrauben

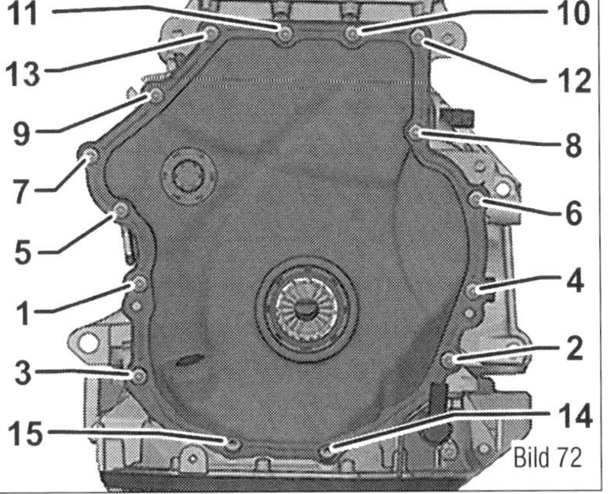

Bild 72

Bild 71
2,0-l-MED: Verschraubungen 1–5 der Steuerkettenabdeckung in Anzugsreihenfolge.

Bild 72
2,0-l-MED: Verschraubungen 1–15 der Steuerkettenabdeckung unten in Anzugsreihenfolge.

Sichtprüfung  Messen

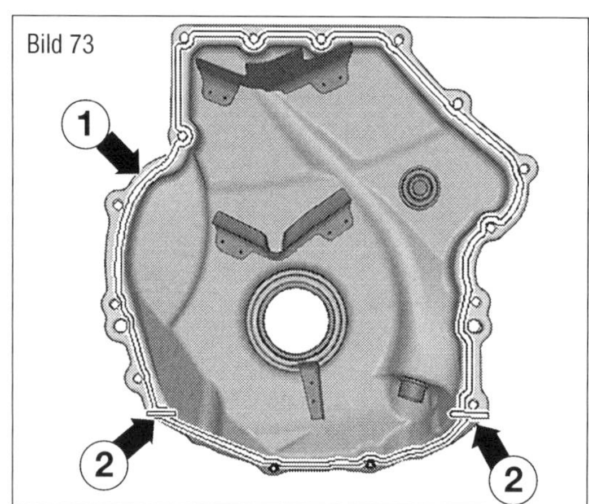

Bild 73
2,0-l-MED. Lage der Dichtmassenraupe.
1 Dichtfläche
2 Position der Kante am Motorblock

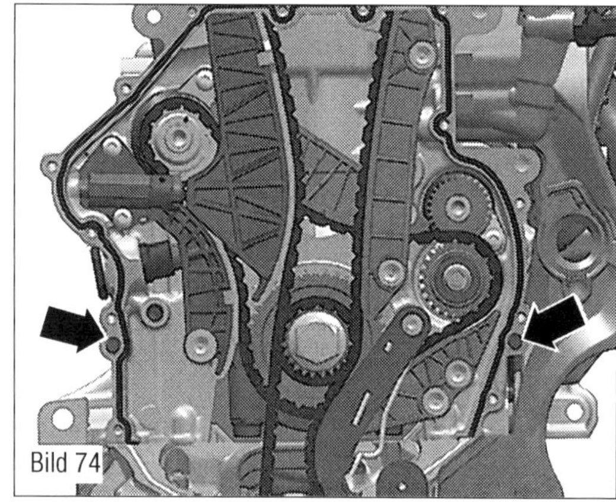

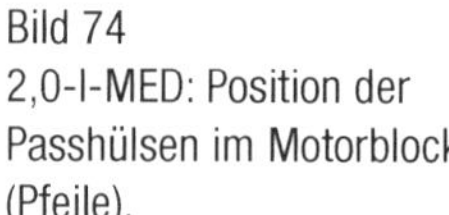
Bild 74
2,0-l-MED: Position der Passhülsen im Motorblock (Pfeile).

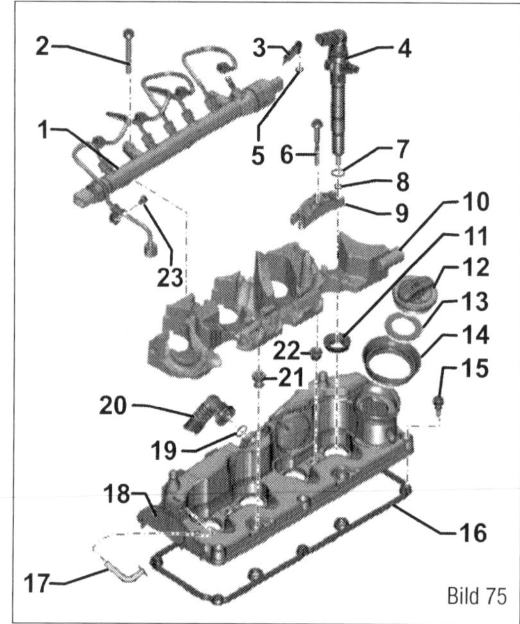

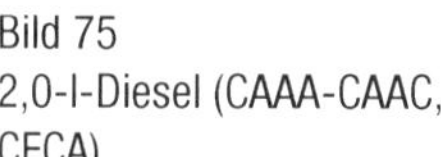
Bild 75
2,0-l-Diesel (CAAA-CAAC, CFCA).
1 Hochdruckspeicher (Rail)
2 Schraube
3 Kraftstoffrücklaufleitung
4 Einspritzeinheit (Piezo-Injektor)
5 O-Ring
6 Schraube
7 O-Ring
8 Dichtring
9 Spannplatte
10 Geräuschdämpfung
11 Injektordichtring
12 Verschlussdeckel
13 Dichtung
14 Tülle
15 Schraube
16 Dichtung
17 Unterdruckschlauch
18 Zylinderkopfhaube
19 O-Ring
20 Rohrleitung
21 Dichtbuchse für Hochdruckspeicher (Kraftstoffverteiler)
22 Tülle
23 Schraube

Weiter für beide Deckel:
- Schwingungsdämpfer einbauen.
- Spannvorrichtung für Keilrippenriemen einbauen.
- Keilrippenriemen einbauen.
- Motorstütze einbauen.
- Luftfiltergehäuse einbauen.
- Falls vorhanden, Geräuschdämpfung einbauen.

Ventildeckel/Zylinderkopfhaube und Nockenwelle demontieren

Zwei unterschiedliche Bauweisen sind im T6 mit den unterschiedlichen Motorvarianten verbaut worden.

Ventildeckel/Zylinderkopfhaube am TDI-Motor (CAAA-CAAC, CFCA)
- Sicherheitsmaßnahmen beachten.
- Sauberkeitsregeln beachten.
- Systemübersicht für das Einspritzsystem beachten.

Fahrzeuge mit »Biturbo-Motor«
- Verbindungsrohre ausbauen.

Fortsetzung für alle Fahrzeuge
- Elektrischen Leitungsstrang aus dem Zahnriemenschutz (24 im Bild 18) aushängen.
- Klammern öffnen und den Zahnriemenschutz (24) abnehmen.
- Kühlmittelschlauch an der Zylinderkopfhaube aushängen.
- Rohrleitung (20 im Bild 75) an der Zylinderkopfhaube abbauen.
- Unterdruckschlauch (17) von der Zylinderkopfhaube abziehen.
- Schrauben (3 im Bild 76) herausdrehen.
- Überwurfmuttern (1) mit dem Steckschlüsseleinsatz »T40055« abschrauben und Kraftstoffleitung (2) ausbauen.
- Die ausgebaute Hochdruckleitung auf einer sauberen Unterlage ablegen.
- Stecker (1 im Bild 77) entriegeln und vom Kraftstoffdruckgeber (2) abziehen.
- Kabelführung (3) vom Hochdruckspeicher (Kraftstoffverteiler) abziehen.
- Alle Stecker entriegeln und von den Einspritzventilen (Piezo- Injektoren) abziehen.
- Clip (2 im Bild 78) aushängen.
- Stecker (4) entriegeln und vom Regelventil für Kraftstoffdruck (3) abziehen.
- Auf Sauberkeit achten. Es darf kein Schmutz in die abgezogenen Rücklaufleitungen, die Kraftstoffleitungen und in die Anschlüsse der Einspritzventile gelangen.
- Kraftstoffrücklaufleitungen abbauen.

⚠ Die Kraftstoffrücklaufleitungen beim Abbauen vorsichtig senkrecht nach oben ziehen, da die 4 Verrastungen (Pfeil im Bild 79) anbrechen können. Nach dem Abbauen die 4 Verrastungen prüfen, ob sie angebrochen beziehungsweise abgebrochen sind. Beschädigte Kraftstoffrücklaufleitungen immer ersetzen. Eine beschädigte Kraftstoffrücklaufleitung, die sich bei laufendem Motor löst, führt zur Beschädigung des Einspritzventils (Piezo-Injektors). Das Einspritzventil (Piezo-Injektor) muss anschließend ersetzt werden.

- Bei ausgeschaltetem Motor die Rücklaufleitungsanschlüsse an den Einspritzeinheiten vorsichtig abziehen. Dazu die beiden Bügel nach unten drücken (Pfeile A im Bild 80) und gleichzeitig den Bolzen zum Entriegeln nach oben ziehen (Pfeil B).
- Alle Kraftstoffrücklaufleitungen der Einspritzventile (Piezo-Injektoren) abziehen.
- Alle Überwurfmuttern von den Einspritzventilen (Piezo-Injektoren) abschrauben.
- Schelle öffnen und Kraftstoffschlauch vom Hochdruckspeicher (Kraftstoffverteiler) abziehen.
- Schrauben vom Hochdruckspeicher (Kraftstoffverteiler) herausdrehen.
- Hochdruckspeicher (Kraftstoffverteiler) nach rechts herausnehmen. Dabei die Kraftstoffrücklaufleitung an den Kraftstoffleitungen vorbeiführen.
- Auf Sauberkeit achten. Es darf kein Schmutz in die Injektoröffnungen der Zylinderkopfhaube gelangen.
- Einspritzventile (Piezo-Injektoren) ausbauen.
- Geräuschdämpfung abnehmen.
- Schrauben der Zylinderkopfhaube in der Reihenfolge (6 bis 1 im Bild 81) herausdrehen und Zylinderkopfhaube abnehmen.

Der Einbau erfolgt in umgekehrter Reihenfolge, dabei Folgendes beachten:

⚠ Bei Fahrzeugen mit Magnetventilen müssen nach Wechsel des Regelventils für Kraftstoffdruck die Lernwerte vom Kraftstoffsystem zurückgesetzt werden.

- Neue O-Ringe an den Rücklaufleitungsanschlüssen dünn mit Dieselkraftstoff bestreichen.
- Kraftstoffrücklaufleitung aufstecken und über die beiden Bügel bis zum Anschlag nach unten drücken (A im Bild 80).

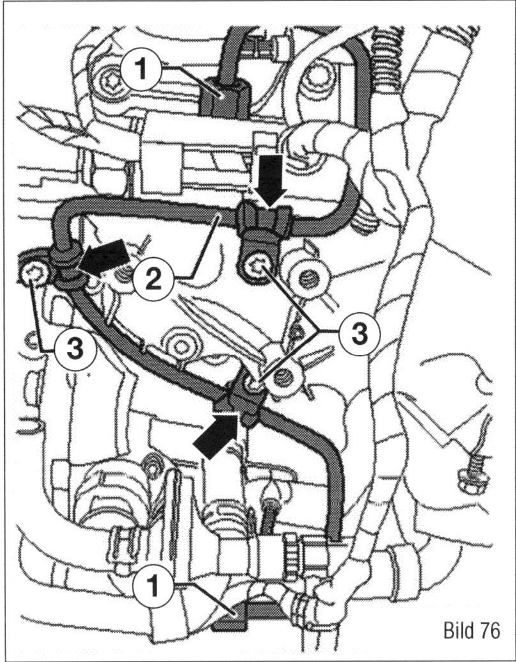

Bild 76
2,0-l-Diesel.
1 Überwurfmutter
2 Kraftstoffleitung
3 Schrauben
Pfeile = Halteschellen mit Gummilage

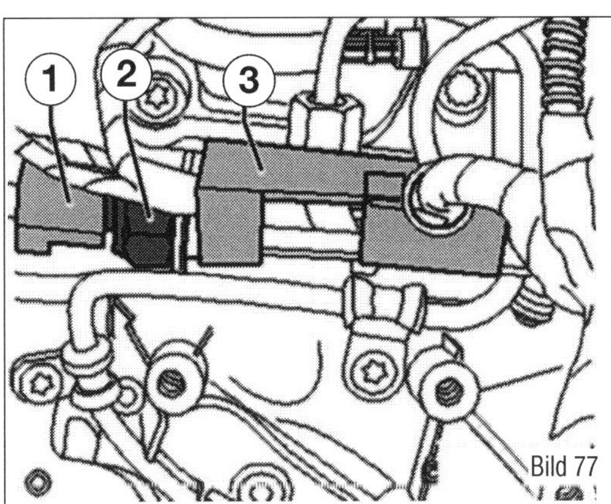

Bild 77
2,0-l-Diesel.
1 Stecker
2 Kraftstoffdruckgeber
3 Kabelführung vom Hochdruckspeicher

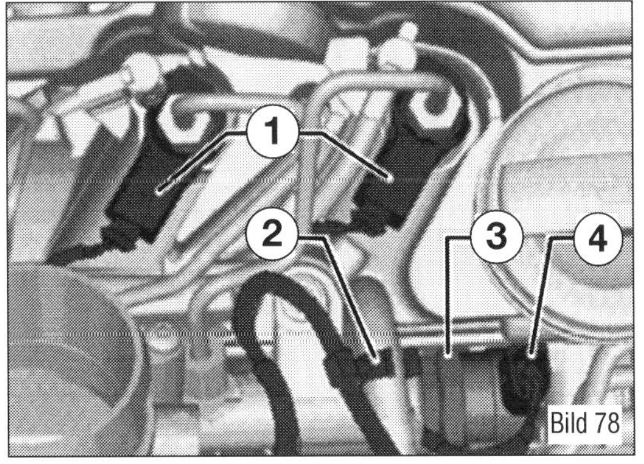

Bild 78
2,0-l-Diesel (CAAA-CAAC, CFCA).
1 Stecker
2 Clip
3 Regelventil Kraftstoffdruck
4 Stecker

- Bei vollständig aufgesteckter Kraftstoffrücklaufleitung den Bolzen zum Verriegeln nach unten drücken (B).
- Zahnriemenschutz oben zuerst hinten in den Zahnriemenschutz Mitte einhängen.
- Danach den Zahnriemenschutz oben in den Zahnriemenschutz Mitte einhängen.

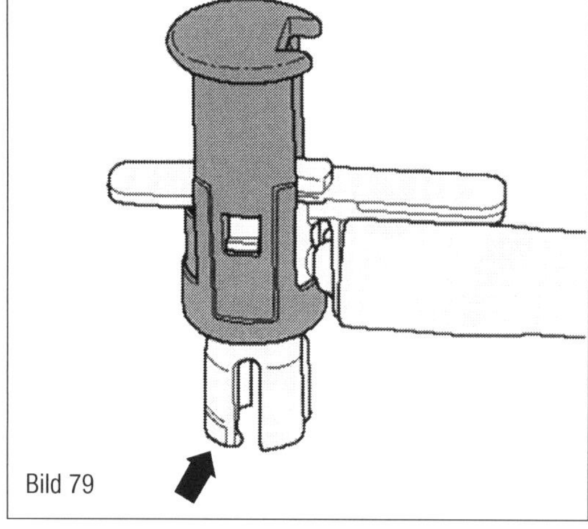

Bild 79
2,0-l-Diesel (CAAA-CAAC, CFCA).
Pfeil = Verrastungen (auf Beschädigungen und guten Sitz achten)

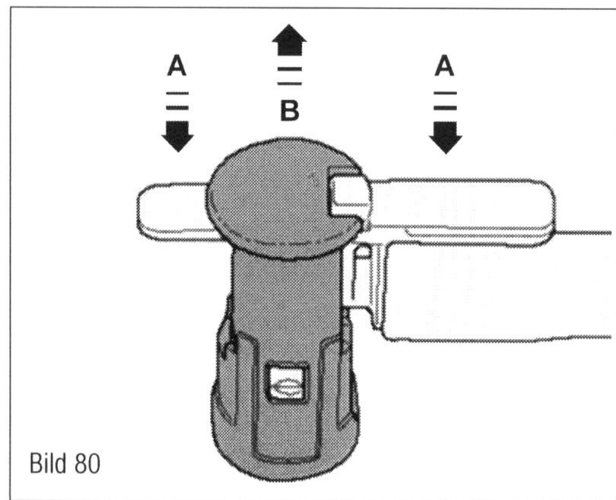

Bild 80
2,0-l-Diesel (CAAA-CAAC, CFCA).
A Bügel am Verschluss
B beweglicher Bolzen (Überzugskappe)

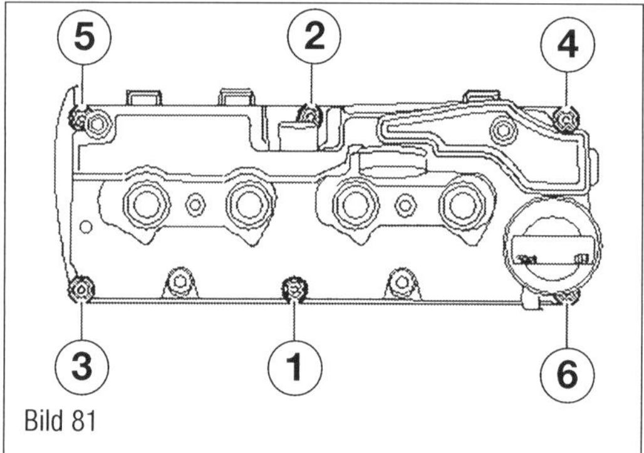

Bild 81
2,0-l-Diesel (CAAA-CAAC, CFCA): Schrauben am Ventildeckel in der Anzugsreihenfolge 1–6.

⚠ Um einen Trockenlauf der Hochdruckpumpe zu vermeiden und einen raschen Motorstart nach Teiletausch zu erzielen, sind folgende Punkte unbedingt zu beachten:

- Werden Bauteile/Komponenten des Kraftstoffsystems zwischen Kraftstoffbehälter und Hochdruckpumpe abgebaut, ausgebaut oder ersetzt, muss zur Entlüftung des Kraftstoffsystems mit dem Fahrzeugdiagnosetester die Funktion »Kraftstoffsystem entlüften« durchgeführt werden. Dieser Vorgang dauert 130 Sekunden. Dabei werden die Kraftstoffpumpen insgesamt 3 Mal angesteuert. Der Vorgang darf nicht vorzeitig abgebrochen werden.

Nockenwelle aus- und einbauen am TDI-Motor (CAAA-CAAC, CFCA)

Der Aufwand für die Demontage der Nockenwellen ist sehr hoch und erfordert umfangreiches Spezialwerkzeug. Zudem fallen diese Arbeitsschritte recht selten an. Der Ausbau der Nockenwellen ist lediglich beim Ersatz des Zylinderkopfes oder der Nockenwelle erforderlich.
Wenn Sie keinen Zugang zu den beschriebenen Werkzeugen haben, sollten Sie diese Arbeiten nicht angehen und diese dann an eine Werkstatt vergeben. Wir verzichten aus den oben genannten Gründen auf eine Beschreibung.

Ventildeckel/Zylinderkopfhaube am TDI-Motor (CXEB, CXFA, CXGA, CXGB, CXHA, CXGC, CXHB, CXEC)

- Sicherheitsmaßnahmen beachten.
- Sauberkeitsregeln beachten.
- Systemübersicht für das Einspritzsystem beachten.
- Falls vorhanden, die Motorabdeckung ausbauen.
- Den Zahnriemenschutz oben ausbauen.
- Die Einspritzeinheiten ausbauen.
- Den Hochdruckspeicher (Rail) ausbauen.
- Die elektrische Steckverbindung vom Hallgeber trennen.
- Den elektrischen Leitungsstrang für Einspritzeinheiten und Hallgeber zur Seite legen.
- Den Unterdruckschlauch (1 im Bild 84) abziehen.
- Das Rohr für Kurbelgehäuseentlüftung (2) entriegeln.
- Die Geräuschdämpfung (1 im Bild 85) abnehmen.
- Schrauben in der Reihenfolge (7 bis 1 im Bild 86) lösen.
- Schrauben in der Reihenfolge (7 bis 1) herausdrehen.
- Zylinderkopfhaube (8) abnehmen.

Die Montage erfolgt sinngemäß in umgekehrter Reihenfolge.

- Beachten Sie die Anzugsreihenfolge für Zylinderkopfhaube.
- Kontrollieren Sie den Zustand der Dichtung.

Nockenwellengehäuse aus- und einbauen am TDI-Motor (CXEB, CXFA, CXGA, CXGB, CXHA, CXGC, CXHB, CXEC)

Es dürfen keine Schleifmittel (Schleifpapier, Schleifscheiben, Schleifpads, Schleifvlies, Schleifwolle, etc.) verwendet werden. Bei der Verwendung von unzulässigen Schleifmitteln kann es zu Folgeschäden, wie z. B. Turboladerschäden, Pleuellagerschäden, etc. kommen.

Beim Entfernen der Dichtungsreste darauf achten, dass keine gelösten Dichtungsreste in die offenen Kanäle vom Motor gelangen.

Dichtungsreste vom Zylinderkopf ausschließlich mit einem Konturklingenset oder einem handelsüblichen Ceranfeldschaber entfernen.

- Zahnriemen von der Nockenwelle abnehmen.
- Zylinderkopfhaube ausbauen
- Schrauben in der Reihenfolge (15 bis 1 im Bild 87) lösen und herausdrehen.
- Nockenwellengehäuse (16) vorsichtig aus der Verklebung lösen und abnehmen.
- Falls erforderlich, einen geeigneten Hebel zum Abheben verwenden.

Ist dieser aus Metall, muss er vorher mit Isolierband abgeklebt werden, um Beschädigungen am Zylinderkopf/Nockenwellengehäuse zu vermeiden.

- Das Nockenwellengehäuse (16) vorsichtig abheben.
- Offene Teile des Motors abdecken.

Die Montage erfolgt sinngemäß in umgekehrter Reihenfolge.

- Achten Sie auf die schon beschriebenen Sauberkeitsregeln.

Nockenwelle aus- und einbauen am TDI-Motor (CXEB, CXFA, CXGA, CXGB, CXHA, CXGC, CXHB, CXEC)

Der Aufwand für die Demontage der Nockenwellen ist sehr hoch und erfordert umfangreiches Spezialwerkzeug. Zudem fallen diese Arbeitsschritte recht selten an. Der Ausbau der Nockenwellen ist lediglich beim Ersatz des Zylinderkopfes oder der Nockenwelle erforderlich. Wenn Sie keinen Zugang zu den beschriebenen Werkzeugen haben, sollten Sie diese Arbeiten nicht angehen und diese dann an eine Werkstatt

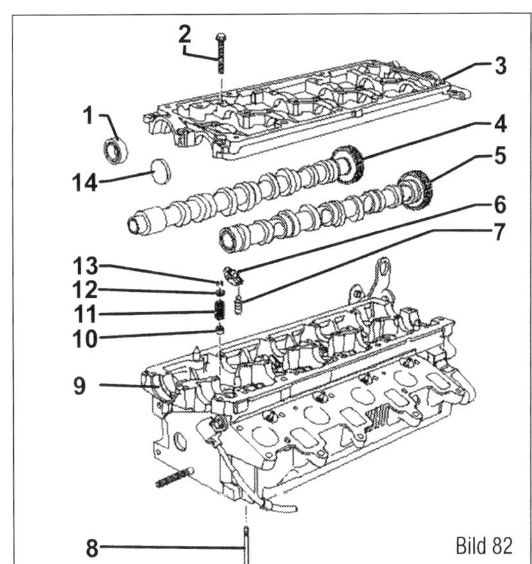

Bild 82
2,0-l-Diesel (CAAA-CAAC, CFCA).
1 Dichtring
2 Schraube
3 Lagerrahmen
4 Auslassnockenwelle
5 Einlassnockenwelle
6 Rollenschlepphebel
7 Hydraulisches Ausgleichselement
8 Ventil
9 Zylinderkopf
10 Ventilschaftabdichtung
11 Ventilfeder
12 Ventilfederteller
13 Ventilkegelstück
14 Verschlussdeckel

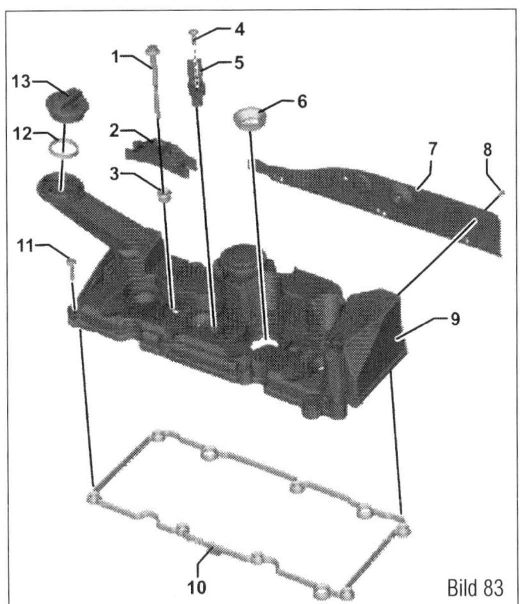

Bild 83
2,0-l-Diesel (CXEB, CXFA, CXGA, CXGB, CXHA, CXGC, CXHB, CXEC).
1 Schraube
2 Spannpratzen
3 Tüllen
4 Schraube
5 Hallgeber
6 Dichtring
7 Wärmeabschirmung
8 Schrauben
9 Zylinderkopfhaube
10 Dichtung
11 Schrauben
12 Dichtung
13 Verschlussdeckel

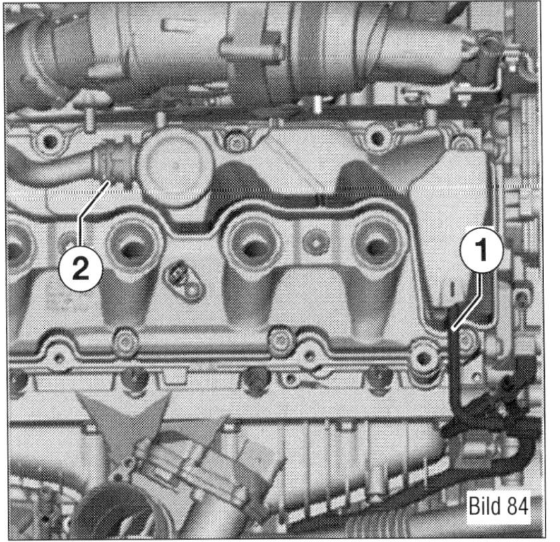

Bild 84
2,0-l-Diesel (CXEB, CXFA, CXGA, CXGB, CXHA, CXGC, CXHB, CXEC).
1 Unterdruckschlauch
2 Kurbelgehäuseentlüftung

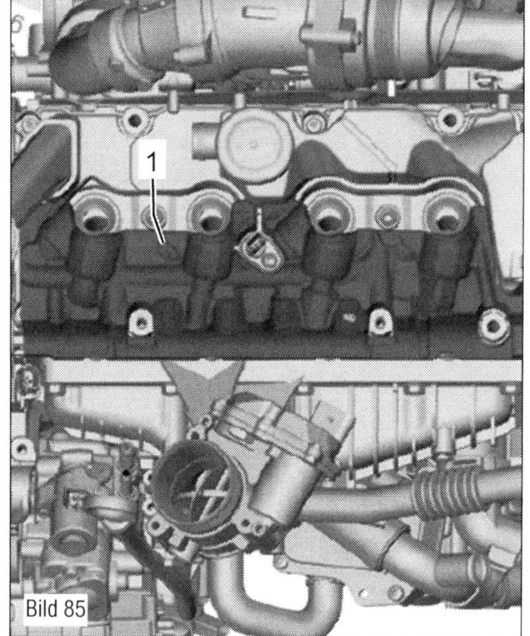

Bild 85
2,0-l-Diesel (CXEB, CXFA, CXGA, CXGB, CXHA, CXGC, CXHB, CXEC).
1 Geräuschdämmung

vergeben. Wir verzichten aus den oben genannten Gründen auf eine Beschreibung.

Ventildeckel/Zylinderkopfhaube und Nockenwellen am MED-Motor

Die Bauweise des Zylinderkopfes nimmt die beiden Nockenwellen zwischen Zylinderkopfhaube und Zylinderkopf auf. Die Demontage beinhaltet also immer beide Baukomponenten.

Dichtflächen an Zylinderkopfhaube unten und am Zylinderkopf oben dürfen nicht bearbeitet werden. Nockenwellenlager sind im Zylinderkopf bzw. in der Zylinderkopfhaube integriert. Bevor die Zylinderkopfhaube ausgebaut wird, muss die Nockenwellensteuerkette entspannt werden. Wurde die Zylinderkopfhaube gelöst, muss der Verschlussdeckel ersetzt werden. Kabelbinder beim Einbau wieder an der gleichen Stelle befestigen.

- Abdeckung oben für Steuerkette ausbauen.
- Druckschlauch vom Ladeluftkühler zum Turbolader ausbauen.
- Elektrische Steckverbindungen vom Stellelement für Nockenverstellung 1 (im Bild 89) bis Stellelement 8 für Nockenverstellung abziehen.
- Stecker entriegeln und alle Stecker gleichzeitig von den Zündspulen abziehen.
- Elektrischen Leitungsstrang zur Seite legen.
- Zündspulen mit dem Abzieher »T40039« herausziehen.
- Stellelement 1 für die Nockenverstellung bis Stellelement 8 für Nockenverstellung ausbauen.
- Schelle vom Druckschlauch an der Drosselklappensteuereinheit lösen. Schelle an der anderen Schlauchseite ebenfalls lösen und den Schlauch ausbauen.
- Schlauch für Kurbelgehäuseentlüftung (1 im Bild 90) trennen.
- Schrauben (Pfeile) ausdrehen, Kurbelgehäuseentlüftung abnehmen und vom

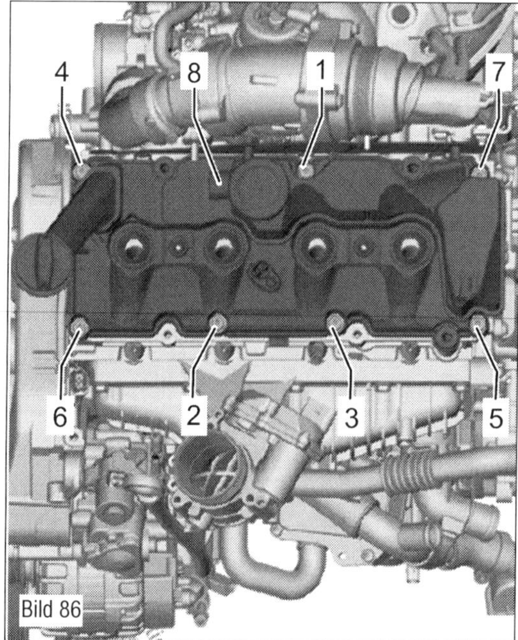

Bild 86
2.0-l-Diesel (CXEB, CXFA, CXGA, CXGB, CXHA, CXGC, CXHB, CXEC).
1–7 Schrauben Zylinderkopfhaube
8 Zylinderkopfhaube

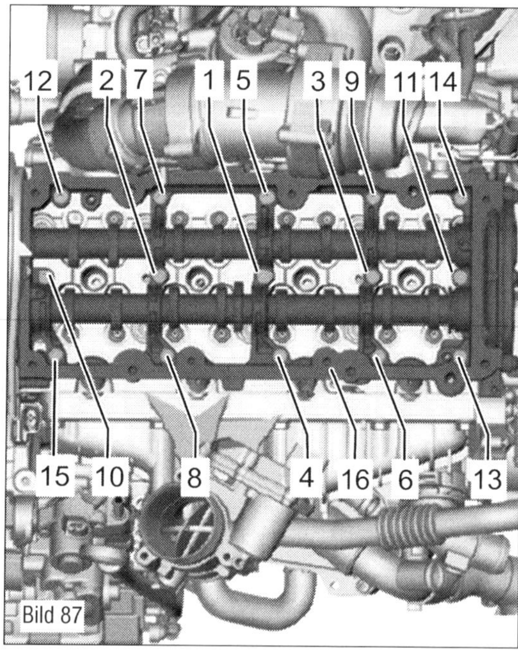

Bild 87
2,0-l-Diesel (CAAA-CAAC, CFCA).
1–15 Schrauben Nockenwellengehäuse
16 Nockenwellengehäuse

Schlauch (2) für Kurbelgehäuseentlüftung in Pfeilrichtung abziehen.

■ Leitung (Pfeile im Bild 91) trennen.

■ Elektrischen Stecker (1) vom Hallgeber abziehen.

■ Regelventil mit Demontagewerkzeug »T10352/1« (wie im Bild 41) ausbauen.

■ Schrauben (Pfeile im Bild 42) ausdrehen und Lagerbrücke abnehmen.

■ Falls vorhanden, Geräuschdämpfung ausbauen.

■ Schwingungsdämpfer mit dem Gegenhalter (T10355 im Bild 43) in OT-Stellung (Pfeil) drehen. Die Kerbe am Schwingungsdämpfer muss der Pfeilmarkierung an der Abdeckung unten für Steuerketten gegenüberstehen.

Nockenwelle aus- und einbauen am TDI-Motor (CXEB, CXFA, CXGA, CXGB, CXHA, CXGC, CXHB, CXEC)

Der Aufwand für die Demontage der Nockenwellen ist sehr hoch und erfordert umfangreiches Spezialwerkzeug. Zudem fallen diese Arbeitsschritte recht selten an. Der Ausbau der Nockenwellen ist lediglich beim Ersatz des Zylinderkopfes oder der Nockenwelle erforderlich. Wenn Sie keinen Zugang zu den beschriebenen Werkzeugen haben, sollten Sie diese Arbeiten nicht angehen und diese dann an eine Werkstatt vergeben. Wir verzichten aus den oben genannten Gründen auf eine Beschreibung.

Ventildeckel/Zylinderkopfhaube und Nockenwellen am MED-Motor

Die Bauweise des Zylinderkopfes nimmt die beiden Nockenwellen zwischen Zylinderkopfhaube und Zylinderkopf auf. Die Demontage beinhaltet also immer beide Baukomponenten.

Dichtflächen an Zylinderkopfhaube unten und am Zylinderkopf oben dürfen nicht bearbeitet werden. Nockenwellenlager sind im Zylinderkopf bzw. in der Zylinderkopfhaube integriert. Bevor die Zylinderkopfhaube ausgebaut wird, muss die Nockenwellensteuerkette entspannt werden. Wurde die Zylinderkopfhaube gelöst, muss der Verschlussdeckel ersetzt werden. Kabelbinder beim Einbau wieder an der gleichen Stelle befestigen.

■ Abdeckung oben für Steuerkette ausbauen.

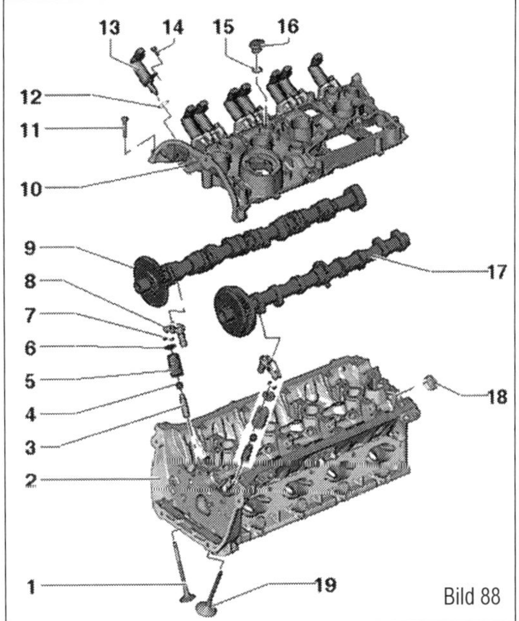

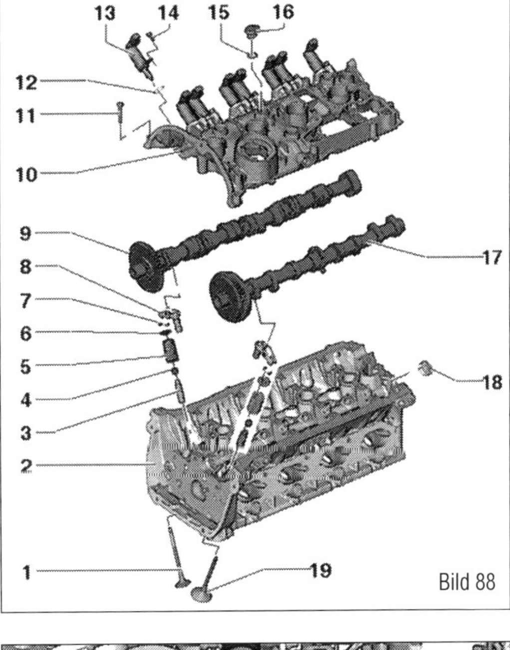

Bild 88

Bild 88
2,0-l-MED.
1 Auslassventil
2 Zylinderkopf
3 Ventilführung
4 Ventilschaftabdichtung
5 Ventilfeder
6 Ventilfederteller
7 Ventilkegelstücke
8 hydraulisches Ausgleichselement
9 Auslassnockenwelle
10 Zylinderkopfhaube
11 Schraube
12 O-Ring
13 Stellelement für Nockenverstellung
14 Schraube
15 O-Ring
16 Verschlussstopfen
17 Einlassnockenwelle
18 Verschlussdeckel
19 Einlassventil

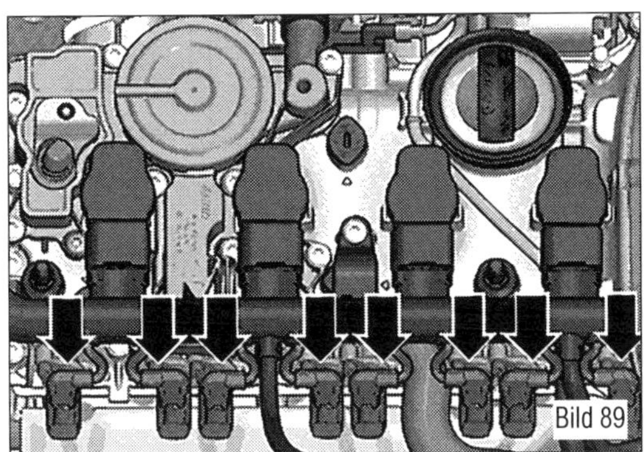

Bild 89

Bild 89
2,0-l-MED: Steckverbindungen zu den Stellelementen der Nockenverstellung.

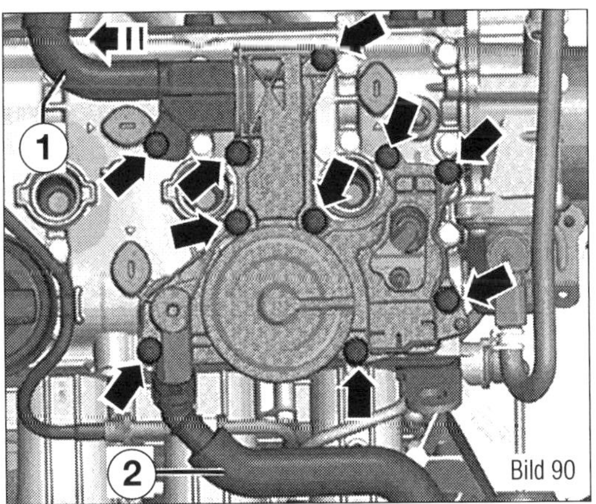

Bild 90

Bild 90
2,0-l-MED.
1 Schlauch
2 Schlauch
Pfeile = Schrauben

■ Druckschlauch vom Ladeluftkühler zum Turbolader ausbauen.

■ Elektrische Steckverbindungen vom Stellelement für Nockenverstellung 1 (im Bild 89) bis Stellelement 8 für Nockenverstellung abziehen.

■ Stecker entriegeln und alle Stecker gleichzeitig von den Zündspulen abziehen.

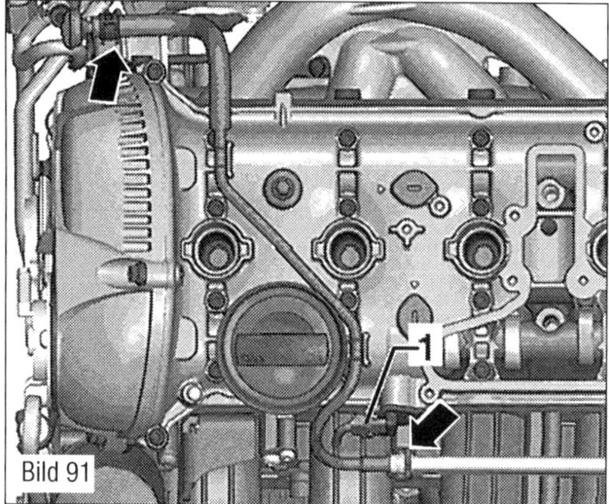

Bild 91
2,0-l-MED.
1 Stecker Hallgeber
Pfeile = Anschlüsse Leitung

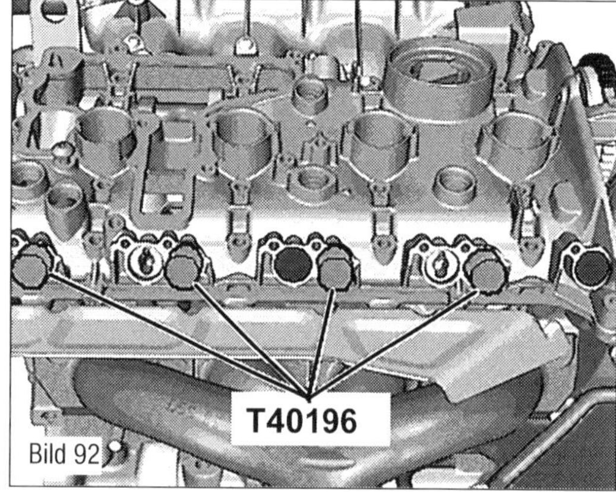

Bild 92
2,0-l-MED: T40196 Dorne.

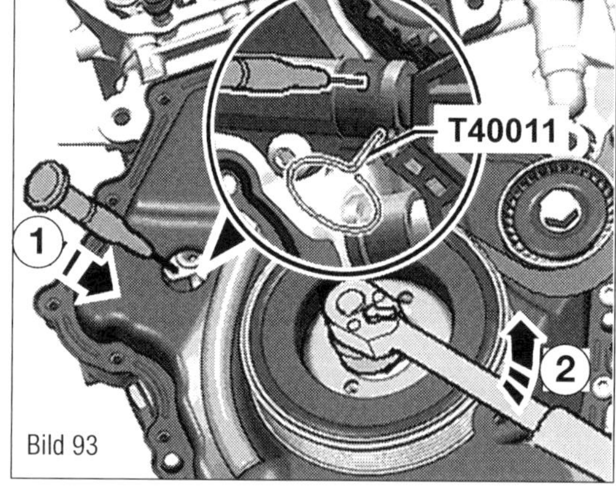

Bild 93
2,0-l-MED.
1 Einsteckrichtung
2 Drehrichtung zum Entspannen
T40011 Absteckstift

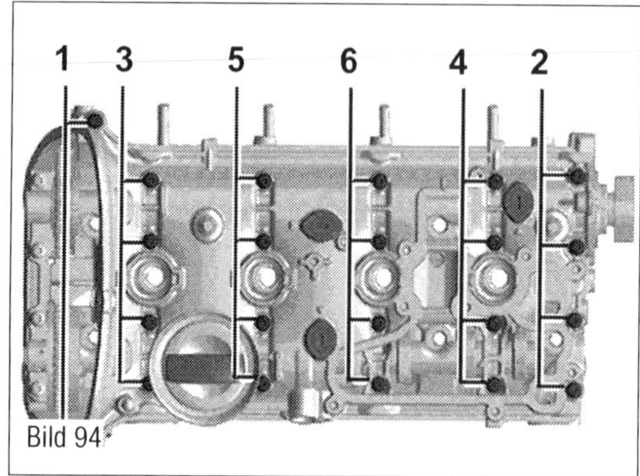

Bild 94
2,0-l-MED: Reihenfolge 1-6 für die Demontage der Schrauben.

- Elektrischen Leitungsstrang zur Seite legen.
- Zündspulen mit dem Abzieher »T40039« herausziehen.
- Stellelement 1 für die Nockenverstellung bis Stellelement 8 für Nockenverstellung ausbauen.
- Schelle vom Druckschlauch an der Drosselklappensteuereinheit lösen. Schelle an der anderen Schlauchseite ebenfalls lösen und den Schlauch ausbauen.
- Schlauch für Kurbelgehäuseentlüftung (1 im Bild 90) trennen.
- Schrauben (Pfeile) ausdrehen, Kurbelgehäuseentlüftung abnehmen und vom Schlauch (2) für Kurbelgehäuseentlüftung in Pfeilrichtung abziehen.
- Leitung (Pfeile im Bild 91) trennen.
- Elektrischen Stecker (1) vom Hallgeber abziehen.
- Regelventil mit Demontagewerkzeug »T10352/1« (wie im Bild 41) ausbauen.
- Schrauben (Pfeile im Bild 42) ausdrehen und Lagerbrücke abnehmen.
- Falls vorhanden, Geräuschdämpfung ausbauen.
- Schwingungsdämpfer mit dem Gegenhalter (T10355 im Bild 43) in OT-Stellung (Pfeil) drehen. Die Kerbe am Schwingungsdämpfer muss der Pfeilmarkierung an der Abdeckung unten für Steuerketten gegenüberstehen.
- Dorne (T40196) wie im Bild 92 gezeigt einstecken.

⚠ Die Dorne (T40196) dürfen nur in die gezeigten Positionen eingesteckt werden. Zerstörungsgefahr des Motors.

- Kurbelwelle in Motordrehrichtung 2 Umdrehungen durchdrehen. Der Motor muss wieder auf »OT« stehen.
- Dorne (T40196) entnehmen.
- Antriebskette zu Markierungen an den Kettenrädern mit einem wasserfesten Stift kennzeichnen.
- Verschlussstopfen (15 im Bild 40) entfernen.
- Arretierkeil des Kettenspanners anheben. Dazu mit Reißnadel oder geeigneten Schraubendreher in die Bohrung des Kettenspanners in Pfeilrichtung (1 im Bild 93) einstecken.
- Kurbelwelle entgegen der Motordrehrichtung in (Pfeilrichtung 2) drehen und mit Absteckstift (T40011) sichern.

 Die Einlassnockenwelle springt in Motordrehrichtung.

■ Schraube (4 im Bild 41) herausdrehen und Spannschiene (3) nach unten führen.
■ Obere Gleitschiene (10) ausbauen. Dazu mit einem Schraubendreher Verrastung entriegeln und Gleitschiene nach vorn abdrücken.
■ Nockenwellensteuerkette von den Kettenrädern abnehmen.

Beschädigungsgefahr von Ventilen und Kolbenböden! Wenn die Nockenwellensteuerkette vom Zylinderkopf abgenommen wurde, darf die Kurbelwelle nicht mehr gedreht werden.

■ Hochdruckpumpe ausbauen.
■ Unterdruckpumpe ausbauen.
■ Schrauben für Zylinderkopfhaube in der Reihenfolge 1 bis 6 (Bild 94) ausdrehen.
■ Zylinderkopfhaube abnehmen.
■ Nockenwellen abnehmen.

Verschmutzungsgefahr des Schmiersystems und der Lager! Offene Teile des Motors abdecken.

Der Einbau erfolgt in umgekehrter Reihenfolge, dabei Folgendes beachten:

Die Dichtflächen müssen öl- und fettfrei sein. Die Kolben dürfen nicht im oberen Totpunkt stehen. Darauf achten, dass alle Rollenschlepphebel richtig auf den Ventilschaftenden aufliegen.

■ Dichtmittelreste am Zylinderkopf mit einem Flachschaber entfernen.

 Verletzungsgefahr der Augen! Schutzbrille tragen!

■ Dichtmittelreste aus der Nut der Zylinderkopfhaube sowie von den Dichtflächen entfernen.
■ Laufflächen der Nockenwellen einölen.
■ Nockenwelle mit Distanzstücken (T40191 im Bild 95) wie in der Abbildung gezeigt abstecken, gegebenenfalls Schiebestücke in die richtige Position schieben.

Wenn vorhanden, einen zweiten Satz Distanzstücke (T40191) verwenden oder (T40191/1) umstecken.

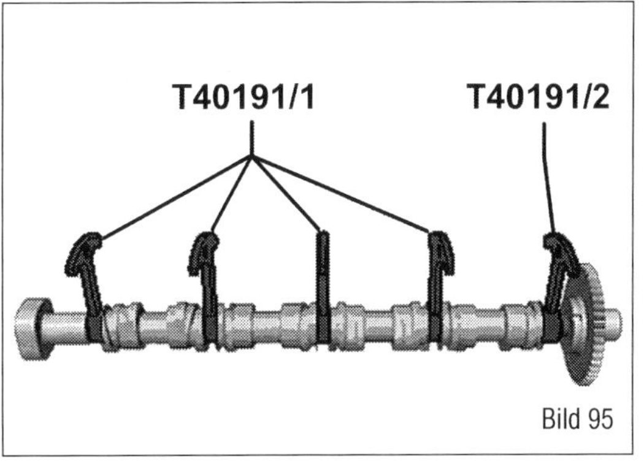

Bild 95
2,0-I-MED: T40191/1 und T40191/2 Distanzstücke zur Nockenwellenmontage.

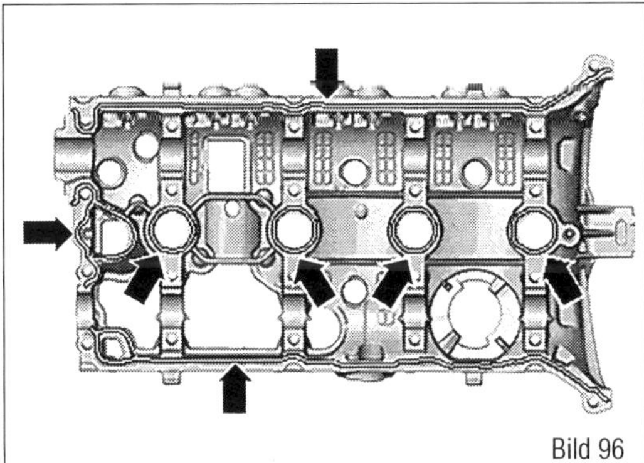

Bild 96
2,0-I-MED: Lage der Dichtmasse in der gereinigten Zylinderkopfhaube.

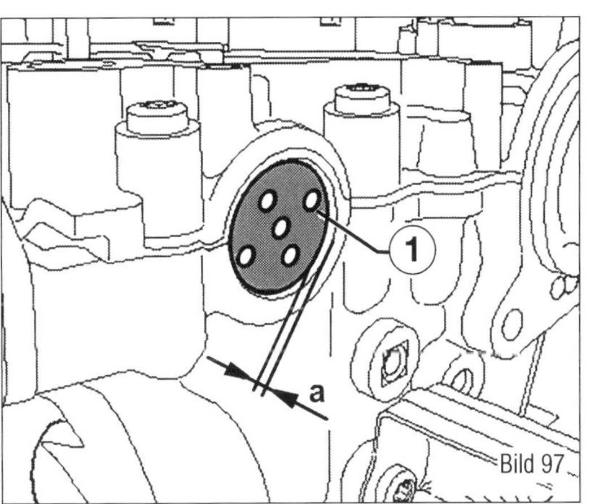

Bild 97
2,0-I-MED.
1 Verschlussdeckel
a 1 bis 2 mm

■ Nockenwellen in den Zylinderkopf einlegen. Die Markierungen (Pfeile im Bild 65) müssen wie in der Abbildung gezeigt stehen.
■ Flucht der Nockenwellenkettenräder prüfen.
■ Tubendüse an der vorderen Markierung abschneiden (ca. 2 mm).
■ Silikon-Dichtmittel, wie im Bild 96 gezeigt (Pfeile), auf die saubere Dichtfläche an der Zylinderkopfhaube auftragen. Dicke der Dichtmittelraupe muss 2 bis 3 mm betragen.

 Die Zylinderkopfhaube muss nach dem Auftragen des Silikon-Dicht-

Bild 98
2,0-l-Diesel (CAAA-CAAC, CFCA).
1 Zylinderkopf
2 Scheibe
3 Zylinderkopfschraube
4 Öldruckschalter
5 Schraube
6 Aufhängeöse
7 Glühstiftkerze
8 Dichtung
9 Unterdruckpumpe
10 Schraube
11 Klammer
12 Kühlmitteltemperaturgeber
13 Dichtring
14 Schraube
15 Kühlmittel-Anschlussstutzen
16 Dichtung
17 Schraube
18 Aufhängeöse
19 Zylinderkopfdichtung
20 Hallgeber
21 Schraube

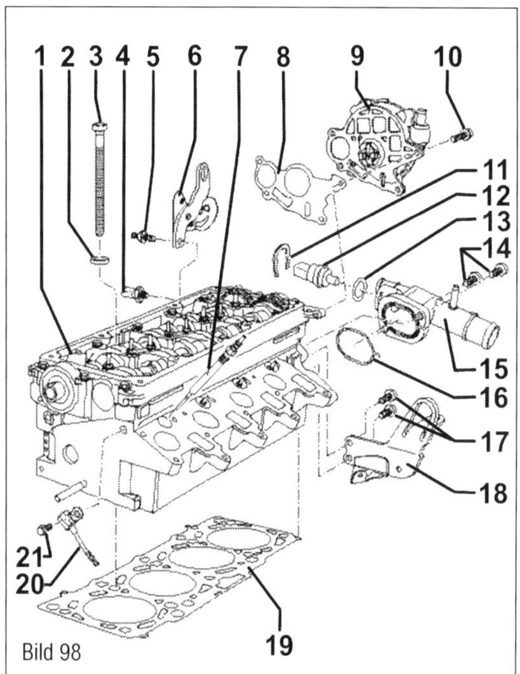

Bild 98

mittels innerhalb von 5 Minuten eingebaut werden. Die Dichtmittelraupe darf nicht dicker als vorgeschrieben sein, da sonst überschüssiges Dichtmittel in die Ölwanne gelangen und das Sieb im Ölansaugrohr verstopfen kann.

■ Zylinderkopfhaube auf den Zylinderkopf auflegen.
■ Schrauben für Zylinderkopfhaube ersetzen.
■ Schrauben in mehreren Stufen anziehen, Anzugsreihenfolge beachten.

⚠ Achten Sie darauf, dass die Zylinderkopfhaube nicht verkantet.

■ Verschlussdeckel (1 im Bild 97) ohne Dichtmittel mit Druckstück »T10174« eintreiben.
■ Schwingungsdämpfer mit dem Gegenhalter (T10355 im Bild 44 unten) in OT-Stellung (Pfeil) drehen. Kerbe am Schwingungsdämpfer muss der Pfeilmarkierung an der Abdeckung unten für Steuerketten gegenüberstehen.

Die markierten Kettenglieder der Steuerkette müssen an den Markierungen der Kettenräder positioniert werden.

■ Nockenwellensteuerkette auflegen: die Markierungen Antriebskette/Kettenräder (Pfeile) müssen übereinstimmen.
■ Einlassnockenwelle mit Schlüssel in Pfeilrichtung (Bild 47) drehen und Steuerkette auflegen.
■ Lagerbrücke aufstecken und Schrauben (Pfeile im Bild 43) handfest eindrehen.
■ Absteckstift (T40011) entfernen.
■ Schrauben (Pfeile) für Lagerbrücke festziehen.
■ Regelventil einbauen.
■ Dorne (T40196) wie im Bild gezeigt einstecken.
■ Kurbelwelle in Motordrehrichtung 4 Umdrehungen durchdrehen.
■ Dorne (T40196) entnehmen.
■ Abdeckung oben für Steuerkette einbauen.
■ Unterdruckpumpe einbauen.
■ Hochdruckpumpe einbauen.
■ Luftfiltergehäuse einbauen.
■ Falls vorhanden, Geräuschdämpfung einbauen.

Zylinderkopf aus- und einbauen

Warnende Anzeichen beachten
Wenn der Motor durch die Zylinderkopfdichtung viel Öl verliert, wenn man Öl-Wasser-Gemisch (Ölemulsion) am Messstab oder im Kühlwasser-Ausgleichsbehälter findet, wenn es bei laufendem Motor im Ausgleichsbehälter sprudelt, kann die Zylinderkopfdichtung defekt sein. Es kommen natürlich auch Schäden am Ölwärmetauscher und am Zylinderkopf selbst in Frage. Gelegentlich sind der Motorblock und die Umgebung darunter durch austretendes Öl verschmutzt. Schon das sind warnende Zeichen. Aber schwere Schäden sind auf jeden Fall zu befürchten, wenn Kühlwasser in den Brennraum gelangt. Eine weiße Auspufffahne ist ein ernst zu nehmender Hinweis darauf.

Sehr anspruchsvolle Reparaturarbeit
Bereits bei den genannten ersten Anzeichen ist es also ratsam, den Zylinderkopf abzubauen, prüfen zu lassen und die Dichtung zu wechseln. Diese Arbeit gehört zu den Anspruchsvolleren bei der Motorreparatur. Es sind zahlreiche Baugruppen der Motorperipherie zu demontieren. Der Zu-

sammenbau muss mit äußerster Sorgfalt erfolgen, um nicht etwa dann erst kapitale Schäden zu verursachen. Es gibt ein allgemeingültiges Schema zum Aus- und Einbau des Zylinderkopfes, dem auch wir hier folgen und dabei auf motorspezifische Ergänzungen eingehen. Orientieren Sie sich dabei an der Montageübersicht der jeweiligen Motoren.

- Der Motor darf höchstens handwarm sein, sonst kann sich der Zylinderkopf verziehen.
- Die Kolben dürfen, falls nicht anders gefordert, nicht im OT stehen.
- Vor Ausbau des Kühlmitteltemperaturgebers muss Druck vom Kühlsystem abgebaut werden.
- O-Ringe an Geber und Zylinderkopfdichtung sind immer zu ersetzen.
- Nach dem Ersetzen der Zylinderkopfdichtung müssen wie nach dem Wechsel des Zylinderkopfes das Kühlmittel und das Motoröl erneuert werden.
- Den ausgebauten Zylinderkopf nur auf einer Schaumstoffunterlage ablegen, da andernfalls die Glühkerzen beschädigt werden können.
- Den ausgebauten Zylinderkopf mit Haarlineal und Fühlerblattlehre an mehreren Stellen auf Verzug prüfen.
- Vor dem Einbauen kontrollieren, ob beide Passhülsen zur Zentrierung des Zylinderkopfs am Zylinderblock vorhanden sind.
- Beim Lösen und auch beim Einbau der Zylinderkopfschrauben, sind die vorgegebene Reihenfolge und Anzugsdrehmomente streng einzuhalten.

Demontage des Zylinderkopfes beim 2,0-l-TDI-Motor (CAAA-CAAC, CFCA)
Der Zylinderkopf wird gemeinsam mit der Transportöse (18 im Bild 98), der Unterdruckpumpe (9), dem Rohr hinten, dem Öldruckschalter (5) und dem Anschlussstutzen (15) ausgebaut. Falls erforderlich, sind diese Teile bei ausgebautem Zylinderkopf abzubauen.

Die Glühkerzen (7) ragen aus dem Zylinderkopf heraus. Der ausgebaute Zylinderkopf darf nicht auf den Glühkerzen abgelegt werden. Falls erforderlich, Glühkerzen ausbauen

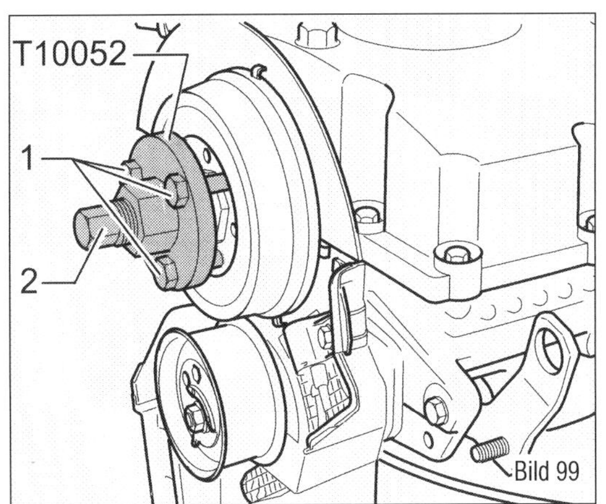

Bild 99
2,0-l Diesel.
1 Befestigungsschrauben
2 Spannschraube
T10052 Abzieher für die Nabe der Nockenwelle

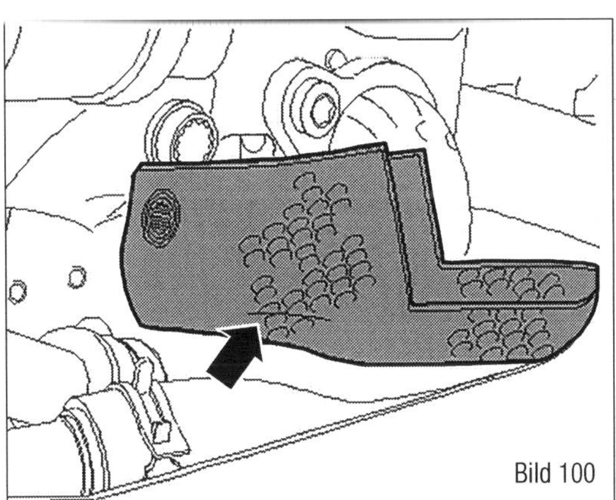

Bild 100
2,0-l Diesel: Pfeil Hitzeschild.

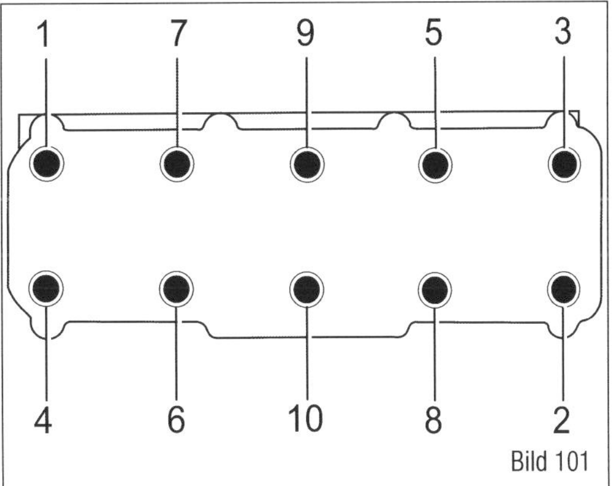

Bild 101
2,0-l Diesel: 1-10 Reihenfolge zum Lösen der Zylinderkopfschrauben.

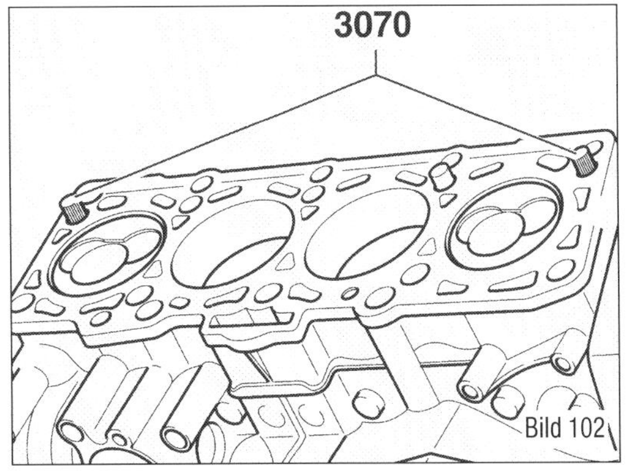

Bild 102
2,0-l Diesel: 3070 Führungsbolzen (auch 3070/9).

- Bei ausgeschalteter Zündung das Masseband der Batterie abklemmen.
- Zahnriemen ausbauen.
- Nockenwellenrad von der Nabe abbauen.
- Nabe der Nockenwelle abbauen. Dazu die Nabe der Nockenwelle mit der Abziehvorrichtung (T10052 im Bild 99) abziehen.
- Nabe mit dem Gegenhalter »T10051« gegenhalten und die Schraube der Nabe lösen.
- Schraube der Nabe etwa 2 Umdrehungen herausdrehen.
- Abziehvorrichtung (T10052) ansetzen und zu den Bohrungen der Nabe ausrichten.
- Schrauben (1) festziehen.
- Nabe durch gleichmäßiges Anziehen der Abziehvorrichtung (2) unter Spannung setzen, bis sich die Nabe vom Konus der Nockenwelle löst. Dabei die Abziehvorrichtung mit einem Schraubenschlüssel Schlüsselweite 30 festhalten.
- Nabe vom Konus der Nockenwelle abnehmen.
- Schraube neben der Spannrolle vom Zahnriemenschutz herausdrehen.
- Hallgeber (20) abschrauben.
- Stecker am Ausgleichsbehälter für den Kühlmittelstand entriegeln und abziehen.
- Eingelegten elektrischen Leitungsstrang aus dem Ausgleichsbehälter herausziehen.
- Schrauben aus dem Ausgleichsbehälter herausdrehen und Ausgleichsbehälter zur Seite legen.
- Partikelfilter ausbauen.

Fahrzeuge mit »Biturbo-Motor«

- Abgasturbolader ausbauen.

Fahrzeuge mit »Monoturbo-Motor«

- Abgasturbolader ausbauen.
- Kühler für Abgasrückführung ausbauen.

Fortsetzung für alle Fahrzeuge:

- Wärmeabschirmung (Pfeil im Bild 100) zurückziehen.
- Stecker Öldruckschalter (5 im Bild 98) entriegeln und abziehen.
- Zylinderkopfhaube ausbauen.
- Saugrohr ausbauen.
- Kühlmittel ablassen.
- Unterdruckleitung von der Unterdruckpumpe abziehen.
- Steckverbindung am Kühlmitteltemperaturgeber (12) trennen. Die Sicherungsklammer bleibt am Flansch verbaut.
- Sicherungsklammern abziehen und Kühlmittelleitungen am Zylinderkopf trennen.
- Reihenfolge beim Lösen der Zylinderkopfschrauben einhalten (Bild 102).

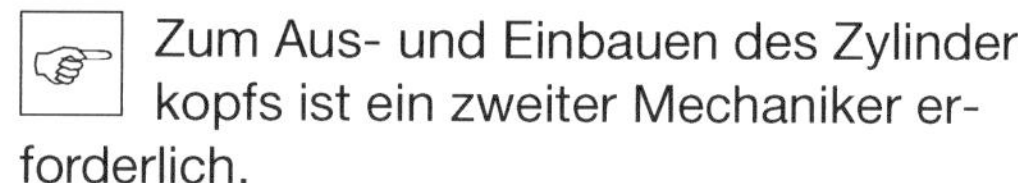
Zum Aus- und Einbauen des Zylinderkopfs ist ein zweiter Mechaniker erforderlich.

⚠ Den Zylinderkopf beim Aus- und Einbau nicht auf den Passhülsen absetzen.

- Zylinderkopf zuerst an der Getriebeseite anheben und etwas nach links ziehen. Dabei die Spannrolle des Zahnriemens von der Stiftschraube abnehmen.

⚠ Die Spannrolle des Zahnriemens vor dem Herausheben des Zylinderkopfs von der Stiftschraube abnehmen. Darauf achten, dass die Spannrolle vom Zahnriemen nicht auf den Boden fällt.

Prüfen, ob alle erforderlichen Schläuche und Leitungen gelöst sind!

- Beim Herausheben des Zylinderkopfs die elektrischen Leitungen und die Kühlmittelschläuche an der Transportöse vorbeiführen.

⚠ Beschädigungsgefahr der Glühstifte (Pfeil) beim Abstellen des Zylinderkopfs! Ausgebauten Zylinderkopf nicht mit eingebauten Glühkerzen auf der Dichtfläche abstellen, da die Glühstifte über die Dichtfläche hinausragen.

- Wird der Zylinderkopf ersetzt, sind die Anbauteile, welche beim Ausbau am Zylinderkopf verbleiben, folgerichtig umzubauen.

Der Einbau erfolgt in umgekehrter Reihenfolge, dabei Folgendes beachten:

⚠ Beschädigungsgefahr des Zylinderblocks! In den Sacklöchern für die Schrauben für Zylinderkopf im Zylinderblock darf sich kein Öl oder Kühlmittel befinden.

⚠ Beschädigungsgefahr offener Ventile! Wenn ein Austauschzylinderkopf eingebaut wird, die mitgelieferten Plastikunterlagen zum Schutz der offenen Ventile erst abnehmen, wenn unmittelbar im Anschluss der Zylinderkopf aufgesetzt wird.

⚠ Beschädigungsgefahr von Ventilen und Kolbenböden nach Arbeiten am Ventiltrieb! Um sicherzustellen, dass kein Ventil beim Anlassen aufsetzt, Kurbelwelle vorsichtig mindestens 2 Umdrehungen durchdrehen.

Wichtige Vorarbeiten:

- Zylinderkopfschrauben immer ersetzen.
- Dichtringe, Dichtungen, selbstsichernde Muttern, Schrauben, die mit Weiterdrehwinkel festgezogen sind, und Schellen ersetzen.
- Neue Zylinderkopfdichtung erst unmittelbar vor dem Einbau aus der Verpackung nehmen.

⚠ Gefahr von Undichtigkeiten an der Zylinderkopfdichtung! Neue Zylinderkopfdichtung erst unmittelbar vor dem Einbau aus der Verpackung nehmen. Um zu verhindern, dass die Silikonschicht und der Sickenbereich der Zylinderkopfdichtung beschädigt werden, Dichtung äußerst sorgfältig behandeln.

- Wird ein Austauschzylinderkopf eingebaut, müssen die Berührungsflächen zwischen Rollenschlepphebel und Nockengleitbahn eingeolt werden.
- Schlauchstutzen sowie Luftführungsrohre und -schläuche müssen vor dem Montieren frei von Öl und Fett sein.
- Beim Ersetzen des Zylinderkopfs oder der Zylinderkopfdichtung müssen das gesamte Kühlmittel und das Motoröl gewechselt werden.

Weitere Montagearbeiten:

- Zum Zentrieren Führungsbolzen (3070 im Bild 102) in die äußeren Bohrungen auf der Ansaugseite einschrauben.
- Zylinderkopfdichtung auflegen. Einbaulage der Zylinderkopfdichtung: Kennzeichnung »oben« oder Teilenummer zum Zylinderkopf.
- Zylinderkopf in den Zahnriemenschutz einfädeln und dabei die Spannrolle auf die Stiftschraube aufstecken. Der Zylinderkopf darf dabei nicht auf den Passhülsen im Motorblock schleifen.

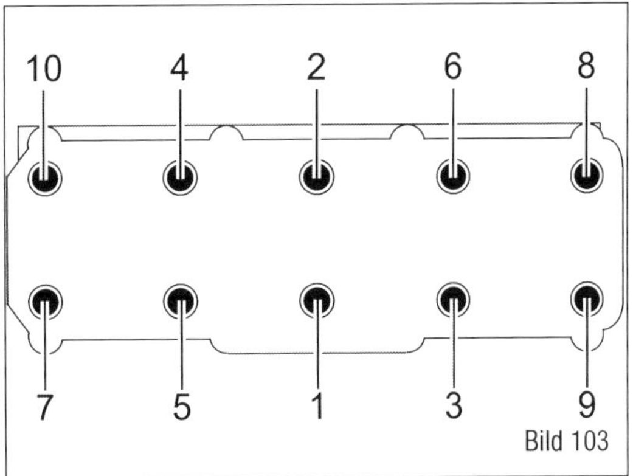

Bild 103

Bild 103
2,0-l-Diesel: 1–10 Reihenfolge zum Anziehen der Zylinderkopfschrauben.

- Zylinderkopf aufsetzen.
- 8 Zylinderkopfschrauben einsetzen und von Hand bis zur Anlage eindrehen.
- Führungsbolzen (3070 im Bild 102) durch die Schraubenbohrung im Zylinderkopf herausdrehen und die letzten Zylinderkopfschrauben von Hand bis zur Anlage eindrehen.
- Zylinderkopf in 4 Stufen in gezeigter Anzugsreihenfolge wie folgt anziehen:

Mit Drehmomentschlüssel vorziehen:

- Stufe I = 35 Nm
- Stufe II = 60 Nm

Mit starrem Schlüssel weiterdrehen:

- Stufe III = 1/4 Drehung (90°)
- Stufe IV = 1/4 Drehung (90°)

Der weitere Einbau erfolgt in umgekehrter Reihenfolge. Dabei ist Folgendes zu beachten:

- Schraube vom Zahnriemenschutz hinten befestigen.
- Nabe und das Nockenwellenrad einbauen.

☞ Die Schrauben des Nockenwellenrades müssen erneuert werden.

- Zahnriemen einbauen.

Fahrzeuge mit »Biturbo-Motor«:

- Abgasturbolader einbauen.

Fahrzeuge mit »Monoturbo-Motor«:

- Abgasturbolader einbauen.
- Kühler für Abgasrückführung einbauen.

Fortsetzung für alle Fahrzeuge:

- Partikelfilter einbauen.
- Zylinderkopfhaube einbauen.
- Hallgeber anschrauben.

Sichtprüfung Messen

■ Saugrohr einbauen.
■ Bei ausgeschalteter Zündung das Masseband der Batterie anklemmen.

⚠ Um einen Trockenlauf der Hochdruckpumpe zu vermeiden und einen raschen Motorstart nach Teiletausch zu erzielen, sind folgende Punkte unbedingt zu beachten:
■ Werden Bauteile/Komponenten des Kraftstoffsystems zwischen Kraftstoffbehälter und Hochdruckpumpe abgebaut, ausgebaut oder ersetzt, muss zur Entlüftung des Kraftstoffsystems mit dem Fahrzeugdiagnosetester die Funktion »Kraftstoffsystem entlüften« durchgeführt werden. Dieser Vorgang dauert 130 Sekunden. Dabei werden die Kraftstoffpumpen 3 Mal angesteuert. Der Vorgang darf nicht vorzeitig abgebrochen werden.
■ Probefahrt durchführen und Ereignisspeicher (Fehlerspeicher) abfragen.

Demontage des Zylinderkopfes am TDI-Motor (CXEB, CXFA, CXGA, CXGB, CXHA, CXGC, CXHB, CXEC)
■ Bei ausgeschalteter Zündung das Masseband der Batterie abklemmen.

Fahrzeuge mit Bi-Turbo und Allradantrieb:
■ Motor ausbauen.

Fortsetzung alle Fahrzeuge:
■ Ladeluftkühler ausbauen.
■ Nockenwellengehäuse ausbauen.

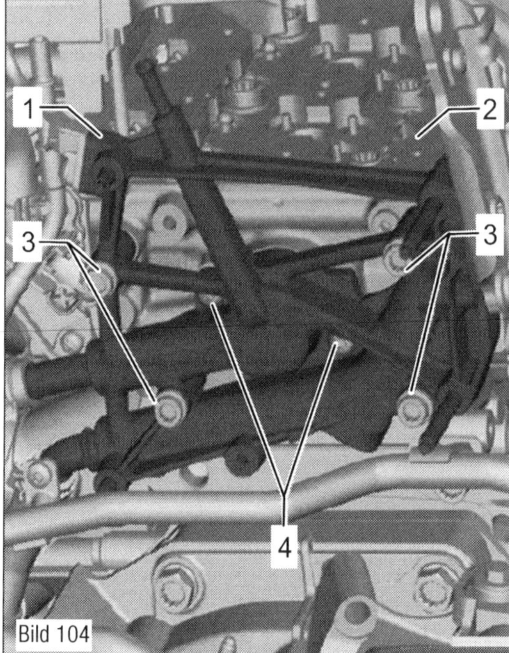

Bild 104
2,0-l-TDI-Motor (CXEB, CXFA, CXGA, CXGB, CXHA, CXGC, CXHB, CXEC).
1 Halter
2 Zylinderkopf
3 Schrauben
4 Schrauben

■ Zahnriemenschutz seitlich ausbauen.
■ Zahnriemenschutz hinten ausbauen.

Alle Fahrzeuge außer Bi-Turbo mit Allradantrieb:
■ Servicestellung durchführen und zurücksetzen.
■ Einfüllrohr für Waschwasserbehälter ausbauen.

Fortsetzung alle Fahrzeuge:
■ Den Abgasturbolader ausbauen.
■ Den Kühler für Abgasrückführung ausbauen Schrauben (3 im Bild 104) herausdrehen.
■ Schrauben (4) herausdrehen.
■ Halter (1) am Zylinderkopf (2) lösen.
■ Schraube (2 im Bild 105) herausdrehen.
■ Halter (1) am Zylinderkopf (3) lösen.

Fahrzeuge mit Mono-Turbo:
■ Schrauben des Halters über der Hochdruckpumpe herausdrehen.
■ Den Halter abnehmen.

Fortsetzung alle Fahrzeuge:
■ Elektrische Steckverbindung (5 im Bild 106) trennen.
■ Schellen (6) lösen.
■ Kraftstoffschläuche (4) abziehen.
■ Unterdruckschlauch (3) abziehen.
■ Halter (2) ausclipsen.
■ Kraftstoffleitungen (1) zur Seite legen.
■ Den elektrischen Leitungsstrang im Motorraum trennen und zur Seite legen.
■ Schraube (1 im Bild 107) herausdrehen.
■ Halter für Unterdruckrohr (3) und (4) ausclipsen.
■ Die elektrischen Steckverbindungen (2) trennen.
■ Unterdruckrohr (3 im Bild 108) entriegeln und abziehen.
■ Unterdruckschläuche (4) abziehen.
■ Schraube (5) herausdrehen.
■ Schellen (1) lösen.
■ Kühlmittelschläuche (2) abziehen.
■ Schraube (6) herausdrehen.
■ Kühlmittelrohre (7) zur Seite legen.
■ Schrauben in der Reihenfolge (1 bis 10) lösen und herausdrehen (Bild 109).
■ Zylinderkopf mit einem zweiten Mechaniker abnehmen und gleichzeitig die Spannrolle abnehmen.
■ Zylinderkopf so ablegen, dass der Zylinderkopf oder am Zylinderkopf verbaute

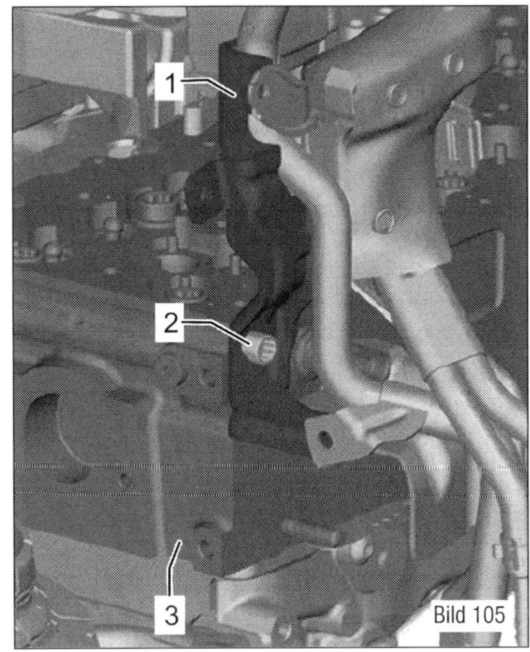

Bild 105
2,0-l-TDI-Motor (CXEB, CXFA, CXGA, CXGB, CXHA, CXGC, CXHB, CXEC).
1 Halter
2 Schraube
3 Zylinderkopf

Bild 106
2,0-l-TDI-Motor (CXEB, CXFA, CXGA, CXGB, CXHA, CXGC, CXHB, CXEC).
1 Kraftstoffleitungen
2 Halter
3 Unterdruckschlauch
4 Kraftstoffschläuche
5 Steckverbindung
6 Schellen

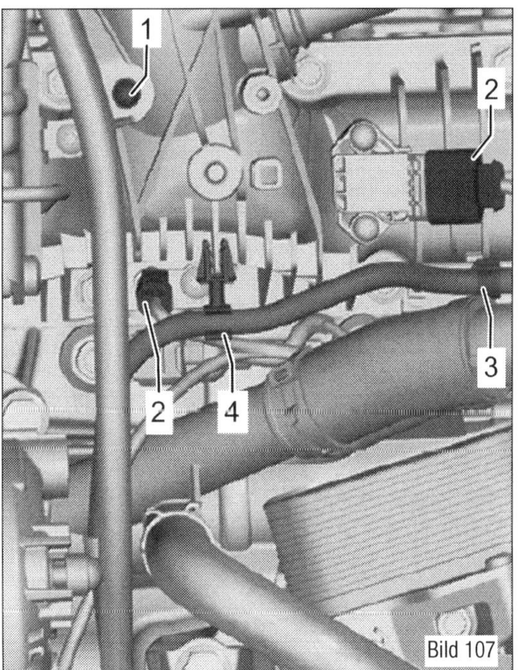
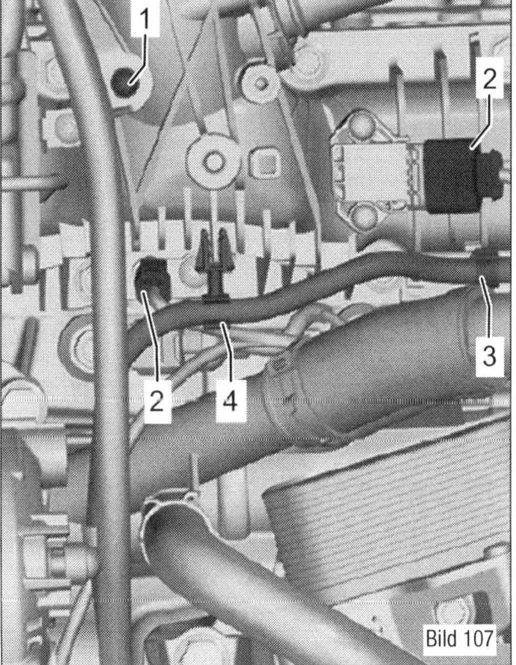

Bild 107
2,0-l-TDI-Motor (CXEB, CXFA, CXGA, CXGB, CXHA, CXGC, CXHB, CXEC).
1 Schraube
2 elektrische Steckverbindung
3 Halter
4 Halter

Teile nicht beschädigt werden. Ist es zum Kontakt zwischen Kolben und Ventilen gekommen, sind zusätzlich an dem betreffenden Zylinder die Rollenschlepphebel zu ersetzen.

Die Montage erfolgt sinngemäß in umgekehrter Reihenfolge.
Die Dichtungsreste vom Zylinderkopf und Zylinderblock ausschließlich mit einem Konturklingenset oder einem handelsüblichen Ceranfeldschaber entfernen.

- Gelöste Rückstände mit einem fusselfreien Lappen entfernen.
- In den Sacklöchern der Schrauben darf sich kein Öl oder Kühlmittel befinden.
- Die neue Zylinderkopfdichtung erst unmittelbar vor dem Einbau aus der Verpackung nehmen.
- Wird ein neuer Zylinderkopf eingebaut, müssen die Berührungsflächen zwischen Rollenschlepphebel und Nockengleitbahn eingeölt werden.
- Um zu verhindern, dass die Silikonschicht und der Sickenbereich der Zylinderkopfdichtung beschädigt werden, Dichtung äußerst sorgfältig behandeln.
- Um sicherzustellen, dass kein Ventil beim Anlassen aufsetzt, die Kurbelwelle vorsichtig mindestens 2 Umdrehungen durchdrehen.
- Vor dem Aufsetzen des Zylinderkopfs Kurbelwellenstopp T10490 entfernen und Kurbelwelle entgegen der Motordrehrichtung zurückdrehen, bis alle Kolben nahezu gleichmäßig etwas unter »OT« stehen.
- Wenn im Zylinderblock keine Passhülsen zur Zentrierung von Zylinderblock und Zylinderkopf vorhanden sind, neue Passhülsen einsetzen.
- Die Kennzeichnung der Zylinderkopfdichtung beachten.
- Die Zylinderkopfdichtung auf die Passhülsen (Pfeile im Bild 110) im Zylinderblock

Sichtprüfung

Messen

Bild 108
2,0-l-TDI-Motor (CXEB, CXFA, CXGA, CXGB, CXHA, CXGC, CXHB, CXEC).
1 Schellen
2 Kühlmittelschläuche
3 Unterdruckrohr
4 Unterdruckschläuche
5 Schraube
6 Schraube
7 Kühlmittelrohr

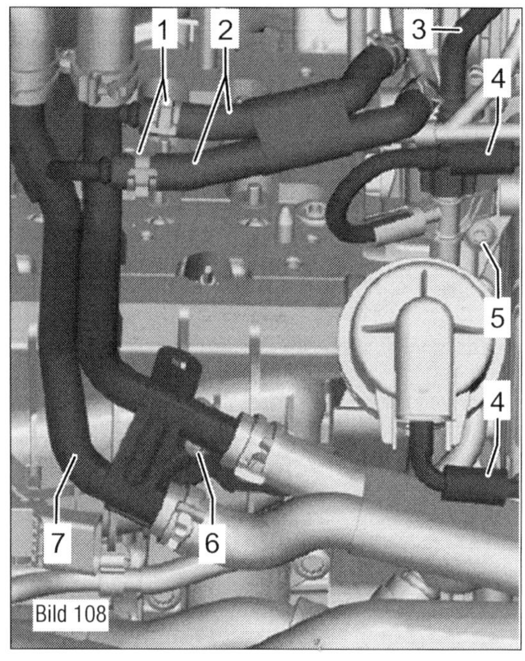

Bild 109
2,0-l-TDI-Motor (CXEB, CXFA, CXGA, CXGB, CXHA, CXGC, CXHB, CXEC): Reihenfolgen zum Lösen der Zylinderkopfschrauben.

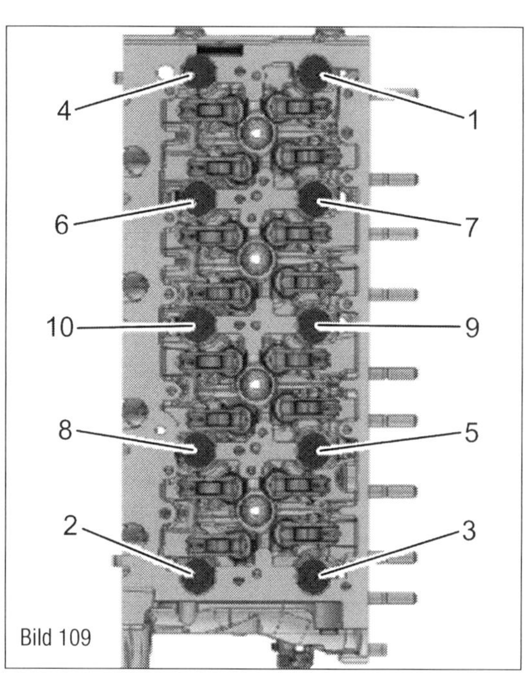

Bild 110
2,0-l-TDI-Motor (CXEB, CXFA, CXGA, CXGB, CXHA, CXGC, CXHB, CXEC): Position der Passhülsen (Pfeile) im Zylinderblock.

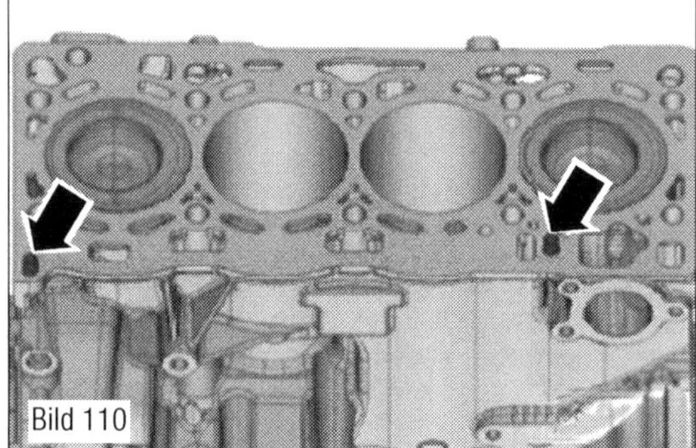

auflegen. Dabei die Einbaulage der Zylinderkopfdichtung beachten. Die Kennzeichnung »oben« oder die Teilenummer muss zum Zylinderkopf zeigen.

- Den Zylinderkopf mit einem zweiten Mechaniker aufsetzen.
- Die Schrauben für Zylinderkopf einsetzen und festziehen.
- Das Kühlmittel auffüllen.

Beim Ersetzen des Zylinderkopfs oder der Zylinderkopfdichtung muss das gesamte Kühlmittel und Motoröl gewechselt werden.

- Das Motoröl und den Ölfiltereinsatz wechseln.
- Das Kraftstoffsystem befüllen/entlüften.

Nach dem Ersetzen von Bauteilen (Motor/Teilmotor, Zylinderkopf, Nockenwellengehäuse oder Abgasturbolader) ist die Öldruckregelung für ca. 1000 km auf die hohe Druckstufe einzugrenzen, sofern diese Funktion im Motorsteuergerät verfügbar ist. Dadurch wird der höheren Reibung beim Einlaufen neuer Bauteile Rechnung getragen sowie der optimale Abtransport von Partikeln aus dem Einlaufverschleiß gewährleistet.

Demontage des Zylinderkopfes beim 2,0-l-MED-Motor

Für die Demontage des Zylinderkopfes ist eine Demontage des Ventildeckels/Zylinderkopfhaube nicht erforderlich.

Kabelbinder beim Einbau wieder an der gleichen Stelle befestigen. Offene Kanäle des Ansaugstutzens und des Abgastrakts immer mit geeigneten Stopfen verschließen, beispielsweise aus dem Verschlusstopfenset für Motor von VW »VAS 6122«. Abgelassenes Kühlmittel zur Entsorgung oder Wiederverwendung in einem sauberen Behälter auffangen. Im weiteren Arbeitsablauf muss die Batterie ausgebaut werden. Deshalb prüfen, ob ein codiertes Radio eingebaut ist. Gegebenenfalls ist vorher die Anti-Diebstahl-Codierung zu erfragen.

Verbrühungsgefahr durch heißen Dampf und heißes Kühlmittel! Bei warmem Motor steht das Kühlsystem unter Überdruck. Um den Überdruck abzubauen, Verschlussdeckel für Kühlmittelausgleichsbehälter mit Lappen abdecken und vorsichtig öffnen.

■ Falls vorhanden, Geräuschdämpfung ausbauen.
■ Den Schlossträger in Servicestellung bringen.
■ Das Kühlmittel ablassen.
■ Den Abgasturbolader ausbauen.
■ Die Unterdruckleitung vom Bremskraftverstärker lösen.
■ Die Kühlmittelschläuche am Zylinderkopf abbauen.
■ Den Druckschlauch von der Drosselklappensteuereinheit zum Ladeluftkühler komplett ausbauen.
■ Die elektrischen Steckverbindungen (Pfeil im Bild 112) von Stellelement 1 für Nockenverstellung bis Stellelement 8 für Nockenverstellung (2) abziehen.
■ Den Stecker entriegeln und alle Stecker gleichzeitig von den Zündspulen abziehen, dann den elektrischen Leitungsstrang zur Seite legen.
■ Zündspulen mit dem Abzieher »T40039« herausziehen.
■ Zündkerzen mit einem Zündkerzenschlüssel ausbauen.
■ Schlauch für Kurbelgehäuseentlüftung (1 im Bild 90) trennen.
■ Schrauben (Pfeile) herausdrehen, Kurbelgehäuseentlüftung abnehmen und vom Schlauch (2) für Kurbelgehäuseentlüftung in Pfeilrichtung abziehen.
■ Schelle (2 im Bild 113) für Kraftstoffvorlaufleitung (3) lösen und von der Hochdruckpumpe (1) abziehen.
■ Leitung zum Magnetventil für Aktivkohlebehälter lösen, die Kraftstoffleitungen aus der Führung ausclipsen und zur Seite legen.
■ Elektrische Steckverbindungen vom Ansauglufttemperaturgeber, Magnetventil für Aktivkohlebehälter, Drosselklappensteuereinheit und Hallgeber trennen. Elektrischen Leitungsstrang am Saugrohr ausclipsen und zur Seite legen.
■ Saugrohrstütze lösen und den Halter am Saugrohr lösen und Halter zur Seite legen.
■ Stecker vom Kraftstoffdruckgeber mit dem Montagewerkzeug entriegeln und abziehen.
■ Abdeckung oben für Steuerkette ausbauen.
■ Schwingungsdämpfer mit dem Gegenhalter (T10355 im Bild 43) in OT-Stellung (Pfeil) drehen. Kerbe am Schwingungsdämpfer muss der Pfeilmarkierung an der Abdeckung unten für Steuerketten gegenüberstehen. Markierungen (1) der Nockenwellen müssen nach oben zeigen.
■ Regelventil, je nach Ausführung, mit Demontagewerkzeug (T10352 im Bild 41) oder Demontagewerkzeug (T10352/1) in Pfeilrichtung ausbauen.

Tipp: Das Regelventil hat Linksgewinde.

■ Schrauben (Pfeile im Bild 48) ausdrehen und Lagerbrücke abnehmen.
■ Schwingungsdämpfer mit dem Gegenhalter (T10355 unten im Bild 47) in OT-Stellung (Pfeil) drehen. Die Kerbe am Schwingungsdämpfer muss der Pfeilmarkierung an der Abdeckung unten für Steuerketten gegenüberstehen.
■ Antriebskette/Kettenräder (Pfeile im Bild 64) mit einem wasserfesten Stift kennzeichnen.
■ Verschlussstopfen (15 im Bild 39) entfernen.

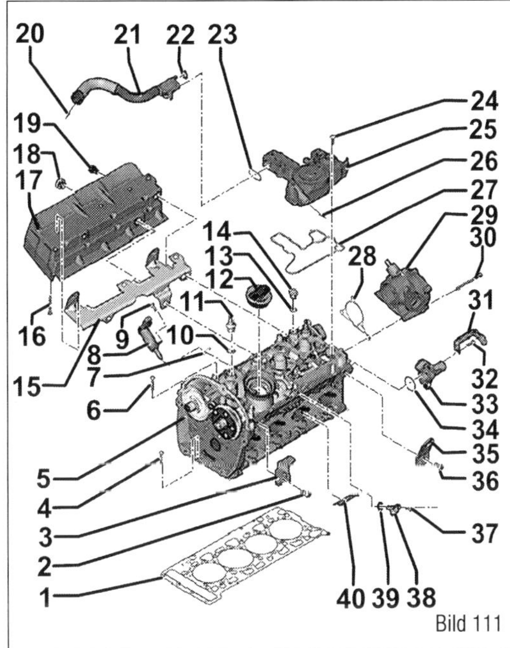

Bild 111

Bild 111
2,0-l-MED.
1 Zylinderkopfdichtung,
2 Schraube
3 Motoraufhängeöse
4 Schraube
5 Zylinderkopf
6 Zylinderkopfschraube
7 O-Ring
8 Stellelement für Nockenverstellung
9 Schraube
10 O-Ring
11 Verschlussstopfen
12 Verschlussdeckel
13 O-Ring
14 Verschlussstopfen
15 Halter
16 Schraube
17 Wärmeschutzblech
18 Schraube
19 Schraube
20 zum Saugrohr/Abgasturbolader
21 Entlüftungsrohr
22 O-Ring
23 Dichtung
24 Schraube
25 Kurbelgehäuseentlüftung
26 zum Saugrohr
27 Dichtung
28 Dichtung
29 Unterdruckpumpe
30 Schraube
31 Halteblech
32 Schraube
33 Anschlussstutzen
34 O-Ring
35 Motoraufhängeöse
36 Schraube
37 Schraube
38 Hallgeber
39 O-Ring
40 Trennplatte

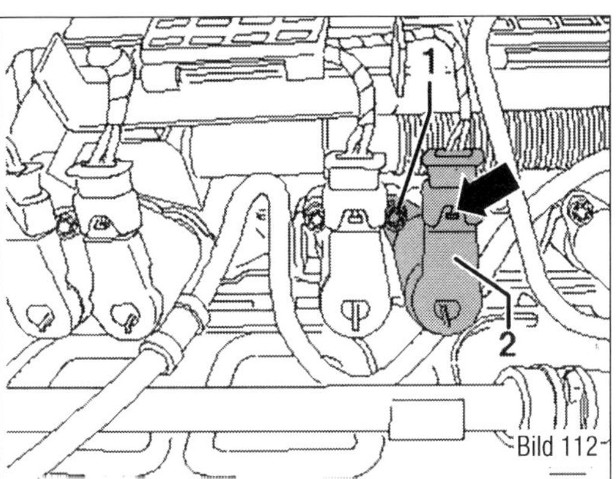

Bild 112

Bild 112
2,0-l-MED.
Pfeil = elektrische Steckverbindung
1 Schraube
2 Stellelement

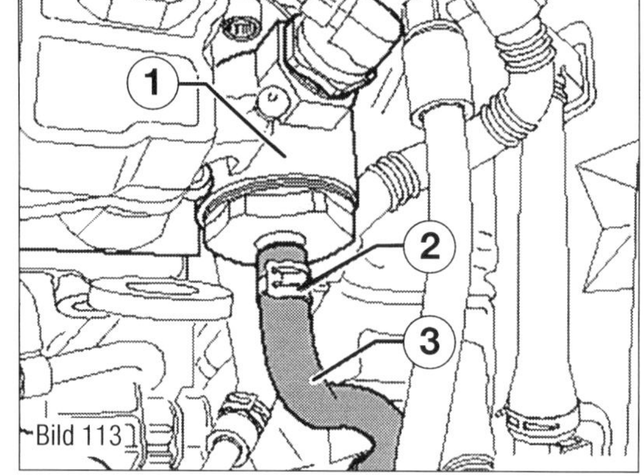

Bild 113
2,0-l-MED.
1 Hochdruckpumpe
2 Schelle
3 Kraftstoffvorlaufleitung

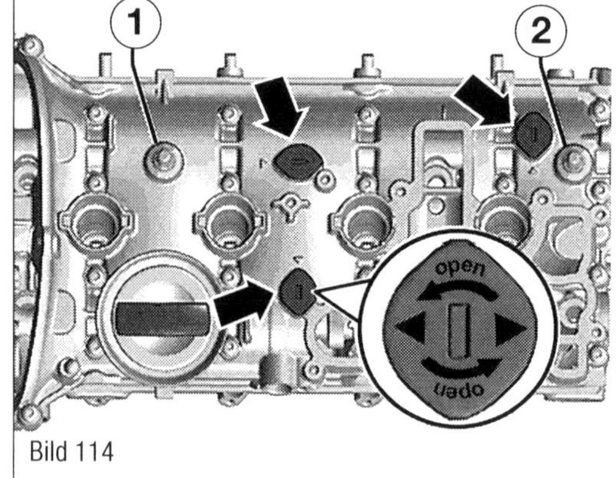

Bild 114
2,0-l-MED.
1 Kugelkopfschraube
2 Kugelkopfschraube
Pfeile = Schrauben

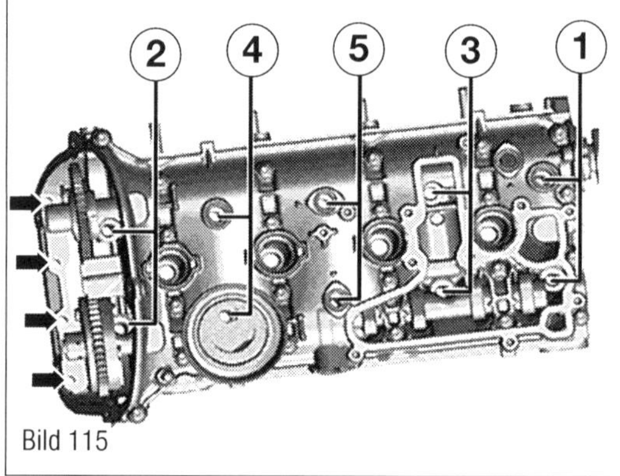

Bild 115
2,0-l-MED: 1-5 Reihenfolge zum Lösen der Zylinderkopfschrauben.

■ Arretierkeil des Kettenspanners anheben, dazu mit Reißnadel oder geeigneten Schraubendreher in die Bohrung des Kettenspanners in (Pfeilrichtung 1 im Bild 93) einstecken.
■ Kurbelwelle entgegen der Motordrehrichtung in (Pfeilrichtung 2) drehen und mit Absteckstift (T40011) sichern.

Einlassnockenwelle springt in Motordrehrichtung.

■ Schraube (4 im Bild 40) herausdrehen und Spannschiene (3) nach unten führen.
■ Obere Gleitschiene (10) ausbauen. Dazu mit einem Schraubendreher Verrastung entriegeln und Gleitschiene nach vorn abdrücken.
■ Nockenwellensteuerkette von den Kettenrädern abnehmen.

⚠ Beschädigungsgefahr von Ventilen und Kolbenböden. Wenn die Nockenwellensteuerkette vom Zylinderkopf abgenommen wurde, darf die Kurbelwelle nicht mehr gedreht werden.

■ Verschlussstopfen (Pfeile im Bild 114) gegen Uhrzeigersinn in Pfeilrichtung um 90° drehen und herausnehmen.
■ Kugelkopf (1und 2) ausdrehen.
■ Verschlussdeckel abnehmen.
■ Schrauben (Pfeile) ausdrehen.
■ Schrauben für Zylinderkopf in der Reihenfolge (1 bis 5 im Bild 115) mit Steckeinsatz Polydrive »T10070« bis auf 2 Stück ausdrehen.

Um die Zylinderkopfschrauben herausdrehen zu können, Nockenwellen eventuell mit einem Schlüssel verdrehen. Prüfen Sie, ob alle Leitungen und Kabel gelöst sind! Auf Spann- und Gleitschiene beim Abheben des Zylinderkopfs achten.
■ Zylinderkopf abnehmen.
■ Zylinderkopf auf eine weiche Unterlage legen (Schaumstoff).

Der Einbau erfolgt in umgekehrter Reihenfolge, dabei Folgendes beachten:

⚠ Beschädigungsgefahr der Dichtflächen.
Dichtungsreste vorsichtig von Zylinderkopf und Zylinderblock entfernen. Darauf achten, dass keine lang gezogenen Riefen oder Kratzer entstehen.

⚠ Beschädigungsgefahr des Zylinderblocks. In den Sacklöchern für die Zylinderkopfschrauben im Zylinderblock darf sich kein Öl oder Kühlmittel befinden.

⚠ Undichtigkeitsgefahr an der Zylinderkopfdichtung. Schmirgel- und Schleifreste sorgfältig entfernen. Neue Zylinderkopfdichtung erst unmittelbar vor dem Einbau aus der Verpackung nehmen. Um zu verhindern, dass die Silikonschicht und der Sickenbereich der Zylinderkopfdichtung beschädigt werden, die Dichtung äußerst sorgfältig behandeln.

Beschädigungsgefahr offener Ventile. Wenn ein Austauschzylinderkopf eingebaut wird, Kunststoffsockel zum Schutz der offenen Ventile erst abnehmen, wenn unmittelbar im Anschluss der Zylinderkopf aufgesetzt wird. Um sicherzustellen, dass kein Ventil beim Anlassen aufsetzt, Motor vorsichtig mindestens 2 Umdrehungen durchdrehen.

Schrauben, die mit Weiterdrehwinkel angezogen werden, müssen ersetzt werden. Dichtringe, Dichtungen und selbstsichernde Muttern ersetzen.

Wenn der Zylinderkopf oder die Zylinderkopfdichtung ersetzt wird, müssen das Motoröl und Kühlmittel gewechselt werden.

- Zylinderkopfdichtung auflegen. Zentrierstifte im Zylinderblock beachten. Einbaulage der Zylinderkopfdichtung beachten, die Teilenummer muss von der Einlassseite her lesbar sein.
- Falls die Kurbelwelle zwischenzeitlich verdreht wurde: Kolben des ersten Zylinders auf den oberen Totpunkt stellen und die Kurbelwelle wieder etwas zurückdrehen. Beim Drehen der Kurbelwelle darauf achten, dass keine Bauteile durch die Steuerkette beschädigt werden.
- Zylinderkopf aufsetzen. Um die Zylinderkopfschrauben eindrehen zu können, muss die Einlassnockenwelle mit Schlüssel verdreht werden.
- Schrauben (1 bis 8 im Bild 116) einsetzen.
- Schrauben für Zylinderkopf in der Reihenfolge (1 bis 8) in insgesamt 3 Stufen festziehen.
- Schrauben (Pfeile) in insgesamt 2 Stufen festziehen. Ein Nachziehen der Zylinderkopfschrauben nach Reparaturen ist nicht erforderlich.
- Schwingungsdämpfer mit dem Gegenhalter (T10355 im Bild 43) in OT-Stellung (Pfeil) drehen. Kerbe am Schwingungsdämpfer muss der Pfeilmarkierung an der Abdeckung unten für Steuerketten gegenüberstehen.
- Die markierten Kettenglieder der Steuerkette müssen an den Markierungen der Kettenräder positioniert werden.
- Nockenwellensteuerkette auflegen. Die Markierungen Antriebskette/Kettenräder (1 im Bild 44) müssen übereinstimmen.

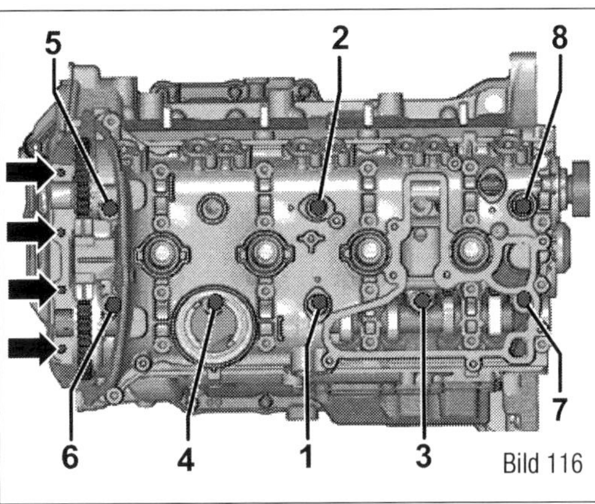

Bild 116

Bild 116
2,0-l-MED: 1–8 Reihenfolge zum Anziehen der Zylinderkopfschrauben.

- Einlassnockenwelle mit Schlüssel in (Pfeilrichtung im Bild 46) drehen und Steuerkette auflegen.
- Lagerbrücke aufstecken und Schrauben (Pfeile im Bild 42) handfest eindrehen.
- Absteckstift »T40011« entfernen.
- Schrauben (Pfeile im Bild 42) für Lagerbrücke festziehen.
- Regelventil einbauen.
- Schrauben (1 und 2 im Bild 114) einsetzen.
- Schrauben für Zylinderkopf in der Reihenfolge (1 und 2) in insgesamt 3 Stufen festziehen.
- Abdeckung oben für Steuerkette einbauen.
- Kühlmittel auffüllen.
- Abgasturbolader einbauen.
- Falls vorhanden, Geräuschdämpfung einbauen.

Kompressionsdruck prüfen

Die Prüfwerte des Kompressionsdrucks in den einzelnen Zylindern zeigen an, ob der Motor sich noch in einem guten mechanischen Zustand befindet oder ob er für einen Austausch reif ist, zumindest aber komplett überholt werden muss.

TDI- (Diesel) Motoren
Zur Prüfung werden ein Kompressionsdruck-Prüfgerät (VAG 1763), für den 2.0-l-TDI der Adapter (1763/8), ein Gelenkschlüssel mit Schlüsselweite 10 (VAG 3220) für Glühstiftkerzen sowie ein Drehmomentschlüssel 5 bis 50 Nm benötigt. Die Motoröltemperatur muss mindestens 30 °C und die Batteriespannung mindestens 11,5 V betragen.

Vorbereitung und Druckprüfung

■ Steckverbindungen der Einspritzeinheiten abziehen.

■ Glühstiftkerze des entsprechenden Zylinders mit dem Gelenkschlüssel SW 10 (3220) ausbauen.

■ Adapter (V.A.G 1763/8) anstelle der Glühstiftkerze einschrauben.

☞ Falls nötig, Schnellkupplung (V.A.G 1763/3) zwischen Kompressionsdruck-Prüfgerät (V.A.G 1763) und Adapter (V.A.G 1763/8) befestigen.

■ Kompressionsdruck mit Kompressionsdruck-Prüfgerät (V.A.G 1763) prüfen.

■ Motor so lange starten, bis kein Druckanstieg mehr vom Prüfgerät angezeigt wird.

■ Die geforderten und zu messenden Werte sind also bei allen TDI gleich. Der Messwert sollte etwa 25 bis 31 bar bei einem neuen Motor betragen. Ab einem Messwert von 19 bar oder einem Druckunterschied von mehr als 5 bar muss der Motor auf Verschleiß oder Leckagen untersucht werden (Druckverlusttest).

Rückbau und in Betrieb setzen

■ Glühstiftkerzen mit dem Gelenkschlüssel einschrauben und mit 18 Nm festziehen. Die Stecker von Hand wieder auf die Glühstiftkerzen aufstecken, auf festen Sitz achten.

■ Übrige Einbauarbeiten sinngemäß umgekehrt zum Ausbau.

■ Motorabdeckung aufsetzen.

■ Durch das Trennen der Steckverbindungen für Einspritzeinheiten werden Fehler abgespeichert. Daher Fehlerspeicher abfragen (VAS 5051) »Geführte Fehlersuche«, ggf. vorhandene Fehler beheben, danach Fehlerspeicher löschen und Readinesscode erzeugen.

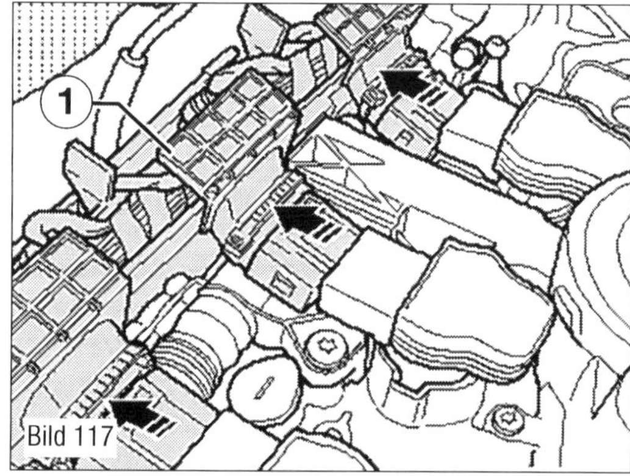

Bild 117
1 Elektrische Steckverbindungen zu den Zündspulen
Pfeil = Entriegelungsrichtung

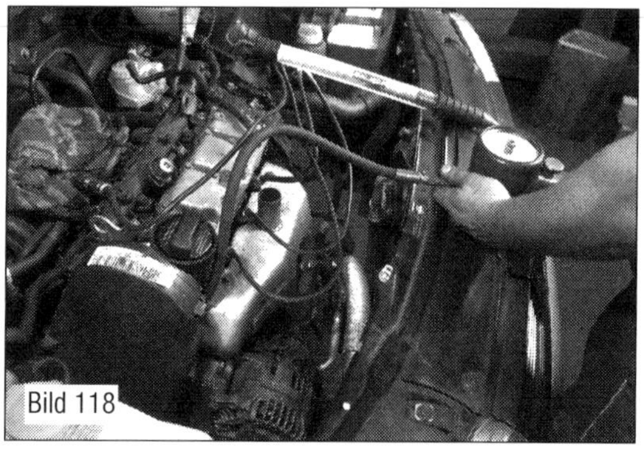

Bild 118
Druckverlusttest.

Benzin-Motoren

Zur Prüfung werden ein Kompressionsdruck-Prüfgerät (V.A.G 1763, z. T mit Adapter 1763/-6), passende Abzieher (T10094 A; T10112 A), ein Zündkerzenschlüssel (3122 B) sowie ein Drehmomentschlüssel 5 bis 50 Nm benötigt. Die Motoröltemperatur muss mindestens 30 °C und die Batteriespannung mindestens 11,5 V betragen.

Vorbereitung und Druckprüfung

■ Motorabdeckungen ausbauen.

2,0-l-MED-Motor:

■ Elektrische Steckverbindungen (1 im Bild 117) der Zündspulen mit Leistungsendstufe entriegeln und Steckerleiste nach hinten schieben (Pfeilrichtung).

■ Zündspulen mit dem Abzieher »T40039« herausziehen.

■ Zündkerzen mit Zündkerzenschlüsse ausbauen.

■ Kompressionsdruck mit Kompressionsdruck-Prüfgerät »V.A.G 1763« und Adapter »V.A.G 1763/6« oder einem anderen geeigneten Prüfgerät prüfen.

■ Anlasser so lange betätigen, bis kein Druckanstieg mehr vom Prüfgerät angezeigt wird.

Rückbau und in Betrieb setzen:

■ Zündkerzen mit dem Zündkerzenschlüssel einschrauben und mit 30 Nm festziehen.

■ Der weitere Zusammenbau erfolgt sinngemäß in entgegen gesetzter Reihenfolge zum Ausbau.

■ Fehlerspeicher abfragen (VAS 5051 »Geführte Fehlersuche«), ggf. vorhandene Fehler beheben, danach Fehlerspeicher löschen und Readinesscode erzeugen.

Druckverlusttest alle Motoren

Oft schon vergessen, war er schon vor einigen Jahrzehnten bekannt. Da der Tester in den meisten Werkstätten nicht mehr oder kaum noch zum Einsatz kommt, lässt sich ab und an ein solches Gerät auch von Bosch schon mal günstig erstehen. 75 bis 150 Euro werden es dann meist. Auch mit diesem Gerät wird die Dichtheit des Zylinders bewertet. Nur, dass nicht der Motor den Druck aufbringt, sondern der Motor mit Luftdruck aus dem Tester beaufschlagt wird. Undichtheiten können nun zum einen zahlenmäßig erfasst und zum anderen »erhört« werden. Die Diagnose fällt deshalb deutlich präziser aus, als das Ergebnis des Kompressionstests.

- Stimmen Sie den Drucktester auf den Kompressordruck Ihrer Werkstatt ab.
- Wählen Sie den passenden Gewindeadapter und den Anschlussschlauch für den Druckverlusttest aus.
- Stellen Sie Radio und andere Lärmquellen ab.
- Verdrehen Sie den Motor so weit, bis er am Ende des Verdichtungstaktes oder am Anfang des Arbeitstaktes steht.
- Ertasten Sie vorsichtig den Kolbenboden mit einem Schraubendreher und verdrehen Sie den Motor bis zu Zünd-OT.
- Blockieren Sie den Motor (Gang einlegen, Handbremse anziehen). Sollten Sie den Motor mit einem 19-mm-Schlüssel auf der Kurbelwelle festhalten wollen, achten Sie darauf, dass sich der Motor verdrehen kann, sobald der Prüfdruck des Testers auf dem Kolben lastet. Er erzeugt ein nicht unbedeutendes Drehmoment, das Sie eventuell nicht von Hand halten können. Es besteht Verletzungsgefahr durch Abrutschen oder Klemmen!

Messung/Prüfung

- Führen Sie den Anschlussschlauch des Druckverlusttesters zuerst in das rechte Kerzenloch ein (Bild 121).
- Kuppeln Sie den Messschlauch an das Messgerät an.
- Werten Sie jeden Zylinder einzeln wie unten beschrieben aus.
- Wiederholen Sie diesen Vorgang nun für alle Zylinder des Motors, Auswertung (Bilder 122 und 123).

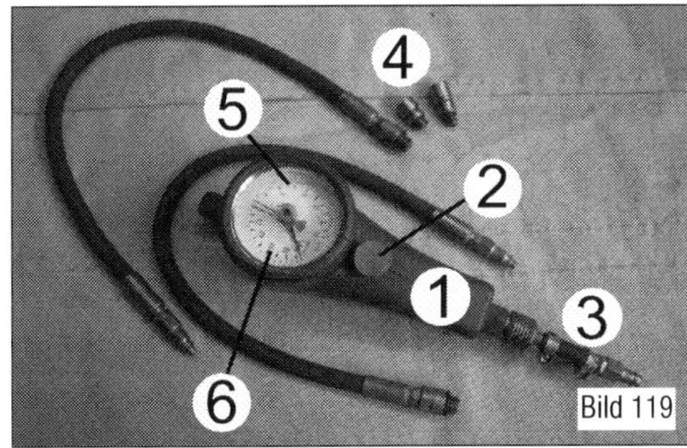

Bild 119
Meist recht günstig zu ersteigern: der Druckverlustprüfer.
1 Gehäuse
2 Einstellrad für Druckangleich
3 Anschlussschlauch Druckluftnetz
4 Prüfanschluss
5 Messuhr Kompressionsdruck
6 Messuhr Kompressionsdruck

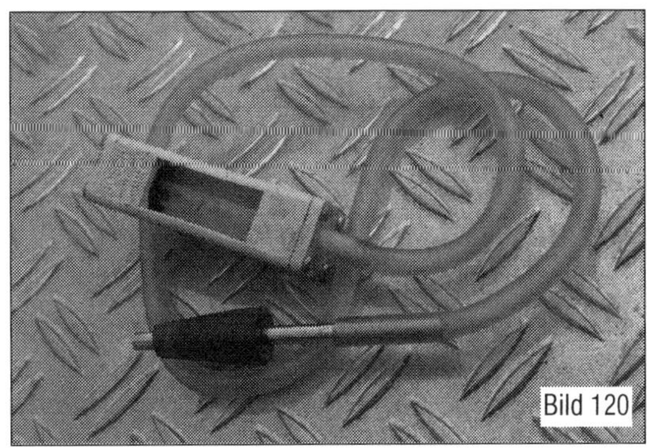

Bild 120
Der OT-Finder: Auf dem Weg nach OT verdrängt der Kolben Luft und schiebt den Anzeigekolben im Gerät nach oben. Fällt er schlagartig ab, wurde der OT-Punkt überschritten.

Bild 121
Nicht verwechseln: Mit Ventil (1) ist er für den Kompressionstest gerüstet, ohne Ventil (2) für den Druckverlusttest.

Bild 122
Druckverlust problematisch.

Bild 123
Druckverlust in Ordnung.

Sichtprüfung

Messen

■ Notieren Sie den angezeigten Druckverlust für jeden Zylinder einzeln.
■ Ein Druckverlust bei 4-Takt-Hubkolbenmotor ist bis zu 15% zulässig.
■ Drehen Sie den Öldeckel ab und achten Sie auf Zischgeräusche aus dem Motorblock.
■ Legen Sie den Kopf auf den Luftfilter oder, besser noch, entfernen Sie den Luftfilter und hören Sie, ob Zischgeräusche aus dem Ansaugtrakt wahrnehmbar sind.
■ Kontrollieren Sie auch am Auspuff, ob hier ein Luftstrom oder ein Zischgeräusch hörbar ist.

Rückbau und in Betrieb setzen:
■ Zündkerzen mit dem Zündkerzenschlüssel einschrauben und mit 30 Nm festziehen.
■ Der weitere Zusammenbau erfolgt sinngemäß in entgegengesetzter Reihenfolge zum Ausbau.
■ Fehlerspeicher abfragen (Diagnosetester »Geführte Fehlersuche«), ggf. vorhandene Fehler beheben, danach Fehlerspeicher löschen und Readinesscode erzeugen.

Beschreibung	**Toleranz**	**Ursache**
Druckverlust zu groß: Zischgeräusch am Ansaugtrakt feststellbar, keine Zischgeräusche am Auspuff feststellbar.	Bis 15% sind zulässig.	Einlassventil nicht sauber geschlossen, Einlassventil undicht, Einlassventil beschädigt; Steuerzeiten stimmen nicht, Motor steht nicht im Zünd-OT (Arbeitstakt).
Druckverlust zu groß: Zischgeräusche am Auspuff feststellbar, keine Zischgeräusche am Ansaugtrakt feststellbar.	Bis 15% sind zulässig.	Auslassventil nicht sauber geschlossen, Auslassventil undicht, Auslassventil beschädigt, Steuerzeiten stimmen nicht, Motor steht nicht im Zünd-OT (Arbeitstakt).
Druckverlust zu groß: Zischgeräusche am Auspuff feststellbar, Zischgeräusche am Ansaugtrakt feststellbar.	Bis 15% sind zulässig.	Beide Ventile nicht sauber geschlossen, beide Ventile undicht, beide Ventile beschädigt; Steuerzeiten stimmen nicht, Motor steht nicht im Zünd-OT (Arbeitstakt).
Druckverlust zu groß: keine Zischgeräusche am Auspuff feststellbar, keine Zischgeräusche am Ansaugtrakt feststellbar.	Bis 15% sind zulässig.	Druckverlust über Kolben und Zylinder, Kolben und/oder Kolbenringe verschlissen oder defekt, Zylinderkopfdichtung defekt (während der Prüfung »blubbert« der Ausgleichsbehälter).

Verschleißmessung am Motor

Zugegeben, in der heutigen Zeit werden diese Arbeiten nur noch selten durchgeführt. Es ist aber nicht so, dass man die Verschleißmessung am Motor nicht mehr benötigen würde. Vielmehr wird sie oft aus Zeitgründen nicht mehr durchgeführt. Im privaten Bereich legen wir nun aber eher Wert auf eine kostengünstige Reparatur und möchten gerne den Zustand unseres Gefährtes sicher dokumentieren. Sollten Sie den Motor einmal so weit zerlegt haben oder sind auf der Suche nach erhöhtem Ölverbrauch des Motors, können Sie, nachdem Zylinderkopf und Kolben demontiert wurden, den Motorblock ausmessen. Oftmals ist der Kolbenausbau auch am eingebauten Motor realisierbar. Schließlich müssen wir lediglich die Ölwanne abnehmen können, um die Pleuellager abschrauben zu können. Ob und wie weit die Laufleistung oder auch ungünstige Betriebszustände dem Motor zugesetzt haben, muss mit einigen einzelnen Messungen kontrolliert werden. Für die Messungen werden ein Innenmessgerät, eine Messuhr, ein Messschieber, eine Fühlerlehre sowie eine Bügelmessschraube benötigt. Die Messung beschreibt den Zustand von Zylinder und Kolben. Das Zusammenspiel dieser Bauteile wird durch die Auswertung der Messergebnisse bewertet.

Messungen am Zylinder

Vorbereitung der Messungen

- Demontieren Sie den Zylinderkopf.
- Reinigen Sie Zylinderlaufbahn und Kolben gründlich.
- Messen Sie mit Hilfe des Messschiebers den Zylinderdurchmesser. Legen Sie anhand dieses Maßes fest, welche Adaptionsstücke in das Innenmessgerät eingebaut werden müssen.
- Montieren Sie das ausgewählte Adaptionsstück am Innenmessgerät.
- Führen Sie die Messuhr in die Aufnahme ein. Festgezogen wird sie aber erst, nachdem die Voreinstellung durchgeführt wurde.
- Richten Sie die Messuhr gerade in der Zylinderlaufbahn aus und stellen Sie mit einer Vorspannung von 2 mm fest.
- Richten Sie das Grundmaß (entweder das mit dem Messschieber ermittelte und gerundete oder ein vom Hersteller angegebenes) mit der Bügelmessschraube aus.
- Führen Sie die Feinjustierung des Innenmessgerätes durch.

Messungen

- Als Nächstes wird nun das Innenmessgerät in den zu messenden Zylinder eingeführt. Die Messung der Zylinderbuchse soll den Verschleiß genau darstellen. Da der Verschleiß im Zylinder in der Regel durch die unterschiedlichen Belastungszustände ungleichmäßig ausfällt, werden die Zylinder in zwei Richtungen und drei Ebenen beurteilt. Die Messrichtung wird in die Richtung »A« und »B« aufgeteilt, wobei »B« dann die Messung in Achsenrichtung der Kurbelwelle und »A« die Messung in Drehrichtung der Kurbelwelle darstellt. Die Messhöhe nennt sich recht einfach »1«, »2« oder »3«. So wird ein sehr genaues Bild des Zylinderverschleißes dargestellt.
- Zuerst einmal sollten alle Messungen in der Richtung »A« gemacht und in das Auswertungsblatt eingetragen werden. Erst dann werden die Messungen in der Richtung »B« durchgeführt und eingetragen. Das erspart das mehrmalige Einsetzen des Innenmessgerätes in den Zylinder.
- Führen Sie die Messung in Richtung »A« durch und tragen Sie diese ins Auswerteblatt ein.
- Führen Sie die Messungen in der Richtung »B« durch und tragen Sie diese in das Auswerteblatt ein.

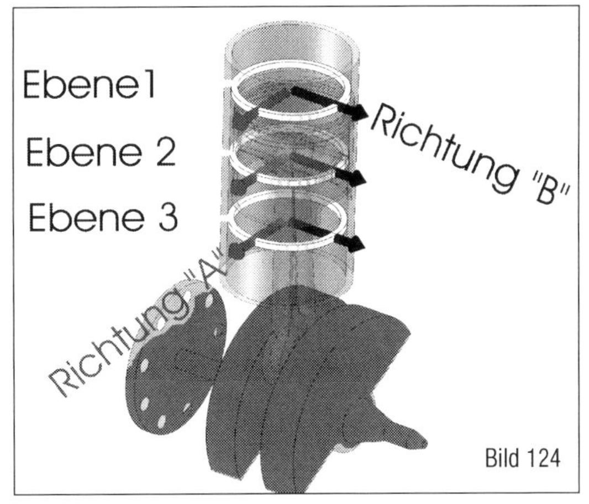

Bild 124

Bild 124
Messebenen und Messrichtungen am Zylinder.

Werte, die über das Grundmaß gehen, werden als »+«-Werte eingetragen. Werte, die das Grundmaß unterschreiten, werden in der Tabelle als »-«-Wert geführt. Diese Praxis spart viel Rechnerei und somit auch mögliche Fehlerquellen ein.

Messungen am Kolben

Nachdem die Messungen festgehalten wurden, werden nun die Kolben gemessen. Die Bügelmessschraube ist nun noch auf das Grundmaß des Zylinders eingestellt.

- Sie muss nun etwas geöffnet werden. Die Messungen werden grundsätzlich 90° versetzt zur Kolbenbolzenachse durchgeführt.
- Die Messung erfolgt nach Herstellerangaben am Kolbenhemd. Bei den meisten

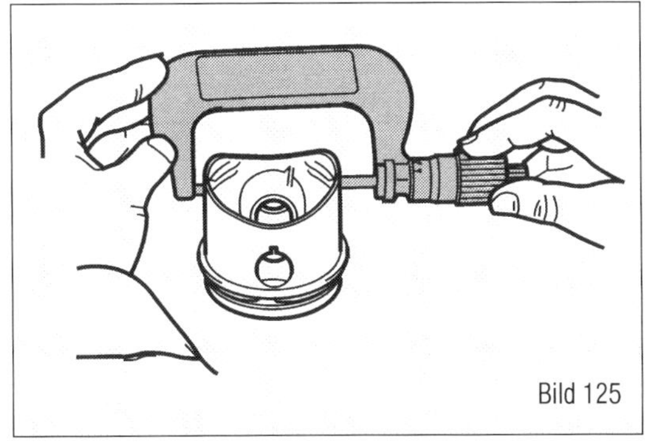
Bild 125

Bild 125
Messung des Kolbendurchmessers.

Herstellern liegt diese Messhöhe bei ca. 1,5 cm vom Hemdende, also vom unteren Ende des Kolbens.

■ Auch hier werden die Messergebnisse im Messprotokoll unter dem Begriff Kolbendurchmesser notiert.

Kolben und Ölabstreifringe

Neben dem Verschleiß am Kolbenhemd können auch die Kolbenringe beziehungsweise die Ölabstreifringe sowie die Ringnuten im Kolben verschleißen. Durch die Bewertung der Kolbenringe mit Stoß- und Höhenspiel kann hier eine ausreichend genaue Aussage über den Zustand der Bauteile getroffen werden.

Höhenspiel prüfen

Der Kolbenring dichtet den Kolben zum Zylinder ab. Er schleift bei jeder Kolbenbewegung an der Zylinderwand entlang. Zwar wird er durch das Motoröl geschmiert, Verschleiß entsteht aber dennoch. Der Verschleiß der Kolbenringe muss also auch beachtet und vermessen werden.

■ Nun wird der Kolbenring in die Ringnut eingelegt.

■ Mit Hilfe der Fühlerlehre wird nun geprüft, wie groß das Spiel des Kolbenrings nach oben und unten ist.

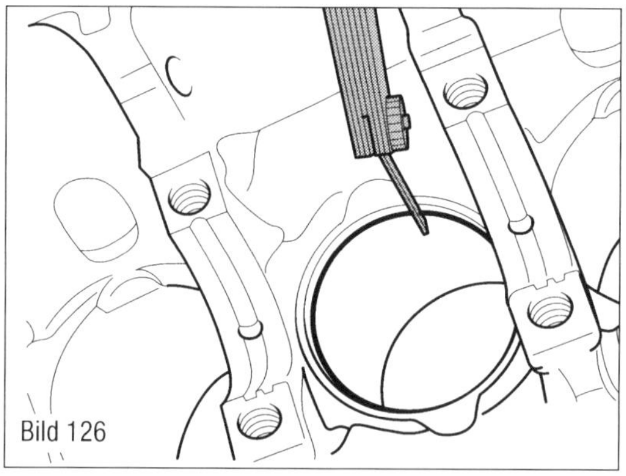

Bild 126
Stoßspielmessung am im Zylinder gerade eingelegten Kolbenring.

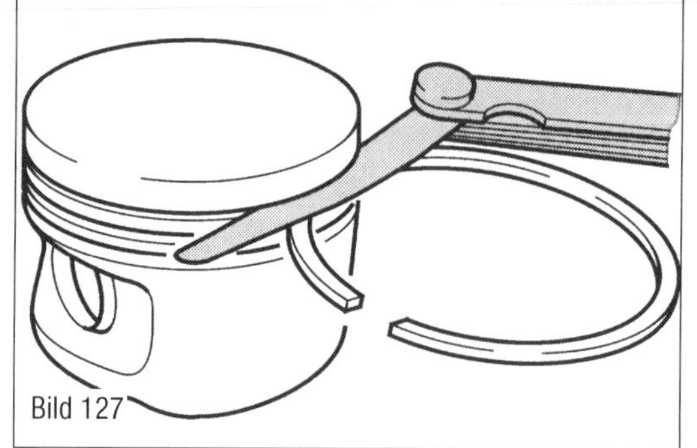

Bild 127
Höhenspielmessung am in die Ringnut eingelegten Kolbenring.

■ Die Messwerte werden natürlich auch im Auswertebogen festgehalten.

Stoßspiel prüfen

Mit dieser Prüfung wird der Verschleiß des Kolbenringes selbst geprüft.

■ Zuerst einmal muss der Kolbenring genau gerade in den Zylinder eingesetzt werden.

■ Liegt der Kolbenring wie gezeigt im Zylinder, wird nun wiederum mit der Fühlerlehre das Spaltmaß zwischen den beiden Kolbenringenden gemessen.

■ Auch hier muss ein Maß aus den Herstellerunterlagen herausgesucht werden. Über den Daumen darf dieses Maß nicht größer als 1 mm ausfallen.

Auswertung Zylinder und Kolben

Die Messung ist der eine Teil, die Auswertung der Ergebnisse ist aber mindestens genauso wichtig. Nachdem nun die Ergebnisse aus den Messungen des Zylinders und der Kolben vorliegen, können wir schon eine Aussage über die Verwendbarkeit von Zylinder und Kolben treffen.

Die Ovalität

Ovalität ist die Verformung des Zylinders. Sie kann zum einen durch die Einwirkung von Temperatur und zum anderen durch den Verschleiß entstehen. Sie wird als die größte Ovalität angegeben und vergleicht die Ovalität der einzelnen Messebene eines Zylinders.

Das Laufspiel

Es beschreibt, wie viel Platz zwischen Kolben und Zylinder ist. Auch hier müssen wieder die Herstellerangaben zurate gezogen werden. Als Daumenwert kann von einem Laufspiel von 0,04 mm bis zu 0,09 mm ausgegangen werden.

■ Das Laufspiel errechnet sich, wenn man den Kolbendurchmesser vom größten und dem kleinsten Zylinderdurchmesser abzieht.

Lagerspiel an Kurbelwelle und Pleuel mit Plastigage messen

Im Gegensatz zu den Messungen mit dem Innenmessgerät ist die Messung mit Plastigage ungenauer, aber dafür sehr schnell durchzuführen. Liegen keine besonderen Verschleißspuren oder eigenartig anmutende Lagertragbilder vor, ist diese Messmethode durchaus legitim. Für die Messung werden die Lager komplett montiert (oder bleiben es). Um gut an die Lagerdeckel heranzukommen, empfiehlt es sich, die Kolben in eine Stellung zu bringen, an der die Lagerdeckel bequem de- und montiert werden können.

- Demontieren Sie die Lagerdeckel und reinigen Sie die Lagerstelle mit einem fusselfreien Lappen.
- Legen Sie einen Messfaden ein und montieren Sie das Lager wieder.
- Ziehen Sie das Lager auf das Solldrehmoment an. Der Messfaden wird nun »platt gedrückt«.
- Nach dem Entfernen des Lagerdeckels lässt sich anhand der Breite des Messfadens mit der mitgelieferten Tabelle das Lagerspiel ermitteln.

Beurteilen von Planflächen
Für diese Prüfung ist ein Präzisionslineal erforderlich. Das Haarlineal wird auf dem Zylinderkopf aufgelegt und gegen das Licht gehalten. Diese Prüfung über Kreuz und an mehreren Stellen am Zylinderkopf durchgeführt, lässt so die gesamte Fläche des Zylinderkopfes auf Ebenheit prüfen.

Prüfungen an der Nockenwelle
Auch die Nockenwelle unterliegt dem Verschleiß, oftmals finden sich bereits durch genaues Betrachten Mängel, die natürlich auch entsprechend bewertet werden müssen.

Laufspuren an der Nockenwelle
Kleine Laufspuren dürfen gerade in Anbetracht des Alters des Motors als normal bezeichnet werden. Tiefe Rillen und Ausbuchtungen müssen eine Ursache haben. Gratartige scharfkantige Ausformungen an den Lagerstellen sind ein deutliches Zeichen für Verschleiß. In diesen Fällen muss das Lagerspiel geprüft werden.

Verschleiß an der Nockenwelle
Wenn sich die Nocken abnutzen, bedeutet das immer eine geringere Ventilöffnung und somit Leistungsverlust des Motors. Da auch die Oberflächenqualität in diesen Fällen stark leidet, werden die Ventilbetätigungen, also die Kipp- oder Schlepphebel, mit beeinträchtigt. Die Lagerstellen für diese Bauteile sollten dann sehr gründlich untersucht

Bild 128

Bild 128
Lagerspielprüfung mit Plastigage.

Bild 129

Bild 129
Eingelaufene Nockenwelle.

werden. Lässt man durch Laufspuren beschädigte Teile weiterhin in Betrieb, kann es sein, dass der Schaden sich auf der beispielsweise erneuerten Nockenwelle wieder einstellt. Auch die Ursache für den Schaden muss festgestellt werden. Ist die Ölpumpe noch in Ordnung? Betrachten wir einmal einige einfache Messungen, die an der Nockenwelle durchgeführt werden sollen:

Schlagprüfung an der Nockenwelle

- Entweder wird die Nockenwelle zwischen die Spitzen der Drehbank eingespannt oder auf Auflager gelegt.
- Man richtet nun eine Messuhr mit Halter auf die einzelnen Lager aus und dreht die Nockenwelle.
- Der Höhenunterschied wird auf der Messuhr schnell deutlich. Die maximalen Toleranzen müssen aus den Herstellerunterlagen entnommen werden. Als Daumenrichtwert kann ein Schlag bis zu 0,01 mm angenommen werden. Nockenwellen mit einer größeren Abweichung sollten ersetzt werden.

Nockenhubmessung
Mit dem gleichen Messaufbau wie bei der Schlagprüfung kann auch der Hub der Nocke festgestellt werden. Gemessen wird der Unterschied zwischen der tiefsten Stelle und der höchsten Stelle eines Nockens.

Sichtprüfung Messen

Auch diese Maße werden von jedem Motorenhersteller angegeben und sind nicht ohne Weiteres übertragbar. Sollte ein relevanter Verschleiß vorliegen, ist er in der Regel auch schon am Verschleißbild gut zu erkennen. Sinnvoll ist es allerdings, die Nocken der einzelnen Zylinder untereinander auszumessen und zu vergleichen. Die Ursache für einen deutlichen Unterschied kann schon mangelhafte Schmierung für den Ventiltrieb dieses Zylinders sein.

Lagerspielmessung der Nockenwelle
Will man das Lagerspiel lediglich kontrollieren und hat keinen besonderen Befund, reicht es aus, die Lager mit Plastigage auszumessen. Die Vorgehensweise wurde bereits an den Kurbelwellen- und Pleuellagern vorgestellt. Soll das Lagerspiel genau in Augenschein genommen werden, müssen das gute alte Innenmessgerät und eine entsprechende Bügelmessschraube zum Einsatz kommen. Auch diese Vorgehensweise wurde bereits vorgestellt und muss lediglich auf den kleineren Durchmesser der Nockenwelle abgestimmt werden.

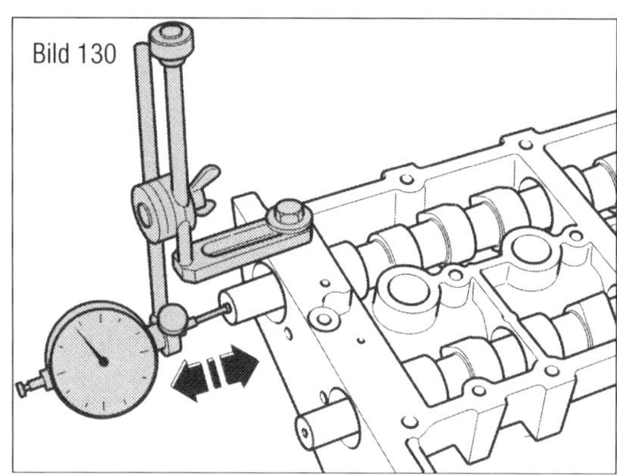

Bild 130
Messaufbau zur Axialspielmessung an der Nockenwelle.

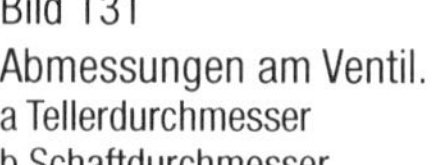

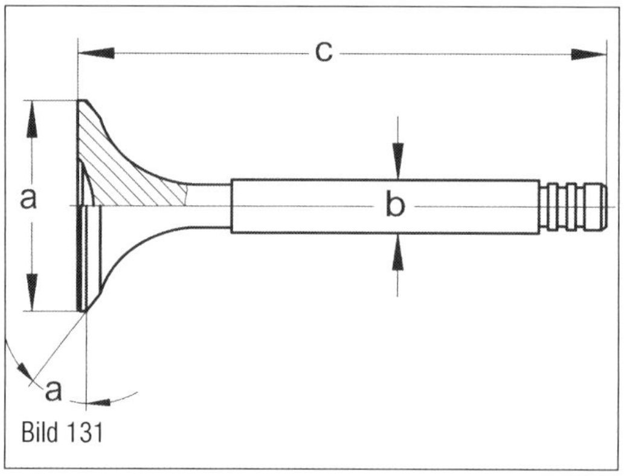

Bild 131
Abmessungen am Ventil.
a Tellerdurchmesser
b Schaftdurchmesser
c Ventillänge
Sitzwinkel

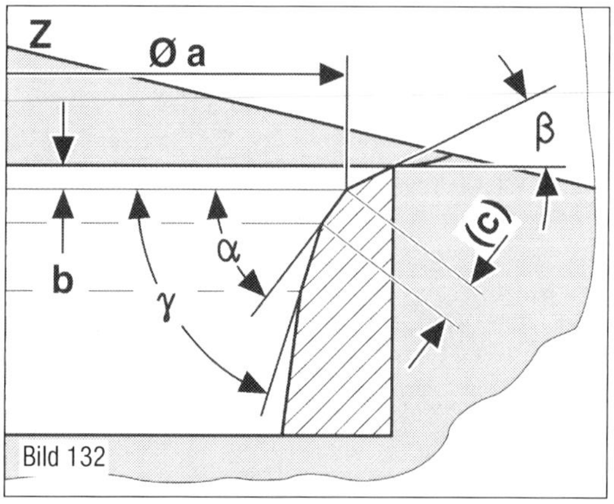

Bild 132
Abmessungen am Ventilsitz.
a Ventiltellerdurchmesser
α Sitzwinkel
β Korrekturwinkel außen
b maximales Nachbearbeitungsmaß
c Sitzbreite
γ Korrekturwinkel innen
Z Zylinderkopfkante

Axialspielmessung an der Nockenwelle
Das Axialspiel ist das seitliche Spiel der Nockenwelle. Auch diese Richtung ist Beschränkungen unterlegen. Selbstverständlich müssen auch hier die Werte der Motorenhersteller herangezogen werden. Im Grundsatz kann aber davon ausgegangen werden, dass ein Axialspiel von 0,15 mm noch in Ordnung ist. Am einfachsten lässt sich das Axialspiel ausmessen, wenn Ventile und/oder Ventiltrieb nicht eingebaut sind. So entfällt die Reibung zwischen den betätigten Ventilhebeln und der Nockenwelle. Als Messmittel kommt auch hier wieder die Messuhr mit Messuhrträger zum Einsatz. Sie sollte dann entweder mit dem Magnetfuß befestigt oder an einer geeigneten Stelle verschraubt werden. Eine gebrochene Nockenwelle ist immer ein Zeichen großer mechanischer Kräfte. Oftmals bedeutet das, dass Ventile und eventuell auch die Stößelstangen beschädigt wurden. Diese Teile müssen dann in jedem Fall genauer unter die Lupe genommen werden.

Ventil und Führung beurteilen

Ventil ausmessen
Natürlich gibt es auch Abmessungen am Ventil. Die Tellerbreite und die Ventilsitzbreite gehören auch zu den Abmessungen, die bei der Beurteilung eines Ventils sehr wichtig sind. Daran entscheidet sich, inwieweit ein Ventil wiedereingesetzt, überarbeitet oder erneuert werden muss. In den meisten Fällen ist aber die Überarbeitung nicht zulässig und auf das Einläppen oder Einschleifen beschränkt.

Ventilschlag ausmessen
Um den Ventilschlag beurteilen zu können, muss das Ventil spielfrei gelagert werden. Das geht schon recht gut auf einem Messprisma. Besser jedoch ist die Aufnahme in

einer Ventilprüfvorrichtung. Beurteilt wird der Ventilschlag am Ventilteller und in der Mitte des Schaftes.

Ventilführung ausmessen
Auch diese Messung ist mit Hilfe einer Messuhr recht einfach zu bewerkstelligen. Das Ventil wird ohne Ventilfedern, Klemmstücken und Ventilschaftdichtung eingeführt. Nun wird das Kippen des Ventils mit einer Messuhr erfasst. Auch hier gelten durchaus unterschiedliche Werte, die von den jeweiligen Motorenherstellern vorgegeben werden. Auch muss darauf geachtet werden, dass die Messlänge (also das Maß, um das das Ventil aus dem Kopf herausragt) eingehalten wird.

Motoren aus- und einbauen

Im weiteren Arbeitsablauf muss die Batterie ausgebaut werden. Prüfen Sie deshalb bitte, ob ein codiertes Radio eingebaut ist. Gegebenenfalls ist vorher die Anti-Diebstahl-Codierung zu erfragen.

Der Motor wird bei allen Varianten bis auf den MED-Motor zusammen mit dem Getriebe und dem Motorleitungsstrang nach unten ausgebaut. Beim MED verbleibt das Getriebe im Fahrzeug. Alle Kabelbinder, die beim Motorausbau gelöst oder aufgeschnitten werden, sind beim Motoreinbau an der gleichen Stelle wieder zu befestigen. Offene Leitungen und Leitungsanschlüsse mit sauberen Stopfen aus dem Verschlusstopfenset für Motor »VAS 6122« verschließen. Fangen Sie abgelassenes Kühlmittel zur Entsorgung oder Wiederverwendung in einem sauberen Behälter auf.

Dieselmotoren (CAAA-CAAC, CFCA)

- Mutter (2 im Bild 133) der Batterie-Plusleitung (1) abschrauben und Leitungen trennen.
- Batterie ausbauen.
- Batterieträger ausbauen.
- Stoßfängerabdeckung vorn links nur lösen.
- Scheinwerfer links ausbauen.
- E-Box-Oberteil ausbauen.
- Stecker (3) des Motorsteuergeräts entriegeln und abziehen.
- Stecker (1), (2), (5) und (6) entriegeln und abziehen.
- Clip (4) öffnen und elektrischen Leitungsstrang mit der Dichtung (7) aus der E-Box herausnehmen.
- Muttern (1 und 2 im Bild 134) abschrauben und die Leitungen (3) und (4) abnehmen.
- Elektrischen Leitungsstrang mit der Dichtung aus der E-Box herausnehmen.
- Clip aus der Aufnahme heraushebeln.
- Falls vorhanden, Geräuschdämpfung ausbauen.
- Kühlmittel ablassen.
- Aggregateträger mit Lenkgetriebe ausbauen.
- Rechte und linke Gelenkwelle ausbauen.

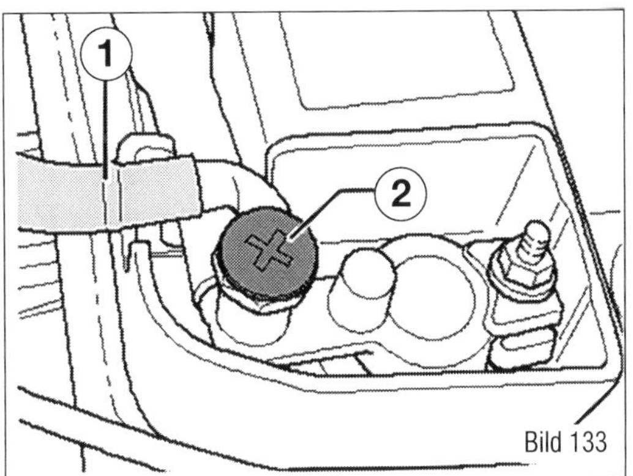

Bild 133
1 Plusleitung
2 Mutter

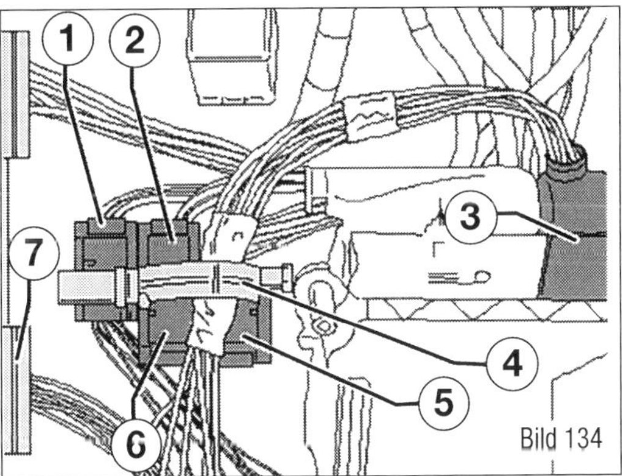

Bild 134
1 Stecker
2 Stecker
3 Stecker
4 Clip
5 Stecker
6 Stecker
7 Leitungsstrang mit Dichtung

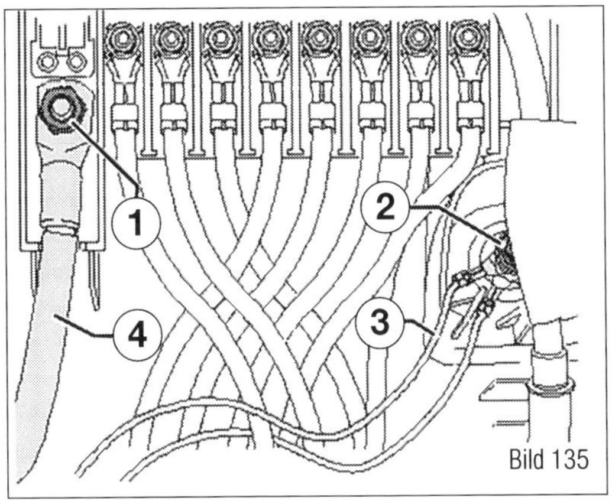

Bild 135
1 Mutter
2 Mutter
3 Leitung
4 Leitung

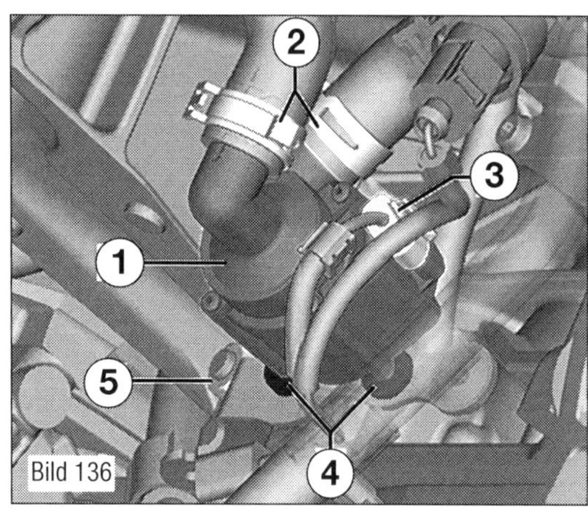

Bild 136

Bild 136
1 Kühlmittelpumpe
2 Schellen
3 Stecker
4 Lagerung
5 Mutter

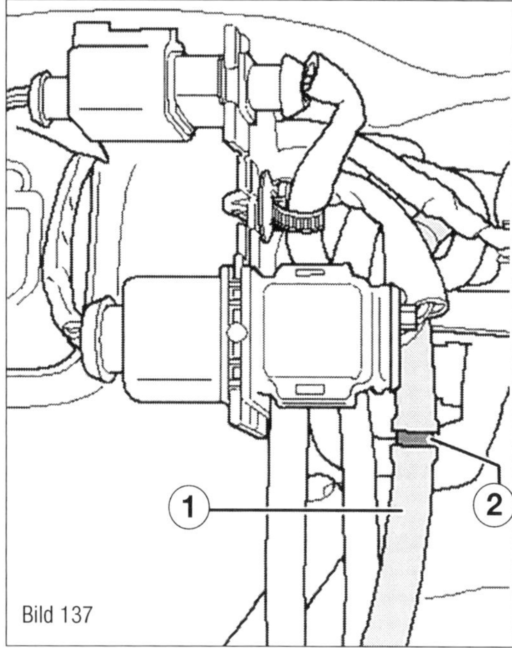

Bild 137

Bild 137
1 Schlauch
2 Leitungsverbindung

- Partikelfilter ausbauen.
- Schraube aus dem Stützlager des Drehmomentlagers hinten herausdrehen.
- Schrauben am Motorblock herausdrehen und Drehmomentstütze hinten abnehmen.
- Mutter (5 im Bild 136) abschrauben und Pumpe für Kühlmittelumlauf (1) abnehmen.
- Schrauben der Drehmomentstütze vorn herausdrehen.
- Schrauben am Aggregateträger oder Schraube durch das Silentlager herausdrehen und Drehmomentstütze vorn abnehmen.

Wird die Schraube des Silentlagers gelöst, ist diese als Letztes festzuziehen, da hierüber ein vertikaler Toleranzausgleich erfolgt.

- Saugrohrdruckgeber (3 im Bild 20) aus dem Ansaugschlauch (4) herausziehen.
- Federbandschelle (2) öffnen und Ansaugschlauch (4) vom Luftfiltergehäuse abziehen.

Hinweise für Schlauchverbindungen mit Schraubschellen: Die Schraubschellen nicht lösen und über den Druckschlauch zurückziehen. Beschädigungsgefahr des Druckschlauchs!
- Schraubschelle weit genug öffnen, um den Druckschlauch abziehen zu können.

Fahrzeuge mit »Monoturbo-Motor«:
- Schraube vom Druckrohr vom Turbolader zum Ladeluftkühler herausdrehen.
- Halteklammer anheben und den Druckschlauch vom Ladeluftkühler abziehen und herausnehmen.

Fortsetzung für alle Fahrzeuge:
- Die Schrauben am Motorlager maximal 2 Umdrehungen lösen. Die Schrauben werden nur gelöst, das Herausdrehen erfolgt zu einem späteren Zeitpunkt.

- Schraubschelle zur Drosselklappeneinheit öffnen und Schlauch abziehen. Die Schraubschelle ist im Druckschlauch mit »Widerhaken« befestigt. Es muss nur die Schraube gelöst werden. Die Schelle bleibt in Position auf dem Schlauch.
- Schraubschelle öffnen und zum Zwischenstück zum Ladeluftkühler ausbauen.
- Schlauch zur Druckdose Turbolader abziehen.
- Schlauch (1 im Bild 137) von der Leitungsverbindung (2) abziehen.
- Schelle öffnen und Schlauch vom Ausgleichsbehälter abziehen.
- Stecker am Ausgleichsbehälter entriegeln und abziehen.
- Elektrischen Leitungsstrang aus dem Ausgleichsbehälter herausziehen.
- Schrauben aus dem Ausgleichsbehälter herausdrehen und Ausgleichsbehälter zur Seite legen.
- Schelle öffnen und Kühlmittelschlauch oben vom Kühler abziehen.

Der Kraftstoff bzw. die Kraftstoffleitungen im Kraftstoffsystem können sehr heiß werden (Verbrühungsgefahr)! Außerdem steht das Kraftstoffsystem unter Druck! Vor dem Öffnen des Systems Putzlappen um die Verbindungsstelle legen und durch vorsichtiges Lösen der Verbindungsstelle Druck abbauen!

Bei allen Montagearbeiten am Kraftstoffsystem Schutzbrille und Schutzhandschuhe tragen!

- Schellen öffnen. Kraftstoffvorlaufleitung und Kraftstoffrücklaufleitung abziehen.
- Unterdruckschlauch von der Unterdruckpumpe abziehen.
- Schellen (1 im Bild 138) und (2) öffnen. Kühlmittelschläuche (3) und (4) abziehen.
- Schelle (1 im Bild 139) öffnen und Kühlmittelschlauch (2) abziehen.

Fahrzeuge mit Klimaanlage:

Um Beschädigungen am Kondensator sowie an den Kältemittelleitungen und -schläuchen zu vermeiden, dürfen die Leitungen und Schläuche nicht überdehnt, geknickt oder verbogen werden. Um den Motor auch ohne Öffnen des Kältemittelkreislaufs aus- und einbauen zu können:

- Klimakompressor so am Aufbau befestigen, dass die Kältemittelleitungen und -schläuche entlastet sind.
- Klimakompressor abbauen.

Fortsetzung für alle Fahrzeuge:

- Flügelpumpe für Servolenkung mit angeschlossenen Leitungen abschrauben und am Aufbau befestigen.

Fahrzeuge mit Doppelkupplungsgetriebe:

- Wählhebelseilzug am Getriebe abbauen.
- Kühlmittelschläuche mit Schlauchklemmen bis 25 mm »3094« abklemmen und vom Getriebeölkühler abbauen.
- Den oberen Kühlmittelschlauch nach oben legen und festbinden.
- Schnellverschluss für den elektrischen Anschluss am Getriebe durch Drehen lösen und abziehen.

Fahrzeuge mit Schaltgetriebe:

- Schaltbetätigung am Getriebe abbauen.
- Schaltseile aushängen.
- Klammer herausziehen und Leitung am Nehmerzylinder der hydraulischen Kupplung an der Steckverbindung trennen.
- Leitung am Nehmerzylinder mit sauberen Stopfen aus dem Verschlussstopfenset für Motor »VAS 6122« verschließen.

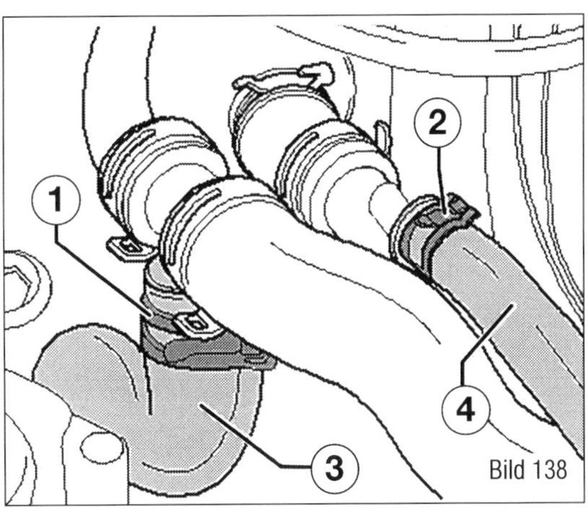

Bild 138
1 Schelle
2 Schelle
3 Schlauch
4 Schlauch

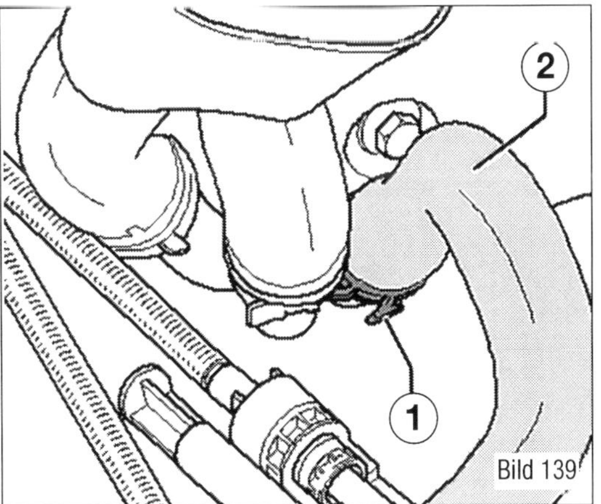

Bild 139
1 Schelle
2 Kühlmittelschlauch

Fahrzeuge mit Allradantrieb:

- Winkelgetriebe ausbauen.

Fortsetzung für alle Fahrzeuge:

- Alle für den Motorausbau erforderlichen Verbindungs-, Kühlmittel-, Unterdruck- und Ansaugschläuche vom Motor trennen.
- Gewindebolzen (T10229 A/1) (1 im Bild 141) mit der Aussparung (Pfeil) so am Motor befestigen, dass die Schraube (2) herausgeschraubt werden kann.

Der Gewindebolzen (T10229 A/1 im Bild 141) wird benötigt, um nach dem Ausbau Motor und Getriebe voneinander trennen zu können.

- Gewindebolzen »T10229 A/1« (2) mit Mutter und Scheibe mit etwa 20 Nm in der Bohrung (1) am Zylinderblock festschrauben.
- Motorhalter »T10229 A« mit Aufnahmebolzen in die Bohrung (Pfeil) am Zylinderblock einführen. Gewindebolzen »T10229 A/1« mit 50 Nm am Motorhalter festschrauben.

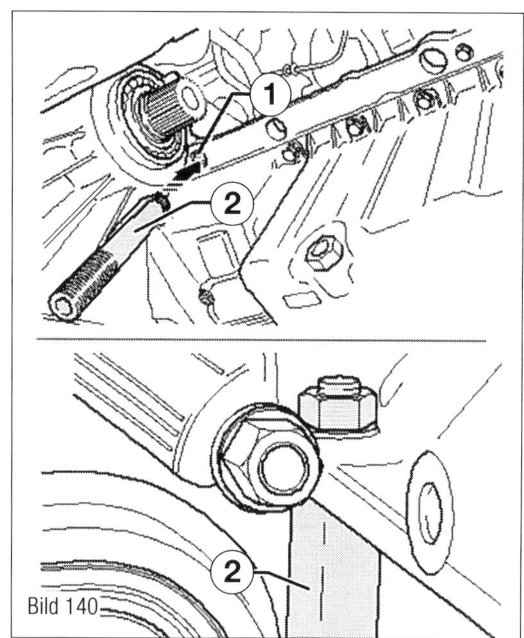

Bild 140
1 Aussparung
2 Gewindebolzen

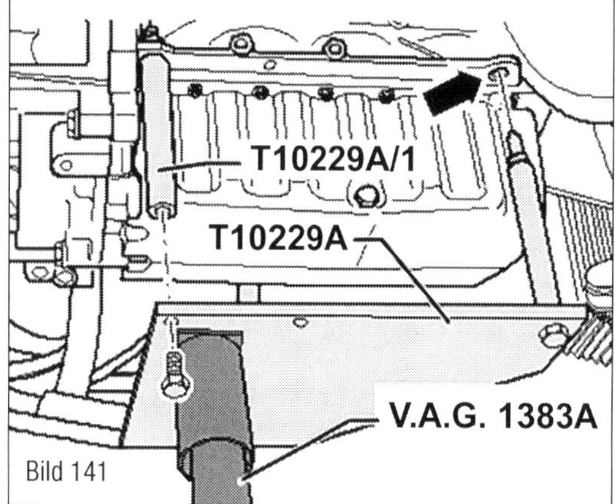

Bild 141
T10229A Motorhalter
T10229A/1 Gewindebolzen
V.A.G 1383A Getriebeheber
Pfeil = Aussparung

Die beiden Gewindebolzen müssen am Motorhalter »T10229 A« befestigt sein.

- Motorhalter »T10229 A« mit den Schrauben (Pfeile) mit etwa 50 Nm vorn am Zylinderblock festschrauben.
- Motorhalter »T10229 A« für den Ausbau durch Drehen der Einstellschraube in eine waagerechte Stellung bringen.
- Motorhalter »T10229 A« mit dem Aufnahmezapfen in den Motor- und Getriebeheber »V.A.G 1383 A« einführen und Motor/Getriebe-Aggregat etwas anheben.

Zum Herausdrehen der Schrauben eine Stufen-Stehleiter verwenden.

- Schrauben aus der Motorstütze herausdrehen.
- Nur die Schrauben der Aggregatelagerung links herausdrehen. Ausstattungsabhängig kann es erforderlich sein, weitere Verbindungs-, Kühlmittel-, Unterdruck- und Ansaugschläuche auszuhängen oder zu trennen.
- Motor mit dem Getriebe vorsichtig nach unten absenken. Dazu alle Verbindungs-, Kühlmittel-, Unterdruck- und Ansaugschläuche beobachten, damit diese nicht beschädigt werden.

Fahrzeuge mit Doppelkupplungsgetriebe:
Den Motor mit Getriebe müssen Sie beim Absenken sorgfältig führen, um Beschädigungen zu vermeiden.

- Das Nadellager in der Kurbelwelle ansehen. Ist es beschädigt oder blau angelaufen, muss es ersetzt werden.
- Ist es nicht beschädigt, wird es mit Hochtemperaturfett leicht gefettet.
- Auch der Zapfen (nicht die Verzahnung) des Getriebes muss leicht gefettet werden.

Der Einbau erfolgt sinngemäß in umgekehrter Reihenfolge. Dabei ist Folgendes zu beachten:

- Kupplungsausrücklager auf Verschleiß prüfen, gegebenenfalls ersetzen (Getriebe abgeflanscht).
- Verzahnung der Antriebswelle leicht mit Schmierfett schmieren (Getriebe abgeflanscht).
- Kontrollieren, ob die Passhülsen zur Zentrierung Motor/Getriebe im Zylinderblock vorhanden sind, gegebenenfalls einsetzen (Getriebe abgeflanscht).
- Schraubschellen mit »Widerhaken« festschrauben.

Dieselmotoren (CXEB, CXFA, CXGA, CXGB, CXHA, CXGC, CXHB, CXEC)

Der Motor wird mit Getriebe nach unten ausgebaut.

- Falls vorhanden, Motorabdeckung ausbauen.
- Die Batterie abklemmen.
- Mutter (2 im Bild 142) abschrauben.
- Elektrischen Leitungsstrang (1) abnehmen.
- Batterieträger ausbauen.
- Elektrische Steckverbindung am Ausgleichsbehälter trennen und den elektrischen Leitungsstrang freilegen.

■ Die Schrauben des Ausgleichsbehälters herausdrehen.
■ Kühlmittelausgleichsbehälter zur Seite legen.
■ Kühlmittelschlauch am Halter (5 im Bild 143) aushängen.
■ Unterdruckschläuche (7) abziehen und zur Seite legen.
■ Elektrische Steckverbindung (6) trennen.

Das Kraftstoffsystem steht unter Druck. Verletzungsgefahr durch herausspritzenden Kraftstoff. Tragen Sie eine Schutzbrille und Schutzhandschuhe.

■ Druck abbauen, indem Sie einen sauberen Lappen um Verbindungsstelle legen und Verbindungsstelle vorsichtig öffnen.
■ Die Kraftstoffschläuche (1) entriegeln.
■ Die Mutter (4) abschrauben.
■ Die Schrauben (3) herausdrehen.
■ Den Halter für Kraftstofffilter (2) mit Kraftstofffilter herausnehmen.

Offene Leitungen und Leitungsanschlüsse mit sauberen Stopfen aus dem Verschlussstopfenset für Motor (VAS 6122 oder vergleichbaren) verschließen.

■ Scheinwerfer links ausbauen.
■ E-Box-Oberteil ausbauen.
■ Die Muttern (1 und 4 im Bild 144) abschrauben.
■ Den elektrischen Leitungsstrang (2 und 3) abnehmen.
■ Die elektrische Steckverbindung (4 im Bild 145) trennen.
■ Die Klammer (1) öffnen.
■ Die elektrischen Steckverbindungen (2, 3, 5 und 6) trennen.
■ Den elektrischen Leitungsstrang mit Dichtung (7) aus der E-Box herausnehmen und zur Seite legen.
■ Den elektrischen Steckverbindungen (2 im Bild 146) trennen.
■ Den elektrischen Leitungsstrang (1) freilegen.
■ Den elektrischen Leitungsstrang mit Dichtung aus der E-Box herausnehmen und zur Seite legen.
■ Die elektrische Steckverbindung (2 im Bild 147) trennen.
■ Den elektrischen Leitungsstrang (3) zur Seite legen.
■ Die Muttern (1) abschrauben.

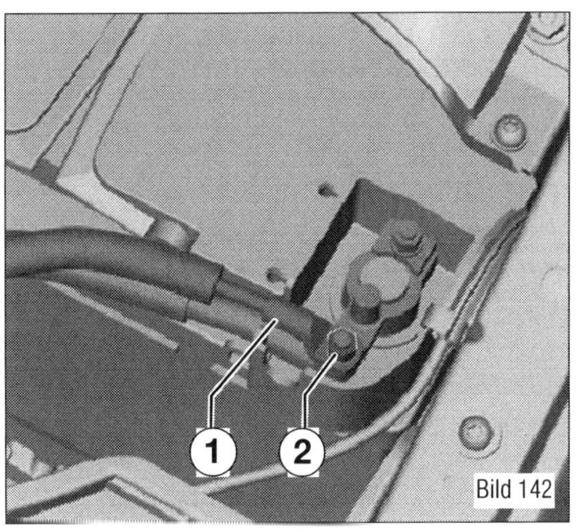

Bild 142
1 Leitungsstrang
2 Mutter

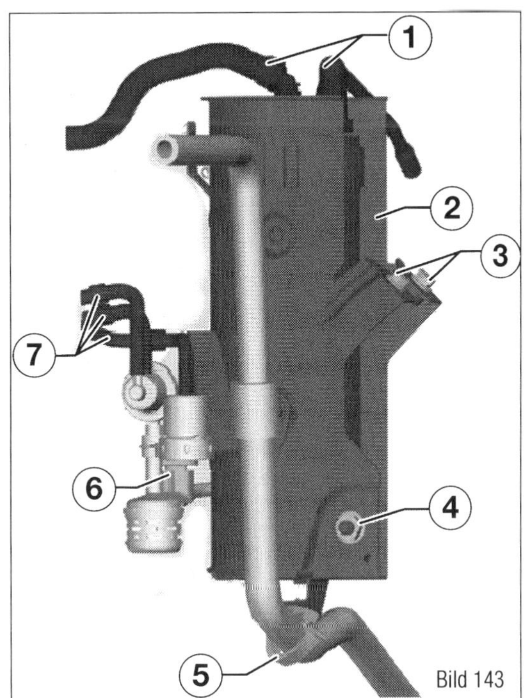

Bild 143
1 Kraftstoffschläuche
2 Halter für Kraftstofffilter mit Kraftstofffilter
3 Schrauben
4 Mutter
5 Halter
6 elektrische Steckverbindung
7 Unterdruckschläuche

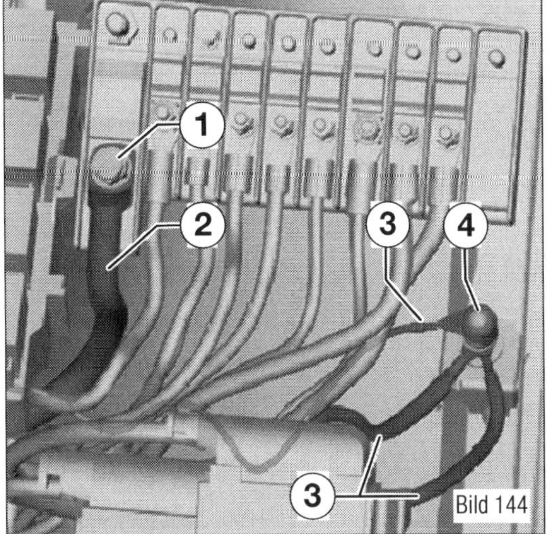

Bild 144
1 Mutter
2 elektrischen Leitungsstrang
3 elektrischen Leitungsstrang
4 Mutter

Sichtprüfung Messen

Bild 145
1 Klammer
2 elektrische Steckverbindung
3 elektrische Steckverbindung
4 elektrische Steckverbindung
5 elektrische Steckverbindung
6 elektrische Steckverbindung

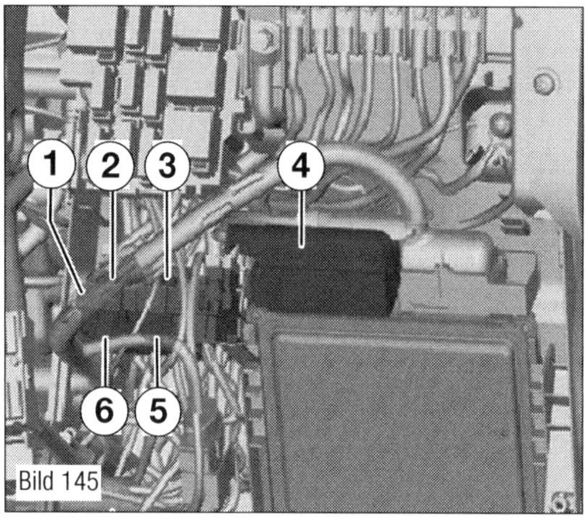

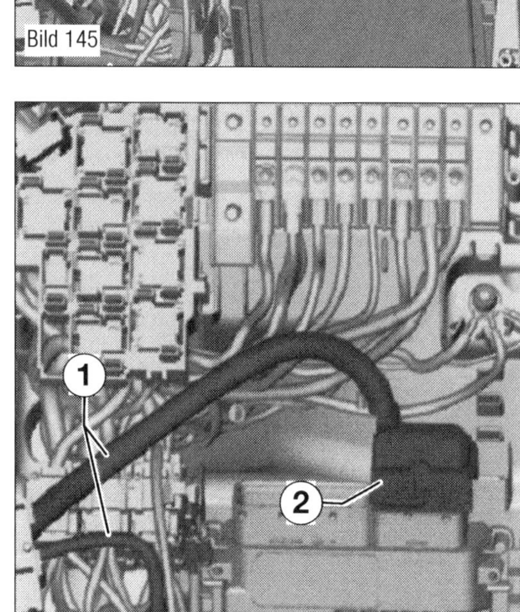

Bild 146
1 elektrische Steckverbindung
2 Leitungsstrang

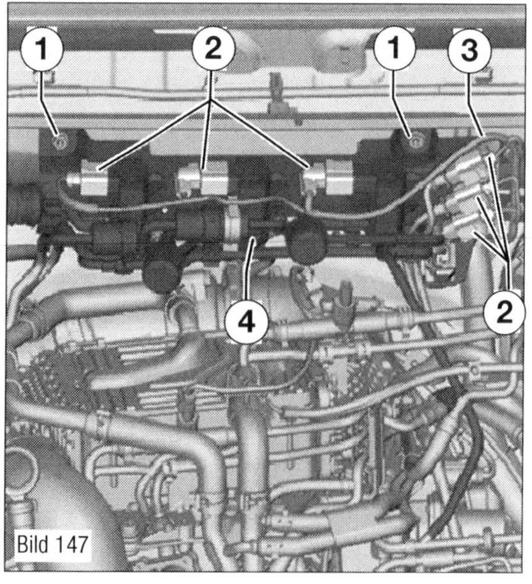

Bild 147
1 Muttern
2 elektrische Steckverbindungen
3 elektrischen Leitungsstrang
4 Halter

- Den Halter (4) auf den Motor legen.
- Das Luftfiltergehäuse ausbauen.
- Den Ansaugschlauch ausbauen.
- Kühlmittel ablassen.

Bei Allradfahrzeugen:
- Die Kardanwelle ausbauen.

Fortsetzung für alle Fahrzeuge:
- Den Partikelfilter ausbauen.
- Den Aggregateträger ohne Lenkgetriebe ausbauen.
- Die elektrische Steckverbindung (1 im Bild 148) trennen.
- Den Halter (3) ausclipsen und elektrischen Leitungsstrang (2) freilegen.

Bei Allradfahrzeugen:
- Das Winkelgetriebe ausbauen.
- Die Motorstütze hinten ausbauen.
- Die Motorstütze vorn ausbauen.
- Die Gelenkwellen ausbauen.

Fahrzeuge mit Klimaanlage:
- Klimakompressor mit angeschlossenen Leitungen vom Halter abnehmen und am Aufbau befestigen.

Fortsetzung für alle Fahrzeuge:
- Flügelpumpe mit angeschlossenen Leitungen vom Halter abnehmen und am Aufbau befestigen.

Fahrzeuge mit Doppelkupplungsgetriebe:
- Wählhebelseilzug am Getriebe abbauen.

Fahrzeuge mit Schaltgetriebe:
- Schaltbetätigung am Getriebe abbauen.
- Entlüfter am Getriebe abbauen.

Fortsetzung für alle Fahrzeuge:
- Die elektrische Steckverbindung (1 im Bild 149) trennen.
- Die Schelle (2) lösen.
- Den Kühlmittelschlauch (3) abziehen.
- Die Schellen (2 im Bild 150) lösen.
- Die Kühlmittelschläuche (1) abziehen.
- Die Verrastung (4) entriegeln.
- Das Unterdruckrohr für Bremskraftverstärker (3) zur Seite legen.
- Die Schelle am Kühleranschluss links oben lösen.
- Die Klammern der seitlichen Kühlschläuche entriegeln.
- Seitlichen Kühlmittelschläuche abziehen.

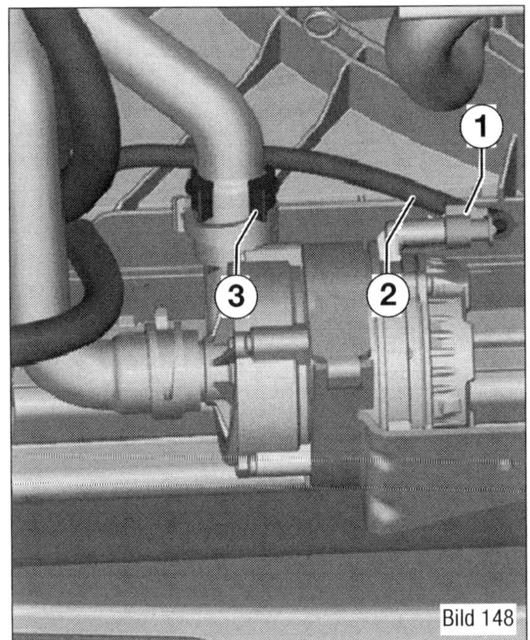

Bild 148
1 Elektrische Steckverbindung
2 Leitungsstrang
3 Halter

■ T50066/1- (Spezialwerkzeug) mit der Aussparung so am Motor befestigen, dass die Schraube (1 im Bild 151) herausgedreht werden kann.

■ Einen passenden Motorhalter wie »T50066« mit den Gewindebolzen »T50066/1«, Gewindebolzen »T50066/3« und Gewindebolzen »T50066/2« am Motor befestigen.

■ Gewindebolzen »T50066/2« mit einer Schraube am Motor handfest ansetzen.

■ Eine weitere Schraube am Motor vorn handfest ansetzen.

■ Alle Schrauben vom Motorhalter »T50066«festschrauben.

■ Motor- und Getriebeheber »VAS 6931« (oder einen vergleichbaren) am Motorhalter »T50066« befestigen.

■ Die Schrauben der Verbindung Motorstütze und Motorträger (rechter Motorhalter) herausdrehen (Leiter verwenden!).

■ Die Schrauben vom Getriebelager links herausdrehen.

Ausstattungsabhängig kann es erforderlich sein, weitere Verbindungs-, Kühlmittel-, Unterdruck- und Ansaugschläuche auszuhängen oder zu trennen.

■ Motor mit dem Getriebe vorsichtig nach unten absenken. Hierbei von einem zweiten Mechaniker alle Verbindungs-, Kühlmittel-, Unterdruck- und Ansaugschläuche führen lassen, um eine Beschädigung zu vermeiden.

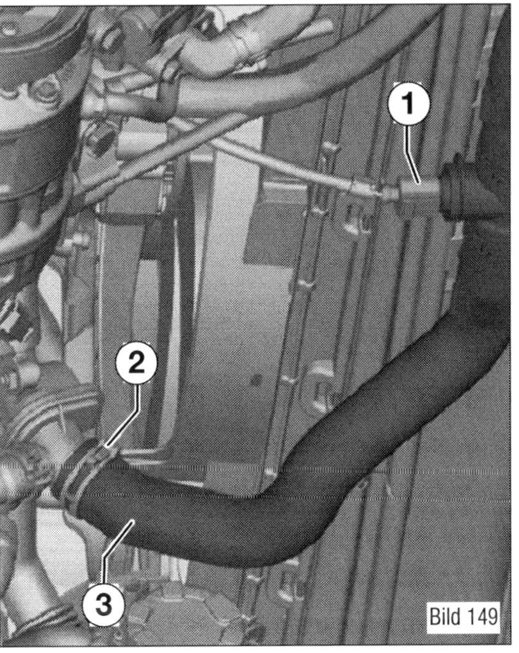

Bild 149
1 Elektrische Steckverbindung
2 Schelle
3 Kühlmittelschlauch

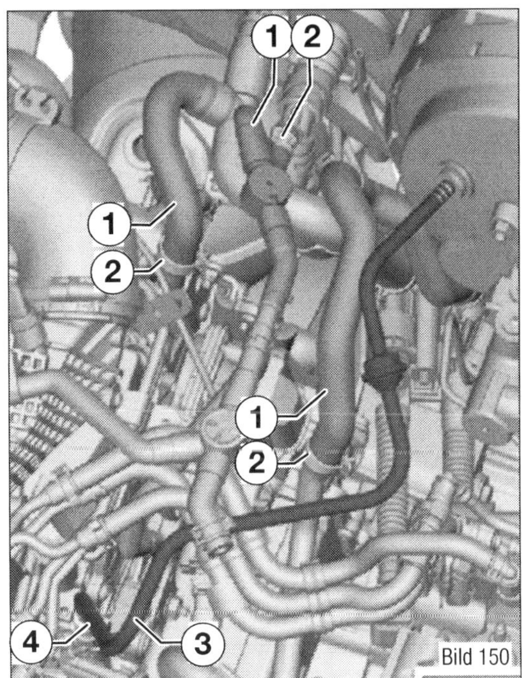

Bild 150
1 Kühlmittelschläuche
2 Schellen
3 Unterdruckrohr für Bremskraftverstärker
4 Verrastung

MED-Motor

Der Motor wird nach unten ausgebaut. Das Getriebe bleibt eingebaut.

■ Batterie ausbauen.

■ Batterieträger ausbauen.

■ Falls vorhanden, Geräuschdämpfung ausbauen.

■ Servicestellung des Schlossträgers durchführen.

■ Scheinwerfer links ausbauen.

■ E-Box-Oberteil ausbauen.

■ Stecker (3 im Bild 134) des Motor-

Bild 151
1 Schraube
2 Motorstütze
3 Motorlager

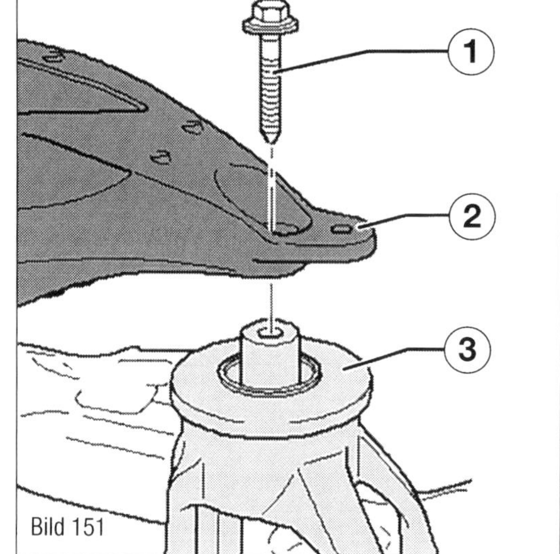

Bild 151

Bild 152
1 Schraube
2 Motorblock
3 Motorstütze
4 Bolzen

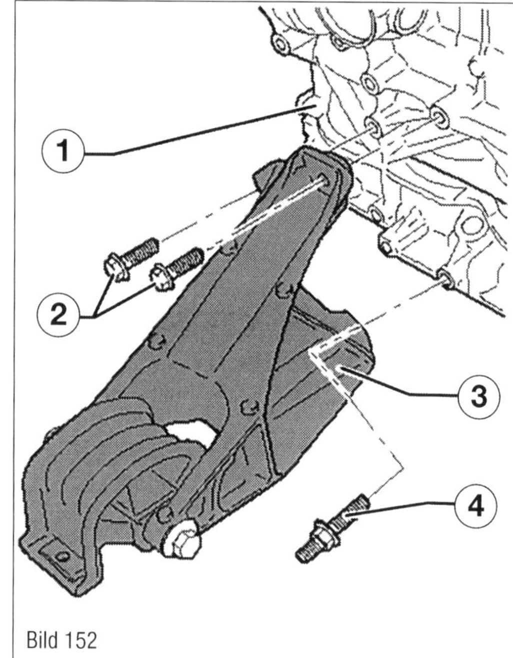

Bild 152

Bild 153
1 Luftfiltergehäuse
2 Unterdruckschlauch
3 Elektrische Steckverbindung
4 Schelle

Bild 153

steuergeräts entriegeln und abziehen.

- Stecker (1), (2), (5) und (6) entriegeln und abziehen.
- Clip (4) öffnen. Elektrischen Leitungsstrang mit der Dichtung (7) aus der E-Box herausnehmen.
- Muttern (1 im Bild 135) und (2) abschrauben und die Leitungen (3) und (4) abnehmen.
- Elektrischen Leitungsstrang mit der Dichtung aus der E-Box herausnehmen.
- Clip aus der Aufnahme heraushebeln.
- Elektrischen Leitungsstrang auf dem Motor ablegen und befestigen.
- Kühlmittel ablassen.
- Aggregateträger mit Lenkgetriebe ausbauen.
- Rechte und linke Gelenkwelle ausbauen.
- Nachkatalysator ausbauen.

Fahrzeuge mit Klimaanlage:

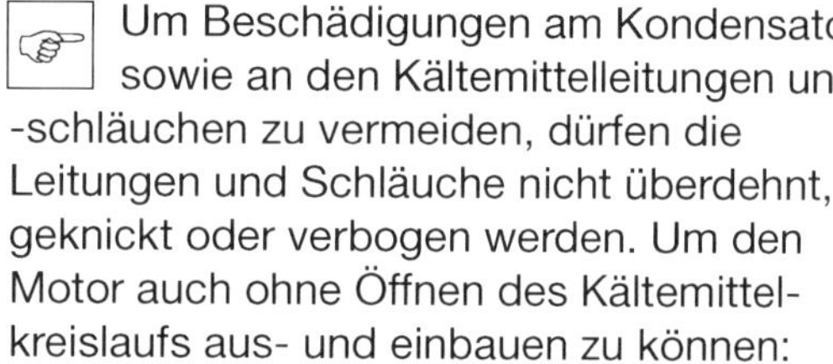

Um Beschädigungen am Kondensator sowie an den Kältemittelleitungen und -schläuchen zu vermeiden, dürfen die Leitungen und Schläuche nicht überdehnt, geknickt oder verbogen werden. Um den Motor auch ohne Öffnen des Kältemittelkreislaufs aus- und einbauen zu können:

- Klimakompressor so am Aufbau befestigen, dass die Kältemittelleitungen und -schläuche entlastet sind.
- Klimakompressor mit Schläuchen abbauen und an der Karosserie befestigen.

Fortsetzung für alle Fahrzeuge:

- Flügelpumpe für Servolenkung mit angeschlossenen Leitungen abschrauben und am Aufbau befestigen.
- Schraube der Motorstütze herausdrehen.
- Motorstütze hinten abnehmen.
- Schrauben (1 im Bild 152) und (4) herausdrehen.
- Motorstütze vorn (3) abnehmen.
- Stecker am Ausgleichsbehälter entriegeln und abziehen.
- Elektrischen Leitungsstrang aus dem Ausgleichsbehälter herausziehen.
- Schrauben aus dem Ausgleichsbehälter herausschrauben und Ausgleichsbehälter zur Seite legen.
- Elektrische Steckverbindung vom Ladedruckgeber entriegeln und abziehen.
- Druckschlauch von der Drosselklappensteuereinheit zum Ladeluftkühler komplett ausbauen.

■ Elektrische Steckverbindung (3 im Bild 153) vom Luftmassenmesser abziehen.
■ Schelle (4) lösen und Schlauch vom Luftmassenmesser abziehen. Unterdruckschlauch (2) aus der Halterung clipsen und am Luftfiltergehäuse (1) abziehen.
■ Schraube am Luftfilterkasten herausdrehen und Entwässerungsrohr vom Luftfilter abbauen.
■ Luftfiltergehäuse vorsichtig aus den Führungen ziehen und herausnehmen.
■ Elektrische Steckverbindung am Ansaugschlauch trennen.
■ Schraube am Luftführungsrohr zum Turbolader herausdrehen, Schellen lösen und die Schläuche vom Turbolader abziehen.
■ Schelle lösen. Druckschlauch rechts nach hinten vom Ladeluftkühler abziehen, und beide Schläuche herausnehmen.
■ Schelle am Wasserschlauch zum Kühlmitteltemperaturgeber am Kühlerausgang trennen. Kühlmittelschlauch zur Seite legen.
■ Wasserschläuche am Kühler oben links trennen.
■ Schellen öffnen und Kühlmittelschläuche am Wärmetauscher abziehen.
■ Schrauben des Motorlagers rechts maximal 2 Umdrehungen lösen. Die Schrauben werden nur gelöst. Das Herausschrauben erfolgt zu einem späteren Zeitpunkt.
■ Elektrische Steckverbindung der Lambdasonde trennen. Elektrischen Leitungsstrang für Lambdasonde aus dem Halter ausclipsen.

Der Kraftstoff bzw. die Kraftstoffleitungen im Kraftstoffsystem können sehr heiß werden (Verbrühungsgefahr)! Außerdem steht das Kraftstoffsystem unter Druck! Vor dem Öffnen des Systems Putzlappen um die Verbindungsstelle legen und durch vorsichtiges Lösen der Verbindungsstelle Druck abbauen! Bei allen Montagearbeiten am Kraftstoffsystem Schutzbrille und Schutzhandschuhe tragen!

■ Kraftstoffleitungen im Motorraum trennen.
■ Unterdruckleitung vom Bremskraftverstärker abziehen.

Fahrzeuge mit Doppelkupplungsgetriebe:
■ Schaltbetätigung am Getriebe abbauen.
■ Kühlmittelschläuche mit Schlauchklemmen bis 25 mm abklemmen und vom Getriebeölkühler abbauen.

Fahrzeuge mit Schaltgetriebe:
■ Schaltbetätigung am Getriebe abbauen.
■ Schaltseile aushängen.
■ Klammer herausziehen und Leitung am Nehmerzylinder der hydraulischen Kupplung an der Steckverbindung trennen.
■ Leitung am Nehmerzylinder mit sauberen Stopfen aus dem Verschlusstopfenset für Motor »VAS 6122« verschließen.

Fahrzeuge mit Allradantrieb:
■ Verteilergetriebe ausbauen.

Fortsetzung für alle Fahrzeuge:
■ Alle für den Motorausbau erforderlichen Verbindungs-, Kühlmittel-, Unterdruck- und Ansaugschläuche vom Motor trennen.

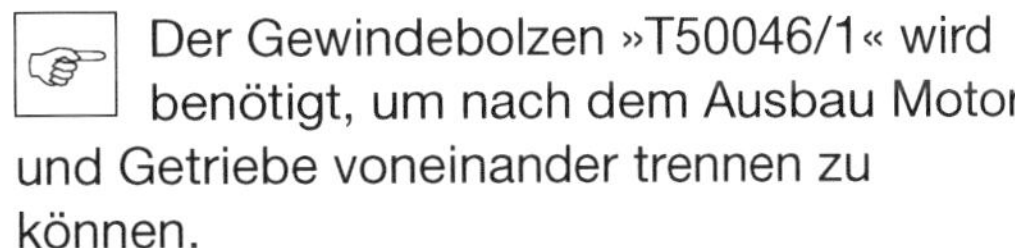
Der Gewindebolzen »T50046/1« wird benötigt, um nach dem Ausbau Motor und Getriebe voneinander trennen zu können.

■ Gewindebolzen »T50046/1« mit der Aussparung so am Motor befestigen, dass die Verbindungsschraube Motor/Getriebe herausgeschraubt werden kann.
■ Motorhalter (T50046 im Bild 154) mit Aufnahmebolzen in die Bohrungen (Pfeile) am Zylinderblock einführen. Den Gewindebolzen (T50046/1) mit 50 Nm am Motorhalter festschrauben. Schraube (1) ebenfalls mit 50 Nm am Zylinderblock befestigen.

Die Gewindebolzen müssen am Motorhalter (T50046) befestigt sein.

■ Motorhalter »T50046« mit der Schraube und der Distanzbuchse»T50046/4« mit 50 Nm vorn am Zylinderblock festschrauben.
■ Motorhalter »T50046« in den Motor- und Getriebeheber »V.A.G 1383 A« einführen und Motor/Getriebe-Aggregat etwas anheben.
■ Schrauben am Motorhalter rechts herausdrehen.
■ Nur die Schrauben am Rahmen und am Getriebeblock der Aggregatelagerung links herausschrauben.

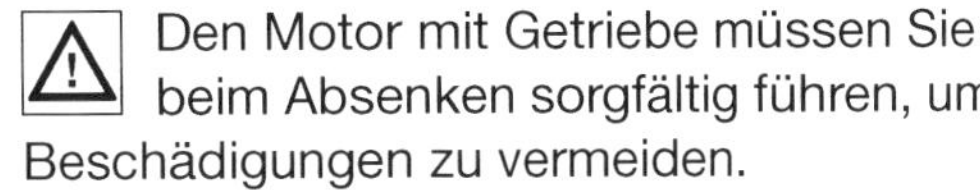
Den Motor mit Getriebe müssen Sie beim Absenken sorgfältig führen, um Beschädigungen zu vermeiden.

Bild 154
Pfeil = Bohrungen
T50046 Motorhalter
T50046/1 Gewindebolzen
VAG 13183 Getriebeheber
1 Schraube

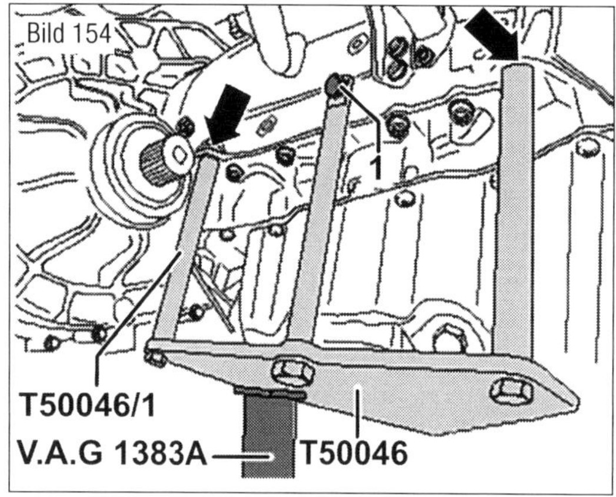

■ Motor/Getriebe-Aggregat vorsichtig mit dem Motor- und Getriebeheber »V.A.G 1383 A« absenken. Ausstattungsabhängig kann es erforderlich sein, weitere Verbindungs-, Kühlmittel-, Unterdruck- und Ansaugschläuche auszuhängen oder zu trennen.
■ Motor mit dem Getriebe vorsichtig nach unten absenken. Dazu alle Verbindungs-, Kühlmittel-, Unterdruck- und Ansaugschläuche beobachten, damit diese nicht beschädigt werden.

Fahrzeuge mit Doppelkupplungsgetriebe:
■ Das Nadellager in der Kurbelwelle ansehen. Ist es beschädigt oder blau angelaufen, muss es ersetzt werden.
■ Ist es nicht beschädigt, wird es mit Hochtemperaturfett leicht gefettet.
■ Auch der Zapfen (nicht die Verzahnung) des Getriebes muss leicht gefettet werden.

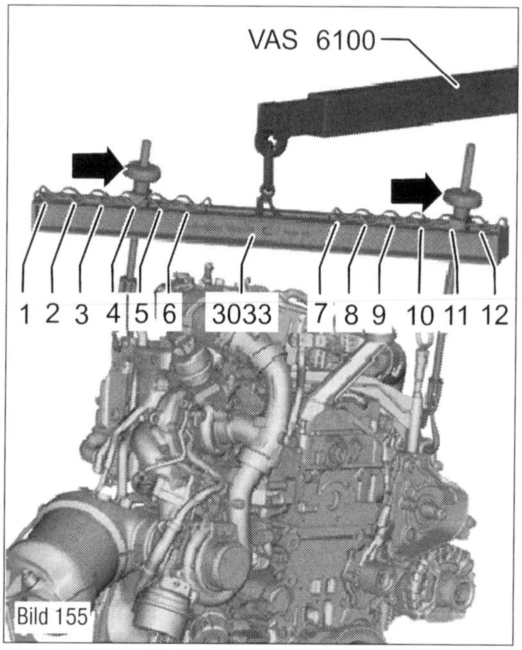

Bild 155
Pfeil = Spindeln
VAS 6100 Werkstattkran
3033 Aufhängevorrichtung
1–12 Aufhängepositionen

Der Einbau erfolgt in umgekehrter Reihenfolge, dabei Folgendes beachten:
■ Kupplungsausrücklager auf Verschleiß prüfen, gegebenenfalls ersetzen (Getriebe abgeflanscht).
■ Verzahnung der Antriebswelle leicht mit Schmierfett schmieren (Getriebe abgeflanscht).
■ Kontrollieren, ob die Passhülsen zur Zentrierung Motor/Getriebe im Zylinderblock vorhanden sind, gegebenenfalls einsetzen (Getriebe abgeflanscht).
■ Schraubschellen mit »Widerhaken« festschrauben.
■ Motor mit dem Motorhalter »T50046« einbauen.
■ Neue Schrauben des Motorlagers an der Karosserie festschrauben.
■ Gelenkwellen einbauen.
■ Katalysator einbauen.
Fahrzeuge mit Schaltgetriebe:
■ Leitung mit der Steckverbindung am Nehmerzylinder der hydraulischen Kupplung verbinden.
■ Schaltbetätigung einbauen.
■ Schaltseile einbauen.

Fahrzeuge mit Doppelkupplungsgetriebe:
■ Wählhebelseilzug an das Getriebe anbauen und einstellen.

Fortsetzung für alle Fahrzeuge:
■ Falls vorhanden, Klimakompressor einbauen.
■ Motorstütze vorn einbauen.
■ Falls vorhanden, Geräuschdämpfung einbauen.
■ Kühlmittel auffüllen.
■ Probefahrt durchführen und Ereignisspeicher abfragen.

Motoren und Getriebe trennen

Die Vorgehensweise unterscheidet sich in den einzelnen Motortypen kaum.

Vorbereitung
■ Bauen Sie den Motor wie bereits beschrieben aus.

Demontagearbeiten
Der Motorhalter (VAG T50066 oder ähnlich) ist ausschließlich zum Aus- und Einbauen des Motors vorgesehen. Zum Trennen von Motor und Getriebe muss zusätzlich ein

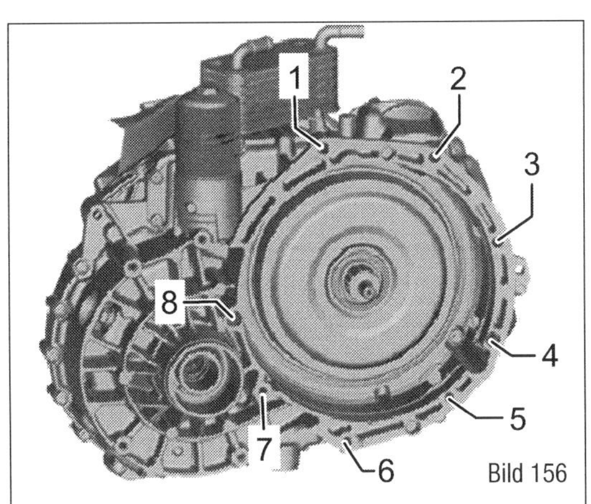

Werkstattkran wie der VAS 6100 mit einer entsprechenden Aufhängevorrichtung (VAG 3033) verwendet werden.

- Werkstattkran (wie der VAS 6100) mit Aufhängevorrichtung (wie die VAG 3033) am Motor befestigen.
- Motor und Getriebe an einer Werkbank platzieren.
- Motor und Getriebe so absenken, dass das Getriebe auf der Werkbank zur Auflage kommt.
- Anlasser ausbauen.
- Schrauben (1 bis 8) herausdrehen.
- Getriebe mit einem zweiten Mechaniker abflanschen. Das Getriebe verbleibt auf der Werkbank.

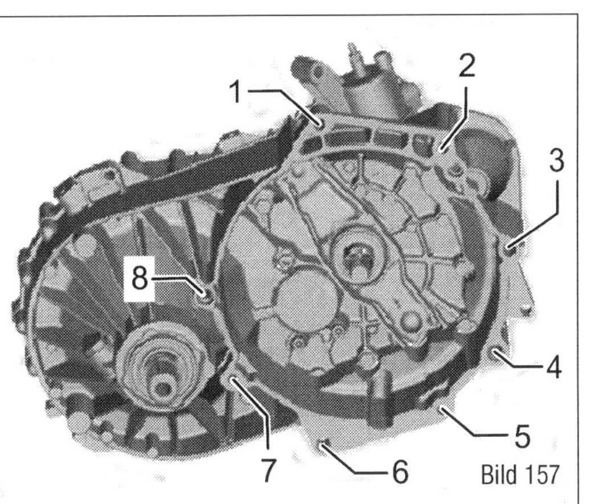

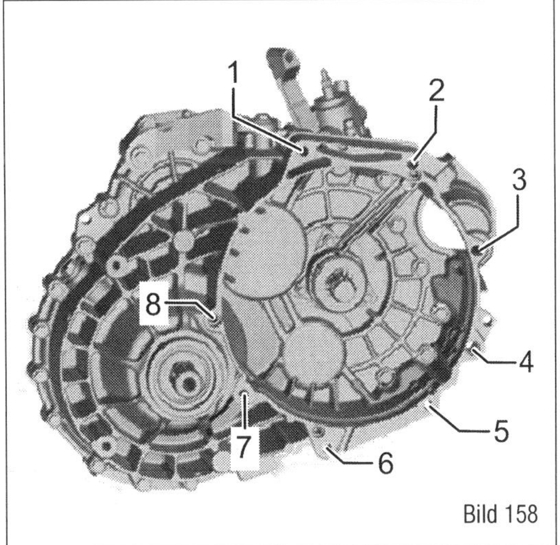

Bild 156
DSG-Getriebe: 1–8 Befestigungsschrauben zum Motor.

Bild 157
5-Gangschaltgetriebe: 1–8 Befestigungsschrauben zum Motor.

Bild 158
6-Gangschaltgetriebe: 1–8 Befestigungsschrauben zum Motor.

5 Motorschmierung

Alle Stellen im Motor, an denen Metalle aufeinander gleiten, müssen ständig mit Öl versorgt werden: Kolben, Zylinderlaufbahnen, die Lager von Kurbelwelle und Nockenwelle. Kein Triebwerk des T6 hielte mehr als einige wenige Minuten ohne passende Schmierung durch. Damit das Öl seine Aufgabe erfüllen kann, strömt es im Motorblock durch ein System von Leitungen und feinen Bohrungen an die richtige Adresse. Eine wichtige Rolle in diesem Kreislauf spielt die Ölpumpe. Sie holt über das Ölsaugrohr das Motoröl aus der Ölwanne und drückt es in die Leitungen. Zuvor muss die Flüssigkeit den im Hauptstrom des Schmiersystems sitzenden Ölfilter passieren. Dort werden Verunreinigungen wie Ruß, Metallabrieb und Staub herausgefiltert. Ein Überdruckventil an der Pumpe öffnet bei zu hohem Druck, sodass ein Teil des Öls in die Ölwanne zurückfließen kann. Der Motor verbraucht Öl, weil es teilweise in den Verbrennungsraum gelangt und dort verbrennt. Ein undichter Motor, defekte Ventilschaftabdichtungen, auch falsch eingebaute Kolbenringe oder zu viel Spiel zwischen Ventilführung und Ventilschaft treiben den Verbrauch in die Höhe. Wenn der Motor technisch in Ordnung ist, verbraucht er allerdings so wenig, dass zwischen den Ölwechselintervallen nichts oder nur eine geringe Menge nachgefüllt werden muss.

Unterschiedliche Konzepte
Betrachtet man die beiden Bilder (Bild 1) und (Bild 2) ist der Unterschied erst im Detail erkennbar. Der Diesel verwendet für den Antrieb der Ölpumpe keine Steuerkette. Bei einer Variante kommt ein Zahnriemen zum Einsatz. Mit Ausgleichswellenmodul erfolgt der Ölpumpenantrieb über Stirnräder. Die Ölkühler (Wärmetauscher) und Ölfiltergehäuse unterscheiden sich für die Motoren erkennbar. Die Dieselmotoren sind mit dem bei VW/Audi schon bekannten Filtereinsatz ausgerüstet, während die beiden Grundtypen der Benziner MED (Benzindirekteinspritzer) mit Kartuschen ausgerüstet sind. In diesem Kapitel werden wir Ihnen die wichtigsten Teile des Schmiersystems auch schrauberisch näherbringen.

Altölkontrolle
Wenn Sie bei Motorreparaturen größere Mengen Metallspäne oder Abrieb feststellen, kann dies auf einen Kurbelwellen- oder Pleuellagerschaden hindeuten. Um Folgeschäden zu verhindern, führen Sie bitte nach der Reparatur folgende Arbeiten durch:

- Ölkanäle sorgfältig reinigen,
- Ölspritzdüsen ersetzen,
- Motorölkühler ersetzen,
- Ölfiltereinsatz ersetzen.

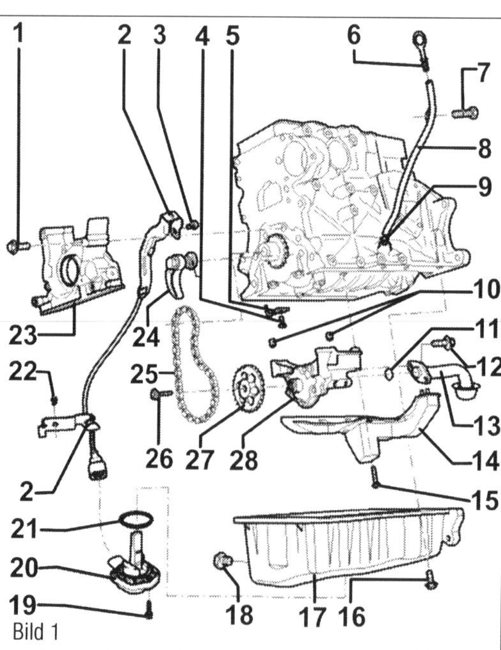

Bild 1

Bild 1
Benziner 2,0 l.
1 Schraube
2 Halter
3 Schraube
4 Befestigungsschraube mit Überdruckventil
5 Ölspritzdüse
6 Ölmessstab
7 Schraube
8 Führungsrohr
9 O-Ring
10 Passhülsen
11 O-Ring
12 Schraube
13 Saugleitung
14 Schwallsperre
15 Schraube
16 Schraube
17 Ölwanne
18 Ölablassschraube
19 Schraube
20 Geber für Ölstand/-temperatur
21 Dichtring
22 Schraube
23 Dichtflansch
24 Kettenspanner mit Spannschiene
25 Kette
26 Schraube
27 Kettenrad
28 Ölpumpe

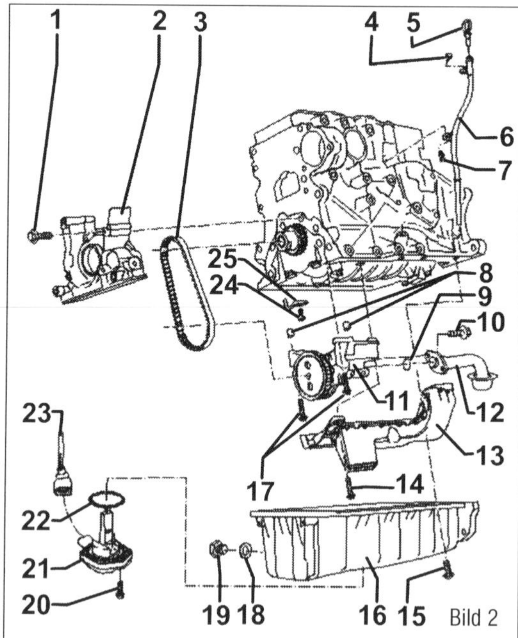

Bild 2

Bild 2
Diesel 2,0 l.
1 Schraube
2 Dichtflansch
3 Zahnriemen für Ölpumpe
4 Schraube
5 Ölmessstab
6 Führungsrohr
7 Clip
8 Passhülsen
9 O-Ring
10 Schraube
11 Ölpumpe mit aufgepresstem Zahnriemenrad
12 Saugrohr
13 Schwallwand
14 Schraube
15 Schraube
16 Ölwanne
17 Schraube
18 Dichtring
19 Ölablassschraube
20 Schraube
21 Ölstands- und Öltemperaturgeber
22 Dichtring
23 elektrischer Leitungsstrang Ölstands- und Öltemperaturgeber
24 Schraube
25 Ölspritzdüse

Motorölstand prüfen

■ Das Fahrzeug zum Messen des Ölstandes waagerecht abstellen. Motor abstellen und mindestens drei Minuten warten, damit das Öl in die Wanne zurückfließen kann.

■ Ölmessstab herausziehen, mit einem sauberen Putzlappen abwischen und den Messstab wieder bis zum Anschlag hineinschieben.

■ Messstab anschließend wieder herausziehen und Ölstand ablesen (Bilder 2 und 3). Die Bilder zeigen die hauptsächlich eingesetzten Varianten des Messstabs, es gibt aber noch andere Ausführungen. Das in den Bildern gezeigte Prinzip gilt jedoch generell. Die Markierungen besagen: Bei Ölstand oberhalb der Markierung »a« (Max-Marke Pfeil 1) besteht die Gefahr von Katalysatorschäden. Beim Nachfüllen im Bereich »b« kann es vorkommen, dass der Ölstand danach im Bereich »a« steht. Beim unbedingt nötigen Nachfüllen von Öl im Bereich »c« genügt es, dass danach der Ölstand im Messfeld »b« (geriffeltes Feld) steht. Bei Ölstand unterhalb der c-Markierung (Min-Marke Pfeil 2) etwa 0,5 Liter Öl (bis zur a-Markierung) auffüllen.

Motoröl ablassen oder absaugen, Motoröl auffüllen

Ölwechsel mit Altölauffang- und Absauggerät

■ Öleinfüllverschlussdeckel abnehmen und Motoröl mit Altölauffang- und Absauggerät absaugen. Der Motorölwechsel mit einem Altölauffang- und Absauggerät (z. B. V.A.G 1782) sollte nach Möglichkeit bei betriebswarmem Motor durchgeführt werden.

Öl über Schraube ablassen

■ Fahrzeug anheben, Geräuschdämpfung ausbauen, Ölablassschraube unten in der Ölwanne herausdrehen und das austretende Öl auffangen.

■ Neue Ölablassschraube mit unverlierbarem Dichtring handfest einschrauben und mit 30 Nm (M14) oder 50 Nm (M24) anziehen. Das Drehmoment darf nicht überschritten werden. Ein zu hohes Drehmoment könnte zu Undichtigkeiten oder sogar zu Beschädigungen im Bereich der Ölablassschraube führen.

■ Ölfilter ersetzen (auf den nächsten Seiten).

Motoröl einfüllen

Werkseitig ist ein Qualitäts-Mehrbereichsöl eingefüllt, das außer in extrem kalten Klimazonen als Ganzjahresöl gefahren werden kann. Die Benzinmotoren benötigen die in nachfolgender Tabelle angegebenen Ölfüllmengen mit Ölfilterwechsel, der immer zum Ölwechsel gehört. Wird der Filter nicht ausgebaut und gewechselt, werden rund 0,5 Liter weniger Öl benötigt. Beim Nachfüllen und beim Ölwechsel muss unbedingt die Spezifikation beachtet werden, wie sie der Hersteller vorschreibt. In der Vergangenheit gab es eine ganze Reihe Öle nach VW-Norm für Benzin- und für Dieselmotoren. In neuerer Zeit ist ein »Motorenöl speziell für VW/Audi-Fahrzeuge / SAE 5W-30« entwickelt worden, das der VW-Norm 504 00 und auch der (Dieselmotor-)Norm 507 00 entspricht. Volkswagen empfiehlt als entsprechendes Produkt das ARAL-Öl »Super Tronic LongLife III«.

■ Einfüllöffnung aufschrauben, Öl gemäß Spezifikation (siehe Tabelle), möglichst mit Trichter, auffüllen.

■ Öleinfüllverschlussdeckel wieder aufschrauben.

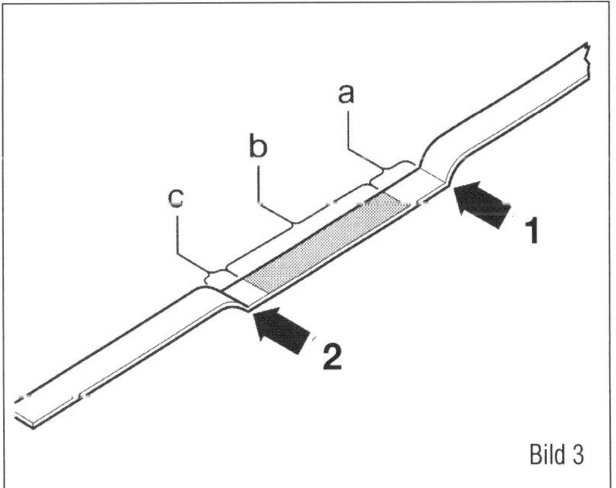

Bild 3
Markierungen an Ölmessstäben in Flachmetallform:

a Kein Öl nachfüllen.
b In diesem geriffelten Feld kann Öl nachgefüllt werden.
c Öl muss unbedingt nachgefülltwerden.
Pfeile: Markierungen für maximalen (1) und minimalen (2) Füllstand.

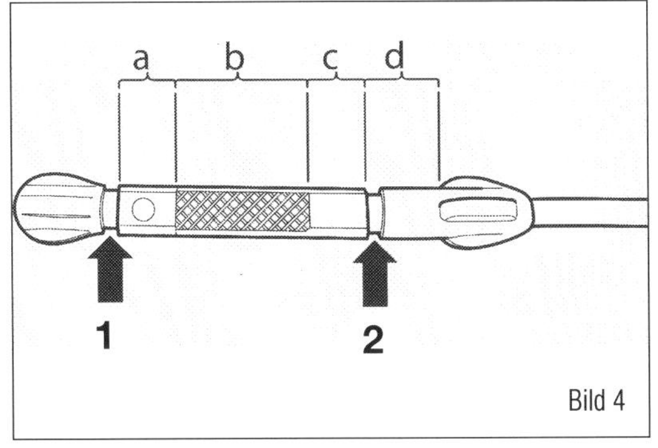

Bild 4
Markierungen an Ölmessstäben in Kunststoffausführung:

a Öl muss unbedingt nachgefüllt werden.
b In diesem geriffelten Feld kann Öl nachgefüllt werden.
c Kein Öl nachfüllen.
d Überfüllung
Pfeile: Markierungen für maximalen (1) und minimalen (2) Füllstand.

Sichtprüfung Messen

Bild 5
Diesel 2,0 l.
1 O-Ring
2 Verschlussdeckel
3 O-Ring
4 O-Ring
5 Ölfiltereinsatz
6 Führungsrohr
7 Schraube
8 Spreizclip
9 Motorölkühler
10 Schraube
11 Gummidichtungen
12 Schraube
13 Ölfilterhalter
14 Gummidichtungen

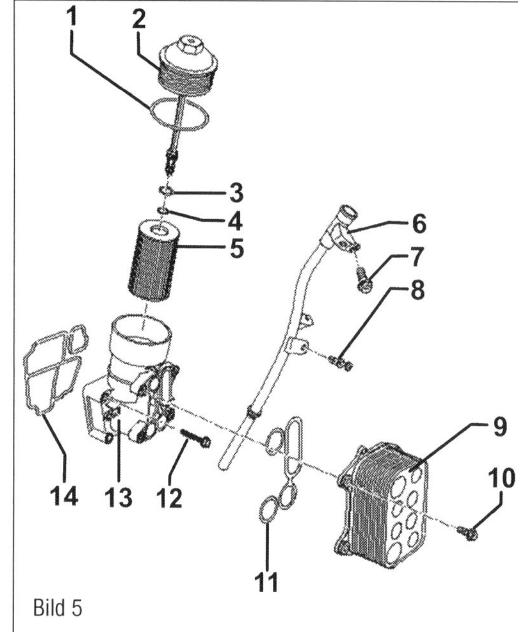

Bild 5

Bild 6
MED 2,0 l.
1 Halter für Nebenaggregate
2 Dichtung
3 O-Ring
4 O-Ring
5 Ventileinheit
6 Ölfilter
7 Dichtring
8 Öldruckschalter
9 Schraube
10 Anschlussstutzen
11 Dichtring
12 Motorölkühler
13 Dichtung
14 Schraube

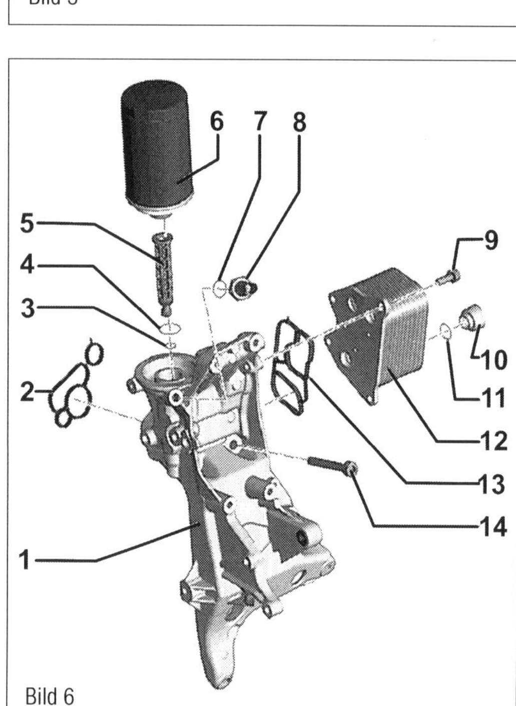

Bild 6

Spezifikationen VW T6 Motoren

Motor-Bauart	Mit LongLife Service (QG1)	Ohne LongLife Service (QG0, QG2)
Vierzylinder TDI mit DPF	507 00	507 00
Vierzylinder TDI ohne DPF	507 00	505 01
Vierzylinder Benziner	504 00	502 00

- Motor anlassen und auf Undichtigkeiten prüfen.
- Motorölstand erneut prüfen und ggf. Öl nachfüllen.
- Nachdem Öl erneut nachgefüllt worden ist, mindestens drei Minuten warten und dann erneut Ölstand prüfen.
- Geräuschdämpfung einbauen und Fahrzeug ablassen.

Ölfilter oder Ölfiltereinsatz wechseln

Zum Einsatz kommen hier im Wesentlichen drei Bauarten für die unterschiedlichen Motortypen. Der Übersicht halber werden wir die Motoren anhand des Filteraufbaus darstellen.

2,0-l-TDI-Motor Filtereinsatz wechseln
Lösen Sie den Schraubdeckel vor dem Ablassen/Absaugen, damit das Motoröl aus dem Filtergehäuse ausfließen kann. Vermeiden Sie, dass Motoröl auf Bauteile im Motorraum tropft.

- Verschlussdeckel (2 im Bild 5) z. B. mit entsprechendem Ring-Maulschlüssel oder Steckeinsatz lösen. Lösen Sie den Verschlussdeckel vor dem Ablassen/Absaugen, damit das Motoröl aus dem Filtergehäuse ausfließen kann.
- Dichtflächen am Schraubdeckel und am Ölfiltergehäuse reinigen.

Einbauen

- Ersetzen Sie den Filtereinsatz (5).
- O-Ringe (1 und 4 im Bild) ersetzen.
- Schraubdeckel (2) einbauen und mit 25 Nm festziehen.

Der weitere Zusammenbau erfolgt sinngemäß in entgegengesetzter Reihenfolge zum Ausbau.

2,0-l-MED-Motor Filtereinsatz wechseln

- Ölmessstab leicht ziehen (lüften).
- Motoröl ablassen.
- Danach alle weiteren zum Ölwechsel- bzw. Intervall-Service gehörigen Arbeiten ausführen.
- Halter (1, Bild 6) für Nebenaggregate/Lichtmaschine vor der Demontage des Ölfilters mit Lappen abdecken.

■ Ölfilter (6) vor Ausbau ca. ½ Umdrehung lösen und restliches Öl aus dem Ölfilter in den Motor zurücklaufen lassen (ca. 2 Minuten).
■ Alten Dichtring entfernen, um Komplikationen beim Herausdrehen zu vermeiden.
■ Dichtring des neuen Ölfilters mit Schmieröl benetzen und Ölfilter mit 25 Nm festziehen.

Ölwanne aus- und einbauen

2,0-l-TDI-Motoren (CAAA-CAAC, CFCA)
Die Arbeit an diesen Motoren kann als im Prinzip übertragbares Beispiel für alle TDI CR gelten.
■ Motoröl ablassen, Luftführungsschlauch durch Lösen der Schlauchschelle und Anheben der Halteklammer ausbauen.
■ Die Schrauben herausdrehen und Kühlmittelschlauch freilegen, Schlauchschelle lösen und elektrische Steckverbindung am Ladedruckgeber trennen.
■ Luftführungsrohr rechts abnehmen.
■ Mutter (5 Bild 8) herausdrehen und Pumpe für Kühlmittelumlauf zur Seite drücken (Bild 8; Pos. 1, 2, 3 nicht beachten).
■ Schraube am Luftführungsrohr links herausdrehen, elektrische Steckverbindung am Ölstands- und Öltemperaturgeber trennen.
■ Geräuschdämpfung für Ölwanne ausbauen, dazu die Befestigungsteile lösen.
■ Schrauben (Pfeile im Bild 7) der Verbindung Ölwanne an Getriebe herausdrehen, erst dann die Schrauben (1) bis (20) über Kreuz lösen und herausdrehen.
■ Ölwanne vorsichtig aus der Verklebung lösen.
■ Dichtmittelreste an Ölwanne und Zylinderblock beispielsweise mit rotierender Kunststoffbürste entfernen und Dichtflächen reinigen; sie müssen frei von Öl und Fett sein.

⚠ Verschmutzungsgefahr des Schmiersystems und der Lager. Offene Teile des Motors abdecken! Schutzbrille tragen!

Einbau
■ Tube mit Dichtmittel unter Beachtung des Haltbarkeitsdatums einsetzen. Tubendüse an der vorderen Markierung abschneiden (etwa bei 2 mm Durchmesser der Tubendüse).

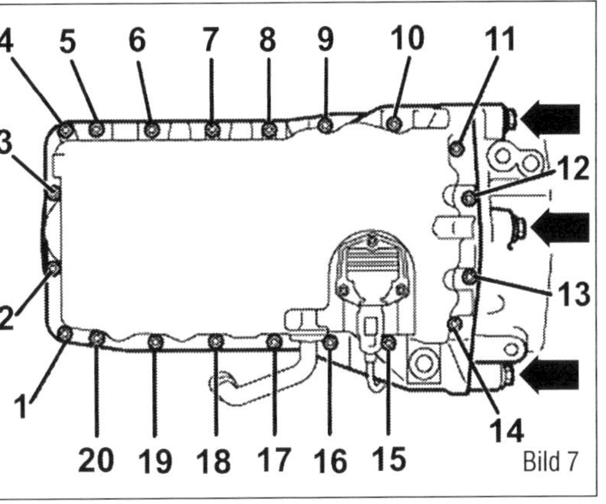

Bild 7
Schrauben der Ölwanne über Kreuz herausdrehen: 1-11-20-10-19-9-18-8-17-7-16-6-15-5-14-413-3-12.

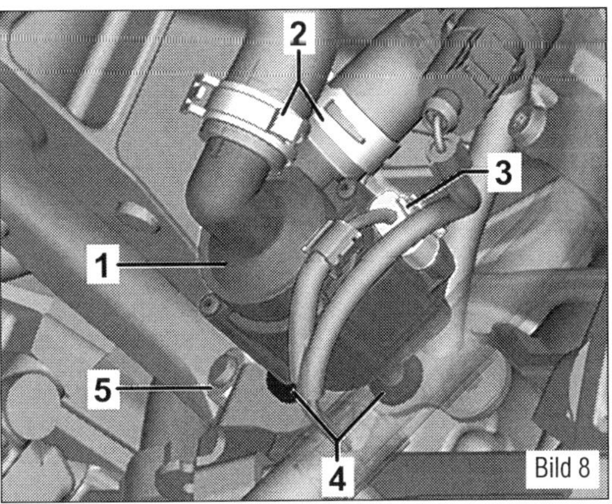

Bild 8
1 Kühlmittelpumpe
2 Schellen
3 Stecker
4 Lagerung
5 Mutter

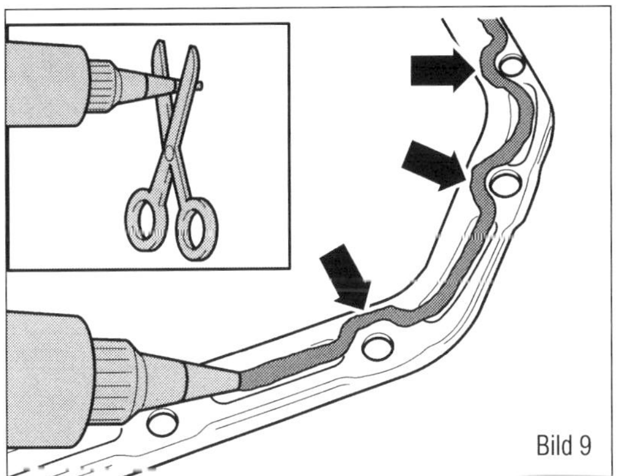
Bild 9
Lage der Dichtmasse auf der Ölwanne.

■ Dichtmittelraupe 2 bis 3 mm Dicke auf die saubere Dichtfläche der Ölwanne auftragen (Bild 9). Dichtmittelraupe nicht dicker als angegeben auftragen. Verstopfungsgefahr des Schmiersystems durch überschüssiges Dichtmittel! Die Dichtmittelraupe im Bereich des Dichtflansches hinten besonders sorgfältig auftragen (Pfeile, Bild 10).
■ Nach dem Auftragen des Dichtmittels müssen Sie die Ölwanne innerhalb von 5 Minuten einbauen. Ölwanne ansetzen und Schrauben festziehen. Die Ölwanne muss am Zwischenblech zum Getriebeflansch bündig anliegen. Schrauben in Stufen anziehen (Bild 7):

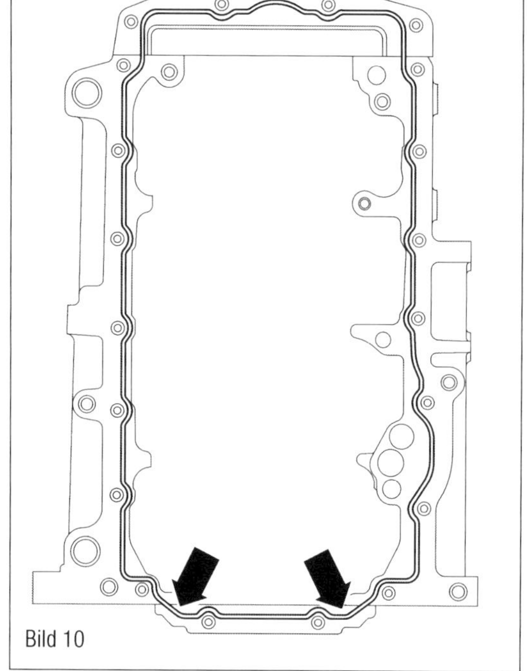

Bild 10
Lage der Dichtmasse auf der Ölwanne.

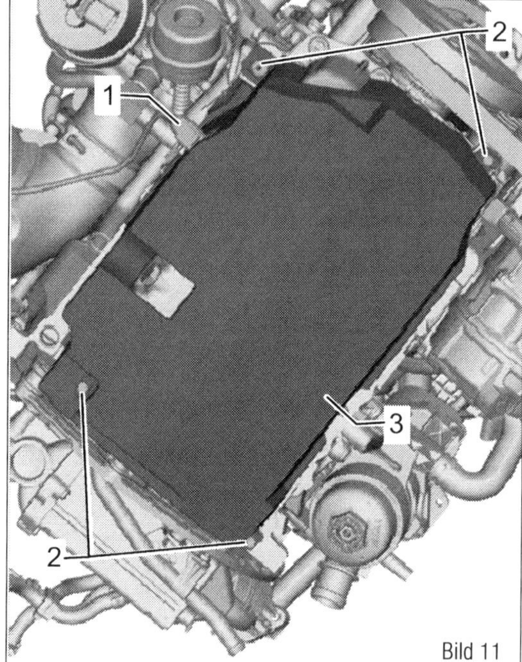

Bild 11
1 Elektrische Steckverbindung
2 Clips
3 Geräuschdämpfung

1. Stufe: (1) bis (20) über Kreuz 5 Nm
2. Stufe: (Pfeile) mit 40 Nm
3. Stufe: (1) bis (20) über Kreuz mit 15 Nm

Beim Einbauen der Ölwanne am ausgebauten Motor darauf achten, dass die Wanne schwungradseitig bündig mit dem Zylinderblock abschließt. Nach der Montage der Ölwanne muss das Dichtmittel etwa 30 Minuten aushärten. Erst danach darf Motoröl eingefüllt werden.

- Pumpe für Kühlmittelumlauf einbauen.
- Luftführungsrohre einbauen.
- Luftführungsschläuche mit Schraubschellen einbauen.
- Geräuschdämpfung einbauen.
- Motoröl einfüllen und Ölstand prüfen.

Dieselmotoren (CXEB, CXFA, CXGA, CXGB, CXHA, CXGC, CXHB, CXEC)

- Motoröl ablassen.
- Elektrische Steckverbindung (1 im Bild 11) trennen.

Fahrzeuge mit Geräuschdämpfung unter der Ölwanne:

- Clips (2) entriegeln.
- Geräuschdämpfung (3) abnehmen.

Fahrzeuge mit Allradantrieb:

- Das Winkelgetriebe ausbauen.

Weiter für alle Fahrzeuge:

- Schrauben (Pfeile im Bild 12) der Verbindung Ölwanne an Getriebe herausdrehen.

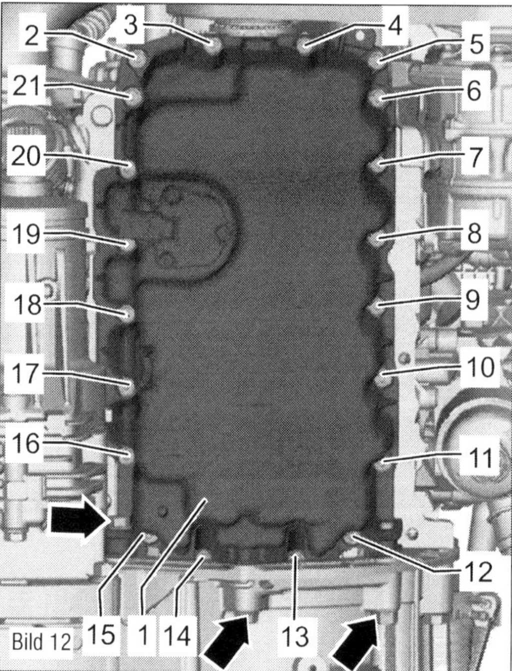

Bild 12

Bild 12
1 Ölwanne
2 bis 21 Ölwannenschrauben
Pfeile = Verschraubungen am Getriebe

☞ Je nach Ausführung des Schwungrads kann es sein, dass die Schrauben (13 und 14) nicht zugänglich sind.

- Falls erforderlich, Schwungrad ausbauen.
- Schrauben (2 bis 21) über Kreuz (2, 12 ...) lösen und herausdrehen.

■ Ölwanne (1) vorsichtig aus der Verklebung lösen.
■ Offene Teile des Motors abdecken, um Verschmutzungen des Schmiersystems zu vermeiden.

Der Einbau erfolgt sinngemäß in umgekehrter Reihenfolge.
■ Die Dichtfläche mit Dichtmittelentferner einsprühen und einwirken lassen.
■ Dichtmittelreste am Ölwannenunterteil beispielsweise mit rotierender Kunststoffbürste entfernen. Dabei darf die Oberflächenbeschichtung vom Ölwannenunterteil nicht beschädigt werden.

Die Dichtflächen müssen frei von Öl und Fett sein.

Das Haltbarkeitsdatum des Dichtmittels beachten.

■ Die Tubendüse an der vorderen Markierung abschneiden (2 ... 3 mm).
■ Dichtmittelraupe (Pfeil im Bild 13) mit einer Dicke von 2 bis 3 mm auf die saubere Dichtfläche des Ölwannenunterteils auftragen.
■ Die Dichtmittelraupe im Bereich des Dichtflansches besonders sorgfältig auftragen.
■ Nach dem Auftragen des Dichtmittels das Ölwannenunterteil innerhalb von 5 Minuten einbauen.
■ Ölwanne ansetzen und Schrauben festziehen. Hierbei Anzugsdrehmoment und -reihenfolge beachten.
■ Nach der Montage des Ölwannenunterteils muss das Dichtmittel etwa 30 Minuten aushärten. Erst danach darf Motoröl eingefüllt werden.
■ Motoröl einfüllen und Ölstand prüfen.

2,0-l-MED-Motoren
Ölwannenunterteil aus- und einbauen:
■ Falls vorhanden, Geräuschdämpfung ausbauen.
■ Elektrische Steckverbindung vom Ölstands- und Öltemperaturgeber abziehen.
■ Motoröl ablassen.
■ Schrauben (1 bis 19 im Bild 14) herausdrehen.
■ Ölwanne abnehmen, ggf. durch leichte Schläge mit einem Gummihammer lösen.

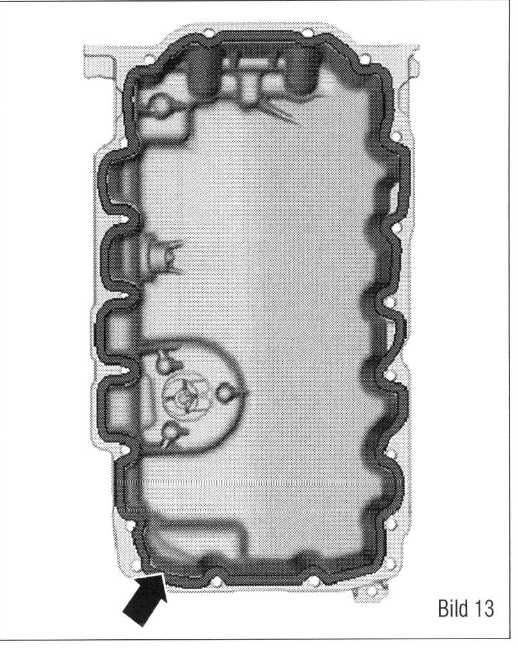
Bild 13

Bild 13
Dieselmotoren (CXEB, CXFA, CXGA, CXGB, CXHA, CXGC, CXHB, CXEC).
Pfeil = Dichtmittelraupe

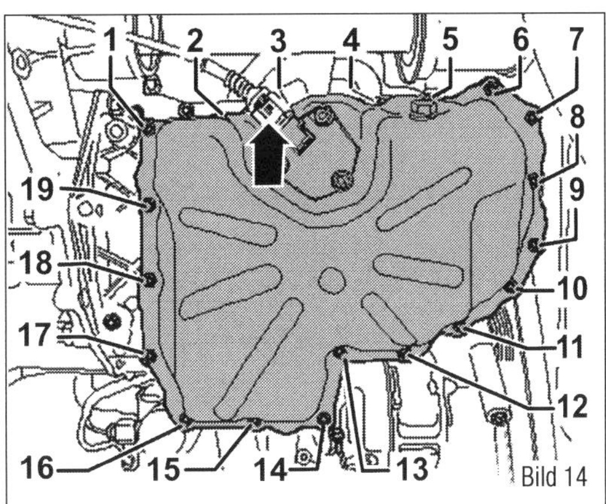

Bild 14

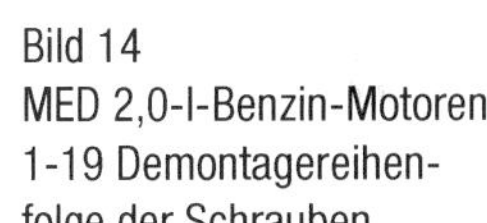
Bild 14
MED 2,0-l-Benzin-Motoren: 1-19 Demontagereihenfolge der Schrauben.

Der Einbau erfolgt sinngemäß in umgekehrter Reihenfolge.
■ Achten Sie auf das Haltbarkeitsdatum des Dichtmittels.
■ Die Ölwanne muss nach dem Auftragen des Silikon-Dichtmittels innerhalb 5 Minuten eingebaut werden.
■ Die Dichtmittelraupe darf nicht dicker sein, da sonst überschüssiges Dichtmittel in die Ölwanne gelangen und das Sieb in der Saugleitung der Ölpumpe verstopfen kann.
■ Die Ölwanne muss mit dem Zylinderblock bündig abschließen.
■ Nach der Montage der Ölwanne muss das Dichtmittel ca. 30 Minuten trocknen. Erst danach darf Motoröl eingefüllt werden.
■ Tubendüse des Silikon-Dichtmittels an der vorderen Markierung ab (ca. 3 mm) abschneiden.

Sichtprüfung

Messen

Bild 15
MED 2,0-l- Benzin-Motor: Schrauben Ölwanne.

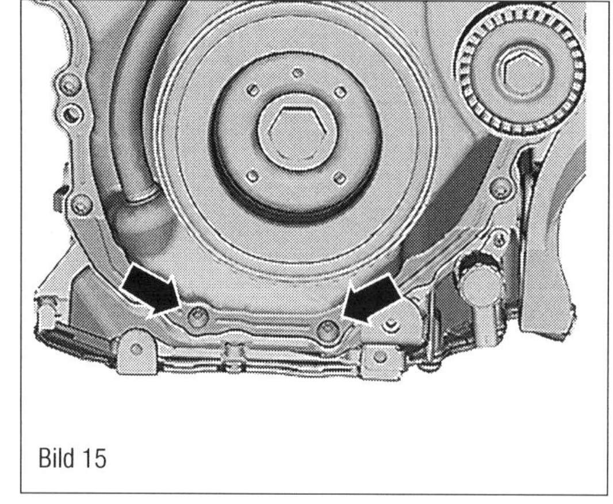
Bild 15

Bild 16
MED 2,0-l- Benzin-Motor.
1 Halter
2 Ölwannenoberteil
Pfeil = Schrauben

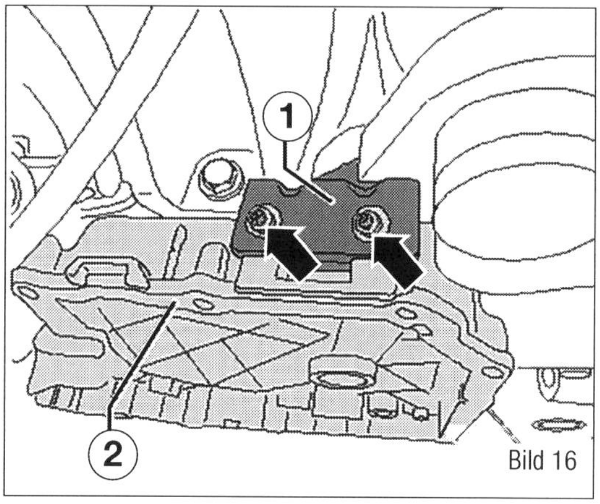

Bild 17
MED 2,0-l- Benzin-Motor.
1 Ölwannenoberteil
Pfeil = Schrauben

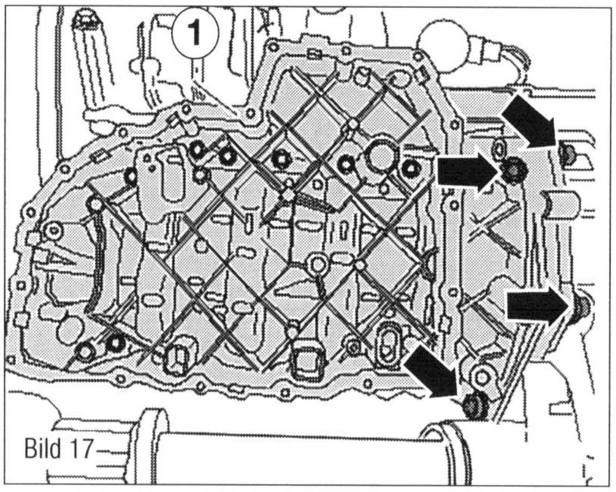

Bild 18
MED 2,0-l- Benzin-Motor.
1 Ölwannenoberteil,
Pfeil = Schrauben Außenkante

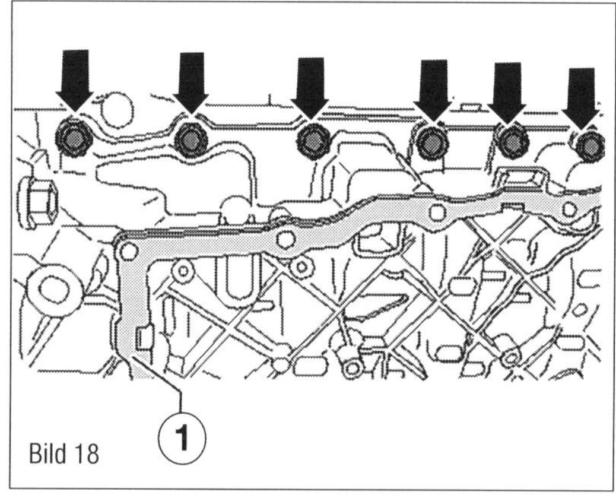

Bild 18

Bild 19
MED 2,0-l- Benzin-Motor: 1–19 Demontagereihenfolge der Schrauben.

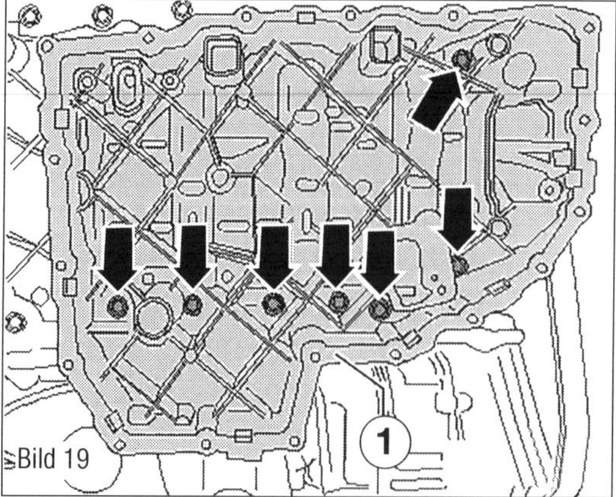
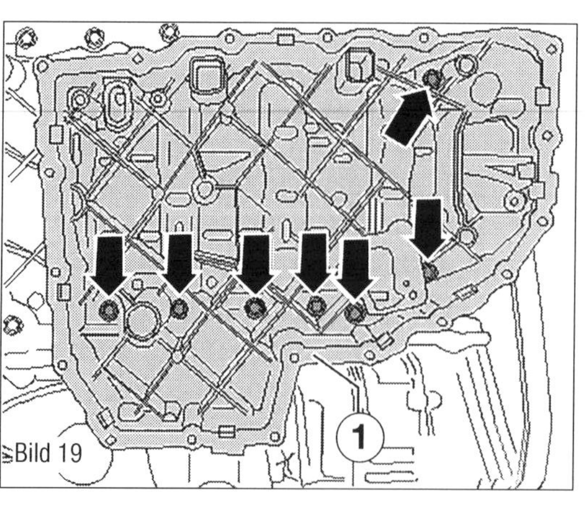

Bild 19

- Silikon-Dichtmittel wie gezeigt (Bild 9) auf die saubere Dichtfläche der Ölwanne auftragen. Die Dichtmittelraupe muss: 2 bis 3 mm dick sein und im Bereich der Schraubenbohrungen an der Innenseite vorbeilaufen (Pfeile).
- Silikon-Dichtmittel, wie in der Abb. gezeigt, auf die saubere Dichtfläche der Ölwanne auftragen.
- Ölwannenunterteil sofort ansetzen und Schrauben (1 bis 19 im Bild 14) in 3 Stufen wie folgt festziehen:

Stufe 1: Schrauben handfest anziehen.
Stufe 2: Schrauben mit 8 Nm festziehen.
Stufe 3: Schrauben 45° weiterdrehen.
Stufe 4: Motoröl auffüllen.

Ölwannenoberteil aus- und einbauen:

- Getriebe ausbauen.
- Ölpumpe ausbauen.
- Dichtflansch getriebeseitig ausbauen.
- Schrauben (Pfeile im Bild 15) ausschrauben.

⚠ Verletzungsgefahr! Beim Abnehmen des Ölwannenoberteils springt die Feder des Kettenspanners für Ölpumpenantrieb vom Ölwannenoberteil zur Abdeckung unten für Steuerkette. Beim Abnehmen des Ölwannenoberteils nicht zwischen Ölwannenoberteil und Abdeckung unten für Steuerkette greifen.

- Halter der Pumpe für Kühlmittelnachlauf (1 im Bild 16) vom Ölwannenoberteil (2) lösen, hierzu Schrauben (Pfeile) herausdrehen.
- Schrauben (Pfeile im Bild 17) des Ölwannenoberteils (1) zum Getriebe herausdrehen.
- Schrauben (Pfeile im Bild 18) an der Außenseite des Ölwannenoberteils (1) herausdrehen.

■ Schrauben (Pfeile 19) des Ölwannenoberteils (1) herausdrehen und Ölwannenoberteil vorsichtig abnehmen.

Ölwannenoberteil zuerst getriebeseitig abhebeln. Beim Abhebeln vorsichtig vorgehen, damit die Abdeckung für Steuerketten nicht verbogen wird.

Der Einbau erfolgt sinngemäß in umgekehrter Reihenfolge.
■ Achten Sie auf das Haltbarkeitsdatum des Dichtmittels.
■ Die Ölwanne muss nach dem Auftragen des Silikon-Dichtmittels innerhalb 5 Minuten eingebaut werden.
■ Montagewerkzeug (T10118 im Bild 20) nehmen und damit die Feder des Kettenspanners für Ölpumpenantrieb in Richtung Gleitschiene (Pfeil) ziehen.
■ Feder sichern, indem das Prüfwerkzeug für Bremsbelagverschleiß (VW 136), wie im Bild zu sehen, in die Bohrung der Gleitschiene gesteckt wird.
■ Dichtmittelreste am Zylinderblock mit einem Flachschaber entfernen.

Verletzungsgefahr der Augen. Schutzbrille tragen!

■ Dichtmittelreste am Ölwannenoberteil und an der Abdeckung unten für Steuerkette z. B. mit rotierender Kunststoffbürste entfernen.

Prüfen, ob die Abdeckung für Steuerketten verformt wurde. Dazu Ölwannenoberteil zuerst ohne Dichtmittel ansetzen und Spaltmaß zwischen Abdeckung und Ölwannenoberteil kontrollieren. Wird eine Verformung festgestellt und lässt sich die Abdeckung nicht mehr richten, ersetzen. Die Abdeckung ersetzen, nachdem das Ölwannenoberteil eingebaut wurde.
■ Dichtflächen reinigen, bis alle öl- und fettfrei sind.
■ Ölkanäle im Ölwannenoberteil und im Zylinderkurbelgehäuse auf Verschmutzung prüfen.
■ Tubendüse an der vorderen Markierung abschneiden (ca. 3 mm).
■ Silikon-Dichtmittel, wie im Bild 21 gezeigt (Pfeil), auf die saubere Dichtfläche am Ölwannenoberteil auftragen. Dicke der Dichtmittelraupe: 2 bis 3 mm.

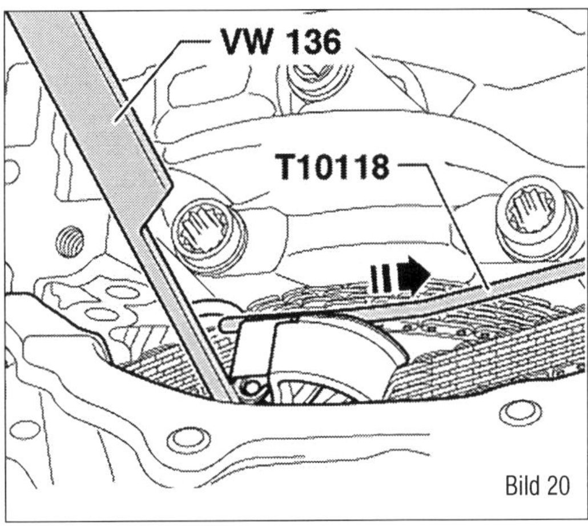

Bild 20
MED 2,0-l- Benzin-Motor.
T10118 Montagewerkzeug
VW 136 Prüfwerkzeug Bremsbelagverschleiß

Bild 21
MED 2,0-l- Benzin-Motor:
Dichtmassenauftrag auf dem Ölwannenoberteil.

Ölwannenoberteil muss nach dem Auftragen des Silikon-Dichtmittels innerhalb von 5 Minuten eingebaut werden.

■ Die Dichtmittelraupe darf nicht dicker als vorgeschrieben sein, da sonst überschüssiges Dichtmittel in die Ölwanne gelangen und das Sieb im Ölansaugrohr verstopfen kann.
■ Getriebeseitig müssen Ölwannenoberteil und Kurbelgehäuse bündig sein.
■ Das Ölwannenoberteil sofort ansetzen und die Schrauben vom Ölwannenoberteil in 3 Stufen wie folgt festziehen:
Stufe 1: Schrauben handfest anziehen.
Stufe 2: Schrauben mit 15 Nm festziehen.
Stufe 3: Schrauben 90° weiterdrehen.

■ Schrauben (Pfeile im Bild 15) in 2 Stufen festziehen:
Stufe 1: Schrauben mit 8 Nm anziehen.
Stufe 2: Schrauben 45° weiterdrehen.

■ Prüfwerkzeug für Bremsbelagverschleiß (VW 136 im Bild 20) aus der Gleitschiene herausziehen (Pfeil). Die Feder springt jetzt wieder in Einbaulage zurück.

Sichtprüfung

Messen

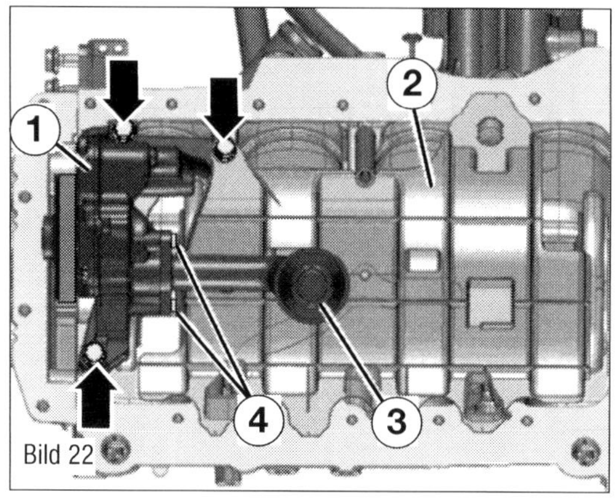

Bild 22

Bild 22
Diesel 2,0-l-TDI-Motor.
1 Ölpumpe
2 Schwallsperre
3 Siebfilter,
4 Schrauben
Pfeile = Schrauben

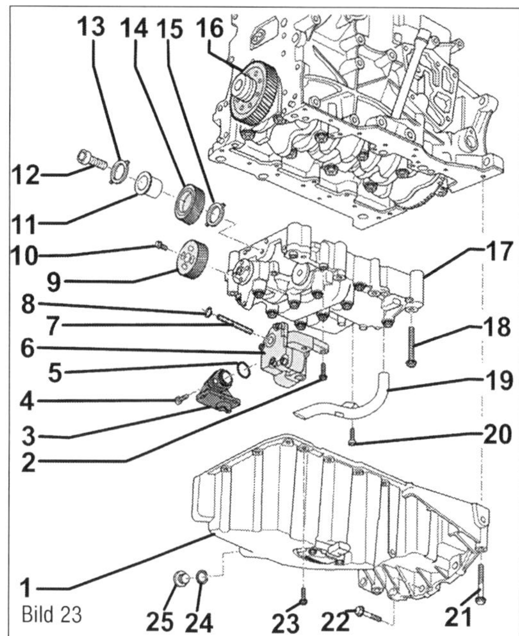

Bild 23

Bild 23
Diesel 2,0-l-TDI-Motor Ausgleichwellenmodul.
1 Ölwanne
2 Schraube
3 Saugschlauch
4 Schraube
5 O-Ring
6 Ölpumpe
7 Antriebswelle für Ölpumpe
8 Sicherungsring
9 Stirnrad für Ausgleichswelle
10 Schraube
11 Nabe
12 Schraube
13 Axiallagerscheibe
14 Zwischenrad
15 Axiallagerscheibe
16 Stirnrad Kurbelwelle
17 Ausgleichswellenmodul
18 Schraube
19 Ölabsaugrohr
20 Schraube
21 Schraube
22 Schraube
23 Schraube
24 Dichtring
25 Ölablassschraube

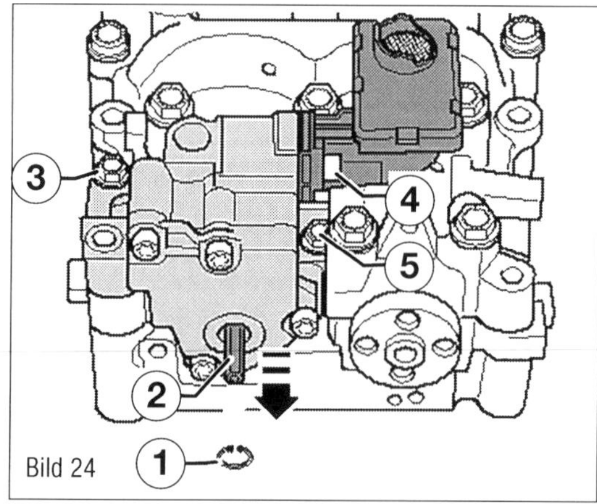

Bild 24

Bild 24
Diesel 2,0-l-TDI-Motor.
1 Sicherungsring
2 Antriebswelle
3 Schraube
4 Schraube
5 Schraube

Demontage der Ölpumpe

Hier finden sich zwei unterschiedliche Bautypen, die aber schon leicht optisch voneinander unterschieden werden können. Zum einen wird eine Ölpumpe mit Ausgleichswellenmodul (Bild 23) verbaut. Als zweite Bauweise wird der klassische Aufbau beim TDI mit Zahnriemen (Bild 2) verwendet.

2,0-l-TDI-Motor

Ölpumpe aus- und einbauen, Fahrzeuge ohne Ausgleichswellenmodul:

- Ölwanne ausbauen.
- Schrauben (Pfeile im Bild 22) herausdrehen und Saugleitung von der Ölpumpe abziehen.
- Wenn die Ölpumpe ersetzt werden soll, Schrauben (4) herausdrehen, Ölansaugrohr (3) abnehmen.
- Schrauben (Pfeile) herausdrehen, Schwallsperre (2) abnehmen.
- Ölpumpe (1) aus dem Zahnriemen aushängen und abnehmen.

Der Einbau erfolgt sinngemäß in umgekehrter Reihenfolge.

- Ersetzen Sie den O-Ring.
- Wenn in der Ölpumpe keine Passhülsen (Pfeile) Zentrierung der Ölpumpe vorhanden sind, Passhülsen einsetzen.
- Zahnriemen für Ölpumpe prüfen.
- Ölpumpe mit Zahnriemenrad in den Zahnriemen einhängen und gemeinsam mit der Schwallsperre festschrauben.
- Ölwanne einbauen.
- Motoröl einfüllen und Ölstand prüfen.

Ölpumpe aus- und einbauen, Fahrzeuge mit Ausgleichswellenmodul:

- Ölwanne ausbauen.
- Schrauben (4 im Bild 23) herausdrehen und Saugleitung von der Ölpumpe abziehen.
- Sicherungsring (1 im Bild 24) mit Sicherungsringzange ausbauen.
- Antriebswelle (2) mit einem Magnet aus der Ölpumpe herausziehen.
- Schrauben (3, 4, 5) herausdrehen und Ölpumpe abnehmen. Die Schraube am Zwischenrad darf nicht gelöst werden.

Der Einbau erfolgt sinngemäß in umgekehrter Reihenfolge.

- Ersetzen Sie den O-Ring.
- Der Sicherungsring muss im Grund der Nut anliegen. Einen beschädigten oder überdehnten Sicherungsring ersetzen.
- Vor dem Einbau der Ölpumpe das Vorhandensein der beiden Passhülsen kontrollieren.

- Ölwanne einbauen.
- Motoröl einfüllen und Ölstand prüfen.

2,0-l-MED-Motor

- Ölwannenunterteil ausbauen.
- Schwallsperre ausbauen
- Befestigungsschrauben herausdrehen und Ölpumpe abnehmen. Dieser Arbeitsablauf muss in einem Arbeitsgang durchgeführt werden. Dazu ist ein zweiter Mechaniker erforderlich.
- Kettenspanner mit dem Montagewerkzeug (T10118 im Bild 25) zurückziehen und Ölpumpe vom zweiten Mechaniker herausnehmen lassen.

Der Einbau erfolgt in umgekehrter Reihenfolge, dabei Folgendes beachten:

- Vor dem Einbau der Ölpumpe das Sieb im Ölansaugrohr und die Ölkanäle im Ölwannenoberteil auf Verschmutzung prüfen.
- Prüfen, ob beide Passhülsen zur Zentrierung der Ölpumpe vorhanden sind.
- Schwallsperre ersetzen. An der Schwallsperre sind Kunststoffrippen, die sich beim Festziehen bleibend verformen. Durch die Kunststoffrippen wird sichergestellt, dass die Schwallsperre spielfrei anliegt und nicht klappert. Aus diesem Grund muss die Schwallsperre immer ersetzt werden.

Öldruckschalter und Öldruck prüfen

Es werden ein üblicher Öldruckprüfer (z. B. V.A.G 1342) sowie ein Spannungsprüfer mit Leuchtdiode und den Messhilfsmitteln (Anschlusskabel) benötigt.
Der Öldruckschalter ist bei den einzelnen Motortypen an unterschiedlichen Stellen eingebaut.

Prüfablauf

- Prüfen Sie den Motorölstand.
- Die Öltemperatur muss mindestens 80 °C betragen. Der Kühlerlüfter muss einmal geschaltet haben.
- Stecker vom Öldruckschalter abziehen.
- Öldruckschalter ausbauen und in das Prüfgerät schrauben.
- Prüfgerät anstelle des Öldruckschalters in den Zylinderkopf einschrauben.
- Braune Leitung des Prüfgerätes an

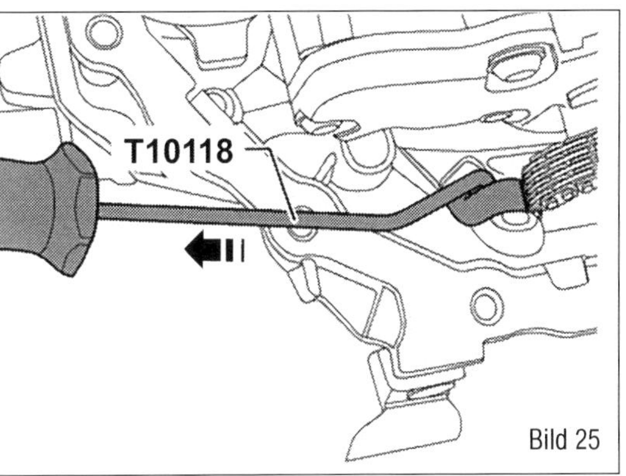

Bild 25
MED 2,0-l-Benzin-Motor.
T10118 Montagewerkzeug
Pfeil = Zugrichtung

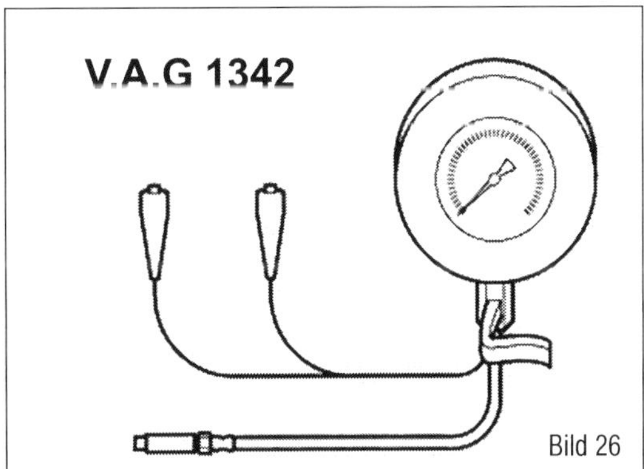

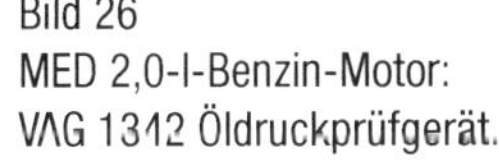
Bild 26
MED 2,0-l-Benzin-Motor:
VAG 1342 Öldruckprüfgerät.

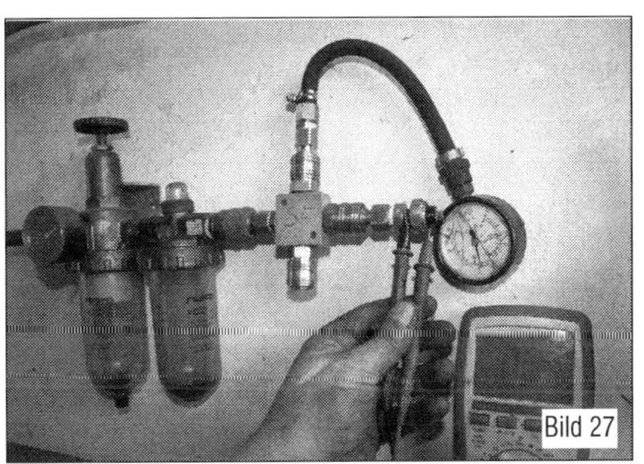

Bild 27
Prüfgerät aus dem Eigenbausortiment.

Masse (-) legen. Spannungsprüfer mit Hilfsleitungen (Kabelset) an Batterie plus (+) und Öldruckschalter anschließen.

- Motor anlassen und die LED und die Druckanzeige beobachten. Der Schaltpunkt des Öldruckschalters kann bereits beim Anlassen überschritten werden.
- Langsam die Drehzahl erhöhen.

2,0-l-TDI-Motor

Bei 0,3 bis 0,6 bar Überdruck muss die Leuchtdiode aufleuchten, andernfalls den Öldruckschalter ersetzen.

- Drehzahl weiter erhöhen. Bei 2000/min und 80 °C Öltemperatur soll der Ölüberdruck mindestens 1,4 bis 2,0 bar und betragen.

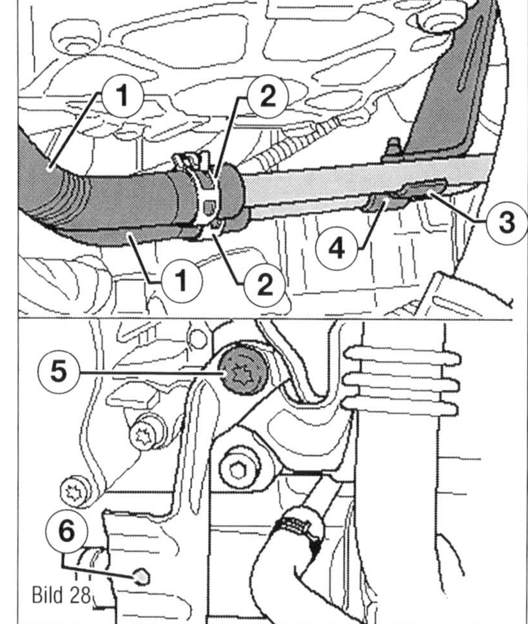

Bild 28
Diesel-Motoren.
1 Schlauch
2 Schelle
3 Halter
4 Schraube
5 Schraube
6 Halter

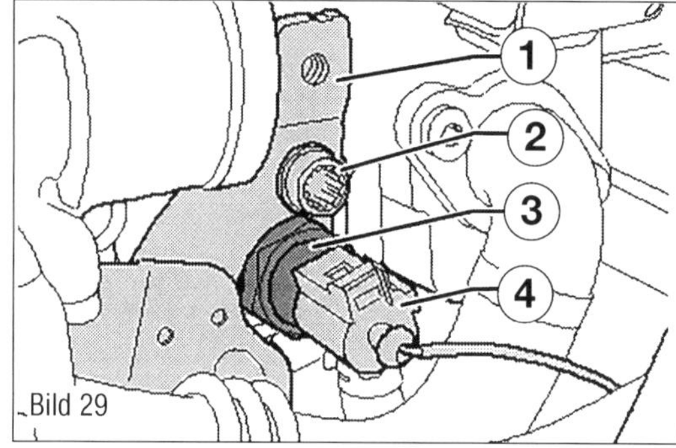

Bild 29
Diesel-Motoren.
1 Aufhängeöse
2 Schraube
3 Öldruckschalter
4 Stecker

■ Bei höherer Drehzahl darf der Ölüberdruck 5,0 bar nicht überschreiten.

2,0-l-MED-Benzinmotor
Bei 0,75 bis 1,05 bar Überdruck muss die Leuchtdiode aufleuchten, andernfalls Öldruckschalter ersetzen.
■ Drehzahl weiter erhöhen. Bei 2000/min und 80 °C Öltemperatur soll der Ölüberdruck zwischen 2,7 bis 4,5 bar betragen.
■ Bei höherer Drehzahl darf der Öldruck 7,0 bar nicht überschreiten.

Alle Motoren
■ Wird der Sollwert unterschritten, können mögliche Ursachen wie Verschmutzung des Siebes im Ölansaugrohr oder Lagerschäden ermittelt werden. Werden keine mechanischen Schäden festgestellt und bei Sollwertunterschreitung der TSI-Motoren: Ölpumpe ersetzen. Wird der Sollwert überschritten, müssen die Ölkanäle geprüft werden. Ggf. ist der Ölfilterhalter mit Überdruckventil zu ersetzen. Ansonsten: Ölpumpe ersetzen.
■ Beim Wiedereinbau des Öldruckschalters die Anzugsdrehmomente beachten.

Öldruckschalter aus- und einbauen

Der Arbeitsablauf für die einzelnen Motortypen ist sehr ähnlich. Wir stellen den Ablauf allgemeingültig vor und heben die Besonderheiten für die einzelnen Modelle hervor.
■ Motorabdeckung (soweit verbaut) ausbauen.

TDI-Motoren (CAAA-CAAC, CFCA):
■ Schlauch (1 im Bild 28) für Kurbelgehäuseentlüftung Der Öldruckschalter ist wenig zugänglich am Zylinderkopf hinten links eingebaut. Der Aus- und Einbau muss von der rechten Seite aus, hinter dem Zylinderkopf entlang, erfolgen.
■ Wärmeabschirmung zurückziehen.
■ Schraube (4) herausdrehen und Halter (3) abnehmen.
■ Schraube (5) herausdrehen und Halter (6) abnehmen.
■ Schraube (2 im Bild 29) herausdrehen und Aufhängeöse (1) abnehmen.
■ Stecker (4) entriegeln und abziehen.
■ Öldruckschalter (3) herausdrehen.

TDI-Motoren (CXEB, CXFA, CXGA, CXGB, CXHA, CXGC, CXHB, CXEC):
■ Ziehen Sie den Stecker vom Öldruckschalter ab.
■ Bauen Sie den Öldruckschalter aus.

2,0-l-MED-Benzinmotor:
Der Öldruckschalter ist recht gut zugänglich am Ölfilterflansch (8 im Bild 6) verbaut.
■ Ziehen Sie den Stecker vom Öldruckschalter ab.
■ Bauen Sie den Öldruckschalter aus.

Alle Motorvarianten:
Der Einbau erfolgt in umgekehrter Reihenfolge, dabei den Dichtring ersetzen.
■ Den Öldruckschalter mit dem geforderten Drehmoment anziehen. Einige Öldruckschalter müssen nach der Demontage ersetzt werden. Hier sind nur Einweg-Dichtungen oder Dichtmittel eigesetzt worden.

6 Kühlsystem

Funktion des Kühlkreislaufs
Das Kühlsystem sorgt für die richtige Betriebstemperatur des Motors. Es besteht aufbauseitig aus Kühler, Ladeluftkühler, Luftführungshutze mit Kühlerlüftern und Ausgleichsbehälter für Kühlmittel. Motorseitig gehören Kühlmittelschläuche und Kühlmittelrohre sowie ein Netz aus kleinen, genau bemessenen Kanälen in Motorblock und Zylinder, in denen die in den Ausgleichsbehälter eingefüllte Kühlflüssigkeit zirkuliert, zum System. So entsteht ein Wassermantel, der die Verbrennungswärme über die Schläuche des Kühlsystems an den Kühler abführt. Welche Wege im jeweils konkreten Betriebszustand das Kühlmittel im Kühlsystem nimmt, hängt von der Temperatur des Motors ab.
Zu den motorseitigen Aggregaten des Kühlsystems gehören ferner der Motorölkühler und der Kühler für Abgasrückführung. Diese Niedertemperatur-Abgasrückführung sorgt für die Reduzierung der NOx-Emissionen. Bei geschlossenem Kühlmittelregler (Thermostat) wird der Abgasrückführungs-Kühler direkt vom Motorkühler mit kaltem Kühlmittel versorgt. Aufgrund des dadurch größeren Temperaturgefälles kann eine größere Abgasmenge zurückgeführt werden. Somit können die Verbrennungstemperaturen und in deren Folge die Stickoxid-Emissionen in der Warmlaufphase des Motors weiter gesenkt werden. Eine mechanische Kühlmittelpumpe (»Wasserpumpe«) sorgt für den ständigen Kreislauf des Kühlmittels. Sie wird bei den TDI-Motoren von der Kurbelwelle über den Zahnriemen angetrieben, der das Nockenwellenrad und die Hochdruckpumpe des Einspritzsystems antreibt. Die elektrische Zusatzwasserpumpe wird vom Motorsteuergerät angesteuert und läuft nach Motorstart ständig mit. Ein Kühlmittelregler (Dehnstoff-Thermostat) hält die Kühlmitteltemperatur konstant. Das Kühlsystem steht unter einem Überdruck von etwa 1,2 bis 1,5 bar bei Betriebstemperatur. Dadurch und durch den Einsatz von Kühlmittelzusätzen erhöht sich der Siedepunkt der Kühlflüssigkeit von 100 °C auf rund 120 °C. Die höhere Temperatur ermöglicht einen wirtschaftlicheren und damit Kraftstoff sparenden Motorbetrieb. Wenn bei einem heißen Motor der Kühlmitteldruck 1,5 bar übersteigt, tritt das Überdruckventil am Ausgleichsbehälter in Aktion. Es öffnet dann und lässt zum Druckausgleich etwas Wasserdampf entweichen.

Sicht- und Funktionsprüfungen

Kühlmittelstand prüfen

■ Der Kühlmittelstand wird bei kaltem Motor am Kühlmittel-Ausgleichsbehälter geprüft. Dieser Behälter befindet sich im Motorraum rechts hinten. Er ist meist mit den Markierungen »Max« und »Min« gekennzeichnet, auf jeden Fall mit der »min«-Markierung und einer Markierungslinie für den maximalen Füllstand.

■ Ist der Motor kalt, muss das Kühlmittel zwischen »Max« und »Min« (Bild 1), bei warmem Motor etwas über der Markierungslinie für maximalen Füllstand stehen.

■ Bei nicht verbrauchsbedingtem Flüssigkeitsverlust muss die Ursache ermittelt und durch Reparatur beseitigt werden.

Frostschutz des Kühlmittels prüfen
Zur Frostschutzprüfung wird ein handelsüblicher Ansaugprüfer oder für genauere Prüfung ein so genanntes Refraktometer (VW: T10007, T10007 A) benötigt. Beim Ansaugprüfer wird der jeweilige Frostschutz in

Bild 1
Kühlmittelstand am Kühlmittelausgleichsbehälter.

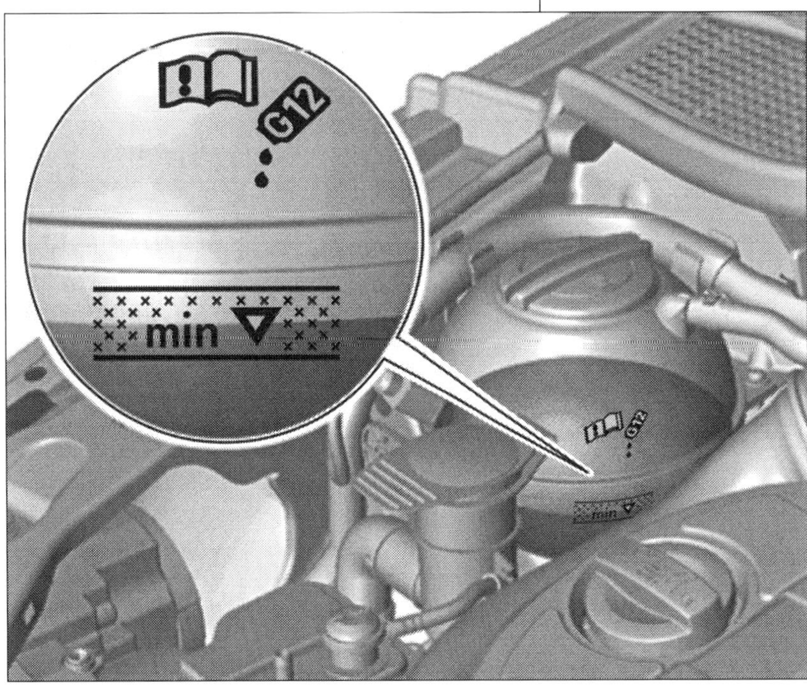

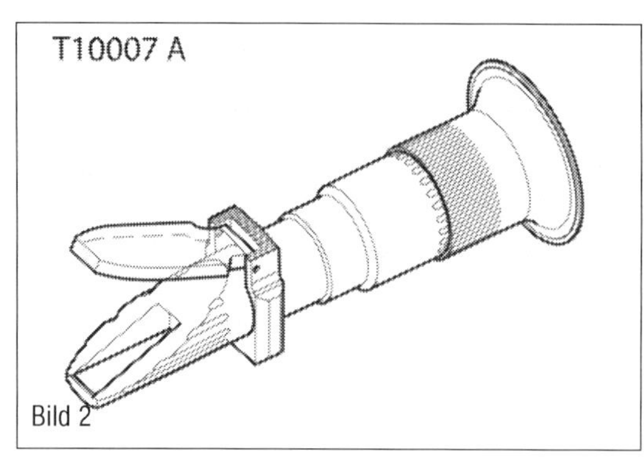

Bild 2
T10007A = Refraktometer zur Frostschutzgehaltsprüfung.

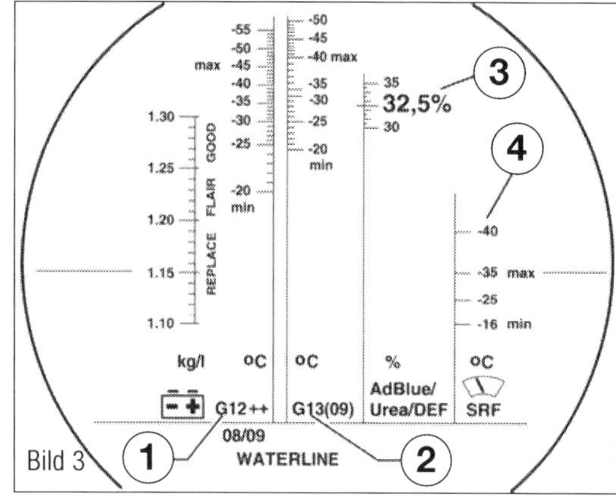

Bild 3
Sichtfeld des Refraktometer.
1 G12; G12 Plus, G12 Plusplus und G11
2 G13
3 AdBlue
4 Scheibenfrostschutz

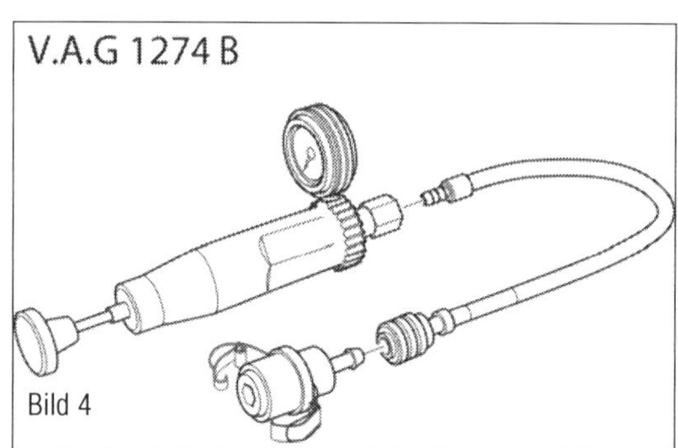

Bild 4
Kühlsystemprüfgerät V.A.G 1274 BCC.

°C angezeigt. VW schreibt den Werkstätten aber vor, die Konzentration des Kühlmittelzusatzes bei der jüngsten Motorengeneration mit dem Refraktometer »T10007 A« entsprechend Bedienungsanleitung zu prüfen (Bilder 2 und 3). Die Skala »1« des Refraktometers bezieht sich auf die Kühlmittelzusätze G12, G12 plus, G12 plusplus und G11. Die Skala »2« bezieht sich nur auf den Kühlmittelzusatz G13.

■ Prüfen Sie den Kühlmittelstand im Ausgleichsbehälter bei kaltem Motor.

■ Den genauen Wert bei den Prüfungen liest man an der Hell-/Dunkel-Grenze ab. Zur besseren Veranschaulichung der Hell-/Dunkel-Grenze wird mit der Pipette ein Tropfen Wasser auf das Glas gebracht. Die Hell-/Dunkel-Grenze ist dann deutlich an der »Waterline« zu erkennen (Bild 3). Der Frostschutz muss bis etwa -25 °C gewährleistet sein.

■ Bei zu geringem Frostschutz Kühlflüssigkeit ablassen und durch Kühlmittelzusatz G12 plusplus ergänzen.

■ Probefahrt durchführen und Frostschutz des Kühlmittels erneut prüfen. Kühlsystem auf Dichtigkeit prüfen. Zur Prüfung der Dichtheit des Kühlsystems und des Überdruckventils wird ein Kühlsystem-Prüfgerät (V.A.G 1274 B) einschließlich Adapter für Kühlsystem-Prüfgerät (V.A.G 1274/8 und V.A.G 1274/9) benötigt. Der Motor muss betriebswarm sein.

■ Verschlussdeckel vom Kühlmittel-Ausgleichsbehälter öffnen.

■ Adapter für Kühlsystemprüfgerät (V.A.G 1274/8) in den Kühlmittelausgleichsbehälter schrauben, Anschlussstück (V.A.G 1274 B/1) in den Adapter für Kühlsystemprüfgerät klemmen und das Anschlussstück über den mitgelieferten Verbindungsschlauch mit dem Kühlsystem-Prüfgerät (V.A.G 1274 B) verbinden (Bild 4).

■ Mit der Handpumpe des Kühlsystem-Prüfgerätes ca. 1,0 bar Überdruck erzeugen. Fällt der Druck ab: Undichte Stelle suchen und Fehler beseitigen. Bevor das Kühlsystemprüfgerät vom Verbindungsschlauch oder Anschlussstück getrennt wird, muss unbedingt der vorhandene Druck abgebaut werden. Dazu das Druckentlastungsventil am Kühlsystem-Prüfgerät drücken, bis das Druckmanometer den Wert »0« anzeigt. Überdruckventil im Verschlussdeckel des Kühlmittelbehälters prüfen.

■ Verschlussdeckel des Kühlmittel-Ausgleichsbehälters in den Adapter für Kühlsystemprüfgerät (V.A.G 1274/9) schrauben, Anschlussstück (V.A.G 1274 B/1) in den Adapter für Kühlsystemprüfgerät klemmen und das Anschlussstück über den mitgelieferten Verbindungsschlauch mit dem Kühlsystem-Prüfgerät verbinden.

■ Mit der Handpumpe des Kühlsystem-Prüfgerätes einen Überdruck von max. 1,6 bar erzeugen. Das Überdruckventil darf noch nicht öffnen. Öffnet das Überdruckventil vorzeitig: Verschlussdeckel ersetzen.

■ Druck auf über 1,6 bar erhöhen. Das Überdruckventil muss öffnen. Öffnet das Überdruckventil nicht: Verschlussdeckel ersetzen.

Kühlmittel ablassen, ergänzen, auffüllen

Kühlmittel ablassen
Die wesentlichen Arbeitsschritte unterscheiden sich nicht in den einzelnen Motormodellen. Wir stellen Ihnen eine allgemeingültige Anweisung vor und führen die Besonderheiten der einzelnen Modelle auf.

Einen großen Einflussfaktor auf die Effektivität eines Kühlmittels stellt das zur Mischung verwendete Wasser dar. Durch die unterschiedlichen Inhaltsstoffe, die länderspezifisch und sogar regionalspezifisch sein können, hat Volkswagen entschieden, die Wasserqualität für Kühlsysteme zu definieren. Destilliertes Wasser erfüllt alle Anforderungen. Aus diesem Grund wird empfohlen, auch bei allen älteren Modellen das Kühlmittel bei Ergänzungen und Neubefüllungen mit destilliertem Wasser anzumischen.

■ Verschlussdeckel vom Kühlmittel-Ausgleichsbehälter öffnen.

Bei warmem Motor steht das Kühlsystem unter Druck, beim Öffnen des Ausgleichsbehälters kann deshalb heißer Dampf bzw. heißes Kühlmittel entweichen. Überdruck abbauen, dazu Verschlussdeckel mit einem Lappen abdecken und vorsichtig öffnen. Schutzbrille und Schutzbekleidung tragen, um Augenverletzungen und Verbrühungen zu vermeiden.

■ Fahrzeug anheben und Motorspritzschutz (Geräuschdämpfung) abschrauben.
■ Auffangwanne für Werkstattkräne (z. B. VAS 6208) unter den Motor stellen.

2,0-l-TDI-Motoren:
■ Verschlussdeckel des Kühlmittelausgleichsbehälters öffnen.
■ Falls vorhanden, Geräuschdämpfung ausbauen
■ Je nach Ausstattung Federbandschelle (1 im Bild 5) abbauen und den Kühlmittelschlauch unten vom Kühler (2) abziehen. Oder Klammer (1 im Bild 6) lösen und den Kühlmittelschlauch (2) trennen.
■ Kühlmittelschläuche an der Pumpe für Kühlmittelumlauf abziehen.

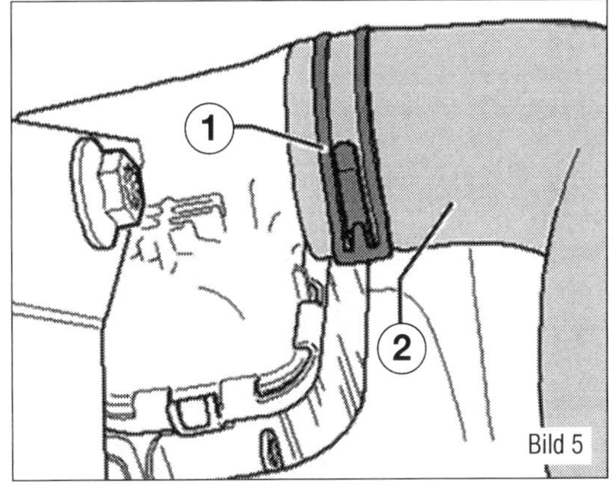

Bild 5
1 Federbandschelle
2 Kühlerschlauch

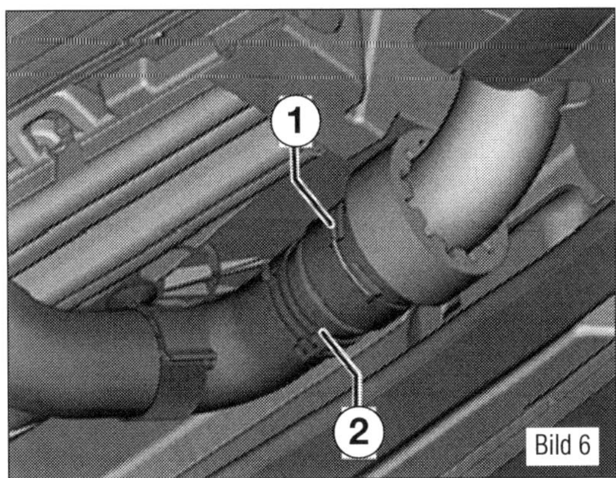

Bild 6
1 Klammer
2 Kühlerschlauch

■ Ablaufendes Kühlmittel auffangen und fachgerecht entsorgen.

2,0-l-MED-Motoren:
■ Schraube am Halter für Pumpe für Kühlmittelnachlauf herausdrehen. Die Pumpe für Kühlmittelnachlauf verbleibt in Einbaulage.
■ Kühlmittelschlauch abziehen.
■ Kühlmittelschlauch unten zur Pumpe für Kühlmittelnachlauf abbauen und Kühlmittel ablaufen lassen.

Fahrzeuge mit Standheizung:
■ Kühlmittelschläuche abbauen und restliches Kühlmittel ablaufen lassen.

Motorkühlsystem befüllen
Wurden Kühler, Wärmetauscher, Zylinderkopf oder Zylinderkopfdichtung ersetzt: Gebrauchtes Kühlmittel vorschriftsmäßig entsorgen und nicht wiederverwenden!
■ Kühlmittelschlauch unten am Kühler einbauen und mit Halteklammer sichern.
■ Kühlmittelschläuche am Ölkühler und an der Pumpe 2 für Kühlmittelumlauf anschließen.
■ Geräuschdämpfung einbauen.

☞ Zum Befüllen ist laut Werkstattunterlagen von VW ab Herbst 2010 ausdrücklich destilliertes Wasser (plus Frostschutz) vorgeschrieben. Bis dahin galt die Vorschrift »Leitungswasser mit dem vorgeschriebenen Frostschutzzusatz«. Nun also heißt es: »Durch die unterschiedlichen Inhaltsstoffe, die länderspezifisch und sogar regionalspezifisch sein können, hat Volkswagen entschieden, die Wasserqualität für Kühlsysteme zu definieren. Destilliertes Wasser erfüllt alle Anforderungen. Aus diesem Grund wird empfohlen, auch bei älteren Modellen das Kühlmittel bei Ergänzungen und Neubefüllungen mit destilliertem Wasser anzumischen. Bei neueren Fahrzeugtypen (ab Baujahr 2010) ist destilliertes Wasser zwingend vorgeschrieben.« Die Konzentration des Kühlmittels darf auch in der warmen Jahreszeit bzw. in warmen Ländern nicht durch Nachfüllen von Wasser verringert werden. Der Kühlmittelzusatz-Anteil muss mindestens 40% betragen. Ist ein stärkerer Frostschutz erforderlich, kann der Anteil von G12 plus erhöht werden, jedoch nur bis zu 60% (Frostschutz bis etwa -40 °C), da sich sonst der Frostschutz wieder verringert und außerdem die Kühlwirkung verschlechtert wird.

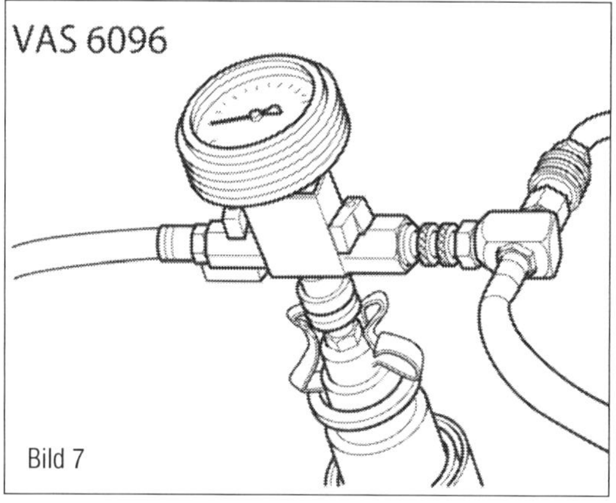

Bild 7

Bild 7
Füllgerät für den Kühlkreislauf bei VW/Audi.

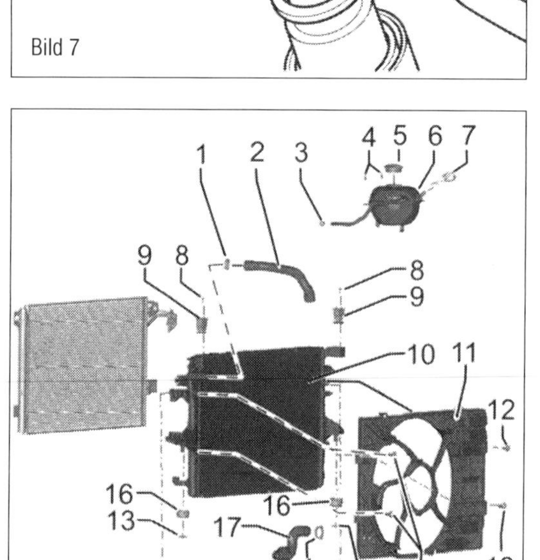

Bild 8

Bild 8
TDI-Motoren (CAAA-CAAC, CFCA).
1 Rohrleitung
2 Kühlmittelschlauch oben
3 Federbandschelle
4 Schraube
5 Verschlussdeckel
6 Ausgleichsbehälter
7 Stecker
8 Schraube
9 Kühlerlager oben
10 Kühler
11 Luftführungshutze, mit Kühlerlüfter
12 Schraube
13 Schraube
14 Stecker
15 Ladeluftkühler
16 Kühlerlager unten
17 Kühlmittelschlauch unten

■ Zum Feststellen der aktuellen Frostschutzdichte wird das Refraktometer (T10007) empfohlen.

Befüllen mit Gerät VAS 6096

■ Den Adapter für Ausgleichsbehälter V.A.G 1274/8 auf den Behälter schrauben.
■ Den Kühlmittelkreislauf mit dem Kühlsystem-Befüllgerät entsprechend Bedienungsanleitung mit mindestens 8 Litern vorgemischtem Kühlmittel (im Behälter VAS 6096/1) im richtigen Mischungsverhältnis befüllen. Dazu werden die beiden Ventile bedient. Der Schlauch wird an Druckluft (6 bis 10 bar Überdruck) angeschlossen.
■ Die Abluft durch den Schlauch reißt eine geringe Menge Kühlmittel mit, die in einem geeigneten offenen Behälter aufgefangen wird.

Befüllen ohne Gerät

■ Das Kühlmittel langsam bis zur oberen Markierung des gerasterten Feldes am Ausgleichsbehälter auffüllen (Bild 1).
■ Ausgleichsbehälter verschließen. Den Motor starten und die Motordrehzahl für ca. 3 Minuten auf ca. 2000/min halten.
■ Motor danach im Leerlauf laufenlassen, bis der Lüfter anläuft.
■ Kühlmittelstand prüfen und ggf. ergänzen. Bei betriebswarmem Motor muss der Kühlmittelstand an der oberen Markierung, bei kaltem Motor in der Mitte des gerasterten Feldes liegen.

Kühler aus- und einbauen

Die unterschiedlichen Motorvarianten verändern auch den Arbeitsablauf zum Ausbau des Kühlers im Detail.
■ Falls vorhanden, Geräuschdämpfung ausbauen.
■ Kühlmittel ablassen.
■ Stoßfängerabdeckung vorn ausbauen.

2,0-l-MED-Motoren (Benziner) 2,0-l-TDI-Motoren (CAAA-CAAC, CFCA)

■ Alle Verrastungen der Luftführung unten mit einem Schraubendreher am Kühler heraushebeln.
■ Kühlmittelschlauch rechts unten (3 im Bild 9) aus dem Halter (2) aushängen.
■ Halter von der Luftführung (1) abbauen.
■ Schraube für Stoßfängerträger herausdrehen.
■ Schraube (13 im Bild 8) vom Kühlerlager unten links und rechts herausdrehen.
■ Sicherungshebel des Lüftersteckers bis Anschlag zurückziehen und den Sicherungshebel herunterdrucken, dann die Steckverbindung abziehen.
■ Ladeluftkühler (15 im Bild 8) ausbauen.
■ Spreiznieten (1 im Bild 10) ausbauen und die Luftführung (2) nach oben ausbauen.
■ Federbandschellen öffnen und den Kühlmittelschlauch oben sowie den Entlüftungsschlauch zum Ausgleichsbehälter vom Kühler abziehen.
■ Rohrleitung (1 im Bild 11) der Servolenkung aus den Aufnahmen (2 bis 4) herausziehen.

Nur wenn der Kühler ersetzt werden soll, die beiden Halter für die Rohrleitung der Servolenkung abbauen.

■ Schrauben (1 im Bild 12) herausdrehen.
■ Verrastung (Pfeil) zusammendrücken und den Kondensator etwas nach vorn ziehen.
■ Zweite Verrastung zusammendrücken und den Klimakondensator vom Kühler abziehen.

Die Kältemittelleitungen nicht verbiegen oder überdehnen. Während des Ausbaus des Kühlers muss der Kondensator in »2-Uhr-Stellung« gehalten werden. Der Kühler wird mit einem 2. Mechaniker ausgebaut.

■ Kondensator aus dem linken Halter und dem rechten Halter herausheben und auf dem Stoßfängerträger ablegen.
■ Schraube (8 im Bild 8) vom Kühlerlager oben links und rechts herausdrehen.
■ Verrastungen links und rechts zusammendrücken.
■ Beide Kühlerlager nach unten, in den Kühler, drücken.

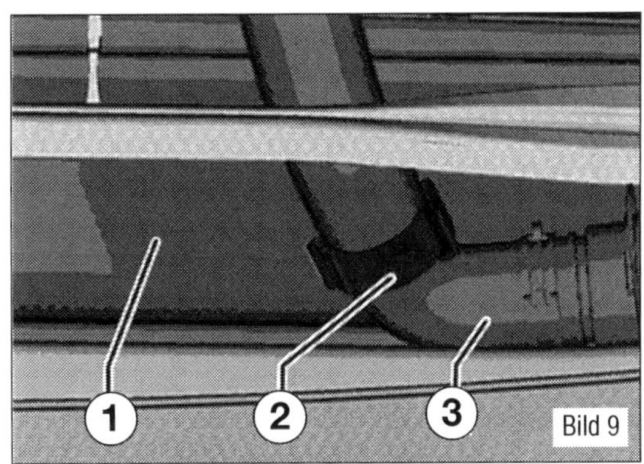

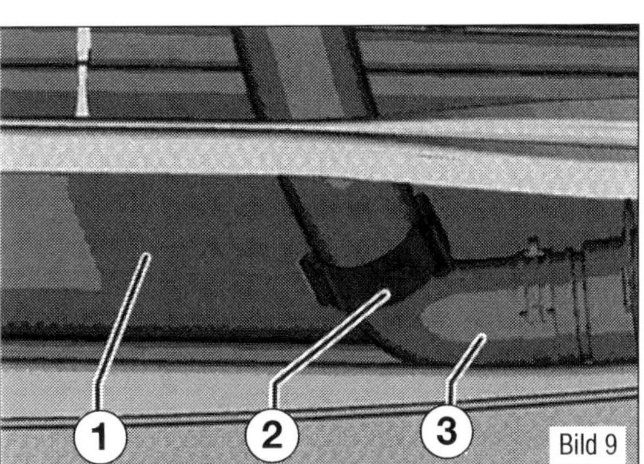
Bild 9

Bild 9
1 Luftführung
2 Halter
3 Kühlmittelschlauch rechts

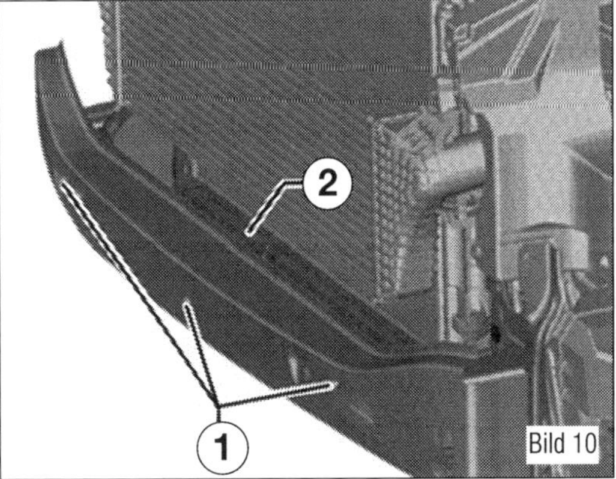

Bild 10

Bild 10
1 Spreiznieten
2 Luftführung

Beim weiteren Ausbau darauf achten, dass die Kältemittelleitungen nicht verbogen oder überdehnt werden.

■ Kondensator (1 im Bild 14) in »2-Uhr-Stellung« halten (2. Mechaniker).
■ Kühler (2) vorsichtig nach links in Pfeilrichtung herausnehmen. Dabei den Kühler (2) an den Kältemittelleitungen und dem Stoßfängerträger vorbeiführen.

Wenn der Kühler ersetzt werden soll, ist die Luftführungshutze mit Kühlerlüfter abzubauen.

Der Einbau erfolgt sinngemäß in umgekehrter Reihenfolge.

■ Kühlerlager unten (1 im Bild 13) quer zur Fahrtrichtung in den Schlossträger (2) einsetzen und anschließend um 90° drehen.
■ Beim Einbau darauf achten, dass die Verrastungen der Kühlerlager oben links und rechts vollständig im Schlossträger eingerastet sind.

Fahrzeuge mit Bi-Turbo:

■ Hinweise für Schlauchverbindungen mit Schraubschellen beachten. An den Schlauchverbindungen auf der »Saugseite« befinden sich herkömmliche

Sichtprüfung Messen

Bild 11
1 Rohrleitung
2 Aufnahme
3 Aufnahme
4 Aufnahme

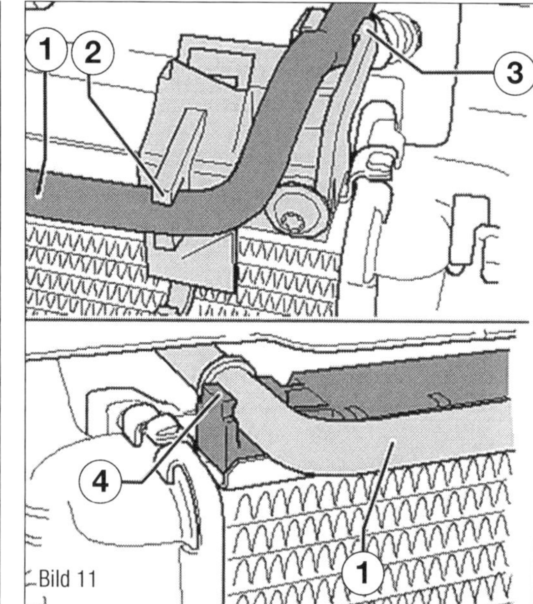

Bild 11

Bild 12
1 Schrauben
2 Halter
Pfeil = Verrastung

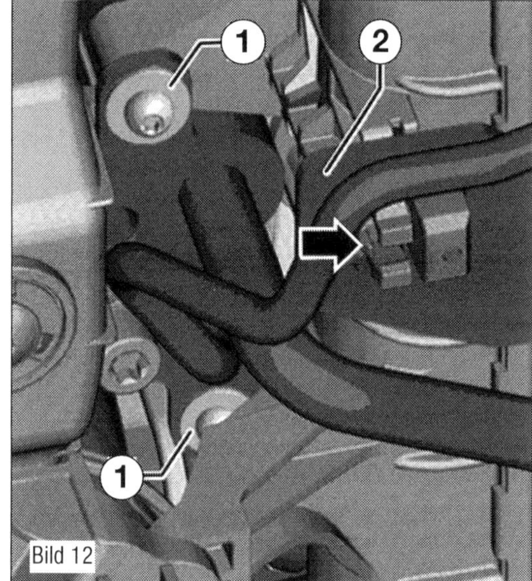

Bild 12

Bild 13
1 Kühlerlager
2 Schlossträger

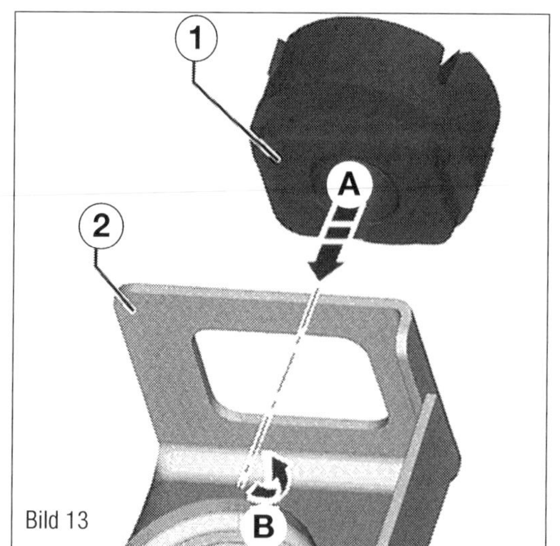

Bild 13

Schraubschellen. An den Schlauchverbindungen auf der »Druckseite« befinden sich Schraubschellen mit »Widerhaken«.

⚠ Diese Schraubschellen auf der »Druckseite« nicht lösen und über den Schlauch zurückziehen. Beschädigungsgefahr des Schlauchs! Wurde eine Schelle abgebaut, muss diese gemeinsam mit dem Schlauch ersetzt werden.

⚠ Die Schraubschellen an den Ladeluftleitungen müssen zwingend mit dem vorgegebenen Drehmoment angezogen werden. Ein zu geringes, aber auch zu hohes Drehmoment kann im Fahrbetrieb dazu führen, dass der Ladeluftschlauch vom Ladeluftrohr abrutscht.

■ Ladeluftkühler Bi-Turbo einbauen.

Fahrzeuge mit Mono-Turbo:
Montage der Schlauchverbindungen mit Steckkupplungen beachten (VDA-Kupplungen):

■ Zum Trennen der Schlauchleitung (1 im Bild 16) und Rohrleitung (3) zusammendrücken, damit die Sicherungsklammer (2) angehoben und in der Aufnahme (4) verrastet werden kann. Die Sicherungsklammer (1) auf beiden Seiten senkrecht nach oben (Pfeile A) in die Aufnahme (2) ziehen. Erst wenn die Sicherungsklammer (1) in der Aufnahme (2) verrastet ist (Pfeile B), Leitung in Längsrichtung auseinanderziehen.

■ Dichtflächen und den Dichtring reinigen. Sie müssen öl- und fettfrei sein.

■ Zum Zusammenstecken den gereinigten Dichtring (Pfeil), falls erforderlich, für den Zusammenbau mit sauberem Wasser bestreichen. Dann die Rohrleitung bis Anschlag, in Längsrichtung, in das Kupplungsstück drücken. Dabei rastet die Sicherungsklammer (2) in der Nut im Gegenstück ein.

☞ Die nachfolgende Prüfung nach jedem Zusammenbau durchgeführen.

■ Danach muss die Rohrleitung wieder zurückgezogen werden, um zu prüfen, ob die Sicherungsklammer (2) in der Nut im Gegenstück eingerastet ist.

■ Ladeluftkühler Mono-Turbo einbauen.

Fortsetzung für alle Fahrzeuge:

■ Kühlmittel auffüllen.

2,0-l-TDI-Motoren (CXEB, CXFA, CXGA, CXGB, CXHA, CXGC, CXHB, CXEC)
Für diese Motorvarianten sind zwei Kühler verbaut. Der eine ist für den Niedertemperaturbereich (10 im Bild 18) zuständig, der zweite für den Hochtemperaturbereich (12).

Niedertemperaturkühler aus- und einbauen:

- Soweit vorhanden, die Motorabdeckung oben und unten ausbauen.
- Stoßfängerabdeckung vorn ausbauen.
- Kühlmittelschläuche mit den Schlauchklemmen bis 25 mm (3094 im Bild 19) abklemmen.
- Eine geeignete Auffangwanne unterstellen.
- Klammern (1) entriegeln.
- Kühlmittelschläuche (2) abziehen.
- Stützteil vorn ausbauen.
- Schrauben (9 im Bild 18) herausdrehen.
- Halter unten entriegeln.
- Kühler (10) herausnehmen.

Der Einbau erfolgt sinngemäß in umgekehrter Reihenfolge.

- Falls der Kühler ersetzt wurde, muss das gesamte Kühlmittel gewechselt werden.
- Kühlmittel auffüllen.

Hochtemperaturkühler aus- und einbauen:
Servicestellung durchführen.

- Niedertemperaturkühler ausbauen.
- Kühlmittelschläuche mit den Schlauchklemmen bis 25 mm abklemmen.
- Eine geeignete Auffangwanne unterstellen.
- Schellen (1 im Bild 20) lösen.
- Kühlmittelschläuche (2) abziehen.

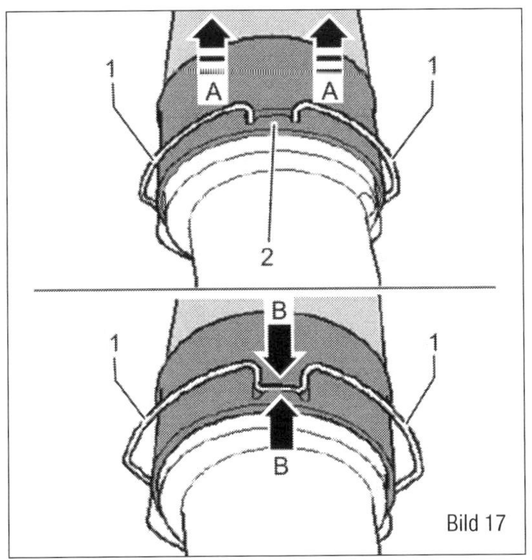

Bild 17

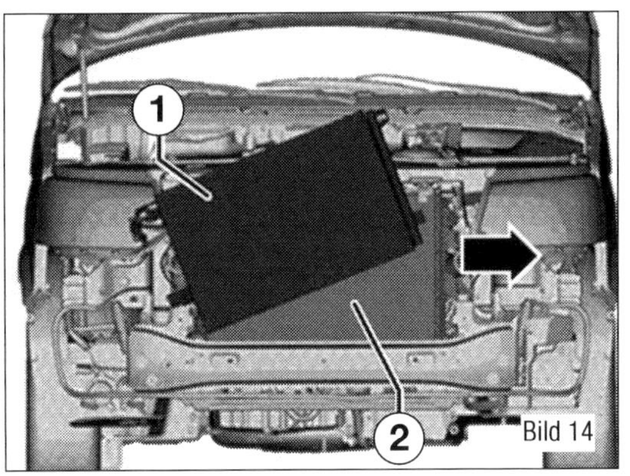

Bild 14

Bild 14
1 Klimakondensator
2 Wasserkühler

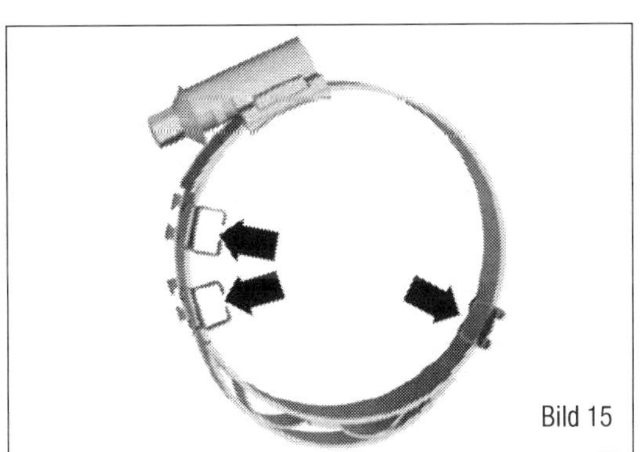
Bild 15

Bild 15
Widerhaken (Pfeile)

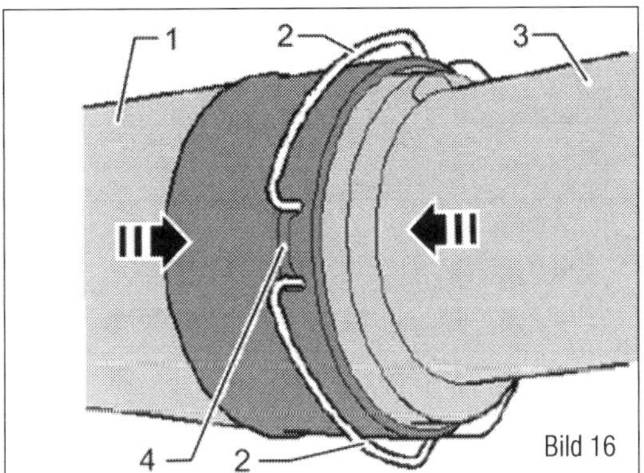

Bild 16

Bild 16
1 Schlauchleitung
2 Sicherungsklammer
3 Rohrleitung
4 Aufnahme
Pfeile = Zusammendrücken zum Entlasten der Sicherungsklammer

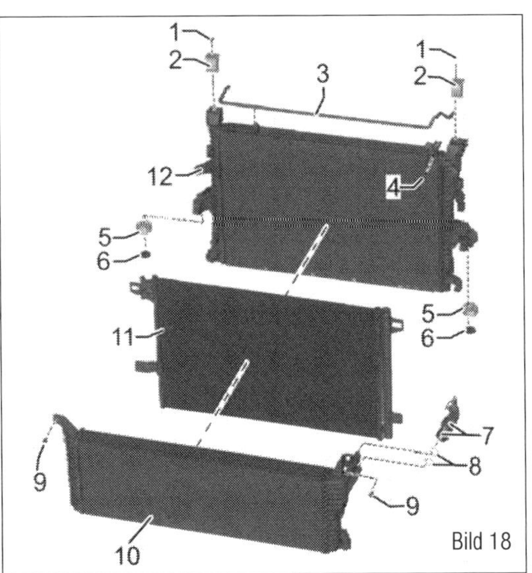

Bild 18

Bild 17
1 Sicherungsklammer
2 Aufnahme
Pfeile = Abziehen der Sicherungsklammer

Bild 18
2,0-l-TDI-Motoren (CXEB, CXFA, CXGA, CXGB, CXHA, CXGC, CXHB, CXEC).
1 Schrauben
2 Lager
3 Leitung
4 Schraube
5 Lager
6 Schrauben
7 Kühlmittelschläuche
8 Dichtringe
9 Schrauben
10 Kühler Niedertemperatur
11 Klimakondensator
12 Kühler Hochtemperatur

Sichtprüfung

Messen

Bild 19
1 Sicherungsklammer
2 Kühlmittelschläuche
3094 Schlauchklemmen 25 mm

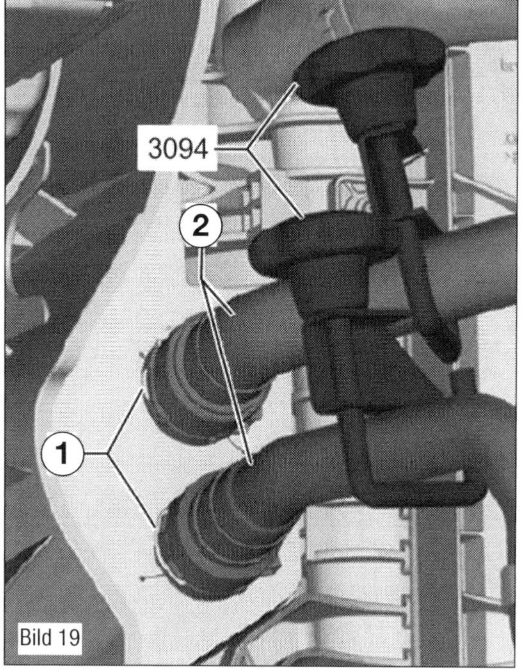

Bild 19

Bild 20
1 Schlauchschellen
2 Kühlmittelschlauch
3 Kühlmittelschlauch
3094 Schlauchklemmen 25 mm

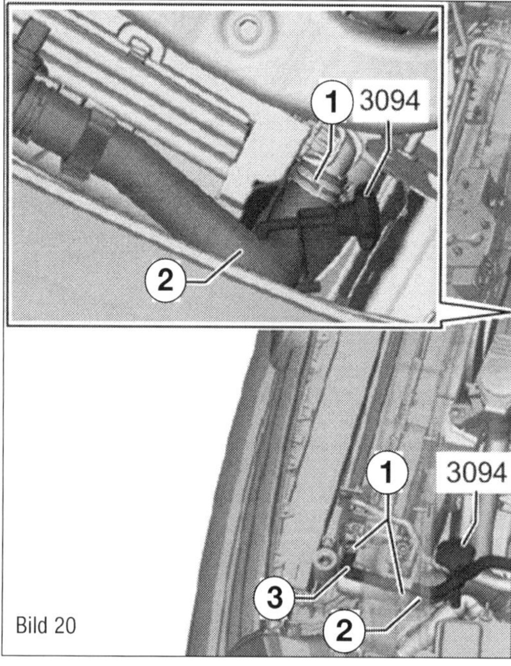

Bild 20

- Kühlmittelschlauch (3) abziehen.
- Elektrische Steckverbindung zum Elektrolüfter trennen.
- Schrauben (6 im Bild 18) herausdrehen.
- Clips (Spreiznieten) (1 im Bild 10) entriegeln.
- Luftführung (2) herausnehmen.
- Schrauben (1 im Bild 18) herausdrehen.
- Leitung (1 im Bild 11) aus den Führungen (2 und 3) ausclipsen.
- Das Kühlerlager (2 im Bild 18) nach unten drücken.

- Falls vorhanden, Steuergerät für Abstandsregelung im Bereich der Kühlerblende ausbauen.

- Rastnasen am Klimakondensator oben entriegeln.

⚠ Zerstörungsgefahr von Kältemittelleitungen durch Reißen der inneren Folie. Niemals die Kältemittelleitungen mit einem Radius kleiner r =100 mm biegen.

- Kondensator (11 im Bild 18) nach oben aus den unteren Führungen ziehen.
- Kondensator (1 im Bild 14) von einem zweiten Mechaniker zur Seite halten lassen.
- Hochtemperaturkühler (2) in Pfeilrichtung herausnehmen.

Der Einbau erfolgt sinngemäß in umgekehrter Reihenfolge.

- Falls der Kühler ersetzt wurde, muss das gesamte Kühlmittel gewechselt werden.
- Kühlerlager unten (1 im Bild 13) in den Schlossträger (2) einsetzen.
- Kühlerlager unten anschließend um 90° drehen.
- Kühlmittel auffüllen.

Lüfter und Zarge aus- und einbauen

Die Montagearbeiten sind für die unterschiedlichen Motorvarianten kaum unterschiedlich. Wir stellen Ihnen eine allgemeingültige Arbeitsbeschreibung zur Verfügung.

2,0-l-TDI-Motoren CXEB, CXFA, CXGA, CXGB, CXHA, CXGC, CXHB, CXEC:

- Schlossträger in Servicestellung bringen.

Weiter für alle Fahrzeuge:

- Kühler ausbauen.
- Halter für Servoleitung ausbauen.
- Schrauben zum Kühler (Pfeile im Bild 21) herausdrehen und Luftführungshutze mit Kühlerlüfter vom Kühler abnehmen.
- Rastnase (Pfeil im Bild 22) zurückdrücken und Luftführungshutze mit Kühlerlüfter vom Kühler abnehmen.

Der Einbau erfolgt sinngemäß in umgekehrter Reihenfolge.

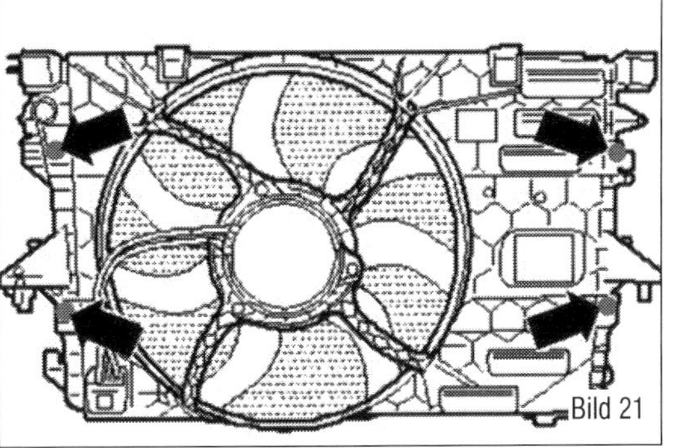
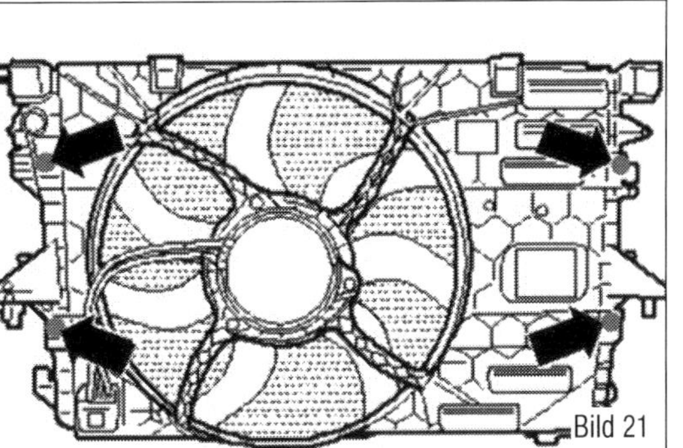

Bild 21
Verschraubungen (Pfeile) der Zarge am Kühler.

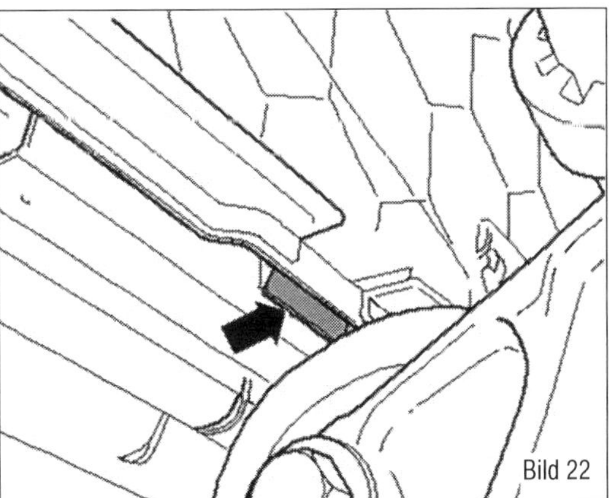

Bild 22
Rastnase (Pfeil) am Kühler.

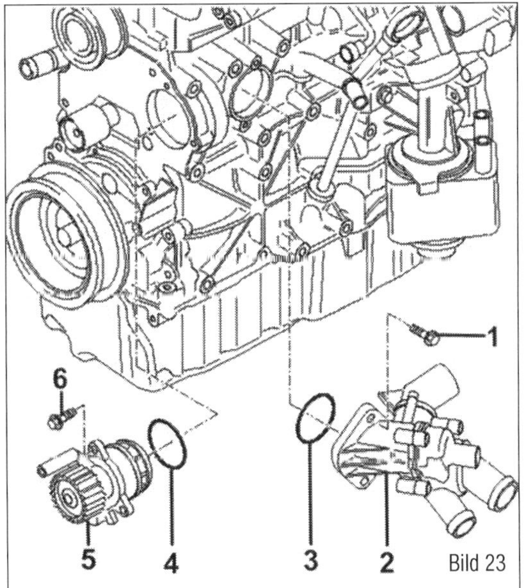

Bild 23
2,0-l-Diesel (CAAA-CAAC, CFCA).

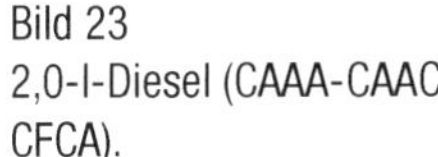

1 Schraube
2 Kugelthermostat
3 O-Ring
4 O-Ring
5 Kühlmittelpumpe
6 Schraube

- Luftführungshutze mit Kühlerlüfter zuerst mit der Rastnase (Pfeil im Bild 22) in den Kühler einsetzen.
- Kühler einbauen.

Kühlmittelpumpe (Wasserpumpe) aus- und einbauen

2,0-l-TDI-Motoren (CAAA-CAAC, CFCA)

- Lassen Sie das Kühlmittel ab.
- Bauen Sie den Keilrippenriemen aus.
- Bauen Sie den Zahnriemen aus.
- Drehen Sie die Befestigungsschrauben (6 im Bild 23) der Kühlmittelpumpe (5) heraus und nehmen Sie Kühlmittelpumpe vorsichtig heraus.

Der Einbau erfolgt in umgekehrter Reihenfolge. Beachten sie die nachfolgenden Schritte.

- Benetzen Sie den neuen O-Ring (4) mit Kühlmittel.
- Setzen Sie die Kühlmittelpumpe (5) in den Zylinderblock ein und ziehen Sie die Befestigungsschrauben (6) mit 15 Nm fest. Der Verschlussstopfen der Kühlmittelpumpe zeigt nach unten.
- Bauen Sie den Zahnriemen ein.
- Bauen Sie den Keilrippenriemen wieder ein.
- Füllen Sie das Kühlmittel auf.

2,0-l-TDI-Motoren (CXEB, CXFA, CXGA, CXGB, CXHA, CXGC, CXHB, CXEC)

Was zuerst noch recht harmlos aussieht, wird bei den neuen Motoren sehr schnell sehr viel aufwändiger. Die eigentliche Wasserpumpe wird per Zahnriemen angetrieben. Somit fallen immer auch Arbeiten am Zahnriemen an.

Wenn das Kühlmittelventil für den Zylinderkopf nicht angesteuert wird, ist eine Funktionsprüfung durch Ziehen per Hand am Regelschieber der Kühlmittelpumpe (2 im Bild 24) nicht zulässig! Dies kann zu Schäden innerhalb der Kühlmittelpumpe führen. In Folge wird der Motor nicht ausreichend mit Kühlmittel versorgt.

- Zahnriemen wie beschrieben ausbauen.
- Das Kühlmittel ablassen.
- Falls vorhanden, Schraube des Kühlmittelmagnetventils herausdrehen.
- Falls vorhanden, Kühlmittelventil für Zylinderkopf (2 im Bild 24) abziehen.
- Die drei Schrauben (7) herausdrehen.
- Kühlmittelpumpe (4) abnehmen.

Der Einbau erfolgt in umgekehrter Reihenfolge.

- Dichtflächen für O-Ring reinigen und glätten.

Bild 24
2,0-l-TDI-Motoren (CXEB, CXFA, CXGA, CXGB, CXHA, CXGC, CXHB, CXEC).
1 Schraube
2 Kühlmittelventil für Zylinderkopf
3 O-Ring
4 Kühlmittelpumpe
5 O-Ring
6 O-Ring
7 Schrauben
8 O-Ring
9 Kühlmittelrohr
10 Halteklammer
11 O-Ring
12 O-Ring
13 Schrauben
14 Kühlmittelreglergehäuse
15 Kühlmittelregler
16 Anschlussstutzen
17 Schraube
18 Kühlmittelschlauch
19 Schelle

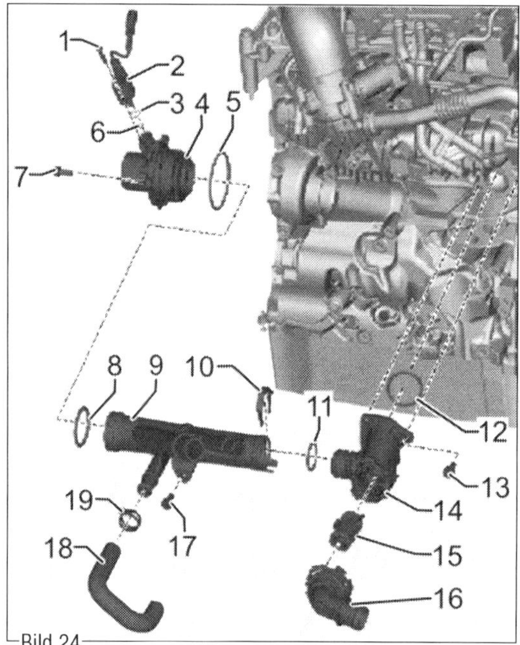

Bild 24

Bild 25
2,0-l-MED-Benziner-Motor.
1 Schraube
2 O-Ringe
3 Anschlussstutzen
4 Halteklammer
5 Schraube
6 Halteplatte
7 Kühlmitteltemperaturgeber
8 O-Ring
9 Kühlmittelpumpe
10 Dichtung
11 Zentrierstift
12 Zahnriemen
13 Zahnriemenschutz
14 Schraube
15 Schraube
16 Antriebsrad für Zahnriemen
17 Wellendichtring
18 Ausgleichswelle
19 Kühlmittelregler
20 Zentrierstift
21 O-Ring
22 Anschlussstutzen
23 Schraube

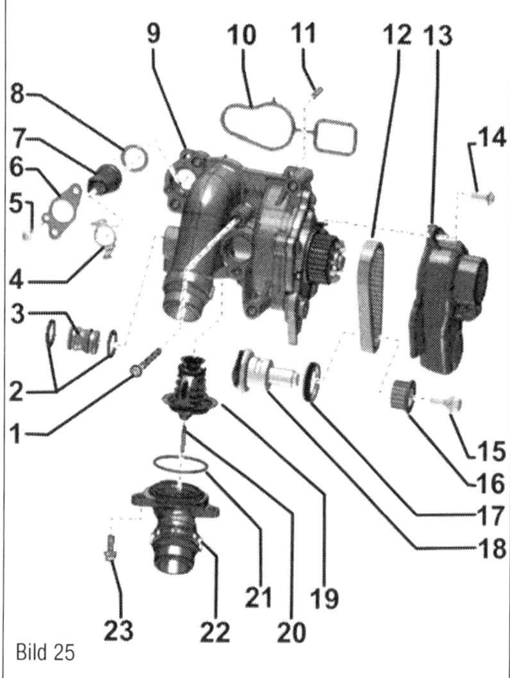

Bild 25

- O-Ring mit Kühlmittel benetzen.
- Kühlmittel auffüllen.

2,0-l-MED-Motoren

- Kleines Kühlmittelrohr ausbauen.
- Elektrische Steckverbindung an der Drosselklappensteuereinheit trennen.
- Schrauben des Drosselklappenstücks herausdrehen und Drosselklappensteuereinheit abnehmen.
- Zahnriemen für Kühlmittelpumpe ausbauen.
- Saugrohrstütze ausbauen, dazu die Befestigungsmutter abschrauben und Schraube herausdrehen.
- Gummimetalllager für Saugrohrstütze am Saugrohr abschrauben.
- Kühlmitteltemperaturgeber ausbauen.
- Die fünf Befestigungsschrauben der Kühlmittelpumpe herausdrehen.
- Kühlmittelpumpe von den Zentrierbolzen nehmen und vom Motorölkühler abziehen.

☞ Dichtungen und O-Ringe ersetzen. Die Kühlmittelpumpe ohne Kühlmitteltemperaturgeber ansetzen. Der Kühlmitteltemperaturgeber steht etwas aus der Kühlmittelpumpe heraus und erschwert das Ansetzen der Kühlmittelpumpe.

- O-Ringe mit Kühlmittel benetzen.
- Kontrollieren, ob die beiden Zentrierbolzen (11 im Bild 24) im Zylinderblock eingesetzt sind, ggf. einsetzen.
- Verbindungsstück (3) in den Motorölkühler einsetzen.
- Kühlmittelpumpe (9) zuerst auf das Verbindungsstück schieben und dann auf die Zentrierbolzen im Zylinderblock stecken.
- Mithilfe eines Spiegels kontrollieren, ob die Kühlmittelpumpe richtig auf den Zentrierbolzen »sitzt«.
- Schrauben von der Mitte ausgehend gleichmäßig festziehen.

☞ Wenn eine neue Kühlmittelpumpe eingebaut wurde, müssen Sie die Schutzkappe abziehen.

- Kühlmitteltemperaturgeber einbauen Der weitere Zusammenbau erfolgt sinngemäß in umgekehrter Reihenfolge zum Ausbau.

Kühlmittelumlaufpumpe (elektrisch) aus- und einbauen

2,0-TDI-Motoren (CAAA-CAAC, CFCA)

☞ Der Einbauort der Pumpe für Kühlmittelumlauf befindet sich unterhalb des Saugrohres.

- Geräuschdämpfung oder den Unterfahrschutz ausbauen.
- Überdruck abbauen, dazu Verschlussdeckel für Kühlmittelausgleichsbehälter mit Lappen abdecken und vorsichtig öffnen.
- Stecker entriegeln und abziehen.
- Wasserschläuche mit Schlauchklemmen bis 40 mm (3093) verschließen.

■ Schellen öffnen, Kühlmittelschläuche (6 und 7 im Bild 26) abziehen.
■ Befestigungsschraube (2) herausdrehen und die Pumpe vom Halter nehmen.

Der Einbau erfolgt sinngemäß in umgekehrter Reihenfolge.
■ Das Kühlmittel wie beschrieben auffüllen.

2,0-I-TDI-Motoren (CXEB, CXFA, CXGA, CXGB, CXHA, CXGC, CXHB, CXEC)
Heizungsunterstützungspumpe (6 im Bild 27):
■ Falls vorhanden, die Motorabdeckung oben ausbauen.
■ Soweit vorhanden, die Geräuschdämpfung unten ausbauen.
■ Das Luftfiltergehäuse ausbauen.
■ Den Ansaugschlauch ausbauen.
■ Die elektrische Steckverbindung an der Pumpe (6) trennen.
■ Eine geeignete Auffangwanne zum Auffangen der Kühlflüssigkeit unterstellen.
■ Die beiden Schellen an der an der Pumpe (6) lösen.
■ Die beiden Kühlmittelschläuche abziehen.
■ Schrauben (5) herausdrehen.
■ Die Schlauchleitung aus dem Halter (4) aushängen.
■ Heizungsunterstützungspumpe (6) mit Halter abnehmen.

Der Einbau erfolgt sinngemäß in umgekehrter Reihenfolge.
■ Das Kühlmittel wie beschrieben auffüllen.

Pumpe für Ladeluftkühlung (14 im Bild 27):
■ Soweit vorhanden, die Geräuschdämpfung unten ausbauen.
■ Die elektrische Steckverbindung an der Pumpe (14) trennen.
■ Kühlmittelschläuche mit den Schlauchklemmen bis 25 mm abklemmen.
■ Eine geeignete Auffangwanne zum Auffangen der Kühlflüssigkeit unterstellen.
■ Die beiden Schellen an der an der Pumpe (14) lösen.
■ Die beiden Kühlmittelschläuche abziehen.
■ Schraube (13) herausdrehen.
■ Den Halter (15) lösen.
■ Die Pumpe für Ladeluftkühlung (16) abnehmen.

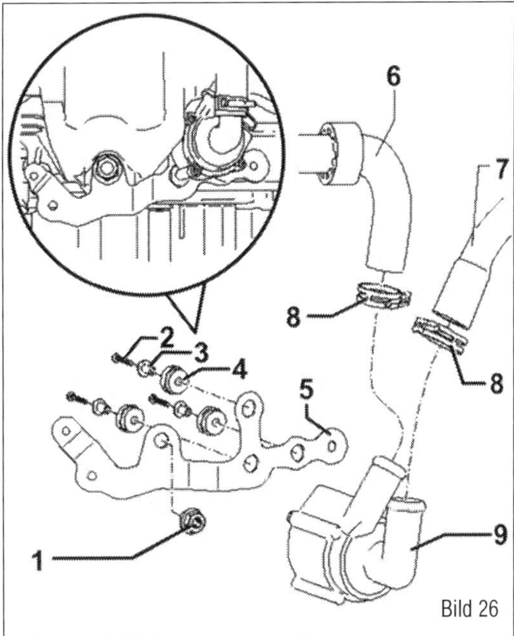

Bild 26
2,0-l-Diesel (CAAA-CAAC, CFCA).
1 Mutter
2 Schraube
3 Hülse
4 Gummilager
5 Halter
6 Kühlmittelschlauch
7 Kühlmittelschlauch
8 Federbandschelle
9 Pumpe

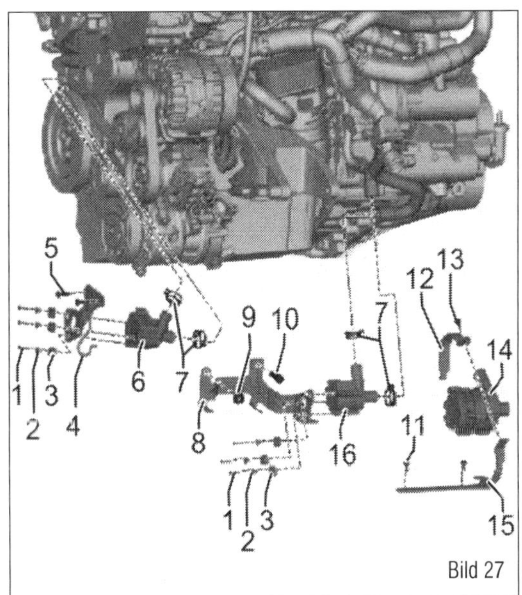

Bild 27
2,0-l-TDI-Motoren (CXEB, CXFA, CXGA, CXGB, CXHA, CXGC, CXHB, CXEC).
1 Schrauben
2 Hülse
3 Gummilager
4 Halter
5 Schrauben
6 Heizungsunterstützungspumpe
7 Schellen
8 Halter
9 Mutter
10 Schraube
11 Schrauben
12 Haltebügel
13 Schraube
14 Pumpe für Ladeluftkühlung
15 Halter
16 Pumpe für Kühler der Abgasrückführung

Der Einbau erfolgt sinngemäß in umgekehrter Reihenfolge.
■ Das Kühlmittel wie beschrieben auffüllen.

Pumpe für Kühler der AGR (16 im Bild 27):
■ Soweit vorhanden, die Geräuschdämpfung unten ausbauen.
■ Die elektrische Steckverbindung an der Pumpe (16) trennen.
■ Kühlmittelschläuche mit den Schlauchklemmen bis 25 mm abklemmen.
■ Eine geeignete Auffangwanne zum Auffangen der Kühlflüssigkeit unterstellen.
■ Die beiden Schellen an der Pumpe (16) lösen.

■ Die beiden Kühlmittelschläuche abziehen.
■ Die drei Schrauben (1) herausdrehen und die Hülsen (2) herausnehmen.
■ Pumpe für Kühler der Abgasrückführung (4) abnehmen.

Der Einbau erfolgt sinngemäß in umgekehrter Reihenfolge.
■ Das Kühlmittel wie beschrieben auffüllen.

Temperaturregler und Thermostate

2,0-l-TDI-Motoren (CAAA-CAAC, CFCA)
Hier finden Sie zwei unterschiedliche Bauweisen, die wir Ihnen beide im Anschluss vorstellen werden.

4/2-Wege-Ventil mit Kühlmittelregler aus- und einbauen (2 im Bild 23).
■ Kühlmittel ablassen.
■ Mutter abschrauben und Pumpe für Kühlmittelumlauf (Bild 26) abnehmen. Kühlmittelschläuche und Stecker bleiben angeschlossen.
■ Drehmomentstütze vorn demontieren. Wird die Schraube im Gummilager gelöst, ist diese als Letztes festzuziehen, da hierüber ein vertikaler Toleranzausgleich erfolgt.

Fahrzeuge mit »Monoturbo-Motor«:
■ Drehstromgenerator ausbauen.
■ Ölfiltergehäuse mit Motorölkühler ausbauen.
Das Wasserrohr muss gelöst werden, um den Thermostat auszubauen.
■ Schrauben vom Wasserrohr lösen, und Rohr etwas nach hinten ziehen.

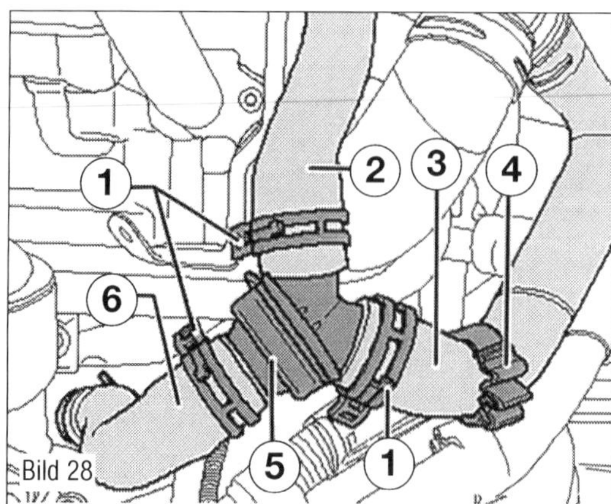

Bild 28
2,0-l-Diesel (CAAA-CAAC, CFCA).
1 Federbandschelle
2 Kühlschlauch
3 Kühlschlauch
4 Halter
5 Y-Thermostat
6 Kühlschlauch

Fahrzeuge mit »Biturbo-Motor«:
■ Kühler für Abgasrückführung »Biturbo-Motor« aus- und einbauen.
■ Schrauben vom Wasserrohr lösen, und Rohr etwas nach hinten ziehen.

Fortsetzung alle Fahrzeuge:
■ Elektrischen Leitungsstrang aus dem Halter herausziehen.
■ Mutter des Halters abschrauben und Halter abnehmen.

Zum Herausdrehen und Einsetzen der Mutter wird ein kleiner Handspiegel benötigt.

Der Kugelthermostat (4/2-Wegeventil) wird gemeinsam mit dem »kleinen« Kühlmittelschlauch ausgebaut. Vor dem Einbau müssen der Stutzen des Kugelthermostats und der Dichtring auf dem Kühlmittelrohr mit Kühlmittel bestrichen werden.
■ Schellen öffnen und den Kühlmittelschläuche vom Anschlussstutzen abziehen.
■ Schrauben herausdrehen und Kugelthermostat (4/2-Wegeventil) (2) zusammen mit dem gebogenen Kühlmittelschlauch abnehmen.
■ Schelle des gebogenen Kühlmittelschlauches öffnen und Kühlmittelschlauch vom Kugelthermostat (4/2-Wegeventil) abziehen.

Der Einbau erfolgt sinngemäß in umgekehrter Reihenfolge.
■ Beim Anmischen des Kühlmittels darf nur noch entmineralisiertes/destilliertes Wasser nach VDE-Norm 0510 verwenden. Kein Leitungswasser mehr verwenden!
■ Der Anschlussstutzen des Kugelthermostats (4/2-Wegeventil) und der O-Ring des Kühlmittelrohrs müssen mit Kühlmittel benetzt werden.
■ Anschlussstutzen innen mit Kühlmittel benetzen. Neuen O-Ring (Pfeil) auf dem Kühlmittelrohr ebenfalls mit Kühlmittel benetzen.
■ Kühlmittel auffüllen.

Y-Thermostat aus- und einbauen (Bild 28)
■ Verschlussdeckel für Kühlmittelausgleichsbehälter kurz öffnen, um Restdruck im Kühlsystem abzubauen.
■ Falls vorhanden, Geräuschdämpfung ausbauen.

■ Kühlmittelschläuche mit den Schlauchklemmen bis 25 mm »3094« abklemmen.
■ Federbandschellen (1 im Bild 28) mit der Schlauchklemmenzange »VAS 6340« lösen.
■ Halter (4) öffnen.
■ Kühlmittelschläuche (2), (3) und (6) vom Y-Thermostat abbauen.

Der Einbau erfolgt sinngemäß in umgekehrter Reihenfolge.
■ Das Kühlmittel wie beschrieben auffüllen.
■ Kühlmittelstand prüfen.

2,0-l-TDI-Motoren (CXEB, CXFA, CXGA, CXGB, CXHA, CXGC, CXHB, CXEC)

 Für die folgenden Arbeiten muss der Motor kalt sein.

Kühlmittelthermostat:
■ Die Fahrzeugfront in die Servicestellung nach vorne verschieben.
■ Schrauben (3 im Bild 29) herausdrehen.
■ Das Kühlmittel ablassen.
■ Die Schelle (4) lösen.
■ Den Kühlmittelschlauch (1) abziehen.
■ Den Kühlmittelschlauch (1) aus der Führung (2) ziehen und etwas zur Seite legen.
■ Die Schellen (1 im Bild 30) lösen.
■ Die Kühlmittelschläuche (2) abziehen.
■ Das Thermostatgehäuse (16 im Bild 24) entriegeln.
■ Das Thermostatgehäuse (16) abnehmen.
■ Den Kühlmittelregler (15) herausnehmen.

Der Einbau erfolgt sinngemäß in umgekehrter Reihenfolge.
■ Das Kühlmittel wie beschrieben auffüllen.
■ Kühlmittelstand prüfen.

3/2 Wegeventil aus- und einbauen:
■ Falls vorhanden, Geräuschdämpfung ausbauen.
■ Eine geeignete Auffangwanne zum Auffangen der Kühlflüssigkeit unterstellen.
■ Kühlmittelschläuche (2 im Bild 31) mit den Schlauchklemmen bis 25 mm abklemmen.
■ Schellen (3) lösen.
■ Kühlmittelschläuche (2) abziehen.
■ 3/2 Wegeventil (1) aus der Halterung herausziehen.

Der Einbau erfolgt sinngemäß in umgekehrter Reihenfolge.
■ Das Kühlmittel wie beschrieben auffüllen.
■ Kühlmittelstand prüfen.

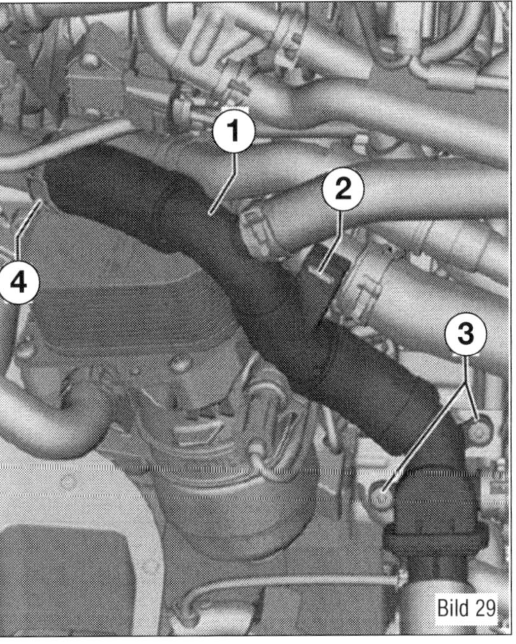
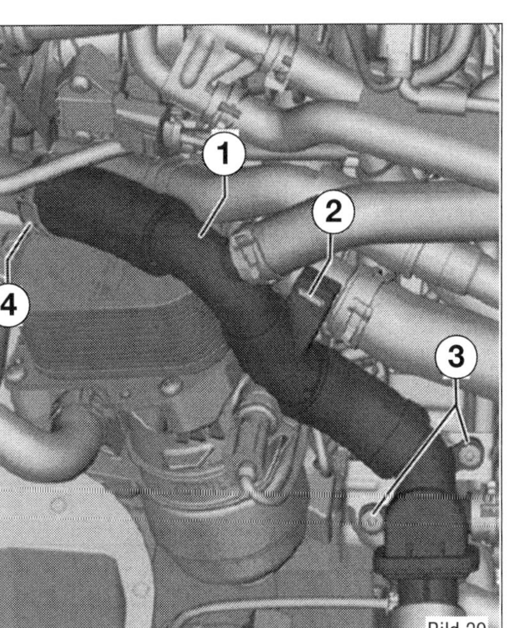

Bild 29
2,0-l-TDI-Motoren (CXEB, CXFA, CXGA, CXGB, CXHA, CXGC, CXHB, CXEC).
1 Kühlmittelschlauch
2 Führung
3 Schrauben
4 Schelle

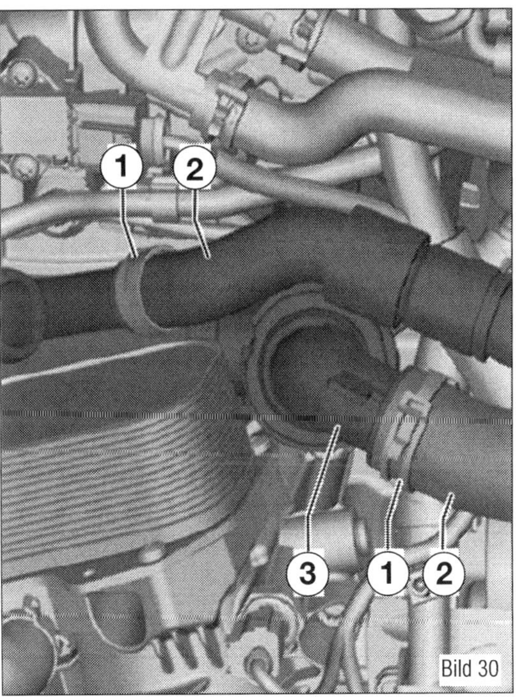

Bild 30
2,0-l-TDI-Motoren (CXEB, CXFA, CXGA, CXGB, CXHA, CXGC, CXHB, CXEC).
1 Schellen
2 Kühlmittelschläuche
3 Thermostatgehäuse

2,0-l-MED-Motoren
Auch in diesen Motorvarianten werden zwei Systeme gemeinsam verbaut Wir stellen Ihnen die Beschreibungen für den Kühlmittelregler und das Thermostat zur Verfügung.

3/2-Wegeventil aus- und einbauen
■ Kühlmittel ablassen.
■ Schellen (3 im Bild 32) lösen und Wasserschläuche vom 3/2-Wegeventil (2) abziehen.

Bild 31
2,0-l-MED.
1 3/2-Wegeventil
2 Kühlmittelschläuche
3 Schellen

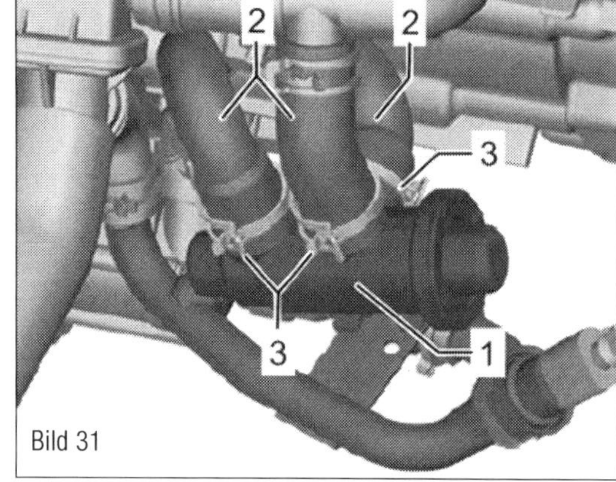

Bild 31

Bild 32
2,0-l-MED.
1 Steckverbindung
2 3/2-Wegeventil
3 Schelle
Pfeile = Muttern

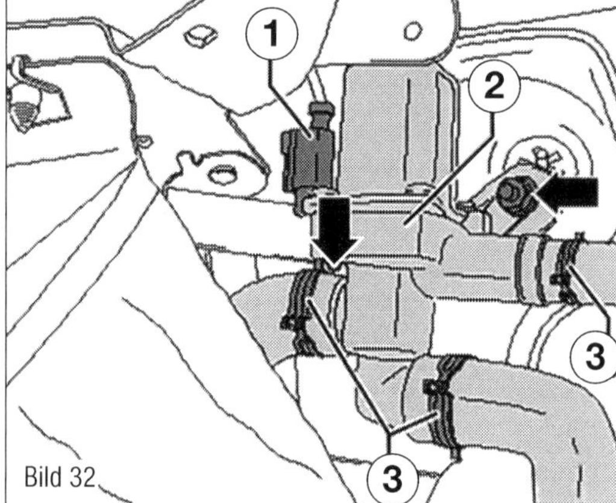

Bild 32

- Elektrische Steckverbindung (1) abziehen und die Muttern (Pfeile) herausdrehen.
- 3/2-Wegeventil abnehmen.

Der Einbau erfolgt sinngemäß in umgekehrter Reihenfolge, dabei Folgendes beachten:

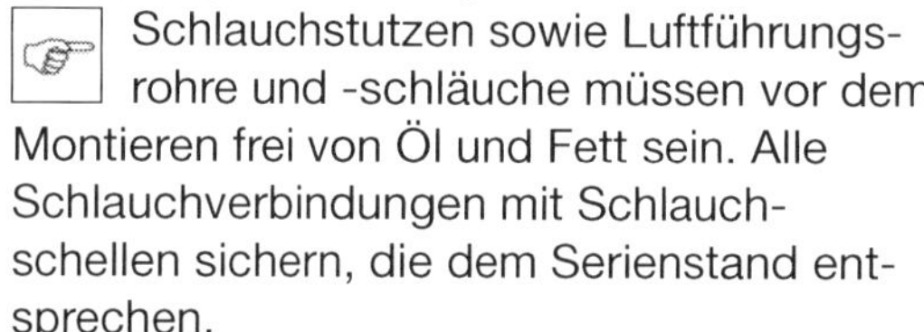

Schlauchstutzen sowie Luftführungsrohre und -schläuche müssen vor dem Montieren frei von Öl und Fett sein. Alle Schlauchverbindungen mit Schlauchschellen sichern, die dem Serienstand entsprechen.

- Das Kühlmittel wie beschrieben auffüllen.
- Kühlmittelstand prüfen.

Kühlmittelregler aus- und einbauen (Bild 33)

- Falls vorhanden, Geräuschdämpfung ausbauen.
- Servicestellung des Schlossträgers durchführen.
- Kühlmittel ablassen. Es muss nur der untere Wasserschlauch abgebaut werden.
- Kühlmittelschlauch abbauen. Dazu Halteklammer anheben und Kühlmittelschlauch zur Seite legen.
- Schrauben (23 im Bild 25) herausdrehen und Anschlussstutzen abnehmen.
- Kühlmittelregler abziehen.

Der Einbau erfolgt sinngemäß in umgekehrter Reihenfolge.

- Dichtfläche für O-Ring reinigen.
- O-Ring mit Kühlmittel benetzen.
- Kühlmittelregler (19) in das Gehäuse für Kühlmittelpumpe einsetzen und etwas nach vorn schwenken.
- Anschlussstutzen (22) vorsichtig ansetzen, dabei Zentrierstift in die Führung einführen.
- Kühlmittel auffüllen.

Temperaturgeber und Ventile

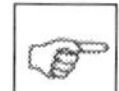

Für die folgenden Arbeiten muss der Motor kalt sein.

2,0-l-TDI-Motoren (CAAA-CAAC, CFCA)

Vorbereitungen:

- Verschlussdeckel für Kühlmittelausgleichsbehälter kurz öffnen, um Restdruck im Kühlsystem abzubauen.
- Die elektrische Steckverbindung am Ausgleichsbehälter trennen und den elektrischen Leitungsstrang am Ausgleichsbehälter freilegen.
- Die Schrauben des Kühlmittelausgleichsbehälters herausdrehen und den Kühlmittelausgleichsbehälter zur Seite legen.
- Schelle auf dem Druckschlauch zur Drosselklappeneinheit lösen und den Schlauch abziehen.
- Schelle auf dem Druckschlauch zum Ladeluftkühler lösen und den Schlauch abziehen.
- Schraube (5 im Bild 33) herausdrehen.
- Kühlmittelrohr zur Seite legen.

Kühlmitteltemperaturgeber:

- Elektrische Steckverbindung (4) trennen.
- Um austretendes Kühlmittel aufzufangen, mehrere Lappen unter den Anschlussstutzen legen.
- Halteklammer (3) abziehen und Kühlmitteltemperaturgeber aus dem Anschlussstutzen ziehen.

Kühlmitteltemperaturgeber Kühlerausgang bei Mono-Turbo-Motoren:

- Elektrische Steckverbindung (3 im Bild 34) trennen.
- Um austretendes Kühlmittel aufzufangen, mehrere Lappen unter den Anschlussstutzen legen.

■ Halteklammer (1) abziehen.
■ Kühlmitteltemperaturgeber am Kühlerausgang (2) herausziehen.

Kühlmitteltemperaturgeber Kühlerausgang bei Bi-Turbo-Motoren:
■ Elektrische Steckverbindung (3 im Bild 35) trennen.
■ Um austretendes Kühlmittel aufzufangen, mehrere Lappen unter den Anschlussstutzen legen.
■ Halteklammer (1) abziehen.
■ Kühlmitteltemperaturgeber am Kühlerausgang (2) herausziehen.

Der Einbau erfolgt jeweils sinngemäß in umgekehrter Reihenfolge.

Tipp: Um zu vermeiden, dass Kühlmittel verloren geht, den neuen Kühlmitteltemperaturgeber sofort in den Anschlussstutzen einsetzen.
■ Kühlmittelstand prüfen.

2,0-l-TDI-Motoren (CXEB, CXFA, CXGA, CXGB, CXHA, CXGC, CXHB, CXEC)
Kühlmittelventil für Zylinderkopf:
■ Zahnriemenschutz oben ausbauen.
■ Elektrische Steckverbindung (2 im Bild 36) trennen und Leitungsstrang freilegen.
■ Schraube (3) herausdrehen.
■ Das Kühlmittelventil für Zylinderkopf (1) abziehen.

Kühlmitteltemperaturgeber:
■ Falls vorhanden, Motorabdeckung ausbauen.
■ Die Fahrzeugfront in die Servicestellung nach vorne verschieben.
■ Elektrische Steckverbindung (1 im Bild 37) trennen.
■ Eine geeignete Auffangwanne zum Auffangen der Kühlflüssigkeit unterstellen.
■ Schraube (2) herausdrehen.
■ Kühlmitteltemperaturgeber (3) herausziehen. Einen im Zylinderkopf stecken gebliebenen O-Ring oder Distanzring mit einem Draht herausziehen.

Kühlmitteltemperaturgeber Kühlerausgang:
■ Falls vorhanden, Motorabdeckung ausbauen.
■ Elektrische Steckverbindung (1 im Bild 38) trennen.
■ Eine geeignete Auffangwanne zum Auffangen der Kühlflüssigkeit unterstellen.

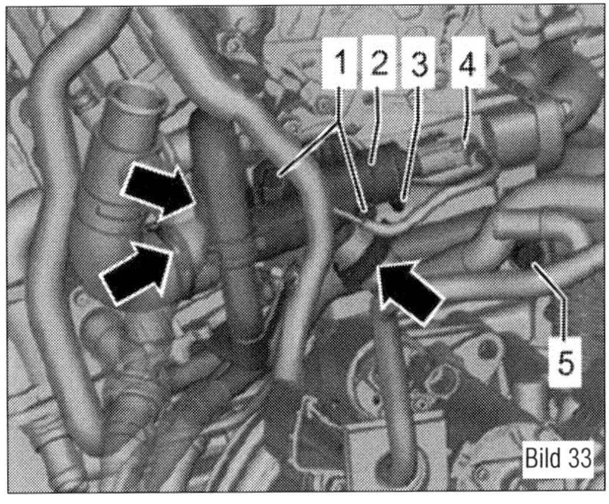

Bild 33
2,0-l-Diesel (CAAA-CAAC, CFCA) Kühlmitteltemperaturgeber.
1 Schrauben
2 Anschlussstutzen
3 Halteklammer
4 Steckverbindung
5 Schraube
Pfeile = Schellen

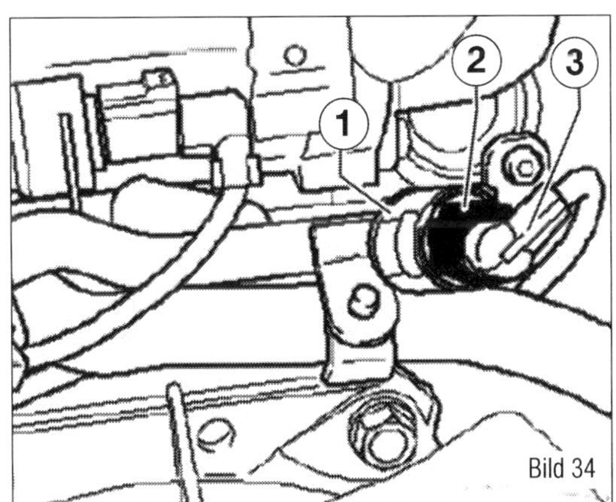

Bild 34
2,0-l-Diesel (CAAA-CAAC, CFCA), Geber Kühlerausgang Mono-Turbo.
1 Halteklammer
2 Kühlmitteltemperaturgeber am Kühlerausgang
3 Steckverbindung

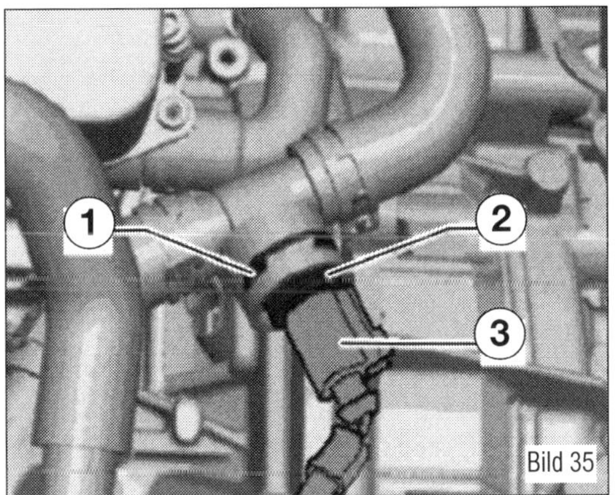

Bild 35
2,0-l-Diesel (CAAA-CAAC, CFCA), Geber Kühlerausgang Bi-Turbo.
1 Halteklammer
2 Kühlmitteltemperaturgeber am Kühlerausgang
3 Steckverbindung

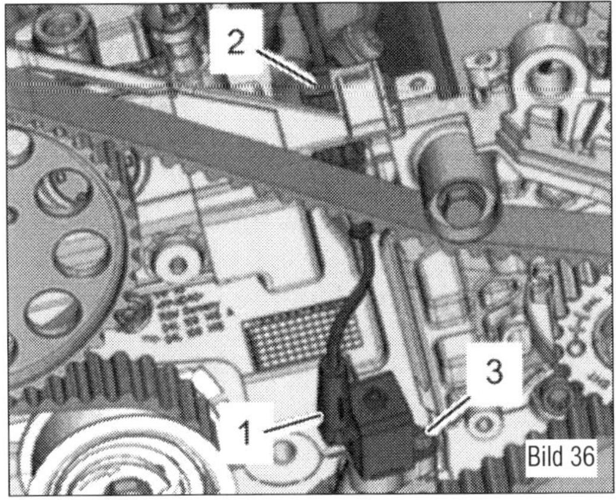

Bild 36
2,0-l-TDI-Motoren (CXEB, CXFA, CXGA, CXGB, CXHA, CXGC, CXHB, CXEC) Kühlmittelventil.
1 Kühlmittelventil
2 Steckverbindung
3 Schraube

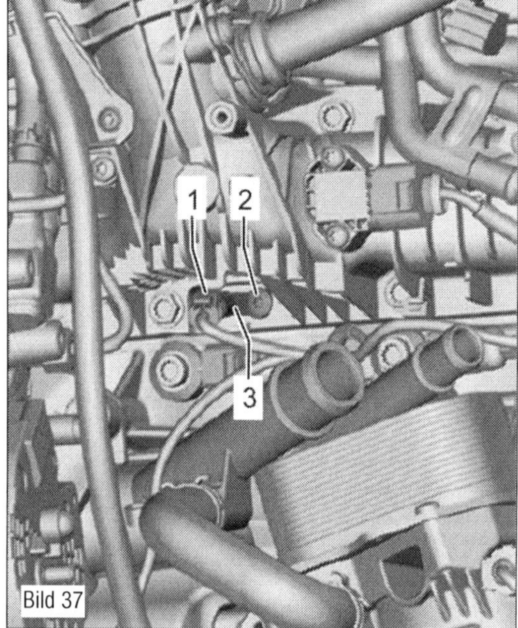
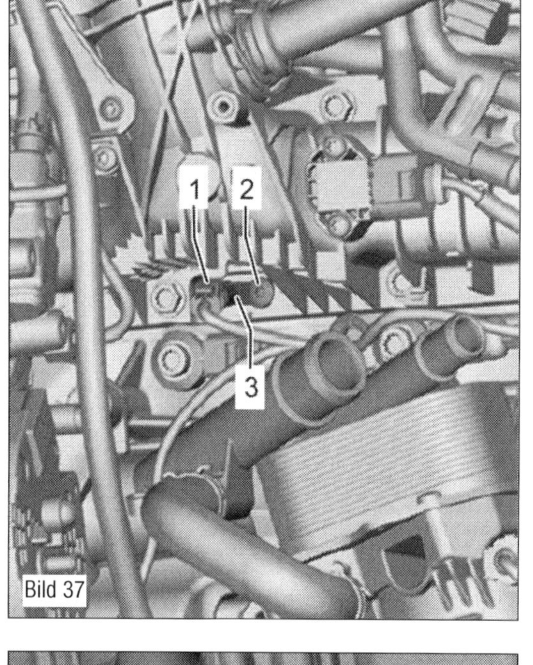

Bild 37
2,0-l-TDI-Motoren (CXEB, CXFA, CXGA, CXGB, CXHA, CXGC, CXHB, CXEC) Kühlmitteltemperaturgeber.
1 Steckverbindung
2 Schraube
3 Kühlmitteltemperaturgeber

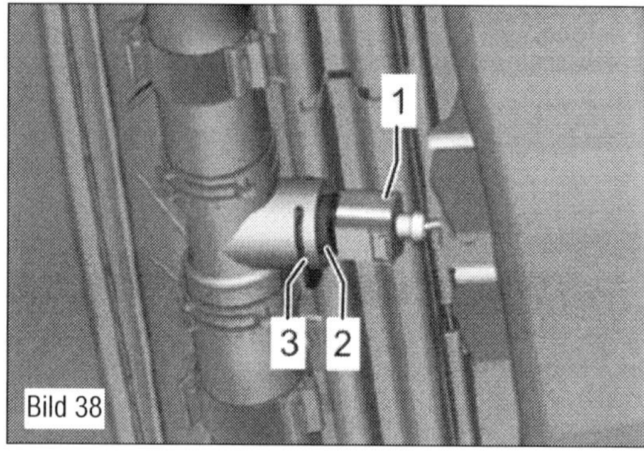

Bild 38
2,0-l-TDI-Motoren (CXEB, CXFA, CXGA, CXGB, CXHA, CXGC, CXHB, CXEC) Kühlmitteltemperaturgeber Kühlerausgang.
1 Steckverbindung
2 Kühlmitteltemperaturgeber
3 Haltefeder

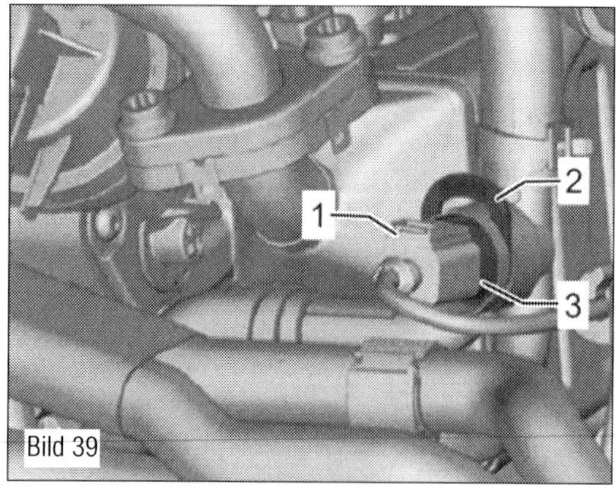
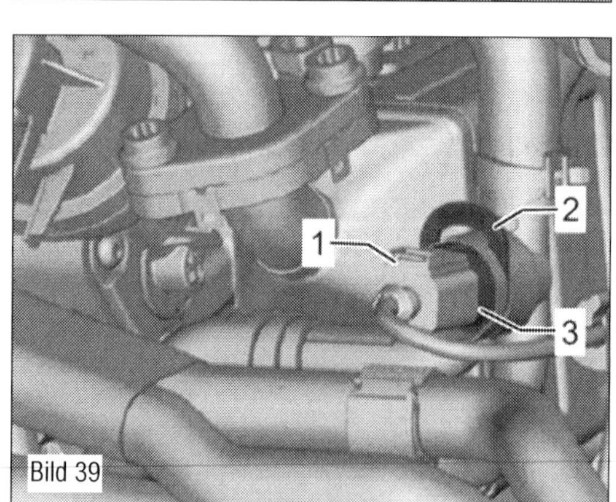

Bild 39
2,0-l-TDI-Motoren (CXEB, CXFA, CXGA, CXGB, CXHA, CXGC, CXHB, CXEC) Kühlmitteltemperaturgeber Kühlmittelrohr vorne links.
1 Steckverbindung
2 Haltefeder
3 Kühlmitteltemperaturgeber

- Kühlmittelschläuche mit den Schlauchklemmen bis 25 mm abklemmen.
- Haltefeder (3) herausziehen.
- Kühlmitteltemperaturgeber am Kühlerausgang (2) herausziehen.
- Den O-Ring nach der Demontage ersetzen.

Kühlmitteltemperaturgeber im Kühlmittelrohr vorn links:

- Falls vorhanden, Motorabdeckung ausbauen.
- Elektrische Steckverbindung (1 im Bild 39) trennen.
- Eine geeignete Auffangwanne zum Auffangen der Kühlflüssigkeit unterstellen.
- Kühlmittelschläuche mit den Schlauchklemmen bis 25 mm abklemmen.
- Haltefeder (2) herausziehen.
- Kühlmitteltemperaturgeber (3) herausziehen.

Kühlmitteltemperaturgeber im Kühlmittelrohr vorn unten:

- Falls vorhanden, Motorabdeckung ausbauen.
- Elektrische Steckverbindung (1 im Bild 40) trennen.
- Eine geeignete Auffangwanne zum Auffangen der Kühlflüssigkeit unterstellen.
- Kühlmittelschläuche mit den Schlauchklemmen bis 25 mm abklemmen.
- Haltefeder (3) herausziehen.
- Kühlmitteltemperaturgeber (2) herausziehen.
- Den O-Ring nach der Demontage ersetzen.

Der Einbau erfolgt jeweils sinngemäß in umgekehrter Reihenfolge.

- Das Kühlmittel wie beschrieben auffüllen.
- Kühlmittelstand prüfen.

☞ Um zu vermeiden, dass Kühlmittel verloren geht, den neuen Kühlmitteltemperaturgeber sofort in den Anschlussstutzen einsetzen.

2,0-l-MED-Motoren

Kühlmitteltemperaturgeber:

- Falls vorhanden, Motorabdeckung ausbauen.
- Die Fahrzeugfront in die Servicestellung nach vorne verschieben.
- Elektrische Steckverbindung (2 im Bild 41) trennen.
- Eine geeignete Auffangwanne zum Auffangen der Kühlflüssigkeit unterstellen.
- Schrauben (Pfeile) herausdrehen.
- Halteblech (1) abnehmen.
- Kühlmitteltemperaturgeber abnehmen.
- Den O-Ring nach der Demontage ersetzen.

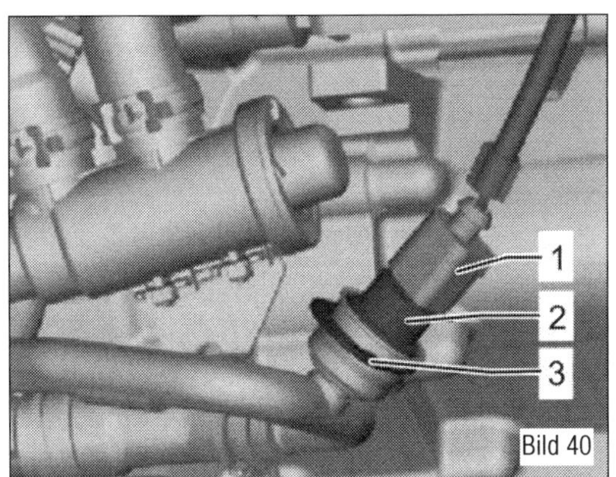

Bild 40

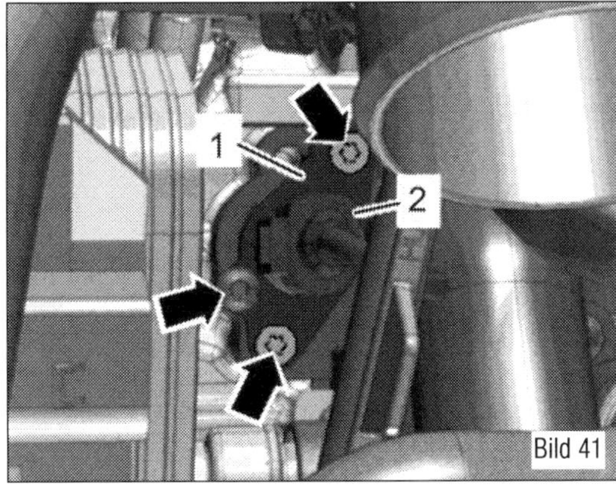

Bild 41

Bild 40
2,0-l-TDI-Motoren (CXEB, CXFA, CXGA, CXGB, CXHA, CXGC, CXHB, CXEC) Kühlmitteltemperaturgeber Kühlmittelrohr vorne unten.
1 Steckverbindung
2 Kühlmitteltemperaturgeber
3 Haltefeder

Bild 41
2,0-l-MED.
1 Halteblech
2 Steckverbindung
Pfeile = Schrauben

Kühlmitteltemperaturgeber am Kühlerausgang:

- Die Fahrzeugfront in die Servicestellung nach vorne verschieben.
- Elektrische Steckverbindung (3 im Bild 42) trennen.
- Sicherungsklammer (1) in Pfeilrichtung herausziehen.
- Kühlmitteltemperaturgeber (2) am Kühlerausgang in Pfeil herausnehmen.
- Den O-Ring nach der Demontage ersetzen.

Der Einbau erfolgt jeweils sinngemäß in umgekehrter Reihenfolge.

- Das Kühlmittel wie beschrieben auffüllen.
- Kühlmittelstand prüfen.

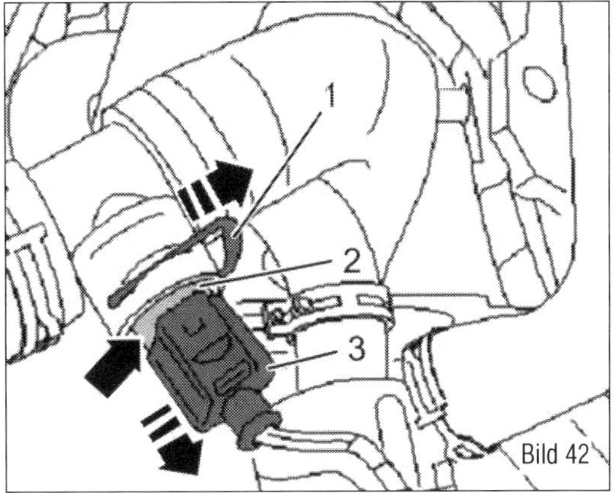

Bild 42

Bild 42
2,0-l-MED.
1 Haltefeder
2 Kühlmitteltemperaturgeber
3 Steckverbindung
Pfeile = Bewegungsrichtung zum Lösen

Tipp: Um zu vermeiden, dass Kühlmittel verloren geht, den neuen Kühlmitteltemperaturgeber sofort in den Anschlussstutzen einsetzen.

7 Kraftstoffversorgung

Bild 1
Benzinmotoren.
1 Kraftstoffvorlaufleitung
2 Kraftstoffrücklaufleitung
3 Kraftstoffleitung
4 Überwurfmutter
5 Stecker
6 Kraftstofffördereinheit
7 Dichtring
8 Kraftstoffbehälter
9 Wärmeschutzblech
10 Schraube
11 Spannband
12 Wasserablaufschlauch
13 Verschlussdeckel
14 Befestigungsschraube
15 Gummitopf
16 Schraube
17 Entlüftungsschlauch
18 Aktivkohlebehälter
19 Gummitülle
20 Entlüftungsschlauch
21 Schraubschelle
22 Kraftstofffilter
23 zum Kraftstoffverteiler
24 zur Zusatzheizung
25 vom Kraftstoffverteiler

Bauteile der Anlage und Arbeiten am Kraftstoffsystem

Sicherheit geht vor

⚠ Der Kraftstoffdruck im Hochdruckrohr kann beim Benziner bis zu 120 bar betragen! Beachten Sie die Sicherheitsmaßnahmen zum Druckabbau im Hochdruckbereich. Die Kraftstoffvorlaufleitung steht unter Druck!
Tragen Sie Schutzbrille und Schutzbekleidung, um Verletzungen und Hautkontakt zu vermeiden. Vor dem Lösen von Schlauchverbindungen Putzlappen um die Verbindungsstelle legen. Dann durch vorsichtiges Abziehen des Schlauchs Druck abbauen.

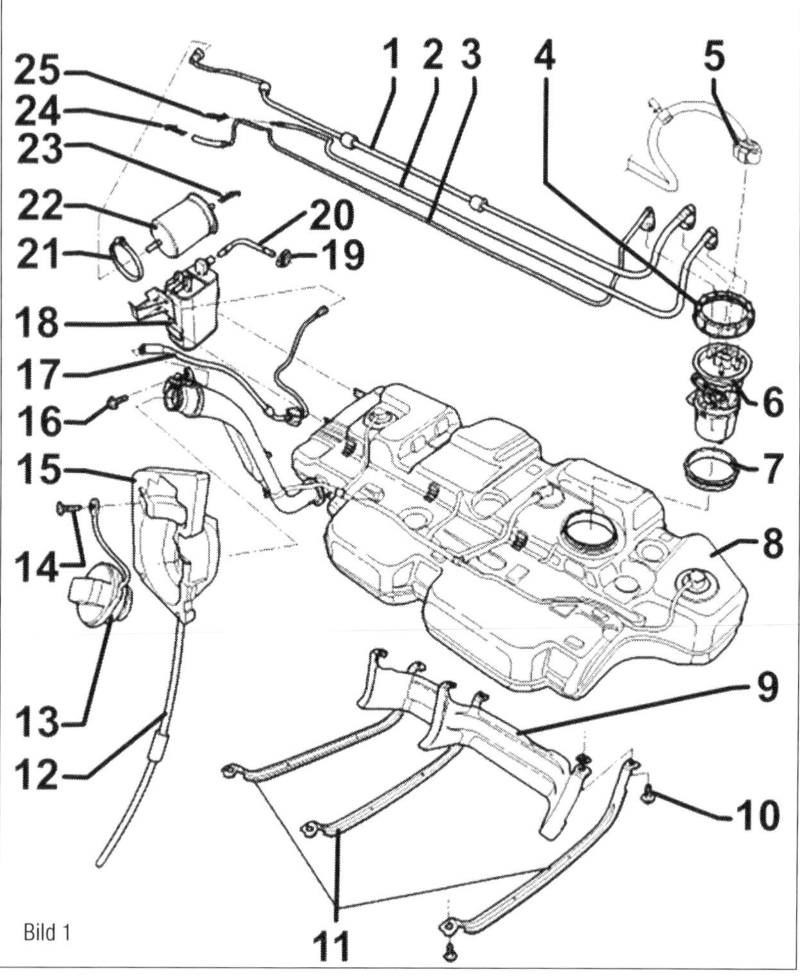

Bild 1

⚠ Aus Sicherheitsgründen muss vor dem Öffnen des Kraftstoffsystems die Stromzufuhr zur Kraftstoffpumpe unterbrochen werden. Die Kraftstoffpumpe wird sonst beim Öffnen der Fahrertür aktiviert. Nutzen Sie eine der folgenden Möglichkeiten, um die Stromzufuhr zu unterbrechen.

⚠ Wichtig zu wissen für die Arbeit an dieser Reparaturgruppe ist die Tatsache, dass es automatische Ein- und Ausschaltfunktionen für die Kraftstoffpumpe gibt. Die Crash-Kraftstoffabschaltung soll die Gefahr eines Fahrzeugbrandes nach einem Crash reduzieren, indem die Kraftstoffpumpe abgeschaltet wird. Kurzzeitiges Einschalten der Pumpe beim Öffnen der Tür soll andererseits eine Komfortverbesserung des Startverhaltens beim Motor bewirken. Dabei wird die Kraftstoffpumpe 2 Sekunden lang angesteuert, damit sich im Kraftstoffsystem Druck aufbaut. Weil die Kraftstoffpumpe beim Einschalten der Zündung und durch den Türkontaktschalter der Fahrertür aktiviert wird, muss vor dem Öffnen des Kraftstoffsystems aus Sicherheitsgründen, wenn die Batterie nicht abgeklemmt wird, der Anschlussstecker von der Kraftstoff-Fördereinheit abgezogen oder die Sicherung für die Ansteuerung der Kraftstofffördereinheit aus dem Sicherungshalter entfernt werden.

Die Anlage im Überblick

Wichtigste Bauteile des Systems der Kraftstoffversorgung sind der Kraftstoffbehälter (Tank), in den der Kraftstoff über Tankklappeneinheit und Einfüllstutzen eingebracht wird, die in den Tank eingebaute Kraftstofffördereinheit (Kraftstoffpumpe), der Kraftstofffilter und die Kraftstoffleitungen (Bild 1). Die Vorlaufleitung (die untere Leitung über dem Verschlussring der Fördereinheit) ist schwarz gekennzeichnet, die Rücklaufleitung (im Bild die obere) ist blau. Es gibt kaum Merkmale, durch die sich die durchaus unterschiedlichen Tankanlagen für Diesel- und Benziner-Modelle mit 0,5 bar oder 6 bar Niederdrucksystem voneinander unterscheiden lassen. Die Einbauposition der Komponenten unterscheidet sich nicht. Erfahrungsgemäß werden der Ersatz oder auch Arbeiten am Tanksystem sich auf die Intankpumpe oder den Kraftstoffgeber beschränken. Der Austausch der kompletten Tankanlage ist möglich, aber aufwändig und kommt sehr selten vor.

Elektrische Sicherungen für Kraftstoffpumpe

Prüfungen rund um die Kraftstoffpumpe und das Entleeren des Tanks wird beim T6 mittels Tester ausgelöst. Im Fall des Falles geht natürlich auch die alte herkömmliche Methode. Allerdings mit Adaptern über den Anschluss am Kraftstofffördermodul. Dazu muss der Steckkontakt des Kraftstofffördermoduls abgezogen werden. Der fünfpolige Stecker ist auf Pin 5 mit einem braun/gelben (1,5 mm² dick) Kabel belegt. An diesen Anschlusspin wird nun über ein externes Kabel Plus angelegt. Der Pin 1 stellt mit einem grauen Kabel den Masseanschluss dar. Beim Aus- und Einbau des Gebers für Kraftstoffvorratsanzeige oder der Kraftstoffpumpe (Kraftstoff-Fördereinheit) aus gefüllten oder teilweise gefüllten Kraftstoffbehältern muss bereits vor Beginn der Arbeiten in der Nähe der Montageöffnung des Kraftstoffbehälters zum Absaugen der frei werdenden Kraftstoffgase der Abgasschlauch einer eingeschalteten Abgas-Absauganlage gelegt werden. Alternativ kann ein Radiallüfter mit Motor außerhalb des Luftstroms und mit einem Fördervolumen größer als 15 m³/h verwendet werden. Kraftstoffleitungen sind mit Schnellverschlüssen gesichert. Kraftstoffschläuche dürfen nur mit Federbandschellen gesichert werden, Klemm- oder Schraubschellen sind nicht zulässig.

Steckkupplungen trennen

Bei Fahrzeugen der Volkswagengruppe finden sich sechs typische Stecksysteme für die Verbindungen der Kraftstoffversorgungsschläuche.

Variante 1 (Bild 2)

- Steckkupplung (1) in Pfeilrichtung A drücken.
- Entriegelungstasten drücken und gedrückt halten.
- Steckkupplung (1) in Pfeilrichtung B von der Kraftstoffleitung (2) abziehen.
- Beim Einbau Farbzuordnung beachten.
- Steckkupplungen müssen beim Verriegeln »hörbar« einrasten.
- Den festen Sitz der Steckkupplung durch Gegenziehen prüfen!

Variante 2 (Bild 3)

- Steckkupplung (1) in Pfeilrichtung A drücken.
- Zugentriegelung (2) in (Pfeilrichtung B) ziehen.
- Steckkupplung (1) in Pfeilrichtung B von der Kraftstoffleitung (3) abziehen.
- Beim Einbau Farbzuordnung beachten.
- Die Steckkupplungen müssen beim Verriegeln »hörbar« einrasten.
- Den festen Sitz der Steckkupplung durch Gegenziehen prüfen!

Variante 3 (Bild 4)

- Entriegelungstaste (Pfeil) drücken und Steckkupplungen abziehen.
- Beim Einbau Farbzuordnung beachten.
- Steckkupplungen müssen beim Verriegeln »hörbar« einrasten.
- Den festen Sitz der Steckkupplungen durch Gegenziehen prüfen!

Variante 4 (Bild 5)

- Steckkupplung in Pfeilrichtung A drücken.
- Entriegelungstasten (Pfeile) drücken und Steckkupplung abziehen.
- Beim Einbau Farbzuordnung beachten.
- Steckkupplungen müssen beim Verriegeln »hörbar« einrasten.
- Den festen Sitz der Steckkupplung durch Gegenziehen prüfen!

Variante 5 (Bild 6)

- Steckkupplung mit Entriegelungstasten (Pfeile) rechts und links öffnen.

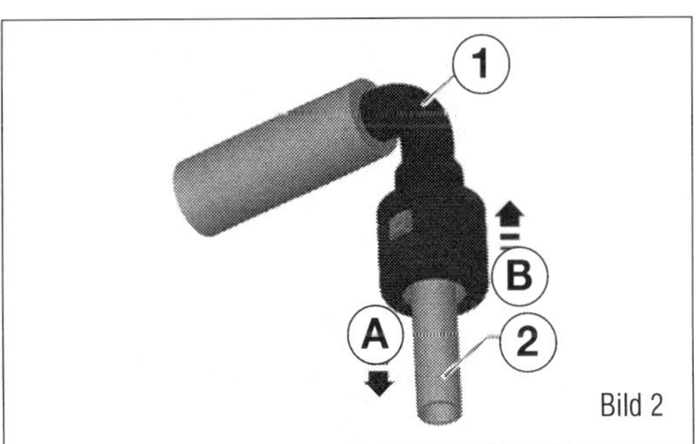

Bild 2
Variante 1.
1 Steckkupplung
2 Kraftstoffleitung

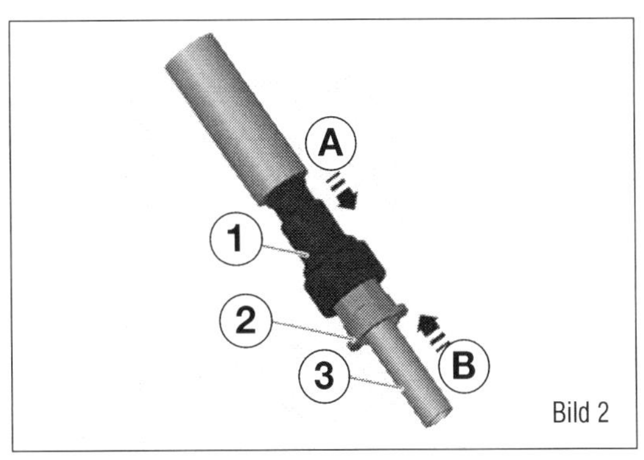

Bild 3
Variante 2.
1 Steckkupplung
2 Zugentriegelung,
3 Kraftstoffleitung

Bild 4
Variante 3.
Pfeil = Entriegelungstaste

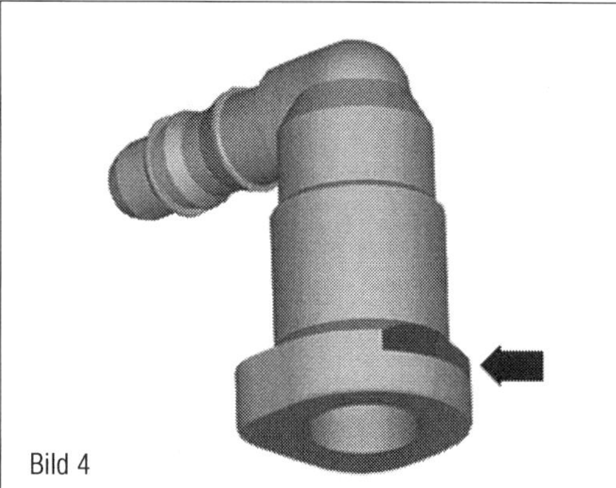
Bild 4

Bild 5
Variante 4.
Pfeile = Entriegelungstasten

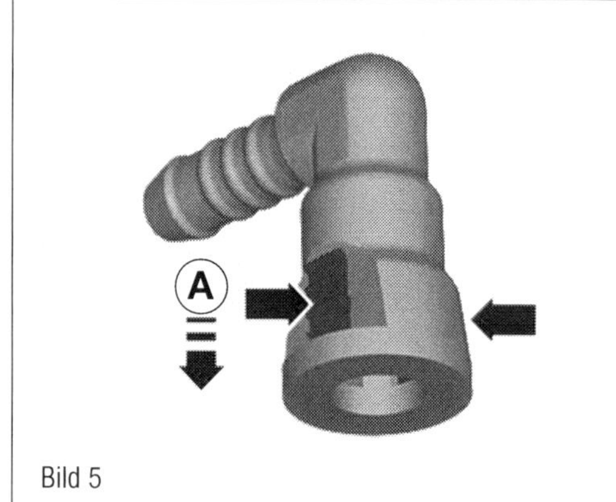

Bild 5

Bild 6
Variante 5.
Pfeile = Entriegelungstasten

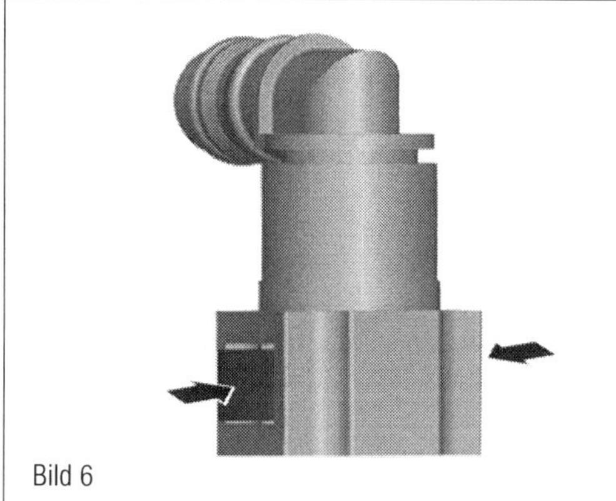
Bild 6

Bild 7
Variante 6.
Pfeile = Entriegelungstasten
1 Steckkupplung

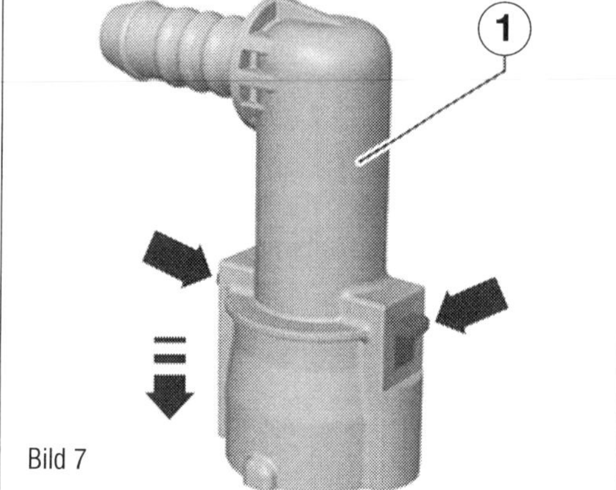

Bild 7

- Entriegelungstasten (Pfeile) drücken und Steckkupplung abziehen.
- Beim Einbau Farbzuordnung beachten.
- Steckkupplungen müssen beim Verriegeln »hörbar« einrasten.
- Den festen Sitz der Steckkupplung durch Gegenziehen prüfen!

Variante 6 (Bild 7)

- Steckkupplung mit Entriegelungstasten (Pfeile) rechts und links.
- Steckkupplung (1) in Pfeilrichtung drücken und gedrückt halten.
- Entriegelungstasten (Pfeile) drücken und Steckkupplung abziehen.
- Beim Einbau Farbzuordnung beachten.
- Steckkupplungen müssen beim Verriegeln »hörbar« einrasten.
- Den festen Sitz der Steckkupplung durch Gegenziehen prüfen!

Kraftstoffbehälter entleeren

Das Entleeren des Tanks mit dem Absauggerät wird vor allem dann erforderlich, wenn die Kraftstoffpumpe nicht arbeitet. Wir erläutern das Vorgehen bei fast gefülltem und bei weniger vollem Kraftstoffbehälter. Für die Dieselmodelle ist das aber nicht vorgesehen. Das Absaugen darf nur über die Öffnung im Tank, in dem die Vorförderpumpe verbaut ist, erfolgen.

⚠ Hautkontakt mit Kraftstoff vermeiden! Kraftstoffbeständige Handschuhe tragen!

Kraftstoffbehälter entleeren bei intakter Kraftstoffpumpe

- Ziehen Sie die Vorlaufleitung ab, fangen ausfließenden Kraftstoff mit einem Putzlappen auf.
- Kraftstoffabsauggerät (VAS 5190) mit Adapter zur Kraftstoffabsaugung (VAS 5190 /3) an die Kraftstoffvorlaufleitung anschließen.
- Trennen Sie die Steckverbindung zur Zusatzkraftstoffpumpe bzw. zur Kraftstoffpumpe 2 (Inline EKP).
- Schließen Sie den Fahrzeugdiagnosetester an.
- Schalten Sie die Zündung ein.
- Nehmen Sie den Verschlussdeckel vom Kraftstoff-Einfüllstutzen ab.

■ Schließen Sie den Fahrzeugdiagnosetester an und führen Sie die geführte Funktion »Kraftstoffsystem entleeren« durch.

■ Die Kraftstoffpumpen werden nun angesteuert. Der Fahrzeugdiagnosetester zeigt den Fortschritt des Entleerens an.
■ Absperrhahn am Kraftstoffabsauggerät (VAS 5190) öffnen, bis der Kraftstoffbehälter entleert ist.

Kraftstoffbehälter entleeren über den Zugang der Intankpumpe
■ Tankklappe öffnen und Verschlussdeckel abschrauben.
■ Umfeld am Kraftstoffeinfüllstutzen reinigen.
■ Befestigungsschraube lösen, dann Gummitopf vom Einfüllstutzen abziehen und ausbauen.
■ Befestigungsschraube vom Einfüllstutzen herausschrauben.
■ Untere Abdeckung mit Wärmeschutzblech ausbauen.
■ Ggf. Bodenverkleidung links vorn außen und die Bodenverkleidung links hinten ausbauen.
■ Kraftstoffvorlaufleitung und die Rücklaufleitung trennen.
■ Bei Fahrzeugen mit Zusatzheizung zusätzliche Kraftstoffleitung trennen.
■ Kraftstoffkühler, falls vorhanden, ausbauen.
■ Spannbänder abschrauben. Dabei Kraftstoffbehälter mit einem Motor- und Getriebeheber abfangen.
■ Motor- und Getriebeheber nur so weit absenken, bis der Stecker am Flansch der Kraftstoffpumpe abgezogen werden kann.
■ Stecker am Flansch der Kraftstoffpumpe abziehen und Leitung aus dem Kraftstoffbehälter ausclipsen.
■ Kraftstoffbehälter absenken.

Falls erforderlich:
■ Kraftstofffördereinheit ausbauen.
■ Kraftstoffbehälter mit dem Kraftstoffabsauggerät »VAS 5190« über die Öffnung der Kraftstofffördereinheit vollständig entleeren.

Der Einbau erfolgt sinngemäß in umgekehrter Reihenfolge.

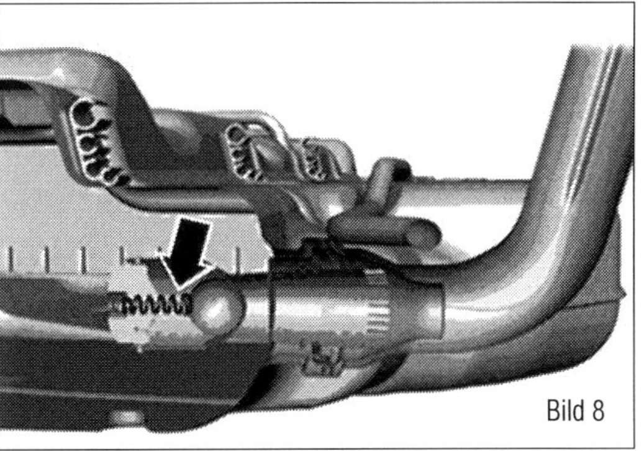
Bild 8

Bild 8
2,0 l-Diesel-Motor: Pfeil Rückschlagventil im Tankstutzen.

⚠ Es besteht Explosionsgefahr des Kraftstoffbehälters! Nach dem Einbau eines neuen oder vollkommen entleerten Kraftstoffbehälters muss umgehend eine Mindestmenge von 5 Litern Kraftstoff eingefüllt werden. Die Kraftstoffpumpe darf in einem vollkommen leeren Kraftstoffbehälter nicht anlaufen.

■ Die Steckverbindungen der Entlüftungs- und Kraftstoffleitungen müssen beim Zusammenstecken hörbar einrasten.
■ Kraftstoffleitungen am Kraftstoffbehälter einclipsen.
■ Stecker am Flansch der Kraftstoffpumpe aufstecken und Leitung am Kraftstoffbehälter einclipsen.
■ Auf festen Sitz der Kraftstoffschläuche achten.

Kraftstofffördereinheit im Tank aus- und einbauen

Soll die Kraftstofffördereinheit getauscht werden, ist zuvor die Kraftstoffpumpe zu prüfen (Funktion und Spannungsversorgung, Kraftstoffdruck und Haltedruck sowie Kraftstofffördermenge, Stromaufnahme). Prüfen Sie zuerst die Steckverbindung 5-polig auf festen Sitz, indem Sie am Stecker ziehen, ohne die Verriegelung zu betätigen. War der Stecker nicht richtig gesteckt, kann er einen Fehler verursacht haben. Damit soll ein Fehltausch der Kraftstofffördereinheit vermieden werden. Diese komplexen Prüfungsarbeiten erfordern eine Reihe von Prüf- und Messgeräten, wie Druckmessgerät (V.A.G 1318) mit verschiedenen Adaptern, Mengenvergleichsmessgerät (V.A.G 1348) und einen Fahrzeugdiagnosetester, die in der heimischen

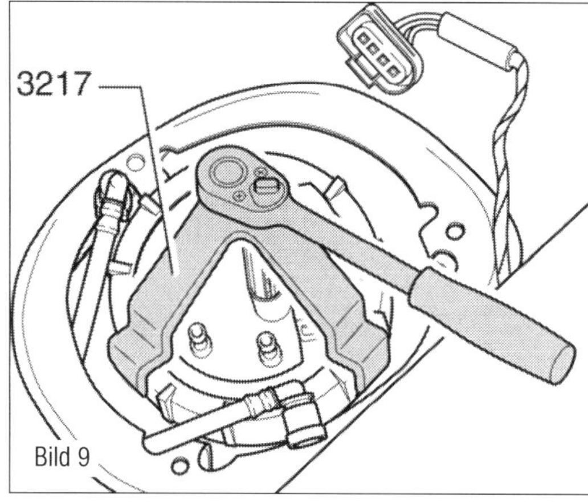

Bild 9
3217 Schlüssel für Überwurfmutter.

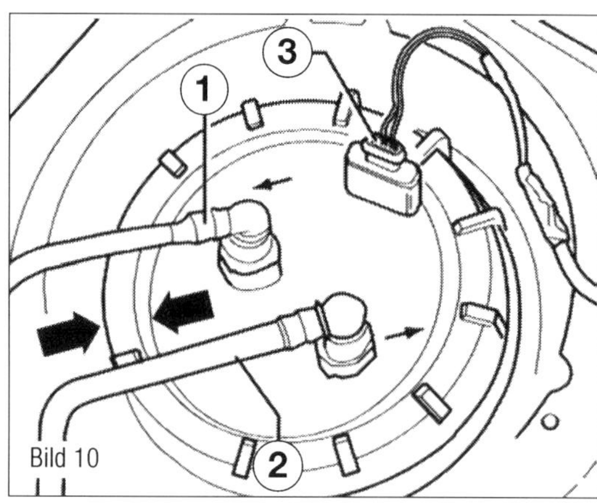

Bild 10
1 Rücklauf
2 Vorlauf
3 elektrischer Anschluss
Pfeile = Markierung der Einbaurichtung

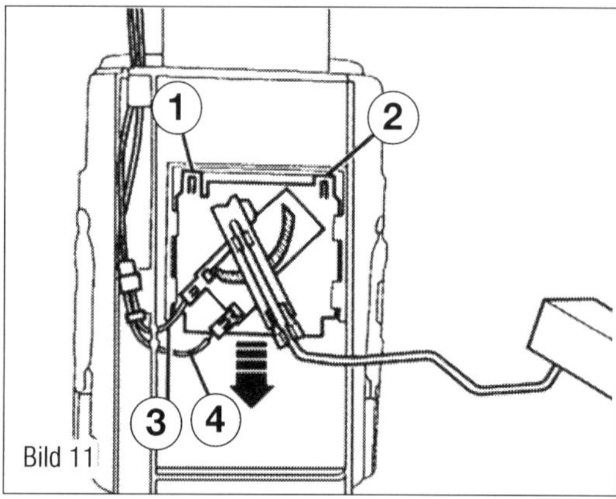

Bild 11
1 Haltelasche
2 Haltelasche
3 Anschlusskabel
4 Anschlusskabel

Garage kaum vorhanden sein dürften. Eventuell hilft eine Mietwerkstatt. Wir halten für diese Prüfung eine Fachwerkstatt für die beste Empfehlung.

⚠ Kraftstoffsystem steht unter Druck! Tragen Sie Schutzbrille und Schutzhandschuhe, um Verletzungen und Hautkontakt zu vermeiden. Vor dem Lösen von Schlauchverbindungen Putzlappen um die Verbindungsstelle legen. Dann durch vorsichtiges Abziehen des Schlauchs Druck abbauen.

- Kraftstoffbehälter ausbauen.
- Anschlüsse für blaue bzw. blau markierte Rücklaufleitung (1 im Bild 10) und schwarze Vorlaufleitung (2) entriegeln und diese von der Kraftstofffördereinheit abziehen.
- Steckverbindung (3) entriegeln und von der Kraftstofffördereinheit abziehen.
- Überwurfmutter mit dem Schlüssel für Überwurfmutter (3217 im Bild 9) abschrauben.
- Kraftstofffördereinheit aus dem Kraftstoffbehälter herausnehmen.

Der Einbau erfolgt sinngemäß in umgekehrter Reihenfolge.

- Markierung auf dem Flansch des Gebers für Kraftstoffvorratsanzeige muss mit Markierung auf dem Kraftstoffbehälter übereinstimmen (Pfeile im Bild 10).
- Anschlüsse für blaue bzw. blau markierte Rücklaufleitung (1) und schwarze Vorlaufleitung (2) sind auf dem Flansch des Gebers für Kraftstoffvorratsanzeige durch (Pfeile) gekennzeichnet.

Geber für Kraftstoffvorratsanzeige aus- und einbauen

Die Montagearbeiten für die einzelnen Modelle unterscheiden sich nur unwesentlich. Die hier beschriebenen Arbeitsschritte können als Arbeitsschema für alle Modelle übernommen werden.
Bei Fahrzeugen mit Allradantrieb macht es die Bauform des Kraftstoffbehälters erforderlich, den Kraftstoff aus dem Bereich des Kraftstoffvorratsgebers zur Kraftstofffördereinheit zu pumpen. Hierzu pumpt eine Saugstrahlpumpe den Kraftstoff von der linken Kammer in die rechte Kammer des Kraftstoffbehälters. Der linke Flansch besteht aus Saugstrahlpumpe, Kraftstofffilter, Druckbegrenzungsventil und Kraftstoffvorratsgeber.

- Bauen Sie den Kraftstoffbehälter aus.
- Kraftstoffpumpe für Vorförderung ausbauen.
- Steckerzungen der Leitungen (3) und (4 im Bild 11) entriegeln und abziehen.
- Haltelaschen (1) und (2) mit Schraubendreher anheben und Geber für Kraftstoffvorratsanzeige nach unten abziehen (Pfeil).

■ Geber für Kraftstoffvorratsanzeige in den Führungen an der Kraftstoffpumpe einsetzen und bis zum Einrasten nach oben drücken.

Der weitere Einbau erfolgt sinngemäß in umgekehrter Reihenfolge.

Kraftstofftank aus- und einbauen

Es kann beim Ausbau des Kraftstofftanks immer Restkraftstoff austreten. Legen Sie sich Bindemittel und einige Lappen bereit, um den austretenden Kraftstoff aufzufangen. Um zu vermeiden, dass Dreck in die Anschlüsse oder in den Tank selber eintritt, kann man die Anschlussstücke mit Klebeband abkleben oder durch Lappen verschließen.

■ Prüfen Sie zuerst, ob ein codiertes Radio eingebaut ist. In diesem Fall erfragen Sie bitte die Anti-Diebstahl-Codierung.
■ Klemmen Sie bei ausgeschalteter Zündung das Masseband der Batterie ab.
■ Befestigungsschraube für Tankklappeneinheit herausschrauben und Tankklappeneinheit ausbauen.
■ Tankklappe öffnen und Verschlussdeckel abschrauben.
■ Umfeld am Kraftstoffeinfüllstutzen reinigen.
■ Befestigungsschraube lösen, dann Gummitopf vom Einfüllstutzen abziehen und ausbauen.
■ Befestigungsschraube vom Einfüllstutzen herausschrauben.
■ Untere Abdeckung mit Wärmeschutzblech (9 im Bild 1) ausbauen.
■ Ggf. Bodenverkleidung links vorne außen und die Bodenverkleidung links hinten ausbauen.
■ Kraftstoffvorlaufleitung (1) und die Rücklaufleitung (2) trennen. Bei Fahrzeugen mit Zusatzheizung zusätzliche Kraftstoffleitung (3) trennen.

Benziner
■ Spülleitung (weiß) am Aktivkohlebehälter trennen.

Weiter für alle:
■ Kraftstoffkühler, falls vorhanden, ausbauen.
■ Spannbänder abschrauben. Dabei Kraftstoffbehälter mit einem Motor- und Getriebeheber abfangen.
■ Motor- und Getriebeheber nur so weit absenken, bis der Stecker am Flansch der Kraftstoffpumpe abgezogen werden kann.
■ Stecker am Flansch der Kraftstoffpumpe abziehen und Leitung aus dem Kraftstoffbehälter ausclipsen.
■ Kraftstoffbehälter absenken.
■ Kraftstofffördereinheit (6) ausbauen.
■ Kraftstoffbehälter mit dem Kraftstoffabsauggerät »VAS 5190« über die Öffnung der Kraftstofffördereinheit vollständig entleeren.

Der Einbau erfolgt sinngemäß in umgekehrter Reihenfolge.

⚠ Es besteht Explosionsgefahr des Kraftstoffbehälters! Nach dem Einbau eines neuen oder vollkommen entleerten Kraftstoffbehälters, muss umgehend eine Mindestmenge von 5 Litern Kraftstoff eingefüllt werden. Die Kraftstoffpumpe darf in einem vollkommen leeren Kraftstoffbehälter nicht anlaufen.

■ Die Steckverbindungen der Entlüftungs- und Kraftstoffleitungen müssen beim Zusammenstecken hörbar einrasten.
■ Kraftstoffleitungen am Kraftstoffbehälter einclipsen.
■ Stecker am Flansch der Kraftstoffpumpe aufstecken und Leitung am Kraftstoffbehälter einclipsen.
■ Auf festen Sitz der Kraftstoffschläuche achten.

Reduktionsmitteltank

Um die EU6-Emissionsgrenzwerte zu erreichen, kommt neben dem Kraftstoffbehälter mit einem Fassungsvermögen von etwa 70 bzw. 80 Litern ein Reduktionsmitteltank mit einem Fassungsvermögen von etwa 13 Litern zum Einsatz. Der Reduktionsmitteltank ist vor dem Kraftstofftank verbaut und beinhaltet den Befüllstutzen mit einer Betriebsbe- und -entlüftung, das Steuergerät für die Reduktionsmittelheizung, den Sensor für Reduktionsmittelqualität und das Fördermodul.

⚠ Verletzungsgefahr durch austretendes Reduktionsmittel. Augen- und Hautreizungen sowie Verletzungen der Atemwege

Sichtprüfung

Messen

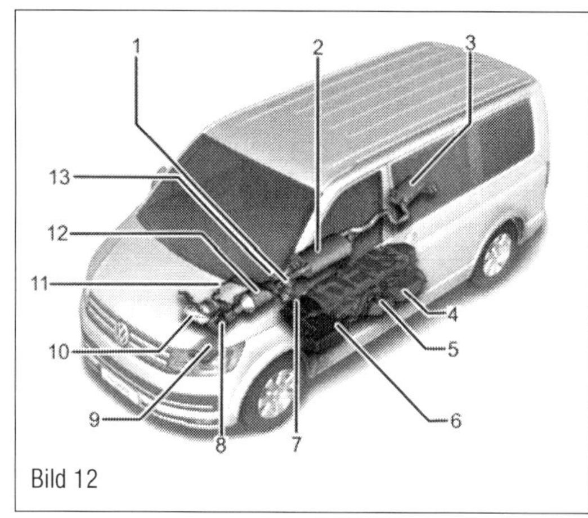

Bild 12

Bild 12
SCR-System (Selective Catalytic Reduction).
1 Steuergerät für NOx-Geber J583
2 Mittelschalldämpfer
3 Nachschalldämpfer
4 Kraftstoffbehälter (Diesel)
5 Einfüllstutzen für Reduktionsmittel
6 Reduktionsmitteltank mit Fördermodul
7 Steuergerät für Reduktionsmittelheizung
8 Einspritzventil für Reduktionsmittel
9 Motorsteuergerät
10 Abgasreinigungsmodul
11 beheizte Dosierleitung
12 Sperrkatalysator
13 Steuergerät für NOx-Geber

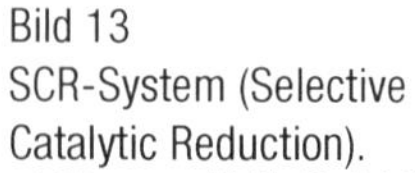

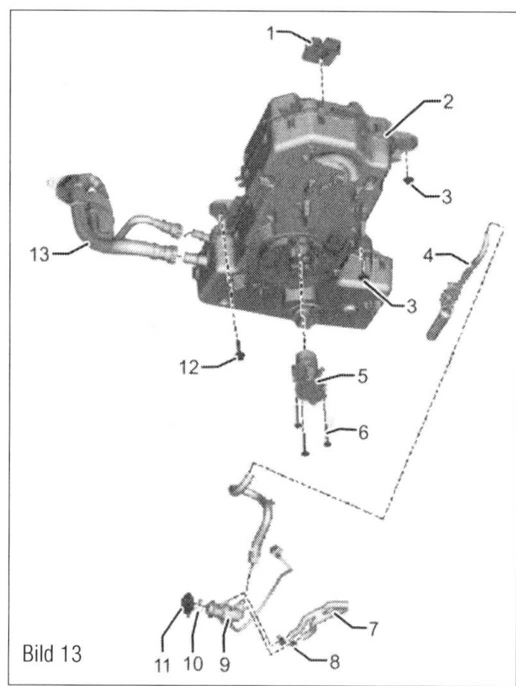

Bild 13

Bild 13
SCR-System (Selective Catalytic Reduction).
1 Steuergerät für Reduktionsmittelheizung
2 Reduktionsmitteltank
3 Muttern
4 Förderleitung
5 Fördereinheit für Reduktionsmittel-Dosiersystem
6 Schrauben
7 Kühlmittelschlauch
8 Schellen
9 Einspritzventil für Reduktionsmittel
10 Dichtung
11 Schelle
12 Schraube
13 Einfüllstutzen

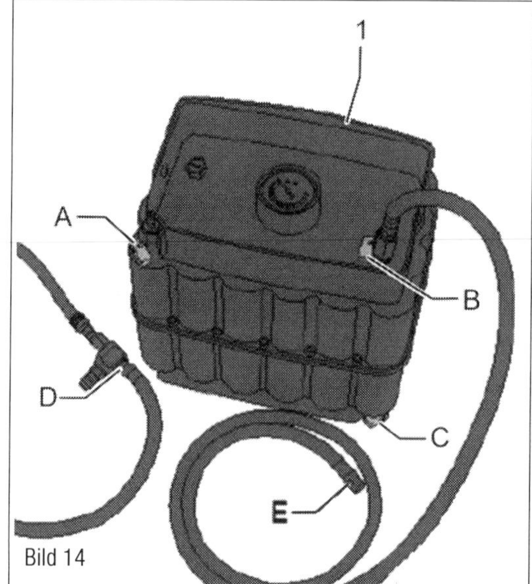
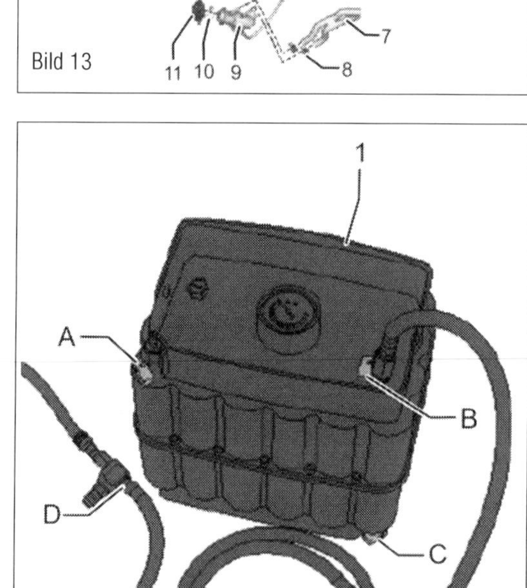

Bild 14

Bild 14
AdBlue-Vakuumbox.
1 AdBlue-Vakuumbox
A Absperrhahn
B Absperrhahn
C Absperrhahn
D Kupplung
E Schlauchende

und Vergiftungen durch Reduktionsmittel möglich.

- Schutzbrille tragen.
- Schutzhandschuhe tragen.
- Arbeitsschutzkleidung tragen.
- Für Frischluftzufuhr sorgen. In geschlossenen Räumen Abgasabsaugung einschalten.

Reduktionsmitteltank entleeren
- Bereich um den Einfüllstutzen reinigen.
- Verschlussdeckel (1) am Reduktionsmitteltank öffnen.

AdBlue-Vakuumbox »VAS 6557A« (oder vergleichbare Vorbereiten (Bild 14):
- Absperrhähne (A, B, C) schließen.
- Kupplung (D) mit dem Anschluss am Absperrhahn (A) verbinden.
- Druckluftschlauch mit Druckluft beaufschlagen.
- Absperrhahn (A) öffnen. Es wird nun ein Vakuum in der AdBlue-Vakuumbox »VAS 6557A« (1) erzeugt.
- Absperrhahn (A) schließen, sobald das Druckmanometer einen Unterdruck von 0,8 bar anzeigt.

Reduktionsmitteltank absaugen:
- Kupplung (D) vom Anschluss am Absperrhahn (A) trennen.
- Druckluftzufuhr am Druckluftschlauch unterbrechen.
- Das Ende des Schlauchs (E) in den Einfüllstutzen führen, dabei steht die Markierung an der Kante des Einfüllstutzens.

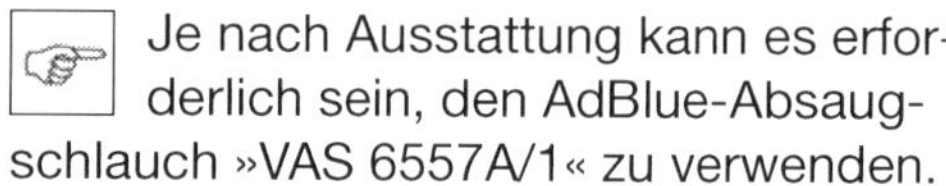
Je nach Ausstattung kann es erforderlich sein, den AdBlue-Absaugschlauch »VAS 6557A/1« zu verwenden.

- Absperrhahn (B) öffnen. Das Reduktionsmittel wird nun über den Unterdruck in der AdBlue-Vakuumbox aus dem Einfüllrohr vom Reduktionsmitteltank gesaugt. Wenn der Reduktionsmitteltank eine größere Menge Reduktionsmittel beinhaltet, muss er vollständig entleert werden. Das Fassungsvermögen der AdBlue-Vakuumbox beträgt ca. 7 Liter.
- Zur Entleerung der AdBlue-Vakuumbox den Anschluss am Absperrhahn (C) über ein geeignetes Gefäß halten und die Absperrhähne (A) und (C) öffnen.

Abgesaugtes Reduktionsmittel darf keinesfalls wiederverwendet werden. Länderspezifische Informationen über Lagerung und Entsorgung beim Händler erfragen.

■ Nach Beenden des Arbeitsablaufs die AdBlue-Vakuumbox sorgfältig mit Wasser ausspülen.

Reduktionsmitteltank aus- und einbauen

■ Reduktionsmitteltank wie beschrieben entleeren.

■ Falls vorhanden, Unterbodenverkleidung ausbauen.

■ Elektrische Steckverbindungen (1 im Bild 15) trennen.

■ Elektrischen Leitungsstrang (2) ausclipsen und freilegen.

■ Förderleitung für Reduktionsmittel (3) entriegeln und abziehen.

■ Kraftstoffleitungen (1 im Bild 16) am Reduktionsmitteltank ausclipsen.

■ Die Schnellkupplungen für Füllrohr (2) entriegeln und abziehen.

■ Alle offenen Leitungen und Anschlüsse mit sauberen geeigneten Stopfen verschließen.

■ Einen geeigneten Motor- und Getriebeheber mit dazwischen gelegter weicher Schaumstoffunterlage zum Abfangen unter den Reduktionsmitteltank stellen.

■ Schraube (12 im Bild 13) herausdrehen.

■ Muttern (3) abschrauben.

■ Reduktionsmitteltank (2) vorsichtig mit dem Motor und Getriebeheber vorsichtig nach unten ablassen, dabei den Reduktionsmitteltank zusätzlich von Hand führen.

Der Einbau erfolgt sinngemäß in umgekehrter Reihenfolge.

■ Den festen Sitz der Leitungen durch Gegenziehen prüfen.

■ Reduktionsmittel wieder auffüllen. Es darf kein abgelassenes Reduktionsmittel verfüllt werden. Das Risiko der Verunreinigung ist zu groß.

■ Den Fahrzeugdiagnosetester an der OBD-Anschlussdose im Fußraum anschließen.

■ Die Zündung einschalten.

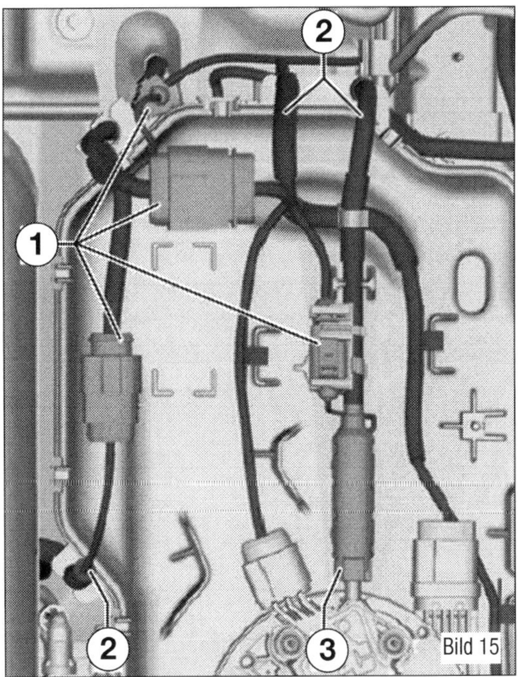
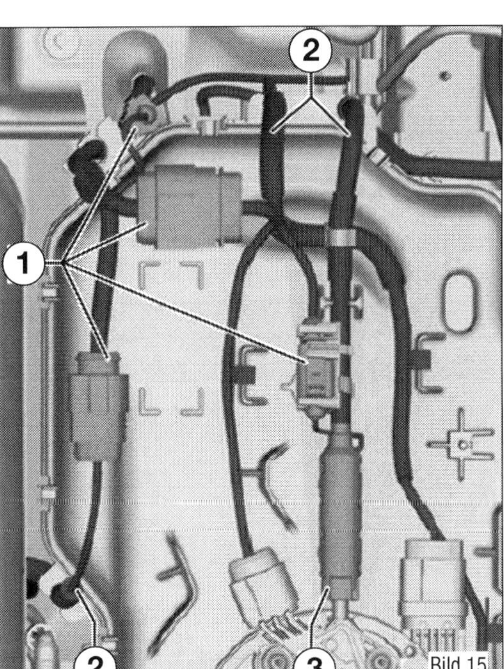

Bild 15

SCR-System (Selective Catalytic Reduction).
1 Steckverbindungen
2 Leitungsstrang
3 Förderleitung für Reduktionsmittel

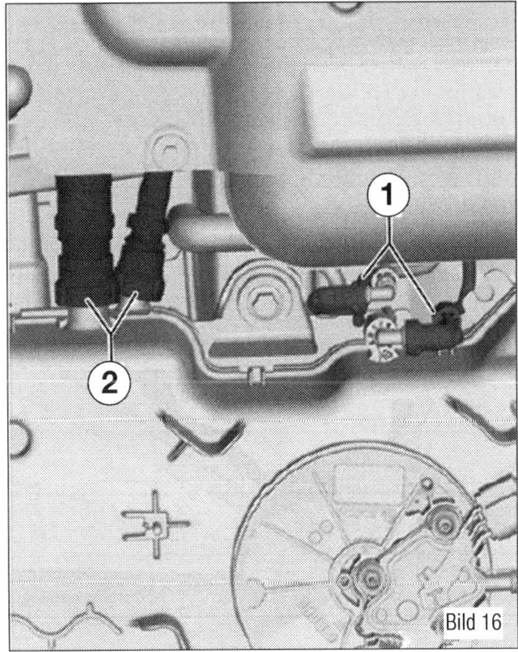

Bild 16

SCR-System (Selective Catalytic Reduction).
1 Kraftstoffleitungen
2 Schnellkupplungen für Füllrohr

■ Die Lernwerte SCR-System anpassen. Dazu folgende Anwahl treffen:
01 – Eigendiagnosefähige Systeme,
01 – Diesel-Direkteinspritz- und Vorglühanlage EDC 17,
01 – Motorelektronik Funktionen,
01 – Lernwerte SCR System anpassen.

■ Den weiteren Anweisungen am Fahrzeugdiagnosetester folgen.

8 Kraftstoffaufbereitung und Einspritzung

Gemischaufbereitung, Einspritzung und (Selbst-) Zündung werden durch elektronisch gesteuerte Einspritzsysteme realisiert. Die Aufladung über Abgasturbolader gehört zur Ausrüstung der Motoren, egal ob diese der Gattung »Diesel« oder «Benzin« angehören. Im Volkswagen T6 werden zur Zwangsbeatmung Turbolader in der herkömmlichen Bauweise, aber auch zwei hintereinandergeschaltete Lader als Bi-Turbo eingesetzt.

TDI-Motoren

Die TDI-Motoren haben direkte Kraftstoffeinspritzung über Hochdruckspeicher »Common Rail« (Bild 1) mit Aufladung über Abgasturbolader. Der Kraftstoff für die TDI, Diesel mit einer Cetanzahl (CZ) von mindestens 51, wird von der Fördereinheit im Tank über Vorlaufleitung und Kraftstofffilter zur Hochdruckpumpe geschafft. Diese drückt ihn ins »Common Rail«, das Kraftstoffsammler- und Verteilerrohr und von dort in die Piezo-Injektoren, die hier als Einspritzventil zum Einsatz kommen. Kraftstoffvor- und Rücklaufleitungen sind aus besonders druckfestem Material gefertigt.

Bild 1
Systemaufbau TDI:
1 Kraftstoffbehälter
2 Kraftstofffilter
3 Zusatzkraftstoffpumpe
4 Filtersieb
5 Kraftstofftemperaturgeber
6 Hochdruckpumpe
7 Ventil für Kraftstoffdosierung
8 Regelventil für Kraftstoffdruck
9 Hochdruckspeicher (Rail)
10 Kraftstoffdruckgeber
11 Druckhalteventil
12 Einspritzventile (Piezo-Injektoren)

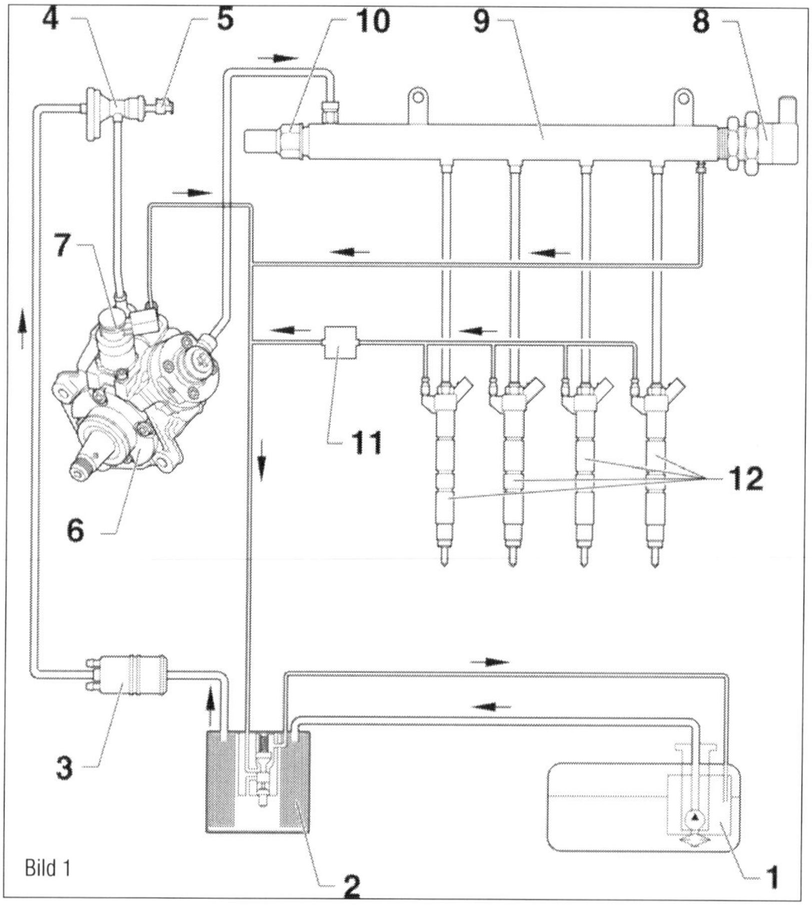

4 5 10 9 8 7 11 12 6 3 2 1

Bild 1

Hauptkomponenten der Anlage
Einige Anmerkungen zu einzelnen Komponenten der Einspritzanlage gemäß Bild 2. Das Schema zeigt die Anlage für die 2,0 l TDI. Das Ventil für Kraftstoffdosierung an der Hochdruckpumpe darf nicht geöffnet werden. Wenn die Kraftstoff-Hochdruckpumpe (10) erneuert wurde, muss eine Kraftstofferstbefüllung vorgenommen werden, auf jeden Fall muss Trockenlauf vermieden werden. Die Einspritzventile (20), bei den TDI von Anfang an Piezo-Injektoren, die Vorteile gegenüber magnetisch angesteuerten Dieselinjektoren haben, werden als Bauteil (»N«) durchnummeriert von 30 bis 33. Der Injektor für Zylinder 1 ist demnach »N30«, der Injektor für Zylinder 4 ist »N33«. Die Kraftstoffrücklaufleitungen (2) dürfen nicht zerlegt werden. Sie dürfen nur komplett mit Druckhalteventil erneuert werden. Dieses Druckhalteventil hat die Aufgabe, in den Kraftstoffrücklaufleitungen immer einen Restdruck (Steuermenge) von ca. 1 bar zu halten. Die Piezo-Injektoren benötigen diese Steuermenge für ihre Funktion. Das Druckhalteventil ist innerhalb der Kraftstoffrücklaufleitungen kurz vor der (Metall-)Rücklaufleitung einzubauen. Nach Austausch (Ventil plus Leitungen) muss der Motor für ca. 2 Minuten im Leerlauf laufen, um das Kraftstoffsystem zu entlüften. Anschließend müssen die Kraftstoffrücklaufleitungen auf Dichtigkeit geprüft werden. Der Kraftstoffkühler muss nicht zwingend eingebaut sein. Auch das separate Vorwärmventil muss nicht eingebaut sein. Die Montage-Übersicht Bild 2 vermittelt einen Eindruck von der konkreten Umsetzung des Schemas in Funktionsgruppen und Bauteile. Wir geben hier einige der direkt aufs Bauteil bezogenen Arbeitshinweise von VW wieder, um auf die Sensibilität des Systems aufmerksam zu machen. Daran darf nur mit Kenntnis, Sachverstand und Fingerspitzengefühl gearbeitet werden. Hochdruckleitung (21) verläuft

zwischen Hochdruckpumpe und Rail-Element (Common Rail, Hochdruckspeicher). Sie muss spannungsfrei eingebaut werden. Die Hochdruckleitung kann wiederverwendet werden, wenn ihr Dichtkonus ohne Beanstandungen auf Verformungen und Risse geprüft wurde und wenn die Leitungsbohrung nicht verformt, verengt oder beschädigt ist. Korrodierte Leitungen dürfen nicht mehr verwendet werden. Die Hochdruckleitungen (21) verlaufen zwischen dem Rail-Element (Hochdruckspeicher (7 im Bild 2) und den Einspritzventilen (Piezo-Injektoren, Bild 20). Sie dürfen nicht vertauscht und müssen spannungsfrei eingebaut werden. Bei Wiederverwendung der Hochdruckleitungen nach den zu (21) genannten Überprüfungen muss ihre zylinderspezifische Kennzeichnung beachtet werden. Bei Beschädigung der Dichtungen an den Injektoren muss die Zylinderkopfhaube ersetzt werden.

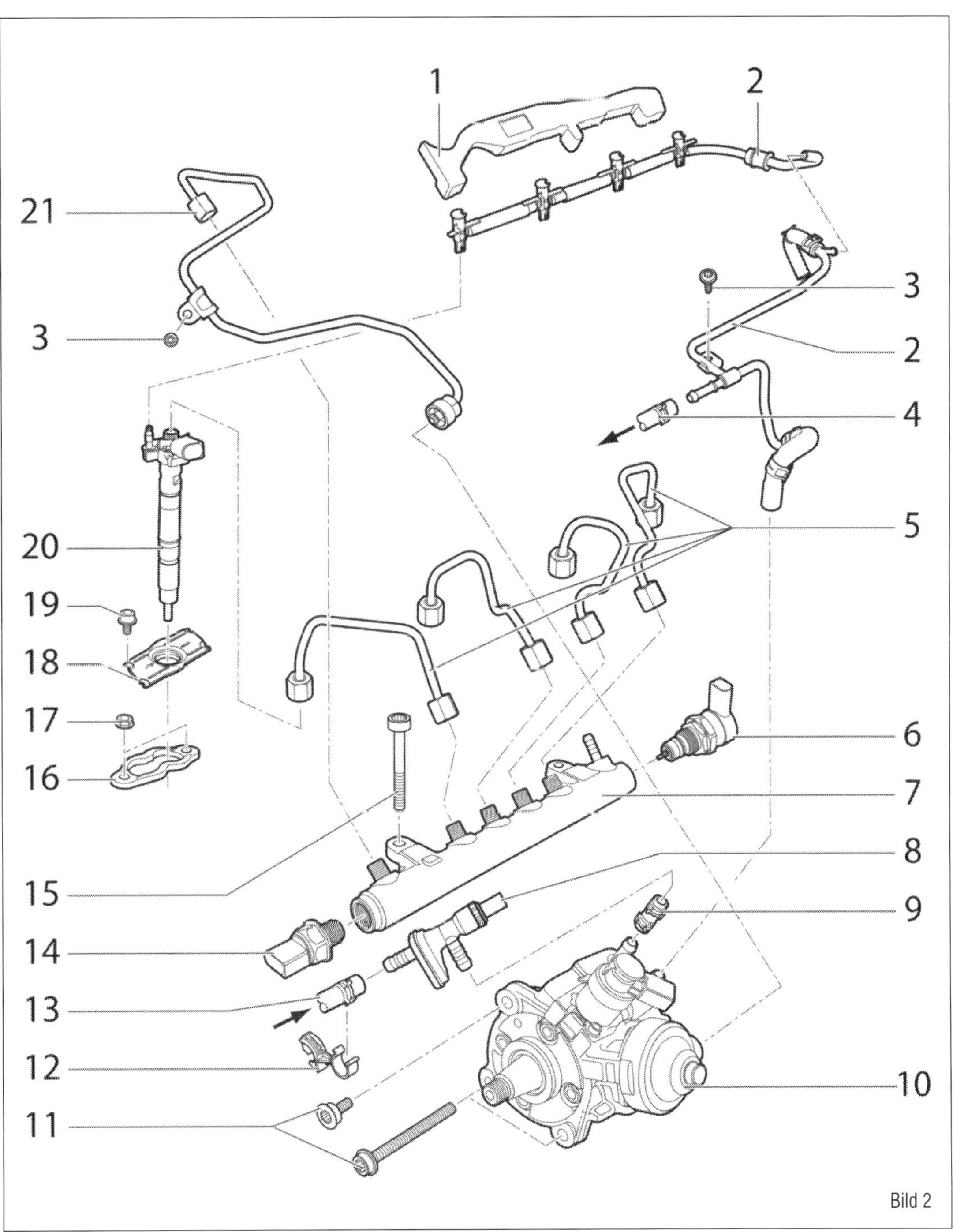

Bild 2

Bild 2
Bauteile der Common-Rail:
1 Schutzleiste
2 Kraftstoffrücklaufleitungen
3 Anbindung
4 Kraftstoffrücklaufleitung
5 Hochdruckleitungen
6 Regelventil für Kraftstoffdruck
7 Hochdruckspeicher (Rail)
8 Kraftstofftemperaturgeber
9 Kraftstoffvorlaufleitung
10 Hochdruckpumpe
11 Schraube
12 Halter
13 Kraftstoffvorlaufleitung
14 Kraftstoffdruckgeber
15 Schraube
16 Spannpratze
17 Mutter
18 Abdeckung für Einspritzeinheit
19 Schraube
20 Einspritzdüse (Piezo-Injektor)
21 Hochdruckleitung

Benzin-Motoren

FSI- (MED) Konzept
»Direkteinspritzung« bezeichnet ein Verfahren zur Kraftstoffeinspritzung für Dieselmotoren und Ottomotoren. Bei der Direkteinspritzung wird dagegen der Kraftstoff direkt in den Zylinder-Brennraum eingespritzt. Unterschiede zum Dieselmotor bestehen auch in dem deutlich geringeren Einspritzdruck. Der Einspritzdruck beim Saugrohrbenziner ist bei etwa 3,5–5 bar angesiedelt. Der »DI«-Benziner spritzt in einem Bereich von 100 - 200 bar ein. Beim Common-Rail-Diesel liegt der Wert im Bereich 1600 - 2000 bar. Bei beiden Motorentypen wird der Einspritzdruck steigen, um die Verwirbelung und den Kraftstoffverbrauch oder auch die Leistung um das Drehmoment zu verbessern. Durch die direkte Einspritzung sollte eigentlich eine Ladungsschichtung erreicht werden, wodurch der Motor mit Sauerstoffüberschuss besonders sparsam betrieben werden kann.
Zwar wurde aufgrund der schwierigen Gemischbildung und Alltagsproblemen zunehmend auf die Schichtladung verzichtet, die entwickelten Vorteile des Gemischbildungsverfahrens durch Turbolader und/oder Kompressor und die verringerte Motor-Reibleistung sind der Trend in der jüngeren Motorenentwicklung in der Volkswagengruppe.

FSI, TSI, und TFSI
Die Bezeichnungen sind ähnlich lautend und klingen sportlich dynamisch. Was dahintersteckt, sind Abkürzungen für die Motorentechnologie aus der englischen Sprache. Zwar werden die T6 nicht unbedingt mit dynamischer Fahrleistung angepriesen. Eine Probefahrt einer der »dicken« Bi-Turbo-Motoren macht schnell klar, dass Sportwagen nicht grundsätzlich flach sein müssen und nur einen kleinen Kofferraum aufweisen. 150 kW im Serienfahrzeug machen auch den Benziner im Format des T6 zum spurtstarken Fahrzeug mit verblüffenden Reisequalitäten. Der Vollständigkeit halber werden wir die Bezeichnungen für die Benzindirekteinspritzer mal etwas genau beleuchten.

FSI
»Fuel-Stratified-Injektion« bedeutet Kraftstoffschichteinspritzung. Hier findet sich die eigentliche Idee des Systems noch in der Namensgebung wieder.

TFSI
»Turbo-Fuel-Stratified-Injektion« bedeutet Kraftstoffschichteinspritzung mit Turboaufladung. Der FSI-Motor ist ein Saugmotor, der auf die leistungssteigernde Beschickung durch einen Turbolader verzichten muss.

TSI
»Twincharged-Stratified-Injection verweist ursprünglich nur auf die doppelt aufgeladenen Motoren. Ab Modelljahr 2008 wurden bei VW/Audi auch die bisherigen nur turbogeladenen Motoren mit Benzindirekteinspritzung als »Turbocharged Stratified Injection (TSI) in unterschiedlichen Modellen eingesetzt.

Anlagentypen und Hinweise zur Arbeit
Typen der Einspritz- und Zündanlagen
Die elektronische Zündung ohne Verteiler hat bei den durchweg Vierzylindermotoren eine Zündfolge von 1-3-4-2. Je nach Motor, vor allem hinsichtlich der Leistungsstufe und nach aktuellem Entwicklungsstand, werden im T6 verschiedene elektronisch gesteuerte Systeme verwendet.

- Das Motorsteuergerät ist mit Eigendiagnose ausgestattet. Vor Reparaturen sowie zur Fehlersuche ist als Erstes der Fehlerspeicher abzufragen. Ebenso sind die Unterdruckschläuche und Anschlüsse zu prüfen (Falschluft).
- Das Kraftstoffsystem steht unter Druck. Schutzbrille und Schutzbekleidung tragen. Vor dem Lösen von Schlauchverbindungen einen sauberen Putzlappen um die Verbindungsstelle legen. Dann vorsichtig Druck abbauen.
- Zur einwandfreien Funktion der elektrischen Bauteile ist eine Spannung von mindestens 11,5 V erforderlich.
- Vor dem Öffnen des Kraftstoffsystems Zündung ausschalten und Masseband der Batterie abklemmen (»Elektrische Anlage«) oder die zutreffenden Sicherungen (für Kraftstoffpumpe oder Steuergerät) aus den Sicherungshaltern entfernen: Sicherung SB30 und SB32 im Sicherungshalter B in der E-Box im Motorraum. Das Ab- und Anklemmen der Batterie darf nur bei ausgeschalteter Zündung erfolgen, da sonst

das Motorsteuergerät beschädigt werden kann. Zündleitungen bei laufendem Motor oder bei Anlassdrehzahl nicht berühren und nicht abziehen. Leitungen der Anlage, auch Messgeräteleitungen, nur bei ausgeschalteter Zündung ab- und anklemmen.

■ Wenn MED-Motoren mit Anlassdrehzahl betrieben werden sollen, ohne dass sie anspringen: Nockenwellenpositionsgeber und Kurbelwellengeber (OT-Geber) abziehen.

■ Kraftstoffschläuche im Motorraum dürfen nur mit Federbandschellen gesichert werden. Die Verwendung von Klemm- oder Schraubschellen ist nicht zulässig. Anschließend muss der Fehlerspeicher gelöscht werden.

■ Keine silikonhaltigen Dichtmittel verwenden. Vom Motor angesaugte Spuren von Silikonbestandteilen werden im Motor nicht verbrannt und schädigen die Lambdasonde.

■ Prüf- und Messgeräte an Bord bei Probefahrten sind immer auf dem Rücksitz zu befestigen und durch eine zweite Person auch von dort zu bedienen. Wenn die Prüf- und Messgeräte vom Beifahrersitz aus bedient werden, könnte es bei einem Unfall durch das Auslösen des Beifahrer-Airbags zu Verletzungen der dort sitzenden Person kommen.

■ Springt der Motor nach Fehlersuche, Reparatur oder Prüfungen von Bauteilen nur kurz an und geht dann aus, kann das daran liegen, dass die Wegfahrsicherung das Motorsteuergerät sperrt. Dann muss das Steuergerät mit dem Diagnosetester angepasst werden.

Einspritzdüsen wechseln

2,0-l-TDI-Motoren (CAAA-CAAC, CFCA)
Bei jedem Aus- und Einbau von Injektoren müssen folgende Bauteile und Dichtungen oder O-Ringe erneuert werden:
a »Kupferscheibe«,
b »O-Ring vom Injektorschacht«,
c »Schraube für Spannpratze« und
d »Halteklammer Rücklaufleitung«.

Beim Erneuern eines Injektors müssen folgende Bauteile und Dichtungen oder O-Ringe erneuert werden:
a) »Spannpratze«,
b) »Kupferscheibe«,
c) »Schraube für Spannpratze«.

■ Bauen Sie die Motorabdeckung ab.

■ Nehmen Sie, soweit verbaut, die Geräuschdämpfung von der Zylinderkopfhaube ab.

■ Ziehen Sie die Steckverbindung (1 im Bild 3) an den auszubauenden Injektoren ab.

■ Reinigen Sie vor dem Ausbau (z. B. mit handelsüblichem Kaltreiniger) den Rücklaufleitungs-Anschluss an den auszubauenden Einspritzeinheiten.

■ Trocknen Sie den Rücklaufleitungs-Anschluss.

■ Decken Sie den Rücklaufleitungs-Anschluss mit einem Putzlappen ab.

■ Ziehen Sie die Anschlüsse der Kraftstoffrücklaufleitung an den auszubauenden Injektoren ab. Drücken Sie dazu den Anschluss an den Laschen nach unten und ziehen Sie das Mittelstück zum Entriegeln nach oben (Kapitel 4 Bild 79 und 80).

⚠ Achten Sie auf Sauberkeit! Schmutz darf keinesfalls in die abgezogenen Rücklaufleitungen und in die Anschlüsse der Einspritzeinheiten gelangen. Schützen Sie alle geöffneten Kraftstoffanschlüsse unbedingt mit geeigneten Mitteln vor Schmutzeintrag.

■ Schrauben Sie die Hochdruckleitung zwischen Rail und den auszubauenden Injektoren ab.

■ Schrauben Sie die Befestigungsschrauben der Abdeckung der auszubauenden Injektoren heraus.

■ Heben Sie die Abdeckung etwas an und drehen Sie sie um 90°, um die Befestigungsmuttern des Injektors freizulegen.

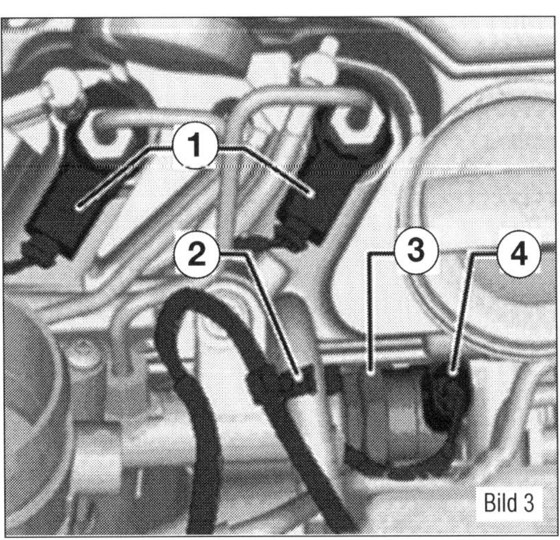

Bild 3
Diesel-Injektoren.
1 Elektrischer Anschluss
2 Kabelhalter
3 Druckmodellierventil
4 Elektrischer Anschluss

Bild 4
Diesel-Injektoren ausziehen (CAAA-CAAC, CFCA).
T10055 Abzieher
T10055/1 Adapter

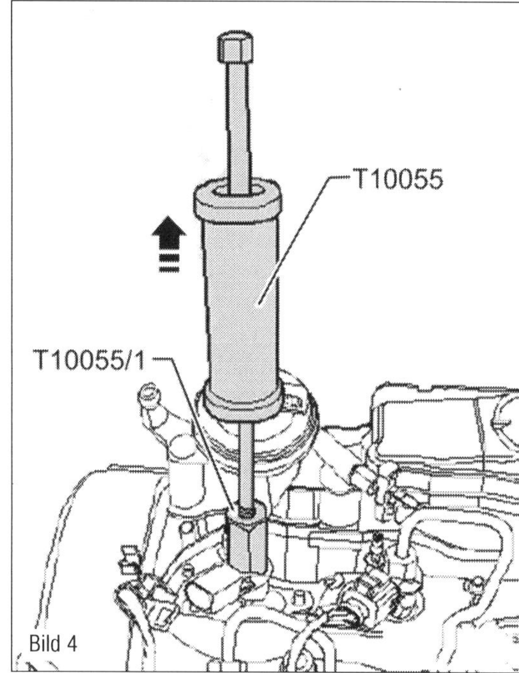

Bild 4

Bild 5
Diesel-Injektoren im Detail.
1 Kraftstoffrücklaufleitung
2 O-Ring
3 Einspritzeinheit
4 Hochdruckleitung
5 Dichtring
6 Kupferscheibe
7 O-Ring
8 Tülle
9 Spannpratzen
10 Schraube

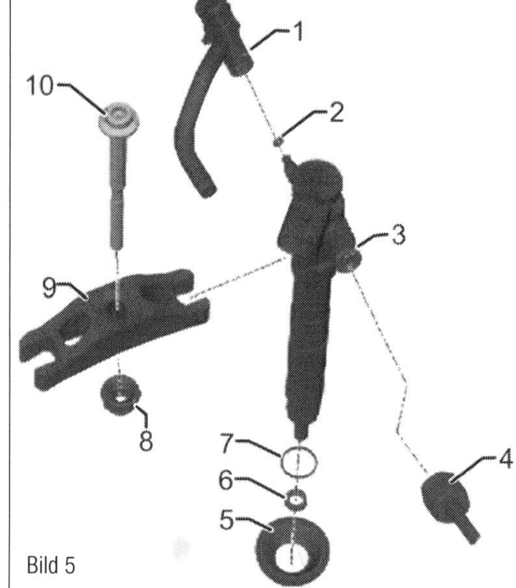

Bild 5

Bild 6
Rücklaufleitung entriegeln.
A Bügel
B Entriegelungsbolzen
1 Aussparung

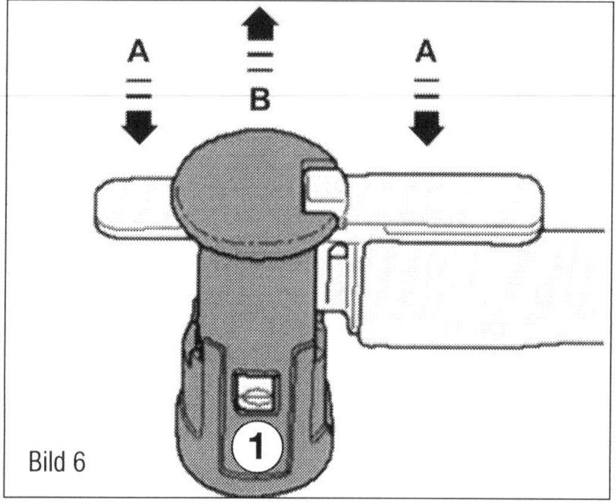

Bild 6

⚠ Beim Drehen der Befestigungsmuttern des Injektors besteht die Gefahr, dass die jeweilige Mutter in den Zylinderkopf fällt. Gehen Sie mit großer Vorsicht vor, um unnötige Montagearbeiten oder Folgeschäden zu vermeiden.

■ Drehen Sie die Befestigungsmuttern der entsprechenden Einspritzeinheit heraus.
■ Setzen Sie den Abzieher (T10055) mit dem Adapter (T10055/1) wie im Bild 4 gezeigt an und ziehen Sie durch Klopfbewegungen den Injektor nach oben heraus.

Die Montage erfolgt weitestgehend und sinngemäß in umgekehrter Reihenfolge.
■ Vor Wiederverwendung der »Einspritzhochdruckleitung« müssen die Dichtkronen durch Augenschein auf Beschädigungen wie Querriefen oder Korrosion geprüft werden. Bei Beschädigung immer ersetzen!
■ Demontierte Einspritzventile, Hochdruckleitungen und Spannpratzen dürfen bei Weiterverwendung nur wieder am selben Ort (Zylinder) montiert werden.
■ Beim Lösen von Hochdruckleitungen muss am Hochdruckstutzen gegengehalten werden.
■ Die Halteklammern von Hochdruckleitungen müssen immer ersetzt werden.
■ Sprühen Sie die Spitze der Einspritzeinheit mit einem Rostlösespray ein. Nach ca. 5 Minuten entfernen Sie mit einem Lappen die Rußpartikel bzw. Ölpartikel.

2,0-l-TDI-Motoren (CXEB, CXFA, CXGA, CXGB, CXHA, CXGC, CXHB, CXEC)
■ Halter für Ladeluftkühler ausbauen.
■ Hochdruckleitungen zwischen Hochdruckspeicher (Rail) und den betreffenden Einspritzeinheiten ausbauen.
■ Falls vorhanden, Geräuschdämpfung zur Seite legen.
■ Mit Haken für Frontend » VAG 3370« oder einem anderen geeigneten Werkzeug in die unterste Aussparung fassen und Mittelstück (1) der Rücklaufleitungsanschlüsse in Pfeilrichtung entriegeln und abziehen.
■ Elektrische Steckverbindungen (1 im Bild 3) abziehen.
■ Schraube (10 im Bild 5) herausdrehen.

Eine Spannpratze fixiert immer zwei Einspritzeinheiten und kann nur entnommen werden, wenn beide Einspritzeinheiten ausgebaut werden.

- Abzieher (T10537 im Bild 7) an der Einspritzeinheit anschrauben.
- Reihenfolge zum Ausbau der Einspritzeinheiten: Zuerst Einspritzeinheit an Zylinder 2, dann 1 bzw. an Zylinder 4, dann 3 ausbauen.
- Abzieher (T10055) an Abzieher (T10537) anschrauben.
- Einspritzeinheiten nach oben herausziehen.
- Ausgebaute Einspritzeinheiten auf einem sauberen Lappen ablegen.

Der Einbau erfolgt sinngemäß in umgekehrter Reihenfolge.

- Den Schacht der Einspritzeinheiten im Zylinderkopf mit einem geeigneten Reinigungs-Set (wie dem VAS 6811) reinigen.

Einbauen neuer Einspritzeinheiten:

Neue Einspritzeinheiten werden mit neuen Dichtringen geliefert.

- Einbaulage der Spannpratzen in den Einspritzeinheiten beachten.
- Die Hochdruckleitungen müssen gratfrei und unbeschädigt sein.

Einbauen gelaufener Einspritzeinheiten:

Beim Wiedereinbau einer gelaufenen Einspritzeinheit müssen ersetzt werden:
a) der Kupferdichtring,
b) der O-Ring für den Schacht der Einspritzeinheit,
c) der O-Ring für den Anschluss der Kraftstoffrücklaufleitung.

- Die Spitze der Einspritzeinheit mit einem Rostlösespray einsprühen. Nach ca. 5 Minuten mit einem Lappen die Rußpartikel bzw. Ölpartikel entfernen.
- Zum Demontieren des alten Kupferdichtrings von der Einspritzeinheit den Dichtring vorsichtig in einen Schraubstock spannen, bis der Kupferdichtring gerade am Durchdrehen zwischen den Spannbacken gehindert wird.
- Einspritzeinheit mit leicht drehenden und ziehenden Bewegungen von Hand aus dem Kupferdichtring ziehen.

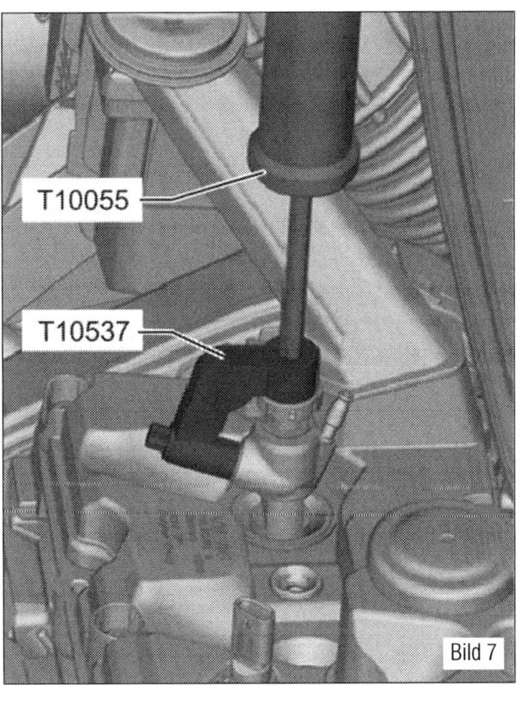

Bild 7
Diesel-Injektoren ausziehen (CXEB, CXFA, CXGA, CXGB, CXHA, CXGC, CXHB, CXEC).
T10055 Abzieher
T10537 Adapter

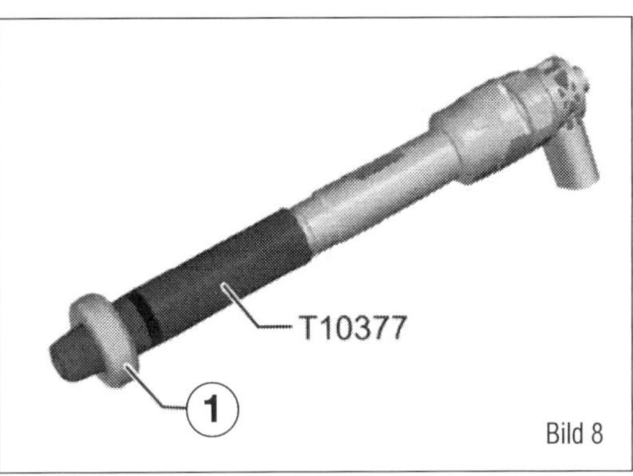

Bild 8
Diesel-Injektoren.
1 Dichtring
T10377 Montagehülse

- Ablagerung unterhalb des Kupferdichtrings reinigen.
- Dichtring (1 im Bild 8) für die Einspritzeinheit ersetzen, dazu die Montagehülse (T10377) verwenden.

Fortsetzung für gelaufene und neue Einspritzeinheiten:

- O-Ringe der Einspritzeinheiten mit Montageöl, Motoröl oder Dieselkraftstoff bestreichen.
- Einspritzeinheiten einbauen.
- Anschlüsse der Rücklaufleitungen vorsichtig auf die Einspritzeinheiten drücken. Der Verschluss muss hörbar einrasten, danach den Entriegelungsbolzen vorsichtig nach unten drücken.
- Überwurfmuttern der Hochdruckleitungen zunächst handfest ansetzen. Auf einen spannungsfreien Sitz achten.

■ Nach dem Erneuern einer oder mehrerer Einspritzeinheiten muss die Anpassung der Korrekturwerte für die neuen Einspritzeinheiten ins Motorsteuergerät geschrieben werden.
■ Kraftstoffsystem befüllen und entlüften.

2,0-l-MED-Injektor wechseln
■ Saugrohr mit Kraftstoffverteiler ausbauen. Wenn die Einspritzventile im Kraftstoffverteiler stecken bleiben, ziehen Sie sie aus dem Kraftstoffverteiler heraus.
■ Ansaugkanäle mit einem sauberen Lappen verschließen.
■ Abstützelement herunternehmen und Stecker von den Einspritzventilen abziehen.
■ Setzen Sie den Abzieher (T10133/2A) in die Rille am Einspritzventil.
■ Demontagewerkzeug (T10133/16) aufsetzen und durch Drehen der Schraube (1) das Einspritzventil herausziehen.

☞ Achten Sie auf die Zwischenringe. Der Teflondichtring ist grundsätzlich vor Wiedereinbau des Einspritzventils zu ersetzen.

Montage:
Der Teflondichtring des Einspritzventils darf nicht eingeölt oder gefettet werden. Möglicherweise behindert ein geöffnetes Einlassventil die Reinigung. Für diesen Fall ist der Motor mit einem Schraubenschlüssel von Hand an der Kurbelwelle weiterzudrehen.

■ Reinigen Sie die Bohrungen der Hochdruck-Einspritzventile im Zylinderkopf gründlich mit der Nylonbürste (T10133/4).
■ Den Teflondichtring des Einspritzventils bitte ersetzen.
■ Das Einspritzventil mit den Teilen aus dem Reparatursatz komplettieren.
■ Das Einspritzventil von Hand bis zum Anschlag in die Bohrung des Zylinderkopfes (Öl und fettfrei) eindrücken.

☞ Auf die korrekte Lage der Einspritzventile im Zylinderkopf achten. Sollte das Einsetzen des Einspritzventils von Hand nicht gehen, benutzen Sie den Abzieher (T10133/2A) mit dem Schlaghammer (T10133/3) zum Einführen des Einspritzventils.

■ Stützring auf das Einspritzventil stecken.
■ O-Ringe des Hochdruck-Einspritzventils leicht mit sauberem Motoröl benetzen.
■ Saugrohr mit Kraftstoffverteiler einbauen.

Die weitere Montage erfolgt weitestgehend und sinngemäß in umgekehrter Reihenfolge.

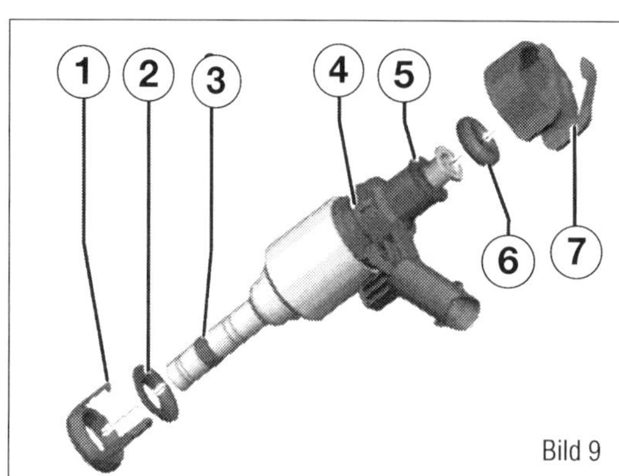

Bild 9
Injektor MED.
1 Zwischenring
2 Aufnahme
3 Brennraumdichtring (Teflondichtring)
4 Einspritzventil
5 Distanzring
6 O-Ring
7 Stützring

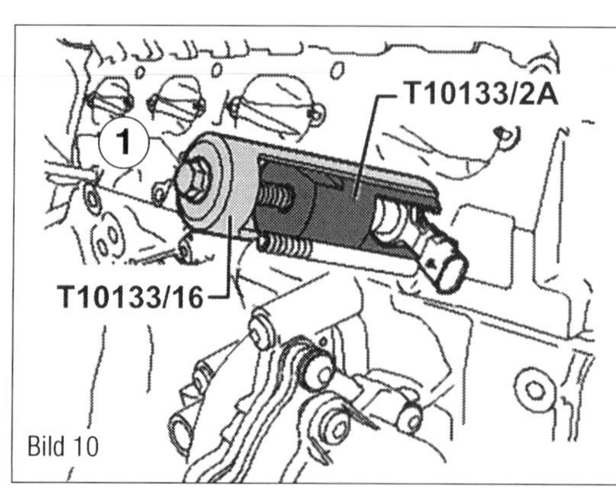

Bild 10
Abzieher Injektoren MED-
T10133/16 Demontagewerkzeug
T101332A Abzieher
1 Schraube

Glühkerzen wechseln

2,0-l-TDI-Motor (CAAA-CAAC, CFCA)
■ Schalten Sie die Zündung aus.
■ Bauen Sie, soweit verbaut, die Motorabdeckung ab.
■ Nehmen Sie die Geräuschdämpfung an den Injektoren heraus.
■ Ziehen Sie die Steckverbindungen an den Injektoren, dem Drucksensor für Abgas und dem Raildrucksensor ab.
■ Drehen Sie die Befestigungsschrauben der Kühlmittelleitung auf dem Saugrohr heraus und legen Sie die Leitung vor dem Saugrohr ab.
■ Setzen Sie die Zange (3314 im Bild 11) mit der Zangennut am Bund der Stützhülse und ziehen Sie die Stecker von den Glühstiftkerzen ab.

⚠ Achten Sie darauf, dass keine Kabelverbindung beim Abziehen der Steckverbindungen beschädigt wird, ansonsten muss der gesamte Leitungsstrang erneuert werden. Drücken Sie die Zange (3314) zum Abziehen der Steckverbindungen nicht zu fest zusammen, da sonst die Stützhülse beschädigt werden kann.

■ Ziehen Sie die Steckverbindung vorsichtig von der Glühstiftkerze ab.
■ Schrauben Sie die Befestigungsmutter der Kraftstoffrücklaufleitung auf dem Saugrohr ab, öffnen Sie die Schelle und ziehen Sie die Leitung am Rail ab.

 Achten Sie auf Sauberkeit. Schmutz darf keinesfalls in die abgezogenen Rücklaufleitungen und in die Anschlüsse der Einspritzeinheiten gelangen.

■ Nehmen Sie die komplette Rücklaufleitung ab und legen Sie sie vor dem Saugrohr ab.
■ Nehmen Sie die Kabelführung ab und legen Sie sie zur Seite.
■ Reinigen Sie den Glühkerzenkanal im Zylinderkopf (Schmutz darf nicht in den Zylinder fallen).

Beispiel zum Reinigen:

 ■ Groben Schmutz mit einem Staubsauger aussaugen.

■ Sprühen Sie einen Bremsenreiniger oder einen geeigneten Reiniger in den Glühkerzenkanal, kurz einwirken lassen und mit Pressluft ausblasen.
■ Reinigen Sie anschließend den Glühkerzenkanal mit einem Öl benetzten Lappen.
■ erwenden Sie zum Lösen der Glühkerzen den Gelenkschlüssel Schlüsselweite 10 (3220).

Montage:

■ Verwenden Sie zum Festziehen der Glühkerzen den Gelenkschlüssel Schlüsselweite 10 (3220) mit einem geeigneten Drehmomentschlüssel.
■ Ziehen Sie die Glühkerzen mit dem Anzugsdrehmoment fest. Das Anzugsdrehmoment beträgt: 18 Nm.
■ Stecken Sie die Glühkerzenstecker wieder auf die jeweilige Glühkerze, auf festen Sitz achten.

Der weitere Einbau erfolgt in umgekehrter Reihenfolge.

■ Löschen Sie den Ereignisspeicher des Motorsteuergeräts.

2,0-l-TDI-Motoren (CXEB, CXFA, CXGA, CXGB, CXHA, CXGC, CXHB, CXEC)

■ Halter für Ladeluftkühler ausbauen.
■ Geräuschdämpfung unter dem Halter für Ladeluftkühler abnehmen.

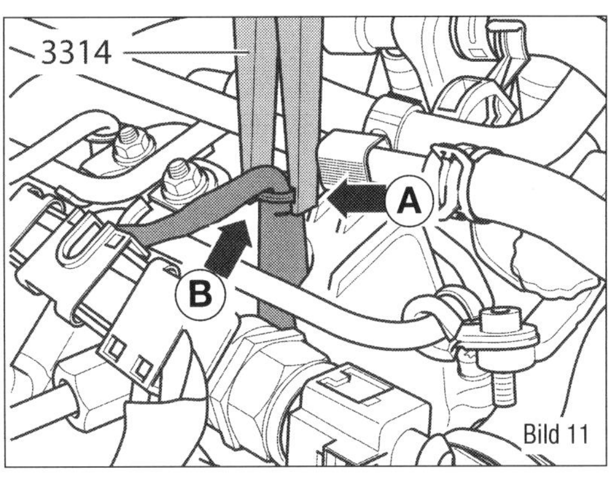

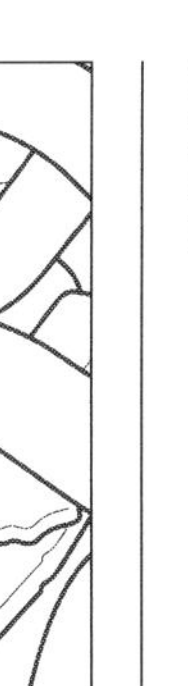

Bild 11
Zange (3314).
A Zangennut
B Bund der Stützhülse

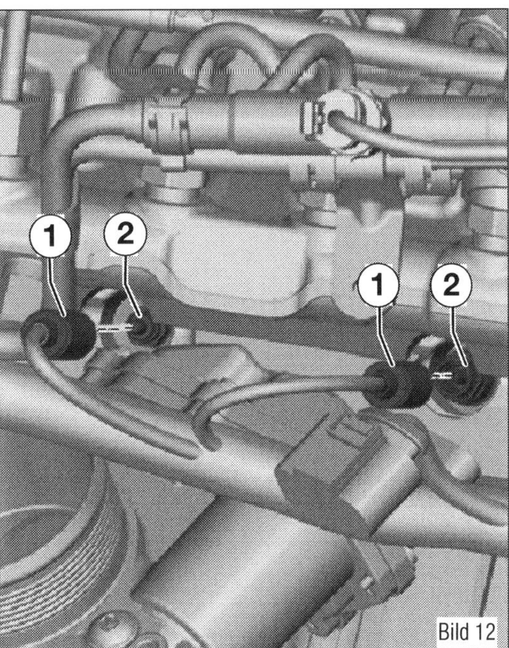

Bild 12
1 Steckverbindungen
2 Glühkerzen

■ Elektrische Steckverbindungen (1 im Bild 12) trennen.
■ Bereich um die Glühkerzen reinigen. Groben Schmutz zuerst mit einem Staubsauger aussaugen.
Anschließend Bremsenreiniger oder einen geeigneten Reiniger in den Glühstiftkerzenkanal sprühen, kurz einwirken lassen und mit Pressluft ausblasen. Abschließend den Glühstiftkerzenkanal mit einem Öl benetzten Lappen reinigen.
■ Glühkerze (2) herausdrehen.

Brennraumdruckgeber für Zylinder 3 mit Steckeinsatz in Schlüsselweite 12, verwenden. Glühkerzen ohne Brennraumdruckgeber mit einem Gelenkschlüssel Schlüsselweite 10 ausbauen.

Der Einbau erfolgt sinngemäß in umgekehrter Reihenfolge.

Bild 13
1 Klopfsensor
2 Schraube
3 Zündspule
4 Zündkerze
5 O-Ring
6 Motordrehzahlgeber
7 Schraube
8 Hallgeber

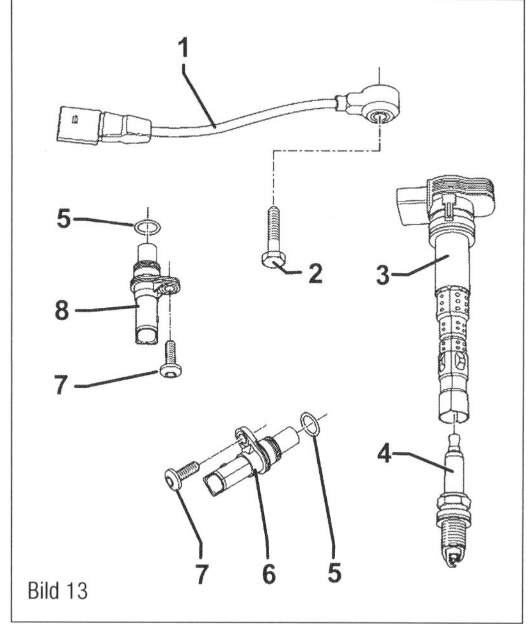

Bild 13

■ Falls erforderlich, Glühstiftkerzenbohrung für Brennraumdruckgeber für Zylinder 3 mit geeignetem Reinigungsset reinigen.
■ Falls der Brennraumdruckgeber für Zylinder 3 ersetzt wurde, den Fahrzeugdiagnosetester anschließen und die Lernwerte der Motorsteuerung zurücksetzen.
■ Folgen Sie den Anweisungen des Testermenüs.

Zündsystem am Benziner

Ein weiterer Teil des Systems ist die Zündanlage. Alle Zündsysteme verwenden keinen Zündverteiler. Der 2,0-l-SRE-Motor ist mit einer Doppelfunkenspule ausgerüstet. Zwischen Zündtrafo und Zündkerze sind Zündkabel verbaut. Die 2,0-l-MED-Motoren sind mit Einzelfunkenspulen ausgerüstet, die direkt auf der Zündkerze montiert sind.

Zündkerzen wechseln 2,0-l-MED
■ Ziehen Sie mit dem Abzieher (T40039) alle Zündspulen ca. 30 mm aus dem Zündkerzenschacht.
■ Entriegeln Sie die Stecker und ziehen Sie alle Stecker gleichzeitig von den Zündspulen.
■ Reinigen Sie den Kerzenschacht gründlich mit Druckluft.

Montage:
■ Achten Sie auf den vorgeschriebenen Elektrodenabstand der Zündkerzen.
■ Bauen Sie die Zündkerzen ein (25 Nm).
■ Stecken Sie alle Zündspulen locker in den Zündkerzenschacht.
■ Richten Sie die Zündspulen zu den Steckern aus und stecken Sie alle Stecker gleichzeitig auf die Zündspulen.
■ Drücken Sie die Zündspulen gleichmäßig mit der Hand auf die Zündkerzen.

Kraftstofffilter wechseln

TDI-Motoren
Für die Dieselmotoren werden zwei unterschiedliche Filtersysteme verbaut. Zum einen mit oder auch ohne Vorheizung. Sie sind bereits an den Anschlüssen zu erkennen. Die zusätzlichen Anschlüsse binden den Kraftstoffkühler mit ein. Der Kraftstofffilter befindet sich im Motorraum links.

Kennzeichnungen der Kraftstoffleitungen auf dem Kraftstofffilter:
■ Rücklaufleitung zum Kraftstoffbehälter mit »RT« gekennzeichnet.
■ Vorlaufleitung zum Filter mit »VF« gekennzeichnet.
■ Rücklaufleitung zum Filter mit »RF« gekennzeichnet.
■ Vorlaufleitung zum Motor mit »VM« gekennzeichnet.

Demontage:
■ Legen Sie einen Lappen unter die Filtereinheit, um abtropfenden Kraftstoff aufnehmen zu können.
■ Lösen Sie die Kraftstoffleitungen (2,3 und 10,11 im Bild 14) am Filter und legen Sie sie beiseite.
■ Lösen Sie die Schelle (1) und nehmen Sie den Filter gerade nach oben heraus.

Montage
■ Kraftstoffleitungen (1) auf die Kraftstofffilter-Anschlussstutzen aufschieben. Hierbei auf festen Sitz und die Kennzeichnungen der Kraftstoffleitungen auf dem Kraftstofffilter achten.
■ Um ein sofortiges Starten des Motors nach dem Kraftstofffilterwechsel zu gewährleisten und einen Trockenlauf der Pumpen zu verhindern, muss das Kraftstoffsystem mit dem Fahrzeugdiagnosesystem, Mess- und Informationssystem entlüftet werden.
■ Starten Sie den Motor und führen Sie eine Sichtprüfung des Kraftstoffsystems am Kraftstofffilter durch.

Benzin-Motoren

- Auffangwanne unter den Kraftstofffilter stellen.
- Die Kraftstoffleitungen 3, 4 und 5 abziehen.

⚠ Die Kraftstoffleitung steht unter hohem Druck!

- Drehen Sie die Schraube oder Schelle (2 im Bild 15) heraus.
- Nehmen Sie den Kraftstofffilter (1) ab.

Der Einbau erfolgt in umgekehrter Reihenfolge, dabei bitte Folgendes beachten:

- Steckkupplungen müssen beim Verriegeln »hörbar« einrasten. Den festen Sitz der Steckkupplung durch Gegenziehen prüfen!
- Beim Einbau der Steckkupplungen die Farbzuordnung beachten. Die Durchflussrichtung ist am Filtergehäuse mit Pfeilen gekennzeichnet. Der Stift am Filtergehäuse muss in die Aussparung der Führung am Filterhalter eingreifen.

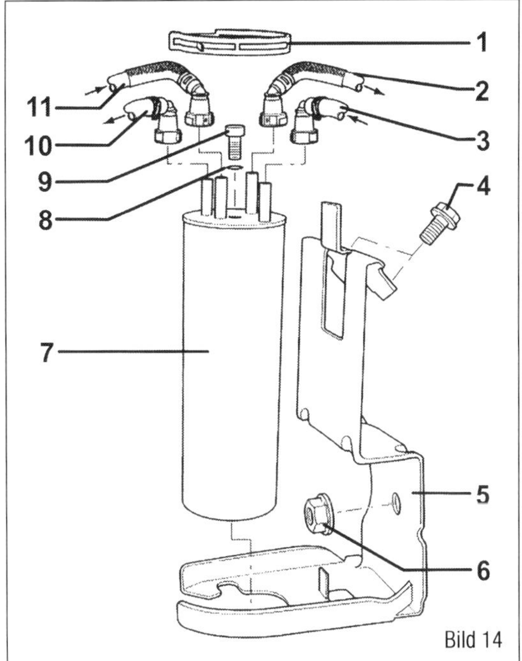

Bild 14

Bild 14
Dieselmotoren (mit Vorheizung).
1 Befestigungsschelle
2 Rücklauf
3 Vorlauf
4 Schraube
5 Halter
6 Mutter
7 Kraftstofffilter
8 Dichtring
9 Entwässerungsanschluss
10 Vorlaufleitung
11 Rücklaufleitung

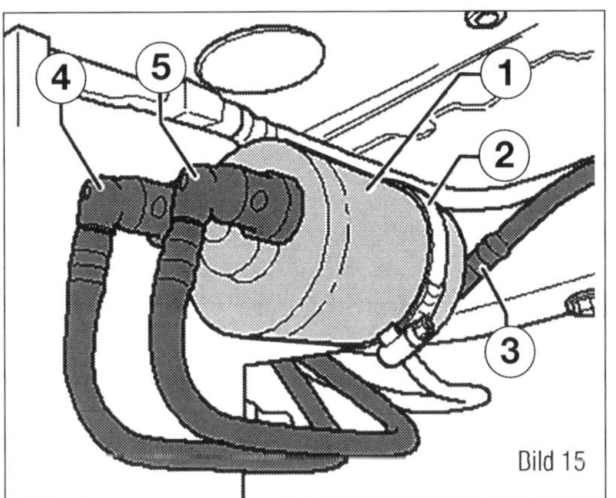

Bild 15

Bild 15
Benzinmotoren.
1 Kraftstofffilter
2 Schelle
3 Schlauchverbindung
4 Schlauchverbindung
5 Schlauchverbindung

Luftfilter wechseln

Filter mit Sättigungsanzeige

Der Luftfilterkasten Ihres T6 kann durch eine Sättigungsanzeige überwacht werden. Eigentlich ist diese Anzeige nur für »staubreiche Länder« vorgesehen. Diese Anzeige gibt es in zwei Bauformen. In der ersten Variante befindet sich die Sättigungsanzeige auf dem Luftfiltergehäuse und zeigt den Verschmutzungsgrad des Filtereinsatzes mit Farbfeldern an (Bild 16). Erreicht die rote Fläche in dem Anzeigefeld die 75-%-Markierung, ist das Filtergehäuse zu reinigen und der Filtereinsatz zu ersetzen. Die Anzeige muss dann nach Filterwechsel und Gehäusereinigung durch die Drehung des Knopfes (A) nach links erfolgen.

Im Anzeigefeld (B) darf nach dem Zurücksetzen die rote Fläche nicht mehr zu sehen sein. Die zweite Variante stellt den Verschmutzungszustand im Fahrerdisplay dar. Das Zurücksetzen erfolgt mit dem Diagnosetester über die Lernwerte des Motorsteuergeräts.

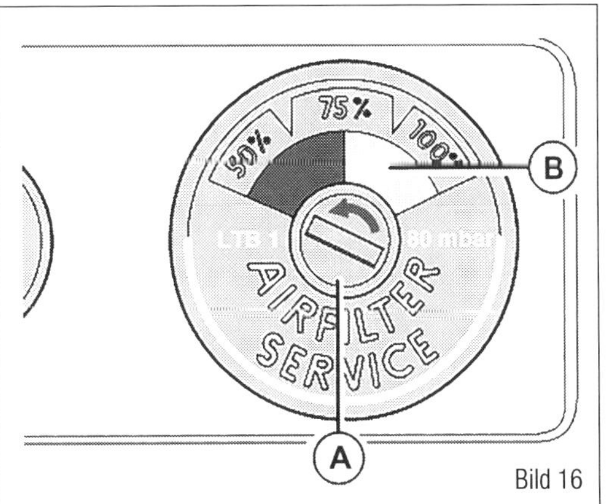

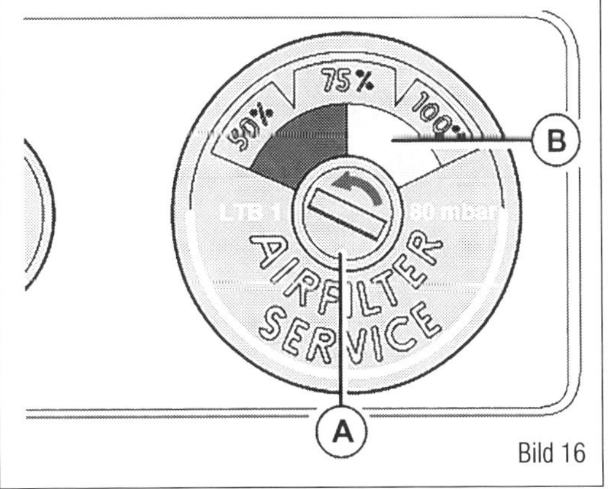

Bild 16

Bild 16
A Knopf zur Verstellung
B Anzeigefeld

Reinigung des Luftfilterkastens

Beim Ausblasen des Luftfiltergehäuses mit Pressluft ist Folgendes zu beachten: Zur Vermeidung von Funktionsstörungen bitte die kritischen Luft führenden Motorbauteile wie Luftmassenmesser, Lufteinlassrohre usw. mit einem sauberen Putzlappen abdecken. Schlauchstutzen und Schläuche für Ladeluftsystem müssen vor dem Montieren öl- und fettfrei sein. Verwenden Sie keine silikonhaltigen Gleitmittel bei der Montage.

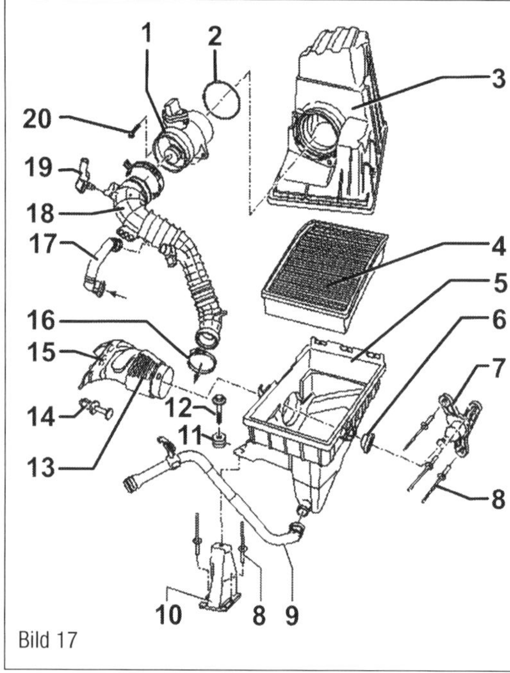

Bild 17

Bild 17
Dieselmotoren.
1 Luftmassenmesser
2 O-Ring
3 Luftfilteroberteil
4 Filtereinsatz
5 Luftfilterunterteil
6 Gummilager
7 Halter
8 Blindniet
9 Entwässerungsrohr
10 Halter
11 Gummilager
12 Schraube
13 Luftführung
14 Spreizclip
15 Aufnahme für Luftführung
16 Schraubschelle
17 Verbindungsrohr
18 Verbindungsschlauch
19 Saugrohrdruckgeber
20 Schraube

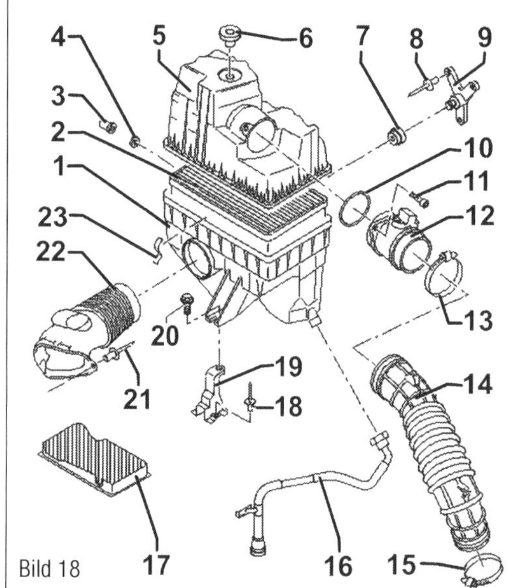

Bild 18

Bild 18
Benzinmotoren.
1 Luftfilterunterteil
2 Luftfiltereinsatz
3 Tülle
4 Stopfen
5 Luftfilteroberteil
6 Luftfilter Wartungsanzeige
7 Anschlagpuffer
8 Blindniet
9 Halter
10 O-Ring
11 Schraube
12 Luftmassenmesser
13 Schelle
14 Ansaugschlauch
15 Schelle
16 Wasserablaufschlauch
17 Gitter
18 Blindniet
19 Halter
20 Schraube
21 Spreizniet
22 Luftführung
23 Verschlussbügel

Wechsel des Luftfiltereinsatzes
Nicht nur der Aufbau der Luftfilterkasten, sondern auch die Arbeitsschritte unterscheiden sich so geringfügig, dass wir sie in einer allgemeingültigen Beschreibung zusammenfassen können. Zur besseren Übersicht haben wir Ihnen den Luftfilterkasten für die Diesel- (Bild 17) sowie für die Benziner-Modelle (Bild 18) dargestellt.

Dieselmotoren:
- Ziehen Sie den Stecker vom Luftmassenmesser (1 im Bild 17) ab.

Benzinmotoren:
- Ziehen Sie den Stecker vom Luftmassenmesser (12 im Bild 18) ab.

Weiter für alle Varianten:
- Lösen Sie die Klemmschelle vom Ansaugschlauch und ziehen Sie den Ansaugschlauch ab.
- Öffnen Sie die Spannverschlüsse (23 im Bild 18).
- Heben Sie das Luftfilteroberteil (3 im Bild 17) (5 im Bild 18) an und nehmen Sie Luftfilter (4) beziehungsweise (2) nach oben heraus.
- Reinigen Sie gegebenenfalls das Luftfiltergehäuse.

Der Einbau erfolgt sinngemäß in umgekehrter Reihenfolge, dabei bitte Folgendes beachten:
- Bauen Sie den neuen Luftfiltereinsatz ein. Beachten Sie beim Einbau den richtigen Sitz des Luftfiltereinsatzes im Gehäuse und kontrollieren Sie die korrekte Auflage der umlaufenden Dichtung!
- Senken Sie das Luftfilteroberteil ab und verschließen Sie die Spannverschlüsse (23). Beachten Sie unbedingt, dass die »Nasen« des Luftfilteroberteils korrekt in die »Aufnahmen« des Luftfilterunterteils eingeführt werden.

Fahrzeugdiagnosetester einsetzen

Es gibt eine Reihe von Arbeiten im Bereich der Einspritz- und Zündanlage, die man ohne Tester mit Übung und Erfahrung, unter Einsatz bestimmter Spezialwerkzeuge und am besten auch mit fachkundiger Beratung in einer Mietwerkstatt ausführen kann. Darauf gehen wir mit den folgenden Arbeitsbeschreibungen ein. Vielfach aber kann man an den elektronisch gesteuerten Einspritzsystemen nur selbst Hand anlegen, wenn man über einen Diagnosetester verfügt. Das Steuergerät kann zwar viele Fehler an elektrischen Teilen der Einspritz- und Zündanlage per Selbstdiagnose erkennen und sie in einem Fehlerspeicher ablegen. Dabei wird auch eine Entscheidung getroffen, ob es sich um permanente Fehler oder um sporadische Mängel handelt.

Diagnosegeräte

Volkswagen-Werkstätten verwenden das schon mehrmals erwähnte VAS 505x, aber mit geeigneter Software und gewisser Kenntnis der Funktions- und Vorgehensweise sind auch andere Werkstattsysteme zu verwenden, wie sie in vielen Mietwerkstätten vorhanden sind.

Wir haben schon auf das System »VCDS« hingewiesen. Es ist absehbar, dass sich dieser hochwertige Tester in freien Werkstätten verbreitet. Die Firma PCI-Tuning bietet auf Internetseiten Fehlerbeschreibungen und das Vorgehen mit dem VCDS an. Auto-Intern bietet eine Hotline mit technischer Betreuung für Tester und Fahrzeuge an.

Am T6 wird Ihnen ab der Modellreihe 2017 eine Fehlerbeschreibung (1 im Bild 20) angezeigt, die darauf hinweist, dass die Kommunikation zum Fahrzeug zumindest bei einigen Steuergeräten nicht möglich ist. Es handelt sich hierbei nicht um eine Verkaufsstrategie des Testerherstellers oder eine Einschränkung durch den Fahrzeughersteller, sondern einfach um eine neue Datensprachgeneration, die der alte VCDS-Dongle nicht mehr abbilden kann. Nach nun 17 Jahren barrierefreiem Zugang muss nun zumindest für die neuen Fahrzeuge die Hardware aufgerüstet werden. Dazu werden Upgrade-Möglichkeiten mit Zuzahlung als faire Lösung angeboten. Die alten Geräte arbeiten aber weiterhin auf den alten Modellen.

Anschluss am Fahrzeug

- Schließen Sie ein Erhaltungsladegerät an die Batterie an.
- Stecken Sie den Stecker der Diagnoseleitung in den Diagnoseanschluss im Fahrerfußraum (Bild 19) ein.
- Schalten Sie den Fahrzeugdiagnosetester und die Zündung ein.
- Folgen Sie den Anzeigen auf dem Bildschirm, um die gewünschten Funktionen zu starten.

Fehlerspeicher und Istwerte

Grundsätzlich sollten Sie den Fehlerspeicher des Steuergerätes, von dem Sie Istwerte abfragen sollen, auslesen. Hier können sich schon wertvolle Hinweise verbergen.

Bild 19
Anschluss des Diagnosesteckers in der OBD-Dose.

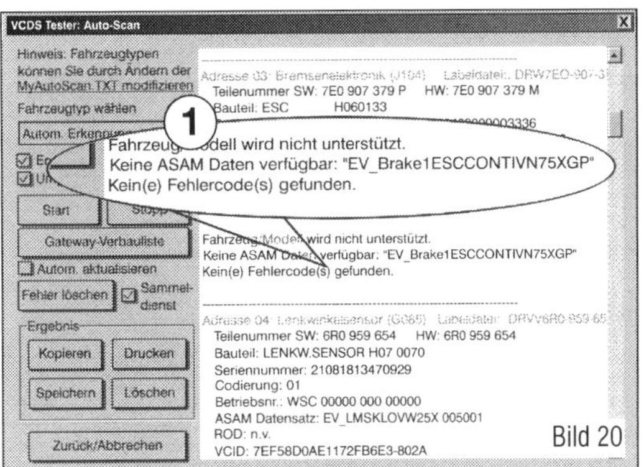

Bild 20
Fehlermeldung (1) ab dem Modelljahr 2017 bei VCDS-HEX-Generationen. Ein Upgrade mit Zuzahlung auf das HEX V2 ist möglich.

Istwerte Anzeigen (am Beispiel »Raddrehzahlsensoren« im ABS-System)

Die meisten der Fahrzeugtester arbeiten »Menügeführt«. Sie werden mit der Displayanzeige oder der Bildschirmanzeige durch einzelne Menüpunkte geführt, indem Sie diese mit Cursor oder Maustaste anwählen. Die Menüpunkte hängen wesentlich von den freigegebenen Funktionen des Steuergerätes ab. Für die VW/Audi-Scene hat sich der VCDS als verbreiteter Standardtester durchgesetzt. Wir zeigen Ihnen an zwei Beispielen die wirklich einfache Vorgehensweise.

- Schließen Sie ein Erhaltungsladegerät an die Batterie an.
- Stecken Sie den Stecker der Diagnoseleitung auf den Diagnoseanschluss (Bild 19).
- Klicken Sie auf die Taste »Auswahl«.
- Klicken Sie auf die Taste »Fehlerspeicher 02«. Nun werden Ihnen die Fehler, soweit vorhanden, als Text angezeigt.
- Klicken Sie auf die Taste »Zurück/Schließen«.

Sichtprüfung

Messen

Bild 21
Startmaske des VCDS.
1 direkte Steuergeräte-anwahl

Bild 22
Anwahlmaske des VCDS.
1 Motorsteuergerät
3 Bremsenelektronik

Bild 23
Anwahlmaske der Bremsenelektronik.
1 Erweiterte Messwerte

Bild 24
Messwertanwahl der Bremsenelektronik.
1 Erfasste Messwerte
2 Anwahlmaske für die gewünschten Messwerte
3 grafische Darstellung

Bild 25
Messwertanwahl der Motorelektronik.
1 Erfasste Messwerte
2 Anwahlmaske für die gewünschten Messwerte

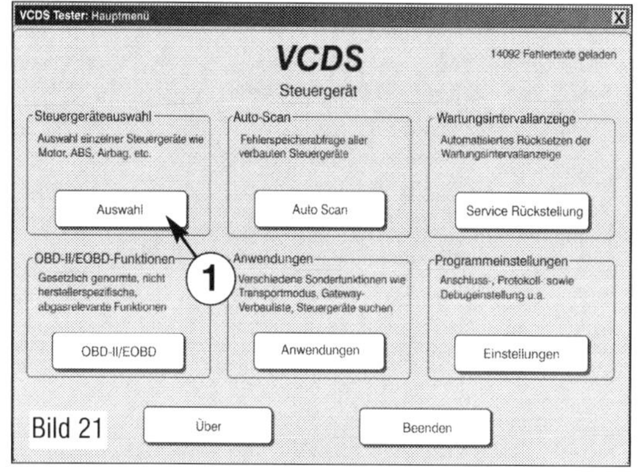

Bild 21

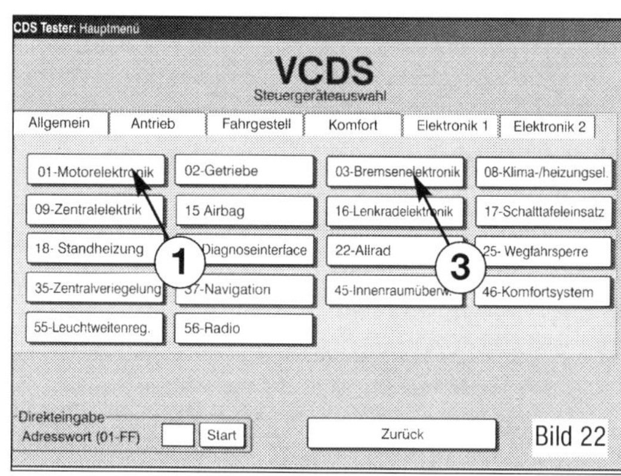

Bild 22

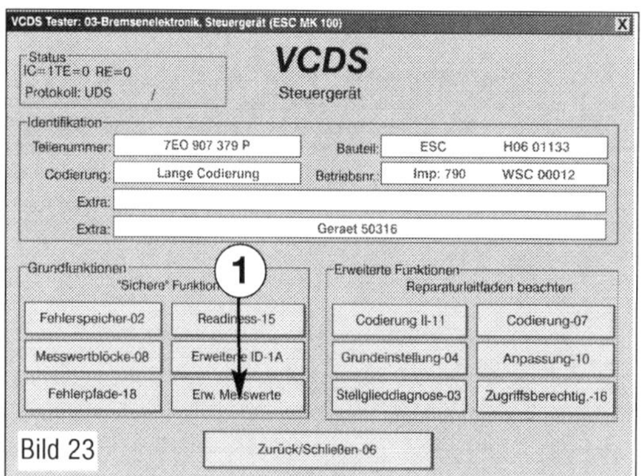

Bild 23

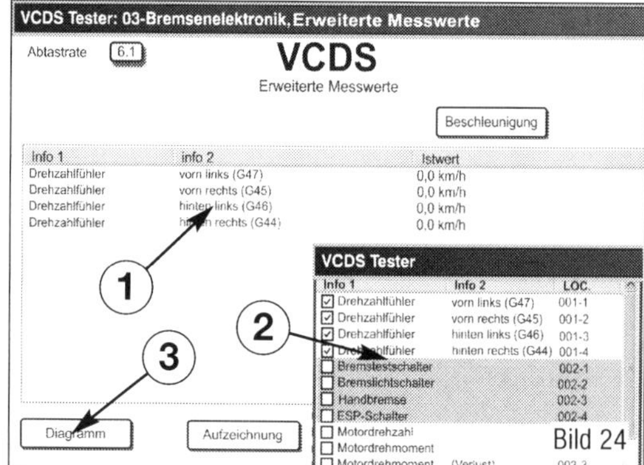

Bild 24

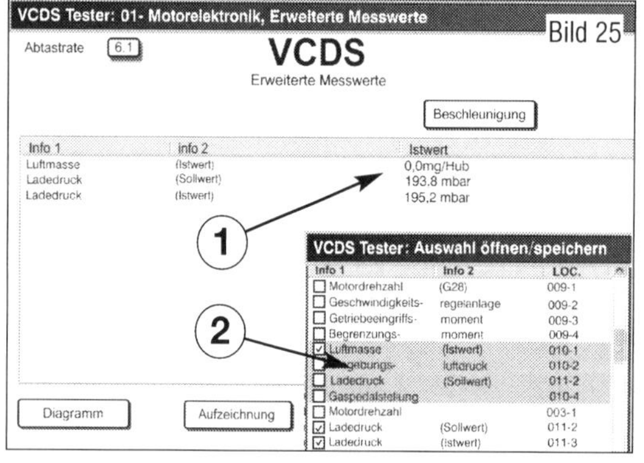

Bild 25

Raddrehzahlsensoren prüfen:

■ Klicken Sie auf die Taste »03 Bremsenelektronik« (Bild 22).

■ Klicken Sie auf die Taste »Erweiterte Messwerte« (1 im Bild 23).

■ Wählen Sie durch Klicken und Hakensetzen einen gewünschten Messwert aus. Wir haben hier alle vier Radsensoren angewählt. Wenn Sie nun das Fahrzeug bewegen oder ein Rad drehen, sollte Ihnen eine Geschwindigkeit angezeigt werden. Fehlt eine Angabe oder erscheint sie Ihnen unklar, müssen der Sensor selber oder die Leitungen zum Steuergerät überprüft werden. Über die Anwahl »Diagramm« kann eine grafische Darstellung (Signalbild) erzeugt werden.

Luftmasse und Ladedruck prüfen:

■ Klicken Sie auf die Taste »01 Motorelektronik« (Bild 22).

■ Klicken Sie auf die Taste »Erweiterte Messwerte«.

■ Wählen Sie durch Klicken und Hakensetzen einen gewünschten Messwert aus. Viele Messwerte werden als »Soll- und Istwerte« ausgeführt. Hier können Sie leicht vergleichen, ob große Abweichungen festzustellen sind. Auch hier kann über die Anwahl »Diagramm« eine grafische Darstellung (Signalbild) erzeugt werden.

9 Abgasanlage

Die Abgas- oder Auspuffanlage am Unterboden des T6 reinigt mit Partikelfilter plus Oxidationskatalysator und Abgasvorrohr oder mit Katalysator und Abgasvorrohr die Verbrennungsabgase und leitet sie mit geringem Gegendruck ins Abgasrohr mit Schalldämpfer und Endrohr am Fahrzeugheck (Bilder 1 und 2). Der Schalldämpfer reduziert die Verbrennungsgeräusche auf ein Minimum. Der Differenzdruckgeber und der Abgastemperaturgeber mit Regelsystem tragen dazu bei, die Motorleistung zu optimieren. Der Auspuff moderner Pkw ist für mehr als 60.000 Kilometer gut, wobei die Lebensdauer natürlich auch von den Einsatzbedingungen des Fahrzeugs abhängt. Ist man überwiegend auf kurzen Strecken unterwegs, fallen mehr Kondensat, Ruß und aggressive Säuren im Innern der Anlage an, als beim Langstreckenbetrieb mit voll durchgewärmtem Motor. Das Abgasvorrohr ist seltener als die anderen Teile vom Rost bedroht, weil dort die Verbrennungsgase noch mit Temperaturen zwischen 800 und 1000 °C einströmen. Danach verlieren die Abgase an Temperatur und sind am Endrohr nur noch 150 bis 300 °C heiß. Dort tritt das meiste Kondenswasser aus. Es mischt sich mit Verbrennungsrückständen zu aggressiven Säuren und lässt das Auspuffblech von innen nach außen durchrosten. Falls das Endrohr nicht aus besonders korrosionsbeständigem Material hergestellt wurde, ist Arbeit angesagt: Ausbau des alten und Einbau eines neuen Abgasrohrs mit Schalldämpfer.

Hinweise und Regeln für Arbeiten an der Auspuffanlage

Reparaturen an durchgerosteten Auspuffanlagen, z. B. mit Auspuffkitt und Bandagen, haben nur kurzzeitig Erfolg. Das Blech bricht bald neben der Reparaturstelle. Werkstätten wechseln Auspuffanlagen meist komplett aus. Vor weiteren Arbeiten daher Zustand der Anlage genau prüfen und dann entscheiden, ob einzelne Teile oder das ganze System erneuert werden sollen. Die Abgasanlage hinten kann, bei der Demontage abgestützt, komplett mit Schalldämpfer ausgebaut werden.

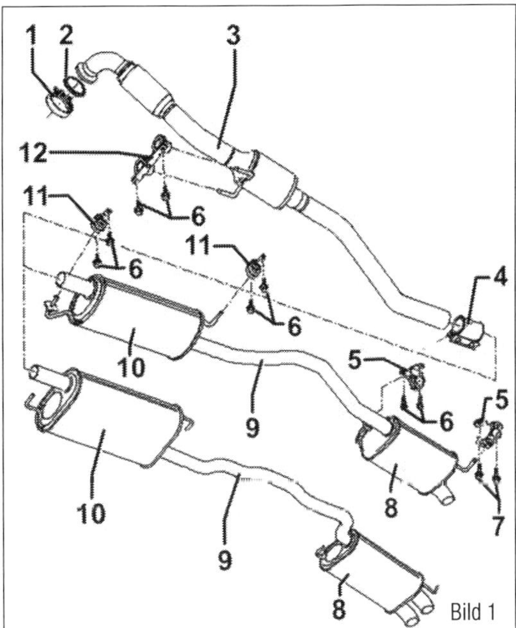
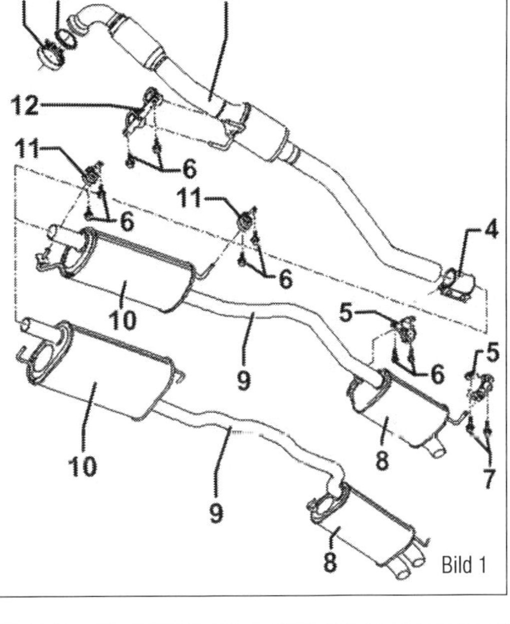

Bild 1
Abgasanlage beim Dieselmotor.
1 Schraubschelle
2 Dichtung
3 Abgasvorrohr mit Katalysator
4 Doppelschelle
5 Aufhängung
6 Schraube
7 Schraube
8 Nachschalldämpfer
9 Trennstelle
10 Vorschalldämpfer
11 Aufhängung
12 Aufhängung für Abgasvorrohr

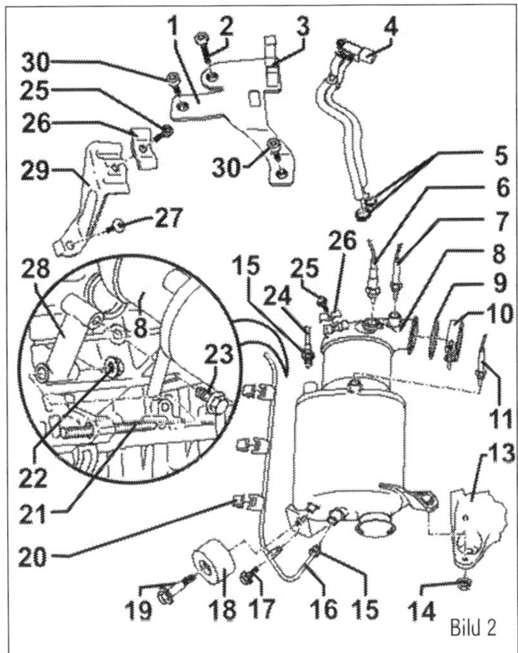

Bild 2
Partikelfilter am TDI (Frontantrieb).
1 Halter
2 Schraube
3 Clip
4 Drucksensor
5 Federbandschelle
6 Lambdasonde
7 Abgastemperaturgeber
8 Partikelfilter
9 Dichtung
10 Schraubschelle
11 Abgastemperaturgeber
12 Partikelfilter
13 Drehmomentstütze hinten
14 Mutter
15 Überwurfmutter
16 Steuerleitung
17 Schraube
18 Tilgergewicht
19 Schraube
20 Klammer
21 Doppelschraube
22 Mutter
23 Schraube
24 Steuerleitung
25 Schraube
26 Halter
27 Schraube
28 Stütze
29 Halter
30 Schraube

Wird nach gründlicher Prüfung an der Abgasanlage gearbeitet, sollten folgende Grundregeln beachtet werden:

- Bei einer Demontage darf die Abgasanlage keinesfalls herunterfallen. Dabei könnten wichtige Teile beschädigt werden.
- Dichtungen und selbstsichernde Muttern immer ersetzen.
- Verschraubungen der Auspuffanlage lassen sich beim nächsten Mal leichter lösen, wenn die Gewinde beim Einbau mit hochhitzefestem Kupferfett bestrichen werden.

Sichtprüfung Messen

⚠ Werden Partikelfilter oder Differenzdruckgeber gewechselt, muss der Differenzdruckgeber zwingend über den Fahrzeugdiagnosetester angepasst werden (Tester erforderlich).

■ Werden Partikelfilter ausgebaut und ersetzt, müssen die Altteile vorschriftsmäßig entsorgt werden. Sie dürfen nicht wie Schrott behandelt werden, weil sie wertvolles Edelmetall enthalten, das wieder in den Produktionsprozess eingebracht werden kann.

☞ Für Arbeiten an Lambdasonden gilt: Nur das Gewinde mit Heißschraubenpaste »G 052 112 A3« fetten. An die Schlitze des Sondenkörpers darf kein Fett kommen. Aus- und Einbau am besten mit Ringschlüsselsatz für Lambdasonde (3337). Dichtring bei Undichtigkeit aufkneifen und ersetzen. Festziehen mit 50 bzw. 55 Nm.

■ Alle Schlauchverbindungen mit Schlauchschellen sichern, die dem Serienstand entsprechen.

■ Alle Kabelbinder, die beim Ausbau gelöst werden, sind beim Einbau an der gleichen Stelle wieder anzubringen.

■ Nach Montagearbeiten an der Abgasanlage darauf achten, dass die Anlage nicht verspannt wird und ausreichend Abstand zum Aufbau hat. Gegebenenfalls Doppelschelle lösen und Schalldämpfer und Abgasrohr so ausrichten, dass überall ausreichend Abstand zum Aufbau vorhanden ist und die Aufhängungen gleichmäßig belastet werden.

■ Nach getaner Arbeit immer Motorprobelauf durchführen und »Auspuffanlage auf Dichtheit prüfen« (Bild 3). Ansonsten gelten für Arbeiten an Abgasanlage und Abgasrückführung hinsichtlich Sauberkeit und Sicherheit die Vorschriften, die auch für Arbeiten an Motor, Kraftstoff- oder Einspritzsystem üblich sind.

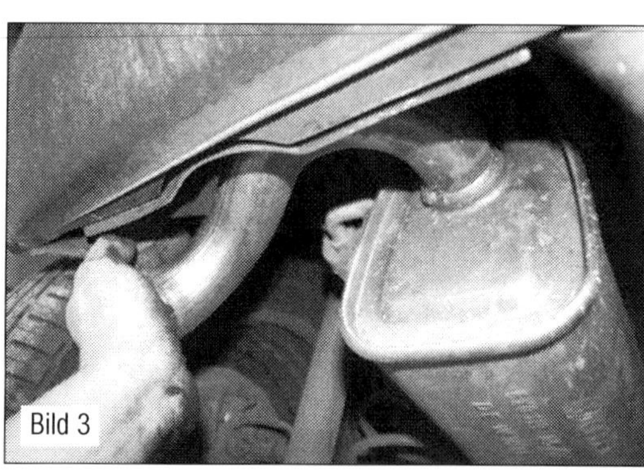

Bild 3
Zuhalten des Abgasrohres zur Dichtheitsprüfung.

Zustand der Auspuffanlage kontrollieren

■ Fahrzeug auf einer Hebebühne anheben oder absolut rüttelsicher aufbocken. Es darf nicht kippeln, wenn heftig an den Rohren der Auspuffanlage gedreht oder gezerrt wird. Die Aufhängungen und Gummiösen dürfen keine Schäden aufweisen.

■ Zur Kontrolle die Abgasanlage an den Schraubbefestigungen rütteln. Komponenten auf Brüchigkeit, Einrisse oder sonstige Schäden überprüfen, bei Bedarf ersetzen.

■ Wenn sich beim Demontieren eine Verschraubung nicht lösen lässt, mit Rost lösendem Mittel behandeln oder durch Überdrehen abreißen. Beim Festziehen von Verschraubungen z. B. am Abgaskrümmer die Reihenfolge von innen nach außen und über Kreuz einhalten.

■ Wenn Teile der Anlage schon einmal ersetzt wurden, trennt man die Steckverbindung der Rohrenden am besten in erwärmtem Zustand. Schweißbrenner oder Propangasbrenner verwenden und Feuerlöscher bereithalten.

■ Schalldämpfer mit einem Hammer rundum gründlich abklopfen, auch an den Stirnseiten (Übergang von den Töpfen zu den Rohren). Nicht zu zaghaft hämmern. Klingt es bei jedem Schlag hell, ist das Blech noch gesund. Wird das Klopfgeräusch an manchen Stellen dumpfer, ist die Außenhaut bereits geschwächt und wird bald durchbrechen.

☞ Ein sehr dumpfer Auspuffton und Knallen im Schiebebetrieb können auf einen durchgerosteten Auspuff hinweisen.

■ Dichtheit der Auspuffanlage prüfen (nachfolgende Anleitung).

Abgasanlage auf Dichtheit prüfen

■ Motor anlassen und im Leerlauf drehen lassen.

■ Auspuffendrohr für die Dauer der Dichtheitsprüfung verschließen (Lappen,

Stöpsel). Der Motor kann ausgehen. Grundsätzlich sollten Sie keine lauten Zischgeräusche wahrnehmen können.

- Verbindungsstellen Zylinderkopf/Abgaskrümmer, Abgasturbolader/ Abgasvorrohr usw. durch Abhören auf Dichtheit prüfen. Gibt es zischelnde Geräusche an Verbindungsstellen, ist die Anlage an der Geräuschstelle undicht.
- Festgestellte Undichtigkeiten beseitigen.

Partikelfilter aus- und einbauen

Verletzungsgefahr durch austretendes Reduktionsmittel. Augen- und Hautreizungen sowie Verletzungen der Atemwege und Vergiftungen durch Reduktionsmittel möglich.

- Schutzbrille tragen.
- Schutzhandschuhe tragen.
- Arbeitsschutzkleidung tragen.
- Für Frischluftzufuhr sorgen. In geschlossenen Räumen Abgasabsaugung einschalten.

- Wärmeschutzblech für Boden ausbauen.
- Schraube (1) herausdrehen.
- Klemmscheiben an der Abdeckung lösen und Abdeckung etwas nach unten ziehen.
- Falls vorhanden, Kabelbinder an den Sondenkabeln trennen.
- Elektrische Steckverbindung zum Abgastemperaturfühler (5 im Bild 4) und zur Lambdasonde trennen.
- Elektrischen Leitungsstrang aus der Führung am Bodenblech ausclipsen.
- Elektrische Steckverbindungen (1) trennen.
- Muttern (2) abschrauben.
- Elektrischen Leitungsstrang aus der Halterung (3) ausclipsen.
- Doppelschelle (4) lösen.
- Schelle (1 im Bild 5) lösen.
- Schlauch (2) abziehen.
- Um austretendes Reduktionsmittel aufzufangen, einen sauberen Lappen unterlegen.

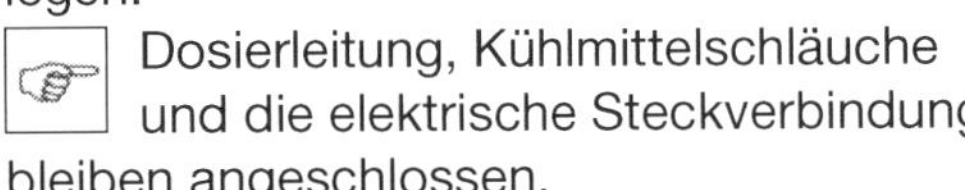

Dosierleitung, Kühlmittelschläuche und die elektrische Steckverbindung bleiben angeschlossen.

- Schelle (3) lösen.
- Einspritzventil für Reduktionsmittel (4) herausnehmen.
- Schelle (7) lösen.

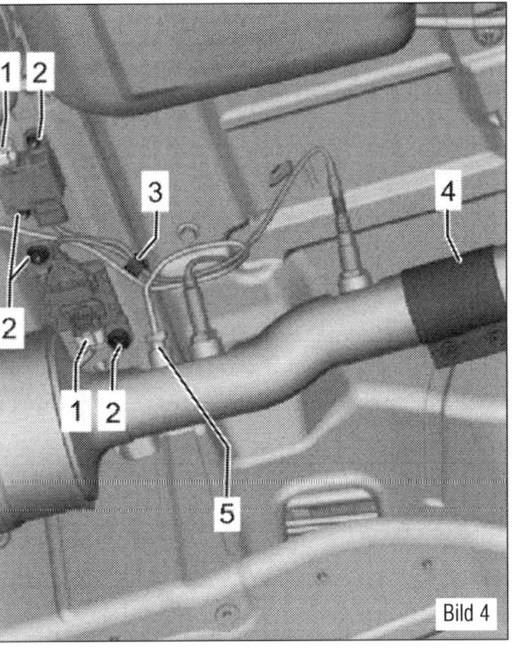
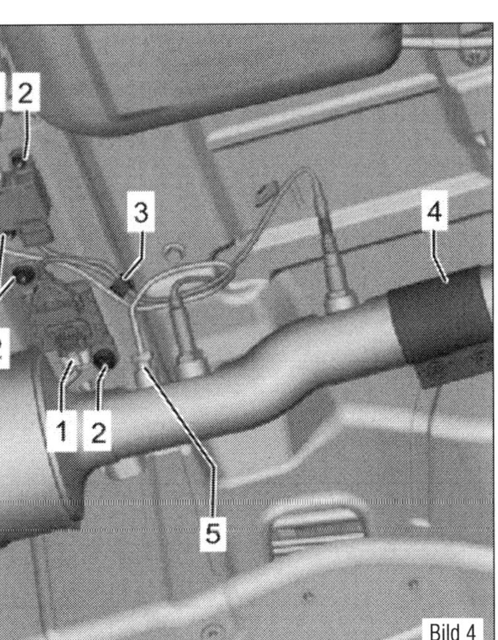

Bild 4

Bild 4
Partikelfilter mit SCR beim Dieselmotor.
1 Steckverbindungen
2 Muttern
3 Halterungen
4 Doppelschelle
5 Abgastemperaturfühler

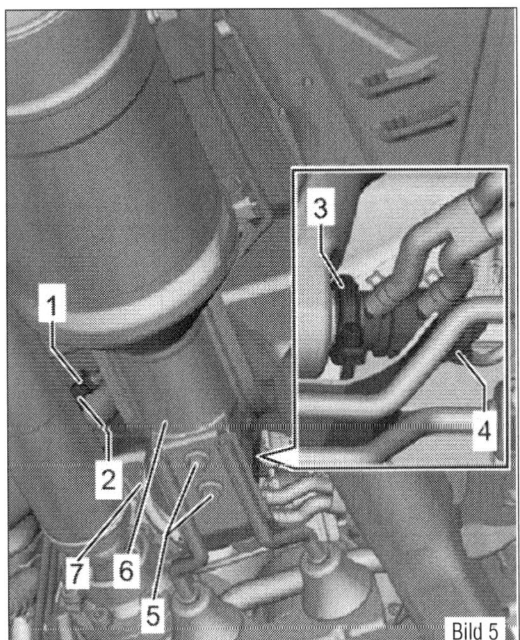

Bild 5

Bild 5
Partikelfilter mit SCR beim Dieselmotor.
1 Schelle
2 Schlauch
3 Schelle
4 Einspritzventil für Reduktionsmittel
5 Schrauben
6 Abgasrohr
7 Schelle

Unfallgefahr durch hohes Gewicht der Schalldämpfer. Für folgende Arbeiten einen zweiten Mechaniker hinzuziehen.

- Schrauben (5) herausdrehen.
- Das Abgasrohr (6) mit einem zweiten Mechaniker abnehmen und auf einer Werkbank sicher ablegen.

Der Einbau erfolgt sinngemäß in umgekehrter Reihenfolge.

- Die Abgasanlage spannungsfrei einrichten.

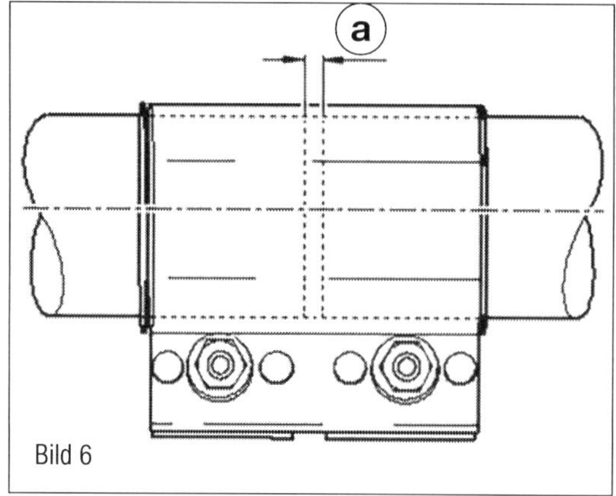

Bild 6
Abstandsmaß zwischen den Abgasrohren in der Doppelschelle.

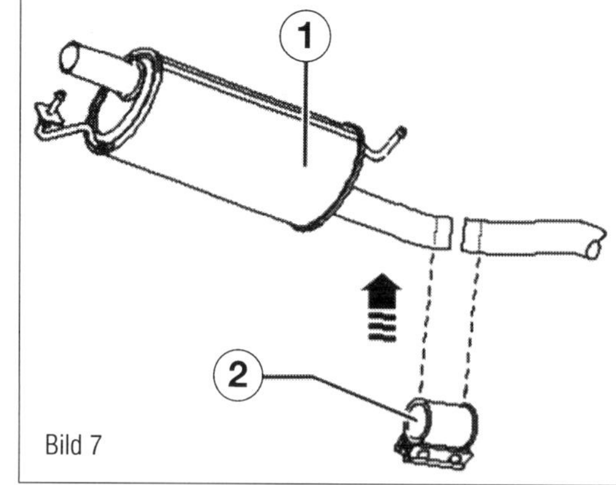

Bild 7
Zum Abtrennen des Vorschalldämpfers-
1 Vorschalldämpfer
2 Reparaturdoppelschelle

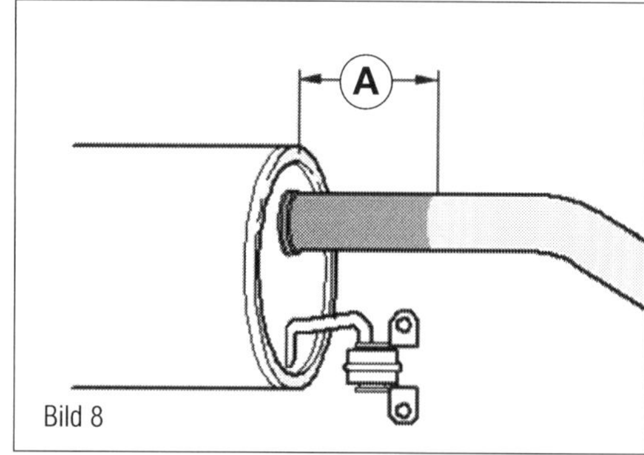

Bild 8
A Abstandsmaß vom Schalldämpferfalz zur Schnittkante.

■ Wurde der Partikelfilter ersetzt, müssen die Lernwerte für den Partikelfilter mit dem Fahrzeugdiagnosetester angepasst werden.

Abgasvorrohr aus- und einbauen

Dieselmotoren (Partikelfilter)

■ Klemmschelle zwischen Partikelfilter und Abgasrohr mit »kleinem« Werkzeug lösen.
■ Schelle beim Einbau nach unten drehen.
■ Steckverbindung zum Abgastemperaturgeber trennen und Kabel aushängen.
■ Kabelbinder durchtrennen und elektrischen Leitungsstrang aus dem Halter aushängen.
■ Schrauben am Achsträger vorne herausdrehen.
■ Muttern an der Doppelschelle lösen und Schelle nach vorn schieben.
■ Abgasvorrohr abnehmen.

Der Einbau erfolgt sinngemäß in umgekehrter Reihenfolge.
■ Verwenden Sie neue Schellen und Dichtungen.
■ Reparaturdoppelschelle beim Einbau ausmitteln. Das Maß »a« (im Bild 6) soll etwa 5 mm betragen.

Benzinmotor

■ Vorschalldämpfer (1 im Bild 7) an der Koppelstelle (durch mit Punkten umlaufend gekennzeichnet bzw. an abgemessener Koppelstelle bei Vorschalldämpfer ohne Punktmarkierung) rechtwinklig trennen.
■ Reparaturdoppelschelle (2) beim Einbau ausmitteln.
■ Abgasanlage spannungsfrei ausrichten.

☞ Bei Fahrzeugen, die am Vorschalldämpfer nicht mit Punkteindrückung versehen sind, muss die Koppelstelle abgemessen werden.

■ Ab dem Falz des Vorschalldämpfers das Maß (A im Bild 8) mit 144 mm abmessen und das Abgasrohr an der ausgemessenen Position kennzeichnen.
■ Reparaturdoppelschelle (2 im Bild 7) beim Einbau ausmitteln.
■ Abgasanlage spannungsfrei ausrichten.

Abgasanlage spannungsfrei einrichten

■ Der Motor muss kalt sein.
■ Verschraubungen der vorderen Klemmschelle lösen.
■ Die vordere Schraube handfest anziehen.
■ Abgasanlage so weit nach vorn schieben, bis das Maß (a im Bild 9) an der vorderen Halteschlaufe des Mittelschalldämpfers etwa 5 mm und das Maß (b) an der hinteren Halteschlaufe etwa 7 mm beträgt. Der (Pfeil) zeigt in Fahrtrichtung.
■ Abgasanlage so weit nach vorn schieben, bis das Maß (a) an der vorderen Halteschlaufe des Nachschalldämpfers 9 mm und das Maß (b) an der hinteren Haltesch-

laufe 11 mm beträgt. Der Pfeil zeigt wieder in Fahrtrichtung.

- Nachschalldämpfer so ausrichten, dass der Abstand (a im Bild 9) zwischen den Anbauteilen und den Abgasendrohren rechts und links gleich ist.
- Nachschalldämpfer so ausrichten, dass der Abstand (b) zwischen den Anbauteilen zu den Abgasendrohren parallel verläuft.
- Zum Ausmitteln des Nachschalldämpfers müssen die Aufhängungen des Nachschalldämpfers gelöst werden.
- Die Verschraubungen dieser »Klemmhülse vorn« müssen nach rechts zeigen, dürfen nicht über die Unterkante der Klemmhülse (1) hinausragen und sollten zur Waagerechten einen Winkel zwischen 15° und maximal 20° bilden (Bild 11).
- Nach dem Anziehen der Klemmhülse das Maß prüfen und gegebenenfalls korrigieren.

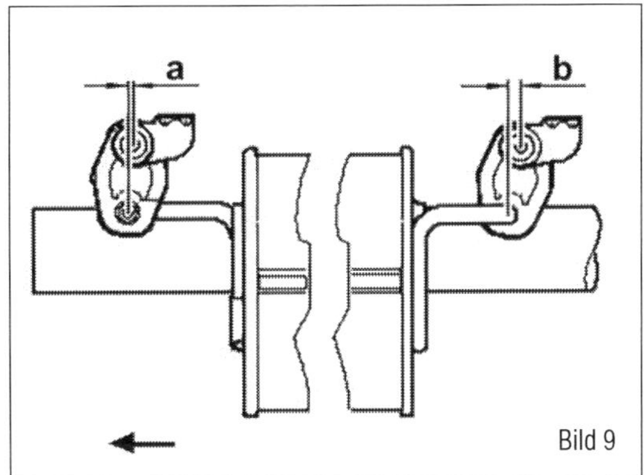

Bild 9

Bild 9
Versatz der Aufhängungsgummis bei Mittel- und Endschalldämpfer.
Pfeil Abgasrichtung

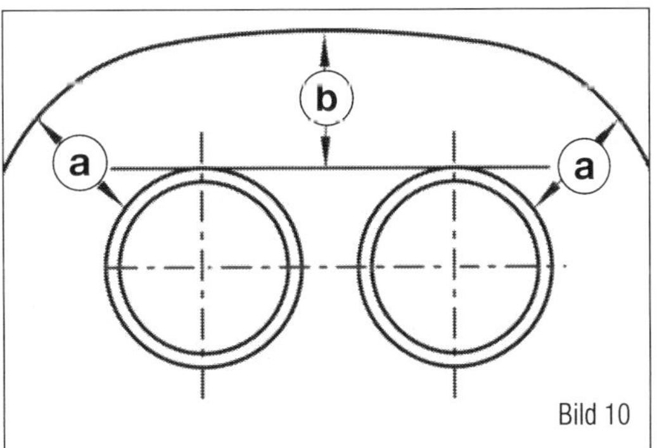

Bild 10

Bild 10
Abstandsmaße a und b zur Karosserie.

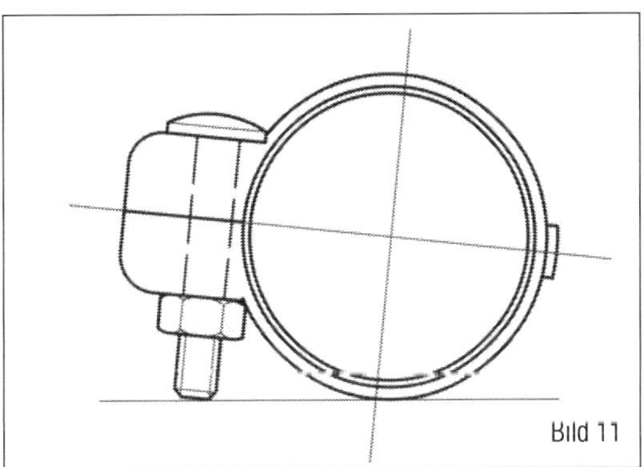
Bild 11

Bild 11
Einbaulage der Rohrschelle.

Arbeiten am Aufladesystem

Fast alle Modelle der T6-Busse sind mit Aufladesystemen wie dem Turbolader oder sogar zwei Ladern als Bi-Turbo ausgerüstet. Die sich ergebende Mehrleistung und das steigende Drehmoment erlauben den Einsatz von Motoren mit kleinerem Hubraum bei erstaunlichen Fahrleistungswerten. Im Laufe der Betriebszeit kann ein Schaden oder einfach normaler Verschleiß am Turbolader den Ausbau und oder Ersatz erforderlich machen.
Auch wenn extrem günstige Preise mancher Händler im Netz locken, sollten Sie immer genau nachsehen und sich informieren, wie die Qualität der oftmals aufbereiteten Lader ist. Schließlich kann ein Schaden am Lader auch einen kapitalen Motorschaden zur Folge haben. Wenn es in einem solchen Fall um die Beweislasten geht, werden Sie als privater Schrauber kaum die Möglichkeit haben nachzuweisen, dass die Reparatur sachgemäß war und die Schadensursache im Bauteil zu finden ist. Fragen Sie deshalb auch in einer Fachwerkstatt nach, was eine Reparatur mit Garantie kosten würde. Das kann durchaus auch eine freie Werkstatt oder oft auch der Lieferant des Turboladers sein.

Turbolader am 2,0-l-TDI-Motor

In den unterschiedlichen Leistungsklassen der TDI-Motoren sind unterschiedliche Turbosysteme verbaut. In der herkömmlichen Version kommt ein VTG-Lader zum Einsatz. Der große Diesel verfügt über zwei Turbolader. Die Biturbo-Einheit des 2,0-l-TDI mit 132 kW sorgt mit einer Kombination aus Niederdruck- und Hochdruck-Abgasturbolader für einen Ladedruck, der allen Leistungsanforderungen gerecht wird. Die Ladedruckregelung erfolgt über eine Regelklappe, ein Wastegate und einen Verdichter-Bypass.

Turbolader am 2,0-l-MED-Motor

Die Benzin-Direkteinspritzer verwenden durchgehend Monoturbolader mit Bypassventil. Die unterschiedlichen Leistungsstufen werden überwiegend durch Softwareänderungen realisiert.

Sichtprüfung  Messen

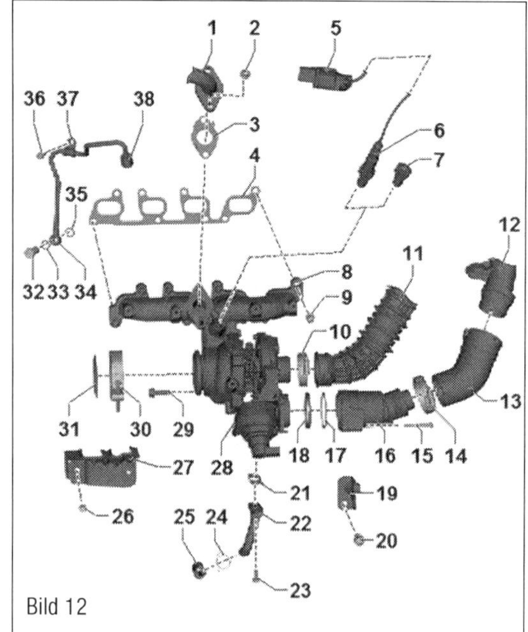

Bild 12

Bild 12
»Monoturbo« beim TDI-Motor
1 Verbindungsrohr
2 Mutter
3 Dichtung
4 Dichtung
5 Steckverbindung
6 Abgastemperaturgeber
7 Verschlussschraube
8 Abgasturbolader
9 Mutter
10 Schraubschelle
11 Ansaugschlauch
12 Rohrleitung
13 Verbindungsschlauch
14 Schraubschelle
15 Schraube
16 Pulsationsdämpfer
17 Dichtung
18 Stützring
19 Stütze
20 Schraube
21 Dichtung
22 Ölrücklaufrohr
23 Schraube
24 Federbandschelle
25 Ölrücklaufschlauch
26 Schraube
27 Wärmeschutzblech
28 Potenziometer für Regelklappe
29 Schraube
30 Schraubschelle
31 Dichtung
32 Hohlschraube
33 Dichtring
34 Ölvorlaufleitung
35 Dichtring
36 Schraube
37 Schraubschelle
38 Überwurfmutter

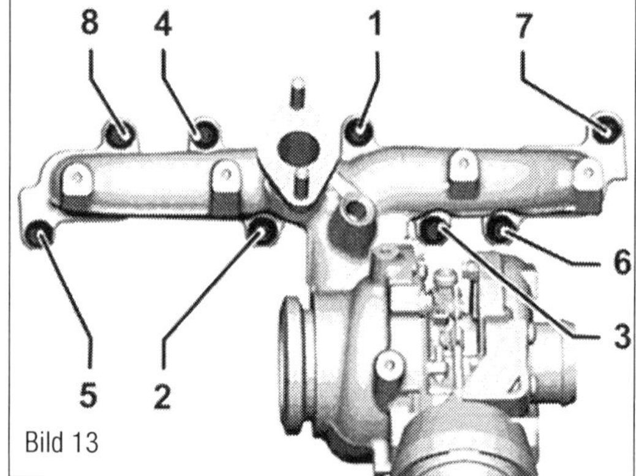

Bild 13

Bild 13
»Monoturbo« beim TDI-Motor. Anzugsreihenfolge 1–8 des Turboladers am Zylinderkopf

Schäden am Turbolader

⚠ Wird am Abgasturbolader ein mechanischer Schaden festgestellt, z. B. ein zerstörtes Verdichterrad, genügt es nicht, nur den Turbolader zu ersetzen. Um Folgeschäden zu vermeiden, müssen:
a) Luftfiltergehäuse, der Luftfiltereinsatz und die Ansaugschläuche auf Verunreinigungen geprüft werden.
b) Die gesamte Ladeluftstrecke und der Ladeluftkühler auf Fremdkörper überprüft werden. Werden Fremdkörper im Ladeluftsystem festgestellt, muss die Ladeluftstrecke gereinigt und der Ladeluftkühler gegebenenfalls ersetzt werden.

Demontage der Turbolader

Die Lader sind grundsätzlich auf der Motorückseite zur Spritzwand hin verbaut. Wie Sie schon an den nachstehenden Bildern 12 bis 18 erkennen können, wäre eine detaillierte Beschreibung sehr umfangreich. Aus Platzgründen werden wir Ihnen eine allgemeingültige Beschreibung zur Verfügung stellen und diese mit einigen Anmerkungen zu den besonderen Bauweisen ergänzen. Das Bildmaterial liefert Ihnen eine Übersicht über die verbauten Teile und jeweils die Anweisung zur Anzugsfolge des Abgaskrümmers.

Vorbereitungsarbeiten

- Falls vorhanden, Geräuschdämpfung unten und die Motorabdeckung oben ausbauen.
- Legen Sie die Anschlusskabel zu den Sonden in Abgasrohren oder Katalysatoren frei.
- Ziehen Sie die Steckkontakte an Sensoren an Turbolader und dem Ladeluftsystem ab.
- Legen Sie die Anschlusskabel zu den Sensoren in den Saug- und Druckleitungen zum und vom Turbolader frei und nehmen Sie sie ab.

Fahrzeuge mit Allradantrieb:

- Gelenkwelle rechts komplett ausbauen.
- Kardanwelle vorn ausbauen.
- Winkelgetriebe ausbauen.
- Verbindungsrohre zum Ladeluftkühler ausbauen.

Fahrzeuge mit Frontantrieb:

- Zwischenlager für die Gelenkwelle rechts lösen. Hierzu beide Schrauben herausdrehen und Lager mit Welle nach unten schwenken.
- Falls erforderlich, die Welle ausbauen.

Ausbau der/des Turboladers

Monolader am TDI:

- Muttern (2 im Bild 12) vom Verbindungsrohr (1) abschrauben. Dabei den Abgastemperaturgeber (6) nicht beschädigen.
- Schrauben für das Verbindungsrohr am Kühler für Abgasrückführung herausdrehen.

⚠ Verschließen Sie alle Leitungen und Anschlüsse mit passenden und geeigneten Stopfen. VW hat für diese Aufgabe ein spezielles Verschlusstopfenset (VS6122), das durchaus auch im Zubehör für etwa 60 Euro lieferbar ist. Lappen sind hier nur bedingt geeignet.

■ Verbindungsrohr (1) herausnehmen.
■ Legen Sie die Kühlmittelrohre im Bereich des Turboladers zur Seite.

TDI (CXEB, CXFA, CXGA, CXGB, CXHA, CXGC, CXHB, CXEC):
■ Elektrische Steckverbindung vom Einspritzventil für Reduktionsmittel trennen.
■ Elektrischen Leitungsstrang zum Einspritzventil für Reduktionsmittel ausclipsen.
■ Kurbelgehäuseentlüftung entriegeln.
■ Falls vorhanden, elektrische Steckverbindung an der Kurbelgehäuseentlüftung trennen.
■ Legen Sie die Kühlmittelrohre im Bereich des DSG-Getriebes zur Seite.

Monolader am MED (Benziner):
■ Kühlmittel ablassen.
■ Halter für Kühlmittelleitung am Turbolader lösen.
■ Kühlmittelleitung vom Turbolader abnehmen und zur Seite schwenken.

Biturbolader am TDI:
Der »Biturbo« wird für den Ausbau »geteilt«. Der obere Teil der Saugrohre mit dem Pulsationsdämpfer (2 im Bild 14) wird nach oben ausgebaut. Der »Biturbo« wird nach unten ausgebaut. Für den Ausbau des »Biturbos« müssen folgende Teile ausgebaut werden:
■ Die Gelenkwelle rechts komplett,
■ Drehmomentstütze hinten,
■ das Stützlager,
■ der Partikelfilter,
■ der Leitungshalter am Aggregateträger.

Weiter für alle Motoren:
■ Luftfiltergehäuse ausbauen.
■ Demontieren Sie die Anschlussschläuche zum Ansaugtrakt und zum Turbolader. Beachten Sie die Demontageanweisungen für die Ladeluftschläuche im Kapitel 6 auf Seite XX.
■ Bauen Sie die Hitzeschutzverkleidungen ab.
■ Unterdruckschlauch am Turbolader abziehen.
■ Partikelfilter und/oder Katalysatoren vom Turbolader abwärts bis zum ersten Verbindungsstück am Achskörper demontieren.
■ Drehmomentstütze hinten ausbauen.
■ Die oberen Muttern vom Abgasturbolader abschrauben.

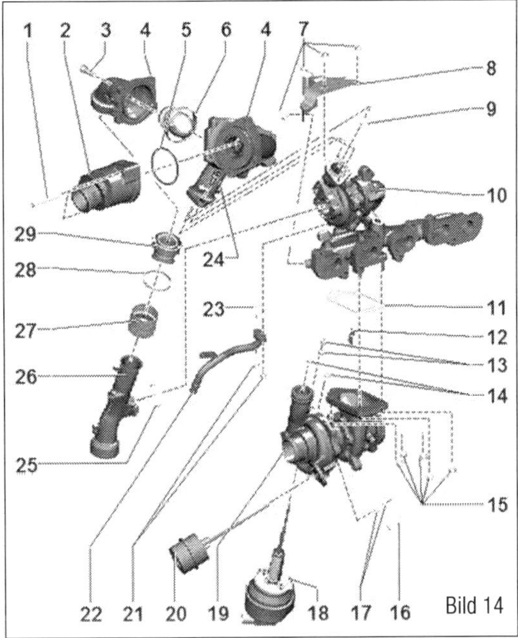

Bild 14
»Bi-Turbo« beim TDI-Motor.
1 Schraube
2 Pulsationsdämpfer
3 Schraube
4 Verdichterbypass
5 O-Ring
6 Bypassventil
7 Schraube
8 Wärmeschutzblech
9 O-Ring
10 Hochdrucklader
11 Dichtung
12 Sicherheitsblech
13 Mutter
14 Mutter
15 Mutter
16 Sicherheitshalteblech
17 Mutter
18 Unterdruckdose mit Potenziometer für Regelklappe
19 Niederdrucklader
20 Unterdruckdose für Wastegate
21 Schraube
22 Ölrücklaufleitung
23 Dichtung
24 Schraube
25 O-Ring
26 Verbindungsrohr
27 Hitzeschild
28 Halteschelle
29 Anschlussstück

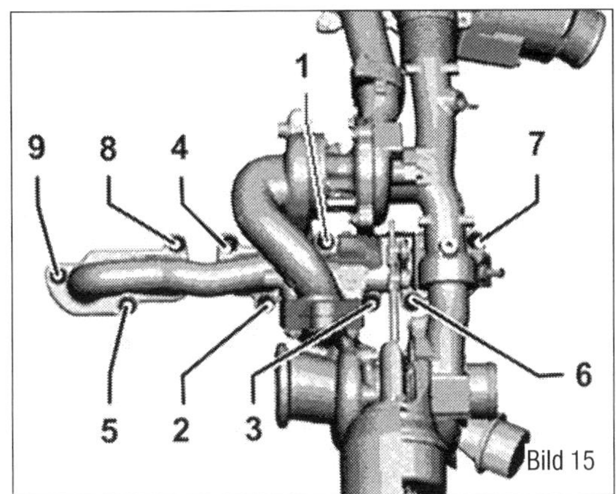

Bild 15
»Biturbo« beim TDI-Motor (CAAA-CAAC, CFCA): 1-9 Anzugsreihenfolge des Turboladers am Zylinderkopf.

Bild 16
»Biturbo« beim TDI-Motor (CXEB, CXFA, CXGA, CXGB, CXHA, CXGC, CXHB, CXEC). 1–8 Anzugsreihenfolge des Turboladers am Zylinderkopf
9 Druckdose

Bild 17
MED-Monoturbolader
1 Abgaskrümmer mit Abgasturbolader
2 Dichtung
3 Halteklammer
4 Schraube
5 Umluftventil
6 Schlauch
7 Schelle
8 Schraube
9 Schlauch
10 Schlauch
11 Hohlschraube
12 Dichtring
13 Anschlussstück
14 Magnetventil für Ladedruckbegrenzung
15 Halter für Abdeckung
16 Druckdose
17 Abdeckblech
18 Schraube
19 Verschlussschraube
20 Hohlschraube
21 Dichtring
22 Wärmeschutz für Ölrohr
23 Schraube
24 Ölrohr
25 Hohlschraube
26 Dichtring
27 Befestigungsmutter
28 Kühlmittelrohr
29 Dichtung
30 Schraube
31 Stütze
32 Schraube
33 Befestigungsmutter
34 Stiftschraube
35 Kühlmittelrohr
36 Spannbügel
37 Schraube
38 Ölrohr
39 Dichtung
40 Schraube
41 Dichtung

Bild 18
MED-Monoturbolader.
1–5 Anzugsreihenfolge des Turboladers am Zylinderkopf.

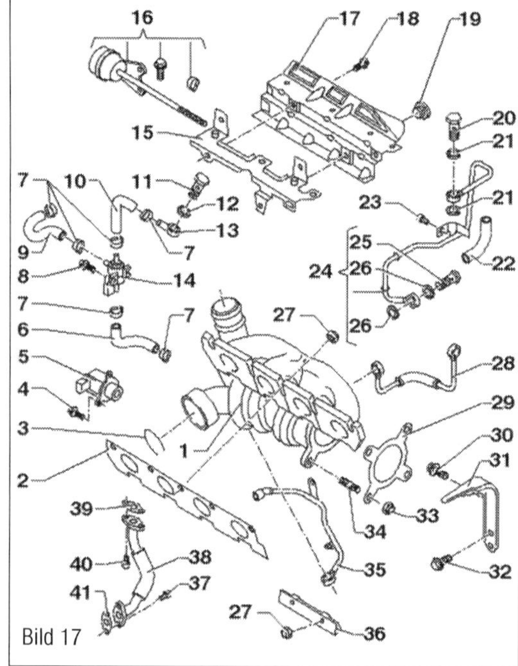

Bild 17

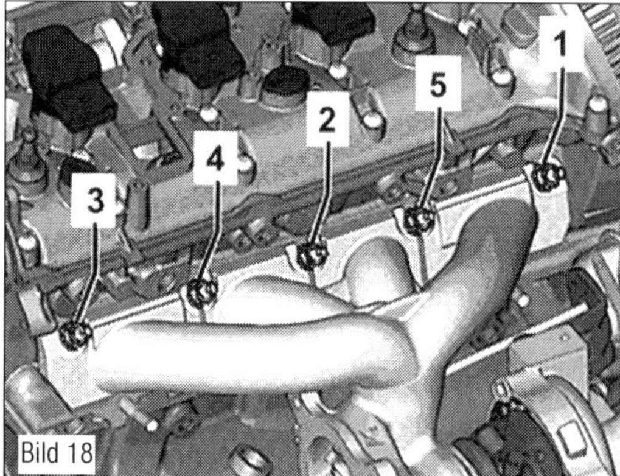

Bild 18

■ Mutter am Turbolader unten lösen. Die Muttern sind von unten und oben nicht zu erkennen. Gegebenenfalls einen Spiegel benutzen.
■ Abgastemperaturgeber abschrauben.
■ Muttern am Turbolader unten abschrauben.
■ Schraube der Ölvorlaufleitung herausdrehen.
■ Schraube herausdrehen und auslaufendes Öl mit einem Lappen auffangen.
■ Überwurfmutter der Ölzufuhrleitung abschrauben und die Hohlschraube am anderen Ende der Leitung herausdrehen. Die Ölvorlaufleitung darf beim Aus- und Einbau nicht geknickt werden. Nach dem Ausbau ist die Ölvorlaufleitung auf Beschädigungen zu prüfen.
■ Halterungen der Ölleitung abschrauben und Ölvorlaufleitung abnehmen.

■ Stabilisator mit Lappen oder Ähnlichem abdecken, um Lackschäden zu vermeiden.
■ Abgasturbolader abnehmen, nach hinten kippen und über den Aggregateträger und Stabilisator hinweg ausbauen.

⚠ Beschädigungen der Öldruckleitung sowie der Kühlmittelleitung vermeiden.

☞ Um Beschädigungen der Ölvorlaufleitung zu vermeiden, die Vorlaufleitung sehr vorsichtig an den Bauteilen des Motors vorbeiführen. Weder beim Ausbau noch beim Tragen den Abgasturbolader am Gestänge festhalten. Verbogene Gestänge beeinträchtigen die Funktion des Abgasturboladers.

Der Einbau erfolgt sinngemäß in umgekehrter Reihenfolge.
☞ Lösen Sie die Halterung(en) am Motorblock für den Turbolader vor der Montage des Turboladers, um Verspannungen zu vermeiden.
■ Befüllen Sie den Abgasturbolader am Anschlussstutzen der Ölvorlaufleitung mit Motoröl.
■ Abgasturbolader auf die Gewindestifte (Krümmerbolzen) aufsetzen und Ölrücklaufschlauch auf das Ölrücklaufrohr aufstecken.
■ Schrauben und Muttern nur lose eindrehen.
☞ Anzugsreihenfolge (Bilder 13,15,16 und 18) und Vorgehensweise beim Festschrauben des Abgasturboladers beachten.
■ Alle demontierten Dichtungen und selbstsichernde Muttern ersetzen.
■ Drehmomentstütze hinten einbauen.
■ Partikelfilter einbauen.

⚠ Schlauchstutzen und Schläuche für Ladeluftsystem müssen vor dem Montieren öl- und fettfrei sein. Sichern Sie alle Schlauchverbindungen mit Schlauchschellen, die dem Serienstand entsprechen.

Fahrzeuge mit Allradantrieb:
■ Kardanwelle vorn einbauen.
■ Winkelgetriebe einbauen.

Fortsetzung alle Fahrzeuge:
■ Falls vorhanden, Geräuschdämpfung einbauen.

■ Kühlmittel auffüllen.
■ Ölstand prüfen.

Ausbau des Ladeluftkühlers »Luft/Ladeluftkühler« (Bild 19)
Die Arbeitsschritte zwischen dem Benzinmotor und dem »Mono-Turbo-Diesel« unterscheiden sich nicht nennenswert.
■ Stoßfängerabdeckung vorn ausbauen.
■ Stecker am Ausgleichsbehälter für Kühlwasser entriegeln und abziehen.
■ Elektrischen Leitungsstrang aus dem Ausgleichsbehälter herausziehen.
■ Schrauben aus dem Ausgleichsbehälter herausdrehen und Ausgleichsbehälter zur Seite legen.
■ Halteklammer (14 im Bild 19) links und rechts anheben und Druckschlauch links und rechts vom Ladeluftkühler abziehen.
■ Schraube (15) vom Ladeluftkühler (4) links und rechts herausdrehen.
■ Ladeluftkühler (16) aus der Aufnahme am Kühler links und rechts herausnehmen.

Der Einbau erfolgt sinngemäß in umgekehrter Reihenfolge.

Ausbau des Ladeluftkühlers »Wasser/Ladeluftkühler« (Bild 20)
Die neueren Motorvarianten lassen sich beim Diesel sehr gut am wassergekühlten Ladeluftkühler auf dem Motor erkennen.
■ Überdruck durch Öffnen des Verschlussdeckels am Kühlmittelausgleichsbehälter abbauen. Den Deckel dabei mit Lappen abdecken und vorsichtig öffnen.
■ Falls vorhanden, Motorabdeckung oben ausbauen.
■ Die elektrische Steckverbindungen (1 im Bild 20) trennen.
■ Die Schellen (2) lösen.
■ Schrauben (5) herausdrehen.
■ Die Kühlmittelschläuche (6) mit den Schlauchklemmen bis 25 mm »VAG 3094« oder anderen geeigneten abklemmen.
■ Die Schellen der Kühlmittelschläuche am Ladeluftkühler lösen.
■ Um austretendes Kühlmittel aufzufangen, einen Lappen unterlegen.
■ Kühlmittelschläuche (6) abziehen.
■ Die offenen Anschlüsse des Ladeluftkühlers mit passenden Stopfen aus dem Verschlussstopfenset »VAS 6122« oder anderen geeigneten verschließen.
■ Die Schrauben (4) herausdrehen.
■ Den Ladeluftkühler (3) abnehmen.

Der Einbau erfolgt sinngemäß in umgekehrter Reihenfolge.

Der Ladeluftkühler ist als Originalteil nur noch in der neuen Ausführung erhältlich. Die Anschlüsse sind grundsätzlich gleich. Je nach Ausführungen können Verschraubungspunkte entfallen. Informieren Sie sich bei der Teilebestellung über genaue Details zu Ihrem Fahrzeug.
■ Ladeluftschläuche nach Demontage ersetzen.
■ Der Mindestabstand zwischen dem Ladeluftkühler und den Kraftstoffleitungen muss mindestens 5 mm betragen! Falls erforderlich, Ladeluftkühler nochmal lösen und so ausrichten, dass der Mindestabstand eingehalten wird.
■ Kühlmittel auffüllen.

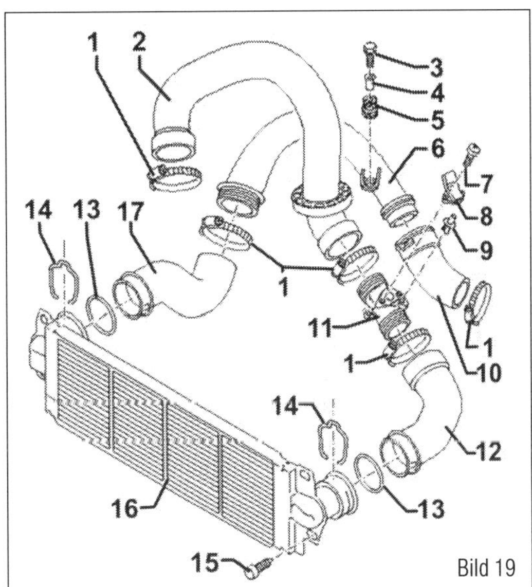

Bild 19
Luftgekühlter Ladeluftkühler im T6 vor dem Wasserkühler in der Fahrzeugfront.
1 Schelle
2 Verbindungsschlauch
3 Schraube
4 Hülse
5 Gummitülle
6 Verbindungsrohr
7 Schraube
8 Ansauglufttemperaturgeber
9 Spreizclip
10 Verbindungsschlauch
11 Anschlussstutzen
12 Verbindungsschlauch
13 O-Ring
14 Sicherungsklammer
15 Schraube
16 Ladeluftkühler
17 Verbindungsschlauch

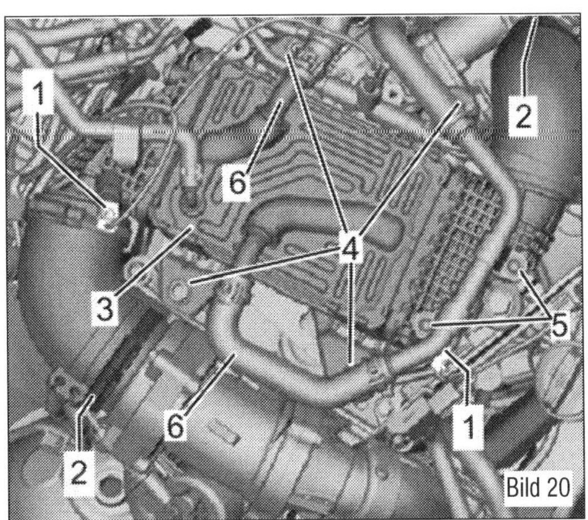

Bild 20
Wassergekühlter Luftladeluftkühler im T6 auf dem Motor.
1 Steckverbindung
2 Schelle
3 Ladeluftkühler
4 Schrauben
5 Schrauben
6 Kühlmittelleitung

Sichtprüfung Messen

10 Kraftübertragung

Getriebetypen beim T6

Zum System der Kraftübertragung bei Fahrzeugen mit Schaltgetriebe gehören Getriebe, Kupplung und Achsantrieb. Damit alle Akteure perfekt zusammenarbeiten und die vom Motor produzierte Leistung an die Antriebsräder übertragen, sind sie durch Gelenke, Wellen und Zahnräder miteinander verbunden. Welche Kraft tatsächlich an den Rädern benötigt wird, hängt davon ab, was dem Fahrzeug während der Fahrt abverlangt wird. Der Motor bietet jedoch nur in einem begrenzten Drehzahlbereich eine verwertbare Leistung an. Damit der Wagen beim Beschleunigen und bei Bergfahrten trotzdem genügend Zugkraft entwickelt, ist das Getriebe nötig. Mit seinen verschiedenen Gängen gewährleistet es eine jeweils passende Übersetzung. Je nach Motor werden vier verschiedene Getriebe verbaut. Gerade beim Ersetzen des Getriebes aus dem Gebrauchtmarkt ist es wichtig, die Getriebe unterscheiden zu können.

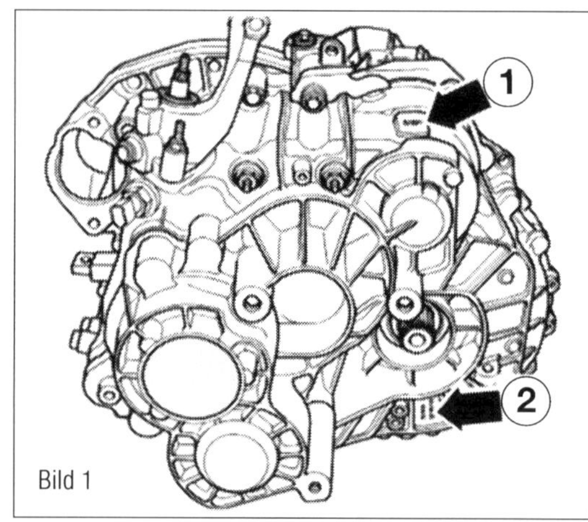

Bild 1
6-Gang Schaltgetriebe.
1 Kennbuchstabe und Produktionsdatum
2 Getriebekennbuchstabe

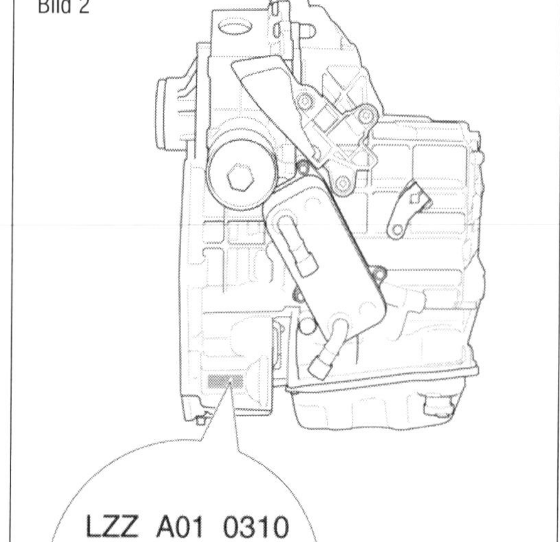

Bild 2
DSG-Getriebe: Kennzeichnung am 7-Gang-DSG-Getriebe.

Bedeutung der Getriebekennung
Auf dem Getriebeblock von oben sichtbar ist im Bereich des Pfeils im Bild 2 die Kennnummer eingeschlagen. Diese Kennnummer finden Sie auch auf dem Fahrzeugdatenträger im Fahrzeug oder im Serviceplan.

Exemplarisch betrachten wir die Bezeichnungen auf dem Getriebe mal im Detail. Auf dem DSG-Getriebe im Bild 2 lässt sich der abgebildete Zeichensatz ablesen:

OBT	Doppelkupplungsgetriebe (7-Gang)
LZZ	Getriebekennbuchstabe
A01	Getriebeausführung
0310	Laufende Nummer
14	Werksschlüssel
12059	Produktionsdatum (hier 12. Mai 2009)

Die Bezeichnung »OBT« beschreibt lediglich den Bautyp des Getriebes. Bei gleicher Bezeichnung kann sich das Übersetzungsverhältnis für ein Getriebe in Abhängigkeit zur Motorvariante unterscheiden. Hieraus ergeben sich dann die Getriebekennbuchstaben. Wird ein Getriebe gebraucht verbaut, sollte die Verwendung nach Motortyp geprüft werden. Die Untergruppierungen der Getriebe lässt sich bestimmten Fahrzeugen und Bauzeiträumen zuordnen. Bei unserem

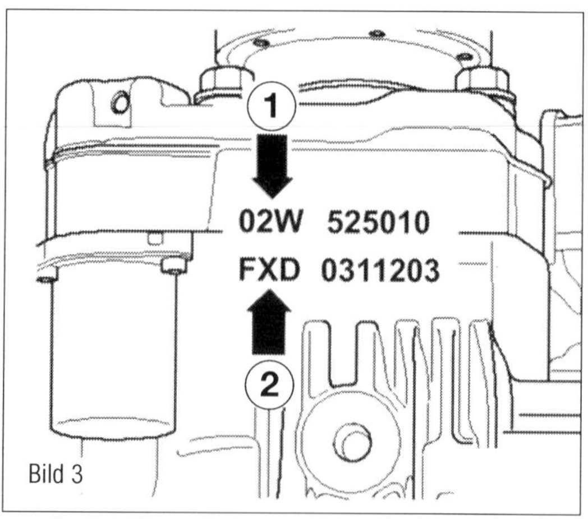

Bild 3
1 Getriebetyp
2 Kennbuchstaben zur Fertigung und das Produktionsdatum im Schlüssel

DSG-Getriebe ergeben sich schon 12 unterschiedliche Varianten, die sich mechanisch und elektrisch, aber auch in Sachen der erforderlichen Software der Steuergeräte unterscheiden können. Die Aufschlüsselung sollten Sie aufgrund von Aktualität über einen VW-Händler durchführen. Oder Ihr Getriebelieferant kann Ihnen hierbei unter die Arme greifen.

Montagearbeiten am Getriebe

Die Arbeiten zur Demontage des Getriebes erfordern einige spezielle Werkzeuge und auch Erfahrung in der Montage. Im Rahmen dieses Buches gehen wir nur auf Arbeiten ein, die üblicherweise in privater Hand von Schraubern angegangen werden.
Hinzu kommt, dass der Umfang der Arbeitsbeschreibungen für die Demontage den Rahmen dieses Buches sprengen würde. Wir stellen Ihnen trotzdem einige Montageübersichten mit einigen Anzugsdrehmomenten vor. Sicherlich ersetzen diese nicht die Handbücher, die für eine sachgerechte Montage erforderlich sind, verschaffen Ihnen aber eine Übersicht über die Bauteile. Arbeiten am DSG sollten Sie grundsätzlich einem Spezialisten überlassen.

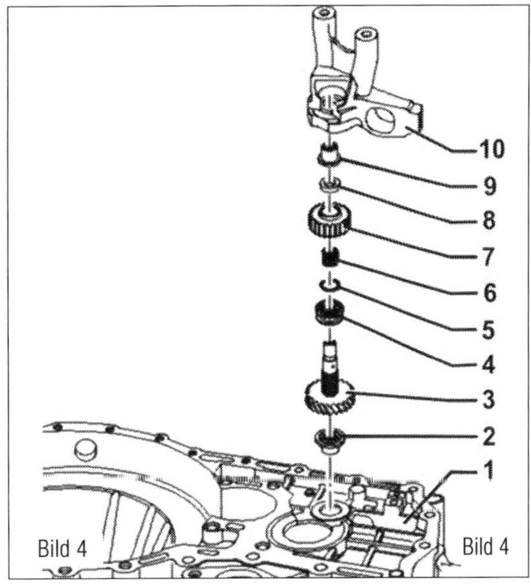

Bild 4
5-Ganggetriebe (Rückwärtsgang).
1 Kupplungsgehäuse
2 Nadelhülse
3 Rücklaufwelle
4 Schiebemuffe Rückwärtsgang
5 Scheibe
6 Nadellager
7 Schaltrad Rückwärtsgang
8 Anlaufscheibe
9 Nadelhülse
10 Stütze Rücklaufwelle

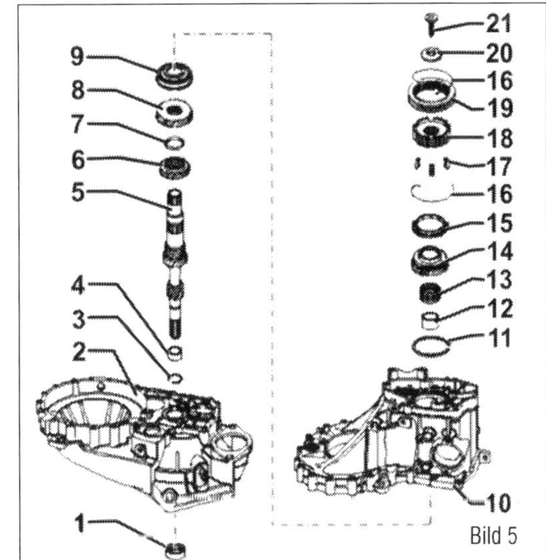

Bild 5
5-Ganggetriebe (Antriebswelle).
1 Zylinderrollenlager
2 Kupplungsgehäuse
3 Sicherungsring
4 Innenring
5 Antriebswelle
6 Zahnrad 3. Gang
7 Sicherungsring
8 Zahnrad 4. Gang
9 Rillenkugellager
10 Getriebegehäuse
11 Sicherungsring
12 Hülse
13 Nadellager
14 Schaltrad 5. Gang
15 Synchronring 5. Gang
16 Feder
17 Sperrstücke
18 Synchronkörper 5. Gang
19 Schiebemuffe 5. Gang
20 Tellerfeder
21 Schraube

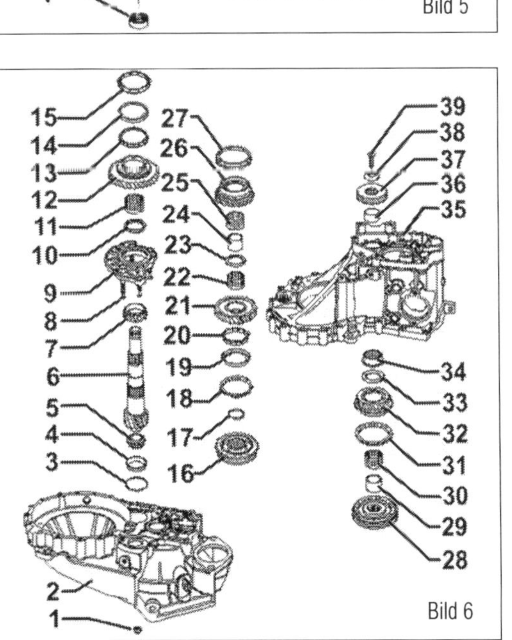

Bild 6
5-Ganggetriebe (Abtriebswelle).
1 Mutter
2 Kupplungsgehause
3 Einstellscheibe
4 Außenring
5 Innenring
6 Abtriebswelle
7 Innenring
8 Dichtring
9 Lageraufnahme
10 Anlaufscheibe
11 Nadellager
12 Schaltrad 1. Gang
13 Synchronring innen für 1. Gang
14 Außenring für 1. Gang
15 Synchronring 1. Gang
16 Schiebemuffe mit Synchronkörper für 1. und 2. Gang
17 Sicherungsring
18 Synchronring für 2. Gang
19 Außenring für 2. Gang
20 Synchronring innen für 2. Gang
21 Schaltrad für 2. Gang
22 Nadellager
23 Anlaufscheibe
24 Hülse
25 Nadellager
26 Schaltrad 3. Gang
27 Synchronring 3. Gang
28 Schiebemuffe mit Synchronkörper 3. und 4. Gang
29 Hülse
30 Nadellager
31 Synchronring 4. Gang
32 Schaltrad 4. Gang
33 Anlaufscheibe
34 Rollenhülse
35 Getriebegehäuse
36 Innenring/Rollenhülse
37 Zahnrad für 5. Gang
38 Tellerfeder
39 Schraube

Bild 7
6-Gang als Allrad- und Fronttrieblervariante.
1 Abtriebswelle Rückwärtsgang
2 Schaltschwinge für Rückwärtsgang
3 Dichtring
4 Abtriebswelle 1. und 2. Gang
5 Schaltstange mit Schaltgabel für 1. und 2. Gang
6 Abtriebswelle 3. und 4. Gang
7 Schaltstange mit Schaltgabel für 3. und 4. Gang
8 Antriebswelle
9 Schaltstange mit Schaltgabel für 5. und 6. Gang
10 Entlüfter
11 Kupplungsgehäuse
12 Dichtring
13 Schraube
14 Nehmerzylinder mit Ausrücklager
15 Dichtring für Antriebswelle
16 Kegelschraube
17 Schraube
18 Winkelgetriebe
19 Dichtring
20 Geber für Fahrtenschreiber
21 Sechskantschraube
22 Ausgleichsgetriebe

Bild 8
6-Gang als Fronttrieblervariante.
1 Abtriebswelle Rückwärtsgang
2 Schaltschwinge für Rückwärtsgang
3 Dichtring
4 Abtriebswelle 1. und 2. Gang
5 Schaltstange mit Schaltgabel für 1. und 2. Gang
6 Abtriebswelle 3. und 4. Gang
7 Schaltstange mit Schaltgabel für 3. und 4. Gang
8 Antriebswelle
9 Schaltstange mit Schaltgabel für 5. und 6. Gang
10 Entlüfter
11 Kupplungsgehäuse
12 Dichtring
13 Schraube
14 Nehmerzylinder mit Ausrücklager
15 Dichtring für Antriebswelle
16 Kegelschraube
17 Steckwelle
18 Dichtring
19 Geber für Fahrtenschreiber
20 Sechskantschraube
21 Ausgleichswelle

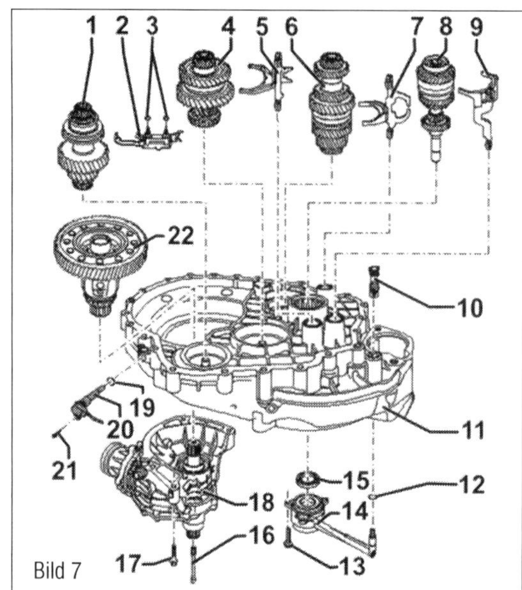

Bild 7

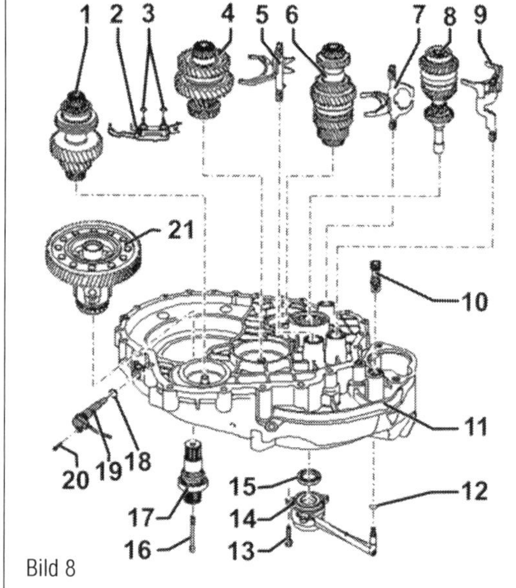

Bild 8

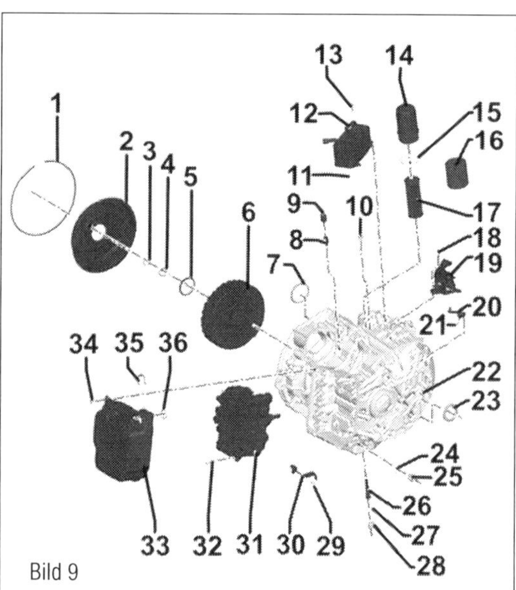

Bild 9

Bild 9
DSG-Getriebe.
1 Sicherungsring
2 Deckel für Doppelkupplung
3 Sicherungsring
4 Einstellscheibe
5 Kegelring
6 Doppelkupplung
7 Dichtring rechts
8 Entlüftungsrohr
9 Entlüftungskappe
10 Verschlussschraube
11 Dichtring
12 Getriebeölkühler
13 Schraube
14 Filtergehäuse
15 Dichtring
16 Wärmeabschirmung
17 Ölfilter
18 Schraube
19 Seilzugwiderlager
20 Rasthebel für Parksperre
21 Schraube
22 Getriebe
23 Dichtring links
24 Dichtring
25 Ölablassschraube
26 Ölstandsrohr
27 Dichtring
28 Ölablassschraube
29 Schraube
30 Getriebegeber Drehzahl und Temperatur
31 Mechatronik DSG
32 Schraube
33 Deckel
34 Schraube
35 Sicherungsscheibe
36 Dichtring

Ölwechsel am Getriebe

Ölwechsel am 5- und 6-Gang-Schaltgetriebe

Die Arbeitsvorgänge für die Schaltgetriebe sind sehr ähnlich. Wir stellen Ihnen hier eine allgemeingültige Arbeitsbeschreibung vor.

- Geräuschdämpfung abbauen.
- Drehen Sie die Schraube heraus und lassen Sie das Getriebeöl vollständig ablaufen.
- Drehen Sie die Schraube zur Getriebeölkontrolle (Pfeil im Bild 11) heraus.
- Drehen Sie die Ablassschraube unter Verwendung eines neuen Dichtrings wieder hinein.
- Füllen Sie neues Getriebeöl durch die Einfüll- und Kontrollschraube ein. Der Ölstand ist korrekt, wenn das Getriebe bis Unterkante Öleinfüllbohrung befüllt ist.
- Öleinfüllschraube mit neuem Dichtring einschrauben und mit 45 Nm festziehen.
- Falls vorhanden, Geräuschdämpfung an das Getriebe und unterhalb Motor/Getriebe anbauen.

Ölwechsel am DSG-Getriebe

Das Doppelkupplungsgetriebe »OBT« besitzt nur einen Ölhaushalt. Dieser Ölhaushalt gilt für die Räder/Wellen, den Achsantrieb, die Kupplungen und für die Mechatronik für Doppelkupplungsgetriebe. Das Öl ist ein Originalteil, das vor dem Öffnen geschüttelt werden muss. Es dürfen keine Zusätze in das Öl gefüllt werden und es darf mit keinem anderen Öl gemischt werden. Abgelassenes Öl darf nicht wieder eingefüllt werden.

Ölfilterwechsel ist nicht erforderlich, wenn...

- Der Getriebeölkühler oder seine O-Ringe ersetzt wurde(n) und kein Kühlmittel in das Öl gelangt ist.
- Der Dichtring für die Schaltwelle ersetzt wurde.
- Der Dichtring für die Steckwelle ersetzt wurde.
- Undichte Deckel/Dichtungen der Mechatronik oder der Mehrfachkupplung ersetzt wurden.
- Das Wartungsintervall erreicht wurde.

Ölfilterwechsel ist erforderlich wenn...

- Metallspäne im Öl gefunden wurden.
- Die Kupplung verbrannt oder mechanisch defekt ist.

Zuerst wird die Öltemperatur ausgelesen. Ist sie höher als 50 °C, Getriebe abkühlen lassen. Bei stehendem Motor das Überlaufrohr herausdrehen und das Öl ablaufen lassen. Danach das Überlaufrohr wieder einbauen und das Getriebe mit Öl »überfüllen«. Anschließend den Motor starten und überschüssiges Öl so lange ablassen, bis der Ölstand das Überlaufrohr erreicht hat.

Erforderliche Bedingungen:

- Motor abgestellt.
- Fahrzeug steht in waagerechter Stellung, alle Aufnahmen der Bühne sind gleichmäßig in einer Höhe.
- Falls vorhanden, muss die Geräuschdämpfung ausgebaut werden.
- Der Wählhebel steht in der Position »P«.
- Ein geeignetes Fahrzeugdiagnosesystem ist angeschlossen.
- Zu Beginn der Arbeit darf die Öltemperatur nicht höher als 45 °C sein.

Ölwechsel durchführen

Zu Beginn der Arbeit darf die Öltemperatur nicht höher als 45 °C sein.

- Fahrzeugdiagnosesystem, anschließen und in »Geführte Funktionen« das Fahrzeug identifizieren.

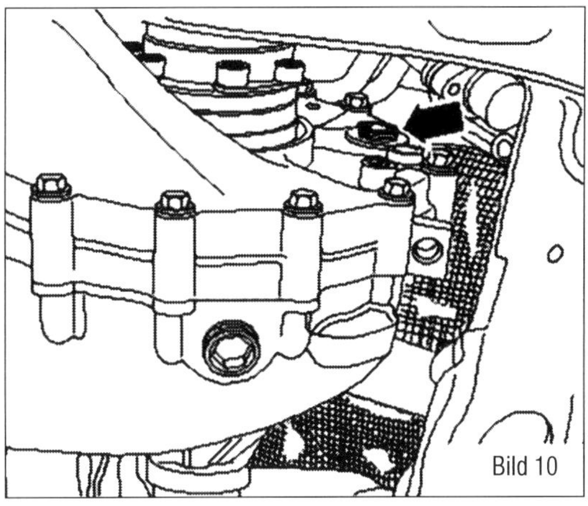

Bild 10
5-Ganggetriebe.
Pfeil = Öleinfüllbohrung, Schraube unten = Ablassschraube

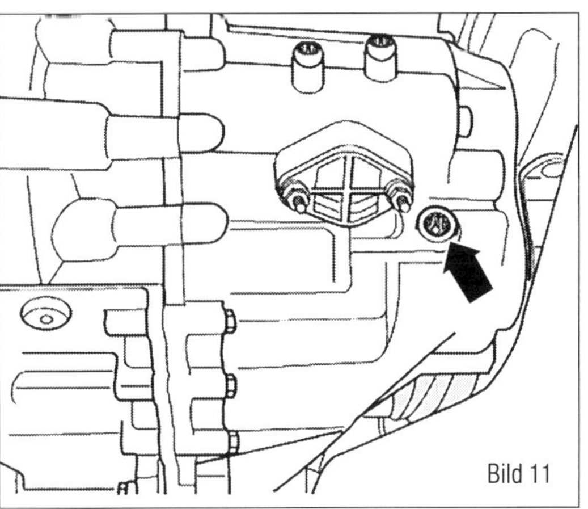

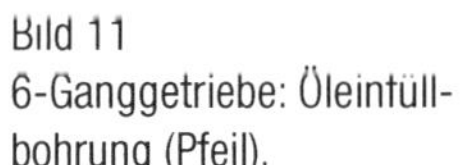

Bild 11
6-Ganggetriebe: Öleinfüllbohrung (Pfeil).

- »Doppelkupplungsgetriebe« auswählen.
- »Ölstand prüfen« auswählen.
- Motor auslassen und nicht starten!
- Ölablassschraube (3 im Bild 12) ausbauen.
- Ölstandsrohr (1) herausdrehen und das Öl herauslaufen lassen.
- Dichtring (2) der Schraube ersetzen.
- Ölstandsrohr (1) handfest anschrauben. Dabei die Einschraubtiefe beachten (Bild 15).
- Ölablassschraube der Mechatronik (Pfeil im Bild 13) ausbauen. Es laufen noch etwa 1,2 Liter Öl aus.
- Dichtring ersetzen und Ölablassschraube der Mechatronik wieder einbauen und mit 20 Nm festziehen.
- Adapter vom Adapter zur Ölbefüllung (VAS 6262 A im Bild 14) handfest in die Kontrollbohrung einschrauben.
- Vor dem Öffnen Flaschen schütteln.
- 5,5 Liter Öl auffüllen.
- Zum Flaschenwechsel Hahn verschließen oder Adapter zur Ölbefüllung »VAS 6262 A« höher als das Getriebe halten.
- Ölablassschraube nur handfest anziehen.

Bild 12
DSG-Getriebe.
1 Ölstandsrohr
2 Dichtring
3 Ölablassschraube

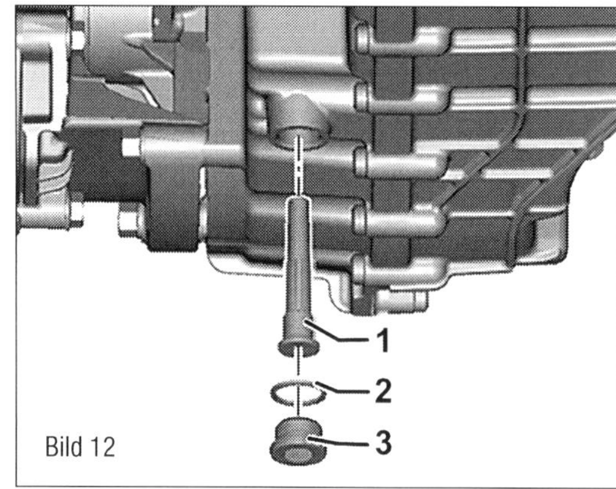

Bild 12

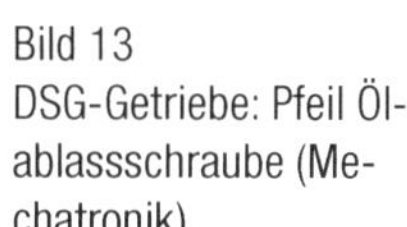
Bild 13
DSG-Getriebe: Pfeil Ölablassschraube (Mechatronik).

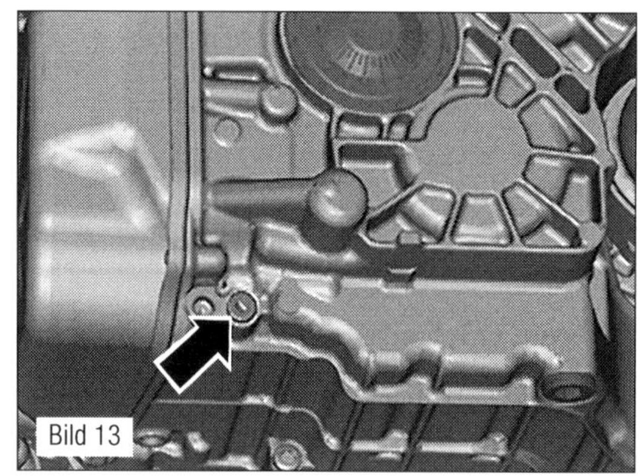
Bild 13

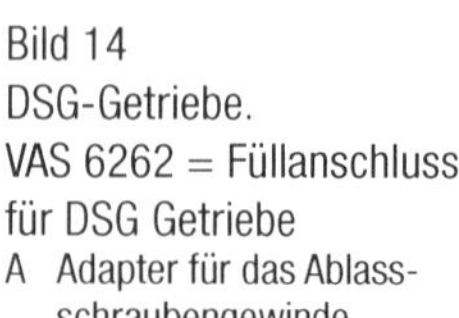
Bild 14
DSG-Getriebe.
VAS 6262 = Füllanschluss für DSG Getriebe
A Adapter für das Ablassschraubengewinde

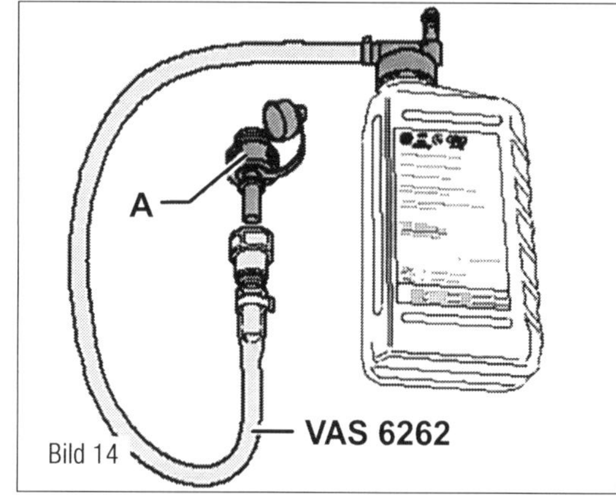

Bild 14

Bild 15
DSG-Getriebe. Kontrollmaß a: 12,4 + 0,2 mm zwischen Stirnseite Ölstandsrohr und Auflage der Verschlussschraube.

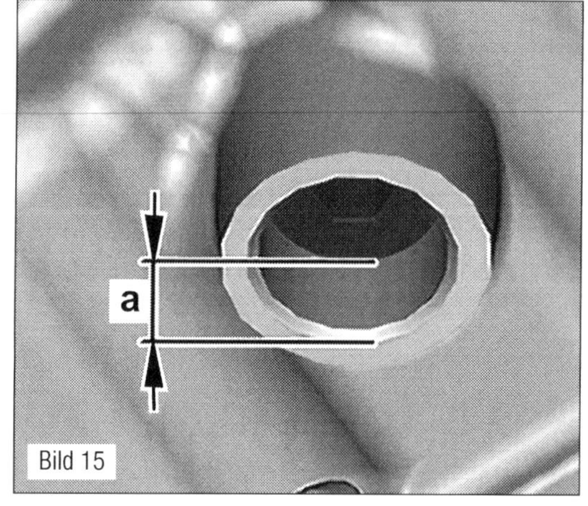

Bild 15

- Motor starten.
- Bremse treten und jede Wählhebelstellung für ca. 3 Sekunden einlegen, danach Hebel wieder in »P« stellen.
- Motor nicht abstellen und die Getriebeöltemperatur auf 40 °C bringen.
- Schnellkupplung des Adapters zur Ölbefüllung »VAS 6262 A« bei laufendem Motor trennen.
- Überschüssiges Öl ablaufen lassen.
- Sobald das Öl abgelaufen ist (es beginnt zu tropfen), Adapter zur Ölbefüllung »VAS 6262 A« herausdrehen.
- Anschließend Ölstand mit dem Tester prüfen und wenn erforderlich ergänzen.

Ölfilterwechsel am DSG-Getriebe

- Schelle öffnen und Druckschlauch von der Drosselklappensteuereinheit vorsichtig abziehen.
- Schelle öffnen und Druckschlauch zum Ladeluftkühler ausbauen.
- Öl ablassen.
- Federbandschellen (2 im Bild 16) öffnen und Schläuche (1) abziehen.
- Schraube (4) herausdrehen und Halter (3) abnehmen.
- Schraube (5) so weit lösen, dass der Halter (6) nach unten gedreht werden kann.
- Schraube (1 im Bild 17) herausschrauben.
- Überwurfmutter (3) abschrauben und Steuerleitung (2) ausbauen.

Die Steuerleitungen müssen nur bei Fahrzeugen mit Frontantrieb ausgebaut werden.

- Schraube (4) herausschrauben.
- Kabel an der Steuerleitung (5) ausclipsen (Pfeile).
- Überwurfmutter (6) abschrauben und Steuerleitung (5) ausbauen.

Fortsetzung für alle Fahrzeuge

Vor dem Abschrauben des Filtergehäuses den Bereich um den Ölfilter mit ausreichend vielen Lappen abdecken.

Es verbleibt eine Restmenge Öl im Ölfilter. Dieses läuft beim Abschrauben des Filtergehäuses aus.

- Filtergehäuse zunächst ungefähr 7 Umdrehungen lösen.
- Etwa 10 Sekunden warten. So kann das Öl aus dem Filtergehäuse in das Getriebe zurückfließen.
- Erst jetzt das Filtergehäuse mit Filter abnehmen.

Der weitere Einbau erfolgt in umgekehrter Reihenfolge. Verölte Stellen am Getriebe gründlich reinigen.

- Neuen Ölfilter mit dem Bund nach unten einsetzen.
- Filtergehäuse eindrehen und mit 20 Nm festziehen.

Fahrzeuge mit Frontantrieb

- Steuerleitungen einbauen, hierzu die Überwurfmuttern (3 und 6 im Bild 17) ansetzen und handfest anziehen.
- Befestigungsschraube (1) ansetzen und handfest anziehen.
- Kabel an der Steuerleitung (Pfeile) wieder einclipsen.
- Befestigungsschraube und Steuerleitungen festziehen.

Fortsetzung für alle Fahrzeuge

- Druckschlauch wieder einbauen.
- Öl auffüllen.
- Anschließend Ölstand mit dem Tester prüfen und wenn erforderlich, ergänzen.

Ölwechsel am Winkelgetriebe (Allrad)

- Geräuschdämpfung abbauen.
- Auffangwanne unter das Winkelgetriebe stellen.
- Lassen Sie das Getriebeöl an der Ablassschraube ablaufen (Bild 18).
- Öleinfüllschraube (Pfeil) im Winkelgetriebe herausdrehen. Der Ölstand ist korrekt, wenn das Winkelgetriebe bis Unterkante Öleinfüllbohrung befüllt ist. Wenn Öl auf das Winkelgetriebe gelangen sollte, muss dieses sorgfältig entfernt werden.
- Füllen Sie ggf. Achsöl nach.
- Ziehen Sie die Schraube mit Anzugsdrehmoment 10 Nm fest.

Bei Neubefüllung ist Folgendes zu beachten:

- Öleinfüllschraube (Pfeil) herausschrauben.
- Mit Befüllvorrichtung für Haldexkupplung 2 (VAS 6291) so viel Öl auffüllen, bis es zwischen dem Adapter der Befüllvorrichtung und dem Getriebegehäuse herausläuft.
- Öleinfüllschraube (Pfeil) mit 10 Nm festziehen.
- Falls vorhanden, Geräuschdämpfung einbauen.

Die weitere Montage erfolgt sinngemäß in umgekehrter Reihenfolge.

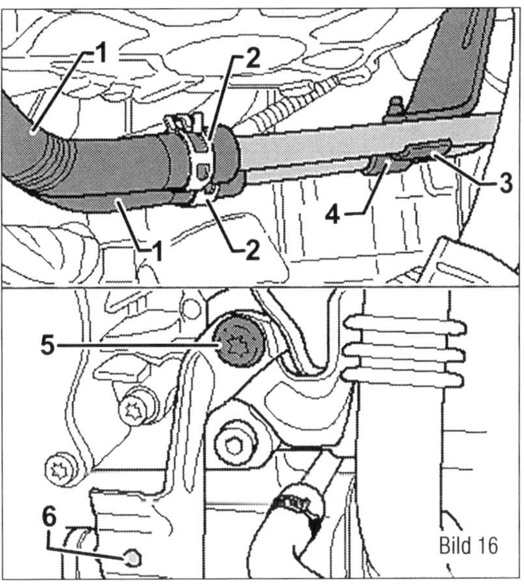

Bild 16
DSG-Getriebe.
1 Schlauch
2 Schelle
3 Halter
4 Schraube
5 Schraube
6 Halter

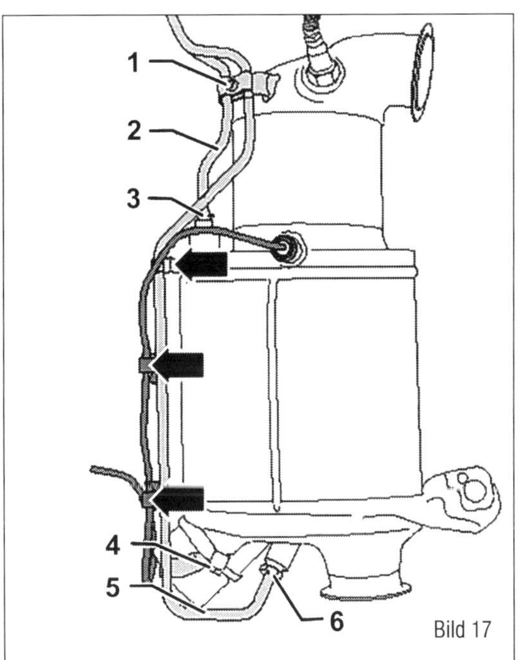

Bild 17
DSG-Getriebe.
1 Schraube
2 Steuerleitung
3 Überwurfmutter
4 Schraube
5 Steuerleitung
6 Überwurfmutter

Ölstand prüfen am hinteren Achsgetriebe (Allrad)

Achsantrieb und Haldex-Kupplung haben getrennte »Ölkreisläufe«. Keine »Zusätze« in das Öl mischen. Abgelassenes Öl nicht wieder auffüllen.

- Auffangwanne (VAS 6208) unter den Achsantrieb stellen.
- Schraube zur Getriebeölkontrolle (Pfeil) herausschrauben.

Der Ölstand ist korrekt, wenn der Achsantrieb hinten bis Unterkante Öleinfüllbohrung befüllt ist.

- Schraube (Pfeil) einschrauben und festziehen.

Bild 18
Winkel-Getriebe: Pfeil Einfüllschraube.

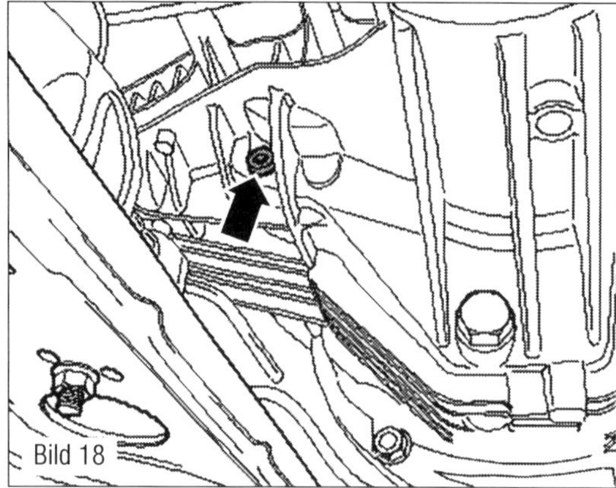

Bild 19
Achs-Getriebe
1 Einfüllschraube
2 Ablassschraube

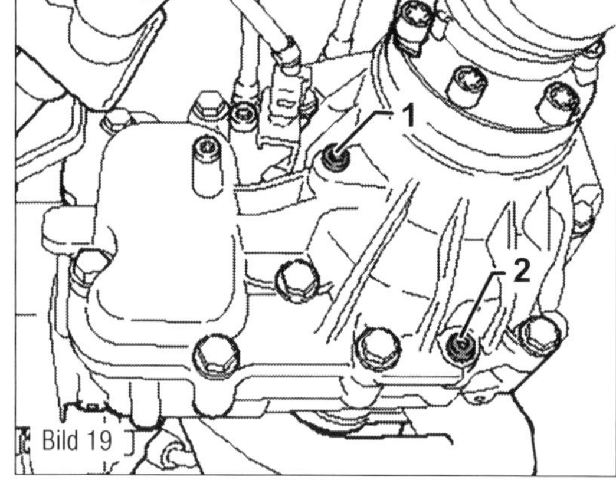

Bild 20
Haldexkupplung: Einfüllschraube (Pfeil).

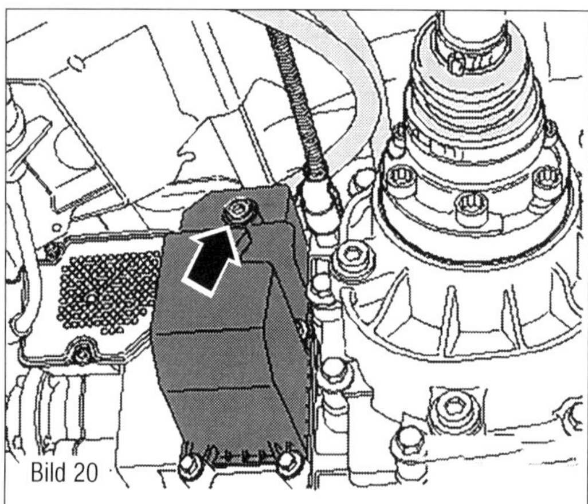

Ölstand prüfen am Haldexgetriebe (Allrad)

Achsantrieb und Haldex-Kupplung haben getrennte »Ölkreisläufe«. Keine »Zusätze« in das Öl mischen. Abgelassenes Öl nicht wieder auffüllen.

■ Auffangwanne (VAS 6208) unter den Achsantrieb stellen.

■ Schraube (Pfeil im Bild 20) herausschrauben.

Der Ölstand ist korrekt, wenn der Achsantrieb hinten bis Unterkante Öleinfüllbohrung befüllt ist.

■ Schraube einschrauben und festziehen. Anzugsdrehmoment 15 Nm.

Die Kupplung

Der Kraftfluss vom Motor zum Achsantrieb muss nach Wunsch hergestellt und unterbrochen werden können. Das ist erforderlich, wenn Sie das Fahrzeug starten, mit laufendem Motor fahrbereit stehen oder die Gänge wechseln wollen. Dieses Ankoppeln und Trennen übernimmt bei Fahrzeugen mit Schaltgetriebe die Kupplung. Sie ermöglicht auch ruckfreies Anfahren, indem sie die unterschiedlichen Drehzahlen von Kurbelwelle und Antriebswelle des Getriebes ausgleicht. Kernstück des hydraulischen Systems Kupplung ist die Mitnehmerscheibe. Transporter mit Schaltgetriebe haben eine hydraulisch betätigte Einscheiben-Trockenkupplung mit asbestfreien Belägen und Zweimassen-Schwungrad.
Fahrzeuge mit Automatik-Getriebe arbeiten mit einer hydraulisch betätigten Lamellenkupplung. Kupplungen sind komplizierte Konstruktionen. Ihr Verschleißteil Mitnehmerscheibe ist nicht ohne Weiteres zugänglich. Dazu muss das Getriebe vom Motor getrennt und nach unten ausgebaut werden.
Diese Arbeit erfordert Know-how und Spezialwerkzeuge. Nun ist aber auch jede Kupplung so gut wie wartungsfrei, weil das System den Verschleiß selbsttätig ausgleicht. Die Mitnehmerscheibe ist gewöhnlich erst nach mehr als 200–300.000 Kilometern zu erneuern.
Allerdings hängt ihr Verschleiß von Belastung (zum Beispiel Anhängerbetrieb) und Fahrweise ab.

Die wichtigsten Teile der Kupplung

Je nach Getriebebauweise und Motorisierung weichen die Kupplungen in konstruktiven Details voneinander ab. Im Wesentlichen aber arbeitet jede Kupplung mit den gleichen Komponenten:

■ Das Schwungrad (Motorschwungscheibe) ist fest mit der Kurbelwelle verbunden. Das Zweimassen-Schwungrad reduziert mit seinem Feder- und Dämpfersystem die Weitergabe von Motorschwingungen an das Getriebe.

■ Die Kupplungsscheibe (Mitnehmerscheibe) sitzt auf der Getriebe-Eingangswelle.

Auf beiden Seiten sind Beläge aufgenietet.
■ Die Druckplatte ist mit dem Schwungrad fest verschraubt. Beim Tritt aufs Kupplungspedal löst sich über Kupplungshydraulik und Ausrückplatte die Kupplungsscheibe gegen die Kraft der Tellerfeder (Membranfeder) von der Schwungscheibe. Druckplatten sind korrosionsgeschützt und gefettet. Sie dürfen nur an der Anlauffläche gereinigt werden, sonst wird die Lebensdauer der Kupplung verringert.

Das hydraulische System
Geberzylinder am Kupplungspedal und Nehmerzylinder am Getriebe sind über eine hydraulische Leitung verbunden. In ihr fließt Bremsflüssigkeit. Ein Defekt in der Kupplungsbetätigung kann daher einen sinkenden Pegel im Bremsflüssigkeitsbehälter verursachen. Ein ausreichender Flüssigkeitsrest für die Bremse ist allerdings immer garantiert. Beim Einkuppeln drückt die Tellerfeder der Druckplatte die Mitnehmerscheibe langsam gegen das Motorschwungrad, bis sie sich mit der gleichen Drehzahl dreht. So werden die Kräfte sanft übertragen. Dabei schleifen die Anlageflächen kurze Zeit aufeinander, ehe die Reibung wieder so groß ist, dass die Motorleistung vollständig auf das Getriebe übertragen wird. Wenn Sie das Kupplungspedal treten, überwindet das Ausrücklager die Kraft der Tellerfeder. Die Druckplatte wird entlastet und bei völlig durchgetretenem Pedal zurückgezogen. Die Mitnehmerscheibe kann nun im Raum dazwischen frei umlaufen.
Das Kupplungsspiel sorgt dafür, dass das Ausrücklager nicht ständig unter Druck steht. Es verringert sich mit der Abnutzung der Beläge. Die Druckplatte nähert sich dem Ausrücklager. Liegt das Lager ohne Spiel am Ausrückhebel an, stützt sich die Tellerfeder der Druckplatte gegen das Ausrücklager ab. Die Feder wird entlastet und die Kupplung rutscht durch.

Kupplung prüfen
■ Schleift nach Ihrem Eindruck die Kupplung, wenn Sie Ihr Fahrzeug im höchsten Gang beschleunigen, dreht der Motor also hoch, ohne dass die Fahrgeschwindigkeit zunimmt, sollten Sie einmal kurz die Funktion der Kupplung prüfen. Unternehmen Sie diese Probe allerdings wirklich nur gelegentlich!

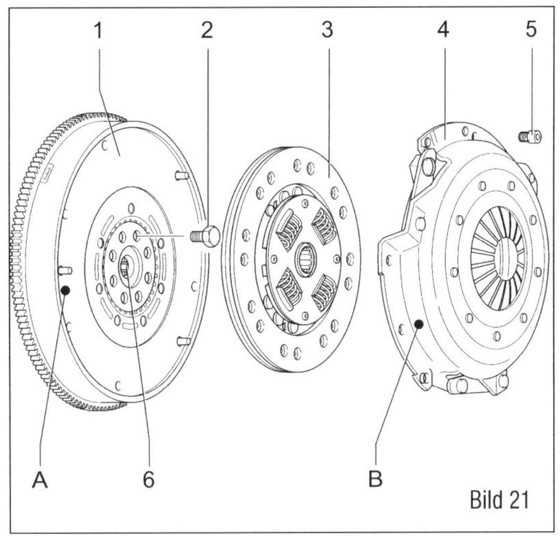

Bild 21

Bild 21
Kupplung.
1 Zweimassenschwungrad
2 Schraube
3 Kupplungsscheibe
4 Druckplatte
5 Schraube
6 Pilotlager
A Passstift
B Bohrung

■ Ziehen Sie die Handbremse an, die natürlich in Ordnung sein muss.
■ Starten Sie den Motor.
■ Legen Sie den 3. Gang ein; dann langsam einkuppeln und Gas geben.
■ Bei einwandfreier Kupplung wird der Motor dadurch abgewürgt.

Die Prüfung zeigt Ihnen also, ob die Kupplung noch gut arbeitet.
■ Dreht der Motor jedoch weiter, dann ist ein Auswechseln der Kupplung unumgänglich.

Trennen der Kupplung prüfen
■ Treten kratzende oder krachende Geräusche beim Schalten auf, trennt meistens die Kupplung nicht mehr richtig. Machen Sie deshalb eine Probe, und zwar mit dem nicht synchronisierten Rückwärtsgang, damit Sie die mögliche Ursache der Geräusche durch ein defektes Getriebe ausschließen.

■ Lassen Sie den Motor im Leerlauf drehen.
■ Kupplungspedal voll durchtreten, etwa drei Sekunden warten, dann Rückwärtsgang einlegen.
Wenn Sie jetzt das kratzende Geräusch hören, läuft die Mitnehmerscheibe nicht ganz frei. Dann trennt die Kupplung nicht sauber.
■ Kontrollieren Sie die Funktion der hydraulischen Übertragungselemente. Eventuell muss die Kupplungsbetätigung entlüftet werden.
■ Teile der Kupplungsbetätigung auf Undichtigkeiten untersuchen.

Sichtprüfung

Messen

Kupplungspedal aus-/einbauen

■ Batterie, Batterie-Abdeckung und Schalttafeleinsatz ausbauen.

■ Abdeckung Fahrerseite unten ausbauen. Die Muttern für den Halter an der Querwand durch die Öffnung vom ausgebauten Schalttafeleinsatz und dann die Schraubverbindung für den Halter an der Lenksäule abschrauben. Entnehmen Sie den Halter.

■ Wasserkastenabdeckung ausbauen und einen nicht fasernden Lappen unter den Geberzylinder (14 im Bild 22) legen. Den Nachlaufschlauch (15) zum Bremsflüssigkeitsbehälter abklemmen und ihn vom Geberzylinder abziehen.

■ Die Klammer für die Rohr-Schlauchleitung bis zum Anschlag und dann die Leitung selbst aus dem Geberzylinder ziehen. Leitung verschließen. Im Wasserkasten den Clip für den Leitungsstrang von der Schraube (1) für den Lagerbock (3) des Kupplungspedals an der Querwand (2) abziehen und die Schraube herausschrauben.

■ Den Kupplungspedalschalter (10) ausbauen: Steckverbindung trennen, Schalter 45° nach links drehen und aus seiner Aufnahme herausziehen.

■ Das Verbindungsblech (9) zwischen den Lagerböcken (3) und (5) für Kupplungs- und für Bremspedal ausbauen. Schrauben Sie die Mutter für den Kupplungspedal-Lagerbock an der Querwand ab.

■ Den Relaisträger mit dem Diagnoseanschluss vom Querrohr Schalttafel abschrauben und vorsichtig nach oben drücken.

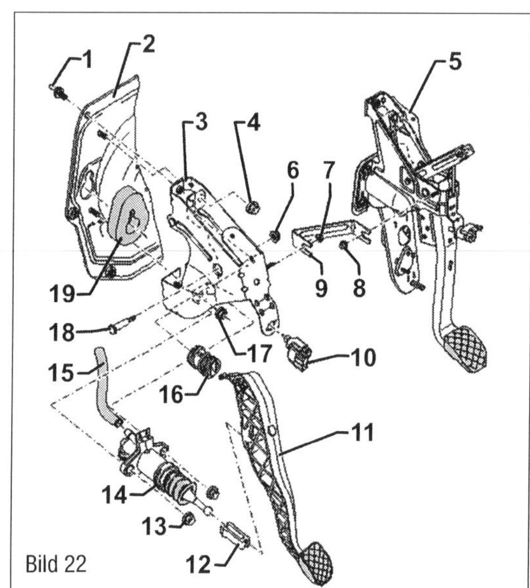

Bild 22

Bild 22
Fußhebelwerk.
1 Schraube
2 Stirnwand
3 Lagerbock
4 Sechskantmutter
5 Lagerbock
6 Sechskantmutter
7 Sechskantmutter
8 Sechskantmutter
9 Verbindungsblech
10 Kupplungspedalschalter
11 Kupplungspedal
12 Aufnahme
13 Sechskantmutter
14 Geberzylinder
15 Nachlaufschlauch
16 Übertotpunktfeder
17 Sechskantmutter
18 Schraube
19 Dichtung

■ Den Lagerbock (3) von den Stehbolzen an der Querwand (2) abziehen und vorsichtig herausnehmen.

■ Die Übertotpunktfeder (16) aushängen. Dazu Lagerbock (3) vorsichtig in einen Schraubstock spannen, Kupplungspedal (11) bis zum Anschlag betätigen, Feder (16) mit Zange zusammendrücken, Feder vom Lagerbocksteg und vom Pedalzapfen abnehmen und vorsichtig entspannen.

■ Das Kupplungspedal (11) vom Geberzylinder (14) trennen: Beide Seiten der Aufnahme mit der Zange T10005 nach innen drücken und das Pedal (11) in Richtung der Pedalschalter-Aufnahme ziehen. Befestigungsmuttern (13) für den Geberzylinder (14) am Lagerbock (3) abschrauben. Anschließend Geberzylinder von den Stiftschrauben abnehmen.

■ Die Mutter (6) abschrauben, die Schraube (18) herausziehen und das Kupplungspedal (11) abnehmen.

Beim Einbau muss sich die Pedalaufnahme auf der Betätigungsstange des Geberzylinders (14) befinden. Das Pedal (11) muss dann nach vorn gedrückt und korrekt verrastet werden.

■ Alle weiteren Schritte in umgekehrter Ausbaureihenfolge.

Zylinder der Kupplungshydraulik aus-/einbauen

Die hydraulische Anlage zur Kupplungsbetätigung besteht aus einem Geber- und einem Nehmerzylinder und den dazugehörigen Leitungen und Schläuchen. Wir beschreiben das prinzipielle Vorgehen beim Aus- und Einbau der Zylinder:

Kupplungsgeberzylinder

■ Mit der Spezialzange T10005 nach VW-Norm oder einem vergleichbaren Werkzeug die Aufnahme der Betätigungsstange für Geberzylinder am Lagerbock (Prinzip Bild 23) entriegeln.

■ Falls vorhanden, die elektrische Steckverbindung vom Kupplungspositionsgeber trennen.

■ 40 mm langes Distanzstück (z. B. Halbzoll-Steckschlüsseleinsatz) zwischen Kupplungspedal und Anschlag legen und das Pedal zu diesem Abstandshalter drücken.

■ Die Befestigungsmuttern (13 im Bild 22) des Geberzylinders (14) abdrehen.
■ Zum Einbau das Kupplungspedal bis zum Anschlag in Ruhestellung bewegen. Sicherungsclip an der Betätigungsstange des Geberzylinders anbringen.
■ Distanzstück zwischen Kupplungspedal und Anschlag legen und Kupplungspedal dagegen drücken.
■ Geberzylinder am Lagerbock verriegeln.
■ Betätigungsstange des Geberzylinders bis zum Einrasten in die Aufnahme des Kupplungspedals drücken.

Kupplungsnehmerzylinder
Die Vorgehensweise unterscheidet sich bei den beiden Schaltgetriebetypen deutlich.

5-Gang-Getriebe:
■ Bei codiertem Radiogerät Antidiebstahlcode abrufen und notieren. Masseband der Batterie bei ausgeschalteter Zündung abklemmen.
■ Luftfiltergehäuse komplett ausbauen.
■ Sicherungsscheiben für Schalt- und für Wählseilzug abbauen. Beide Seilzüge von den Zapfen abziehen.
■ Sicherungsscheibe vom Umlenkhebel abziehen und Umlenkhebel ausbauen. Mutter abschrauben und Getriebeschalthebel abbauen.
■ Seilzugwiderlager vom Getriebe abschrauben. Beide Seilzüge hochbinden. Halter vom Getriebe abbauen und von der Rohr-Schlauchleitung abziehen.
■ Getriebestütze abbauen.
■ Einen nicht fasernden Lappen unter den Nehmerzylinder legen, um damit die austropfende Bremsflüssigkeit aufzufangen.
■ Klammer der Rohr-Schlauchleitung bis Anschlag aus dem Nehmerzylinder ziehen.
■ Die zwei Befestigungsschrauben abschrauben und den Nehmerzylinder ausbauen.

Kupplungspedal nicht treten!

■ Der Einbau erfolgt in umgekehrter Reihenfolge. Zuvor ist das Stößelende des Nehmerzylinders mit MoS2-Schmierfett zu fetten.
Die Getriebestütze ist mit neuen Schrauben zu montieren. Nach Abschluss des Zusammenbaus ist die hydraulische Kupp-

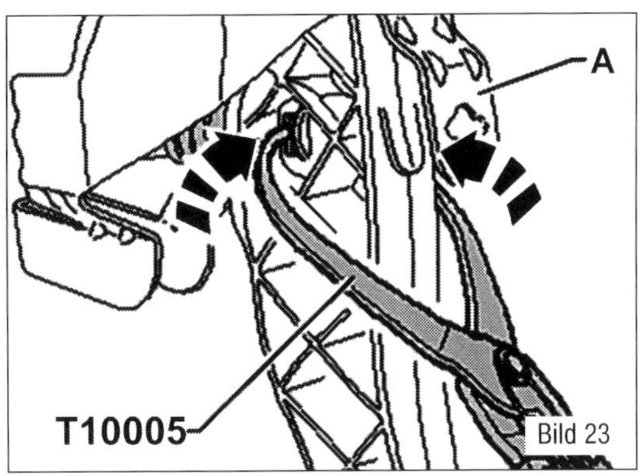

Bild 23
Kupplungspedal: Einsatz der Zange T10005 am Kupplungspedal zum Entriegeln.

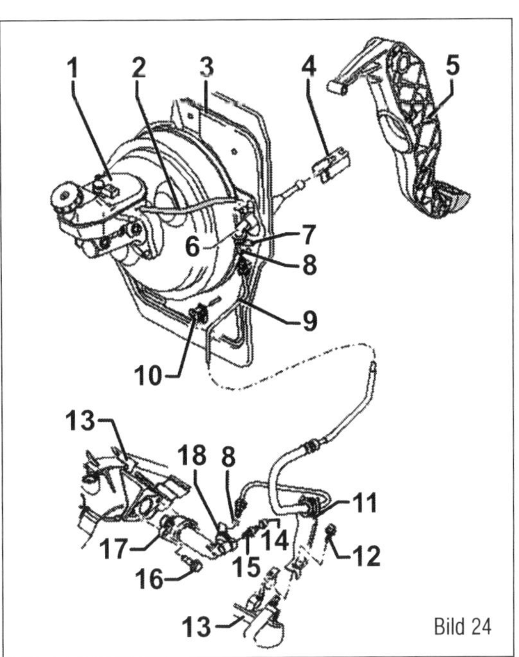

Bild 24
Kupplungsausrückung 5 Ganggetriebe.
1 Bremsflüssigkeitsbehälter
2 Nachlaufschlauch
3 Stirnwand
4 Aufnahme
5 Kupplungspedal
6 Kupplungsgeberzylinder
7 Sicherungsklammer
8 Dichtring
9 Rohr-Schlauchleitung
10 Halter
11 Halter
12 Schraube
13 Getriebe
14 Staubkappe
15 Entlüftungsventil
16 Schraube
17 Kupplungsnehmerzylinder
18 Sicherungsklammer

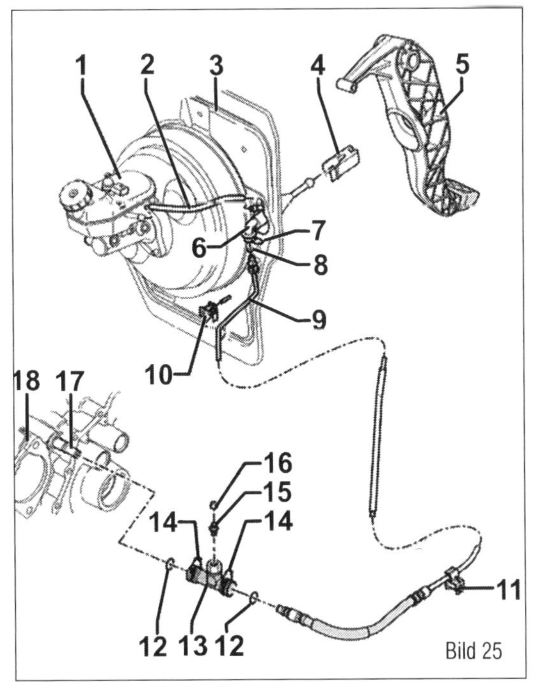

Bild 25
Kupplungshydraulik 6-Gang-Getriebe.
1 Bremsflüssigkeitsbehälter
2 Nachlaufschlauch
3 Stirnwand
4 Aufnahme
5 Kupplungspedal
6 Kupplungsgeberzylinder
7 Klammer
8 Dichtring
9 Rohr-Schlauchleitung
10 Halter
11 Halter
12 Dichtring
13 Entlüfter
14 Klammer
15 Entlüftungsventil
16 Staubkappe
17 Kupplungsnehmerzylinder
18 Getriebe

lungsanlage wie beschrieben zu entlüften. Ferner muss die Schaltbetätigung neu eingestellt werden.

6-Gang-Getriebe:
Um das Ausrücklager beziehungsweise den Kupplungsnehmerzylinder zu ersetzen oder auszubauen, muss das Getriebe ausgebaut werden. Ausrücklager und Kupplungsnehmerzylinder sind hier eine Einheit.

- Bauen Sie das Getriebe aus.
- Drehen Sie die drei Befestigungsschrauben (4) aus dem Kupplungsnehmerzylinder heraus.
- Nehmen Sie das Ausrücklager vom Getriebe ab.

Die Montage erfolgt sinngemäß in umgekehrter Reihenfolge.

- Bauen Sie das Getriebe ein.
- Entlüften Sie das Kupplungssystem.

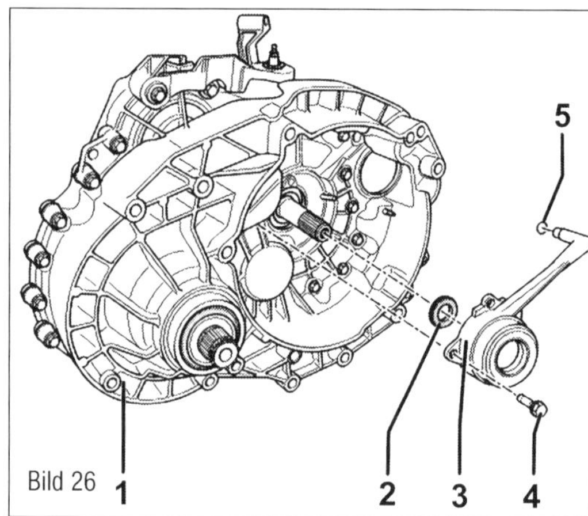

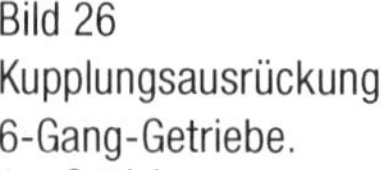

Bild 26
Kupplungsausrückung
6-Gang-Getriebe.
1 Getriebe
2 Dichtring für Antriebswelle
3 Kupplungsnehmerzylinder mit Ausrücklager
4 Schraube
5 Dichtring

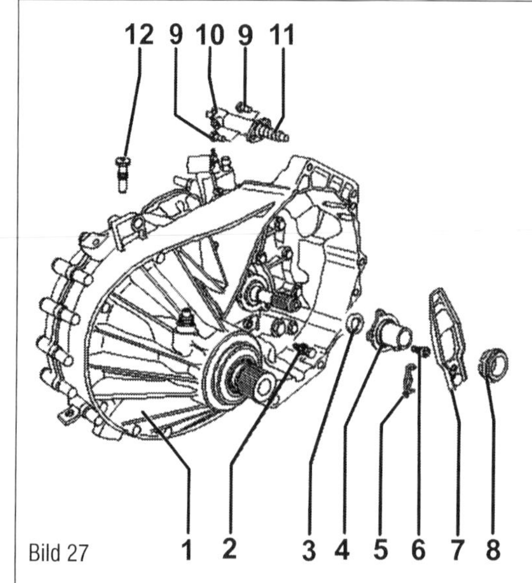
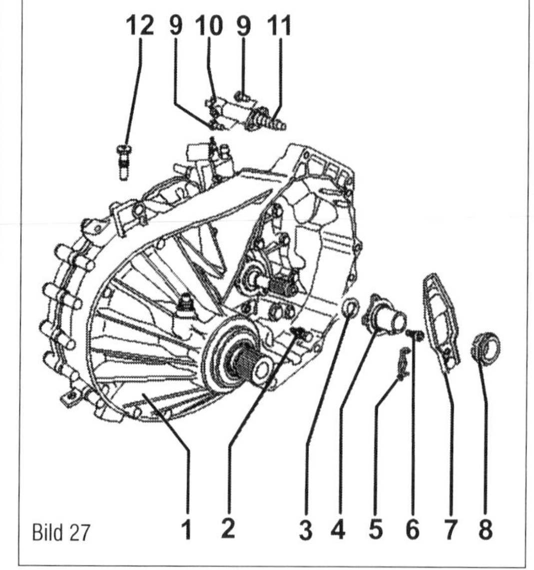

Bild 27
Kupplungsausrückung
5-Gang-Getriebe.
1 Getriebe
2 Kugelzapfen
3 Dichtring für Antriebswelle
4 Führungshülse
5 Haltefeder
6 Zylinderschraube
7 Kupplungsausrückhebel
8 Ausrücklager
9 Schraube
10 Kupplungsnehmerzylinder
11 Stößel
12 Montageschraube M 8 x 35

Kupplungsausrückung instandsetzen (5-Gang-Getriebe)
An der Kupplungsausrückung kann es notwendig werden, das Ausrücklager (8 im Bild 27) zu reinigen (nur abwischen, nicht auswaschen!), laute Lager zu ersetzen und die Führungshülse bei Beschädigung des aufvulkanisierten Rundschnurringes auszutauschen.

- Das Masseband an der Batterie abklemmen.
- Die elektrische Steckverbindung zum Kühlmittelsensor trennen.
- Elektrischen Leitungsstrang aus dem Kühlmittel-Ausgleichsbehälter herausziehen.
- Die Befestigungsschrauben des Ausgleichsbehälters herausdrehen und den Kühlmittel-Ausgleichsbehälter zur Seite legen.
- Um den Kupplungsausrückhebel (7) aus der ans Getriebe geschraubten Kupplung auszubauen, muss die Haltefeder ausgehängt werden.
- Den Kupplungsausrückhebel (7) und das Ausrücklager (8) abziehen.
- Das Ausrücklager wird ausgebaut, indem man die Rastnasen auf der Rückseite des Ausrückhebels zusammendrückt. Dann den Hebel entnehmen.
- Zum Einbau das Lager in den Ausrückhebel drücken, bis die Rastnasen spürbar verrasten.
- Die Führungshülse (4) wird im Bereich des Ausrücklagers, der Ausrückhebel im Bereich der Anlagestelle am Kugelzapfen und das Lager im Bereich der Anlagestellen an den Ausrückhebel mit Molybdänsulfid-Schmierfett gefettet.
- Eine Montageschraube (12 im Bild 27) sichert den Kupplungsausrückhebel beim Getriebeeinbau. Danach kann sie wieder herausgedreht werden.

Kupplungshydraulik entlüften

Ausgetretene Bremsflüssigkeit sofort aufnehmen und mit Bremsenreiniger abspülen.

Vermeiden Sie Augen- und Hautkontakt. Tragen Sie Schutzhandschuhe und geeigneten Augenschutz.

Das Entlüften der Anlage ohne ein Entlüftungsgerät ist nicht zu empfehlen. Die

Leitungsführung und das geringe Fördervolumen der Zylinder machen eine Druckentlüftung erforderlich.

- Geeignetes Bremsenfüll- und Entlüftungsgerät anschließen. Zum Entlüften ist ein Entlüfterschlauch (670 mm lang) zu verwenden.
- Entlüfterschlauch dann mit der Auffangflasche des Bremsenentlüftungsgeräts verbinden.
- Entlüfterschlauch auf den Entlüfter des Entlüfteranschlusses oder des Nehmerzylinders stecken.
- System mit dem Entlüftungsgerät am Vorratsbehälter mit einem Druck von 2 bar beaufschlagen.
- Entlüftungsventil ca. 1/4 Umdrehung öffnen.
- Kupplungspedal 15 bis 20 Mal sehr schnell von Hand von Anschlag zu Anschlag bewegen.
- Entlüftungsventil schließen.
- Nach Beendigung des Entlüftungsvorgangs, wenn der Druck von 2 bar abgebaut ist, das Kupplungspedal bitte noch 10 Mal mit dem Fuß treten.

Schaltzüge und Betätigung

Die gewünschten Gänge des Schaltgetriebes werden über die Schaltbetätigung gewählt und eingelegt. Mit dem Schalthebel wählen Sie bei den verschiedenen Getrieben den gewünschten Gang. Knopf und Manschette des Schalthebels sollten nicht voneinander getrennt und im Reparaturfall immer gemeinsam ersetzt werden. Zwei Gestängeteile, die Schaltstange und die Schubstange, übertragen die Bewegung des Schalthebels über Seilzüge auf Getriebeschalthebel und Umlenkhebel am Getriebe.
Die am Schalthebel eingeleitete Wählbewegung (rechts-links) wird über den Wählhebel auf das Gestänge in Vor- und Rückbewegung übertragen. Diese Bewegung wiederum wird durch die äußere Mechanik in eine Auf-/Abbewegung der Schaltwelle umgesetzt.

- Alle Betätigungs- und Übertragungselemente sowie Getriebe, Kupplung und Kupplungsbetätigung müssen einwandfrei, die Schaltbetätigung leichtgängig sein.

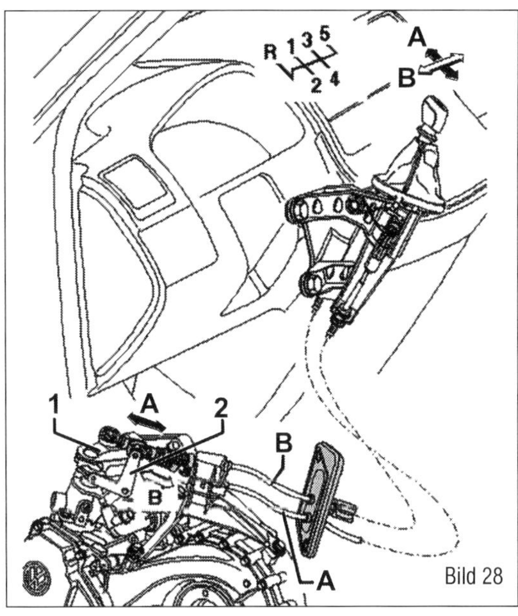

Bild 28

Bild 28
Kupplungsausrückung 5-Gang-Getriebe.
Pfeil A Schaltbewegung
Pfeil B Wählbewegung
A Schaltseilzug für Schaltbewegung
B Wählseilzug für Wählbewegung
1 Getriebeschalthebel
2 Umlenkhebel

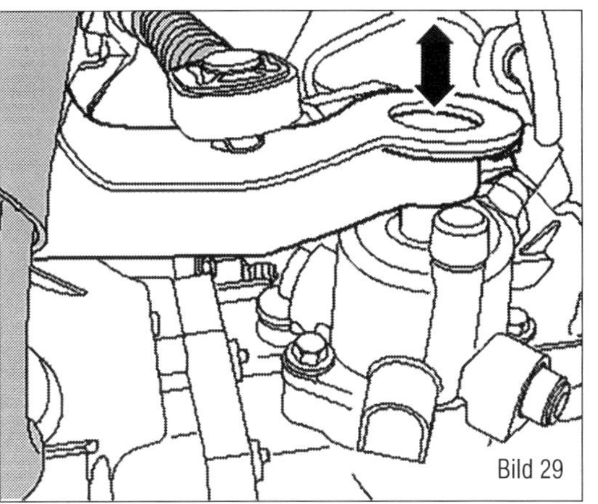
Bild 29

Bild 29
Schalthebel am 5-Gang-Getriebe: Schalthebel muss leicht nach oben und unten zu bewegen sein (Doppelpfeil).

5-Ganggetriebe Schaltbetätigung einstellen

Das Getriebe befindet sich zu Beginn des Arbeitsablaufs in Leerlaufstellung. Die Schaltwelle muss sich in der Wählbewegung (Pfeilrichtung B im Bild 28) bewegen lassen.

- Schalthebelmanschette mit Abdeckung nach oben aus der Schalttafel herausziehen und über den Schaltknopf stülpen.

Multivan:

- Kniepolster Mitte links ausbauen.

Transporter:

- Ggf. Verkleidung Fußraum Mitte ausbauen.

Tipp: Verkleidung Fußraum Mitte nur ausbauen, wenn besonders der Zugang zum Sicherungsmechanismus für den Wählseilzug nicht möglich ist.

Fortsetzung für alle Fahrzeuge:

■ Sicherungsmechanismus (1 im Bild 30) von der Seilzugarretierung (2) am Schaltseilzug bis zum Anschlag nach unten schieben (Pfeilrichtung).

■ Sicherungsmechanismus (1) von der Seilzugarretierung (2) am Wählseilzug bis zum Anschlag nach unten schieben (Pfeilrichtung).

■ Falls vorhanden, Verbindungsschlauch zwischen Saugrohr und Ladeluftkühler ausbauen.

Wie folgt den 2. Gang über den Getriebeschalthebel einlegen:

■ Um die Zugänglichkeit zur Schaltwelle zu ermöglichen, ggf. die Motorabdeckung ausbauen.

■ Einstelllehre (T10217 im Bild 31) von vorn zwischen Getriebeschalthebel (A) und Schaltdeckel (B) bis Anschlag an die Schaltwelle schieben.

■ Gleichzeitig den Getriebeschalthebel/Schaltwelle bis zur Anlage an die Einstelllehre (T10217) herunterdrücken (Pfeilrichtung 1).

■ Jetzt den Getriebeschalthebel nach hinten schalten (Pfeilrichtung 2).

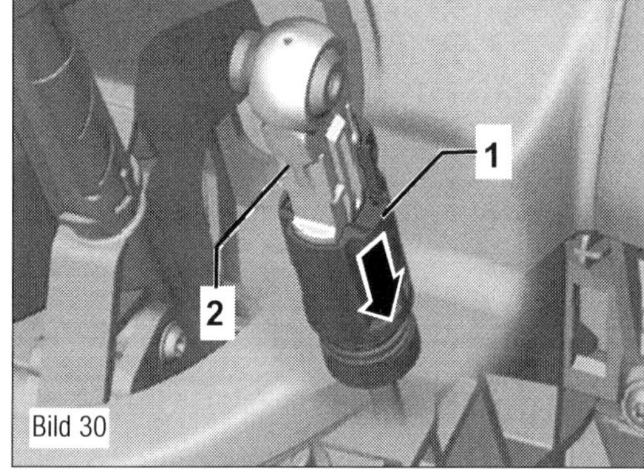

Bild 30
Schaltseilzug am 5-Gang-Getriebe.
1 Sicherungsmechanismus
2 Seilzugarretierung

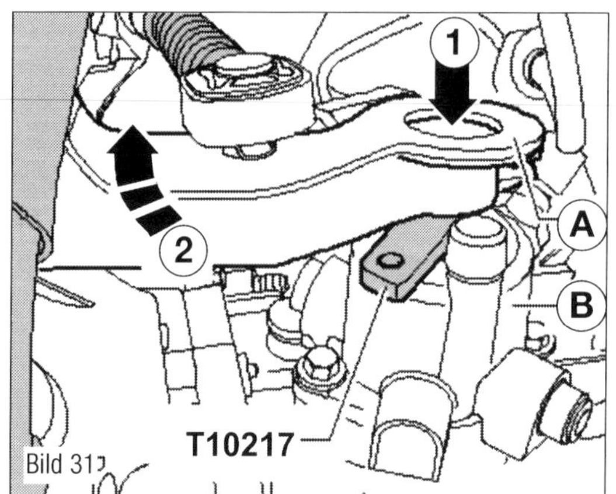

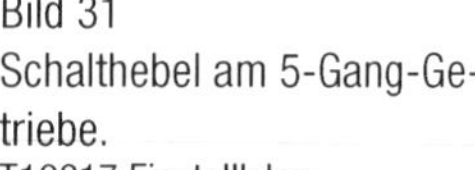

Bild 31
Schalthebel am 5-Gang-Getriebe.
T10217 Einstelllehre
A Getriebeschalthebel
B Schaltdeckel
1 Herunterdrücken
2 Drehen

■ Die Einstelllehre (T10217) von der Schaltwelle abnehmen.

Schalthebel wie folgt feststellen:

■ Schalthebel (Fahrerraum) in Leerlaufstellung nach links in die Wählhebelgasse 1./2. Gang führen.

■ Den Absteckstift (T10027 im Bild 32) durch die Bohrung (A) vom Schalthebel in die Bohrung (B) vom Schaltgehäuse führen.

■ Jetzt in Pfeilrichtung auf die Nase des Sicherungsmechanismus von der Seilzugarretierung (1 im Bild 33) am Wählseilzug drücken. Die Feder drückt den Sicherungsmechanismus in die Ausgangsstellung.

■ Dann in Pfeilrichtung auf die Nase des Sicherungsmechanismus von der Seilzugarretierung (A im Bild 34) am Schaltseilzug drücken. Die Feder drückt den Sicherungsmechanismus in die Ausgangsstellung.

■ Absteckstift (T10027 im Bild 32) aus den Bohrungen vom Schalthebel (A) und Schaltgehäuse (B) herausziehen.

■ Funktionsprüfung der Schaltbetätigung durchführen. Schalthebel muss in Leerlaufstellung in der Wählhebelgasse 3./4. Gang stehen.

■ Kupplung treten und alle Gänge mehrmals durchschalten. Besonders auf die Funktion der Rückwärtsgangsperre achten.

Wenn beim wiederholten Einlegen eines Ganges noch ein Haken auftritt, Spiel (Hub) der Schaltwelle wie folgt prüfen:

■ 1. Gang einlegen.

■ Schalthebel bis zum Anschlag nach links drücken und wieder loslassen.

■ Gleichzeitig die Schaltwelle am Getriebe beobachten (2. Mechaniker).

■ Die Schaltwelle muss beim Bewegen des Schalthebels nach oben und unten ca. 1 mm Spiel haben (Pfeilrichtung im Bild 29).

■ Wenn das nicht der Fall ist, Schaltbetätigung nochmals einstellen.

Multivan:

■ Kniepolster Mitte links einbauen.

Transporter:

■ Falls ausgebaut, Verkleidung Fußraum Mitte einbauen.

Fortsetzung für alle Fahrzeuge:

■ Schalthebelmanschette mit Abdeckung in die Schalttafel einclipsen.

■ Falls ausgebaut, Ladeluftschlauch einbauen.

6-Gang-Getriebe Schaltbetätigung einstellen

Voraussetzungen für eine korrekte Schalteinstellung:

■ Einwandfreie Bedienungs- und Übertragungselemente der Schaltbetätigung.

■ Schaltbetätigung leichtgängig.

■ Getriebe, Kupplung und Kupplungsbetätigung müssen in einwandfreiem Zustand sein.

■ Das Getriebe ist in Leerlaufstellung.

Einstellung:

■ Schalthebelmanschette nach oben aus der Schalterblende herausziehen und über den Schaltknopf stülpen.

■ Ladeluftschlauch ausbauen.

Multivan:

■ Kniepolster Mitte, links ausbauen.

Transporter:

■ Fußraumverkleidung Mitte ausbauen.

Fahrzeuge mit Dieselmotor:

■ Verbindungsschlauch zwischen Saugrohr und Ladeluftkühler ausbauen.

Fortsetzung für alle Fahrzeuge:

■ Sicherungsmechanismus (1 im Bild 30) von der Seilzugarretierung (2) am Schaltseilzug bis zum Anschlag nach unten schieben (Pfeilrichtung).

■ Sicherungsmechanismus (1) von der Seilzugarretierung (2) am Wählseilzug bis zum Anschlag nach unten schieben (Pfeilrichtung).

Schaltwelle wie folgt feststellen:

■ Schaltwelle am Getriebeschalthebel nach oben ziehen (Pfeilrichtung 1 im Bild 35).

■ Beim Hochziehen der Schaltwelle Lehre (T10216) seitlich von der linken Fahrzeugseite zwischen Getriebeschalthebel (A) und Schaltdeckel (B) bis zum Anschlag an die Schaltwelle schieben.

■ Getriebeschalthebel auf die Lehre (T10216) zurückfedern lassen und Getriebeschalthebel nach hinten schalten (Pfeilrichtung 2).

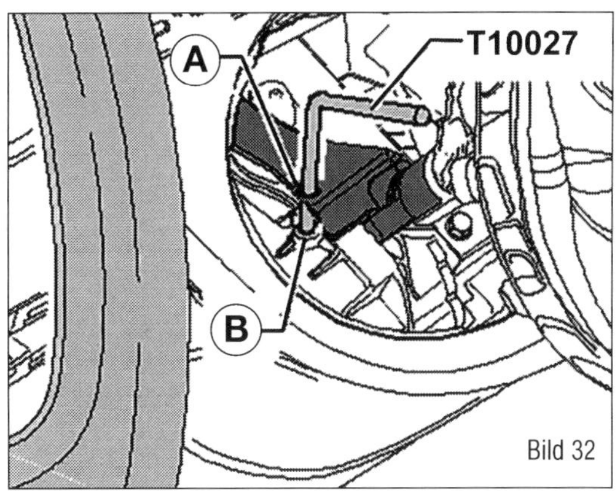

Bild 32
Schalthebel Fahrerraum.
T10027 Absteckdorn
A Bohrung im Schalthebel
B Bohrung im Schaltgehäuse

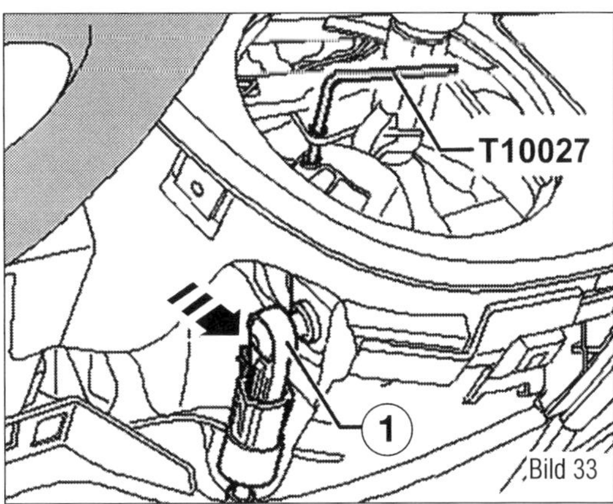

Bild 33
Schalthebel Fahrerraum.
1 Seilzugarretierung
Pfeil = Nase des Sicherungsmechanismus

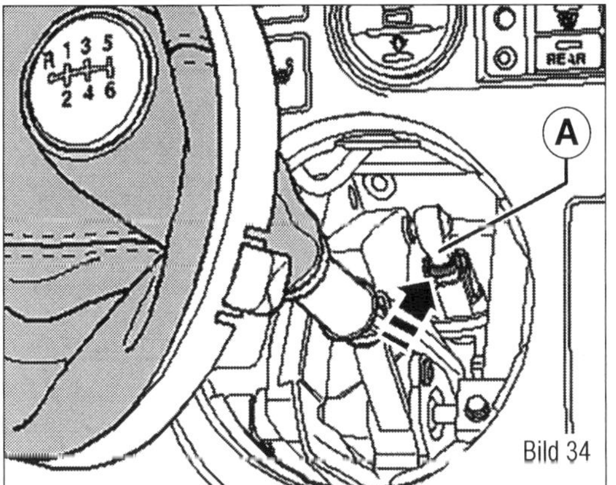

Bild 34
Schalthebel Fahrerraum.
A Seilzugarretierung
Pfeil = Nase des Sicherungsmechanismus

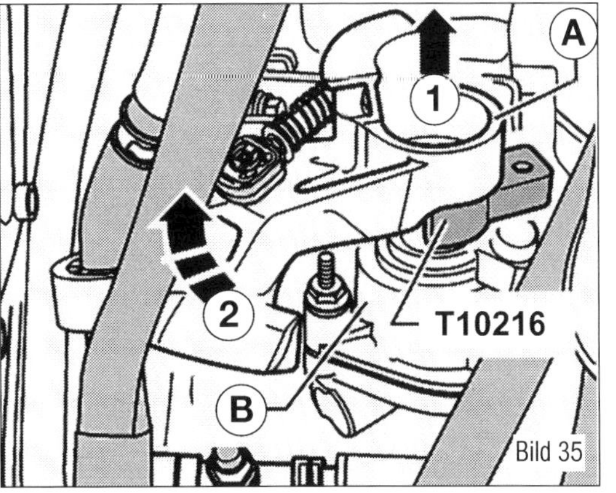

Bild 35
Einsatz der Lehre.
Pfeil 1 Schaltwelle hochziehen
Pfeil 2 Schaltwelle drehen
T10216 Lehre
A Schalthebel
B Getriebe

Schalthebel wie folgt feststellen:

■ Schalthebel in Leerlaufstellung nach links in die Wählhebelgasse 1./2. Gang führen.

■ Absteckstift (T10027 im Bild 32) durch die Bohrung vom Schalthebel in die Bohrung vom Schaltgehäuse führen.

■ In (Pfeilrichtung im Bild 33) auf die Nase des Sicherungsmechanismus von der Seilzugarretierung (1) am Wählseilzug drücken. Die Feder drückt den Sicherungsmechanismus in die Ausgangsstellung.

■ In (Pfeilrichtung im Bild 34) auf die Nase des Sicherungsmechanismus von der Seilzugarretierung (A) am Schaltseilzug drücken. Die Feder drückt den Sicherungsmechanismus in die Ausgangsstellung.

☞ Wenn sich der 2. Gang nicht einlegen lässt, den Getriebeschalthebel ohne Lehre »T10216« in der Wählhebelgasse 1./2. Gang nach hinten schalten. Dabei Getriebeschalthebel ca. 7 mm hochziehen.

Schaltwelle wie folgt feststellen:

■ Schaltwelle am Getriebeschalthebel nach oben ziehen (Pfeilrichtung 1 im Bild 35).

■ Getriebe über den Getriebeschalthebel (A) in Leerlaufstellung schalten (gegen die Pfeilrichtung).

■ Lehre (T10216) von der Schaltwelle abnehmen.

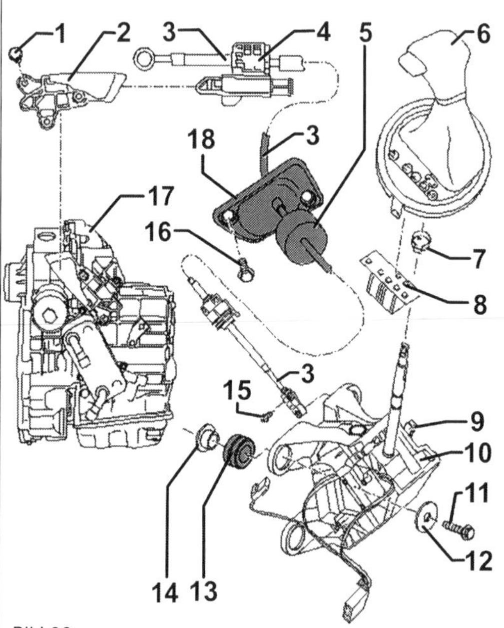

Bild 36

Bild 36
Schaltbetätigung DSG-Getriebe.
1 Schraube
2 Seilzugwiderlager
3 Wählhebelseilzug
4 Seilzugwiderlager
5 Abstandshalter
6 Griff für Wählhebel
7 Klemmschelle
8 Schalter für Tiptronic
9 Hebel für Notentriegelung
10 Schaltbetätigung
11 Schraube
12 Scheibe
13 Tülle
14 Abstandshülse
15 Schraube
16 Schraube
17 Doppelkupplungsgetriebe
18 Halteblech

Multivan:

■ Kniepolster Mitte, links einbauen.

Transporter:

■ Fußraumverkleidung Mitte einbauen.

Fortsetzung für alle Fahrzeuge:

■ Schalthebelmanschette in die Schalterblende einclipsen.

Funktion prüfen:

■ Der Schalthebel muss in Leerlaufstellung in der Wählhebelgasse 3./4. Gang stehen.

■ Kupplung treten.

■ Alle Gänge mehrmals durchschalten. Auf die Funktion der Rückwärtsgangsperre ist besonders zu achten.

Tritt beim wiederholten Einlegen eines Ganges noch ein Haken auf, ist das Spiel (Hub) der Schaltwelle wie folgt zu prüfen:

■ 1. Gang einlegen.

■ Schalthebel bis zum Anschlag nach links drücken und wieder loslassen.

■ Gleichzeitig die Schaltwelle am Getriebe beobachten (2. Mechaniker).

■ Die Schaltwelle muss beim Bewegen des Schalthebels einen Weg von ca. 1 mm zurücklegen (Pfeilrichtung im Bild 29).

■ Ist das nicht der Fall, Schaltbetätigung nochmals einstellen.

■ Ladeluftschlauch einbauen.

DSG-Getriebe Schaltbetätigung prüfen

Die Einstellung des Wählhebelseilzugs ist generell durchzuführen, wenn der Wählhebelseilzug bzw. die Schaltbetätigung schwergängig ist, das Getriebe aus- und eingebaut wurde, der Wählhebelseilzug am Getriebe abgebaut wurde, das Seilzugwiderlager am Getriebe abgebaut wurde oder eine entsprechende Meldung vom Fahrzeugdiagnosetester vorliegt.

■ Wählhebel in Stellung »P« schalten.

■ Schellen öffnen und Schlauch von der Drosselklappensteuereinheit zum Ladeluftkühler abziehen.

■ Verriegelung (2 im Bild 37) des Wählhebelseilzugs (4) nach vorn drücken (Pfeil A), bis dieser einrastet.

■ Wählhebelseilzug (4) vom Hebel/Schaltwelle abbauen (Pfeil B).

■ Seilzugwiderlager (3) nach hinten oben aus dem Doppelkupplungsgetriebe herausziehen.

■ Wählhebelseilzug (4) nicht biegen oder knicken.
■ Wählhebelseilzug so ablegen, dass sich das Ende frei bewegen kann.
■ Wählhebel von »P« nach »S« schalten. Schaltbetätigung und Wählhebelseilzug müssen dabei leichtgängig sein. Gegebenenfalls Wählhebelseilzug ersetzen oder Schaltbetätigung instandsetzen.
■ Wählhebel in Stellung »P« schalten.
■ Hebel/Schaltwelle am Getriebe in »P« stellen. Rasthebel muss im Parksperrenrad einrasten, beide Vorderräder sind blockiert (lassen sich nicht gemeinsam in einer Richtung drehen).
Der Wählhebelseilzug muss sich auf Hebel/Schaltwelle aufdrücken lassen. Ist dies nicht möglich, Wählhebelseilzug einstellen.
■ Kugelpfanne des Wählhebelseilzugs nicht fetten.
■ Wählhebelseilzug von Hand auf den Hebel/Schaltwelle aufdrücken.

DSG-Getriebe Schaltbetätigung einstellen
■ Wählhebel in Stellung »P« schalten.
■ Hebel/Schaltwelle am Getriebe in »P« stellen. Rasthebel muss im Parksperrenrad einrasten, beide Vorderräder sind blockiert (lassen sich nicht gemeinsam in einer Richtung drehen).
■ Verkleidung Fußraum Mitte ausbauen.
■ Schraube des Wählhebelseilzugs lösen.
■ Kugelpfanne des Wählhebelseilzugs nicht fetten.
■ Wählhebelseilzug von Hand auf den Hebel/Schaltwelle aufdrücken.
■ Schraube des Wählhebelseilzugs mit 10 Nm festziehen.
■ Verkleidung Fußraum Mitte einbauen.
■ Schaltbetätigung prüfen.

Achsgelenkwellen

De- und Montage
■ Lösen Sie die Zwölfkantmutter am Radlager.

⚠ Beim Lösen und Festziehen muss das Fahrzeug auf den Rädern stehen. Es besteht Unfallgefahr.

■ Heben Sie das Fahrzeug an.
■ Bauen Sie die Räder vorn aus.

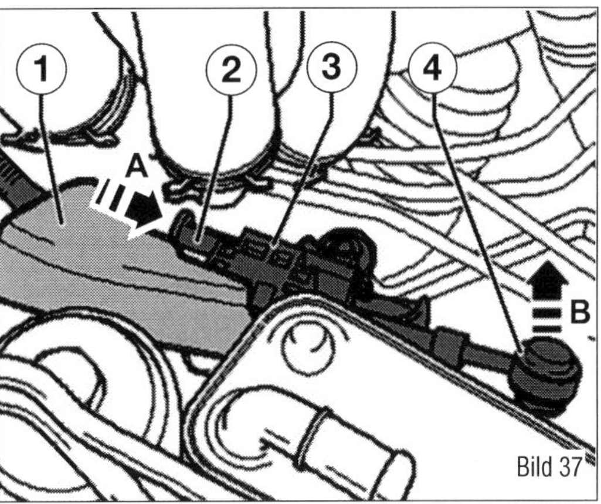

Bild 37
Wahlhebelzug DSG-Getriebe.
1 Seilzugwiderlager
2 Verriegelung
3 Seilzugwiderlager
4 Wählhebelseilzug

Ausbau der linken Gelenkwelle (gesteckt):
■ Hebeln Sie das Innengelenk der Gelenkwelle mit einem Reifenmontierhebel vom Getriebe ab.

Ausbau der linken Gelenkwelle (geschraubt):
■ Schrauben Sie die Gelenkwelle vom Getriebeflansch ab.

Funktionsprüfungen am Wählhebel
■ In den Wählhebelstellungen »R«, »D« und «S« darf sich der Anlasser nicht betätigen lassen.
■ Bei Rechtslenkern darf sich der Anlasser in den Wählhebelstellungen »P« und »N« nur bei nicht gedrücktem Taster im Griff des Wählhebels betätigen lassen.
■ Bei Geschwindigkeiten über 5 km/h und Gang in Wählhebelstellung »N« darf der Magnet für Wählhebelsperre nicht einrasten und den Wählhebel blockieren. Der Wählhebel kann in eine Fahrstufe geschaltet werden.
■ Bei Geschwindigkeiten unter 5 km/h (fast Stillstand) und Gang in Wählhebelstellung »N« darf der Magnet für Wählhebelsperre erst nach ca. 1 Sekunde einrasten. Der Wählhebel kann erst bei betätigtem Bremspedal aus Stellung »N« herausgeschaltet werden.

Ausbau der linken Gelenkwelle (Tripod):
■ Hebeln Sie das Tripodegelenk der Gelenkwelle mit dem Keil »10161« vom Getriebegehäuse ab.
■ Ziehen Sie die Gelenkwelle aus der Getriebesteckverzahnung heraus und nehmen Sie die komplette Gelenkwelle heraus.

⚠ Achten Sie beim Ausbau der Gelenkwellen darauf, dass der Tripodestern mit den Rollen nicht aus dem Tripodegelenk

Sichtprüfung

Messen

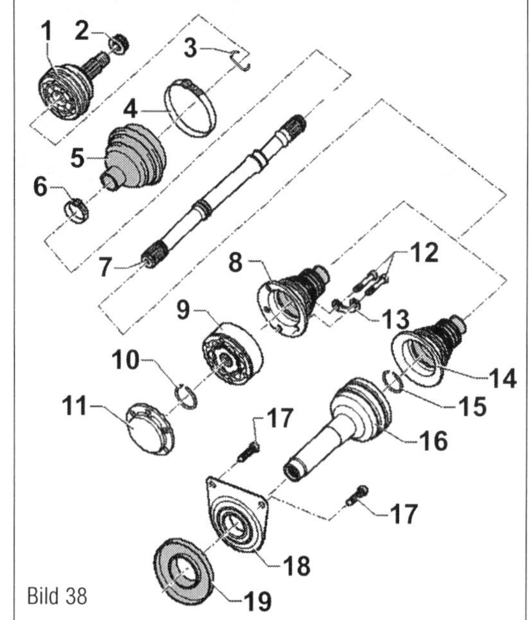

Bild 38

Bild 38
Antriebswellen 5-Gang-Schaltgetriebe.
1 Gleichlaufgelenk außen
2 Zwölfkantmutter
3 Sicherungsring
4 Klemmschelle
5 Gelenkschutzhülle
6 Klemmschelle
7 Gelenkwellen
8 Gelenkschutzhülle
9 Gleichlaufgelenk innen
10 Sicherungsring
11 Schutzkappe
12 Innenvielzahnschraube
13 Unterlegplatte
14 Gelenkschutzhülle
15 Sicherungsring
16 Gleichlaufgelenk innen
17 Schraube
18 Stützlager
19 Schutzkappe

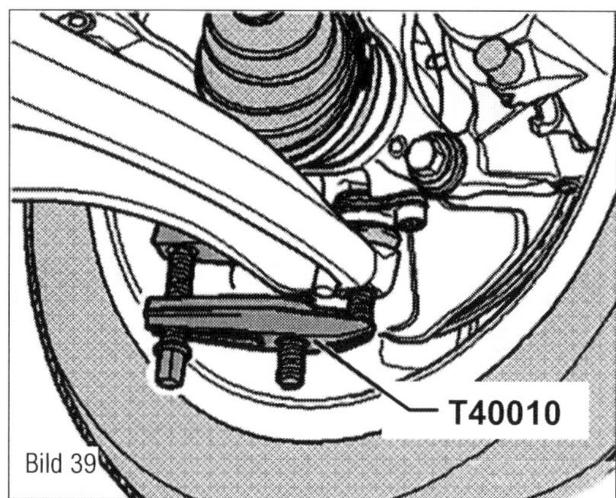

Bild 39

Bild 39
Achsgelenk ausdrücken:
T40010 Gelenkbolzenabdrücker.

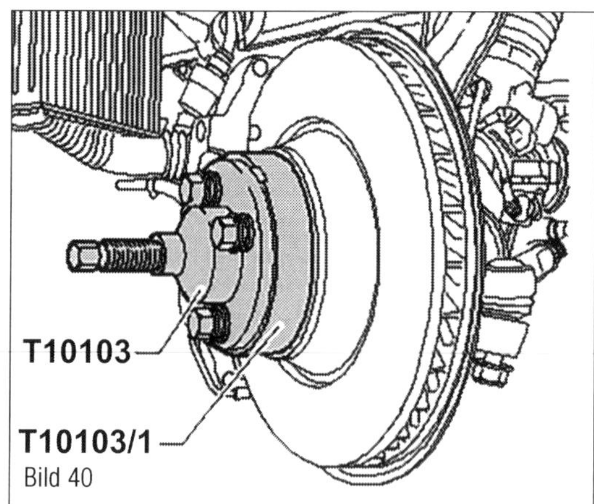

Bild 40

Bild 40
Achswelle ausdrücken.
T10103 Gelenkwellenausdrücker
T10103/1 Adapter

herausgezogen wird. Ist der Tripodestern mit den Rollen herausgerutscht, muss die Gelenkschutzhülle geöffnet und der Tripodestern mit den Rollen wieder in das Tripodegelenk eingesetzt werden.

Ausbau der rechten Gelenkwelle:
- Schrauben Sie das Stützlager ab.

Weiterer Arbeitsablauf für beide Seiten:
- Schrauben Sie den Achslenker vom Achsgelenk ab.
- Drücken Sie den Achslenker mit dem Abzieher (T 40010 im Bild 39) vom Achsgelenk herunter.
- Drücken Sie die Gelenkwelle mit dem Ausdrücker (T 10103 und dem Adapter T 10103/1 im Bild 40) aus der Radnabe heraus.

Achten Sie beim Herausdrücken der Gelenkwelle auf ausreichenden Freigang zu anderen Bauteilen.

- Ziehen Sie den Stecker für die Bremsbelagverschleißanzeige und den Drehzahlfühler ab.
- Clipsen Sie beide Leitungen aus der Halterung am Federbein heraus und legen Sie diese zur Seite.
- Ziehen Sie das Radlagergehäuse nach außen und legen Sie einen geeigneten Holzklotz zwischen Karosserie und Federbein.

Ausbau der rechten Gelenkwelle:
- Ziehen Sie die rechte Gelenkwelle von der Stützwelle herunter.

Weiterer Arbeitsablauf für beide Seiten:
- Nehmen Sie die Gelenkwellen heraus.

Einbau der linken Gelenkwelle:
- Schrauben Sie das Innengelenk der Gelenkwelle am Getriebeflansch an.

Einbau der rechten Gelenkwelle:
- Die Auflage des Achswellenflansches auf der Getriebezahnung »satt« mit Schmierfett fetten.
- Setzen Sie die Steckwelle auf die gefettete Verzahnung des Achsantriebs auf.
- Schrauben Sie das Stützlager fest.

Weiterer Arbeitsablauf für beide Fahrzeugseiten mit »geklebten« Gelenkwellen:
- Entfernen Sie restlos die Sicherungsmittelreste in der Verzahnung der Gelenkwelle und an der Anlagefläche/Zwischenraum der Radnabe.
- Tragen Sie das Sicherungsmittel auf den Verzahnungsbereich der Gelenkwelle »rundum« auf.
- Setzen Sie die Gelenkwelle in dem Radlager ein.

■ Ziehen Sie die Zwölfkantmutter handfest an (nicht festziehen).
■ Nehmen Sie den Holzklotz zwischen Karosserie und Federbein heraus.
■ Setzen Sie das Achsgelenk in den Achslenker hinein und schrauben Sie den Achslenker fest.
■ Verlegen Sie den elektrischen Leitungsstrang am Federbein fachgerecht und stellen Sie die elektrischen Steckverbindungen wieder her.
■ Setzen Sie die Räder vorn an.
■ Stellen Sie das Fahrzeug auf die Räder.
■ Ziehen Sie die Vorderräder fest.
■ Ziehen Sie die Zwölfkantmutter fest.

Ziehen Sie die Zwölfkantmutter unmittelbar nach der Montage der Gelenkwelle fest, damit das Sicherungsmittel nicht vorher aushärtet.

Weiterer Arbeitsablauf für beide Fahrzeugseiten mit »ungeklebten« Gelenkwellen:
■ Setzen Sie die Gelenkwelle in das Radlager ein.
■ Ziehen Sie die Zwölfkantmutter handfest an (nicht festziehen).
■ Nehmen Sie den Holzklotz zwischen Karosserie und Federbein heraus.
■ Setzen Sie das Achsgelenk in den Achslenker hinein und schrauben Sie den Achslenker fest.
■ Verlegen Sie den elektrischen Leitungsstrang am Federbein fachgerecht und stellen Sie die elektrischen Steckverbindungen wieder her.
■ Setzen Sie die Räder vorn an.
■ Stellen Sie das Fahrzeug auf die Räder.
■ Ziehen Sie die Vorderräder fest.
■ Ziehen Sie die Zwölfkantmutter fest.

Gelenkwellen prüfen

Es gibt eigentlich nur drei Gründe eine Achsgelenkwelle zu zerlegen. Zuerst einmal möchten wir den Hintergrund für diese Arbeiten genauer beleuchten:

Spiel an den Gelenken:
(Bild 43) Spiel an den Achswellen prüfen.

Halten Sie den Lageraußenring mit der Hand fest und verdrehen Sie die Achswelle. Sie sollte möglichst kurze schnelle Bewegungen machen (einfach schnell hin und herdrehen). So bemerken Sie ein mögliches Lagerspiel in den Achswellen sehr schnell. Spiel an den Gelenken sollte immer nachgegangen werden.

Denken Sie daran, dass Ihr Fahrzeug beim Anheben einen anderen Winkel der Achswelle bewirkt. Die Prüfungen sollten immer am Boden stattfinden. Zumindest sollte das Fahrzeug auf dem Boden stehen. Eine Grube in der Garage oder eine Mutterbühne ist hier sehr hilfreich. Stellen Sie übermäßiges Spiel fest, sollte die Gelenkwelle erneuert oder zerlegt und repariert werden. Zumeist zeigen sich bei der Demontage erhebliche Schäden an Lager-

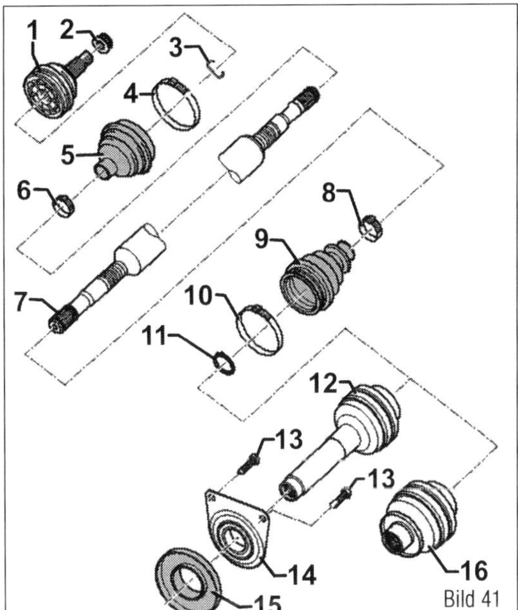

Bild 41

Bild 41
Antriebswellen 6-Gang-Schaltgetriebe.
1 Gleichlaufgelenk außen,
2 Zwölfkantmutter
3 Sicherungsring
4 Klemmschelle
5 Gelenkschutzhülle
6 Klemmschelle
7 Gelenkwellen
8 Klemmschelle
9 Gelenkschutzhülle
10 Klemmschelle
11 Sicherungsring
12 Gleichlaufgelenk innen
13 Schraube
14 Stützlager
15 Schutzkappe
16 Gleichlaufgelenk innen

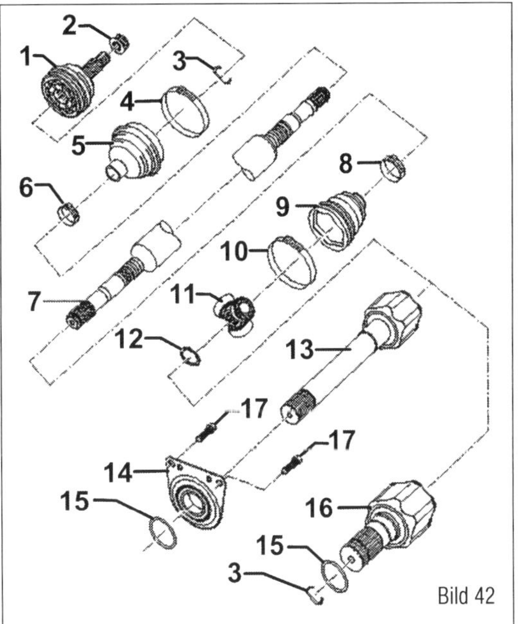

Bild 42

Bild 42
Antriebswellen DSG-Getriebe.
1 Gleichlaufgelenk außen
2 Zwölfkantmutter
3 Sicherungsring
4 Klemmschelle
5 Gelenkschutzhülle
6 Klemmschelle
7 Gelenkwellen
8 Klemmschelle
9 Gelenkschutzhülle innen
10 Klemmschelle
11 Tripodestern mit Rollen
12 Sicherungsring
13 Tripodewelle
14 Stützlager
15 O-Ring
16 Tripodegelenk innen
17 Schraube

Sichtprüfung

Messen

Bild 43
Spiel an den Gelenken der Achswellen prüfen.

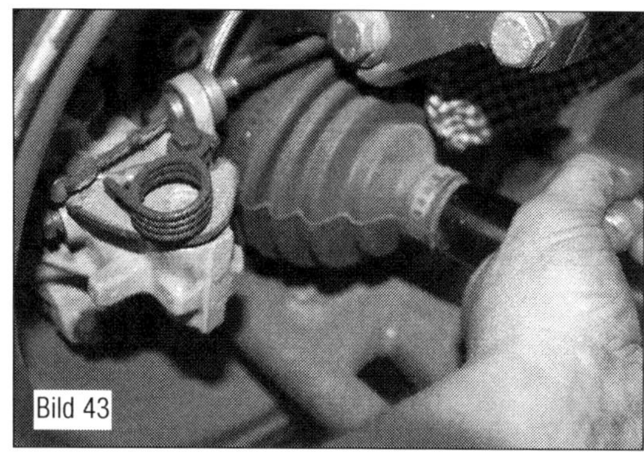

flächen oder Kugeln. Wird das Spiel zu groß (mehr als 2 mm Spiel in der Verdrehung), kann die Antriebswelle »auseinanderfliegen« und sorgt dann im günstigsten Fall für eine Panne. Im schlimmsten Fall kann die Achswelle weitere Schäden verursachen, wenn sie aus den Führungen herausrutscht.

Geräusche
Die Prüfung der Achsgelenkwellen auf diese Schäden erfolgt in der Regel bei einer Probefahrt. Es sollten hier enge Radien gefahren werden können (Supermarktparkplatz!) und auch der Lastwechsel vom Beschleunigen zum Schiebebetrieb (Gefahren vermeiden! Auf den Verkehr achten!) simuliert werden. Geräusche an den Achswellen lassen sich leider nur für das radseitige Gelenk sicher orten. Die Getriebeseite wird oftmals als »Getriebeschaden« wahrgenommen. Sollten also Geräusche beim Lastwechsel entstehen, nehmen Sie auch die Antriebswellen einmal genauer unter die Lupe. Ein deutliches »Klackern« oder durchaus schon »Schläge« gerade beim Kurvenfahren in engen Radien weisen auf einen Achswellenschaden hin. Je lauter diese Geräusche werden, umso dringender besteht Handlungsbedarf. Auch hier sind oft an den zerlegten Wellen sehr gut sichtbare Schäden vorhanden.

Bild 44
Außengleichlaufgelenk.
1 Gelenkschutzhülle
2 Kunststoffhammer
3 Außengelenk
4 Gelenkwelle

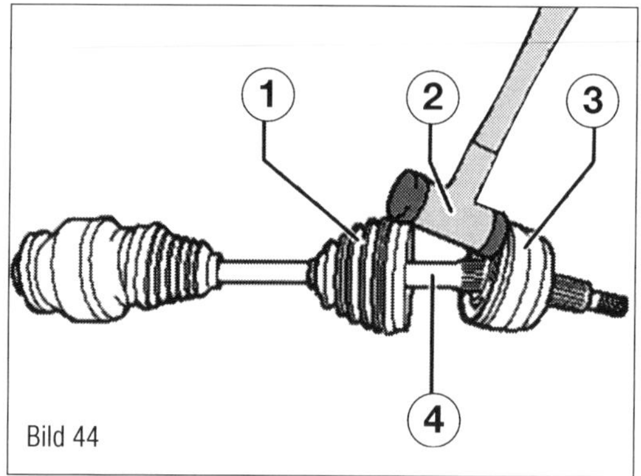

Manschette beschädigt
Das Ende der Lagerungen einer Achswelle wird natürlich schneller erreicht, wenn Schmutz, Wasser und Straßendreck durch eine defekte Manschette eindringen können. Kontrollieren Sie die Lenkmanschetten und die Gelenkmanschette regelmäßig. Bei Schäden führt an einer Reinigung des Gelenkes und dem Ersatz der Manschette kein Weg vorbei. Achten Sie auch auf kleine Fettspritzer im Radlaufbereich oder an den Bremsteilen. Oftmals zeichnen schon kleinste Schäden an der Manschette deutliche Spuren. Durch die hohe Drehzahl wird das Fett im Gelenk sehr schnell in der Landschaft verteilt. Daraufhin läuft das Gelenk trocken und wird mit der Unterstützung des eindringenden Schmutzes ein erhebliches Verschleißverhalten entwickeln.

Gelenkwelle instandsetzen

Außengleichlaufgelenk der Gelenkwellen ausbauen:

- Bauen Sie die Gelenkwelle aus.
- Lösen Sie die Klemmschellen der Gelenkschutzhülle (1 im Bild 44) und ziehen Sie die Gelenkschutzhülle auf der Gelenkwelle (4) zurück.
- Entfernen Sie die Fettreste mit einem sauberen Tuch.
- Treiben Sie das Außengleichlaufgelenk (3) mit einem Kunststoffhammer (2) von der Gelenkwelle (4) herunter.

Das Außengleichlaufgelenk wird mit einem Sicherungsring (2 im Bild 45) auf der Gelenkwelle gesichert. Ersetzen Sie den Sicherungsring nach jeder Demontage.

Außengleichlaufgelenk der Gelenkwellen einbauen:

- Schieben Sie die Gelenkschutzhülle (3) auf die Gelenkwelle (1) auf.
- Ersetzen Sie den Sicherungsring (2).
- Treiben Sie das gereinigte Außengleichlaufgelenk (4) mit einem Kunststoffhammer auf die Gelenkwelle (1) auf, bis der Sicherungsring (2) einrastet.
- 70 Gramm Schmierfett durch die Kugelbahnen in das Außengleichlaufgelenk einbringen.
- Gelenkschutzhülle mit 70 Gramm Schmierfett füllen.
- Montieren Sie die Gelenkschutzhülle fachgerecht.

Große Klemmschelle am Außengleichlaufgelenk spannen:

■ Setzen Sie die Spannzange (V.A.G 1682 im Bild 46), wie in der Abbildung gezeigt, an. Dabei ist zu beachten, dass die Schneiden der Zange in den Ecken (B) der Klemmschelle anliegen.

■ Spannen Sie die Klemmschelle durch Drehen der Spindel (A) mit einem Drehmomentschlüssel »V.A.G 1331« (Bild 46).

Kleine Klemmschelle am Außengleichlaufgelenk spannen:

■ Setzen Sie die Spannzange (V.A.G 1682), wie in der Abbildung für die große Klemmschelle (Bild 46) gezeigt, an. Dabei ist zu beachten, dass die Schneiden der Zange in den Ecken der Klemmschelle anliegen.

■ Spannen Sie die Klemmschelle durch Drehen der Spindel mit einem Drehmomentschlüssel.

Aufgrund des harten Werkstoffs der Gelenkschutzhüllen und der dadurch erforderlichen Edelstahl-Klemmschellen können die Schellen nur mit der Spannzange »V.A.G 1682« gespannt werden. Die Spannzange »V.A.G 1682« darf beim Spannen nicht verdreht oder verkantet werden.

Innengleichlaufgelenk der Gelenkwelle links ausbauen:

■ Bauen Sie die Gelenkwelle aus.

■ Spannen Sie die Gelenkwelle in einen Schraubstock mit Schutzbacken ein.

■ Treiben Sie, z. B. mit einem Messing- oder Kupferdorn, die äußere Schutzkappe herunter.

Die äußere Schutzkappe für das Innengleichlaufgelenk ist nach jeder Demontage zu ersetzen.

■ Bauen Sie den Sicherungsring (Bild 47) aus.

■ Lösen Sie die Klemmschellen der Gelenkschutzhülle und schieben Sie die Gelenkschutzhülle auf der Gelenkwelle zurück.

■ Entfernen Sie das Fett mit einem sauberen Tuch.

■ Bauen Sie die Werkzeuge, wie in der Abbildung (Bild 48) gezeigt, auf.

■ Pressen Sie das Innengleichlaufgelenk von der Gelenkwelle herunter und fangen Sie dabei die Gelenkwelle nach unten ab.

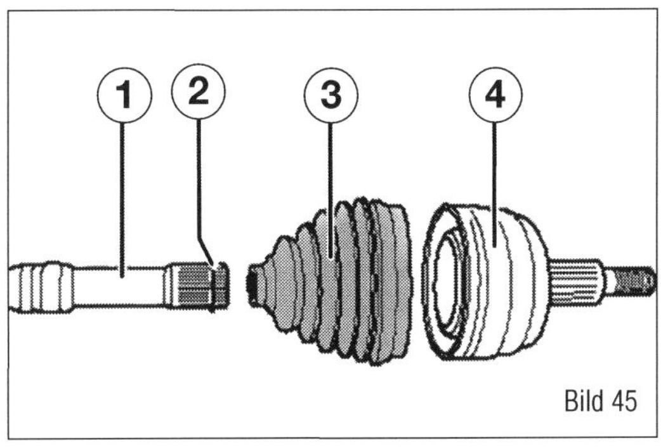
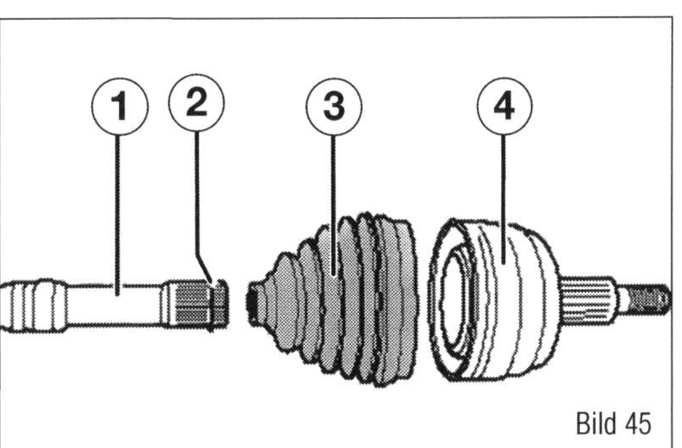

Bild 45

Bild 45
Außengleichlaufgelenk.
1 Gelenkwelle
2 Sicherungsring
3 Gelenkschutzhülle
4 Außengelenk

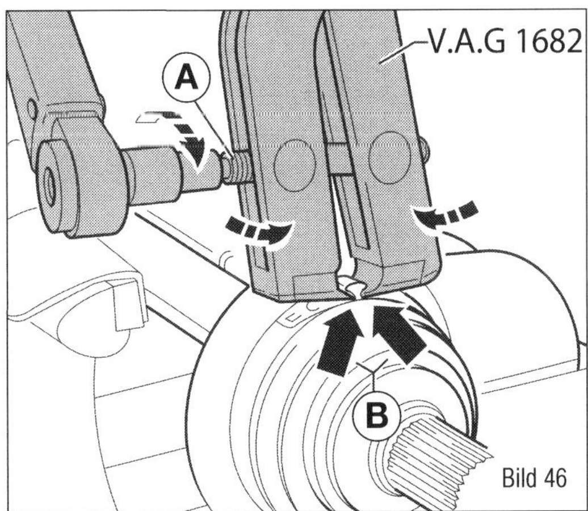

Bild 46

Bild 46
Außengleichlaufgelenk.
A Spindel
B Ecken Klemmschelle
VAG1682 Spannzange

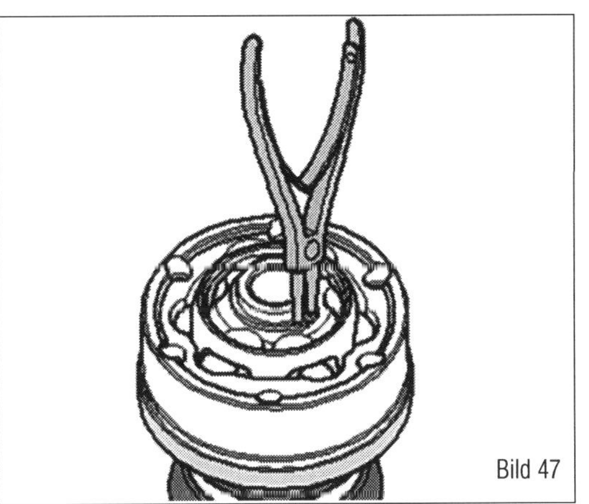
Bild 47

Bild 47
Innengleichlaufgelenk:
Sicherungsring entfernen.

Innengleichlaufgelenk der Gelenkwelle links einbauen:

■ Schieben Sie die Gelenkschutzhülle auf die Gelenkwelle auf.

■ Positionieren Sie die Werkzeuge wie in der Abbildung gezeigt.

■ Pressen Sie das Innengleichlaufgelenk bis zum Anschlag auf die Gelenkwelle.

■ Montieren Sie einen »neuen« Sicherungsring.

■ Kontrollieren Sie den korrekten Sitz des Sicherungsrings.

■ Gelenkschutzhülle mit 60 Gramm Schmierfett auffüllen.

Bild 48
Aufbau des Spezialwerkzeuges bei der Demontage des Gelenks.

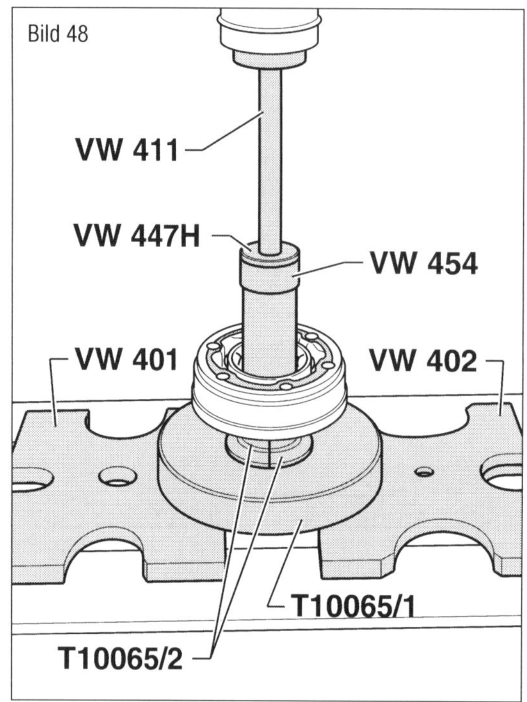

Bild 49
A Spindel
B Ecken Klemmschelle
C Drehmomentschlüssel
VAG1682 Spannzange

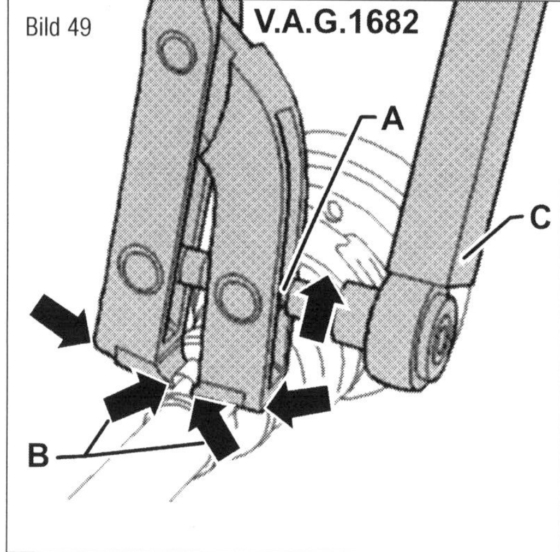

Bild 50
Lage der Dichtmasse.

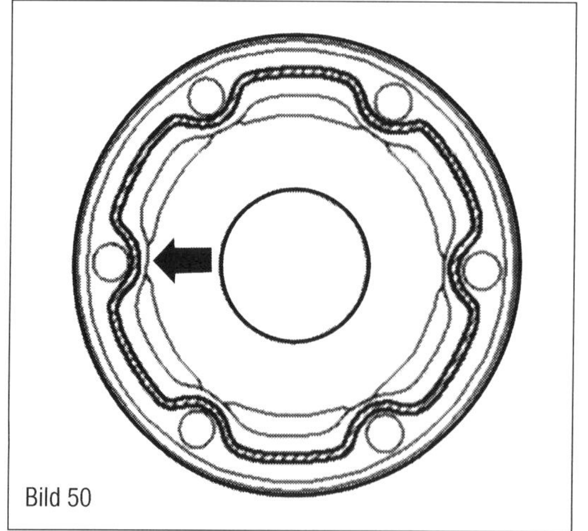

■ Montieren Sie die Gelenkschutzhülle fachgerecht.

Klemmschellen am Innengleichlaufgelenk spannen:

■ Setzen Sie die Spannzange (V.A.G 1682), wie in der Abbildung (Bild 49) gezeigt, an. Dabei ist zu beachten, dass die Schneiden der Zange in den Ecken (B) der Klemmschelle anliegen.

■ Spannen Sie die Klemmschelle durch Drehen der Spindel (A) mit einem Drehmomentschlüssel (V.A.G 1331). Das Anzugsdrehmoment beträgt 25 Nm.

☞ Aufgrund des harten Werkstoffs der Gelenkschutzhüllen und der dadurch erforderlichen Edelstahl-Klemmschellen können die Schellen nur mit der Spannzange (V.A.G 1682) gespannt werden. Die Spannzange (V.A.G 1682) darf beim Spannen nicht verdreht oder verkantet werden.

■ Bringen Sie 60 Gramm Schmierfett durch die Kugelbahn in das Innengleichlaufgelenk ein.

■ Reinigen Sie die Anlageflächen des Innengleichlaufgelenks für die Montage der Schutzkappe.

■ Tragen Sie das Dichtmittel wie durch (Pfeil im Bild 50) gezeigt, auf die Anlagefläche (schraffierte Fläche) der neuen Schutzkappe.

☞ Tragen Sie die Dichtmittelraupe ununterbrochen mit einem Durchmesser von 2–3 mm auf. Das Ausrichten der Kappe muss sehr genau erfolgen.

■ Richten Sie die Schutzkappe vor dem Aufsetzen genau zu den Schraubenlöchern aus, weil ein Verdrehen nach dem Auftreiben nicht mehr möglich ist.

■ Treiben Sie die Schutzkappe mit einem Kunststoffhammer auf die Gelenkwelle auf, ohne diese zu beschädigen.

■ Entfernen Sie eventuell herausdrückendes Dichtmittel.

■ Bauen Sie die Gelenkwelle ein.

Innengleichlaufgelenk der Gelenkwelle rechts ausbauen:

■ Bauen Sie die Gelenkwelle aus.

■ Spannen Sie die Gelenkwelle in einen Schraubstock mit Schutzbacken ein.

■ Lösen Sie die Klemmschellen der Gelenkschutzhülle und ziehen Sie die Gelenkschutzhülle auf der Gelenkwelle zurück.

■ Entfernen Sie das Fett mit einem sauberen Tuch.
■ Drücken Sie den Sicherungsring (1 im Bild 51) mit der Sprengringzange »VW 161A» bis zum Anschlag (2) auseinander und halten Sie den Sprengring in dieser Lage fest.
■ Nehmen Sie das Innengleichlaufgelenk (4) von der Gelenkwelle (3) ab.

Der Einbau erfolgt sinngemäß in umgekehrter Reihenfolge.
■ 60 Gramm Schmierfett durch die Kugelbahnen in das Innengleichlaufgelenk einbringen.
■ Gelenkschutzhülle mit 60 Gramm Schmierfett befüllen.

Tripodegelenk der Gelenkwelle zerlegen und zusammenbauen
■ Bauen Sie die Gelenkwelle aus.
■ Öffnen Sie beide Klemmschellen am Tripodegelenk und schieben Sie die Gelenkschutzhülle zurück.
■ Ziehen Sie das Gelenkstück von der Gelenkwelle ab.
■ Bauen Sie den Sicherungsring aus. Verwenden Sie eine handelsübliche Sprengringzange (1 im Bild 52) oder die Zange »VW 161 A«.
■ Gelenkwelle in die Montagevorrichtung (T10065 im Bild 53) einsetzen.
■ Gelenkwelle aus dem Tripodestern pressen.
■ Ziehen Sie die Gelenkschutzhülle von der Welle ab.
■ Reinigen Sie die Welle, Gelenkstück und die Nut für den Dichtring.

Zusammenbauen:
■ Schieben Sie die kleine Klemmschelle für Gelenkschutzhülle auf die Welle auf.
■ Schieben Sie die Gelenkschutzhülle auf die Welle auf.
■ Gelenkstück auf die Welle aufschieben.

Tripodestern anbauen:
Die Fase am Tripodestern zeigt zur Welle, sie dient als Montagehilfe.
■ Tripodestern auf die Welle stecken, und diesen bis Anschlag aufpressen.
■ Achten Sie darauf, dass der Druck nicht über 3,0 t ansteigt!
■ Bestreichen Sie gegebenenfalls die Verzahnung von Gelenkwelle und Tripodestern mit Festschmierstoffpaste »G 052 142 A2«.

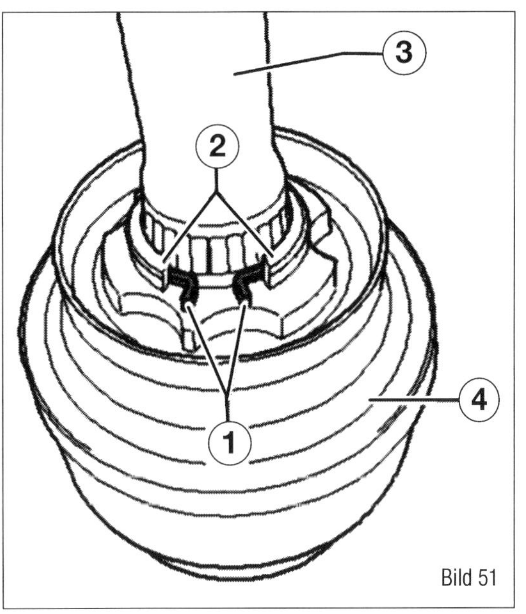

Bild 51

Bild 51
Innengleichlaufgelenk.
1 Sprengring
2 Anschlag
3 Gelenkwelle
4 Innengleichlaufgelenk

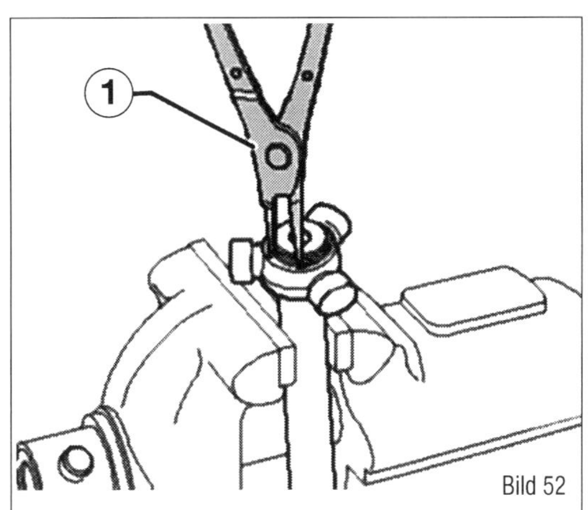

Bild 52

Bild 52
Sprengringzange VW 161A.

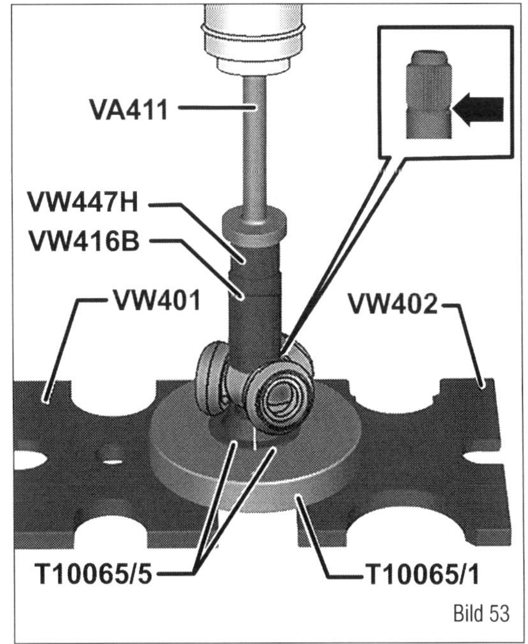

Bild 53

Bild 53
Montagevorrichtung Tripodgelenk.
VW411 Druckstempel
VW447H Druckscheibe
VW416B Rohrstück
VW401 Druckplatte
VW402 Druckplatte
T10065/5 Auflage
T10065/1 Ring
Pfeil = Welle

Bild 54
Nut A bleibt sichtbar
Nut B Position der Gelenkschutzhülle
1 Nut für den Sicherungsring

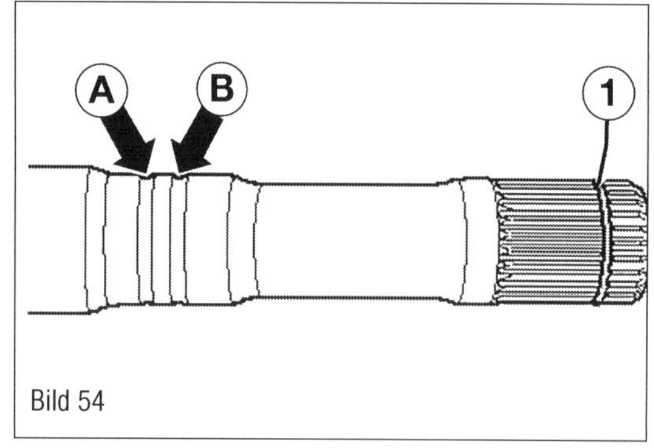

Bild 54

■ Sicherungsring einsetzen, dabei auf richtigen Sitz achten.
■ 80 Gramm Schmierfett in das Tripodegelenk drücken.
■ Gelenkstück über die Rollen schieben und festhalten.
■ 80 Gramm Schmierfett in die Rückseite vom Tripodegelenk drücken.
■ Montieren Sie die Gelenkschutzhülle.

Erkennungsnut für dir richtige Montage der Gelenkschutzhülle:
■ Positionieren Sie die Gelenkschutzhülle in der Nut (Pfeil B im Bild 54). Die Nut (Pfeil A) muss sichtbar bleiben.
■ Montieren Sie die Klemmschellen.
■ Spannen Sie die Klemmschellen (Pfeile) mit der Spannzange »V.A.G 1682«.

Große Klemmschelle am Tripodegelenk spannen:
■ Setzen Sie die Spannzange (V.A.G 1682 im Bild 46), wie in der Abbildung gezeigt, an. Dabei ist zu beachten, dass die Schneiden der Zange in den Ecken (B) der Klemmschelle anliegen.
■ Spannen Sie die Klemmschelle durch Drehen der Spindel (A) mit einem Drehmomentschlüssel.

Kleine Klemmschelle am Tripodegelenk spannen:
■ Setzen Sie die Spannzange (V.A.G 1682), wie in der Abbildung (Bild 49) gezeigt, an. Dabei ist zu beachten, dass die Schneiden der Zange in den Ecken (B) der Klemmschelle anliegen.
■ Spannen Sie die Klemmschelle durch Drehen der Spindel (A) mit einem Drehmomentschlüssel (V.A.G 1331 C).

Aufgrund des harten Werkstoffs der Gelenkschutzhüllen und der dadurch erforderlichen Edelstahl-Klemmschellen können die Schellen nur mit der Spannzange »V.A.G 1682« gespannt werden. Die Spannzange »V.A.G 1682« darf beim Spannen nicht verdreht oder verkantet werden.

Kardanwelle beim Allrad

Kardanwelle ausbauen (Allrad)
An der Kardanwelle werden seitens VW keine Instandsetzungsarbeiten durchgeführt.

⚠ Die Arbeiten an der Kardanwelle möglichst auf einer Zweisäulen-Hebebühne durchführen. Vor dem Ausbau Position aller Teile zueinander kennzeichnen. Der Wiedereinbau sollte in der gleichen Stellung erfolgen, da sonst die Unwucht zu groß wird, es könnten Schäden an der Lagerung und Brummgeräusche auftreten. Kardanwelle nicht knicken, nur gestreckt lagern und transportieren. Die Kardanwelle beim Ausbauen nicht »herunterhängen« lassen, sondern immer abstützen. Sie muss immer waagerecht vom Gelenkflansch abgezogen oder aufgesteckt werden.

Vor dem Ausbau Position aller Teile zueinander kennzeichnen. Wiedereinbau in gleicher Stellung, damit Schäden durch Unwucht und Brummgeräusche vermieden werden. Arbeiten an der Kardanwelle sollten auf einer Zweisäulen-Hebebühne durchgeführt werden.

Kardanwelle vorn aus- und einbauen
■ Bremspedalbelaster »V.A.G 1869/2« einsetzen.
■ Das Bremspedal mit Bremspedalbelaster »V.A.G 1869/2« betätigen.
■ Das Fahrzeug anheben.
■ Prüfen, ob an der Kardanwelle vorn und am Abtriebsflansch vom Winkelgetriebe eine Markierung (Farbpunkt) vorhanden ist.
■ Wenn diese Markierung nicht vorhanden ist, Stellung vom Abtriebsflansch/Winkelgetriebe (Pfeil A im Bild 57) zum Gleichlaufgelenk/ Kardanwelle (Pfeil B) farblich kennzeichnen.
■ Prüfen, ob an Kardanwelle vorn und Kardanwelle Mitte eine Markierung (Farbpunkt) vorhanden ist.
■ Wenn diese Markierung nicht vorhanden ist, Stellung der Bauteile zueinander (Pfeil A

im Bild 58) und (Pfeil B) farblich kennzeichnen.

- Die unteren 3 Befestigungsschrauben an der Kardanwelle vorn/Kardanwelle Mitte herausdrehen.
- Die unteren 3 Befestigungsschrauben an der Kardanwelle vorn/Winkelgetriebe herausdrehen.
- Fahrzeug herunterlassen.
- Bremspedalbelaster »V.A.G 1869/2« entfernen.
- Fahrzeug anheben.
- Beide Hinterräder gleichzeitig in eine Richtung drehen und so die Kardanwelle 1/2 Umdrehung (180°) weiterdrehen.
- Fahrzeug herunterlassen.
- Bremspedalbelaster »V.A.G 1869/2« einsetzen.
- Das Bremspedal mit Bremspedalbelaster treten.
- Fahrzeug anheben.
- Die restlichen 3 Befestigungsschrauben herausdrehen und Kardanwelle vorn abnehmen.

Der Einbau erfolgt sinngemäß in umgekehrter Reihenfolge. Die Befestigungsschrauben für die Kardanwelle müssen immer ersetzt werden.

- Darauf achten, dass die Markierungen des Flansches an der Kardanwelle vorn und Kardanwelle Mitte (Pfeil A im Bild 58) und (Pfeil B) auf einer Linie stehen.
- Darauf achten, dass die Markierungen am Abtriebsflansch/Winkelgetriebe (Pfeil A im Bild 57) und Gleichlaufgelenk/Kardanwelle (Pfeil B) auf einer Linie stehen.
- Zuerst alle Befestigungsschrauben in die Gleichlaufgelenke eindrehen.
- An jedem Gleichlaufgelenk der Kardanwelle die unteren 3 Befestigungsschrauben festdrehen.
- Fahrzeug herunterlassen, Bremspedalbelaster »V.A.G 1869/2« entfernen und Kardanwelle 1/2 Umdrehung (180°) weiterdrehen.
- Bremspedal mit Bremspedalbelaster »V.A.G 1869/2« betätigen.
- Fahrzeug anheben.
- An jedem Gleichlaufgelenk der Kardanwelle die restlichen 3 Befestigungsschrauben festdrehen.

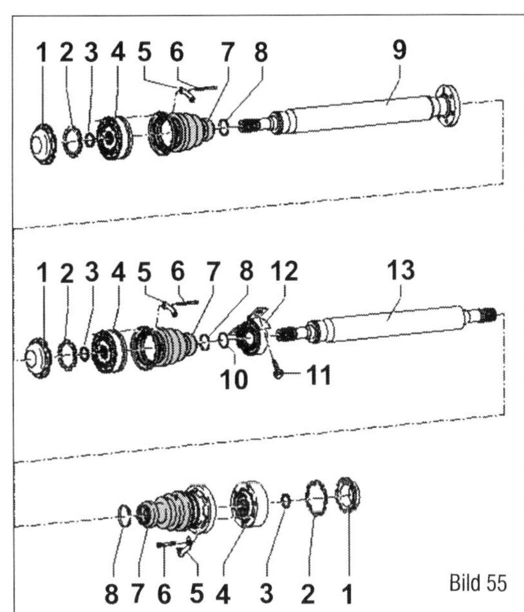

Bild 55

Bild 55
2-teiliger Kardan.
1 Deckel
2 Dichtung
3 Sicherungsring
4 Gleichlaufgelenk
5 Unterlegplatte
6 Schraube
7 Gelenkschutzhülle
8 Klemmschelle
9 Kardanwelle vorn
10 Sicherungsring
11 Sechskantschraube
12 Zwischenlager
13 Kardanwelle hinten

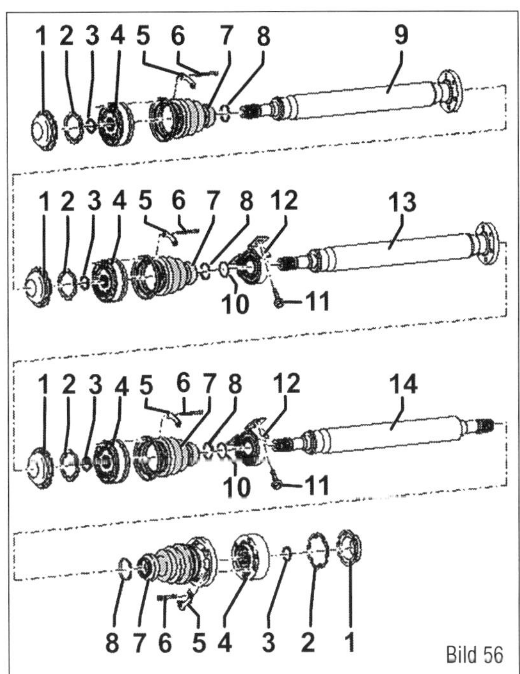

Bild 56

Bild 56
3-teiliger Kardan.
1 Deckel
2 Dichtung
3 Sicherungsring
4 Gleichlaufgelenk
5 Unterlegplatte
6 Schraube
7 Gelenkschutzhülle
8 Klemmschelle
9 Kardanwelle vorn
10 Sicherungsring
11 Schraube
12 Zwischenlager
13 Kardanwelle Mitte
14 Kardanwelle hinten

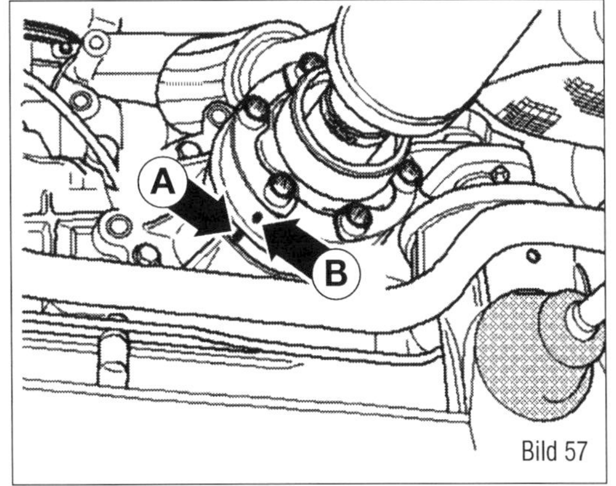

Bild 57

Bild 57
Farbmarkierungen am Winkelgetriebe.

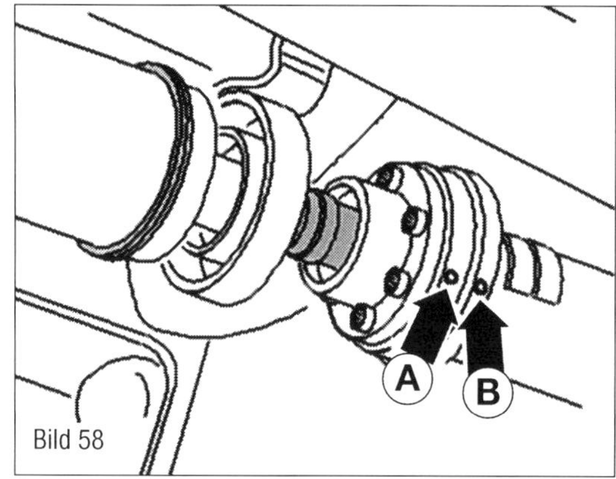

Bild 58
Farbmarkierungen Kardan vorne und Mitte.

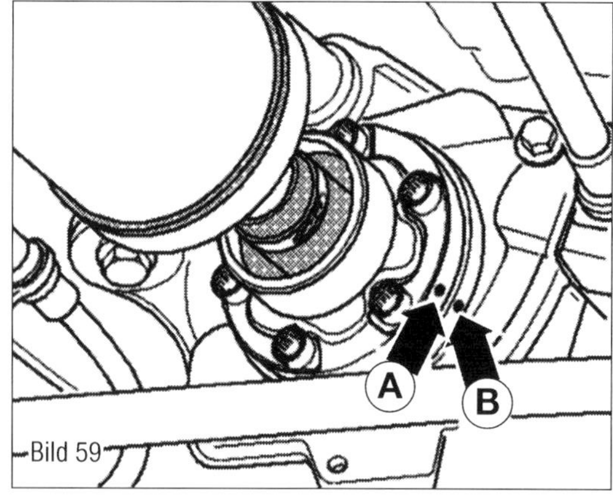

Bild 59
Farbmarkierungen zum Achsgetriebe.

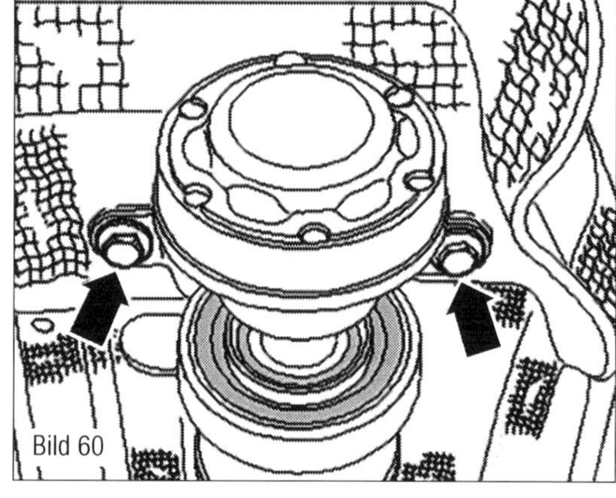

Bild 60
Verschraubungen am vorderen Zwischenlager.

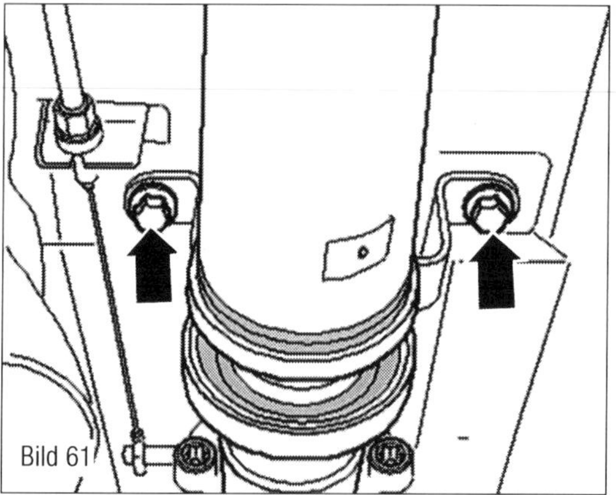

Bild 61
Verschraubungen am hinteren Zwischenlager.

Kardanwelle Mitte/hinten aus- und einbauen

- Die Kardanwelle grundsätzlich mit einem zweiten Monteur aus- und einbauen. Die Kardanwelle nicht knicken, sondern nur gestreckt lagern und transportieren.
- Darauf achten, dass die Markierungen Gleichlaufgelenk/Kardanwelle (Pfeil A im Bild 59) und Abtriebsflansch/Achsantrieb hinten (Pfeil B) auf einer Linie stehen.
- Wenn diese Markierung nicht vorhanden ist, dann kennzeichnen Sie farblich die Stellung des Gleichlaufgelenks (Pfeil A) zum Abtriebsflansch vom Achsantrieb hinten (Pfeil B).
- Kardanwelle vorn ausbauen. Dabei gleichzeitig die Befestigungsschrauben an Kardanwelle hinten/Achsantrieb hinten mit herausdrehen.

⚠ Die Kardanwelle hinten darf nicht herunterhängen. Das Gelenk wird sonst durch Überbeugen beschädigt.

- Schrauben (Pfeile im Bild 60) vom vorderen Zwischenlager herausdrehen.
- Die beiden Schrauben (Pfeile im Bild 61) vom hinteren Zwischenlager herausdrehen.
- Kardanwelle gestreckt abnehmen. Dabei das Gelenk nicht bis zum Anschlag bewegen.

Der Einbau erfolgt sinngemäß in umgekehrter Reihenfolge. Die Befestigungsschrauben für die Kardanwelle müssen immer ersetzen werden.

- Achten Sie darauf, dass die Markierungen Gleichlaufgelenk/Kardanwelle (Pfeil A im Bild 59) und Abtriebsflansch/Achsantrieb hinten (Pfeil B) auf einer Linie stehen.
- Neue Schrauben (Pfeile im Bild 61) vom hinteren Zwischenlager handfest eindrehen.
- Neue Schrauben (Pfeile im Bild 60) vom vorderen Zwischenlager handfest eindrehen.
- Zwischenlager spannungsfrei ausrichten.
- Schrauben des hinteren Lagers festdrehen.
- Schrauben des vorderen Lagers festdrehen.
- Kardanwelle vorn einbauen. Dabei gleichzeitig die Befestigungsschrauben an Kardanwelle hinten/Achsantrieb hinten mit festdrehen.
- Wenn erforderlich Lackschäden wie folgt beseitigen: Fettrückstände mit Nitroverdünner entfernen. 2-Komponenten-Acryllack mit Härter auftragen.

Getriebe aus- und einbauen

Die Getriebe werden prinzipiell nach unten ausgebaut. Benötigt werden Abfangvorrichtung, Motor- und Getriebeheber, Getriebeaufnahme und Sicherungsaufnahme, diverse Adapter und Zusatzhaken für die Anhängevorrichtung. Reparaturen an ausgebauten Getrieben gehören allerdings in die darauf spezialisierte Fachwerkstatt.

■ Falls im Fahrzeug ein Radiogerät mit Sicherungscode eingebaut ist, muss diese Antidiebstahlcodierung abgefragt und notiert werden. Zündung ausschalten, Masseband der Batterie abklemmen.

■ Batterie mit Abdeckung und Träger (Batteriekasten), das komplette Luftfiltergehäuse und im Falle des Direkt-Schaltgetriebes 02E auch den Anlasser ausbauen.

■ Wählhebelseilzug vom Getriebe abbauen. Die Sicherungsscheiben am Seilzug müssen immer durch neue ersetzt werden.

■ Die Scheibe für den Schaltseilzug ist vom Getriebeschalthebel, die Scheibe für den Wählseilzug vom Umlenkhebel abzubauen.

■ Die Seilzüge von den Zapfen abziehen sowie Umlenkhebel und den Getriebeschalthebel ausbauen. Seilzugwiderlager und den Halter vom Getriebe abbauen, die Seilzüge hochbinden.

■ Getriebestütze (zwei Verschraubungen) abbauen; Nehmerzylinder ausbauen und seitlich ablegen, mit Draht sichern und das Leitungssystem nicht öffnen.

■ Masseband von der oberen Verbindungsschraube Motor/Getriebe abbauen. Stecker für Rückfahrscheinwerfer abziehen; Stecker und Leitung vom Anlasser abbauen und die obere Befestigungsschraube am Anlasser ausbauen.

■ Verbindungsschrauben Motor/Getriebe ausbauen (»abflanschen«). Schläuche und Kabelverbindungen im Bereich der Aufnahmeösen des Motors für die Abfangvorrichtung abbauen.

■ Abfangvorrichtung mit geeigneten Adaptern aufsetzen und Haken rechts und links am Motor einhängen, ggf. Zusatzhaken mit Adapter verwenden. Motor/Getriebe-Aggregat über die Spindeln der Abfangvorrichtung vorspannen, nicht anheben.

■ Das Fahrzeug anheben.

■ Untere Verkleidungen am Motor und Radhausschalen ausbauen und alle Leitungen vom Getriebe abbauen.

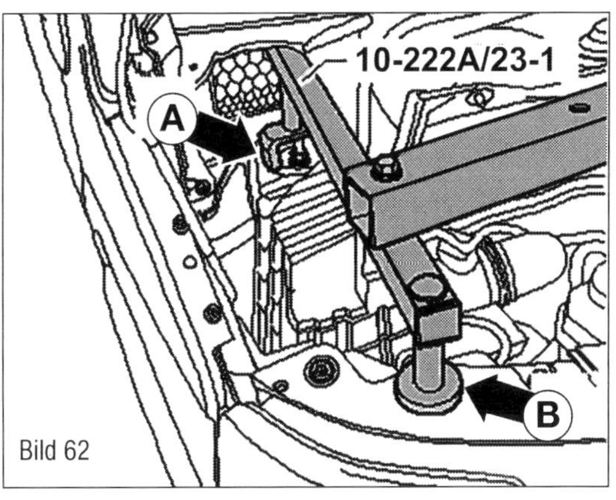

Bild 62

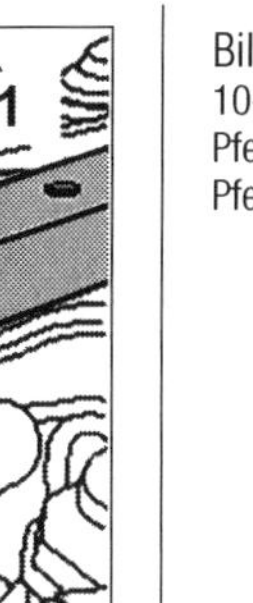

Bild 62
10-222A/23-1 Adapter
Pfeil A Federbein
Pfeil B Schlossträger

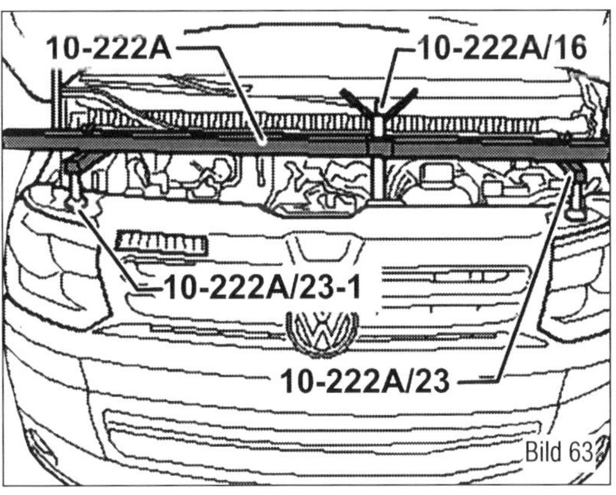

Bild 63

Bild 63
10-222 A Abfangvorrichtung
10-222 A /16 Adapter
10-222A/23-1 Adapter
10-222A/23 Adapter

■ Abgasanlage an der Doppelschelle trennen (»Die Abgasanlage«) und den Halter für das Abgasrohr vom Aggregateträger abschrauben.

■ Die Gelenkwellen von den Flanschwellen abbauen und so weit wie möglich hochbinden.

Dabei den Oberflächenschutz nicht beschädigen!

■ Die Pendelstütze durch Abschrauben der drei Verbindungen ausbauen.

■ Die Sechskantschrauben der Aggregatelagerung aus dem Getriebelager herausdrehen.

■ Das Motor-/Getriebeaggregat in Schräglage bringen, indem es über eine Spindel der Abfangvorrichtung abgesenkt wird. Die Gewindespindel vom Adapter wird dabei per Flügelmutter maximal bis auf Gewindebündigkeit heruntergedreht. Dadurch werden die drei Befestigungsschrauben an der Gewindekonsole zugänglich.

■ Die Konsole abschrauben und, falls vorhanden, die kleine Strebe für die Abgasanlage vom Getriebe abbauen.

■ Anlasser ausbauen.

■ Zum Ausbau des Getriebes wird dann die Getriebeaufnahme mit einer meist drei-

Sichtprüfung

Messen

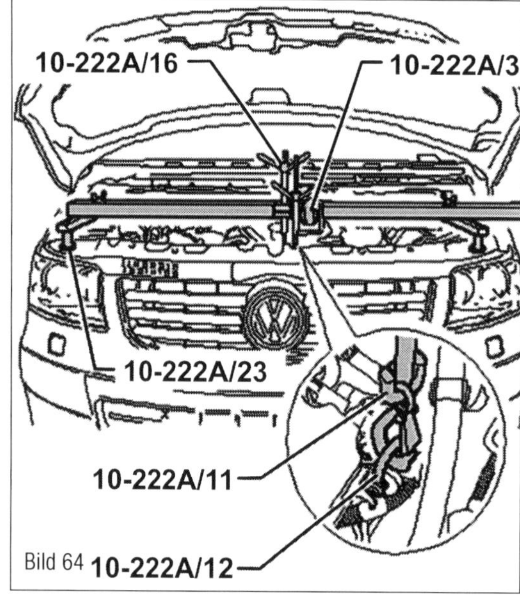

Bild 64
10-222 A Abfangvorrichtung
10-222 A /3 Adapter
10-222 A /11 Spindel
10-222 A /12 Schäkel
10-222 A /16 Adapter
10-222 A /23 Adapter

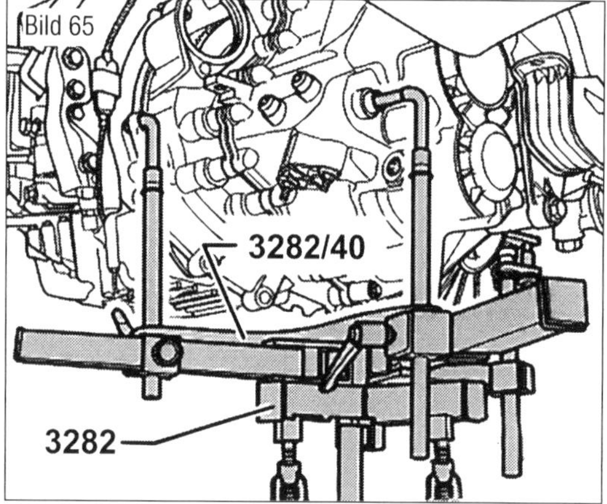

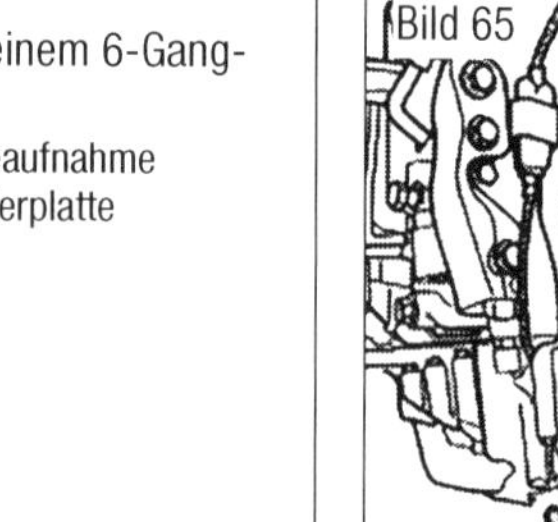

Bild 65
Beispiel an einem 6-Gang-Getriebe.
3282 Getriebeaufnahme
3282/40 Justierplatte

eckigen Justierplatte eingerichtet. Für jedes VW-Getriebe sind diese Platten eindeutig festgelegt und gekennzeichnet. Dieses Spezialwerkzeug muss für fachgerechten Getriebeausbau bereitgestellt werden.

■ Die Getriebeaufnahme in den Motor und Getriebeheber einsetzen, die Arme der Getriebeaufnahme nach den Bohrungen in der Justierplatte ausrichten, die jeweils für das entsprechende Getriebe vorgeschriebenen Aufnahmeelemente einschrauben, den Heber unter das Fahrzeug stellen.

■ Die Justierplatte parallel zum Getriebe ausrichten und die Sicherungsaufnahme am Getriebe arretieren. Anschließend den nach Getriebe und Justierplatte bezeichneten Bolzen in die Bohrung für die Befestigungsschraube der Pendelstütze am Getriebe einschrauben.

■ Die unteren Verbindungsschrauben zwischen Motor und Getriebe ausbauen. Das Getriebe von den Passhülsen abdrücken und vorsichtig zum Aggregateträger schwenken.

■ Getriebe vorsichtig absenken und dabei mit der Flanschwelle im Bereich Schwungrad/Zwischenblech führen. Im Bereich des Ausgleichsgetriebes das Getriebe nach unten in Richtung Aggregateträger drehen. Die Position des Getriebes beim Absenken wird über die Spindeln der Getriebeaufnahme verändert. Beim Absenken müssen alle Leitungen aufmerksam beachtet werden.

■ Zum Transport des ausgebauten Getriebes muss eine Anhängevorrichtung (z. B. 3336) an das Kupplungsgehäuse geschraubt werden. Der Tragarm wird am Schiebestück mit Rastbolzen eingestellt. Dann mit Werkstattkran aufnehmen.

Der Einbau des Getriebes erfolgt sinngemäß in umgekehrter Reihenfolge.

■ Zuvor alle Gewindebohrungen, in die selbstsichernde Schrauben einzudrehen sind, vorsichtig mit einem Gewindeschneider von den Rückständen des Sicherungsmittels reinigen. Selbstsichernde Schrauben und Muttern ersetzen.

■ Kontrollieren, ob Passhülsen zur Zentrierung Motor/Getriebe im Zylinderblock vorhanden sind, sonst ersetzen. Auf richtigen Sitz des Zwischenblechs am Motor achten.

■ Die Kerbverzahnung der Antriebswelle reinigen und mit G 000 100 schmieren. Die Kupplungsscheibe muss auf der Welle leicht verschiebbar sein.

■ Nach Einbau von Getriebeschalthebel und Umlenkhebel die Zapfen beider Hebel mit G 000 450 02 leicht einfetten.

■ Nach Verbinden des Schaltseilzugs mit dem Getriebeschalthebel und des Wählseilzugs mit dem Umlenkhebel die Schaltbetätigung einstellen.

11 Fahrwerk

Arbeiten am Fahrwerk

Bei der Instandsetzung von tragenden und radführenden Bauteilen zum Beispiel an Unfall-Fahrzeugen können Schäden am Fahrwerk unentdeckt bleiben. Diese unentdeckten Schäden führen unter Umständen im späteren Fahrbetrieb zu schweren Folgeschäden. Bei Unfall-Fahrzeugen auf jeden Fall müssen deshalb die im Folgenden aufgeführten Bauteile in der beschriebenen Weise und Reihenfolge kontrolliert werden. Wichtig ist immer auch eine Vermessung des Fahrwerks. Werden dabei keine Abweichungen von den Sollwerten festgestellt, liegen auch keine Verformungen am Fahrwerk vor.

Sicht und Funktionsprüfung für das Lenksystem

- Sichtprüfung auf Verformung und Risse.
- Spielprüfung der Spurstangengelenke und des Lenkgetriebes.
- Sichtprüfung auf defekte Falten- und Fettbälge.
- Elektrische und hydraulische Leitungen, Schläuche auf Scheuer-, Schnitt- und Knickstellen untersuchen.
- Hydraulische Leitungen, Verschraubungen und Lenkgetriebe auf Dichtheit kontrollieren.
- Lenkgetriebe und Leitungen auf Festsitz überprüfen.
- Einwandfreie Funktion über den gesamten Lenkeinschlag prüfen, indem die Lenkung von Anschlag zu Anschlag betätigt wird. Dabei muss das Lenkrad mit gleich bleibender Betätigungskraft ohne zu haken drehbar sein.

Sicht- und Funktionsprüfung für das Fahrwerk

- Alle in den Montageübersichten dargestellten Bauteile auf Verformung, Risse und sonstige Beschädigungen überprüfen.
- Beschädigte Teile ersetzen.
- Fahrzeug auf einem von der Volkswagen AG freigegebenen Achsmessstand vermessen lassen.
- Räder und Reifen auf Rundlauf und Unwucht untersuchen.
- Reifen auf Einschnitte und Stoßverletzungen im Profil und an den Flanken überprüfen.
- Bereifung auf Fülldruck (Angaben in der Tankklappe), Zustand, Reifenlaufbild und Profiltiefe prüfen.
- Bei Beschädigungen am Scheibenrad und/oder am Reifen ist der Reifen zu ersetzen. Dies gilt auch, wenn ein Unfallhergang und Schäden am Fahrzeug auf eine mögliche, wenngleich nicht sichtbare Beschädigung schließen lassen.
- Reifen sollten nicht älter als 6 Jahre sein.

Elektronische Fahrzeugsysteme

Sicherheitsrelevante Systeme wie zum Beispiel ABS/EDS, Airbag, elektronisch geregelte Fahrwerkssysteme, elektromechanische Lenk- und sonstige Fahrerassistenzsysteme müssen mit einem Fahrzeugdiagnose-, Mess- und Informationssystem (VAS 505x, VCDS) auf eventuell gespeicherte Fehlermeldungen abgefragt werden. Wurden in den Fehlerspeichern der genannten Systeme Fehler gespeichert, sind diese entsprechend den Vorgaben von VW (Reparaturleitfäden »Erwin«, elektronisches Service-Informationssystem ELSA) instand zu setzen. Nach erfolgter Reparatur sind die jeweils betroffenen Systeme nochmals auf Fehlerspeichereinträge zu prüfen, um sicher zu sein, dass die Funktion wieder gewährleistet ist.

Die Regelsysteme ESP und ABS

Alle T5 erhalten ab dem Modelljahr 2010 serienmäßig die neueste ESP-Generation. Dass die Bremse nicht nur zum Anhalten gedacht ist, wird in den heutigen Systemen eigentlich schon erwartet. Als Überblick möchten wir Ihnen die Nebenfunktionen vorstellen, die in dieses Thema »das Fahrwerk« eingreifen. Die Details zu diesen Systemen werden wir im Kapitel 13 genauer betrachten.

ARP (Active Rollover Protection)

Das ARP vermindert die Gefahr des Umkippens bei Kurvenfahrten. Nachdem bei Kurvenfahrten der fahrzeugindividuelle Schwellwert der Querbeschleunigung überschritten worden ist, wird das Motormoment reduziert und das kurvenäußere Vorderrad abgebremst. Damit wird der Kippmoment vermindert. Aufgrund der großen Nutzlast des T5 2010 wird die Fahrzeugbeladung in die

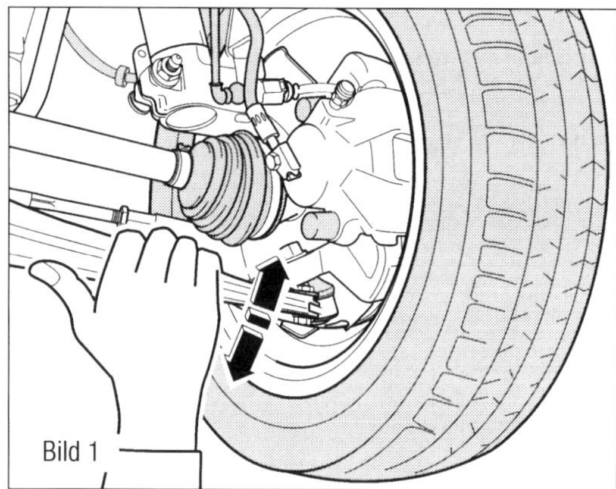

Bild 1
Axialspiel prüfen.

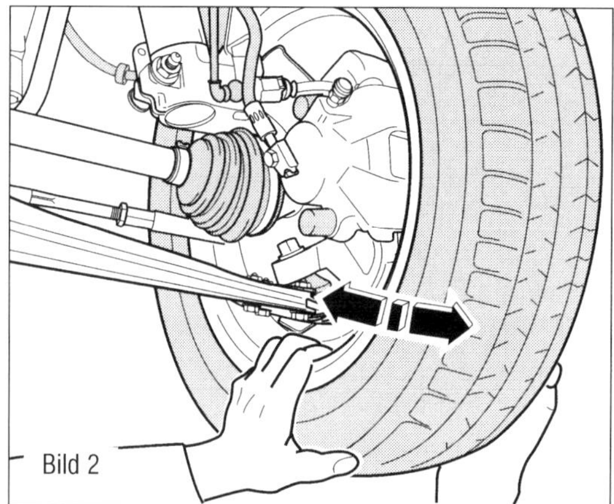

Bild 2
Radialspiel des Traggelenkbolzens prüfen.

Regelung der ARP mit einbezogen. Das Steuergerät registriert über den Längsbeschleunigungssensor die aktuelle Beschleunigung und ermittelt über das Verhältnis zum Motormoment unter Einbezug der Gesamtübersetzung drei unterschiedliche Lastzustände (leer, halb beladen und voll beladen). Das ESP-Steuergerät regelt dann, je nach Beladungszustand, den optimalen Einsatzpunkt des ESP.

Gespannstabilisierung
Bei Fahrten mit Anhänger hält die Gespannstabilisierung das Fahrzeug und den Anhänger in der Spur. Es werden (je nach Bedarf) einzelne Räder des Zugfahrzeugs abgebremst oder eine Verzögerung über Motormomentreduzierung eingeleitet. Somit wird das Gespann bei einem drohenden »Aufschaukeln« des Anhängers stabilisiert. Diese Funktion ist zurzeit nur bei einer ab Werk bestellten Anhängevorrichtung möglich.

Reifendruckkontrollanzeige RDK
In das ESP-Steuergerät ist ein indirekt messendes Reifendruckkontrollsystem zur Erkennung des Reifenfülldruckverlustes durch Auswertung der Abrollumfänge der Räder integriert. Ein auftretender Druckverlust in einem Reifen wird durch gezielte Auswertung der Radgeschwindigkeiten nach wenigen Minuten Fahrtzeit erkannt.

Hinweise und Vorschriften

⚠ Schweiß- und Richtarbeiten an tragenden und radführenden Bauteilen der Radaufhängung sind nicht zulässig.

■ Selbstsichernde Muttern sowie korrodierte Schrauben und Muttern müssen immer ersetzt werden.

■ Gummimetalllager haben einen begrenzten Verdrehbereich. Ziehen Sie deshalb die Schraubverbindungen an den Bauteilen mit Gummimetalllagern erst dann fest, wenn das Radlagergehäuse angehoben ist (siehe »Radlagerung in Leergewichtslage heben«).

Prüfungen an der Achslagerung

Achsgelenke und Achslager: Sichtprüfung

■ Bitte prüfen Sie die Dichtungsbälge der Achsgelenke auf Undichtigkeiten und Beschädigungen.

■ Weiterhin prüfen Sie die Achslager: Es darf kein Spiel vorhanden sein, das vulkanisierte Gummilager darf keine Risse und poröse Stellen aufweisen.

Achsgelenk prüfen
Es darf bei beiden Prüfungen kein fühl- oder sichtbares »Spiel« vorhanden sein. Während der Prüfungen Achsgelenk beobachten. Eventuell vorhandenes Radlagerspiel oder »Spiel« im Federbeinlager oben berücksichtigen. Gummibalg auf Beschädigung prüfen, ggf. Achsgelenk ersetzen.

Axialspiel prüfen

■ Achslenker kräftig in Pfeilrichtung (Bild 1) nach unten ziehen und wieder hochdrücken.

Radialspiel prüfen

■ Rad unten kräftig in (Pfeilrichtung) nach innen und außen drücken (Bild 2).

Radlagerung in Leergewichtslage heben
Alle Schrauben an Fahrwerksteilen mit Gummimetalllagern müssen grundsätzlich in Leergewichtslage (unbeladener Zustand) festgezogen werden. Gummimetalllager haben

einen begrenzten Verdrehbereich. Achsbauteile mit Gummimetalllagern müssen deshalb vor dem Festziehen in eine Position gebracht werden, die der Position im Fahrbetrieb entspricht (Leergewichtslage). Anderenfalls wird das Gummimetalllager verspannt, eine geringere Lebensdauer wäre dann die Folge. Durch Anheben der entsprechenden Radaufhängung mit dem Motor- und Getriebeheber (V.A.G 1383 A) und der Aufnahme (T10149) kann diese Position auf der Hebebühne simuliert werden. Bevor die entsprechende Radaufhängung angehoben wird, muss das Fahrzeug auf beiden Fahrzeugseiten an den Tragarmen der Hebebühne mit den Spanngurten (T10038) verzurrt werden.

Wird das Fahrzeug nicht verzurrt, besteht die Gefahr, dass das Fahrzeug von der Hebebühne abrutschen kann!

- Radnabe so weit drehen, bis eine der Bohrungen für Radschrauben oben steht.
- Aufnahme (T10149) mit Radschraube an die Radnabe anbauen.
- Das Festziehen der betroffenen Schrauben/Muttern darf nur dann erfolgen, wenn das Maß (a) zwischen der Radnabenmitte und der Unterkante Radhaus erreicht ist (Bild 3).
- Das Maß (a) ist abhängig von der Standhöhe des eingebauten Fahrwerks.
- Messen Sie vor Beginn der Arbeiten, wenn das Fahrzeug noch auf den Rädern steht, das Maß (a) von Radmitte bis Unterkante am Radhaus. Das Messen muss in Leergewichtslage (unbeladener Zustand) erfolgen.
- Notieren Sie sich den gemessenen Wert. Dieser wird zum Festziehen der Schrauben/Muttern benötigt.
- Radlagergehäuse mit Motor -und Getriebeheber (V.A.G 1383 A) oder einem anderen geeigneten Herber so weit anheben, bis Maß (a) erreicht ist.

Fahrzeug nicht anheben oder ablassen, wenn der Motor/Getriebeheber unter dem Fahrzeug steht. Motor- und Getriebeheber (V.A.G 1383 A) nicht länger als erforderlich unter dem Fahrzeug stehen lassen.

- Betroffene Schrauben/Muttern festziehen.
- Radlagergehäuse ablassen.
- Motor -und Getriebeheber (V.A.G 1383 A) unter dem Fahrzeug wegziehen.
- Aufnahme (T10149) abbauen.

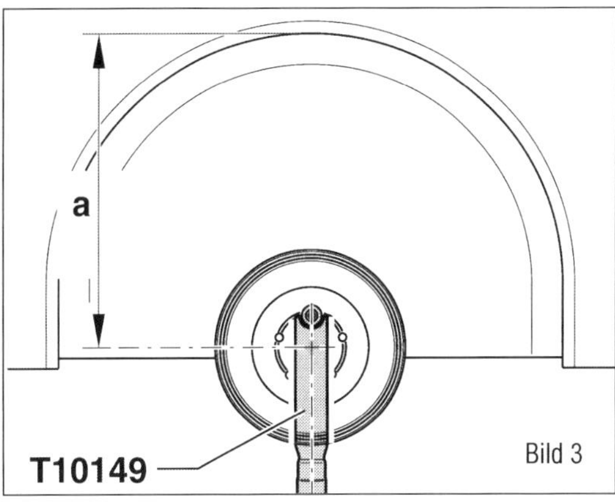

Bild 3
Abstand (a) von Radmitte zum Radlauf als Ruhemaß.

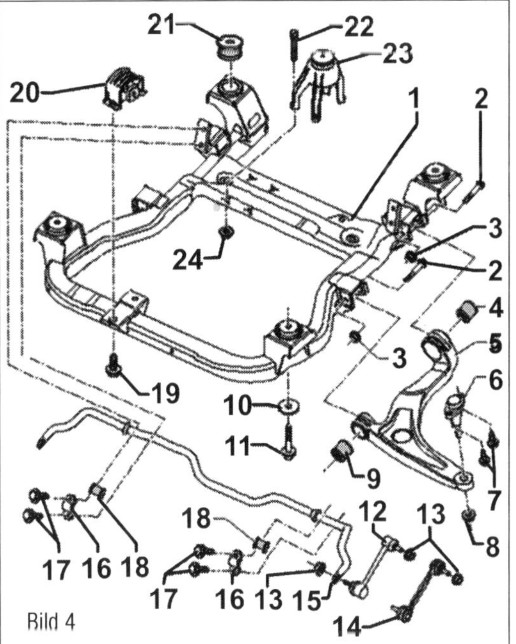

Bild 4
Achsträger vorne.
1 Aggregateträger
2 Schraube
3 Mutter
4 Gummimetalllager hinten
5 Achslenker
6 Achsgelenk
7 Schraube
8 Mutter
9 Gummimetalllager vorn
10 Scheibe
11 Schraube
12 Koppelstange
13 Mutter
14 Koppelstange
15 Stabilisator
16 Schelle
17 Schraube
18 Gummilager
19 Schraube
20 Gummimetalllager
21 Gummimetalllager
22 Schraube
23 Konsole
24 Mutter

Die weitere Montage erfolgt sinngemäß in umgekehrter Reihenfolge zur Demontage.

Achsgelenk aus- und einbauen

- Das entsprechende Rad abbauen.
- Fahrzeug anheben.
- Muttern (8 im Bild 4) abschrauben.
- Kugelgelenkabzieher (3287 A) oder anderen geeigneten Gelenkbolzenabzieher ansetzen und Achsgelenk ausdrücken.
- Achslenker so weit wie erforderlich nach unten beugen.
- Achsgelenk aus dem Achslenker herausziehen und dabei Radlagergehäuse nach außen schwenken.

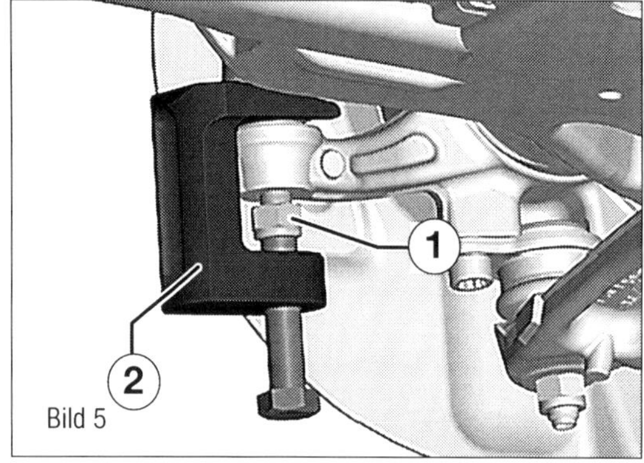

Bild 5
1 Mutter Spurstange
2 Kugelgelenkabdrücker

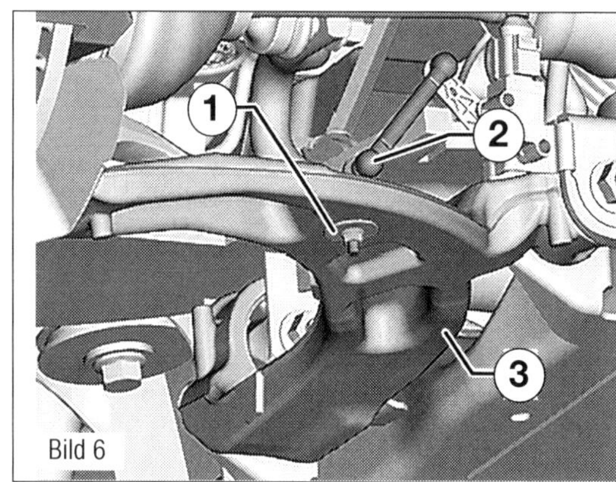

Bild 6
1 Mutter Niveaugeber
2 Koppelstange Niveaugeber
3 Achslenker

Motor- und Getriebeheber (V.A.G 1383 A) oder Ähnliches unterstellen (Unfallgefahr durch herabfallende Teile beim Ausdrücken des Achsgelenkes. Die Mutter zum Schutz des Gewindes einige Gewindegänge auf dem Achsgelenk belassen.

- Die Schrauben (7 im Bild 4) herausdrehen und das Achsgelenk (6) herausnehmen.

Die Montage erfolgt sinngemäß in umgekehrter Reihenfolge.

- Achsgelenk in Radlagergehäuse einsetzen.
- Neue selbstsichernde Schrauben (7) einschrauben.
- Die Muttern (8) festziehen.

⚠ Auf beschädigungsfreien und nicht verdrillten Dichtbalg achten.

- Rad anbauen und festziehen.

Radlagereinheit aus- und einbauen

- Das entsprechende Rad abbauen.
- Fahrzeug anheben.
- Bremssattel abbauen und mit Draht am Aufbau aufhängen.
- ABS-Drehzahlfühlerausbauen.
- Koppelstange (14 im Bild 4) lösen und aus dem Dämpfer herausziehen.
- Bremsscheibe abbauen.
- Halter für Bremsleitung und Elektroleitungen vom Radlagergehäuse abbauen und freilegen.
- Abdeckblech vom Radlagergehäuse abbauen.
- Mutter (1 im Bild 5) vom Spurstangenkopf lösen, aber noch nicht abschrauben. Mutter zum Schutz des Gewindes einige Umdrehungen auf dem Zapfen lassen.
- Spurstange vom Radlagergehäuse mit Kugelgelenkabdrücker »T10187« (2) abdrücken.
- Mutter (1) abschrauben.

Fahrzeuge mit Geber für Fahrzeugniveau links/rechts

- Mutter (1 im Bild 6) abschrauben.
- Geber für Fahrzeugniveau (2) aus dem Achslenker (3) herausziehen.

Fortsetzung für alle Fahrzeuge

- Mutter vom Achsgelenk lösen, aber noch nicht abschrauben.

⚠ Mutter zum Schutz des Gewindes einige Umdrehungen auf dem Zapfen lassen.

- Achslenker vom Achsgelenk mit Kugelgelenkabdrücker »T10187« (2) abdrücken.
- Mutter (1) abschrauben.
- Achslenker vom Achsgelenk abziehen.
- Muttern (8 im Bild 4) abschrauben.

Motor -und Getriebeheber (V.A.G 1383 A) oder Ähnliches, unterstellen (Unfallgefahr durch herabfallende Teile beim Ausdrücken des Achsgelenkes.)
Die Mutter zum Schutz des Gewindes einige Gewindegänge auf dem Achsgelenk belassen.

- Ausdrücker »T10520« (2 im Bild 8) mit 3 Radschrauben (3) an der Radnabe befestigen, um die Gelenkwelle (4) ausdrücken zu können.
- Die angegebene Reihenfolge unbedingt einhalten:

I – Rändelmutter des Ausdrückers handfest anziehen.
II – Nur die Schraube in der Mitte des Ausdrückers mit einem Schraubenschlüssel drehen und Gelenkwelle mit dem Ausdrücker herausdrücken.

 Am Ende der Tätigkeit bzw. zum Nachsetzen muss die Spindel wieder

in die Ausgangslage gebracht werden, damit die hydraulische Wirkung genutzt werden kann!

■ Gelenkwelle mit Bindedraht am Aufbau befestigen.

■ Motor- und Getriebeheber unter das Radlagergehäuse stellen.

Federbein mit Klemmverbindung

■ Mutter (13 im Bild 7) vom Radlagergehäuse (1) abschrauben.

■ Schrauben (15) herausziehen.

■ Radlagergehäuse (1) mit Spreizer im Bereich der Schrauben aufspreizen.

í Darauf achten, dass der Spreizer (3424 im Bild 9) nur in das Radlagergehäuse eingesetzt wird. Nur so weit einsetzen, dass die Blechlasche des Federbeins nicht beschädigt wird.

■ Knarre um 90° drehen und von Spreizer abziehen.

■ Radlagergehäuse (1) entgegengesetzt der Pfeilrichtung (B) nach unten vom Dämpfer abziehen.

Federbein mit Schraubverbindung

■ Muttern (9 im Bild 7) abschrauben.

■ Schrauben (10) herausziehen.

■ Radlagergehäuse (8) vom Federbein abziehen.

Der Einbau erfolgt sinngemäß in umgekehrter Reihenfolge.

 Wenn das Radlagergehäuse ersetzt wird, dann muss das Achsgelenk umgebaut werden. Dazu müssen neue Schrauben verwendet werden.

Für Fahrzeuge, die ab dem 01.06. 2015 produziert wurden:
Wird ein neues Radlagergehäuse verbaut, muss zwingend ein neuer Spurstangenkopf eingebaut werden.

Federbein mit Klemmverbindung

Die Blechlasche am Federbein muss beim Zusammenbauen in die Nut (Pfeil A) des Radlagergehäuses rutschen.

■ Unter Umständen das Federbein so weit drehen, bis diese Position erreicht ist.

■ Radlagergehäuse so weit einfügen, bis das Federbein am Anschlag (Pfeil B) im Radlagergehäuse sitzt.

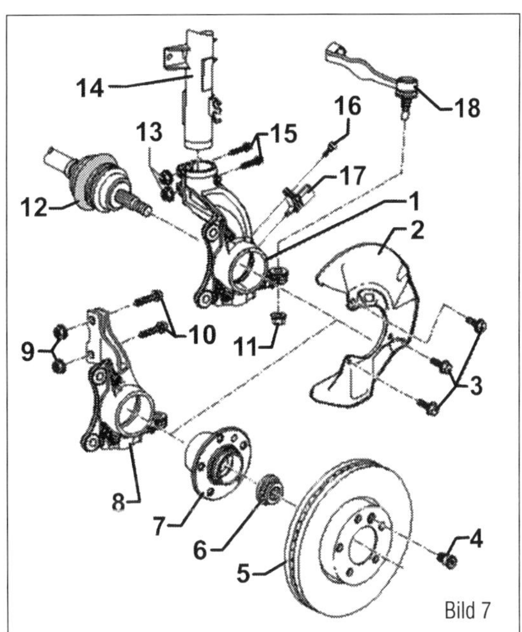

Bild 7

Bild 7
Radlagergehäuse.
1 Radlagergehäuse
2 Abdeckblech
3 Schraube
4 Schraube
5 Bremsscheibe
6 Zwölfkantmutter
7 Radlager
8 Radlagergehäuse
9 Mutter
10 Schraube
11 Mutter
12 Gelenkwelle
13 Mutter
14 Federbein
15 Schraube
16 Schraube
17 Drehzahlfühler
18 Spurstangenkopf

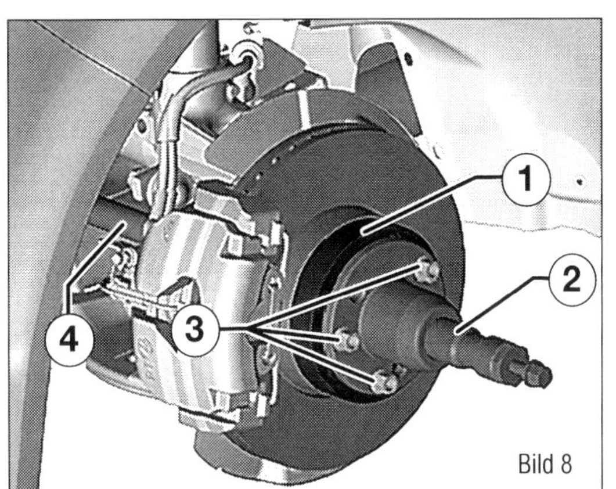

Bild 8

Bild 8
Abzieher Achswelle.
1 Adapter
2 Ausdrücker (T10520)
3 Radschrauben
4 Gelenkwelle

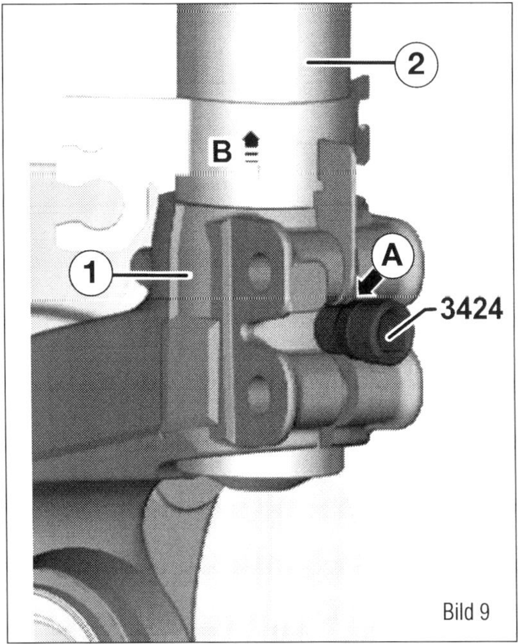

Bild 9

Bild 9
Spreizer.
1 Radlagergehäuse
2 Federbein
A Ansatzpunkt Spreizer
B Bewegungsrichtung
3424 Spreizer

Sichtprüfung Messen

Bild 10
1 Radnabe
2 Radschrauben
T10205/11 Greifstücke

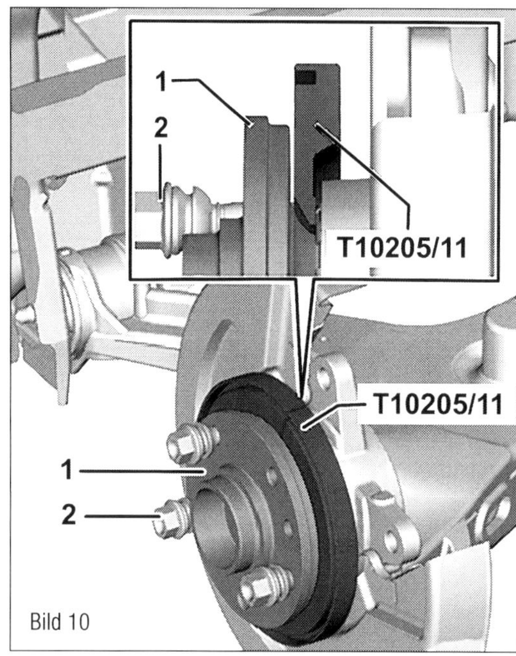

Bild 10

Radlager vorne ersetzen

Die Radlager sind nach jeder Demontage zu ersetzen. Während des gesamten Arbeitsablaufs immer den Motor- und Getriebeheber (V.A.G 1383 A) unter das Radlagergehäuse stellen.

In der folgenden Darstellung wird die Hinterachse gezeigt. Dies ist für die Vorgehensweise nicht relevant.

Die Radschrauben (2) dürfen auf der Rückseite der Greifstücke (T10205/12) nicht herausragen.

■ Zwölfkantmutter an der Radnabe lösen.

⚠ Das Radlager kann bei gelöster Mutter (6 im Bild 7) durch das Eigengewicht des Fahrzeugs beschädigt werden. Die Mutter nicht lösen, wenn das Fahrzeug auf den Rädern steht.

■ Rad vorn ausbauen.
■ Bremssattel komplett mit Bremsträger ausbauen und Bauteil an der Karosserie sichern.
■ Bremsscheibe ausbauen.
■ ABS-Drehzahlfühler ausbauen.
■ Achslenker vom Achsgelenk abschrauben.
■ Achslenker mit dem Abzieher vom Achsgelenk herunter drücken.
■ Gelenkwelle mit dem Ausdrücker »T 10103« und dem Adapter »T 10103/1« aus der Radnabe herausdrücken.
■ Gelenkwelle an der Karosserie sichern.
■ Achslenker zur Stabilisierung des Radlagergehäuses wieder in das Achsgelenk einsetzen und die Mutter vom Achsgelenk handfest gegenziehen.
■ Greifstücke (T10205/12 im Bild 10) hinter der Radnabe (1) mit den Radschrauben (2) zentrieren.
■ Einen Motor- und Getriebeheber unter das Radlagergehäuse stellen – Werkzeuge zum Ausziehen und Einpressen der Radlager wie im Bild 11 gezeigt montieren.

■ Radlagereinheit mit Radlager aus dem Radlagergehäuse herauspressen, dabei die Vorrichtung festhalten.
Beim Aufsetzen der Glocke (1 im Bild 11) darauf achten, dass die Radschrauben (Pfeile) in der gezeigten Position stehen.
Der Einbau erfolgt sinngemäß in umgekehrter Reihenfolge.
■ Die Radlager sind nach jeder Demontage zu ersetzen.
■ Die Greifstücke zur Montage »T10205/11« mit den Radschrauben hinter der neuen Radlagereinheit zentrieren. Das Führungsstück »T10205/15« muss zwingend mit der Aussparung zum Radlager zeigend angebaut werden. Die Greifstücke »T10205/11« sollen verhindern, dass beim Einpressvorgang der Sicherungsring vom Radlager herunterrutscht.
■ Die Radlagereinheit mit Radlager zusammen mit den Werkzeugen, wie in der Abbildung gezeigt, an das Radlagergehäuse ansetzen.
■ Manometer mit Anschlussleitung »VAS 6179/1« zwischen dem Hydraulikzylinder »VAS 6178« und der Hydraulikleitung der Druckvorrichtung »V.A.G 1389/1« anschließen.

Die nachfolgend beschriebenen Drücke gelten nur für den Hydraulikzylinder »VAS 6178«. Während des Einpressens muss der abgelesene Druck kurz vor Einpressende zwischen 90 und 140 bar liegen. Der maximale Einpressdruck darf 310 bar nicht überschreiten.

■ Radlager so weit einpressen, bis der Sicherungsring hörbar einrastet. Darauf achten, dass das Radlager beim Einpressen nicht verkantet.
■ Gelenkwelle einbauen.

- ABS-Drehzahlfühler einbauen.
- Bremsscheibe montieren.
- Bremssattel komplett mit Bremsträger einbauen.
- Rad anbauen und festziehen.

Federbein vorne aus- und einbauen

Im T6 sind zwei unterschiedliche Bausysteme verbaut. Sie unterscheiden sich in der Hauptsache in der Verschraubung zwischen Achsschenkel und Federbein. Die Unterschiede in der Montage werden wir in der Beschreibung hervorheben.

- Wasserkasten-Stirnwand ausbauen.
- Rad abbauen.
- Koppelstange vom Federbein abschrauben und nach hinten schwenken.
- Bremsleitung aus dem Halter am Federbein herausdrücken.
- Stecker für Bremsbelagverschleißanzeige und ABS-Drehzahlfühler abziehen.
- Leitung für Bremsbelagverschleißanzeige und ABS-Drehzahlfühler aus dem Halter am Federbein herausdrücken.
- Radnabe so weit drehen, bis eine der Bohrungen für Radschrauben oben steht.
- Aufnahme (T10149 im Bild 3) mit Radschraube an die Radnabe anbauen.
- Radlagergehäuse mit Motor- und Getriebeheber abstützen.

⚠ Fahrzeug nicht anheben oder ablassen, wenn der Motor/Getriebeheber unter dem Fahrzeug steht. Den Motor- und Getriebeheber nicht länger als erforderlich unter dem Fahrzeug stehen lassen.

Fahrzeuge mit Schraubverbindung am Dämpfer:

- Dämpferverschraubung (10 im Bild 7) an der Karosserie lösen.
- Federbein vom Radlagergehäuse abschrauben.

Fahrzeuge mit Klemmverbindung am Dämpfer:

- Schrauben des Achsgelenks lösen.
- Achslenker mit dem Abzieher vom Achsgelenk (Bild 8) herunterdrücken.
- Gelenkwelle mit Ausdrücker und Adapter aus der Radnabe herausdrücken.
- Gelenkwelle an der Karosserie sichern.

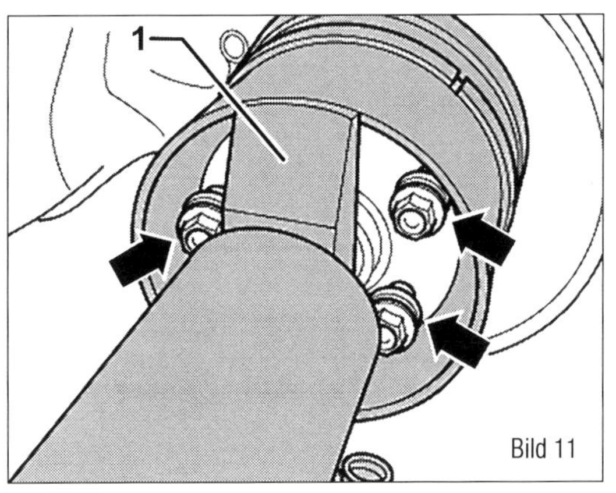

Bild 11
1 Glocke T10205/2
Pfeile = Radschrauben

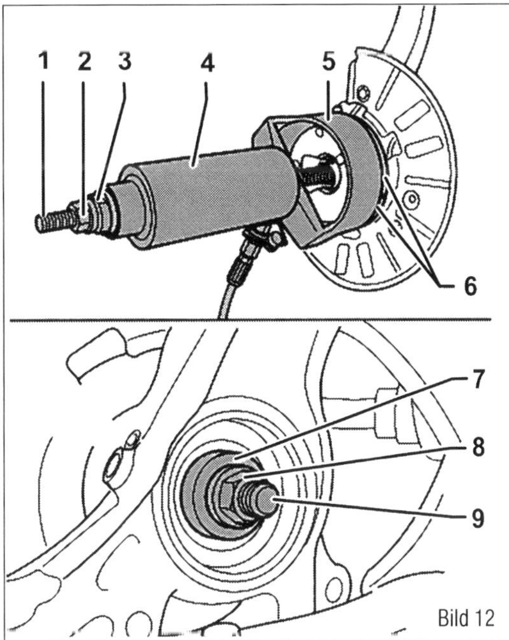

Bild 12
Radlagerabzieher.
1 Gewindestange M20 T10205/8-1
2 Gewindemutter M20 T10205/8-2
3 Druckkopf T10205/13
4 Hydraulikzylinder VAS 6178
5 Glocke T10205/2
6 Greifstücke T10205/11
7 Gewindestange M20, T10205/8-1
8 Gewindemutter M20T10205/8-2
9 Führungsstück T10205/15

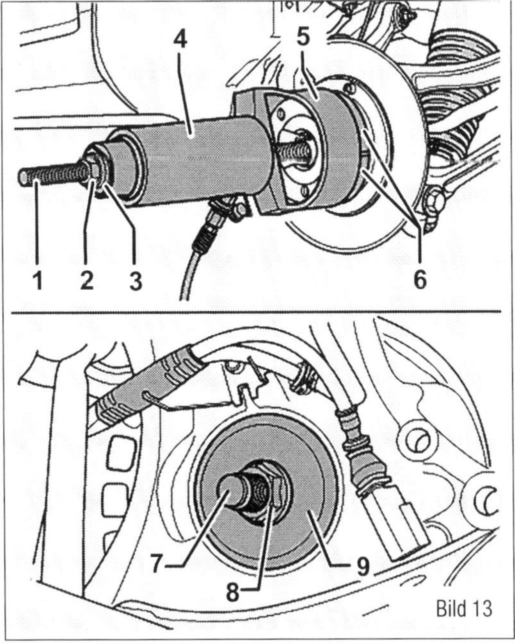

Bild 13
Radlagerabzieher.
1 Gewindestange M20 T10205/8-1
2 Gewindemutter M20 T10205/8-2
3 Druckkopf T10205/13
4 Hydraulikzylinder VAS 6178
5 Glocke T10205/2
6 Greifstücke T10205/12
7 Druckstück T10205/3
8 Gewindemutter M20 T10205/8-2
9 Gewindestange M20 T10205/8-1

Sichtprüfung Messen

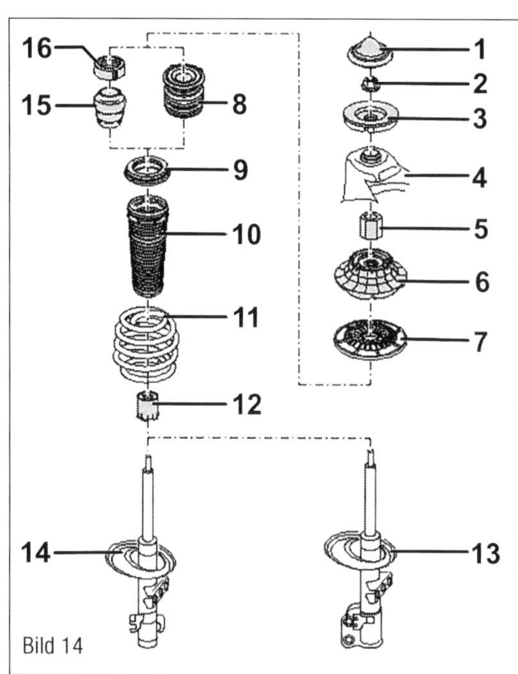

Bild 14

Bild 14
Federbeinvarianten.
1 Schutzkappe
2 Mutter
3 Anschlag
4 Federbeindom
5 Mutter
6 Federbeinlager
7 Federteller oben
8 Anschlagpuffer
9 Axialrillenkugellager
10 Schutzhülle
11 Schraubenfeder
12 Schutzkappe
13 Dämpfer
14 Dämpfer
15 Anschlagpuffer
16 Aufnahmering

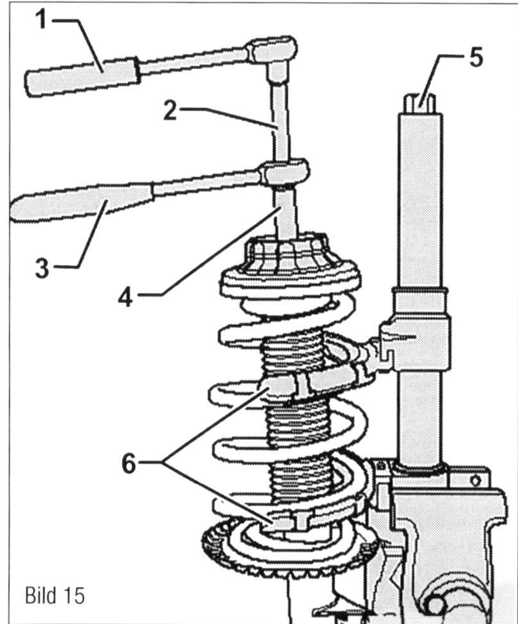

Bild 15

Bild 15
Dämpfer vorne.
1 Knarre (handelsüblich)
2 T10001/8
3 T10001/11
4 T10001/5
5 V.A.G 1752/1
6 V.A.G 1752/5

■ Spurstangen mit Kugelgelenkabzieher abdrücken.

Weiter für alle Fahrzeuge:
■ Motor- und Getriebeheber so weit wie erforderlich absenken und Federbein herausnehmen.

Der Einbau erfolgt sinngemäß in umgekehrter Reihenfolge.
■ Werden Bauteile wie zum Beispiel Stoßdämpfer ersetzt, muss eine Achsvermessung durchgeführt werden.

Feder vorne aus- und einbauen

■ Spannbock für Federbeine (V.A.G 1752/1) (5 im Bild 15) in einen Schraubstock einspannen.
■ Federbein in den Spannbock für Federbeine (V.A.G 1752/1) einspannen.
■ Schraubenfeder mit Federspanngerät (V.A.G 1752/1) (5) so weit vorspannen, bis der obere Federteller entlastet ist.
■ Sechskantmutter von der Kolbenstange abschrauben.
■ Federbeinlager, oberen Federteller mit Anschlagpuffer und Axialrillenkugellager mit Schutzmanschette von der Kolbenstange abnehmen.
■ Schraubenfeder mit Federspanngerät vom Dämpfer abnehmen.

Die Montage erfolgt sinngemäß in umgekehrter Reihenfolge.
■ Schraubenfeder mit Federspanngerät auf Federunterlage unten aufsetzen. Das Ende der Federwindung muss am Anschlag anliegen.
■ Ziehen Sie das untere Ende der Schutzmanschette so weit nach unten, bis die Rastnasen der Schutzkappe in der Nut der Schutzmanschette einrasten.
■ Neue Sechskantmutter an Kolbenstange festziehen.
■ Federspanngerät entspannen und von der Schraubenfeder abnehmen.

Radlager hinten aus- und einbauen

Die Montagearbeiten für die Allradvarianten zu den frontgetriebenen Fahrzeugen unterscheiden sich nur geringfügig. Die Besonderheiten heben wir im Verlauf der Arbeitsbeschreibungen hervor.

Die Radlager sind nach jeder Demontage zu ersetzen.

■ Rad abbauen.

Fahrzeuge mit Frontantrieb:
■ Abdeckkappe (15 im Bild 17) ausbauen.

Fahrzeuge mit Allradantrieb:
■ Gelenkwelle ausbauen.

Fortsetzung für alle Fahrzeuge:
- Bremssattel und Bremsträger ausbauen und mit Draht am Fahrzeug befestigen.
- Bremsscheibe ausbauen.

Fahrzeuge mit integrierter Trommelbremse:
- Bremsscheibe ausbauen.

Fortsetzung für alle Fahrzeuge:
- ABS-Drehzahlfühler ausbauen.
- Greifstücke (T10205/12 im Bild 10) hinter der Radnabe (1) mit den Radschrauben (2) zentrieren. Die Radschrauben (2) dürfen auf der Rückseite der Greifstücke (T10205/12) nicht herausragen.
- Werkzeuge wie im Bild 12 dargestellt anbauen.
- Glocke (T10205/2 im Bild 13) so weit drehen, bis die Brücke (1 im Bild 11) in der gezeigten Position steht.
- Radnabe so weit drehen, bis die Radschrauben (Pfeile) in der gezeigten Position stehen.
- Radnabe mit Radlager ausziehen, dabei Vorrichtung festhalten.

Der Einbau erfolgt sinngemäß in umgekehrter Reihenfolge.
- Die Greifstücke »T10205/11« für die Montage sollen verhindern, dass beim Einpressvorgang der Sicherungsring vom Radlager herunterrutscht.
- Greifstücke »T10205/11« hinter der Radnabe mit den Radschrauben zentrieren.
- Werkzeuge wie in der Abbildung 13 dargestellt anbauen.
- Manometer mit Anschlussleitung zwischen dem Hydraulikzylinder und der Hydraulikleitung der Fußpumpe anschließen.

Die nachfolgend beschriebenen Drücke gelten nur für den Volkswagen-Hydraulikzylinder. Während des Einpressens muss der abgelesene Druck kurz vor Einpressende zwischen 90 und 140 bar liegen. Der maximale Einpressdruck darf 310 bar nicht überschreiten.

- Radlager so weit einpressen, bis der Sicherungsring hörbar einrastet.
- Darauf achten, dass das Radlager beim Einpressen nicht verkantet.

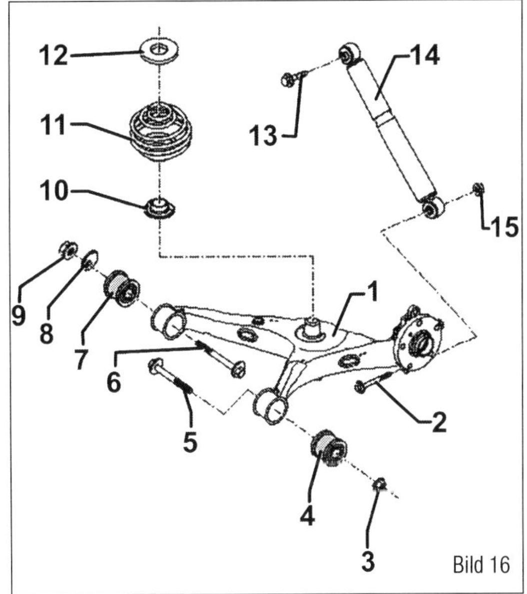

Bild 16
Achslenker hinten.
1 Achslenker
2 Schraube
3 Mutter
4 Gummimetalllager außen
5 Schraube
6 Exzenterschraube
7 Gummimetalllager innen
8 Exzenterscheibe
9 Mutter
10 Unterlage unten
11 Schraubenfeder
12 Unterlage oben
13 Schraube
14 Dämpfer
15 Mutter

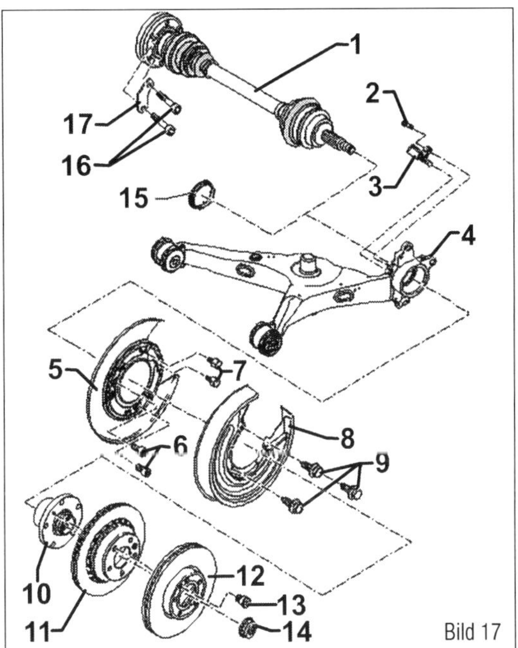

Bild 17
Radlager hinten.
1 Gelenkwelle
2 Schraube
3 Drehzahlfühler
4 Achslenker,
5 Abdeckblech
6 Schraube
7 Schraube
8 Abdeckblech
9 Schraube
10 Radlager
11 Bremsscheibe/Bremstrommel
12 Bremsscheibe
13 Passschraube
14 Zwölfkantmutter
15 Abdeckkappe
16 Schraube
17 Unterlage

Stoßdämpfer hinten aus- und einbauen

Die Montagearbeiten für Fahrzeuge mit Allrad oder Frontantrieb unterscheiden sich nicht. Somit erstellen wir keine gesonderte Beschreibung.
- Sichern Sie das Fahrzeug auf der Hebebühne gegen unbeabsichtigtes Abrutschen oder führen Sie die Montagearbeiten auf einer 4-Säulenbühne durch.

Sichtprüfung

Messen

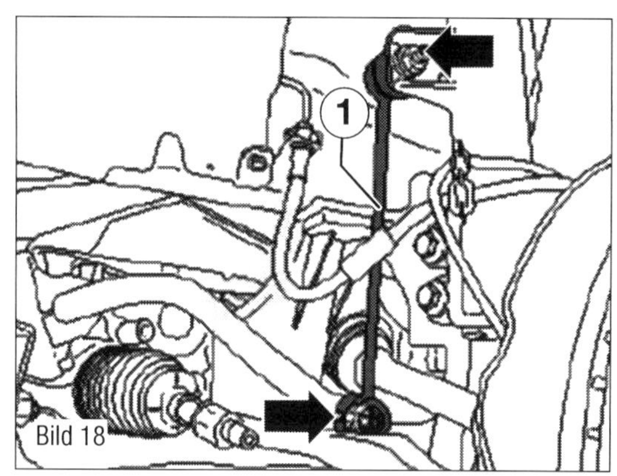

Bild 18
Koppelstange vorne.
1 Koppelstange
Pfeile = Verschraubungen

- Bauen Sie das Rad ab.
- Fangen Sie das betroffene Rad in Leergewichtslage wie bereits beschrieben ab.
- Drehen Sie die Mutter (15 im Bild 16) ab.
- Schrauben oben (13) herausdrehen.
- Stoßdämpfer herausnehmen.

Der Einbau erfolgt sinngemäß in umgekehrter Reihenfolge.

- Die Verschraubung Stoßdämpfer an Radlagergehäuse darf nur erfolgen, wenn das Maß (a) der Leergewichtslage erreicht ist. Die Vorgehensweise hierzu haben wir bereits beschrieben (siehe auch Bild 3).

Feder hinten aus- und einbauen

Die Montagearbeiten für Fahrzeuge mit Allrad oder Frontantrieb unterscheiden sich nicht. Somit erstellen wir keine gesonderte Beschreibung.

- Sichern Sie das Fahrzeug auf der Hebebühne gegen unbeabsichtigtes Abrutschen oder führen Sie die Montagearbeiten auf eine 4-Säulenbühne durch.

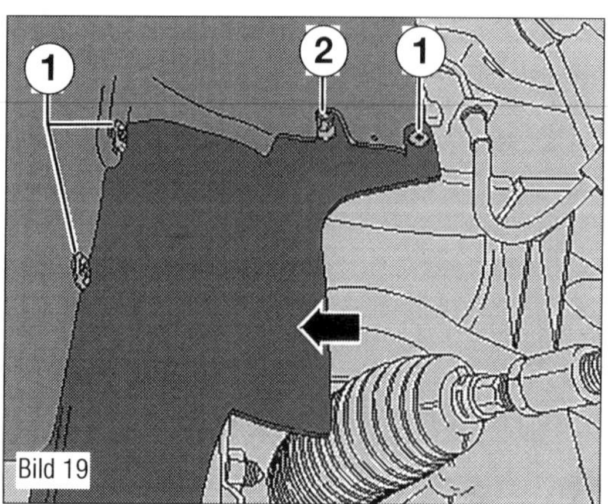

Bild 19
Verkleidung im Radhaus.
1 Schrauben
2 Mutter
Pfeile = Verschraubungen

- Bauen Sie das Rad ab.
- Fangen Sie das betroffene Rad in Leergewichtslage wie bereits beschrieben ab.
- Schrauben oben (13 im Bild 16) herausdrehen.

Lassen Sie den Achslenker so weit ab, dass Sie die Feder herausnehmen können.

Der Einbau erfolgt sinngemäß in umgekehrter Reihenfolge.

- Bauen Sie die Schraubenfeder so ein, dass Farbkennzeichnung an der Schraubenfeder nach unten zeigt.
- Achten Sie auf den Zustand und die Einbaulage der Unterlage oben (10) und der Unterlage unten (12).

Stabilisator und Koppelstange vorne

Die Montagearbeiten für Fahrzeuge mit Allrad oder Frontantrieb unterscheiden sich nicht wesentlich. Somit erstellen wir keine gesonderte Beschreibung.

⚠ Alle Schraubverbindungen am Stabilisator erst festziehen, wenn das Fahrzeug im unbeladenen Zustand auf den Rädern steht beziehungsweise im angehobenen Zustand in Leergewichtslage gebracht worden ist (Bild 3).

☞ Zum Anziehen der Mutter der Koppelstange das Gewindestück am Innenvielzahn des Gelenkzapfens gegenhalten.

Koppelstange aus- und einbauen

- Die Radschrauben an der entsprechenden Fahrzeugseite lösen.
- Das Fahrzeug vorne beidseitig anheben. Nur so wird die Koppelstange entspannt.
- Das Rad abbauen.
- Die Verschraubung Koppelstange am Federbein sowie Koppelstange am Stabilisator lösen (Pfeile im Bild 18).
- Die Koppelstange (1) herausnehmen.

Der Einbau erfolgt sinngemäß in umgekehrter Reihenfolge.

Stabilisator vorne aus- und einbauen

- Falls vorhanden, die untere Verkleidung an der Radhausschale lösen. Hierzu

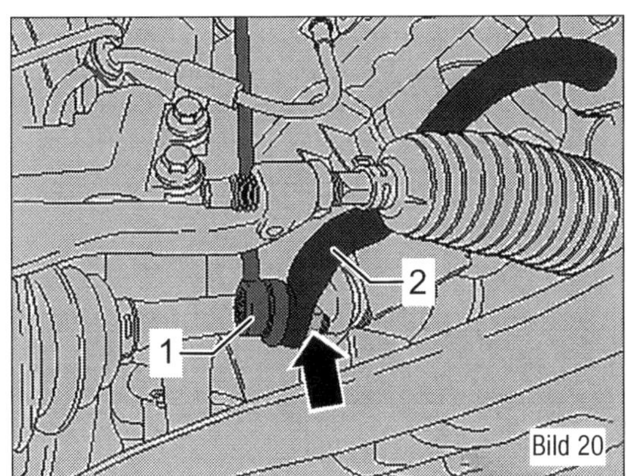

Bild 20
Stabilisator vorne.
1 Koppelstange
2 Stabilisator
Pfeil = Verschraubung

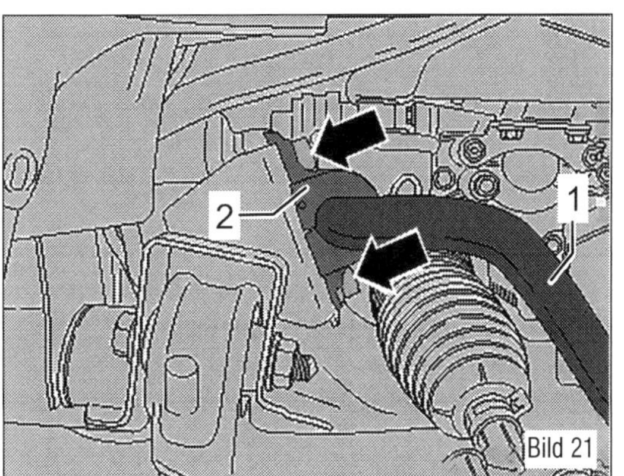
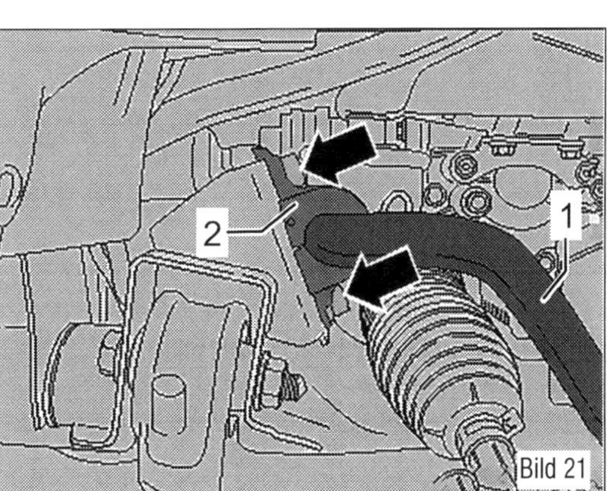

Bild 21
Stabilisator vorne.
1 Stabilisator
2 Lagergummi Stabilisator
Pfeil = Verschraubung

Schrauben (1 im Bild 19) sowie Mutter (2) lösen, und die Verkleidung (Pfeil) abnehmen.

- Die Verschraubung der Koppelstange am Stabilisator lösen, hierzu Mutter (Pfeil im Bild 20) herausdrehen.
- Die Verschraubung des Stabilisators am Aggregateträger (Pfeile im Bild 21) mit einem passenden Steckeinsatz lösen.
- Anschließend den Stabilisator (1) zur linken Seite herausnehmen.

⚠ Der Einbau erfolgt sinngemäß in umgekehrter Reihenfolge.

Stabilisator hinten aus- und einbauen

Die Montagearbeiten für Fahrzeuge mit Allrad oder Frontantrieb unterscheiden sich nicht wesentlich. Somit erstellen wir keine gesonderte Beschreibung.

⚠ Alle Schraubverbindungen am Stabilisator erst festziehen, wenn das Fahrzeug im unbeladenen Zustand auf den Rädern steht beziehungsweise im angehobenen Zustand in Leergewichtslage gebracht worden ist (Bild 3).

- Die Radschrauben hinten lösen.
- Das Fahrzeug zumindest hinten komplett anheben. Nur so wird die Koppelstange entspannt.
- Die Räder hinten abbauen.
- Auf beiden Seiten Schrauben (Pfeile im Bild 22) herausschrauben.

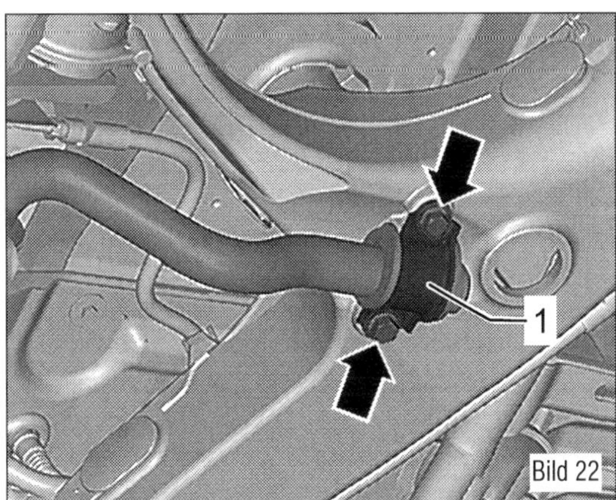

Bild 22
Stabilisator hinten am Querlenker.
1 Schelle
Pfeile = Verschraubungen

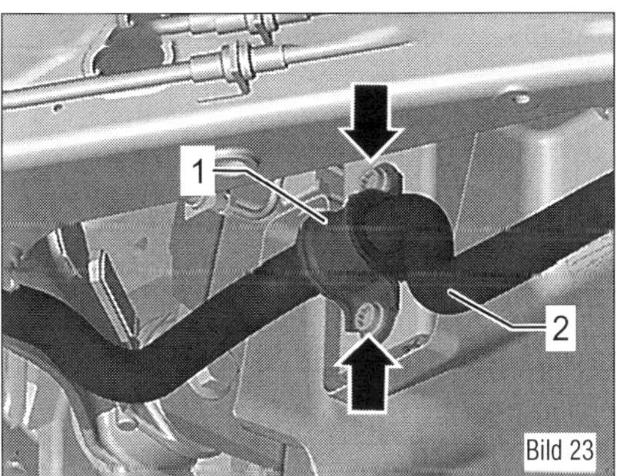

Bild 23
Stabilisator hinten an der Karosserie.
1 Schelle
2 Stabilisator
Pfeile = Verschraubungen

- Die Schelle (1) am Querlenker abnehmen.
- Auf beiden Seiten Schrauben (Pfeile im Bild 23) herausschrauben.
- Schelle (1) an der Karosserie abnehmen.
- Stabilisator (2) herausnehmen.

Der Einbau erfolgt sinngemäß in umgekehrter Reihenfolge.

Sichtprüfung

Messen

12 Servolenkung

Die servounterstützte Zahnstangenlenkung Ihres Transporters zeichnet sich durch besonders geringe Bedienungskräfte bei hoher Lenkpräzision aus. Servolenkungen erleichtern durch Hilfskraft erheblich die Lenkarbeit. Sie sorgen für größtmöglichen Komfort beim Rangieren und für präzises Lenkgefühl bei schnellen Autobahnfahrten. Die Möglichkeit, mit geringem Kraftaufwand am Lenkrad eine relativ direkte Lenkung zu erreichen, guten Kontakt zur Fahrbahn zu halten und dennoch den Fahrer relativ unbehelligt von den Fahrbahnstößen zu lassen, wird mit Hilfe eines hydraulischen Systems aus Pumpe, Ölvorratsbehälter und Hydraulikleitungen realisiert.
Als Hochdruck-Ölpumpe findet wegen ihrer gleichmäßig hohen und kontinuierlichen Förderrate eine doppelt wirkende Flügelpumpe Verwendung. Sie wird über den Keilrippenriemen vom Fahrzeugmotor angetrieben. Das Drucköl wirkt auf Arbeitszylinder zu beiden Seiten der Zahnstange. Diese unterstützen mit ihrem Druck über ein Steuerteil die Lenkbewegung. Je nach Drehrichtung des Lenkrads wird jeweils der Arbeitszylinder angesteuert, der die Lenkung unterstützt.

Prüfungen an der Lenkung

Bei den Einstell- und Wartungsarbeiten ist die wohl häufigste Tätigkeit die regelmäßige Kontrolle des Ölstandes im Vorratsbehälter. Umfangreiche Reparaturen an der Servolenkung sind eine Sache für die Werkstatt. Nur so lassen sich Schäden an den Bauteilen und Folgeschäden mit dann erst recht teuren Reparaturen verhindern. Denn bei fehlerhafter Instandsetzung kann die Servounterstützung beim Lenken ausfallen. Die Lenkung ist aber eine Baugruppe, von der die Fahrsicherheit besonders stark abhängt. Defekte, falsche Einstellungen und fehlerhafte Reparaturarbeiten können fatale Auswirkungen haben.
Nach Unfall und bei Beschädigung der Vorderachse können verschiedene Lenkungsteile ersetzt werden. Als Instandsetzung an der Servolenkung ist aber nur das Ersetzen der Faltenbälge sowie der Spurstangen und Spurstangenköpfe üblich. Für bestimmte Arbeiten kann es nötig sein, die Lenkzwischenwelle aus- und einzubauen, die das Kreuzgelenk unten an der Lenksäule mit dem Kreuzgelenk des Lenkritzels am Lenkgetriebe verbindet.

Lenkungsspiel prüfen

■ Die Räder geradeaus stellen. Von außen durchs geöffnete Fenster greifen und das Lenkrad kurz hin und her drehen.

Auf die Felge achten: Bewegt sich das Vorderrad wie erforderlich sofort mit? Eine Hilfsperson kann die Spurstangenköpfe umfassen und das Lagerspiel bei Lenkbewegung fühlen oder in Extremfällen sogar beobachten.

■ Falls Spiel bemerkt wird, muss Nachstellen in der Werkstatt erfolgen. Wenn die Lenkung um die Geradeausstellung kein Spiel hat, aber bei stärkerem Einschlag spürbar klemmt, ist die Zahnstange verschlissen. Das dürfte zwar erst nach einer gehörigen Fahrstrecke der Fall sein, aber dann muss das Lenkgetriebe ausgetauscht werden!

Manschetten der Lenkzahnstange prüfen

Mit einer Taschenlampe die Gummimanschetten ableuchten, mit denen die aus ihrem Gehäuse austretende Zahnstange links und rechts geschützt wird. Gründlich auch auf kleinste Verschleißspuren prüfen. Dringen durch einen rissigen oder beschädigten Faltenbalg Schmutz und Feuchtigkeit ein, verbinden sie sich mit dem Fett des Lenkgetriebes zu einer zerstörerischen Schleifpaste.

■ Die Lenkung voll nach rechts oder links einschlagen. Um Risse in den Falten zu erkennen, muss der Faltenbalg Stück um Stück auseinandergezogen werden. Eine verschlissene Manschette sollte man sofort austauschen. Sie kann bei eingebautem Lenkgetriebe ersetzt werden.

■ Klemmschellen müssen fest auf der Manschette sitzen. Zum Wechseln des Faltenbalgs wird daher die Schlauchbinderzange V.A.G 1275 empfohlen.

Lenksäule überprüfen

■ Wenn an der Lenksäule gearbeitet wurde, muss danach auf sichtbare Schäden und Funktion geprüft werden. Lässt sich die

Säule, ohne zu haken und ohne Schwergängigkeit drehen? Lässt sie sich in Längsrichtung und in der Höhe leicht verstellen?

■ Lässt sich das Rohr der Säule deutlich nach vorn und hinten oder seitlich bewegen? Dann ist etwas faul, die Lenksäule muss ausgetauscht werden.

Arbeiten an der Lenkung

Ausbau und Einbau der Spurstangen

■ Lenkung in Geradeausstellung drehen und Lenkschloss einrasten.

Reinigen Sie das Lenkgetriebe im Bereich des Faltenbalgs.

■ Drücken Sie mit dem Kugelgelenkabdrücker den Spurstangenkopf (1 im Bild 2) vom Lenkhebel des Radlagergehäuses ab.

■ Lösen Sie die Klemmschelle (3) und ziehen Sie den Faltenbalg (4) vom Lenkgetriebe (5) ab.

■ Schrauben Sie mit dem Maulschlüsseleinsatz »V.A.G 1923« (SW 38) die Spurstange (2) von der Zahnstange des Lenkgetriebes ab. Ein Gegenhalten an der Zahnstange ist nicht erforderlich.

Ist Korrosion, eine Beschädigung oder eine Abnutzung auf der Zahnstange sichtbar, muss das Lenkgetriebe komplett ersetzt werden.

Der Einbau erfolgt sinngemäß in umgekehrter Reihenfolge.

■ Vor dem Einbau der Spurstange muss die Zahnstange des Lenkgetriebes gefettet werden. Verwenden Sie auf keinen Fall ein anderes Fett, als das seitens VW angebotene.

■ Drehen Sie zum Fetten die Lenkung nacheinander zu beiden Seiten bis zum Anschlag.

■ Fetten Sie die Zahnstange auf der Zahn- und Druckstückseite.

■ Drehen Sie die Lenkung in Geradeausstellung.

■ Schrauben Sie die Spurstange (2) in die Zahnstange des Lenkgetriebes (5) ein.

■ Ziehen Sie die Spurstange (2) mit dem Maulschlüsseleinsatz »V.A.G 1923« (SW 38) fest. Ein Gegenhalten an der Zahnstange ist dabei wieder nicht notwendig.

■ Befestigen Sie den Faltenbalg (4) mit

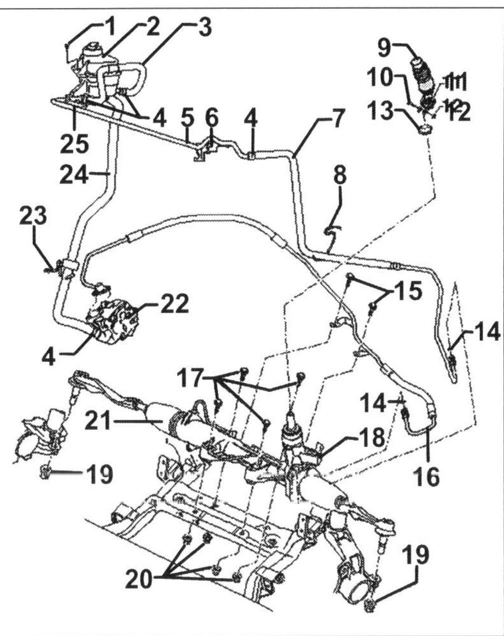

Bild 1
Servolenksystem.
1 Schraube
2 Vorratsbehälter
3 Verbindungsschlauch
4 Federbandschellen
5 Kühlrohr
6 Halter
7 Rücklaufleitung
8 Halter
9 Schutzhülle
10 Exzenterschraube
11 Kreuzgelenk
12 Mutter
13 Klemmschelle
14 Dichtring
15 Schraube
16 Druckleitung
17 Schraube
18 Magnetventil für Servotronic
19 Mutter
20 Mutter
21 Servolenkgetriebe
22 Flügelpumpe
23 Halter
24 Saugschlauch
25 Halter

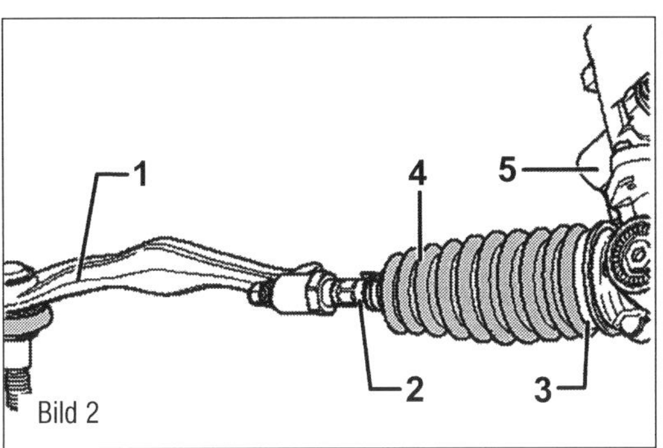

Bild 2
1 Spurstangenkopf
2 Spurstange
3 Klemmschelle
4 Faltenbalg
5 Lenkgetriebe

einer neuen Klemmschelle (3) bis zum Anschlag am Lenkgetriebe (5).

■ Verwenden Sie dazu die Klemmzange für Lenkgetriebe »VAS 6199« oder die Schlauchbinderzange »V.A.G 1275 A«.

■ Achten Sie darauf, dass der Faltenbalg nicht verdrillt ist.

■ Verschrauben Sie den Spurstangenkopf (1) mit dem Lenkhebel des Radlagergehäuses mit einer neuen Mutter.

■ Führen Sie eine Achsvermessung durch.

Ausbau des Lenkgetriebes

Eine Instandsetzung des Lenkgetriebes ist nicht vorgesehen. Es muss bei Beanstandungen komplett ausgetauscht werden.

■ Lenkung in Geradeausstellung drehen und Lenkschloss einrasten.

■ Rad vorn links abbauen.

■ Saugschlauch am Vorratsbehälter abklemmen.

■ Spurstangen mit Kugelgelenkabdrücker abdrücken.

Sichtprüfung  Messen

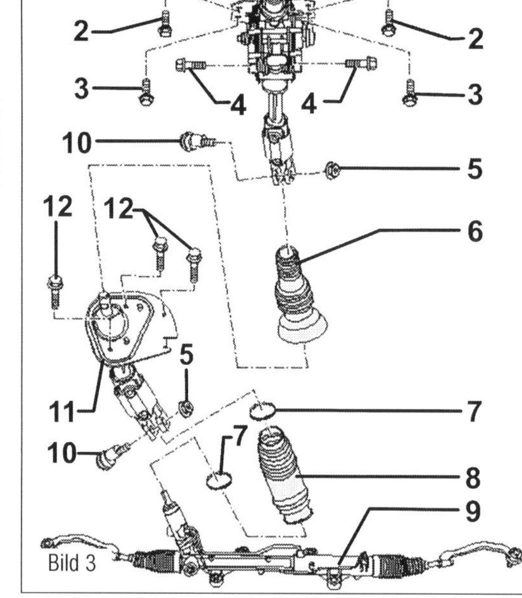

Bild 3

Bild 3
Lenksäule.
1 Lenksäule
2 Schraube
3 Mutter
4 Schutzhülle
5 Klemmscheibe
6 Schutzhülle
7 Lenkgetriebe
8 Exzenterschraube
9 Lenkzwischenwelle
10 Schraube

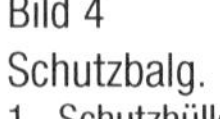

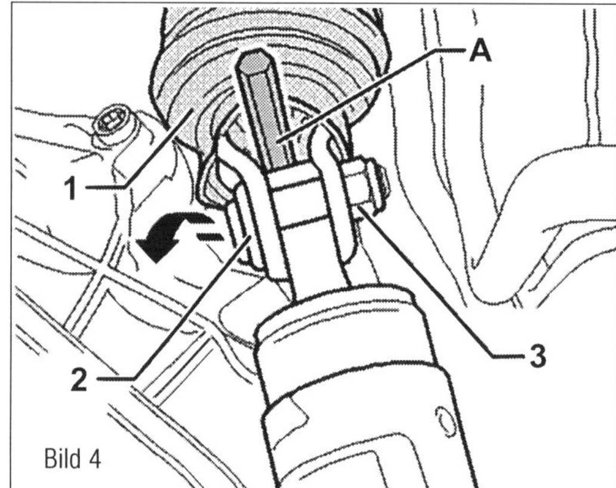

Bild 4

Bild 4
Schutzbalg.
1 Schutzhülle
2 Exzenterschraube
3 Mutter
A Innensechskantschlüssel

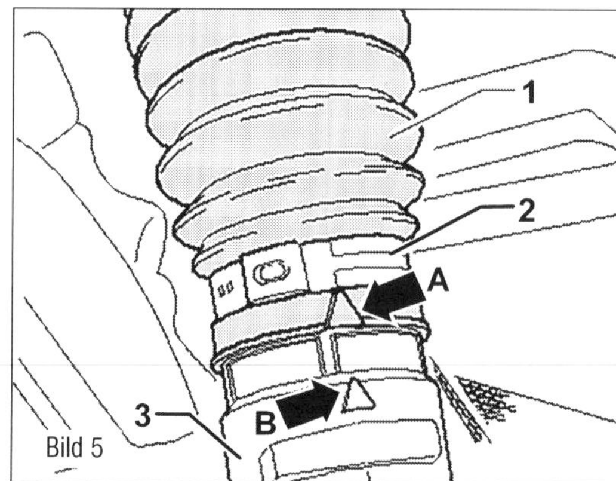

Bild 5

Bild 5
Markierungen.
1 Schutzhülle
2 Schelle
3 Lenkgetriebe
A Markierung auf der Schutzhülle
B Markierung am Lenkgetriebe

■ Fahrzeug anheben.
■ Klemmschelle der Schutzhülle (1 im Bild 4) öffnen.
■ Schieben Sie die Schutzhülle (1 in Bild 4) nach oben und sichern Sie diese zum Beispiel mit einem 6-mm-Innensechskantschlüssel (A) gegen Herunterrutschen.

■ Kreuzgelenk vom Lenkritzel abschrauben.
■ Stabilisator von den Koppelstangen abschrauben.
■ Stabilisator vom Aggregateträger abschrauben.
■ Je nach Motorisierung die entsprechende Druckleitung vom Lenkgetriebe abschrauben.
■ Auslaufendes Hydrauliköl auffangen.

Für Fahrzeuge mit Servotronic
■ Trennen Sie die elektrische Steckverbindung am Magnetventil für Servotronic.

Weiter für alle Fahrzeuge
■ Lenkgetriebe vom Aggregateträger abschrauben (Bild 1, Schrauben 17 und 20).

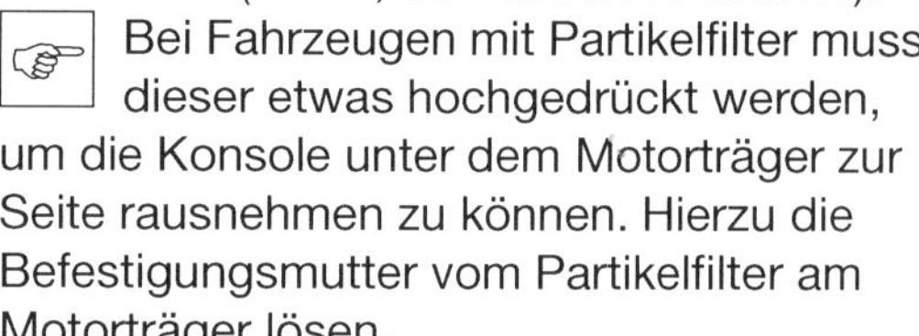

Bei Fahrzeugen mit Partikelfilter muss dieser etwas hochgedrückt werden, um die Konsole unter dem Motorträger zur Seite rausnehmen zu können. Hierzu die Befestigungsmutter vom Partikelfilter am Motorträger lösen.
■ Schraubverbindung Partikelfilter/Motorträger lösen.
■ Schrauben Konsole herausdrehen.
■ Schraube Konsole/Motorträger herausdrehen und Konsole ausbauen.
■ Stabilisator nach links herausnehmen.
■ Lenkgetriebe nach links schieben und dabei gleichzeitig so weit drehen, bis das Lenkritzel nach unten zeigt.
■ Lenkgetriebe nach links herausnehmen.

Der Einbau erfolgt sinngemäß in umgekehrter Reihenfolge.
■ Lenkgetriebe von links einsetzen und auf dem Aggregateträger ablegen.
■ Stabilisator von links einsetzen und auf dem Aggregateträger ablegen.
■ Konsole einbauen und festziehen.
■ Lenkgetriebe auf Aggregateträger anbauen und Mutter (20) festziehen.
■ Stabilisator am Aggregateträger anbauen und Schrauben festziehen.
■ Mutter und Exzenterschraube anbauen.
■ Kreuzgelenk am Lenkritzel festziehen, dazu Exzenterschraube (2 im Bild 4) bis Anschlag links herum drehen und festhalten.
■ Mutter (3) festziehen.
■ Schutzhülle (1 im Bild 5) bis Anschlag herunterziehen. Achten Sie darauf, dass die Markierung (Pfeil A) auf der Schutzhülle und die Markierung (Pfeil B) am Lenkgetriebe zu-

einander fluchten. Bei Linkslenkern muss die Markierung »LHD« auf der Schutzhülle (Pfeil B) fluchten. Bei Rechtslenkern müssen die Markierung »RHD« auf der Schutzhülle (Pfeil A) und die Markierung am Lenkgetriebe (Pfeil B) fluchten.

■ Schutzhülle (1) mit neuer Klemmschelle (2) am Lenkgetriebe (3) befestigen. Verwenden Sie dazu die Klemmzange für Lenkgetriebe »VAS 6199«.

■ Koppelstangen am Stabilisator anbauen und Muttern festziehen.

■ Rücklaufleitung (7 im Bild 1) am Servolenkgetriebe festziehen.

■ Druckleitung (16) am Servolenkgetriebe festziehen.

■ Hydrauliköl auffüllen und Lenksystem entlüften.

■ Ölstand der Servolenkung prüfen.

■ Bauen Sie die Spurstangen ein und kontrollieren Sie die Spureinstellung, gegebenenfalls einstellen.

■ Grundeinstellung für Lenkwinkelgeber mit dem Fahrzeugdiagnosetester durchführen.

■ Führen Sie eine Achsvermessung durch.

Servolenkung entleeren, befüllen und entlüften

Das System muss entlüftet werden, wenn Teile der Hydraulik demontiert wurden.

■ Zuerst den Hydraulikölstand prüfen. Ggf. muss Hydrauliköl G 002 000 nachgefüllt werden.

■ Motor nicht laufen lassen. Heben Sie das Fahrzeug so weit an, dass beide Vorderräder frei sind. Bringen Sie die Vorderräder in Geradeausstellung.

■ Eine Auffangwanne für Hydrauliköl unterstellen. Öffnen Sie den Schraubdeckel des Vorratsbehälters für Hydrauliköl.

■ Die Hydraulikleitungen unten vom Vorratsbehälter abziehen und Öl anschließend auslaufen lassen.

■ Die Restmenge des Hydrauliköls herausdrücken, indem die Lenkung zehnmal von Anschlag zu Anschlag gedreht wird.

■ Schließen Sie die Hydraulikleitungen wieder an und senken Sie das Fahrzeug ab. Das abgelassene Öl wird nicht wieder verwendet, sondern den Vorschriften entsprechend wie Altöl entsorgt.

Befüllt wird ein leeres Hydrauliksystem nur bei kaltem Motor. Füllen Sie den Vorratsbehälter (Verschluss mit Messstab herausschrauben) mit G 002 000 bis zum Erreichen der MIN-Markierung am Messstab auf. Das gesamte System ist mit etwa 1,0 Liter befüllt.

■ Fahrzeug wieder so weit anheben, bis die Vorderräder frei sind. Stellen Sie die Räder geradeaus.

■ Drehen Sie bei abgestelltem Motor das Lenkrad zehnmal von Anschlag zu Anschlag durch. Prüfen Sie den Ölstand und füllen Sie ggf. nach.

■ Schrauben Sie den Deckel des Vorratsbehälters für Hydrauliköl auf. Senken Sie das Fahrzeug ab.

■ Starten Sie den Motor. Das Lenkrad zehnmal von Anschlag zu Anschlag drehen.

■ Den Motor abstellen. Wieder den Hydraulikölstand prüfen und ggf. nachfüllen.

■ Deckel des Vorratsbehälters handfest zuschrauben. Jetzt eventuell noch im System verbliebene Restluft entweicht im Fahrbetrieb nach 10 bis 20 Kilometern von selbst.

Ölstand der Servolenkung prüfen

Wenn das Hydraulik-Öl kalt ist, nicht den Motor laufen lassen. Sie können die Prüfung auch bei kaltem Öl vornehmen.

■ Die Räder in Geradeausstellung bringen.

■ Den Hydraulikölstand mit dem Ölmessstab des Verschlussdeckels (Schraubdeckel) prüfen: Deckel abschrauben, Messstab mit einem sauberen Lappen abwischen und den Deckel wieder handfest einschrauben. Es gilt nur der Ölstand bei vorher voll eingeschraubtem Verschlussdeckel.

■ Deckel wieder abschrauben, Ölstand prüfen: Er muss 2 mm über oder unter der MIN-Markierung liegen.

■ st das Hydrauliköl betriebswarm (ab 50 °C), prüfen Sie auf die gleiche Weise. Der Ölstand soll sich dann aber zwischen den MIN- und MAX-Markierungen befinden.

■ Liegt der Ölstand über dem jeweils zutreffenden Bereich, muss Öl abgesaugt werden.

Liegt er unter dem angegebenen Bereich, kontrollieren Sie das System auf Dichtheit. Es genügt dann nicht, lediglich Öl nachzufüllen.

■ Wenn das System kontrolliert oder das Lenkgetriebe aus- und eingebaut wurde, muss ggf. Öl nachgefüllt werden.

13 Bremsanlage

Die Bremsen des VW T6

Der Bus wird kraftvoll und sicher über ein Hydraulik-Zweikreis-Bremssystem mit rundum Scheibenbremsen verzögert. Die vorderen Scheibenbremsen sind innenbelüftet, die Bremsscheiben hinten sind derzeit durchweg für alle Motorisierungen massiv. Die elektromechanische Feststellbremse wirkt auf die Hinterräder. Die Bremsunterstützung erfolgt pneumatisch durch Vakuumbremskraftverstärker. In ihnen wird der hydraulische Druck, der dann an den Bremsen wirkt, mehr als verdoppelt. Auf diese Weise werden etwa 60% der wirkenden Bremskraft aufgebracht. Das Vakuum für den Unterdruck im Bremskraftverstärker wird dem Saugrohr entnommen oder mit einer Vakuumpumpe erzeugt. Je nach Motorisierung werden unterschiedliche Bremsenmodelle eingesetzt. Welche Bremsen in einem bestimmten Fahrzeug verbaut sind, wird unter anderem auf dem Fahrzeugdatenträger (Reserveradmulde, Serviceheft) durch die entsprechenden PR-Nummern dokumentiert. Die nachstehende Tabelle zeigt eine Aufschlüsselung der PR-Nummern sowie der Bremsentypen zu den Motorisierungen. Die PR-Nummern sind für die Kombination Bremssattel, Bremsscheibe, Bremstrommel und Bremsbelag wichtig.

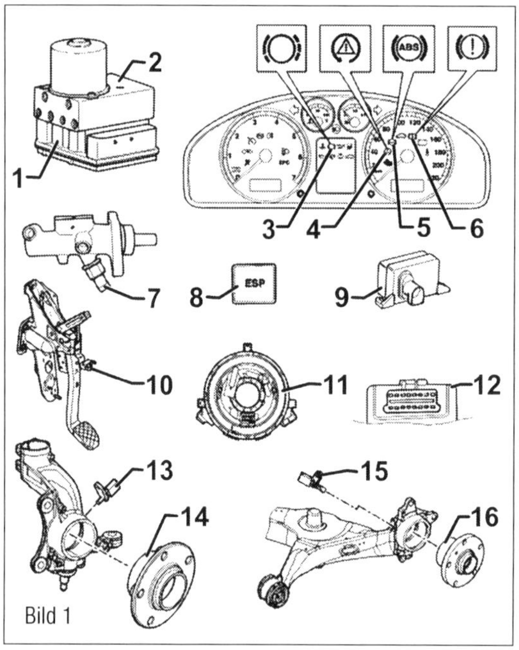

Bild 1

Bild 1
ABS-System.
1 Steuergerät für ABS
2 Hydraulikeinheit
3 Kontrollleuchte für Bremsbelag
4 Kontrollleuchte für Stabilitätsprogramm
5 Kontrollleuchte für ABS
6 Kontrollleuchte für Bremsanlage
7 Geber für Bremsdruck
8 Taster für ASR und ESP
9 Sensoreinheit für ESP
10 Bremslichtschalter
11 Geber für Lenkwinkel
12 Diagnoseanschluss
13 Drehzahlfühler vorn rechts
14 Radlagereinheit vorn
15 Drehzahlfühler hinten rechts
16 Radlagereinheit hinten

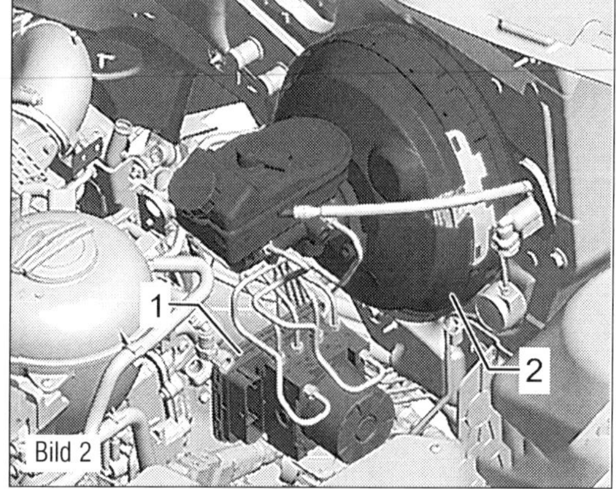

Bild 2

Bild 2
Einbaulage beim Linkslenker.
1 ABS/ESP Steuergerät
2 Bremskraftverstärker mit Hauptbremszylinder

Antiblockiersystem (ABS)

Der T6 verfügt serienmäßig über ein Antiblockiersystem. Die Bremsanlage des ABS ist diagonal aufgeteilt. Die Bremskraftverstärkung erfolgt pneumatisch durch den Vakuumbremskraftverstärker. Fahrzeuge mit dem ABS haben keinen mechanischen Bremskraftregler. Eine speziell abgestimmte Software im Steuergerät übernimmt die Bremskraftverteilung für die Hinterachse. Störungen am ABS haben Einfluss auf die Bremsanlage und die Verstärkung. Es muss mit einem veränderten Bremsverhalten gerechnet werden. Nach Aufleuchten der Kontrollleuchte für ABS und Kontrollleuchte für Bremsanlage können die Hinterräder beim Bremsen frühzeitig blockieren! Hydraulikeinheit und Steuergerät (47-polig) bilden eine Einheit. Eine Trennung ist nur im ausgebauten Zustand möglich. Neue Steuergeräte aus dem Ersatzteilbereich sind nicht codiert. Sie sind nach dem Einbau zu codieren. Die Kontrollleuchte für ABS und die Kontrollleuchte für ESP und ASR blinken, solange das Steuergerät für ABS nicht codiert ist.

Informationen zum Bremssystem

Die im Hydrauliksystem zirkulierende Flüssigkeit ist bei Volkswagen Bremsflüssigkeit nach dem Standard »FMVSS 116 DOT 4«, wovon auch die Weiterentwicklung »DOT 4 plus« erhältlich ist. Das Produkt hat die Katalog-Teilenummer VW 501 14 B 000 750.

⚠ Bremsflüssigkeit auf keinen Fall mit mineralölhaltigen Flüssigkeiten (Öl, Benzin, Reinigungsmittel) in Verbindung bringen. Mineralöle beschädigen die Dichtungen und Gummitüllen der Bremsanlage!

- Bremsflüssigkeit ist giftig. Sie darf wegen ihrer ätzenden Wirkung auch nicht mit Lack in Berührung kommen. Eventuell ausgetretene Bremsflüssigkeit mit viel Wasser abspülen!
- Bremsflüssigkeit ist hygroskopisch, das heißt, sie nimmt aus der umgebenden Luft Feuchtigkeit auf und ist darum stets in luftdicht verschlossenen Behältern aufzubewahren.

Störungen am ABS haben keinen Einfluss auf Bremsanlage und Bremskraftverstärkung. Die herkömmliche Bremsanlage bleibt auch ohne ABS funktionsfähig. Es muss jedoch mit einem veränderten Bremsverhalten gerechnet werden. Nach Aufleuchten der ABS-Kontrollleuchte können die Hinterräder beim Bremsen frühzeitig blockieren.

Bremsflüssigkeitsstand (abhängig vom Belagverschleiß) prüfen

Der Stand der Bremsflüssigkeit ist an den Markierungen des Bremsflüssigkeitsbehälters abzulesen.

- Der Bremsflüssigkeitsstand (Menge) ist stets in Abhängigkeit vom Bremsbelagverschleiß zu beurteilen. Im Fahrbetrieb sinkt durch Abnutzung und automatische Nachstellung der Bremsbeläge der Flüssigkeitsstand geringfügig ab.
- Bei einem Flüssigkeitsstand an der »MIN«-Markierung und etwas darüber ist kein Nachfüllen erforderlich, wenn die Bremsbelagverschleißgrenze nahezu erreicht ist.
- Sind die Bremsbeläge neu bzw. weit von der Belagverschleißgrenze entfernt, muss der Flüssigkeitsstand zwischen der »MIN«- und der »MAX«-Markierung liegen.
- Die »MAX«-Markierung darf jedoch nicht überschritten werden, damit die Flüssigkeit nicht aus dem Bremsflüssigkeitsbehälter austritt.
- Ist der Flüssigkeitsstand unter die »MIN«-Markierung abgesunken, muss, bevor Bremsflüssigkeit ergänzt wird, das ganze Bremssystem überprüft werden, ggf. sind Reparaturen einzuleiten.

Bremsanlage auf Undichtigkeiten und Beschädigungen prüfen

Sichtprüfung

Folgende Bauteile müssen auf Undichtigkeiten und Beschädigungen überprüft werden:

- Hauptbremszylinder,
- Bremskraftverstärker,
- Hydraulikeinheit,
- Bremssättel.

Weiterhin sind zu prüfen:

- Vorhandensein der Staubkappen an den Entlüftungsventilen für Bremsflüssigkeit;
- Dass die Bremsschläuche nicht verdreht sind und dass sie beim maximalen Lenkeinschlag keine Fahrzeugbauteile berühren.
- Dass Bremsschläuche nicht porös und brüchig sind,
- Dass Bremsschläuche und Bremsleitungen keine Scheuerstellen aufweisen.
- Dass Bremsanschlüsse und Befestigungen richtig sitzen, nicht undicht und frei von Korrosion sind.

Festgestellte Mängel sind unbedingt durch entsprechende Reparaturmaßnahmen zu beseitigen.

Vorderradbremse

PR Nummer	Raddimension	Bremsentyp
2E3	16 Zoll	FN3 (16")
2E4	17 Zoll	FN3 (17")
2E4	17 Zoll	2FNR (17")

Hinterradbremse

PR Nummer	Raddimension	Bremsentyp
0WR	16 Zoll	FN44(16")
0WR	17 Zoll	FN44 (17")

Dichtigkeitsprüfung unter Druck
Diese Prüfung erfordert ein Prüfgerät für Bremssysteme mit Adapter (z. B. V.A.G 1310 A mit -/6). Prüfvoraussetzung ist, dass Funktion und Dichtheit der Bremsanlage gewährleistet sind.

■ Entlüftungsventil an einem der vorderen Bremssättel herausschrauben. Das Prüfgerät für Bremssysteme anschließen und entlüften.

■ Bremspedal belasten, bis das Druckmanometer 50 bar Überdruck anzeigt. Während der Prüfdauer von 45 Sekunden darf der Druckabfall nicht mehr als 4 bar betragen. Bei größerem Druckabfall Hauptbremszylinder ersetzen.

Bremsanlage mit Gerät entlüften

Normale Entlüftung
Den Arbeitsablauf zum Entlüften der Bremsanlage genau einhalten.

■ Bremsenfüll- und Entlüftungsgerät anschließen, d. h. Adapter statt Verschlussdeckel auf Bremsflüssigkeitsbehälter aufschrauben, Druck einstellen und Befüllschlauch des Gerätes an den Adapter anschließen.

■ Abdeckkappen von den Entlüftungsventilen abziehen (Bild 3), Schlauch der Entlüfterflasche aufstecken und dann Entlüftungsventile mit einem passenden Schlüssel in folgender Reihenfolge öffnen und jeweiligen Radbremszylinder/Bremssättel entlüften:
1. Bremssattel hinten links,
2. Bremssattel vorn links,
3. Bremssattel vorn rechts,
4. Bremssattel hinten rechts.

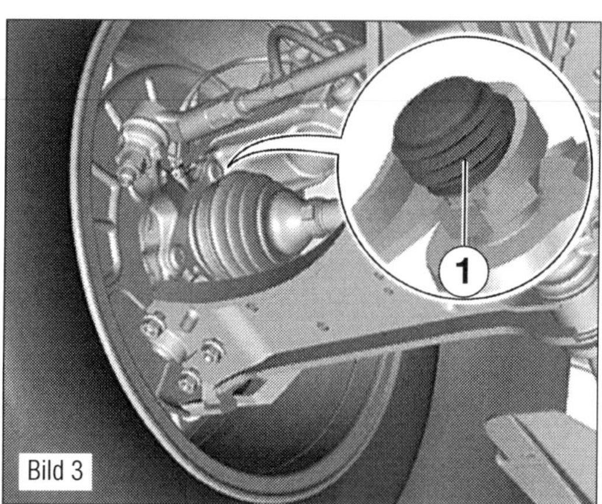

Bild 3
1 Entlüftungsnippel am Bremssattel vorne

■ Entlüftungsventil bei aufgestecktem Schlauch der Entlüfterflasche so lange geöffnet lassen, bis blasenfreie Bremsflüssigkeit ausströmt.

☞ Geeigneten Entlüfterschlauch verwenden. Er muss straff auf dem Entlüftungsventil sitzen, damit keine Luft in die Bremsanlage gelangen kann!

Vorentlüftung
Wenn bei Fahrzeugen mit EDS, EDS/ASR oder EDS/ASR/ESP eine Kammer des Bremsflüssigkeitsbehälters komplett leergelaufen ist (z. B. bei Undichtigkeiten der Bremsanlage), muss zuerst eine Vorentlüftung erfolgen.

■ Bremssattel vorn links und vorn rechts gleichzeitig zusammen entlüften.

■ Bremssattel hinten links und hinten rechts gleichzeitig zusammen entlüften.

■ Entlüftungsventile bei aufgesteckten Schläuchen der Entlüfterflasche so lange geöffnet lassen, bis blasenfreie Bremsflüssigkeit ausströmt.

■ Anschließend muss über die Funktion »Grundeinstellung« mit dem Diagnosetester VAS 505x (oder VCDS) die Hydraulikeinheit nochmals entlüftet werden. Grundeinstellung einleiten (zum Entlüften der Bremsanlage): VAS oder VCDS anschließen und Funktion anwählen. Zum Entlüften der Hydraulikeinheit ist ein Vordruck von 2 bar nötig.

■ Danach die Bremsanlage normal entlüften (siehe oben).

Bremsanlage ohne Gerät entlüften

☞ Steht kein Bremsenfüll- und Entlüftungsgerät zur Verfügung, muss die Bremsanlage mit einfachen Mitteln entlüftet werden. Nötig dafür sind neue Bremsflüssigkeit und ein geeigneter, möglichst durchsichtiger Kunststoffschlauch, wie ihn Baumärkte im Sortiment haben. Er muss straff auf der Entlüfterschraube Radbremszylinder/Bremssattel sitzen, damit keine Luft in die Bremsanlage gelangen kann.

■ Wenn erforderlich, die Entlüftungsventile einige Stunden vor der Arbeit mit Rostlöser einsprühen. Das mindert das Risiko, dass die Ventile beim Lösen abgerissen werden.

■ Entlüftungsreihenfolge wie bei »Entlüftung normal«.
■ Staubkappe vom Entlüftungsventil abziehen, Ventilnippel säubern, den Kunststoffschlauch auf den Nippel schieben und das freie Schlauchende in einen teilweise mit Bremsflüssigkeit gefüllten Auffangbehälter stecken.
■ Entlüftungsschraube mit einem Ringschlüssel maximal eine Umdrehung lösen. Ein Helfer tritt das Bremspedal langsam bis zum Boden, damit die Bremsflüssigkeit und die darin eingeschlossene Luft herausgepumpt werden.

 Auf Schlauch und Auffangbehälter achten: die Luftbläschen müssen zu sehen sein.

■ Das Bremspedal am Boden halten.
■ Nun die Entlüftungsschraube schließen, erst dann das Bremspedal zurücknehmen.
■ Diesen Vorgang so lange wiederholen, bis keine Luftbläschen mehr aufsteigen, es ist dann keine Luft mehr im System. Dabei aber ständig den Stand der Bremsflüssigkeit im Ausgleichsbehälter beobachten. Bei Bedarf nachfüllen, aber nur so viel, dass der vorherige Stand im Bremsflüssigkeitsbehälter nicht überschritten wird.
Dadurch wird verhindert, dass bei einem späteren Wechsel der Bremsbeläge zu viel Bremsflüssigkeit im System ist und der Behälter beim Zurückdrücken der Bremskolben überläuft.
■ Nach dem letzten Durchgang muss der Helfer das Bremspedal wieder am Boden halten, bis das Entlüftungsventil endgültig geschlossen ist (Schraube nicht anknallen).
■ Die Arbeit an den anderen Entlüftungsventilen wiederholen.
■ Lässt sich die Bremse nach vorgenannter Methode nicht vollständig entlüften, alle Entlüftungsventile schließen, den Motor starten und mehrfach die Bremse betätigen. Dann nochmals einen Entlüftungsdurchgang vornehmen.
■ Zum Schluss noch einmal alle Bremsleitungen, Entlüftungsventile (angezogen?), den Stand im Bremsflüssigkeitsbehälter und die Funktion der Bremsen bei einer (vorsichtigen) Probefahrt prüfen. Dabei einmal so stark bremsen, dass die ABS-Regelung greift.

Bremsflüssigkeit wechseln
■ Verschlussdeckel vom Bremsflüssigkeits-Vorratsbehälter abschrauben.

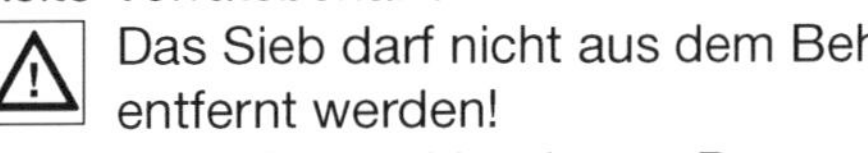
Das Sieb darf nicht aus dem Behälter entfernt werden!

■ Mit dem Saugschlauch vom Bremsenfüll- und Entlüftungsgerät so viel Bremsflüssigkeit wie möglich absaugen. Abgesaugte Bremsflüssigkeit darf nicht wiederverwendet werden.
■ Adapter (aus dem Bremsenentlüftungswerkzeug) auf den Bremsflüssigkeits-Vorratsbehälter schrauben, den richtigen Druck am Bremsenfüll- und Entlüftungsgerät einstellen (Bedienungsanleitung des Gerätes beachten) und den Befüllschlauch des Geräts an den Adapter anschließen.
■ Abdeckkappe des Entlüftungsventils am Bremssattel vorn links abziehen und Entlüfterschlauch der Auffangflasche auf das Ventil stecken, Entlüftungsventil öffnen und die entsprechende Bremsflüssigkeitsmenge (siehe folgende Tabelle) ausfließen lassen. Entlüftungsventil mit 10 Nm schließen. Abdeckkappe am Entlüftungsventil des Bremssattels vorn links wieder aufstecken.
■ Diesen Arbeitsablauf an der rechten Fahrzeugseite vorn wiederholen.
■ Schrauben Sie ggf. beide Räder an der Hinterachse ab, um nun dort an die Entlüftungsventile zu gelangen. Abdeckkappe am Entlüftungsventil des Bremssattels hinten links abziehen und Entlüfterschlauch der Auffangflasche auf das Entlüftungsventil hinten links stecken, Entlüftungsventil öffnen und die entsprechende Bremsflüssigkeitsmenge (siehe folgende Tabelle) ausfließen lassen. Entlüftungsventil mit 10 Nm schließen. Abdeckkappe am Entlüftungsventil des Bremssattels hinten links wieder aufstecken.
■ Diesen Arbeitsablauf an der rechten Fahrzeugseite hinten wiederholen.

Ausfließende Bremsflüssigkeitsmengen

Reihenfolge Entlüftungsventile	Bremsflüssigkeitsmengen
Bremssattel vorn links	0,20 Liter
Bremssattel vorn rechts	0,20 Liter
Bremssattel hinten links	0,30 Liter
Bremssattel hinten rechts	0,30 Liter
Kupplungsnehmerzylinder	0,15 Liter

Sichtprüfung Messen

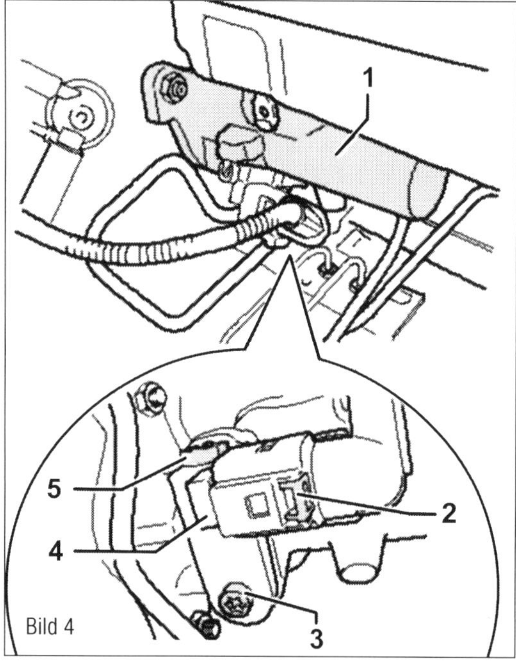
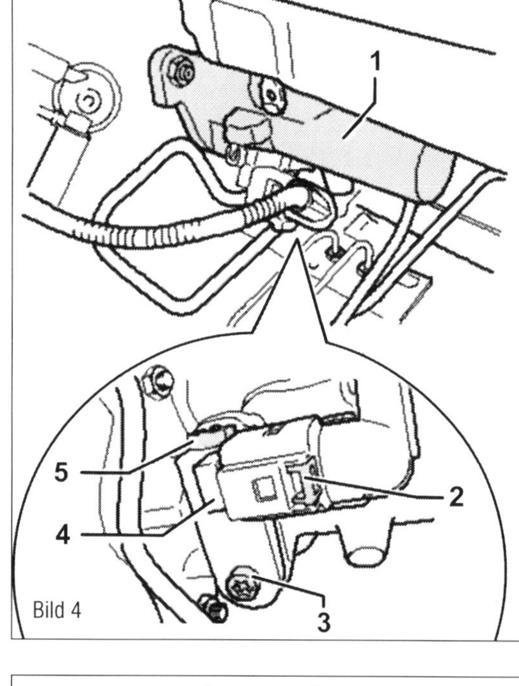

Bild 4

Bremslichtschalter.
1 Hauptbremszylinder
2 elektrische Steckverbindung
3 Schraube
4 Bremslichtschalter (Sensor)
5 Clip

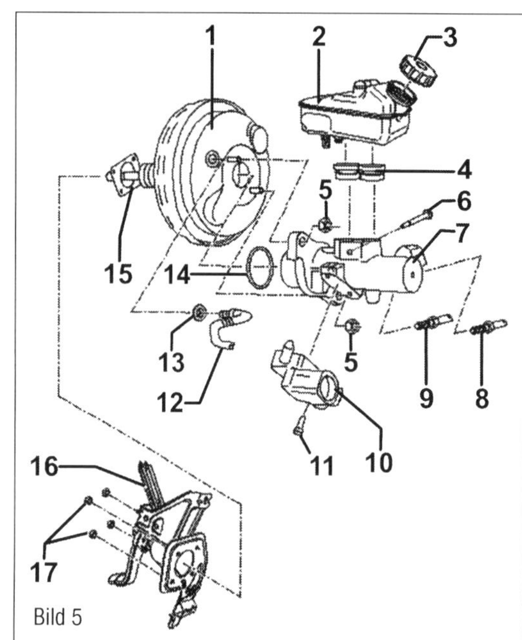

Bild 5

Hauptbremszylinder.
1 Tandembremskraftverstärker
2 Bremsflüssigkeitsbehälter
3 Verschlussdeckel
4 Dichtungsstopfen
5 Sechskantmutter
6 Sicherungsstift
7 Tandemhauptbremszylinder
8 Bremsleitung
9 Bremsleitung
10 Bremslichtschalter
11 Schraube
12 Unterdruckschlauch
13 Dichtungsstopfen
14 Dichtring
15 Dichtung
16 Bremspedal
17 Mutter

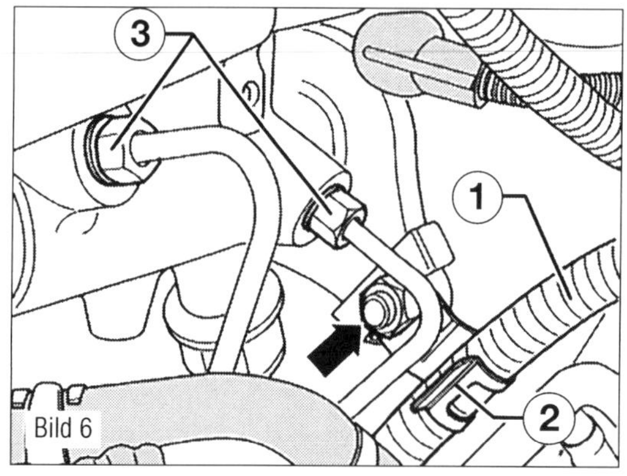

Bild 6

Hauptbremszylinder.
1 Leitung
2 Halter
3 Bremsleitung
Pfeil = Mutter

Bremslichtschalter aus- und einbauen

Beim T6 wird kein Bremslichtschalter im herkömmlichen Sinn mehr verbaut. Diese Funktion des Schalters hat der Bremslichtsensor übernommen. Er befindet sich am Hauptbremszylinder. Der Bremslichtsensor muss nicht mehr eingestellt werden.

- Entriegeln und trennen Sie die elektrische Steckverbindung (2 im Bild 4) vom Bremslichtschalter.
- Schrauben Sie die Schraube (3) aus dem Hauptbremszylinder heraus.
- Ziehen Sie den Bremslichtsensor (4) etwas vom Hauptbremszylinder (1) ab und nehmen Sie ihn oben aus dem Clip (5) heraus.

Der Einbau erfolgt sinngemäß in umgekehrter Reihenfolge.

- Achten Sie darauf zu, dass der Bremslichtsensor (4) richtig an der Kante des Hauptbremszylinders anliegt.

Hauptbremszylinder aus- und einbauen

- Radio-Codierung beachten, Batterie abklemmen, Batterieverkleidung ausbauen.
- Ausreichend nicht fasernde Lappen im Bereich des Steuergeräts und der Hydraulikeinheit legen.
- So viel Bremsflüssigkeit wie möglich mit dem Bremsen-Füll- und Entlüftungsgerät oder einer Absaugvorrichtung aus dem Bremsflüssigkeitsbehälter absaugen.
- Nachlaufschlauch für Kupplungsgeberzylinder vom Bremsflüssigkeitsbehälter abziehen und hochbinden.
- Steckverbindung vom Warnkontakt für Bremsflüssigkeitsstand abziehen.
- Leitung (1 im Bild 6) aus dem Halter (2) aushängen.
- Bremsleitungen (3) am Hauptbremszylinder abschrauben.
- Bremsleitungen mit Verschlussstopfen wie »1H0 698 311 A« verschließen.
- Mutter (Pfeil im Bild 6) vom Hauptbremszylinder abschrauben.
- Mutter (Pfeil) vom Hauptbremszylinder abschrauben.

■ Hauptbremszylinder vorsichtig aus Bremskraftverstärker entnehmen.

Der Einbau erfolgt sinngemäß in umgekehrter Reihenfolge.

Beim Zusammensetzen des Hauptbremszylinders mit dem Bremskraftverstärker auf richtigen Sitz der Druckstange im Hauptbremszylinder achten. Darauf achten, dass der Dichtring zwischen Hauptbremszylinder und Bremskraftverstärker ordnungsgemäß eingebaut ist.

■ Bremsanlage entlüften.

Nach dem Entlüften der Bremsanlage muss eine Grundeinstellung für den Geber für Bremsdruck durchgeführt werden.

■ Bei Fahrzeugen mit Schaltgetriebe den Kupplungsgeberzylinder entlüften.

■ Radio codieren.

Funktion des Bremskraftverstärkers prüfen

■ Bremspedal bei stehendem Motor mehrere Male kräftig durchtreten (dadurch wird der im Gerät vorhandene Unterdruck abgebaut).

■ Bremspedal jetzt mit mittlerer Fußkraft in Bremsstellung halten und Motor starten. Bei einem einwandfrei funktionierenden Bremskraftverstärker gibt das Bremspedal dabei unter dem Fuß spürbar nach (Verstärkung wird wirksam). Senkt sich das Pedal nicht, liegt eine Störung vor.

Diese kann in der Unterdruckversorgung (Leitung, Pumpe, Anschluss) oder am Bremskraftverstärker selbst zu finden sein. In diesem Fall muss er ersetzt werden. Reparaturen an diesem Bauteil sind nicht vorgesehen.

Bremskraftverstärker aus- und einbauen

■ Bei Fahrzeugen mit codiertem Radio die Codierung beachten, ggf. erfragen.

■ Batterie abklemme.

■ Die Batterie ausbauen.

■ Den Batterieträger ausbauen.

■ Ziehen Sie die Verkleidung (Pfeil im Bild 9) nach oben heraus.

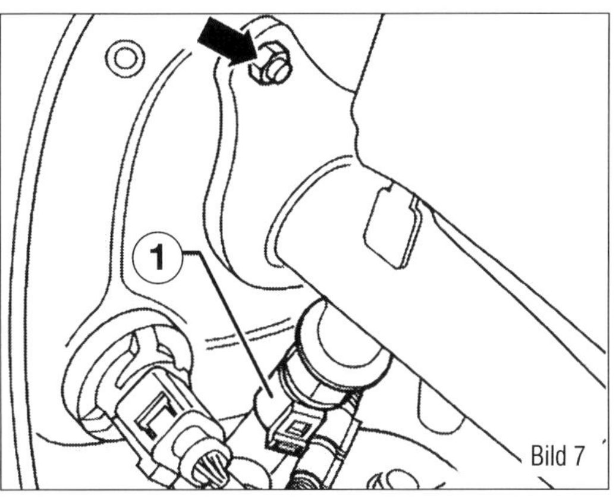
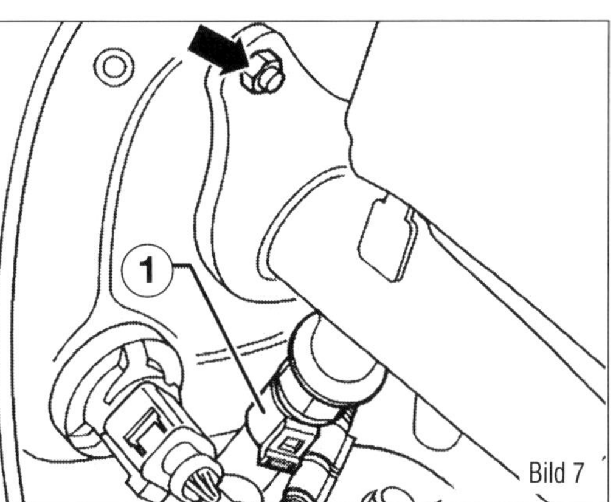

Bild 7
Hauptbremszylinder.
1 Geber Bremsdruckgeber
Pfeil = Mutter

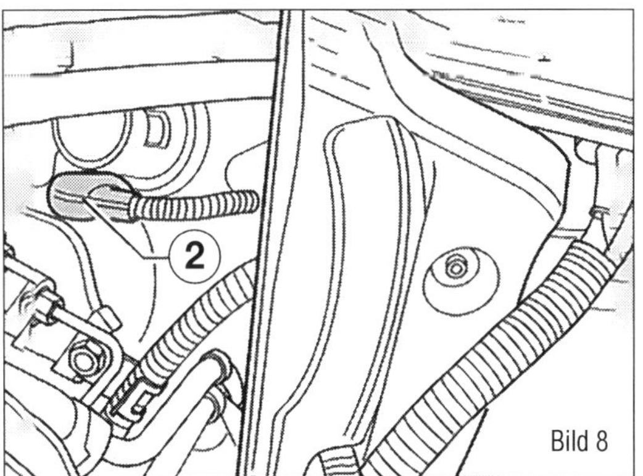

Bild 8
Mit Bremsassistent.
2 Stecker

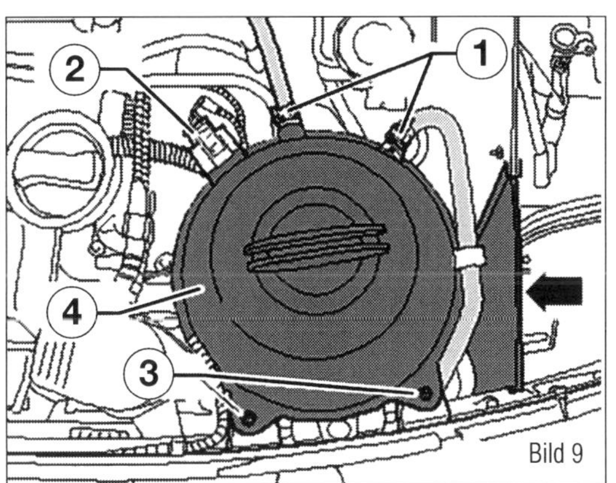

Bild 9
Ausgleichsbehälter.
1 Leitung
2 Stecker
3 Schrauben
4 Ausgleichsbehälter
Pfeil = Verkleidung

■ Bei Fahrzeugen mit Bremsassistent den Stecker (2 im Bild 9) abziehen.

Fahrzeuge mit Dieselmotor:

■ Klemmen Sie die Leitungen (1 im Bild 9) vom Ausgleichsbehälter (4) ab.

■ Stecker (2) abziehen und die Schrauben (3) herausdrehen.

■ Legen Sie den Ausgleichsbehälter (4) zur Seite ab und sichern Sie ihn gegen Verrutschen.

Fortsetzung für alle Fahrzeuge:

■ Schraube herausschrauben und Verkleidung links neben der Batterie herausnehmen.

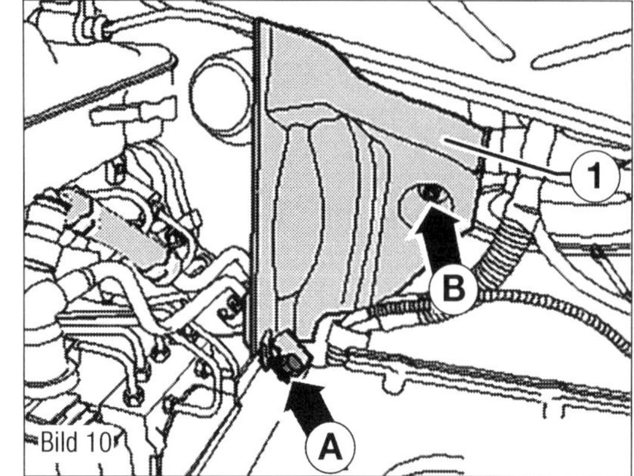

Bild 10
Abdeckung links.
1 Verkleidung
A Schraube
B Mutter

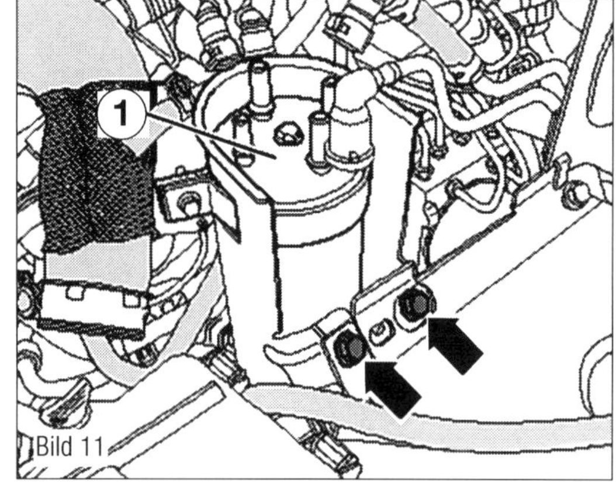

Bild 11
Dieselfilter.
1 Kraftstofffilter
Pfeile = Schrauben

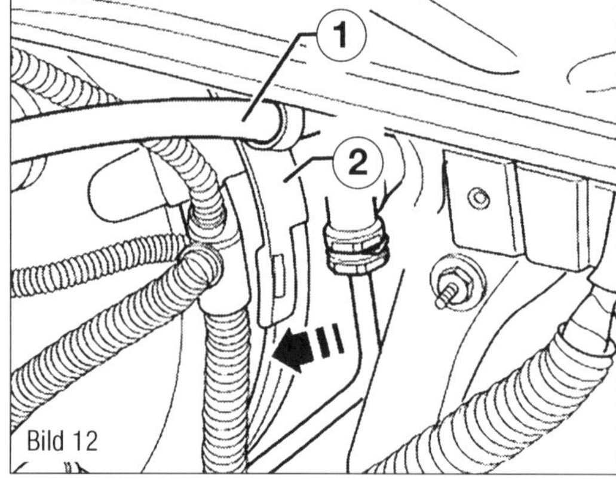

Bild 12
1 Nachlaufschlauch
2 Halter am Bremskraftverstärker

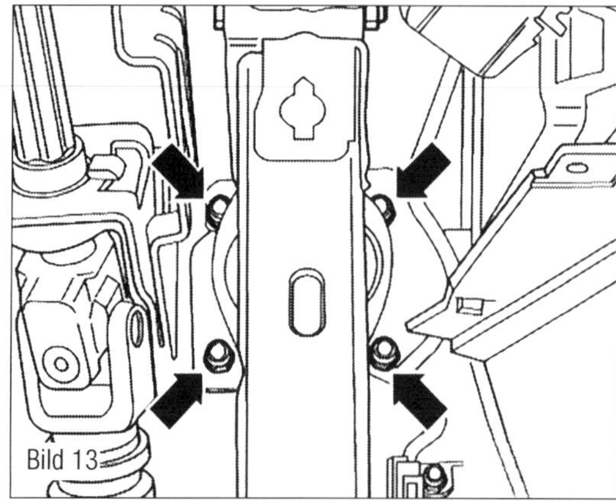

Bild 13
Pfeile = Muttern

- Batterie ausbauen Batterie aus- und einbauen.
- Schraube (Pfeil A im Bild 10) und Mutter (Pfeil B) abschrauben.
- Verkleidung (1) von Stirnwand abziehen.

Fahrzeuge mit Dieselmotor:

- Bauen Sie das Verbindungsrohr mit Verbindungsschläuchen zwischen Ladeluftkühler und Motor für Saugrohrklappe aus.
- Mutter unterhalb des Batteriegehäuses für Befestigung des Kraftstofffilters abschrauben.
- Kraftstoffleitungen vom Kraftstofffilter abziehen und zur Seite legen.
- Schrauben (Pfeile im Bild 11) herausschrauben und Kraftstofffilter herausnehmen.

Fahrzeuge mit Ottomotor:

- Trennen Sie die Kraftstoffleitungen unterhalb des Hauptbremszylinders.

Fortsetzung für alle Fahrzeuge:

- Hängen Sie den Nachlaufschlauch des Kupplungsgeberzylinders (1 im Bild 12) aus dem Halter (2) aus.
- Halter (2) an den hinteren Laschen leicht anheben und in Pfeilrichtung vom Bremskraftverstärker abziehen.
- Unterdruckschlauch vom Bremskraftverstärker trennen.
- Ziehen Sie bei Fahrzeugen mit Bremsassistent die Steckverbindung am Bremskraftverstärker ab.
- Hauptbremszylinder ausbauen.
- Bauen Sie den Halter mit Hydraulikeinheit für ABS vom Aufbau ab.
- Bremspedal vom Bremskraftverstärker trennen
- Muttern für Bremskraftverstärker (Pfeile im Bild 13) abschrauben.
- Nehmen Sie den Bremskraftverstärker vorsichtig aus dem Fahrzeug heraus.

Der Einbau erfolgt sinngemäß in umgekehrter Reihenfolge.

- Hauptbremszylinder einbauen.
- Bremspedal mit Bremskraftverstärker verclipsen.
- Den Bremslichtschalter einbauen und einstellen.
- Bremsanlage entlüften.
- Radio codieren.

Bremspedal vom Bremskraftverstärker trennen

■ Abdeckung Fahrerfußraum ausbauen.
■ Bremslichtschalter ausbauen.
■ Bremspedal zunächst in Richtung Bremskraftverstärker drücken und festhalten.
■ Entriegelungswerkzeug (T10159) einsetzen und in Richtung Fahrersitz ziehen, dabei am Bremspedal gegenhalten (Pedal darf sich in diesem Moment nicht nach hinten bewegen). Dadurch werden die Haltenasen der Aufnahme vom Kugelkopf der Druckstange abgedrückt. Bild 14 zeigt zur besseren Darstellung das Trennen des Bremspedals vom Bremskraftverstärker bei ausgebautem Fußhebelwerk.
■ Entriegelungswerkzeug (T10159) und Bremspedal gemeinsam in Richtung Fahrersitz ziehen. Das Bremspedal wird dadurch vom Kugelkopf der Druckstange abgezogen.

Der weitere Einbau erfolgt sinngemäß in umgekehrter Reihenfolge.
■ Kugelkopf der Druckstange vor die Aufnahme halten und Bremspedal in Richtung Bremskraftverstärker drücken, sodass der Kugelkopf hörbar einrastet.
■ Den Bremslichtschalter wie schon beschrieben einbauen und soweit erforderlich einstellen.

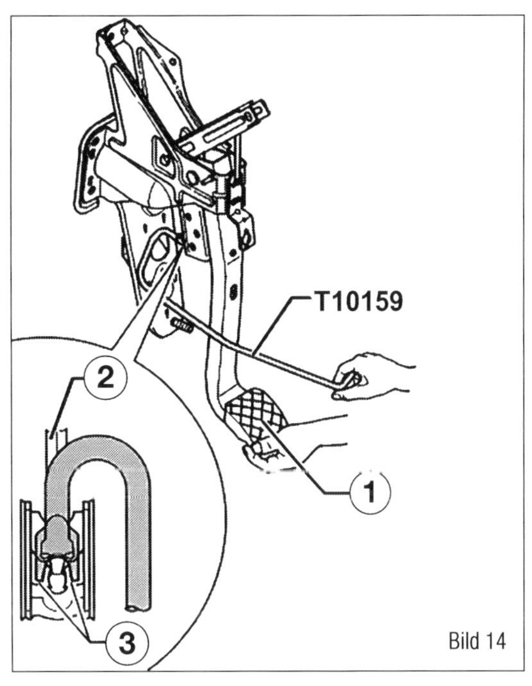
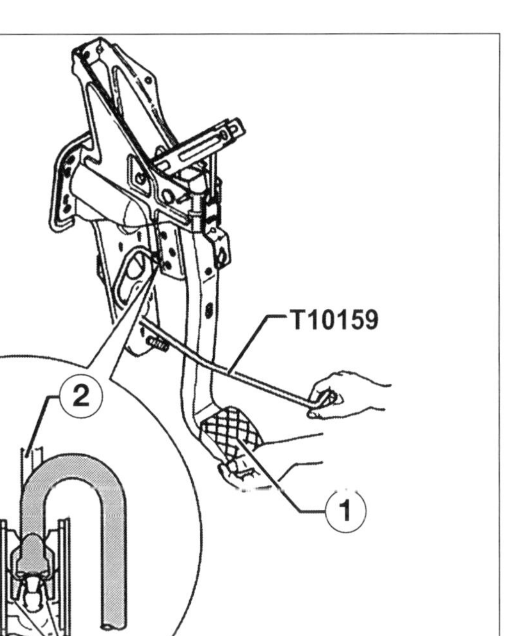

Bild 14

Bild 14
1 Bremspedal
2 Druckstange
3 Haltenasen
T10159 Entriegelungswerkzeug

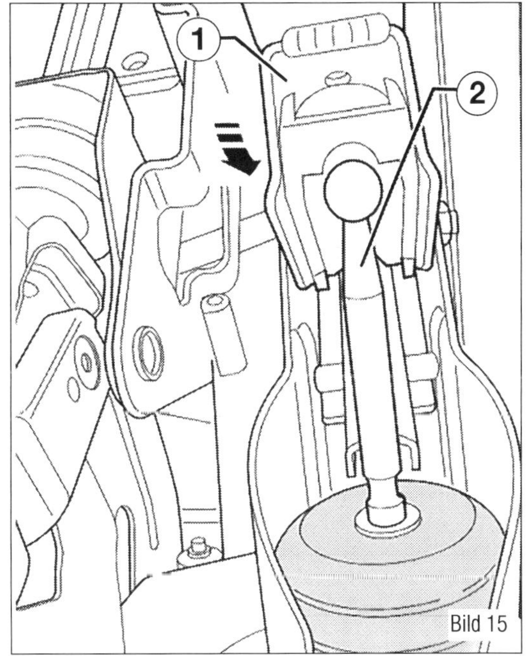

Bild 15

Bild 15
1 Bremspedal
2 Kugelkopf
Pfeilrichtung zum Bremskraftverstärker

Bremspedal aus- und einbauen

■ Bremspedal vom Bremskraftverstärker trennen.
■ Muttern für Bremskraftverstärker (5 im Bild 16) abschrauben.
■ Ziehen Sie den Bremskraftverstärker vom Motorraum aus ca. 1 cm von der Stirnwand ab.

 Achten Sie darauf, dass die Bremsleitungen nicht beschädigt werden.

■ Mutter (3) abschrauben und den Bolzen für Bremspedal nach links herausschieben.
■ Bremspedal entnehmen.

Achten Sie darauf, dass die Kolbenstange des Bremskraftverstärkers immer gerade bleibt.

■ Lassen Sie den Bremskraftverstärker von einem 2. Mechaniker in den Motorraum ziehen, um das Bremspedal herauszunehmen.

Montage:
■ Bremspedal in Pedalbock einsetzen, Bolzen von links einsetzen und mit Mutter verschrauben. Achten Sie darauf, dass die Kolbenstange des Bremskraftverstärkers immer gerade bleibt. Lassen Sie den Bremskraftverstärker von einem 2. Me-

Bild 16
Bremspedal.
1 Lagerbock
2 Mutter
3 Mutter
4 Bremslichtschalter
5 Mutter
6 Bremspedal
7 Lagerschale
8 Aufnahme
9 Passschraube
10 Stirnwand

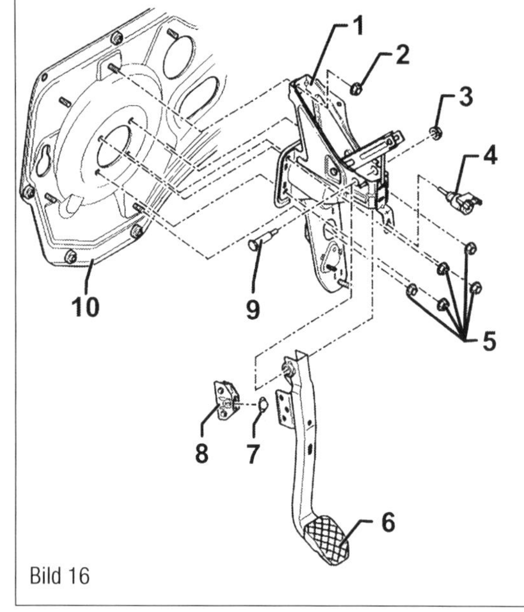

Bild 16

Bild 17
Scheibenbremse.
1 Bremssattel
2 Bremsbelag
3 Bremsscheibe
4 Bremskolben

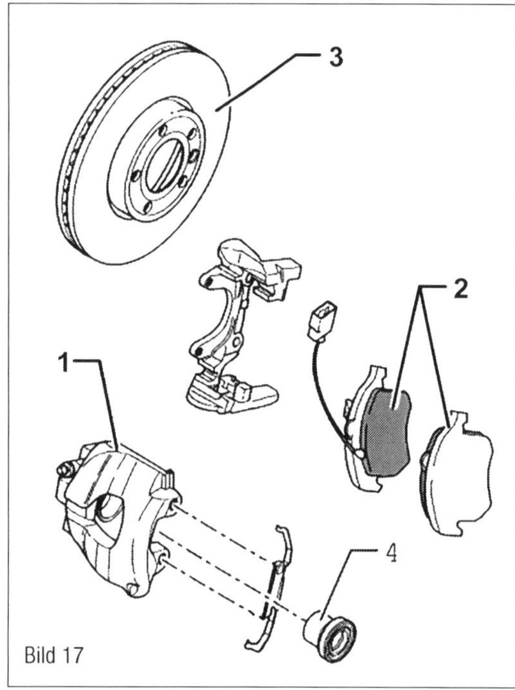

Bild 17

chaniker in den Motorraum ziehen, um das Bremspedal einzusetzen.

■ Bremskraftverstärker mit Muttern (5 im Bild 16) verschrauben.

■ Bremspedal mit Bremskraftverstärker verclipsen.

■ Den Bremslichtschalter einbauen und einstellen.

Der weitere Einbau erfolgt sinngemäß in umgekehrter Reihenfolge.

Bremsscheiben und Beläge

Die nachfolgenden Abmessungen sind zur Beurteilung des Verschleißes der Bremsanlage erforderlich.

Maße an den Vorderradbremsen FN 3

Pos.	PR-Nr.	2E3
1	Bremssattel	FN3 (16")
2	Bremsbelag, Dicke (mm)	12,5
3	Bremsscheibe (Ø in mm)	308
	Bremsscheibe, Dicke (mm)	29,5
4	Bremssattel, Kolben (Ø in mm)	60
Pos.	**PR-Nr.**	**2E4**
1	Bremssattel	2FNR
2	Bremsbelag, Dicke (mm)	12,0
3	Bremsscheibe (Ø in mm)	340
	Bremsscheibe, Dicke (mm)	32,5
4	Bremssattel, Kolben (Ø in mm)	2 x 44

Maße an den Hinterradbremsen 16 und 17"

Pos.	PR-Nr.	OWR
1	Bremsbelag, Dicke (mm)	11,5
2	Bremsscheibe (Ø in mm)	294
	Bremsscheibe, Dicke (mm)	22
3	Bremssattel, Kolben (Ø in mm)	41

Bremsbelagdicke und Bremsscheiben prüfen

Bremsbeläge vorn:

■ Zur besseren Beurteilung der Restbelagdicke einen Prüfspiegel benutzen und das Rad auf der Seite abnehmen, auf der die Bremsbelagverschleißanzeige verbaut ist, ggf. Radschraubenkappen abziehen und die Stellung des Rades zur Bremsscheibe kennzeichnen.

■ Radschrauben herausdrehen und Rad abnehmen.

■ Dicke des äußeren und inneren Belages messen. Bei der Belagdicke 2 mm ohne Rückenplatte haben die Bremsbeläge ihre Verschleißgrenze erreicht und sind zu ersetzen (siehe Tabelle).

■ Rad in der gekennzeichneten Position wieder anschrauben. Radbefestigungsschrauben über Kreuz mit 120 Nm anziehen, ggf. Radschrauben kappen aufstecken.

Bremsbeläge hinten:

Mit einer Taschenlampe durch einen Durchbruch in der Felge leuchten.

Dicke des äußeren Belages durch Sichtprüfung ermitteln. Mit einer Taschenlampe inneren Belag anleuchten und Spiegel anhalten. Dicke des inneren Belages durch Sichtprüfung ermitteln. Auch diese Bremsbeläge haben bei einer Dicke von 2 mm ohne Rückenplatte ihre Verschleißgrenze erreicht und sind zu ersetzen.

■ Die Bremssysteme mit innen liegender Trommelbremse müssen zur Kontrolle der Beläge für die Handbremse zerlegt werden.

Bremsscheiben prüfen:

Wenn die Scheibenbremsbeläge ersetzt werden müssen, sind unbedingt auch die Bremsscheiben auf Verschleiß zu prüfen. Fehlerbilder sind: Risse, Riefen, Rost und Grat am Bremsscheibenrand.

■ Ggf. Bremsscheiben ersetzen (grundsätzlich achsweise).

Vorderradbremse

Bremsbeläge vorne wechseln

Weiter zu verwendende Bremsbeläge beim Ausbau kennzeichnen. Die Beläge an gleicher Stelle wieder einbauen, sonst kann ungleichmäßige Bremswirkung entstehen! Die Montagearbeit unterscheidet sich für die unterschiedlichen Bremssysteme nur unwesentlich.

■ Räder abbauen.

■ Haltefeder so weit in Pfeilrichtung (A im Bild 19) drücken, bis man diese aus der Bohrung in Pfeilrichtung (B) drücken kann.

■ Haltefeder so weit entspannen, bis man diese aus der oberen Bohrung herausnehmen kann.

■ Abdeckkappen (15 im Bild 18) abnehmen.

■ Steckverbindung für die Verschleißanzeige aus dem Halter am Bremssattel herausschieben.

■ Steckverbindung der Verschleißanzeige trennen.

■ Kabel aus dem Halter herausnehmen.

■ Beide Führungsbolzen (14) aus dem Bremssattel ausschrauben und herausnehmen.

■ Bremssattel abnehmen und so mit Draht befestigen, dass das Gewicht des Bremssattels den Bremsschlauch nicht belastet bzw. beschädigt.

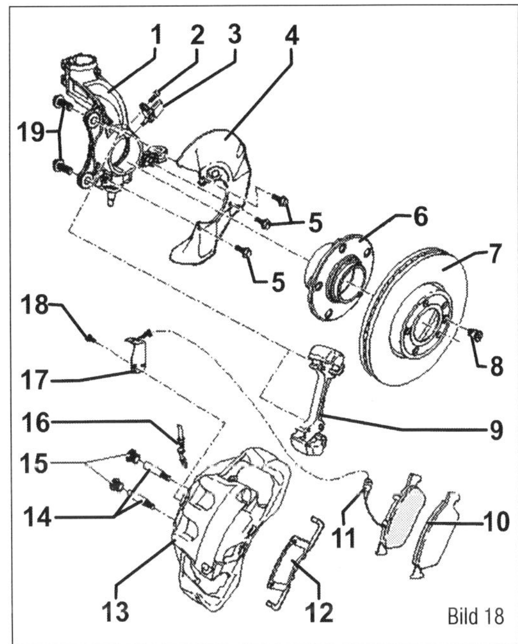

Bild 18

Bild 18
Bremse vorne (2FNR44).
1 Radlagergehäuse
2 Schraube
3 ABS-Drehzahlfühler
4 Abdeckblech
5 Schraube
6 Radlagereinheit
7 Bremsscheibe
8 Schraube
9 Bremsträger
10 Bremsbeläge
11 Steckverbindung
12 Haltefeder
13 Bremssattel
14 Führungsbolzen
15 Abdeckkappen
16 Bremsschlauch/Bremsleitung
17 Halter
18 Schraube
19 Schraube

■ Bremsbeläge herausnehmen.

Der Einbau erfolgt sinngemäß in umgekehrter Reihenfolge.

■ Für das Reinigen des Bremssattels ist ausschließlich Spiritus zu verwenden.

■ Vor Einsetzen neuer Bremsbeläge Kolben mit Kolbenrücksetzvorrichtung (1 im Bild 21) in den Zylinder drücken.

Vor dem Zurückdrücken mit einer Entlüfterflasche Bremsflüssigkeit aus dem Bremsflüssigkeitsbehälter absaugen. Sonst kann (wenn zwischenzeitlich Bremsflüssigkeit nachgefüllt wurde) Bremsflüssigkeit auslaufen und zu Schäden führen.

■ Kolben zurückdrücken.

■ Nach jedem Belagwechsel Bremspedal im Stand mehrmals kräftig durchtreten, da-

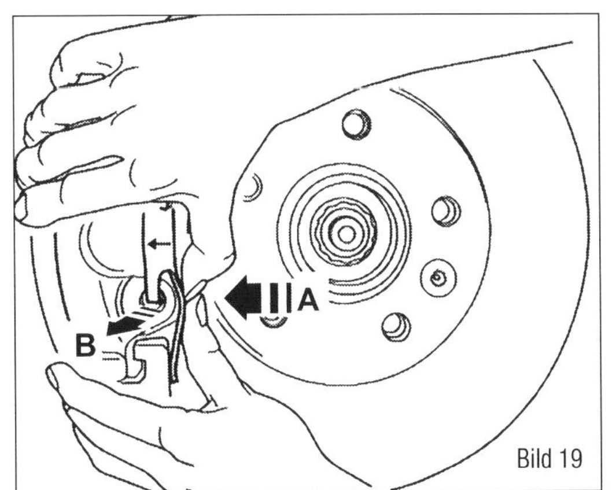

Bild 19

Bild 19
FN3-Sattel: In Pfeilrichtung A aus der unteren Bohrung herausdrücken. In Pfeilrichtung B schwenken und aus der oberen Bohrung herausnehmen.

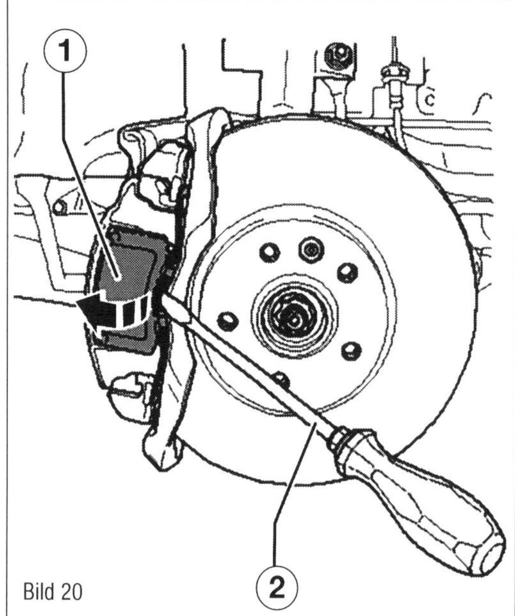

Bild 20

Bild 20
2FNR 44-Sattel.
1 Haltebügel
2 Schraubendreher
Pfeil = Bewegungsrichtung zum Ausschwenken

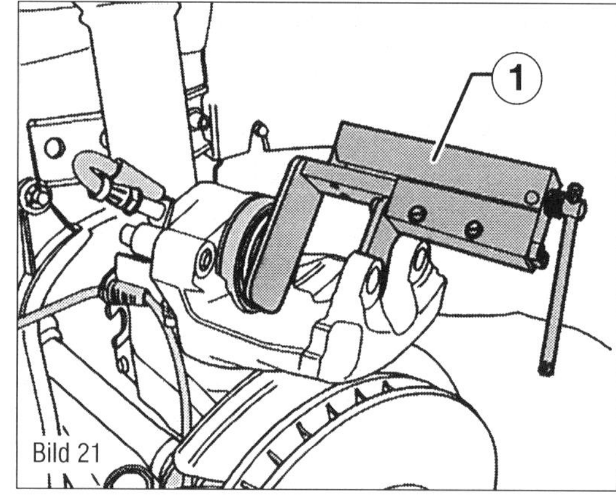

Bild 21

Bild 21
Kolben zurückstellen.
1 Kolbenrücksetzvorrichtung

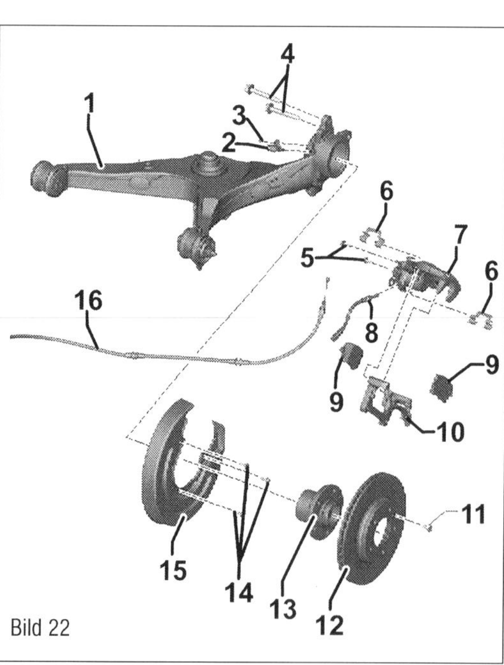

Bild 22

Bild 22
Bremse hinten Scheibenbremsversion.
1 Achslenker
2 Drehzahlfühler hinten
3 Schraube
4 Schrauben
5 Schrauben
6 Belaghaltebleche
7 Bremssattel
8 Bremsschlauch/Bremsleitung
9 Bremsbeläge
10 Bremsträger
11 Schraube
12 Bremsscheibe
13 Radlagereinheit
14 Schrauben
15 Abdeckblech
16 Handbremsseil hinten

mit die Bremsbeläge ihren dem Betriebszustand entsprechenden Sitz einnehmen.
- Nach dem Bremsbelagwechsel den Bremsflüssigkeitsstand prüfen.

Hinterradbremse

Bremsbeläge hinten wechseln, Scheibenbremse
Weiterzuverwendende Bremsbeläge beim Ausbau kennzeichnen. Die Beläge an gleicher Stelle wieder einbauen, sonst kann ungleichmäßige Bremswirkung entstehen!

- Räder abbauen.
- Stecker für Bremsbelagverschleißanzeige (nur auf der rechten Fahrzeugseite) um 90° drehen und aus Blechhalter herausziehen.
- Trennen Sie die Steckverbindung für Bremsbelagverschleißanzeige.
- Handbremsseil (16 im Bild 22) aus der Halterung des Bremssattels aushängen.
- Befestigungsschrauben (5) vom Bremssattel abschrauben.
- Bremssattel abnehmen und so mit Draht befestigen, dass das Gewicht des Bremssattels den Bremsschlauch nicht belastet bzw. beschädigt.
- Bremsbeläge (9) abnehmen. Für das Reinigen des Bremssattels ist ausschließlich Spiritus zu verwenden.

Der Einbau erfolgt sinngemäß in umgekehrter Reihenfolge.
Vor Zurückstellen der Kolben etwas Bremsflüssigkeit aus dem Bremsflüssigkeitsbehälter absaugen.
- Kolben durch Rechtsdrehen am Rändelrad einschrauben, dabei Schutzkappe nicht beschädigen.
- Rückstellwerkzeug (T10165 im Bild 23) so einsetzen, dass der Bund (Pfeil) des Werkzeugs am Bremssattel anliegt.
- Bremsbeläge einsetzen.
- Achten Sie darauf, dass die Bremsbeläge in den Belaghalteblechen sitzen.

Bremsseil vorn aus- und einbauen

- Handbremse anziehen.
- Mit einem Schraubendreher die Befestigungslasche (Pfeil im Bild 25) für die

Verkleidung Handbremshebel vorsichtig nach außen drücken.

■ Verkleidung vom Handbremshebel nach vorn abziehen.

■ Handbremse lösen.

■ Verkleidung für Konsole abziehen.

■ Einstellmutter (4 im Bild 26) vom Zugseil abschrauben.

■ Fahrzeug anheben.

■ Rückzugsfeder (11) am Unterboden und am Federhalter (12) aushängen.

■ Federhalter (12) abschrauben.

■ Mutter (13) vom Zugseil abschrauben.

■ Zugseil (6) aus dem Halter herausdrücken.

■ Zugseil (6) aus dem Halter in Fahrtrichtung und dann aus dem Unterboden herausziehen.

Montage:

■ Zugseil durch den Unterboden in den Innenraum führen.

■ Zugseil (1 im Bild 27) in den Halter (3) einsetzen.

■ Zugseil (1) in den Halter (2) einsetzen.

■ Zugseil mit der Einstellmutter (4 im Bild 26) am Handbremshebel fixieren.

■ Mutter (13) an das Zugseilseil schrauben.

■ Federhalter (12) anschrauben.

■ Rückzugsfeder (11) am Unterboden und am Federhalter (10) einhängen.

■ Verkleidung für Konsole einsetzen.

■ Handbremse einstellen.

■ Verkleidung Handbremshebel aufstecken.

Bremsseil einstellen

Die Einstellung ist bei Ersatz des Zugseils, der Handbremsseile, der Bremssättel, des Bremsbelags, der Bremsscheiben und bei durchhängenden Seilen erforderlich. Die Einstellung ist nicht zum Verringern des Handbremshebelwegs geeignet. Der Bremssattel muss bei gelöster Bremse das ausgewiesene Lüftspiel aufweisen.

■ Fußbremse mindestens 3 Mal kräftig betätigen.

■ Handbremse 3 Mal fest anziehen und anschließend wieder lösen. Der Handbremshebel muss unterhalb der ersten Raste selbsttätig in die Ruhestellung zurückgehen.

■ Die Nachstellmutter (4 im Bild 26) so weit anziehen, bis sich die Hebel an den Bremssätteln vom Anschlag abheben.

■ Der Abstand (a im Bild 28) des Hebels

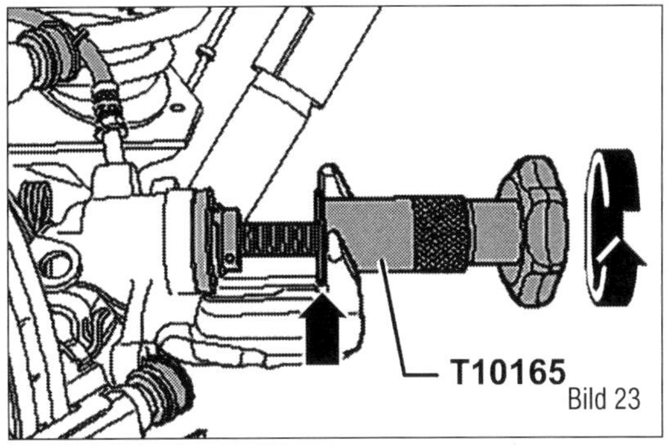

Bild 23

Bild 23
Bremse hinten Kolbenrückstellung. Kolben durch Rechtsdrehen am Rändelrad einschrauben.
T10165 Rückstellwerkzeug
Pfeil = Bund des Werkzeugs

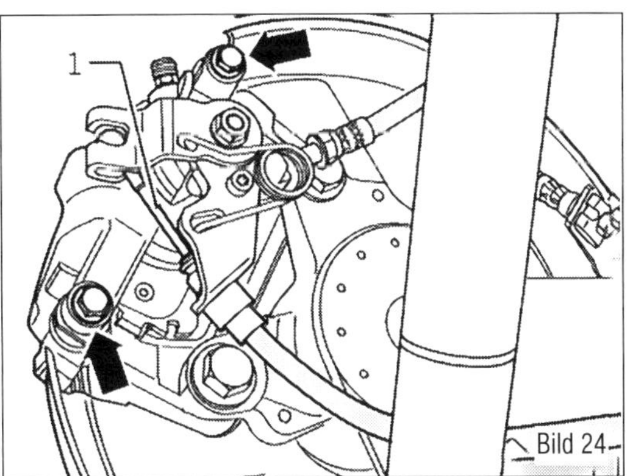

Bild 24

Bild 24
Bremse hinten.
1 Bremsseil hinten
Pfeile = Befestigungsschrauben Bremssattel

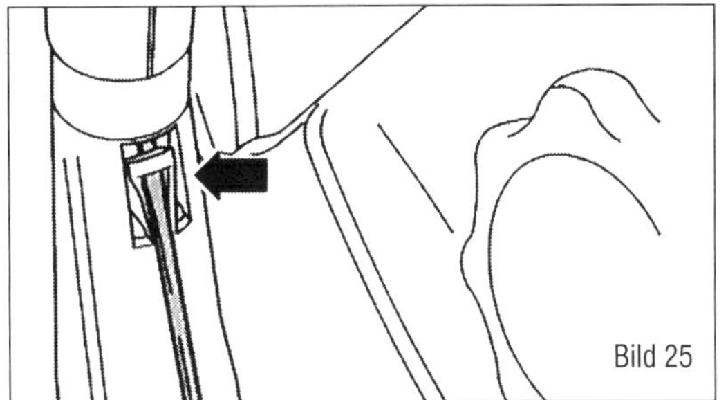
Bild 25

Bild 25
Verkleidung Handbremse.
Pfeil = Befestigungslasche

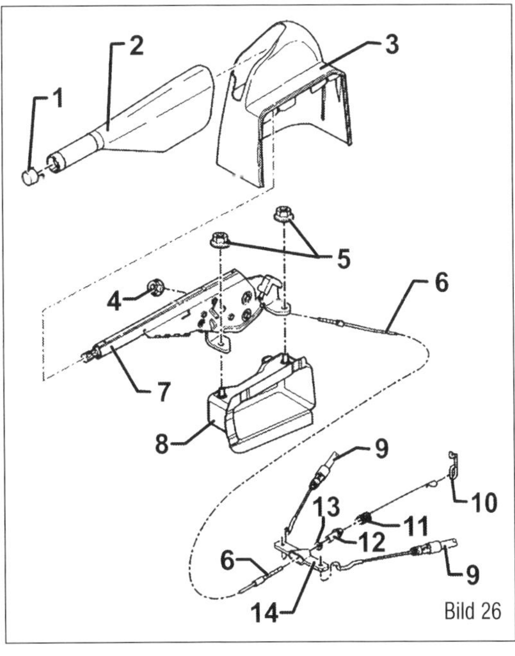

Bild 26

Bild 26
Handbremse.
1 Druckknopf
2 Verkleidung für Handbremshebel
3 Verkleidung für Konsole
4 Mutter
5 Mutter
6 Zugseil
7 Handbremshebel
8 Konsole
9 Handbremsseil
10 Halter
11 Rückzugfeder
12 Federhalter
13 Nachstellmutter
14 Ausgleichselement

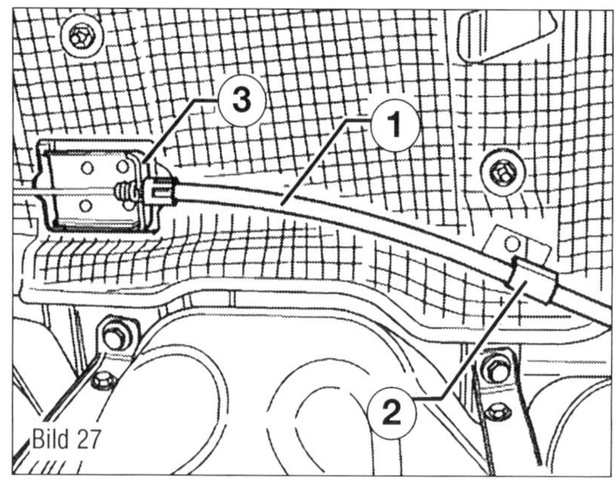

Bild 27
Bremsseil vorne.
1 Zugseil
2 Halter
3 Halter

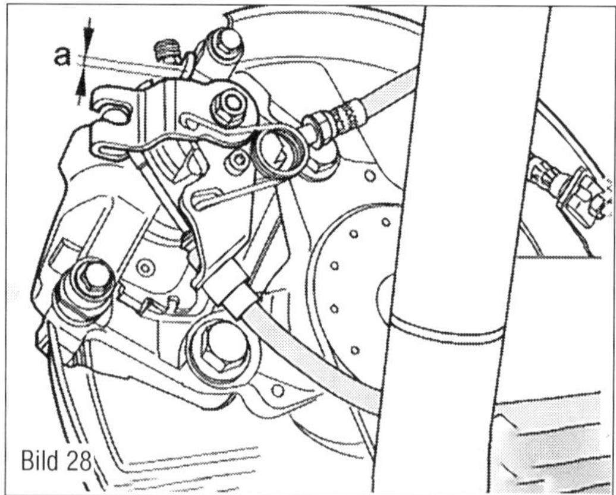

Bild 28
Bremssattel hinten: Lüftspiel (a).

vom Anschlag darf in der Summe beider Fahrzeugseiten 2 mm nicht überschreiten.

- Räder auf freies Durchdrehen prüfen.

Bremsseil hinten aus- und einbauen

- Handbremse lösen.
- Fahrzeug anheben.
- Rückzugsfeder (11 im Bild 26) am Unterboden und am Federhalter (10) aushängen.
- Federhalter (10) abschrauben.
- Mutter (13) vom Zugseil abschrauben.
- Ausgleichsbügel vom Zugseil abziehen.
- Handbremsseil (6) aus dem Ausgleichsbügel (14) aushängen.

Kombinierter Bremssattel:

- Handbremsseil (1 im Bild 29) aus der Halterung des Bremssattels aushängen.
- Handbremsseil aus den Haltern am Achslenker aushängen.
- Nasen am Handbremsseil (Pfeil im Bild 31) zusammendrücken und nach hinten aus dem Seilzugwiderlager schieben.

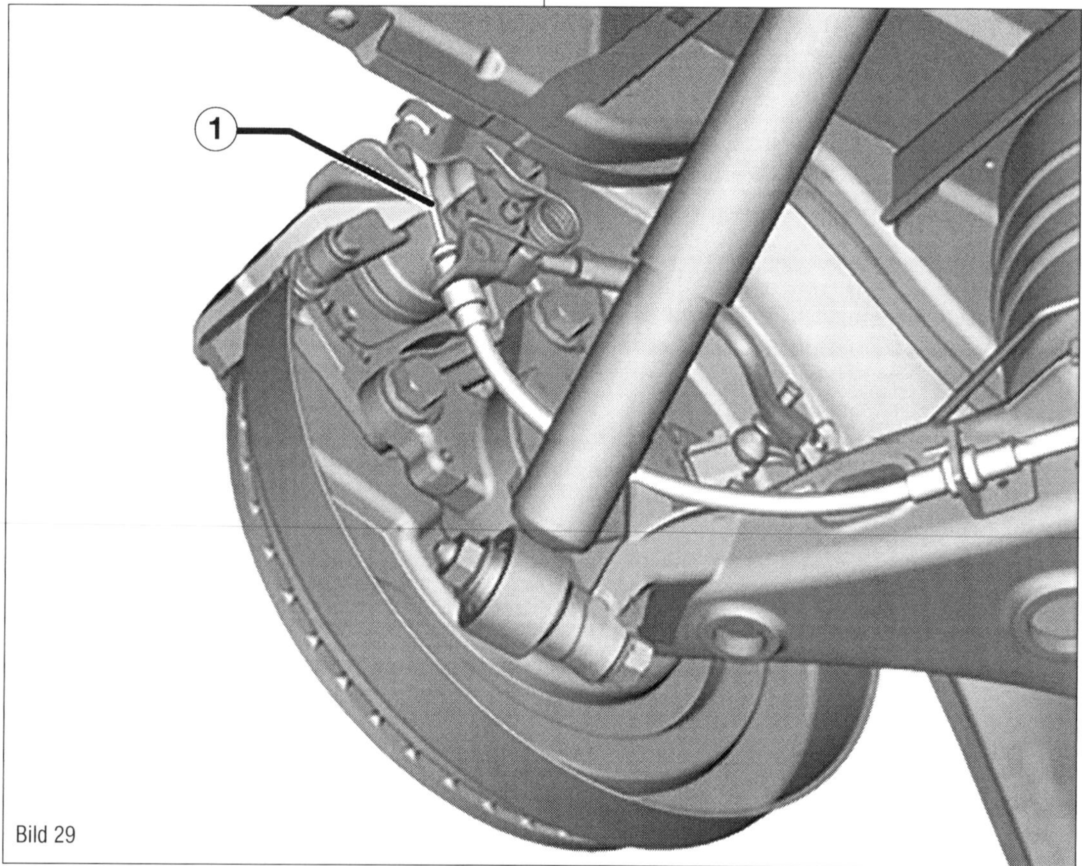

Bild 29
Handbremse im Kombinierten Bremssattel.
1 Handbremsseil

■ Handbremsseil aus dem Ausgleichsbügel herausziehen.
■ Handbremsseil (6 im Bild 26) aus dem Ausgleichsbügel (14) aushängen.

Montage:
■ Handbremsseil durch das Seilzugwiderlager führen und in das Ausgleichselement einhängen.
■ Handbremsseil am Unterboden (Bild 31) richtig verrasten.
■ Handbremsseil in die Halterungen am Achslenker einhängen.

Kombinierter Bremssattel:
■ Handbremsseil am Bremssattel anbauen.
■ Handbremsseil in den Ausgleichsbügel (14 im Bild 26) einhängen.

Bremstrommel in der Bremsscheibe:
■ Handbremsseil in die Bremstrommel einsetzen, dabei muss der Bremsseilnippel des Handbremsseils spürbar im Spreizschloss einrasten.

■ Ausgleichsbügel auf das Zugseil aufstecken.
■ Mutter (Pfeil im Bild 30) vom Zugseil anschrauben.
■ Federhalter an Zugseil anschrauben.

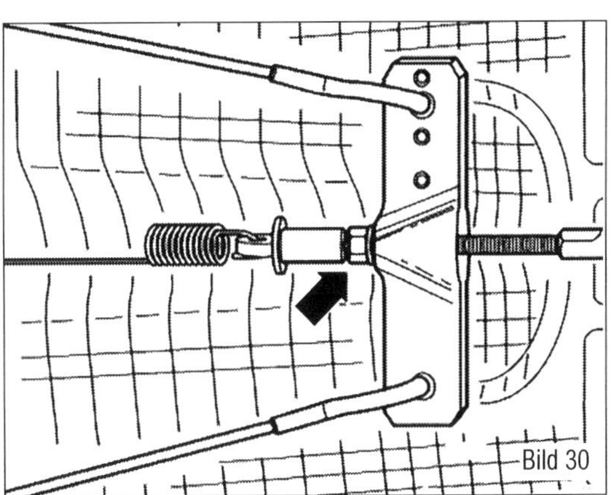

Bild 30
Handbremsseil.
Pfeil = Verstellmutter

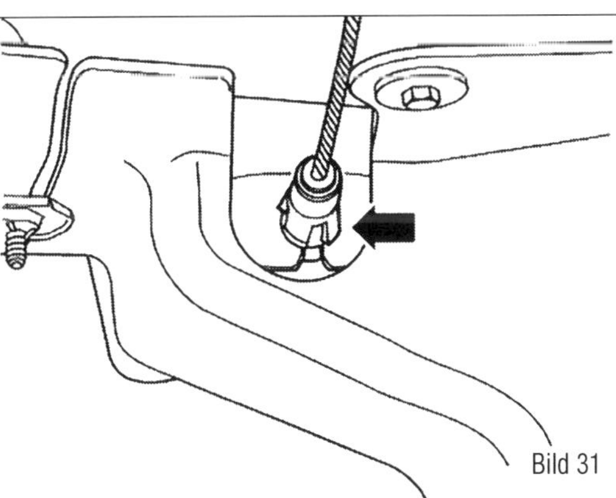

Bild 31
Handbremsseil.
Pfeil = Nasen am Handbremsseil

■ Rückzugsfeder (11 im Bild 26) am Unterboden und am Federhalter einhängen.
■ Handbremse einstellen.

14 Elektrische Anlage

Schon im Stand, aber erst recht während der Fahrt benötigt der T6 elektrischen Strom. Motorsteuerung, Lenkung und Kraftstoffeinspritzung müssen mit Elektroenergie versorgt werden. Alle weiteren unbedingt erforderlichen oder für die Sicherheit und Bequemlichkeit eingebauten automatischen Systeme sowie natürlich die gesamte Lichtanlage sind ohne elektrische Energie arbeitsunfähig. Viele Störungen und Funktionsprüfungen gerade in diesem Bereich gehören, ähnlich wie bei anderen Baugruppen, in die Fachwerkstatt. Denn zum genauen Erkennen und Beseitigen der Mängel muss häufig das auch in anderen Kapiteln schon mehrfach erwähnte Fahrzeugdiagnosegerät (VAS 505x, VCDS, Auto-aid) angeschlossen und der Fehlerspeicher abgefragt werden. Der Diagnoseanschluss im Fahrzeug (Steckkontakt für das Werkstattsystem) befindet sich, wie inzwischen international festgelegt, im Fußraum Fahrerseite über dem Bremspedal. Nun sind die meisten Innovationen im Kraftfahrzeug heute zwar von immer komplizierterer Elektronik geprägt, Reparaturen an der elektrischen Anlage sind aber durchaus nicht in jedem Fall von ihr verursacht. Oft sitzt nur ein Kabel lose, sind Sicherungen durchgebrannt oder Kontakte korrodiert, oder messtechnisch zu ermittelnde Bauteile sind defekt. Nicht wenige Störungen an der Elektrik lassen sich mit einfachen Mitteln beheben. Natürlich muss man sich etwas auskennen und die Grundbegriffe verstehen.

Arbeiten an der Spannungsversorgung

Zu allererst haben wir es im T6 noch immer mit elektrischen Bauteilen zu tun, die schon die gesamte Entwicklungsgeschichte des Automobils begleiten: Batterie, Anlasser (Starter) und Lichtmaschine (Drehstromgenerator). Sie sind zusammen für die Arbeitsaufnahme des Motors verantwortlich. Um seine Aufgabe zu erfüllen, ist jedes dieser drei Bauteile auf das andere angewiesen. Wir wenden uns hauptsächlich ihnen zu.

Batterie

Batterie an- und abklemmen

Auf das Prüfen (Sichtprüfung, Batterietester) und Laden sowie auf Warnhinweise und allgemeine Sicherheitsregeln bei Arbeiten an der Batterie (Kennzeichnungen auf der Batterie selbst) gehen wir in diesem Ratgeber nur begrenzt ein. Sie sind ausführlich in der Bedienungsanleitung des Fahrzeugs behandelt.
Um Beschädigungen der Batteriepolklemmen und der Batteriepole zu vermeiden, schreibt VW vor:

- Die Batteriepolklemmen dürfen nur gewaltfrei von Hand aufgesteckt werden.
- Die Batteriepole dürfen nicht gefettet werden.
- Die Batteriepolklemmen sind so zu montieren, dass der Batteriepol bündig mit der Klemme abschließt oder aus ihr herausragt.
- Nach dem Anziehen der Batteriepolklemmen mit dem vorgeschriebenen Anzugsdrehmoment von 6 Nm dürfen die Verschraubungen nicht nochmals nachgezogen werden.
- Durch das Abschrauben der Batterie-Minuspolklemme (Stromunterbrechung) wird das sichere Arbeiten an der elektrischen Anlage gewährleistet. Das Abschrauben der Batterie-Pluspolklemme ist nur für den Ausbau der Batterie erforderlich. In jedem Fall müssen die Hinweise zum Anklemmen der Batterie beachtet werden.

Abklemmen:

- Zündung und alle elektrischen Verbraucher ausschalten, Zündschlüssel abziehen.
- Bei Fahrzeugen mit Batteriekasten die Verriegelung an der linken Kastenseite öffnen und den Deckel abnehmen.
- Bei Fahrzeugen mit Batterieschutzhülle die Abdecklasche der Schutzhülle öffnen.
- Die Befestigungsmutter Batteriepolklemme Masseleitung lösen und die Minuspolklemme von der Batterie abnehmen.

⚠ Falls, wie beim Batterieausbau, die Pluspolklemme auch abgenommen wird: Immer zuerst die Minusklemme abnehmen!

- Die Batterie-Masseleitung darf karosserieseitig nicht gelöst werden.

Anklemmen:

■ Die Batteriepolklemme Masseleitung in der richtigen Stellung auf den Minuspol der Batterie stecken und die Befestigungsmutter mit 6 Nm anziehen. Dabei auf festen Sitz der Batterieklemme achten.

Falls (wie beim Batterieausbau) die Pluspolklemme auch abgenommen wird: Immer zuerst die Pluspolklemme wieder anklemmen! Erst danach die Masseleitung wie beschrieben anklemmen.

Nach Anklemmen der Batterie und Einschalten der Zündung leuchtet die Kontrollleuchte für ESP und ASR dauerhaft. Die Kontrollleuchte erlischt automatisch, wenn mit 15 bis 20 km/h eine Wegstrecke geradeaus gefahren wird. Dadurch wird der Geber für Lenkwinkel wieder aktiviert.

Arbeitsschritte nach Anklemmen der Batterie

■ Zündung mit dem Zündschlüssel einschalten und wieder ausschalten.

■ Fehlerspeicher auslesen: »Geführte Fehlersuche« mit dem Fahrzeugdiagnosegerät.

■ Uhrzeiteinstellung prüfen, ggf. nach Bedienungsanleitung neu einstellen.

■ Zündung einschalten und mit Fensterheberschalter alle Fenster bis Endanschlag öffnen und wieder vollständig schließen.

■ Die Taster für die Fensterheber nach oben ziehen und mindestens eine Sekunde lang in dieser Stellung halten.

■ Anschließend bei geschlossenen Fenstern den Fensterheberschalter ziehen, bis das Relais hörbar schaltet.

■ Die Komfortschaltung der Fensterheber prüfen: Das Fenster muss bei betätigter Komfortschaltung ohne Halten des Schalters schließen.

■ Alle elektrischen Verbraucher auf Funktion prüfen.

Batterie aus- und einbauen

■ Batterie wie beschrieben abklemmen.

■ Je nach Ausstattung entweder die Wand des Batteriekastens oder die Vliestasche nach oben von der Batterie abziehen.

■ Die Befestigungsschraube abschrauben und den Befestigungsbügel herausnehmen.

■ Die Griffe nach oben klappen und die Batterie herausnehmen.

Der Einbau erfolgt sinngemäß in umgekehrter Reihenfolge.

Batterie anklemmen:

■ Die Schraubverbindungen mit den geforderten Anzugsdrehmomenten anziehen: Muttern an den Polklemmen 6 Nm, M8-Schraube am Klemmbügel 35 Nm.

■ Batterie nach dem Einbau auf festen Sitz prüfen.

Bei einer lose montierten Batterie bestehen folgende Gefahren: verkürzte Lebensdauer durch Rüttelschäden (Explosionsgefahr!), Schädigung der Gitterplatten, Beschädigung des Batteriegehäuses durch den Befestigungsbügel (möglicher Säureaustritt, hohe Folgekosten) und mangelhafte Crash-Sicherheit.

Anlasser (Starter) aus- und einbauen

Der Arbeitsablauf unterscheidet sich für die unterschiedlichen Motorvarianten kaum voneinander. Wir stellen Ihnen im Rahmen dieses Buches eine allgemeingültige Anweisung zur Verfügung, die sich allerdings in kleinen Nuancen unterscheiden kann. Der Aus- und Einbau des Anlassers erfolgt von der Unterseite des Fahrzeugs aus.

Aufgrund der höheren Anforderung an den Anlasser bei aktivem Start-Stopp-System, z. B. im Stadtverkehr, wurde die Zyklenfestigkeit erhöht und der Anlasser-

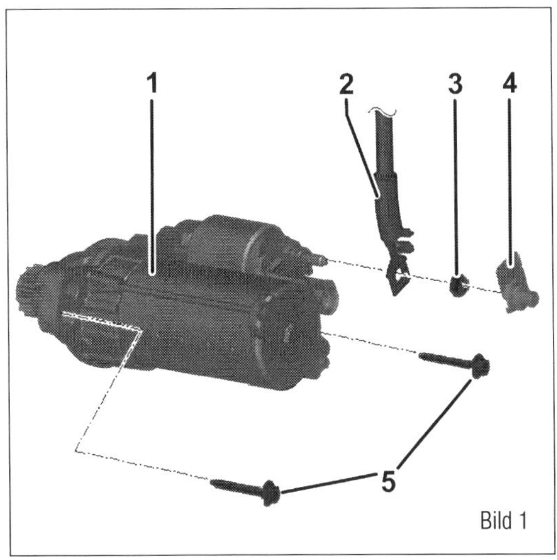

Bild 1
Starter (Anlasser).
1 Anlasser
2 Anschluss B+
3 Befestigungsmutter B+
4 Abschirmkappe
5 Befestigungsschrauben Anlasser

zahnkranz verstärkt. Beim Ersatz des Anlassers ist auf die korrekten Ersatzteilbezeichnungen zu achten. Die für das Start-Stopp-System angepassten Bauteile sind nicht extra gekennzeichnet und unterscheiden sich äußerlich nicht oder kaum von herkömmlichen Bauteilen.

■ Batterie abklemmen.
■ Falls vorhanden, die Geräuschdämpfung ausbauen.
■ Abschirmkappe (4 im Bild 1) der Plusleitungsbefestigung vom Magnetschalter des Anlassers abhebeln.
■ Befestigungsmutter (3) der Plusleitung (Klemme 30) vom Magnetschalter des Anlassers abschrauben.
■ Elektrische Steckverbindung (Klemme 50) am Magnetschalter des Anlassers entriegeln und trennen.

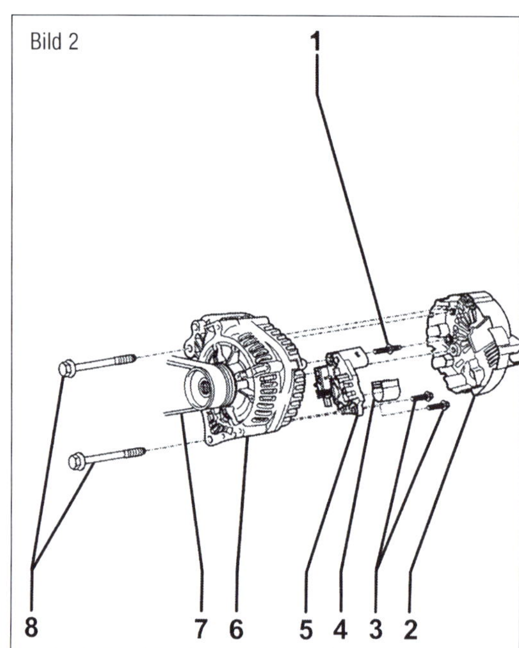

Bild 2
Generator 2,0-l-TDI.
1 Sechskantschraube
2 Abschirmkappe
3 Kreuzschlitzschrauben
4 Abschirmkappe für Kohlebürsten
5 Spannungsregler
6 Generator
7 Keilrippenriemen
8 Sechskantbundschrauben

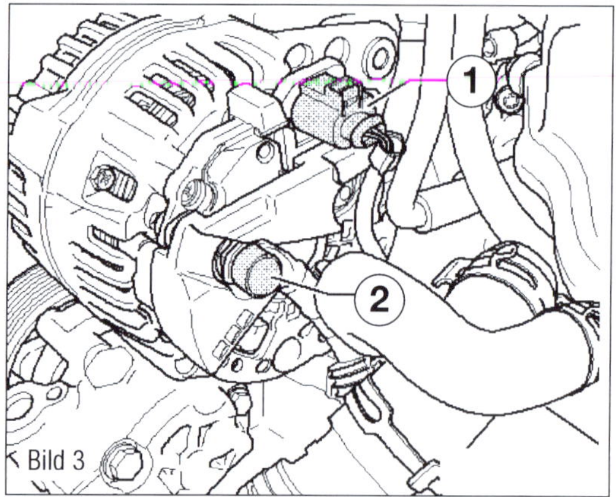

Bild 3
Generator 2,0-l-TDI.
1 DF-Leitung
2 Abschirmkappe über B+

■ Befestigungsmutter des Leitungshalters abschrauben und die Leitungen beiseite drücken.
■ Die obere Befestigungsschraube (5) des Anlassers herausschrauben.
■ Die Befestigungsmutter der Minusleitung (Klemme 31) vom Anlasser abschrauben und die Leitung beiseite drücken.
■ Die untere Befestigungsschraube (5) des Anlassers herausschrauben.
■ Anlasser herausnehmen.

Der Einbau erfolgt sinngemäß in umgekehrter Reihenfolge.

Generator aus- und einbauen

⚠ Beim Einbau bereits gelaufener Keilrippenriemen beachten Sie die beim Ausbau gekennzeichnete Laufrichtung! Achten Sie vor dem Einbau des Keilrippenriemens darauf, dass alle Aggregate (Generator, Klimakompressor) festmontiert sind. Beim Auflegen des Riemens auf korrekten Sitz des Keilrippenriemens in den Riemenscheiben achten!

2,0-l-TDI-Motoren
■ Batterien abklemmen.
■ Schlossträger in die Servicestellung bringen.
■ Keilrippenriemen ausbauen.
■ Elektrische Steckverbindung der DF-Leitung (1 im Bild 3) entriegeln und trennen.
■ Abschirmkappe (2) abhebeln.
■ Die Befestigungsmutter abschrauben und die darunterliegende B+-Leitung vom Anschlussgewinde des Generators abnehmen.
■ Die beiden Befestigungsschrauben (3 im Bild 2) des Generators herausschrauben.

☞ Klemmt der Drehstromgenerator in seinem Halter, Schrauben (3 im Bild 2) wieder bis auf 2 Umdrehungen eindrehen. Vorsichtig mit der flachen Hammerseite auf die Schraubenköpfe schlagen, dadurch lösen sich die Schiebebuchsen der Generatorbefestigung.

■ Generator nach oben aus dem Fahrzeug herausnehmen.

Der Einbau erfolgt sinngemäß in umgekehrter Reihenfolge.

■ Motor starten und Riemenlauf kontrollieren.

2,0-l-MED-Motoren

■ Batterie abklemmen.
■ Keilrippenriemen ausbauen.
■ Flügelpumpe für Servolenkung abschrauben.

Die Schläuche an der Flügelpumpe für Servolenkung können angeschlossen bleiben. Die Schläuche an der Flügelpumpe dürfen nicht gezogen oder geknickt werden.

■ Elektrische Steckverbindung der DF-Leitung (3 im Bild 4) entriegeln und trennen.
■ Schutzkappe von Klemme 30 (5) abnehmen und Befestigungsmutter (6) der Leitungsverbindung abschrauben.
■ Elektrische Steckverbindung am Ölfiltergehäuse entriegeln und trennen.
■ Befestigung der Leitungsverbindung am Generator lösen und Leitung beiseitelegen.
■ Befestigungsschrauben oben am Generator (2) herausschrauben.
■ Schrauben unten am Generator (7) herausschrauben.
■ Generator nach unten herausnehmen.

Der Einbau erfolgt sinngemäß in umgekehrter Reihenfolge.

Die oberen Schrauben zur Befestigung des Generators (2) in den Generator einstecken, bevor der Generator an den Zylinderblock angesetzt wird.

■ Motor starten und Riemenlauf kontrollieren.

Scheinwerfer vorne aus- und einbauen

Je nach Ausstattungsvariante kommen unterschiedliche Scheinwerfertypen zum Einsatz. Die Montagearbeiten unterscheiden sich aber kaum. Wir stellen Ihnen deshalb eine allgemeingültige Beschreibung der Arbeitsschritte zur Verfügung.

■ Zündung und alle elektrischen Verbraucher ausschalten und den Zündschlüssel abziehen.
■ Stoßfängerabdeckung vorn lösen.

Die Stoßfängerabdeckung braucht nicht komplett ausgebaut zu werden.

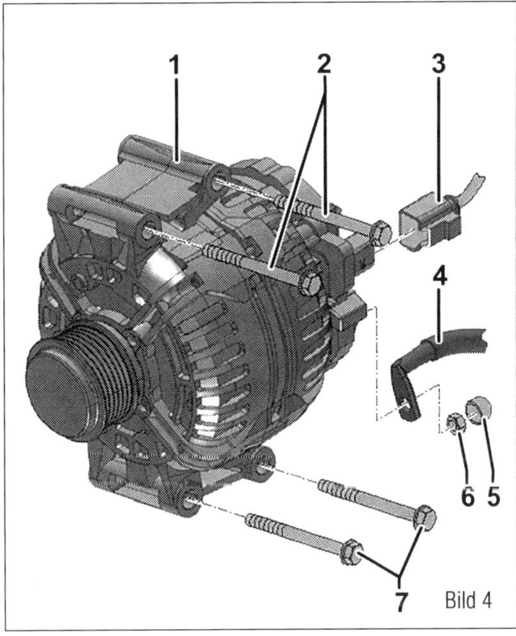

Bild 4
Generator 2,0-l-MED.
1 Generator
2 Befestigungsschrauben
3 Elektrische Steckverbindung
4 Batterie-Plusleitung
5 Abdeckkappe
6 Mutter
7 Befestigungsschrauben, Generator unten

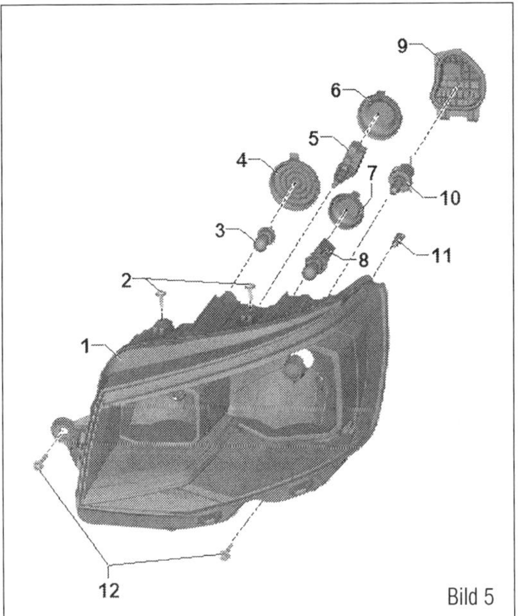

Bild 5
Scheinwerfer H4.
1 Scheinwerfer
2 Schrauben
3 Lampe für Tagfahrlicht (12 V, BA15s)
4 Gehäusedeckel
5 Stellmotor für Leuchtweitenregelung
6 Gehäusedeckel
7 Gehäusedeckel
8 Lampe für Blinklicht vorn (12 V, PY21W)
9 Gehäusedeckel
10 Lampe für Abblendlicht-/Fernlichtscheinwerfer (12 V, H4 60/55W)
11 Lampe für Standlicht, (12 V, W5W)
12 Schrauben

Es reicht aus, beim betroffenen Scheinwerfer die Befestigungen vorn und seitlich der Stoßfängerabdeckung auszubauen. Danach kann die Stoßfängerabdeckung vorsichtig so weit nach unten gedrückt werden, bis die untere Befestigungsschraube vom Scheinwerfer erreichbar ist.

■ Elektrische Steckverbindung hinten am Scheinwerfergehäuse entriegeln und trennen.
■ Befestigungsschrauben des Scheinwerfers von vorne herausschrauben.
■ Scheinwerfer nach vorn herausnehmen.

Der Einbau erfolgt sinngemäß in umgekehrter Reihenfolge.

- Beim Einsetzen des Scheinwerfers in die Halterung auf den korrekten Sitz der seitlichen Führung achten.
- Alle Schrauben einschrauben.
- Den Scheinwerfer im Kotflügel ausrichten.
- Alle Schrauben festziehen, Anzugsdrehmomente beachten.
- Funktionen des Scheinwerfers prüfen.
- Scheinwerfereinstellung prüfen und gegebenenfalls einstellen.

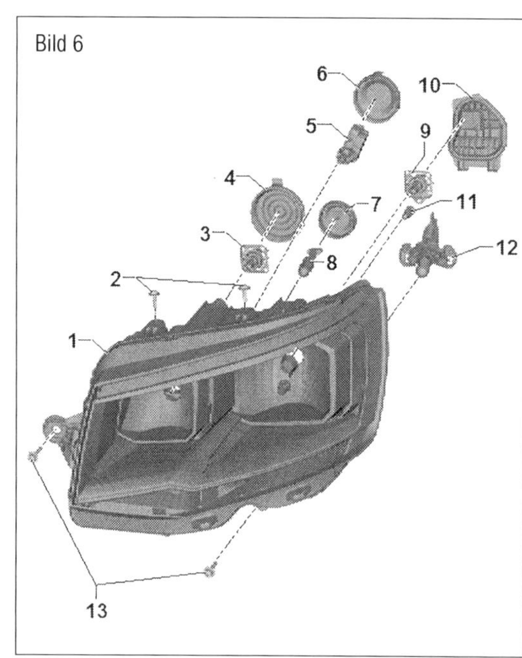

Bild 6
Scheinwerfer H7.
1 Scheinwerfer
2 Schrauben
3 Lampe Fernlicht (12 V, H7 55W)
4 Gehäusedeckel
5 Stellmotor für Leuchtweitenregelung
6 Gehäusedeckel
7 Gehäusedeckel
8 Lampe für Blinklicht (12 V, PWY24W)
9 Lampe für Abblendlicht (12 V, H7 55W)
10 Gehäusedeckel
11 Lampe für Standlicht (12 V, W5W)
12 Lampe für Tagfahrlicht (12 V, W21W)
13 Schrauben

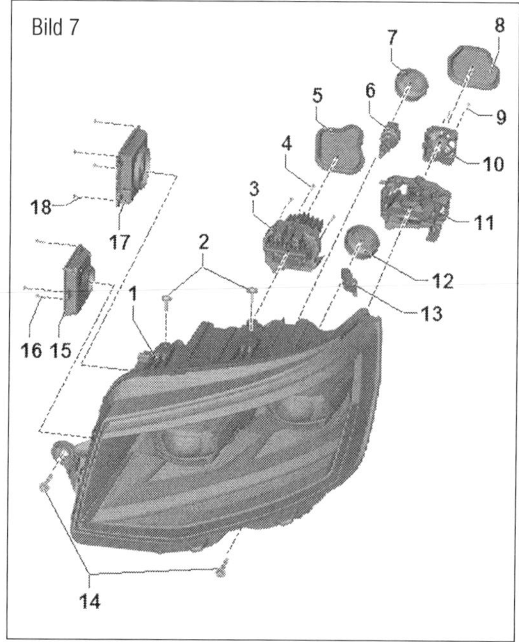

Bild 7
Scheinwerfer LED.
1 Scheinwerfer
2 Schrauben
3 LED-Modul Fernlicht
4 Schrauben
5 Gehäusedeckel
6 Stellmotor für Leuchtweitenregelung
7 Gehäusedeckel
8 Gehäusedeckel
9 Schrauben
10 Lüfter für LED-Scheinwerfer
11 LED-Modul Abblendlicht
12 Gehäusedeckel
13 Lampe für Blinklicht vorn (12 V, H21W)
14 Schrauben
15 Leistungsmodul 1 für LED-Scheinwerfer
16 Schrauben
17 Leistungsmodul für Scheinwerfer
18 Schrauben

Leuchtmittel wechseln Scheinwerfer vorne

Die Demontagearbeiten werden für die einzelnen Scheinwerfertypen exemplarisch vorgestellt.

Beim Einbau der Abdeckkappe auf den richtigen Sitz achten. Durch Wassereintritt in den Scheinwerfer wird dieser zerstört. Beim Einbau einer Glühlampe nicht den Glaskolben berühren. Die Finger hinterlassen Fettspuren auf dem Glaskolben, die beim Einschalten der Lampe verdampfen und den Glaskolben trüben.

⚠ Lebensgefahr durch Hochspannung, Verletzungsgefahr und Umweltverschmutzungsgefahr. Gasentladungslampen werden mit Hochspannung betrieben und können schwere oder tödliche Verletzungen bei unsachgemäßem Umgang verursachen. Wenn nach dem Ausbau eines Scheinwerfers Arbeiten an hochspannungsführenden Bauteilen durchgeführt werden sollen (z. B. Gasentladungslampe wechseln), muss vor dem Scheinwerferausbau das Batterie-Masseband abgeklemmt werden und Restspannungen im Scheinwerfer abgebaut werden.

⚠ Nicht direkt in den gebündelten Lichtstrahl sehen, die UV-Strahlung der Gasentladungslampe ist etwa 2,5 Mal höher als bei herkömmlichem Halogenlicht.

- Zündung und alle elektrischen Verbraucher ausschalten und den Zündschlüssel abziehen.

Lampe für Blinklicht wechseln

H4 und H7 Scheinwerfer

- Die Abdeckkappe die näher an der Fahrzeugmitte liegt (4 im Bild 8), am Scheinwerfergehäuse abziehen.
- Das Griffstück des Leuchtmittelträgers gegen den Uhrzeigersinn drehen und die Lampe mit dem Griffstück aus dem Reflektor herausziehen.
- Das Leuchtmittel in die Fassung drücken, gleichzeitig etwa 45° nach links drehen.
- Das Leuchtmittel aus der Fassung herausziehen (PY21W).

Der Einbau erfolgt sinngemäß in umgekehrter Reihenfolge.

LED-Scheinwerfer:

- Bauen Sie den Scheinwerfer aus.
- Gehäusedeckel (6 im Bild 9) vom Scheinwerfer abziehen.
- Das Griffstück des Leuchtmittelträgers gegen den Uhrzeigersinn drehen und die Lampe mit dem Griffstück aus dem Reflektor herausziehen.
- Elektrische Steckverbindung am Griffstück der Lampe für Blinklicht vorn mit Fassung abziehen.
- Die Lampe für Blinklicht vorn aus der Fassung herausziehen (12 V, H21W).

Der Einbau erfolgt sinngemäß in umgekehrter Reihenfolge.

- Funktionsprüfung durchführen.

Lampe für Tagfahrlicht wechseln

H4-Scheinwerfer:

- Die Abdeckkappe, die näher an der Fahrzeugmitte liegt (3 im Bild 8), am Scheinwerfergehäuse abziehen.
- Das Griffstück des Leuchtmittelträgers gegen den Uhrzeigersinn drehen und die Lampe mit dem Griffstück aus dem Reflektor herausziehen.
- Das Leuchtmittel in die Fassung drücken, gleichzeitig ca. 45° nach links drehen.
- Das Leuchtmittel aus der Fassung herausziehen (BA15s).

H7-Scheinwerfer:

Für die Arbeiten am rechten Scheinwerfer muss das Luftfilteroberteil zusammen mit dem Luftmassenmesser ausgebaut werden. Es sind zwei unterschiedliche Lampensysteme verbaut. Nach dem Öffnen der Abdeckung (1 im Bild 8) lässt sich erkennen, ob die Anschlusskabel an der Lampenfassung oder am Reflektor verbaut worden sind.

- Gehäusedeckel (1 im Bild 8) abnehmen.
- Das Griffstück des Leuchtmittelträgers gegen den Uhrzeigersinn drehen und die Lampe mit dem Griffstück aus dem Reflektor herausziehen.

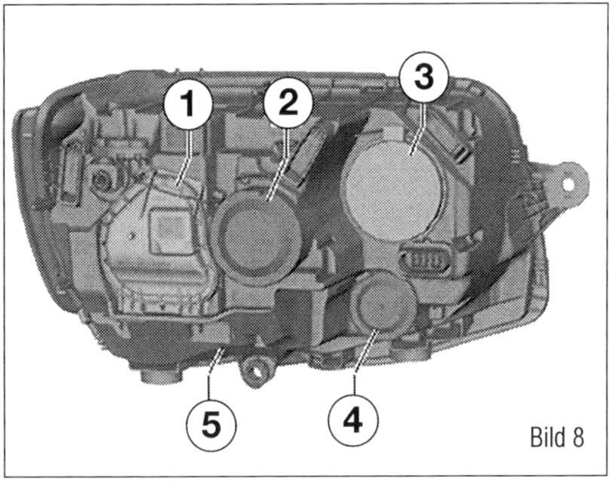

Bild 8

Bild 8
Rückansicht für den H4- und den H7-Scheinwerfer.
1 Gehäusedeckel Standlicht und Tagfahrlicht (H7-Scheinwerfer) sowie Abblendlicht (H4-Scheinwerfer)
2 Zugang zur Leuchtweitenregulierung
3 Gehäusedeckel Fernlicht und Tagfahrlicht (H4)
4 Gehäusedeckel Blinker
5 Scheinwerfergehäuse

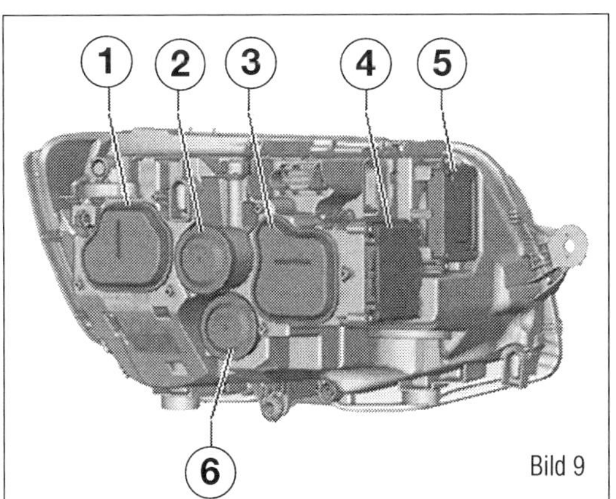

Bild 9

Bild 9
LED-Scheinwerfer.
1 »Zugang« LED-Modul Abblendlicht und Fernlicht
2 Zugang zur Leuchtweitenregulierung
3 Zugang zum Leistungsmodul LED
4 Leistungsmodul 2
5 Leistungsmodul 1
6 Gehäusedeckel Blinker

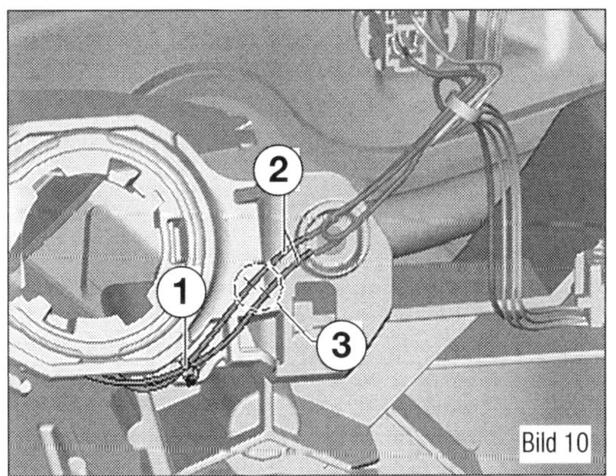

Bild 10

Bild 10
H7-Scheinwerfer mit Anschlusskabeln am Reflektor.
1 Kabelbinder
2 Anschlusskabel zum Reflektor
3 Trennstelle am Anschlusskabel

Anschluss an der Lampenfassung:

- Das Leuchtmittel aus der Fassung herausziehen (12 V, W21W).

Anschluss am Reflektor:

- Kabelbinder (1 im Bild 10) öffnen.
- Die elektrischen Leitungsverbindungen (2) herausführen.
- Die elektrischen Leitungsverbindungen an Position (3) durchtrennen.
- Eine oder beide elektrischen Leitungsverbindungen, die zum Scheinwerferreflektor führen, mit Schrumpfschlauch umschließen, erhitzen und das

Ende im warmen Zustand zur Isolierung mit einer Zange zusammendrücken.

- Die beiden Leitungsenden so im Scheinwerfergehäuse verlegen, dass sie möglichst nicht sichtbar sind.
- Die Leitungsverbindungen der neuen Lampenfassung mit Schrumpf-Quetschverbindern an die durchtrennten Leitungsverbindungen, die zur Steckverbindung im Scheinwerfergehäuse führen, anschließen.
- Die Schrumpf-Quetschverbindern vercrimpen und mit Heißluftgebläse erhitzen, bis die elektrischen Leitungsverbindungen komplett verschlossen sind.

Weiter für beide Varianten:

- Das neue Leuchtmittel in die Fassung hineindrücken (12 V, W21W).

Der weitere Einbau erfolgt sinngemäß in umgekehrter Reihenfolge.

- Funktionsprüfung durchführen.

LED-Scheinwerfer:

☞ Die Funktion der Lampe für Tagesfahrlicht wird bei LED-Scheinwerfern vom LED-Modul für Tagfahrlicht ausgeführt. Das LED-Modul für Tagfahrlicht ist nicht einzeln auswechselbar. Im Schadensfall muss der Scheinwerfer ersetzt werden.

Lampe für Standlicht wechseln

H4- und H7-Scheinwerfer:

- Drahtspange entriegeln und Gehäusedeckel (1 im Bild 8) vom Scheinwerfer abnehmen.
- Die Taste am Stecker der Fassung drücken und Lampe für Standlicht mit Fassung aus dem Reflektor ziehen.
- Das Leuchtmittel aus der Fassung herausziehen (W5W).

Der Einbau erfolgt sinngemäß in umgekehrter Reihenfolge.

- Funktionsprüfung durchführen.

LED-Scheinwerfer:

í Die Standlichtfunktion wird bei LED-Scheinwerfern vom LED-Modul für Tagfahrlicht ausgeführt. Das LED-Modul für Tagfahrlicht ist nicht einzeln auswechselbar. Im Schadensfall muss der Scheinwerfer ersetzt werden.

Lampe für Abblendlicht wechseln

H4-Scheinwerfer:

- Die Drahtspange entriegeln und Gehäusedeckel (1 im Bild 8) vom Scheinwerfer abnehmen.
- Die elektrische Steckverbindung zum Leuchtmittel abziehen.
- Die Drahtspange, die das Leuchtmittel hält, entriegeln und herunterklappen.
- Das Leuchtmittel (H4 60/55W) aus dem Reflektor herausnehmen.

H7-Scheinwerfer:

- Die Drahtspange entriegeln und Gehäusedeckel (1 im Bild 8) vom Scheinwerfer abnehmen.
- Das Leuchtmittel zum Entriegeln seitlich kippen und aus dem Reflektor herausziehen.

☞ Es ist nur mit Blechnasen im Reflektor eingerastet. Eine Zange oder ein Drahthaken können beim Herausziehen hilfreich sein.

- Das Leuchtmittel (H7 55W) von der Steckverbindung abziehen.

LED-Scheinwerfer:

☞ Die Abblendlichtfunktion wird im LED-Scheinwerfer nicht von einer herkömmlichen Glühlampe, sondern von einem LED-Modul ausgeführt.

⚠ **Gefahr der Beschädigung des Scheinwerfers**

Den Glaskolben der Glühlampe nicht mit bloßen Fingern anfassen. Die Finger hinterlassen Fettspuren auf dem Glaskolben, die beim Einschalten der Glühlampe verdampfen und den Glaskolben trüben. Zum Einsetzen der Glühlampen z. B. saubere Stoffhandschuhe verwenden. Beim Einbau des Gehäusedeckels auf den richtigen Sitz achten. Durch Wassereintritt in den Scheinwerfer wird dieser zerstört.

⚠ Bei dem LED-Modul handelt es sich um ein elektronisches Bauteil. Arbeiten am LED-Modul ausschließlich an einem ESD-Arbeitsplatz (Electrostatic-Protected-Area) durchführen, um Schäden am Modul zu vermeiden.

- Den Scheinwerfer wie beschrieben ausbauen.

■ Den Gehäusedeckel (1 im Bild 11) entlang der umlaufenden Sollbruchlinie (2) mit einem Hammer vorsichtig lösen. Dabei bevorzugt auf die Deckelecken schlagen, um einen Bruch des Deckels zu vermeiden.
■ Den Gehäusedeckel (1) vom Scheinwerfer abnehmen.
■ Die elektrische Steckverbindung (2 im Bild 12) trennen.
■ Die Schrauben (Pfeile) des LED-Moduls herausdrehen.
■ LED-Modul für Fernlicht (1) nach hinten aus dem Scheinwerfer herausfädeln.
■ Das neue LED-Modul einsetzen und dabei auf die korrekte Positionierung der Zentrierbolzen am LED-Modul in den Aufnahmen achten.
■ Die elektrische Steckverbindung (2) aufstecken.
■ Neuen Gehäusedeckel (1 im Bild 11) auf den Scheinwerfer aufsetzen.
■ Die Schrauben für den neuen Deckel einschrauben und festziehen.
■ Führen Sie eine Feinjustierung (siehe Scheinwerfer einstellen) der LED-Module durch.

Der weitere Einbau erfolgt sinngemäß in umgekehrter Reihenfolge.
■ Funktionsprüfung durchführen.
■ Scheinwerfereinstellung prüfen und wenn erforderlich die Scheinwerfer einstellen.

Lampe für Fernlicht wechseln

H4-Scheinwerfer:
Bei den H4-Scheinwerfern wird das Fernlicht von der Lampe für Abblendlicht erzeugt. Die Beschreibung finden Sie auf der vorangegangenen Seite.

H7-Scheinwerfer:
■ Die Abdeckkappe, die näher an der Fahrzeugmitte liegt (3 im Bild 8), am Scheinwerfergehäuse abziehen.
■ Das Leuchtmittel zum Entriegeln seitlich kippen und aus dem Reflektor herausziehen.
Tipp: Es ist nur mit Blechnasen im Reflektor eingerastet. Eine Zange oder ein Drahthaken können beim Herausziehen hilfreich sein.
■ Das Leuchtmittel (H7 55W) von der Steckverbindung abziehen.

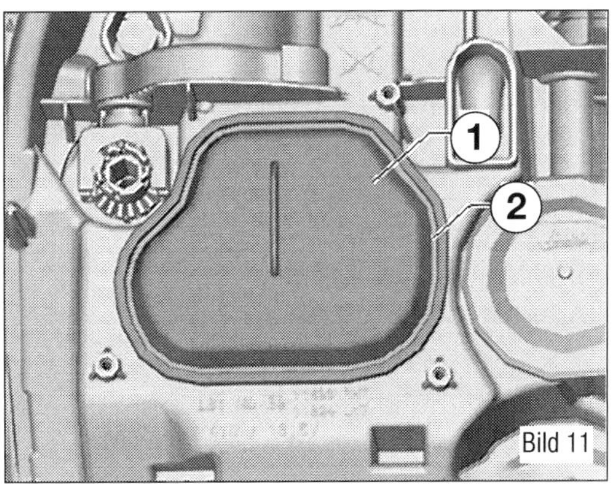
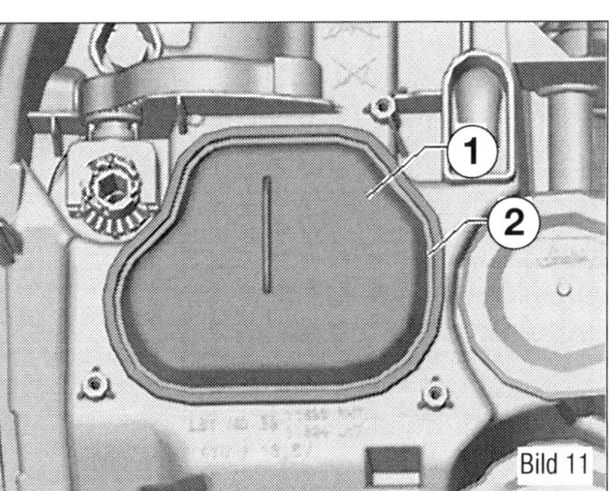

Bild 11
LED-Scheinwerfer.
1 Gehäusedeckel
2 Sollbruchlinie

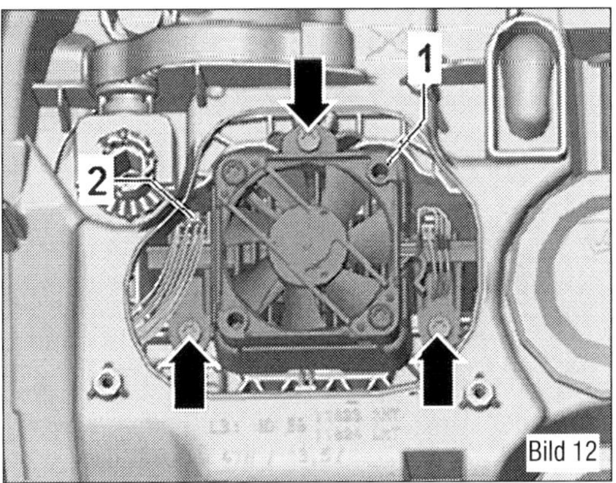

Bild 12
LED-Scheinwerfer.
1 LED-Modul für Fernlicht
2 Steckverbindung
Pfeile = Schrauben

LED-Scheinwerfer:
Tipp: Die Abblendlichtfunktion wird im LED-Scheinwerfer nicht von einer herkömmlichen Glühlampe, sondern von einem LED-Modul ausgeführt.
Achtung: Bei dem LED-Modul handelt es sich um ein elektronisches Bauteil. Arbeiten am LED-Modul ausschließlich an einem ESD-Arbeitsplatz (Electrostatic-Protected-Area) durchführen, um Schäden am Modul zu vermeiden.
■ Den Scheinwerfer wie beschrieben ausbauen.
■ Den Gehäusedeckel (1 im Bild 11) entlang der umlaufenden Sollbruchlinie (2) mit einem Hammer vorsichtig lösen. Dabei bevorzugt auf die Deckelecken schlagen, um einen Bruch des Deckels zu vermeiden.
■ Gehäusedeckel (1) vom Scheinwerfer abnehmen.
■ Leistungsmodul für Scheinwerfer (3) ausbauen, um Zugang zur elektrischen Steckverbindung zu erhalten.
■ Schrauben (Pfeile) des LED-Moduls (1) herausdrehen.
■ LED-Modul für Fernlicht (1) nach hinten aus dem Scheinwerfer herausfädeln, die elektrische Steckverbindung dabei trennen.

Sichtprüfung Messen

■ LED-Modul einsetzen und dabei auf die korrekte Positionierung des LED-Moduls auf den Zentrierbolzen (Pfeile) achten.
■ Elektrische Steckverbindung beim Einsetzen verbinden.
■ Leistungsmodul für Scheinwerfer einbauen.
■ Neuen Gehäusedeckel (1) auf den Scheinwerfer aufsetzen.
■ Schrauben (Pfeile) einschrauben und festziehen.
■ Feinjustierung der LED-Module durchführen.

Der weitere Einbau erfolgt jeweils sinngemäß in umgekehrter Reihenfolge.

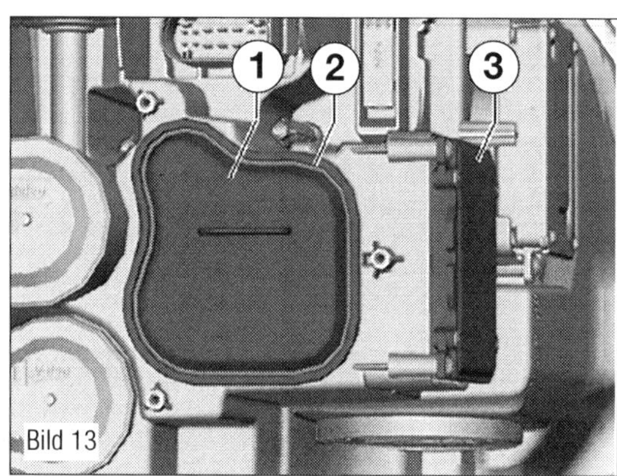

Bild 13
LED-Scheinwerfer.
1 Gehäusedeckel
2 Sollbruchlinie
3 Leistungsmodul für Scheinwerfer

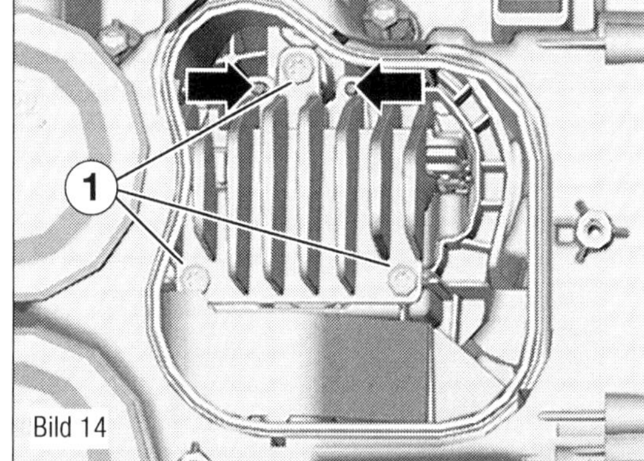

Bild 14
LED-Modul für Fernlicht im Scheinwerfer.
1 Schrauben
Pfeile = Zentrierbolzen

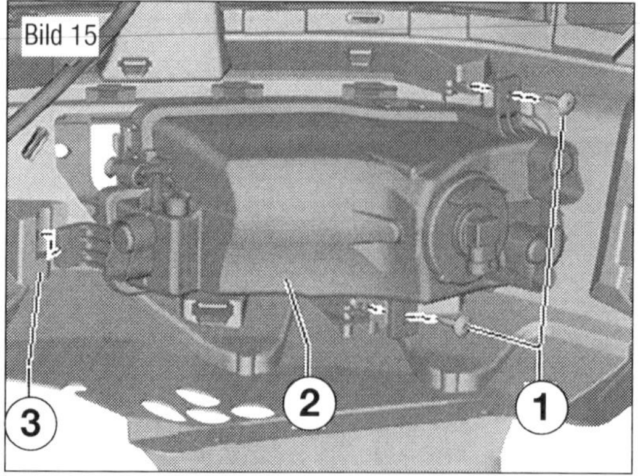

Bild 15
Nebelscheinwerfer.
1 Schrauben
2 Nebelscheinwerfergehäuse
3 Aufnahme in der Stoßfängerabdeckung

■ Funktion des Scheinwerfers prüfen.
■ Scheinwerfereinstellung prüfen und ggf. Scheinwerfer einstellen.

Lampe Nebelscheinwerfer

Nebelscheinwerfer aus- und einbauen
■ Zündung und alle elektrischen Verbraucher ausschalten und den Zündschlüssel abziehen.
■ Stoßfängerabdeckung vorn abbauen.
■ Elektrischen Anschluss an der Lampenfassung entriegeln und abziehen.
■ Schrauben (1 im Bild 15) herausschrauben.
■ Nebelscheinwerfergehäuse (2) seitlich aus der Aufnahme (3) in der Stoßfängerabdeckung herausziehen.

Der Einbau erfolgt sinngemäß in umgekehrter Reihenfolge.
■ Funktion des Nebelscheinwerfers prüfen.
■ Nebelscheinwerfereinstellung prüfen und gegebenenfalls einstellen.

Leuchtmittel für Nebelscheinwerfer aus- und einbauen
■ Zündung und alle elektrischen Verbraucher ausschalten und den Zündschlüssel abziehen.
■ Serviceklappe in der Radhausschale vorn links beziehungsweise rechts öffnen.
■ Elektrischen Anschluss an der Lampenfassung entriegeln und abziehen.
■ Die Lampenfassung gegen den Uhrzeigersinn etwa 45° drehen und aus dem Nebelscheinwerfer herausnehmen. Die Lampe für Nebelscheinwerfer (H11 12 V 55 W) ist mit der Lampenfassung fest verbunden und nicht einzeln zu ersetzen.
■ Funktion des Nebelscheinwerfers prüfen.
■ Nebelscheinwerfereinstellung prüfen und gegebenenfalls einstellen.

Scheinwerfer einstellen

Der Reifendruck muss in Ordnung sein. Die Scheinwerferscheiben dürfen weder beschädigt noch verschmutzt sein. Reflektoren und Glühlampen sind intakt. Die Fahrzeugbelastung muss hergestellt sein. Das Fahrzeug muss einige Meter gerollt bzw. vorn und hinten mehrmals durchgefedert werden, damit sich die Federn setzen. Das Fahrzeug und Scheinwerfer-Einstellgerät müssen auf einer ebenen Fläche stehen, eingestellt und ausgerichtet sein.

Belastung:
Mit einer Person oder 75 kg auf dem Fahrersitz bei sonst unbelastetem Fahrzeug (Leergewicht). Das Leergewicht ist das Gewicht des betriebsfertigen Fahrzeugs mit vollständig gefülltem Kraftstoffbehälter (mindestens 90%), einschließlich des Gewichts aller im Betrieb mitgeführten Ausrüstungsteile (z. B. Reserverad, Werkzeug, Wagenheber, Feuerlöscher usw.). Ist der Kraftstoffbehälter nicht zu mindestens 90% gefüllt, Belastung wie folgt herstellen:

■ Füllstand des Kraftstoffbehälters an der Kraftstoffvorratsanzeige ablesen. Zusatzgewicht anhand der nachstehenden Tabelle ermitteln und Gewicht in den Kofferraum legen.

Füllstand der Kraftstoffvorratsanzeige	Zusatzgewicht in kg
1/4	30
1/2	20
3/4	10
voll	0

Einstellung H4- und H7-Scheinwerfer vorne (Bild 16)
In der Blende oberhalb des Scheinwerfers sind Neigungsmaßangaben in »%« eingeprägt. Nach diesen Angaben müssen die Scheinwerfer eingestellt werden. Die Prozentangabe ist auf 10 m Projektionsabstand bezogen. Bei einem Neigungsmaß von z. B. 1,0% sind das umgerechnet 10 cm.

Fahrzeuge mit manueller Leuchtweitenregelung:

■ Das Rändelrad für die Leuchtweitenregelung muss in Position »0« stehen.

Weiter für alle Fahrzeuge:

■ Drehen Sie zuerst zur Höhenverstellung der Hell/Dunkel-Grenze die Einstellschraube (2).

■ Danach müssen Sie die Seitenverstellung prüfen und gegebenenfalls mit der Einstellschraube (1) korrigieren.

Einstellung LED-Scheinwerfer vorne (Bild 16)

■ Ein Erhaltungsladegerät anschließen.

■ Einen geeigneten Fahrzeugdiagnosetester anschließen.

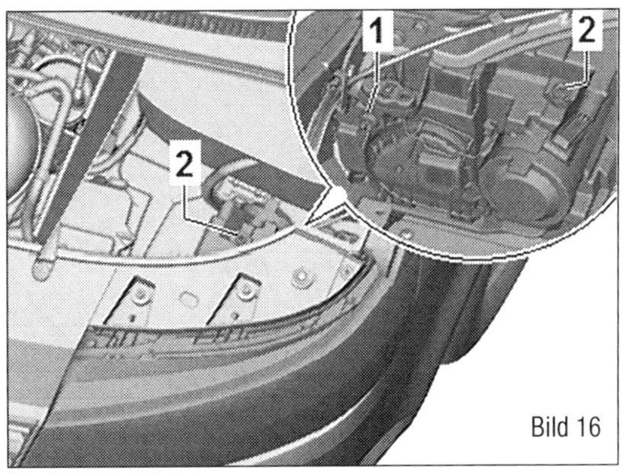

Bild 16

Bild 16 Hauptscheinwerfer.
1 Höhenverstellung
2 Höhen-/Seitenverstellung

■ Die Zündung einschalten.

■ Die Fahrzeugidentifikation durchführen.

■ Das Steuergerät der Leuchtweitenregelung auswählen.

■ »Geführte Funktionen« auswählen.

■ »Grundeinstellung« auswählen. Den Angaben des Testers in den »geführten Funktionen« folgen.

■ Einstellschraube für die Höhenverstellung (1 im Bild 16) drehen, bis die korrekte Einstellung erreicht ist.

■ Einstellschraube zur Höhen-/Seitenverstellung (2) drehen, bis die korrekte Einstellung erreicht ist.

Einstellung Nebelscheinwerfer
Das Neigungsmaß für Nebelscheinwerfer beträgt »2,0%«.

■ Drehen Sie zum Verstellen der Leuchtweite die Einstellschraube (Pfeil im Bild 12).

■ Eine Seitenverstellung ist nicht vorgesehen.

Andere Zusatzscheinwerfer
Nachträglich eingebaute Zusatzscheinwerfer anderer Systeme müssen nach den dafür gültigen Richtlinien geprüft bzw. eingestellt werden.

Seitenblinkleuchten

Seitenblinkleuchte aus- und einbauen

■ Zündung und alle elektrischen Verbraucher ausschalten und den Zündschlüssel abziehen.

■ Lack an der vorderen Seite der Blinkleuchte mit Klebeband abkleben.

■ Die Seitenblinkleuchte vorn (1 im Bild 17) an der gezeigten Stelle (Pfeil) mit einem geeigneten Demontagekeil vorsichtig aus der Einbauöffnung heraushebeln.

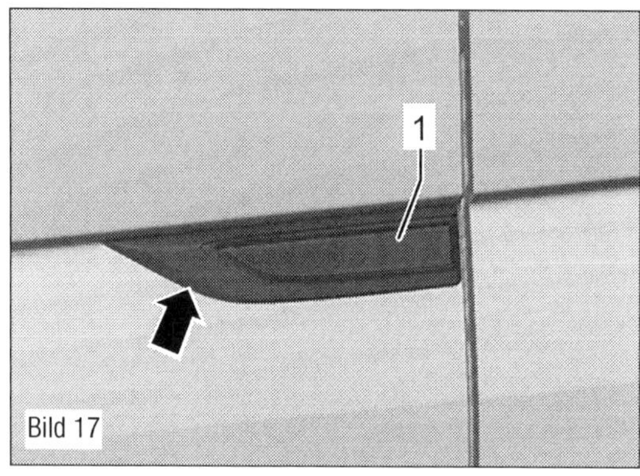

Bild 17
Seitenblinkleuchte.
1 Seitenblinkleuchte, Pfeil = Demontagestelle (Ansatz für den Demontagekeil)

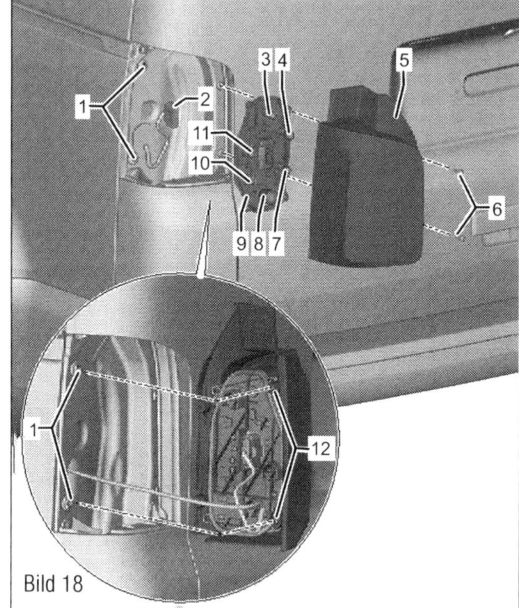

Bild 18
Schlussleuchten bei Heckflügeltüren.
1 Kugelköpfe an Karosserie
2 Steckverbindung
3 Lampe für Bremslicht (12 V, W16W)
4 Lampe für Blinklicht (12 V, WY16W)
5 Schlussleuchte
6 Befestigungsschrauben
7 Lampe für Rückfahrlicht (12 V, W16W)
8 Lampe für Nebelschlussleuchte (nur auf der Fahrerseite) (12 V, P 21/4W)
9 Lampenträger
10 Lampe für Schlusslicht (12 V W5W)
11 Lampe für Schlusslicht (12 V W5W)
12 Kugelkopfaufnahmen

Der Einbau erfolgt sinngemäß in umgekehrter Reihenfolge.
■ Nach dem Einbau die Funktion der Seitenblinkleuchte prüfen.

Lampen für Seitenblinkleuchte ausbauen
■ Zündung und alle elektrischen Verbraucher ausschalten und den Zündschlüssel abziehen.
■ Die Seitenblinkleuchte ausbauen.
■ Die Primärverriegelung des Steckkontaktes in der Fassung herausziehen und zum Entriegeln anschließend hineindrücken.
■ Die elektrische Steckverbindung von der Lampenfassung abziehen.
■ Die Lampenfassung zum Entriegeln nach links drehen und gerade nach hinten aus der Seitenblinkleuchte herausziehen.
■ Die Lampe für Seitenblinkleuchte (12 V, WY5W) gerade aus der Lampenfassung herausziehen.

Der Einbau erfolgt sinngemäß in umgekehrter Reihenfolge.
■ Nach dem Einbau die Funktion der Seitenblinkleuchte prüfen.

Rückleuchten

Schlussleuchte aus- und einbauen Multivan, Transporter
Die Vorgehensweise ist für die drei unterschiedlichen Leuchtentypen fast identisch. Wir stellen Ihnen hier eine allgemeingültige Beschreibung vor.
■ Zündung und alle elektrischen Verbraucher ausschalten und den Zündschlüssel abziehen.

Bei Fahrzeugen mit Heckflügeltüren:
■ Die Tür auf der betreffenden Seite ganz öffnen, damit die Schlussleuchte beim Ausbau nicht an die Spitze des Türausschnitts anschlägt.
■ Befestigungsschrauben (6 im Bild 18) abschrauben und Schlussleuchte nach außen von den Kugelbolzen abnehmen.
■ Elektrische Steckverbindung entriegeln und trennen.

Der Einbau erfolgt sinngemäß in umgekehrter Reihenfolge.
■ Elektrische Steckverbindung aufstecken und verrasten.
■ Schlussleuchte in den Karosserieausschnitt einsetzen und dabei die Arretierungen in die Kugelköpfe (12 im Bild 18) setzen.
■ Schlussleuchte mit der Hand in die richtige Position zur Karosserie bringen, festhalten und dann die Befestigungsschrauben (6) anziehen.

Schlussleuchte aus- und einbauen Pritsche
■ Zündung und alle elektrischen Verbraucher ausschalten und den Zündschlüssel abziehen.
■ Die Befestigungsschrauben (1 im Bild 21) der Streuscheibe (2) herausschrauben.
■ Lampenträger (3) herausnehmen.
■ Elektrische Steckverbindungen abziehen.
■ Die Befestigungsmuttern auf der Rückseite abschrauben und die Abdeckkappe herunternehmen.
■ Die Befestigungsmuttern dahinter abschrauben und die Schlussleuchte abnehmen.

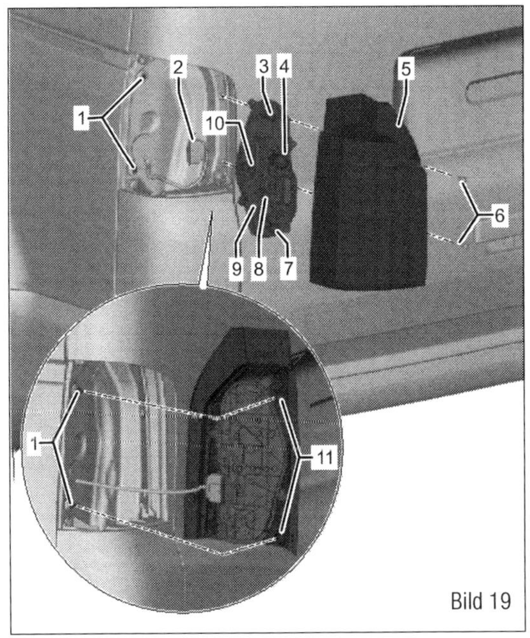

Bild 19

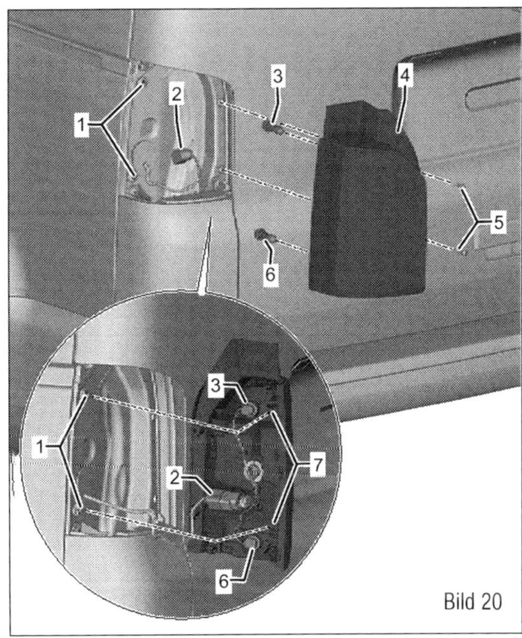

Bild 20

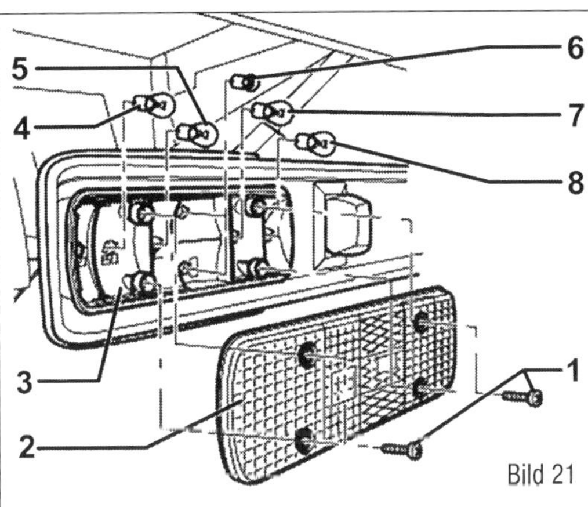

Bild 21

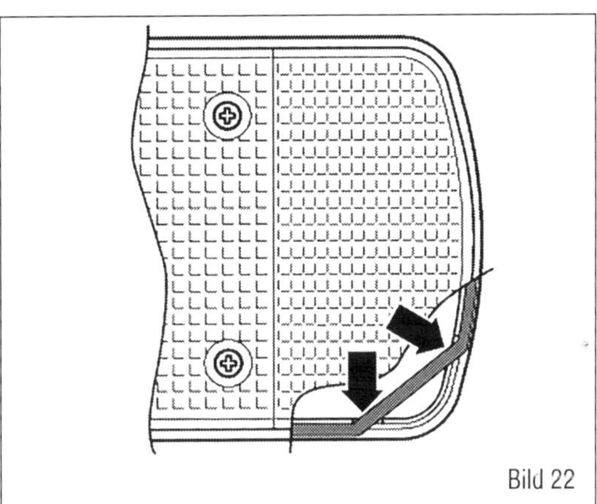
Bild 22

Bild 19
Schlussleuchten bei Heckklappenvarianten.
1 Kugelköpfe an Karosserie
2 Steckverbindung
3 Lampe für Bremslicht (12 V, W16W)
4 Lampe für Blinklicht (12 V, WY16W)
5 Schlussleuchte
6 Befestigungsschrauben
7 Lampe für Rückfahrlicht (12 V, P21W)
8 Lampe für Nebelschlussleuchte (nur auf der Fahrerseite) (12 V, 12 V, H21W)
9 Lampenträger
10 Lampe für Schlusslicht (12 V W5W)
11 Kugelkopfaufnahmen

Bild 20
Schlussleuchten bei Heckklappe (LED).
1 Kugelköpfe an Karosserie
2 Steckverbindung
3 Lampe für Bremslicht (12 V, W16W)
4 Schlussleuchte
5 Befestigungsschrauben
6 Lampe für Blinklicht (12 V, WY16W)
7 Kugelkopfaufnahmen

Bild 21
Rückleuchte Pritsche.
1 Befestigungsschrauben
2 Streuscheibe
3 Lampenträger
4 Lampe für Blinklicht (12 V, P 21 W)
5 Lampe für Bremslicht (12 V, P 21 W)
6 Lampe für Schlusslicht (12 V, P 5 W)
7 Lampe für Rückfahrlicht (12 V, P 21 W)
8 Lampe für Nebelschlussleuchte (12 V, P 21W)

Bild 22
Rückleuchte Pritsche: Lage der Dichtung, um einen Ablauf zu schaffen.

Der Einbau erfolgt sinngemäß in umgekehrter Reihenfolge.

■ Die Gummidichtung der Streuglasscheibe muss beim Einbau in den unteren Leuchtenecken als Wasserablauföffnung nach innen verlegt werden (Bild 22).

Lampen für Schlussleuchte aus- und einbauen

⚠ Beim Einbau einer Glühlampe nicht den Glaskolben berühren. Die Finger hinterlassen Fettspuren auf dem Glaskolben, die beim Einschalten der Lampe verdampfen und den Glaskolben trüben.

Die Vorgehensweise ist für die unterschiedlichen Leuchtentypen fast identisch. Wir stellen Ihnen hier eine allgemeingültige Beschreibung vor.

Ausbau der Lampenträger:

■ Zündung und alle elektrischen Verbraucher ausschalten und den Zündschlüssel abziehen.

■ Schlussleuchte ausbauen.

■ Die vier Befestigungsschrauben (Pfeile im Bild 23) herausschrauben.

■ Den Lampenträger (1) von der Schlussleuchte (2) abnehmen.

Ausbau der Glühlampen:

In der nachfolgenden Tabelle werden die Leuchtmittel und deren Ausbau zusammengefasst. »Ziehen« bedeutet, dass das Leuchtmittel aus dem Lampenträger gerade herausgezogen werden soll.

»Drehen/ziehen« bedeutet, dass die Lampe etwas hineingedrückt, um etwa 45° gegen den Uhrzeigersinn gedreht und dann herausgezogen werden soll.

Fahrzeuge mit Heckflügeltüren:

Bild (Position)	Funktion	Lampe	Ausbau
18 (3)	Bremslicht	W16W	ziehen
18 (7)	Rückfahrlicht	W16W	ziehen
18 (8)	Nebellampe	P21/4W	drehen/ziehen
18 (10)	Rücklicht	W5W	ziehen
18 (11)	Rücklicht	W5W	ziehen

Fahrzeuge mit Heckklappe:

Bild (Position)	Funktion	Lampe	Ausbau
19 (3)	Bremslicht	W16W	ziehen
19 (4)	Blinklicht	WY16W	ziehen
19 (7)	Rückfahrlicht	P21W	drehen/ziehen
19 (8)	Nebellampe	H21W	drehen/ziehen
19 (10)	Rücklicht	W5W	ziehen

Fahrzeuge mit LED-Leuchten:

Bild (Position)	Funktion	Lampe	Ausbau
20 (3)	Bremslicht	W16W	ziehen
20 (4)	Blinklicht	WY16W	ziehen

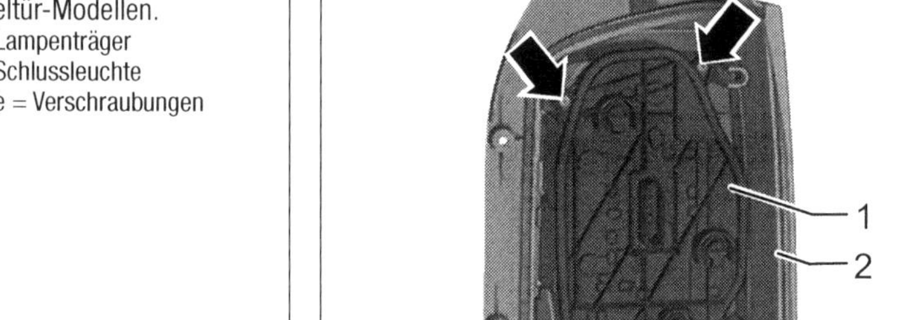

Bild 23
Rückleuchte bei Heckflügeltür-Modellen.
1 Lampenträger
2 Schlussleuchte
Pfeile = Verschraubungen

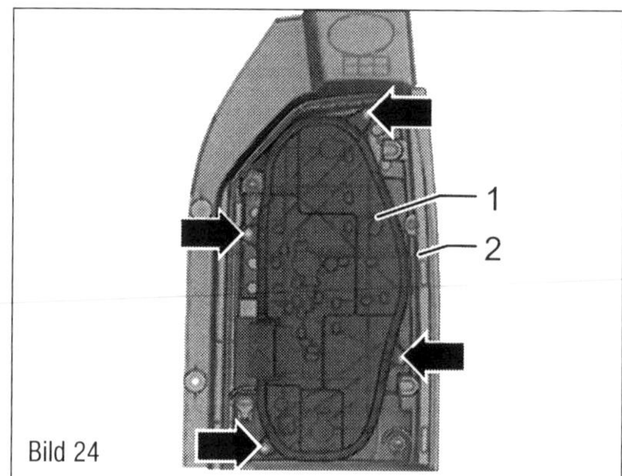

Bild 24
Rückleuchte bei Heckklappen-Modellen-
1 Lampenträger
2 Schlussleuchte
Pfeile = Verschraubungen

Der Einbau erfolgt sinngemäß in umgekehrter Reihenfolge.

■ Lampe in die Fassung einsetzen. Lampen ohne Fassung (Glassockelleuchten) werden nur eingeschoben, Metallsockellampen eingeschoben und etwa 45° verdreht.

■ Lampenträger in die Schlussleuchte einsetzen und sicher verrasten.

■ Prüfen Sie die Funktion der Rückleuchte.

Lampen für Schlussleuchte aus- und einbauen (Pritsche):

■ Zündung und alle elektrischen Verbraucher ausschalten und den Zündschlüssel abziehen.

■ Die Befestigungsschrauben (1 im Bild 21) der Streuscheibe (2) herausschrauben.

■ Die betreffende Lampe in die Fassung drücken, nach links drehen und aus dem Lampenträger (3) herausziehen.

Der Einbau erfolgt sinngemäß in umgekehrter Reihenfolge.

Hochgesetzte Bremsleuchte

Fahrzeuge mit Heckklappe

■ Zündung und alle elektrischen Verbraucher ausschalten und den Zündschlüssel abziehen.

■ Kleben Sie einen Streifen Klebeband über die Bremsleuchte zum Lackschutz auf.

■ Hebeln Sie mit einem geeigneten Kunststoffkeil die Bremsleuchte oben aus der Aussparung im Karosserieblech heraus.

■ Nehmen Sie die hochgesetzte Bremsleuchte heraus.

■ Die elektrische Steckverbindung entriegeln und trennen.

■ Lampe für hochgesetztes Bremslicht abnehmen.

Der Einbau erfolgt sinngemäß in umgekehrter Reihenfolge.

Fahrzeuge mit Heckflügeltüren

Die Lampe für hochgesetztes Bremslicht ist bei Fahrzeugen mit Heckflügeltüren auf beide Flügeltüren aufgeteilt.

■ Zündung und alle elektrischen Verbraucher ausschalten und den Zündschlüssel abziehen.

■ Die Befestigungsschrauben (2 im Bild 26) der hochgesetzten Bremsleuchte (1) herausschrauben.

■ Hochgesetzte Bremsleuchte herausnehmen.

■ Elektrische Steckverbindung entriegeln und in gerade abziehen.

■ Lampe für hochgesetztes Bremslicht abnehmen.

Der Einbau erfolgt sinngemäß in umgekehrter Reihenfolge.

Glühlampen/Leuchtdioden für hochgesetzte Bremsleuchte aus- und einbauen

Die LEDs in der hochgesetzten Bremsleuchte sind nicht einzeln ersetzbar. Im Reparaturfall muss die Lampe für hochgesetztes Bremslicht komplett ersetzt werden. Die Einzel-LEDs (Licht emittierende Dioden) in der hochgesetzten Bremsleuchte sind in Gruppen zu 3 LEDs zusammengefasst und werden gruppenweise mit Strom versorgt. Durch den Ausfall einzelner LEDs werden die intakten LEDs dieser Gruppe höher belastet, weshalb mit einem baldigen Ausfall weiterer LEDs zu rechnen ist. Ist eine LED-Gruppe (3 Einzel-LEDs) ausgefallen, werden die gesetzlichen Lichtwerte der ECE-Regelung (Economic Commission for Europe) weiterhin erfüllt. Sind mehr als 3 Einzel-LEDs ausgefallen, werden die gesetzlichen Lichtwerte nicht mehr erfüllt und die hochgesetzte Bremsleuchte ist zu ersetzen.

Kennzeichenleuchte aus- und einbauen

Heckklappe bzw. Heckflügeltür

- Zündung und alle elektrischen Verbraucher ausschalten und den Zündschlüssel abziehen.
- Lichtschalter in Stellung »0« drehen.

Kennzeichenleuchte mit Glühlampe:

- Befestigungsschrauben (Pfeile im Bild 27) für Kennzeichenleuchte herausschrauben.

LED-Kennzeichenleuchte:

- Kennzeichenleuchte (2 im Bild 29) mit einem geeigneten Schraubendreher in Pfeilrichtung (1) drücken und aus der Einbauöffnung herausnehmen.

Weiter für beide Varianten:

- Die Steckverbindung an der Kennzeichenleuchte entriegeln und abziehen.

Der Einbau erfolgt sinngemäß in umgekehrter Reihenfolge.

Auf der Streuscheibe der konventionellen Kennzeichenleuchte ist ein

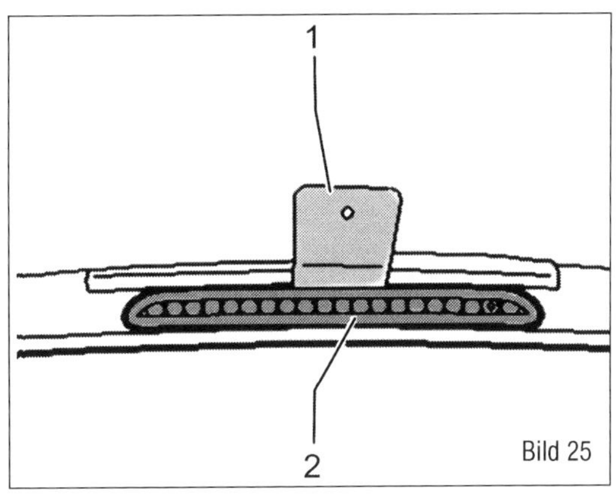

Bild 25

Bild 25
3. Bremsleuchte bei Fahrzeugen mit Heckklappe.
1 Demontagekeil
2 hochgesetzte Bremsleuchte

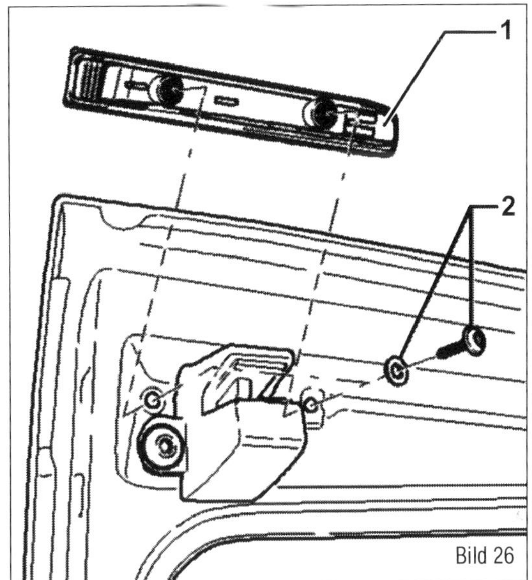

Bild 26

Bild 26
3. Bremsleuchte bei Fahrzeugen mit Heckflügeltüren
1 Leuchte
2 Befestigungsschrauben

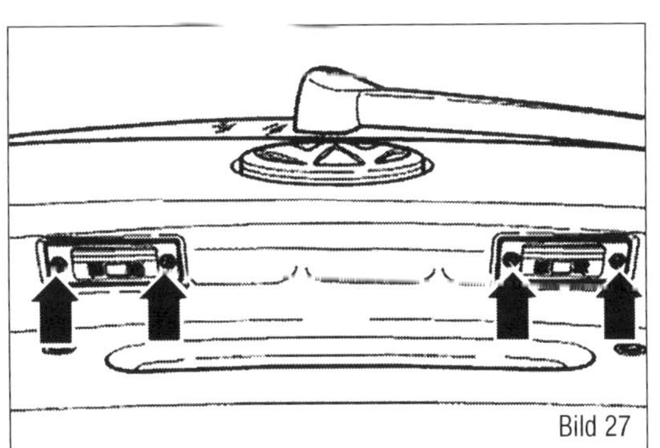

Bild 27

Bild 27
Konventionelle Leuchte.
Pfeile = Schrauben

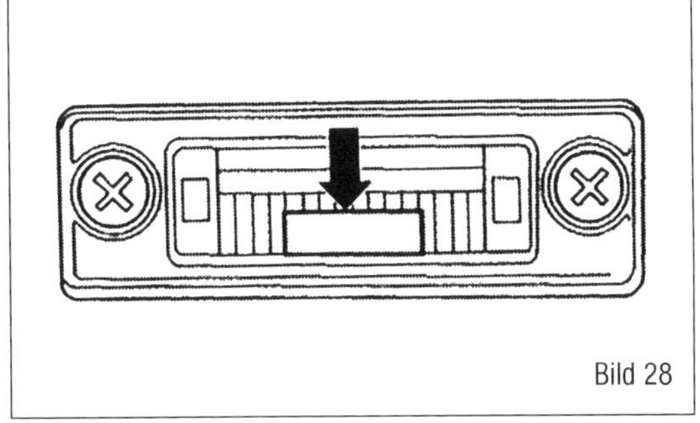

Bild 28

Bild 28
Konventionelle Leuchte.
Pfeil = Blendschutzstreifen

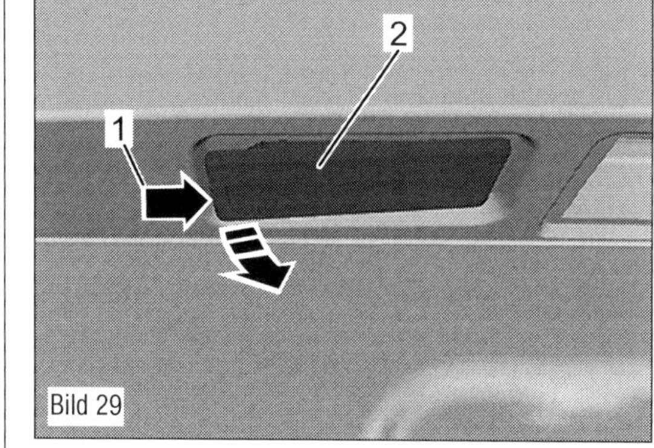

Bild 29
LED-Leuchte.
1 Kontaktblech
2 Soffitte

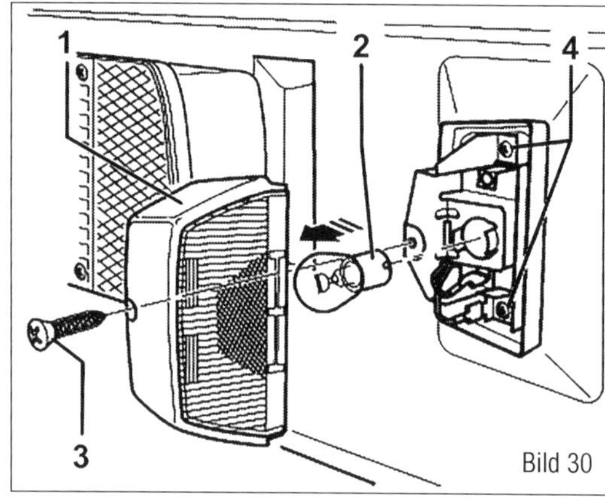

Bild 30
Pritsche.
1 Streuglasscheibe
2 Leuchtmittel
3 Schraube
4 Befestigungsschrauben

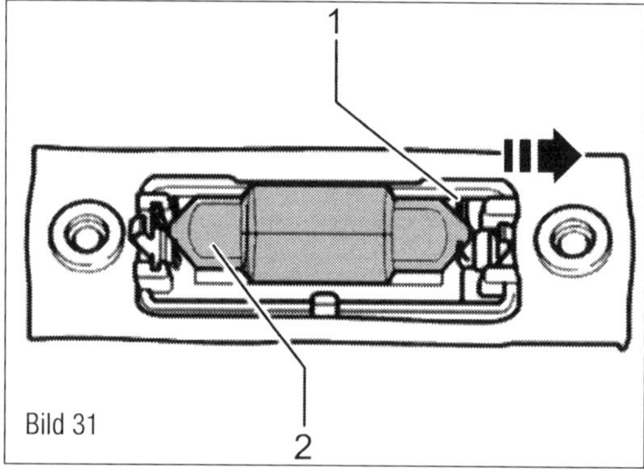

Bild 31
Konventionelle Kennzeichenleuchte.
1 Kontaktblech
2 Glühlampe
Pfeil = Ausbaurichtung

kleiner silberfarbener Blendschutzstreifen (Pfeil im Bild 28) aufgebracht. Dieser muss beim Einbau der Streuscheibe immer der Stoßfängerseite zugewandt sein.

■ Die LED-Kennzeichenleuchte zuerst mit der Federspange in die Einbauöffnung einsetzen und anschließend sicher verrasten.

Pritsche

■ Zündung und alle elektrischen Verbraucher ausschalten und den Zündschlüssel abziehen.

■ Die Befestigungsschraube (3 im Bild 30) für die Abdeckkappe mit Streuglasscheibe herausschrauben.

■ Abdeckkappe mit Streuglasscheibe (1) abnehmen.

■ Elektrische Steckverbindungen abziehen.

■ Die Befestigungsschrauben (4) herausschrauben und das Gehäuseunterteil abnehmen.

Der Einbau erfolgt sinngemäß in umgekehrter Reihenfolge.

Lampe Kennzeichenleuchte aus- und einbauen

■ Zündung und alle elektrischen Verbraucher ausschalten und den Zündschlüssel abziehen.

Konventionelle Lampe bei Heckklappe bzw. Heckflügeltür:

■ Kennzeichenleuchte ausbauen.

■ Das Kontaktblech (1 im Bild 31 in (Pfeilrichtung) drücken und die Glühlampe (2) aus der Fassung herausnehmen (12 V, 5 W).

LED bei Heckklappe bzw. Heckflügeltür:

Das Leuchtmittel der Kennzeichenleuchte ist in LED-Technik ausgeführt und nicht einzeln zu ersetzen. Im Schadensfall muss die komplette Kennzeichenleuchte ersetzt werden.

Pritsche:

■ Die Befestigungsschraube (3 im Bild 30) für die Abdeckkappe mit Streuglasscheibe herausschrauben.

■ Die Lampe (2) in die Fassung drücken, nach links drehen und aus der Fassung herausziehen (12 V, P 5 W).

Montage für beide Ausführungen:
Der Einbau erfolgt sinngemäß in umgekehrter Reihenfolge.

Scheibenwischer

Wischerblattwechsel

Gelenkfreie Wischerblätter:
Zum Ausbau der Scheibenwischerblätter müssen die Scheibenwischerarme in die »Service-/Winterstellung« gefahren werden. Die »Service-/Winterstellung« wird innerhalb von 10 Sekunden nach dem Ausschalten der Zündung durch Betätigen des Scheibenwischerhebels in Stellung »Tippwischen« aktiviert.

■ Scheibenwischerarm hochklappen.

■ Scheibenwischerblatt (1 im Bild 33) auf dem Scheibenwischerarm bis zum Anschlag (Pfeil A) hochkippen.

■ Den Taster auf der Scheibenwischerblattbefestigung drücken und das Scheibenwischerblatt (1) vom Scheibenwischerarm abziehen (Pfeil B).

Der Einbau erfolgt sinngemäß in umgekehrter Reihenfolge.

■ Das Scheibenwischerblatt in die Scheibenwischerblattbefestigung einschieben, bis es hörbar verrastet.

■ Das Scheibenwischerblatt auf der Achse des Scheibenwischerarms wieder bis zum Anschlag zurückklappen.

■ Den Scheibenwischerarm vorsichtig auf die Frontscheibe zurückklappen.

»Normale« Wischerblätter:

■ Scheibenwischer in die Endablage laufenlassen.

■ Zündung und alle elektrischen Verbraucher ausschalten und den Zündschlüssel abziehen.

■ Den Scheibenwischerarm (2 im Bild 32) von der Scheibe wegklappen.

Tipp: Verbiegen von Scheibenwischerarm und Blatt vermeiden. Ein Zurückklappen des Scheibenwischerarms verhindern, damit die Glasscheibe nicht zerstört wird.

■ Scheibenwischerarm und Scheibenwischerblatt so positionieren, dass das Gelenk gut ausgebaut werden kann.

■ Die Sicherungsfeder des Scheibenwischerblatts (1) in Richtung (Pfeil 1) drücken.

■ Das Scheibenwischerblatt (1) ausrasten und vom Scheibenwischerarm (2) gegen die Richtung (Pfeil 2) abnehmen.

Tipp: Das längere Scheibenwischerblatt wird auf der Fahrerseite angebaut.

■ Das Scheibenwischerblatt (1) in umgekehrter Reihenfolge befestigen.

■ Scheibenwischerarm und Scheibenwischerblatt so positionieren, dass das Gelenk gut ausgebaut werden kann.

■ Das Gelenkstück vom Scheibenwischerblatt (1) in die Führung des Scheibenwischerarms (2) einsetzen.

■ Die Sicherungsfeder (Pfeil 1) drücken und dabei das Gelenkstück in die Führung (Pfeil 2) schieben, bis es vollständig in der Führung sitzt.

■ Den Scheibenwischerarm an die Scheibe zurückklappen.

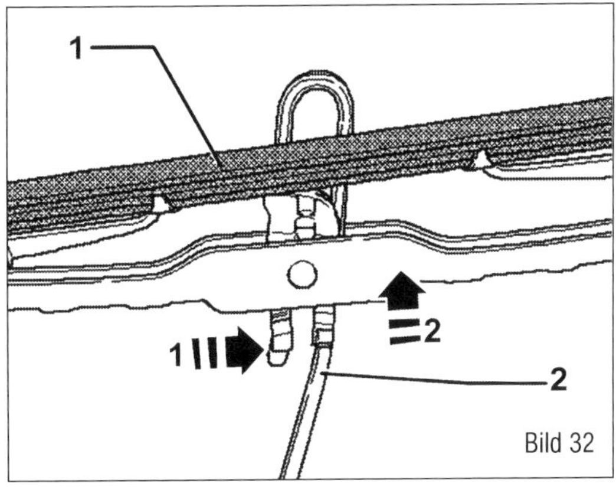

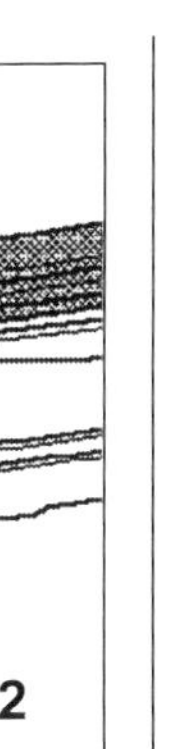

Bild 32
Wischerblatt.
1 Wischerblatt
2 Wischerarm
Pfeil 1 Raste lösen
Pfeil 2 Wischer aufschieben

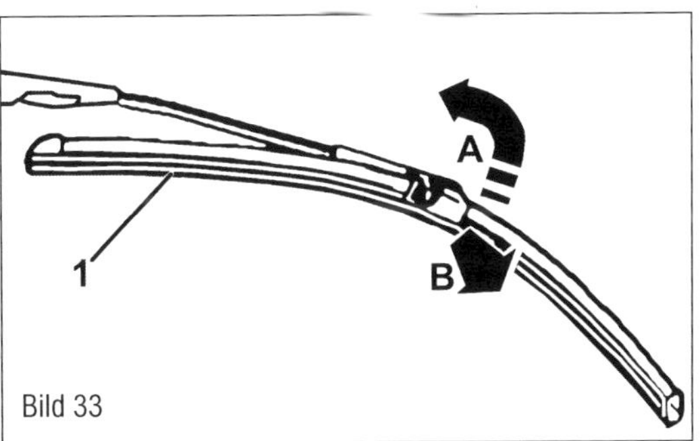

Bild 33
Gelenkfreies Wischerblatt.
1 Wischerblatt,
Pfeil A Anschlag
Pfeil B Demontagerichtung

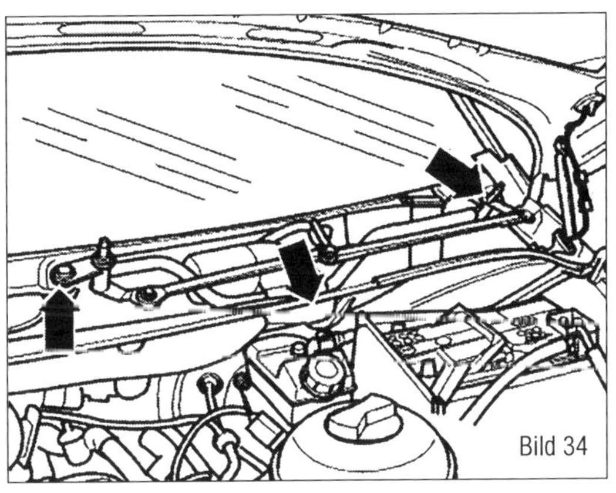

Bild 34
Scheibenwischerrahmen.
Pfeile = Befestigungsschrauben

■ Scheibenwischerblätter-Endablage prüfen und ggf. einstellen.

Scheibenwischerrahmen vorne mit Gestänge und Scheibenwischermotor ausbauen

Um den Scheibenwischerrahmen mit Gestänge und Scheibenwischermotor auszubauen, müssen die Scheibenwischerarme und die Wasserkastenabdeckung ausgebaut werden.

Tipp: Bevor die Scheibenwischerarme ausgebaut werden, sicherstellen, dass sich der Scheibenwischermotor in Endstellung befindet. Nur so lässt sich beim Einbau die Endablage der Scheibenwischerarme korrekt einstellen.

Bild 35
Heckklappe.
1 Gummidichtung
2 Heckklappe
3 Befestigungsmuttern
4 Schlauchverbindung für Heckscheibenwaschanlage
5 Motor für Heckscheibenwischer
6 Scheibenwischerwelle

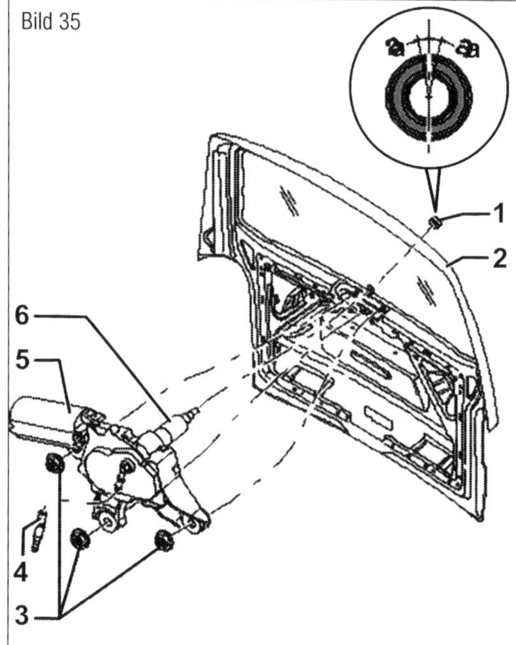

Bild 36
Hecktüren.
1 Gummidichtung
2 Heckflügeltür links
3 Motor für Heckscheibenwischer
4 Befestigungsschrauben
5 Schlauchverbindung
6 Motor für Heckscheibenwischer Heckflügeltür rechts
7 Scheibenwischerwellen
8 Heckflügeltür rechts

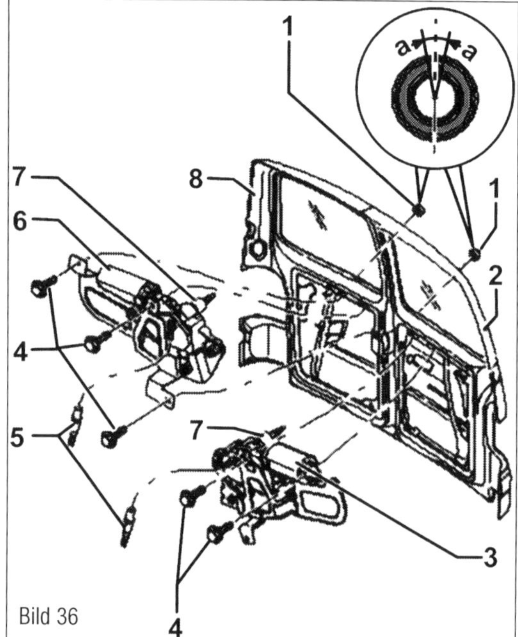

- Scheibenwischer in die Endlage laufenlassen.
- Zündung und alle elektrischen Verbraucher ausschalten und den Zündschlüssel abziehen.
- Batterie abklemmen.
- Scheibenwischerarme ausbauen.

Die Wasserkastenabdeckung ist unterhalb der Frontscheibe in eine Führungsschiene eingesteckt.

- Die Wasserkastenabdeckung seitlich anheben, bis sich die Clips an der Führungsschiene lösen.
- Die Wasserkastenabdeckung vorsichtig nach oben ausclipsen.
- Die Abdeckung herausnehmen.
- Die Befestigungsschrauben (Pfeile im Bild 34) herausschrauben.
- Elektrische Steckverbindung am Scheibenwischermotor entriegeln und trennen.
- Scheibenwischerrahmen komplett aus dem Fahrzeug nehmen.

Der Einbau erfolgt sinngemäß in umgekehrter Reihenfolge.

- Befestigungsschrauben Scheibenwischerrahmen an Karosserie mit 5 Nm festziehen.

Motor für Heckscheibenwischer aus- und einbauen

- Heckscheibenwischerarm ausbauen.
- Die untere Verkleidung Heckklappe ausbauen.
- Elektrische Steckverbindung am Scheibenwischermotor entriegeln und trennen.
- Das Schlauchanschlussstück für Scheibenwaschanlage abziehen.
- Sechskantmuttern (3 im Bild 35 beziehungsweise 4 im Bild 36) abschrauben.
- Scheibenwischermotor (5 bzw. 6) vorsichtig nach innen von der Heckklappe abziehen.

Der Einbau erfolgt sinngemäß in umgekehrter Reihenfolge.

- Den korrekten Sitz der Dichtung in der Öffnung der Heckscheibe kontrollieren. Die Markierung (1) der Dichtung muss mit der Markierung (2) der Heckscheibe übereinstimmen.

⚠ Vor dem Einsetzen des Motors für Heckscheibenwischer ist die Scheibenwischerwelle mit Gleitmittel Polyethylenglykol zu benetzen.

- Motor für Heckscheibenwischer einsetzen.
- Sechskantmuttern (3 im Bild 35 beziehungsweise Schrauben 4 im Bild 36) aufschrauben und festziehen.
- Untere Verkleidung Heckklappe einbauen.
- Heckscheibenwischerarm einbauen.

Scheibenwischerarme aus- und einbauen

Scheibenwischerarme vorne und Wischerarme an Fahrzeugen mit Flügeltüren:

■ Zündung und alle elektrischen Verbraucher ausschalten und den Zündschlüssel abziehen.
■ Abdeckkappe mit einem Schraubendreher vom Wischerarm abhebeln.
■ Befestigungsmutter abschrauben.
■ Die Arme des Abziehers »T10369/1« (2 im Bild 37) unter den Scheibenwischerarm (4) schieben, wie in der Abbildung dargestellt.
■ Druckschraube (1) des Abziehers im Uhrzeigersinn drehen, bis das Druckstück (3) auf der Welle des Scheibenwischers aufliegt.

⚠ Die Scheibenwischerwelle kann beschädigt werden. Verwenden Sie immer das Druckstück (3) zum Lösen des Scheibenwischerarms.

■ Druckschraube (1) des Abziehers mit einem Innensechskantschlüssel (Schlüsselweite 6) im Uhrzeigersinn drehen, bis sich der Scheibenwischerarm (4) von der Welle löst.
■ Abzieher und den Scheibenwischerarm abnehmen.

Der Einbau erfolgt sinngemäß in umgekehrter Reihenfolge, dabei ist Folgendes zu beachten:

■ Die Scheibenwischerarme auf ihre Wellen aufstecken.
■ Befestigungsmuttern locker auf die Scheibenwischerarmwellen aufschrauben.
■ Scheibenwischerblätter-Endablage einstellen.
■ Nach dem Einstellen der Scheibenwischerblätter-Endablage, die Befestigungsmuttern der Scheibenwischerarme mit 20 Nm festziehen.
■ Abdeckkappen aufdrücken.

Fahrzeuge mit Heckklappe:

■ Den Heckscheibenwischer in seine Endablage laufenlassen.
■ Abdeckkappe des Heckscheibenwischers nach außen auf-/abclipsen.
■ Sechskantmutter (Pfeil im Bild 38) abschrauben.
■ Den Scheibenwischerarm durch seitliche Bewegungen von der Scheibenwischermotorachse lösen.

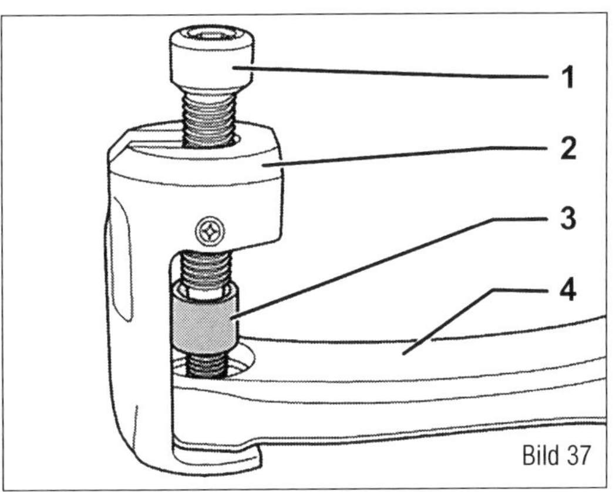

Bild 37
Abzieher Wischerarm.
1 Druckschraube
2 Abzieher T10369/1
3 Druckstück
4 Scheibenwischerarm

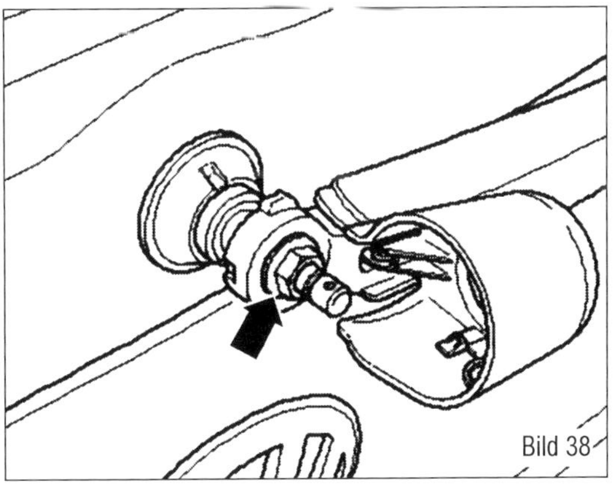

Bild 38
Waschdüse an der Heckklappe. Pfeil = Mutter, darüber die Düse und die Abdeckkappe.

Montage:

■ Heckscheibenwischerarm aufstecken und die Sechskantmutter lose auf die Scheibenwischerarmwelle aufschrauben.
■ Heckscheibenwischer-Endablage einstellen.
■ Nach dem Einstellen der Scheibenwischerblätter-Endablage, die Befestigungsmuttern der Scheibenwischerarme mit 20 Nm festziehen.
■ Abdeckkappe aufdrücken.

Endlage der Scheibenwischer

Wischerarme vorne

■ Der Abstand (a im Bild 39) zwischen Scheibenwischergummi (1) und Wasserkastenabdeckung (2) muss 25 mm betragen.
■ Gegebenenfalls Endablage durch Versetzen des Scheibenwischerarms einstellen.
■ Befestigungsmuttern der Scheibenwischerarme mit 20 Nm festziehen.

Heckscheibenwischer

Fahrzeuge mit Heckklappe:

■ Den Heckscheibenwischer in seine Endablage laufenlassen. Der Abstand (a im Bild

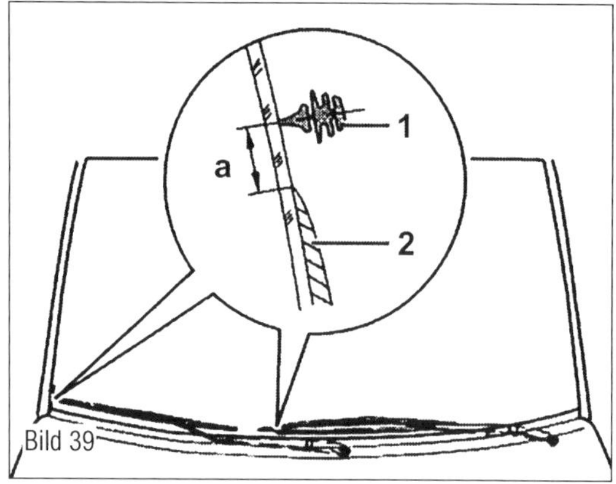

Bild 39
Endlage Wischer vorne.
1 Scheibenwischergummi
2 Wasserkastenabdeckung
a Abstand

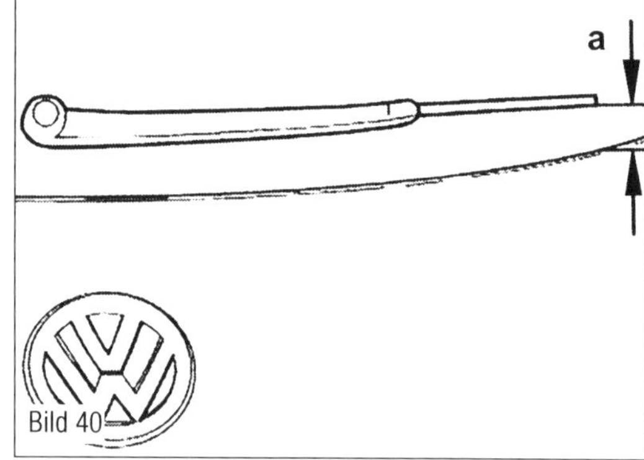

Bild 40
Endlage Wischer Heckklappe.
a Abstand

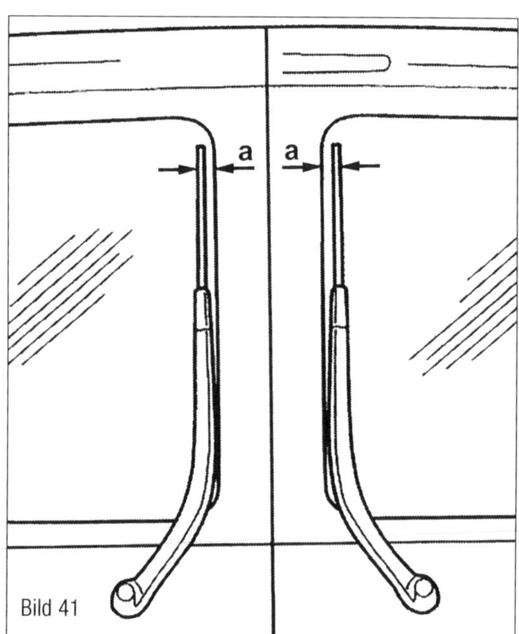

Bild 41
Endlage Flügeltüren.
a Abstand

40) zwischen Scheibenwischergummi und Scheibenunterkante muss 25 mm betragen.

■ Gegebenenfalls Heckscheibenwischer-Endablage durch Versetzen des Scheibenwischerarms einstellen.

■ Befestigungsmutter des Scheibenwischerarms festziehen.

Fahrzeuge mit Heckflügeltüren:

■ Den Heckscheibenwischer in seine Endablage laufenlassen.

■ Der Abstand (a im Bild 41) zwischen Scheibenwischergummi und Scheibenseitenkante muss 25 mm betragen.

■ Gegebenenfalls Heckscheibenwischer-Endablage durch Versetzen des Scheibenwischerarms einstellen.

■ Befestigungsmutter des Scheibenwischerarms festziehen.

Waschdüsen vorne

Waschdüsen vorne ausbauen

⚠ Zum Aus- und Einbau der Spritzdüsen darf kein Werkzeug verwendet werden. Spritzdüsen bei geöffneter Motorhaube vor dem Fahrzeug stehend mit der Hand ausbauen.

■ Die Spritzdüse mit dem Finger umfassen und die Düse im Montageloch von vorn nach hinten drücken.

■ Spritzdüse mit der Verrastung aus dem Montageloch der Motorhaube herausnehmen.

■ Schlauch von der Spritzdüse abziehen.

Zusätzlich bei Fahrzeugen mit Heizwiderstand für Spritzdüse:

■ Die elektrische Steckverbindung an der Spritzdüse (1) entriegeln und trennen.

Montage:

■ Schlauchverbindung aufstecken.

Fahrzeugen mit Heizwiderstand für Spritzdüse:

■ Die elektrische Steckverbindung an der Spritzdüse aufstecken und verrasten.

■ Elektrische Steckverbindung zur Geräuschdämpfung mit dem Schaumstoff umwickeln.

Fortsetzung für alle Fahrzeuge:

■ Spritzdüse in das Montageloch einrasten.

■ Spritzbild und Einstellung der Spritzdüsen prüfen.

Waschdüsen vorne einstellen

⚠ Im Falle eines ungleichmäßigen Spritzfelds durch Verunreinigungen in der Spritzdüse bauen Sie die Spritzdüse aus und spülen Sie diese mit Wasser durch. Das anschließende Durchblasen der Spritzdüse mit Druckluft ist in beide Richtungen zulässig. Keine Gegenstände zum Reinigen der Spritzdüsen verwenden!

Fächerdüsen
Die Spritzdüsen sind voreingestellt. Es können aber kleine Höhenunterschiede ausgeglichen werden. Liegen die beiden Spritzfelder nicht auf gleicher Höhe (Bild) Spritzrichtung wie folgt nach oben bzw. unten korrigieren.
■ Spritzstrahl am Einsteller mit der Hand nach oben bzw. unten verstellen.

Spritzdüseneinstellung 3-Strahl-Düse
Die Düsen nach der folgenden Tabelle einstellen:

Position	von oben (cm) (A)	von außen (cm) Fahrerseite (B)
1	40	16
2	19	42
3	27	76
4	27	73
5	20	109
6	50	139

Waschdüsen hinten

Waschdüsen hinten ausbauen

Der Unterschied ist für die Montagearbeiten so geringfügig, dass wir Ihnen eine allgemeingültige Beschreibung zur Verfügung stellen können, die für die Heckklappe und die Flügeltüren angewendet werden kann.
■ Heckscheibenwischer in die Endablage laufenlassen.
■ Zündung und alle elektrischen Verbraucher ausschalten und den Zündschlüssel abziehen.
■ Die Abdeckkappe des Heckscheibenwischers nach außen abclipsen (siehe Bild 44).
■ Mit einer Spitzzange vorsichtig die Spritzdüse in gerade herausziehen.

Der Einbau erfolgt sinngemäß in umgekehrter Reihenfolge.
■ Spritzdüse einstellen.

Waschdüsen hinten einstellen

■ Abdeckkappe über der Antriebswelle (2 im Bild 44) entfernen.

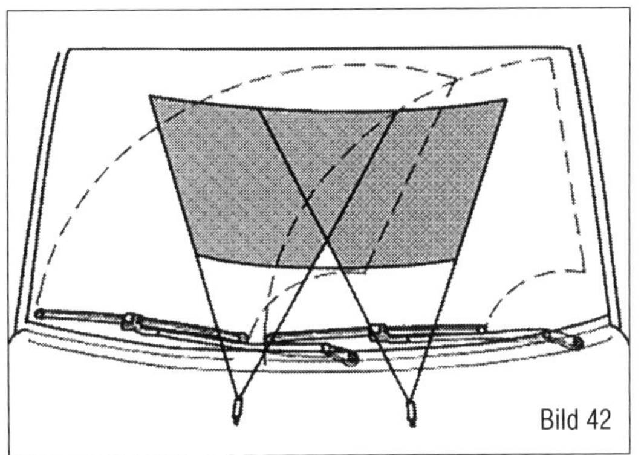

Bild 42
Spritzfeld Fächerdüsen.

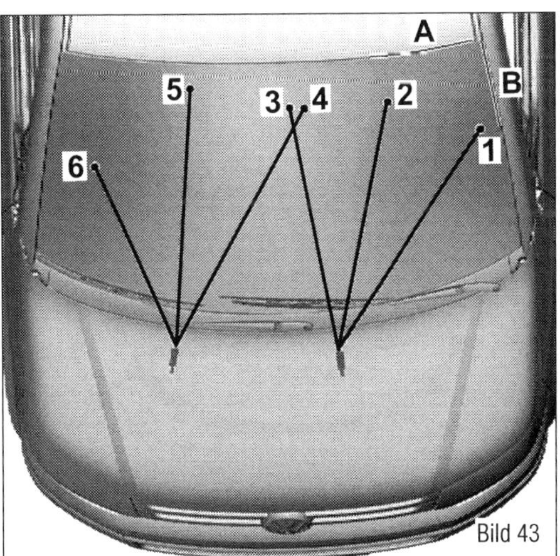

Bild 43
Spritzbild 3-Punktdüsen.
1–6 Positionspunkte (siehe Tabelle)
A Abstand von oben
B Abstand von links

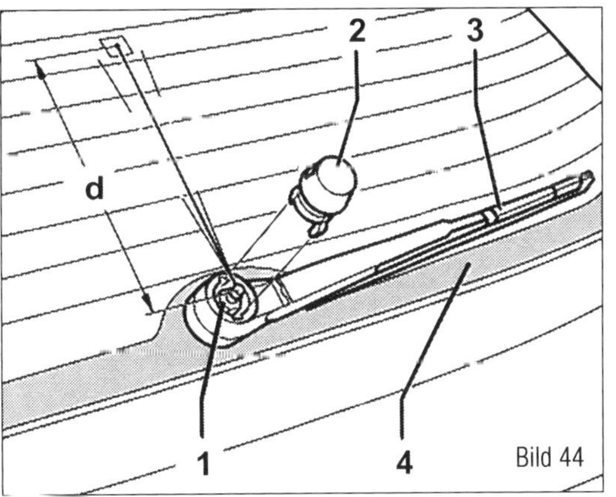

Bild 44
Heckklappe.
1 Spritzdüse
2 Abdeckkappe
3 Wischerarm
4 Heckscheibe
d Abstand zum Auftreffpunkt etwa das obere Drittel der Scheibe

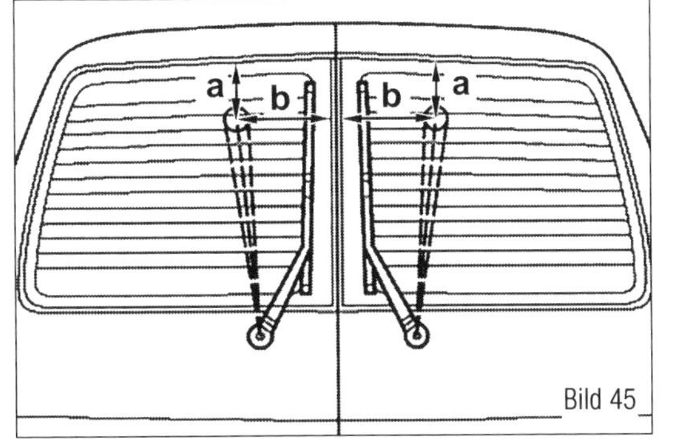

Bild 45
Auftreffpunkte bei Flügeltüren.
Maß a = ca. 150 mm
Maß b = ca. 250 mm

Bild 46
Ausbau der Waschdüse: Gerade aus der Wischerwelle herausziehen (Pfeil).

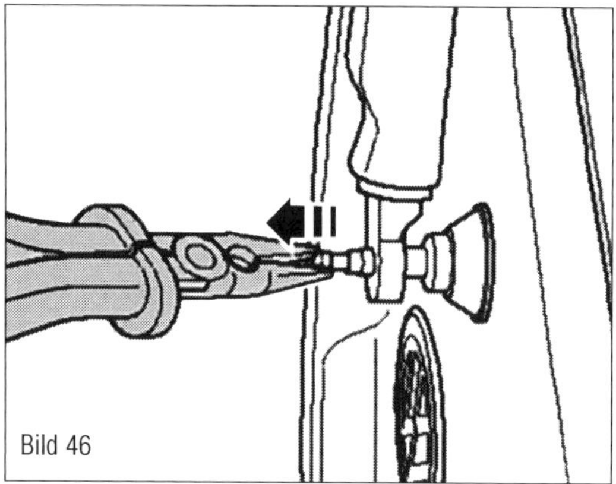
Bild 46

Bild 47
Waschbild. Spritzrichtung der jeweiligen Düse (Pfeil).

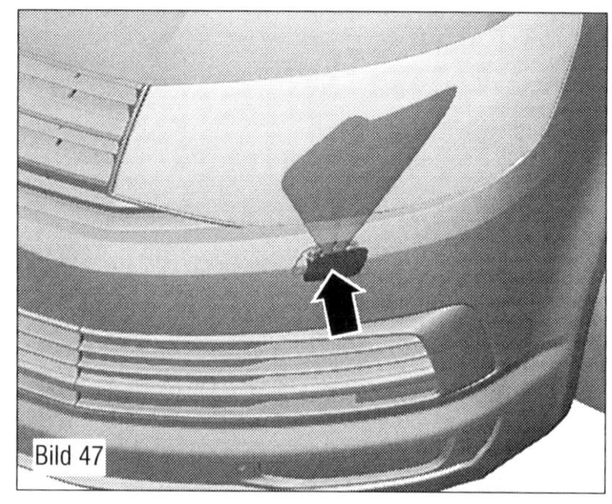
Bild 47

Bild 48
Position der beiden Waschdüsen.

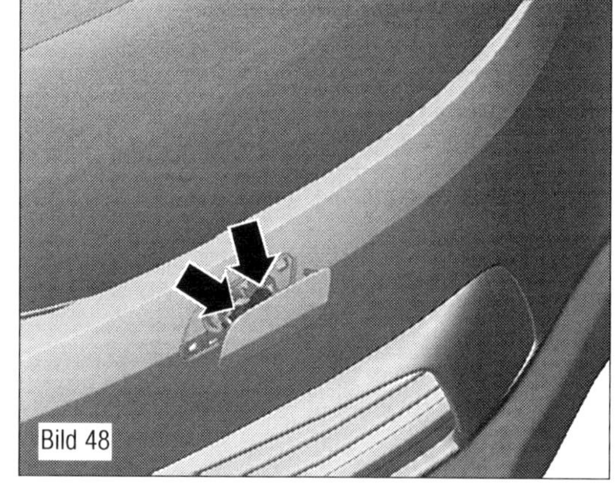
Bild 48

Bild 49
Spritzdüse im Hubzylinder.
1 Spritzdüse
2 Hubzylinder
A Verrastungen

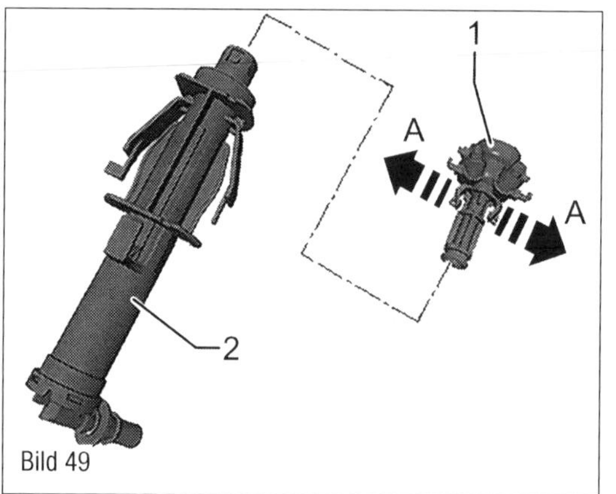

Bild 49

Spritzdüseneinstellung für die Heckklappe:
■ Spritzdüse (1 im Bild 44) mit Einstellwerkzeug »T40187« so einstellen, dass der Wasserstrahl auf das obere Drittel der Heckscheibe spritzt.

Spritzdüseneinstellung für Heckflügeltüren:
■ Spritzdüse mit Einstellwerkzeug »T40187« so einstellen, dass die Wasserstrahlen an den gezeigten Stellen im Bild 45 auf die Heckscheibe spritzen.

Markieren Sie mit einem wasserlöslichen Stift die angegebenen Auftreffpunkte auf der Scheibe.

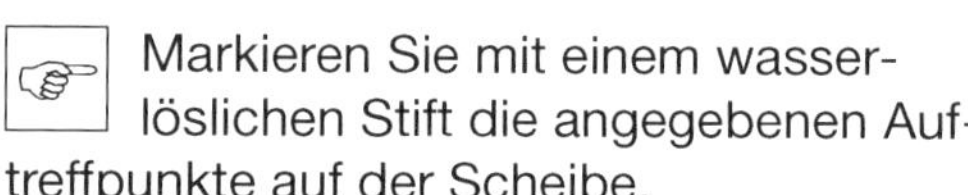

Waschdüsen Scheinwerferreinigung

Spritzdüseneinstellung prüfen, gegebenenfalls einstellen
Düseneinstellung prüfen:
■ Schalten Sie das Abblendlicht ein.
■ Betätigen Sie die Scheibenwaschanlage für die Frontscheibe. Die Scheinwerfer werden gewaschen, wenn der Scheibenwischerhebel mindestens 1,5 Sekunden in »Wischstellung« gehalten wird. Der Sprühstrahl sollte auf die gezeigten Stellen im Bild 47 auftreffen.

Düsen einstellen:
Die Spritzdüsen werden vom Hersteller bereits voreingestellt angeliefert und müssen nach dem Einbau nicht eingestellt werden. Tritt der Spritzstrahl ungleichmäßig aus oder lässt sich nicht auf die vorgegebenen Maße einstellen, ist die Spritzdüse zu ersetzen.
■ Spritzrichtung der jeweiligen Düse (Pfeil im Bild 47) mit der Einstellvorrichtung (VAG T10167) oder einem anderen geeigneten Werkzeug so ausrichten, dass der Spritzstrahl etwa in der Mitte des Scheinwerfers auftrifft.

Spritzdüse aus- und einbauen
Die Hubzylinder der Spritzdüsen dürfen nicht von Hand ausgezogen werden. Bauartbedingt kann sich ein von Hand ausgezogener Hubzylinder beim Rückhub verklemmen. Ein manuelles Zurückschieben des Hubdüsenkolbens ist nicht zulässig und führt zu Beschädigungen

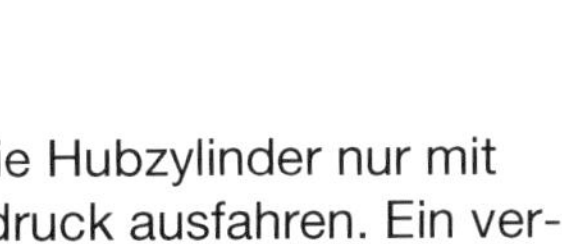

am Hubzylinder. Die Hubzylinder nur mit Wasser- oder Luftdruck ausfahren. Ein verklemmter Hubzylinder wird wieder funktionsfähig, wenn er mit Wasser- oder Luftdruck aus- bzw. eingefahren wird.

- Zündung und alle elektrischen Verbraucher ausschalten und den Zündschlüssel abziehen.
- Hubzylinder ausbauen.
- Verrastungen in Pfeilrichtung ziehen.
- Spritzdüse (1 im Bild 49) aus dem Hubzylinder (2) herausziehen.

Der Einbau erfolgt sinngemäß in umgekehrter Reihenfolge.

- Die Spritzdüse muss beim Hineinschieben in den Hubzylinder auf beiden Seiten hörbar verrasten.
- Nach Abschluss der Montagearbeiten muss die Scheinwerferreinigungsanlage durch mehrmaliges Betätigen entlüftet werden (3-5 Impulse für je 3 Sekunden Dauer).
- Diesen Entlüftungsvorgang gegebenenfalls wiederholen, bis die einwandfreie Funktion von Hubzylindern und Spritzdüsen erreicht ist.
- Waschwasserbehälter auffüllen.

Tipp: Richtiges Betreiben der Waschanlage

Im Sommer genügt destilliertes Wasser mit einigen Spritzern Glasreiniger oder Spülmittel, um die Windschutzscheibe sauber zu halten. Alternativ gibt es im Handel für Autoteilezubehör spezielle Reinigungsmittel für die Scheibenwaschanlage, die auf die gleiche Weise nachgefüllt werden.
Sie können dieses Mittel unverdünnt in den Behälter geben oder mit destilliertem Wasser mischen. Das richtige Mischverhältnis ist von Hersteller zu Hersteller verschieden, daher entnehmen Sie die richtige Mischung bitte den Herstellerhinweisen auf der Flasche.
Das Nachfüllen funktioniert im Winter etwas anders. Damit die Scheibenwaschanlage nicht einfriert, ist es ratsam, ein Frostschutzmittel in den Behälter zu geben. Dieses können Sie, abhängig von der Wirksamkeit, unverdünnt oder gemischt mit destilliertem Wasser in den Flüssigkeitstank geben.
Achten Sie hierbei ebenfalls auf die Angaben des Herstellers und verwenden Sie ein Produkt, das auch für besonders niedrige Temperaturen zugelassen ist. Das beste Ergebnis erzielen sie natürlich, wenn Sie das Mittel unverdünnt in den Tank geben.
Allerdings ist auch ein Mischverhältnis von einem Teil Scheibenfrostschutz und zwei Teilen Wasser annehmbar. Die Voraussetzung dafür ist jedoch, dass ein Schutz bei niedrigen Temperaturen weiterhin gewährleistet ist.
Beim Kauf von Frostschutzmitteln lohnt es sich, zu teureren Produkten zu greifen, diese sind meistens mit einem TÜV- oder DEKRA-Zeichen versehen und daher ohne Bedenken verwendbar. In den meisten Fällen haben diese Mittel einen weiteren positiven Effekt, der Geruch ist nicht besonders intensiv und Sie erhalten jederzeit eine freie Sicht auf die Straße.
Sind Sie sich nicht sicher, welches Mittel für Sie am besten geeignet ist, fragen Sie bei Ihrem Vertragshändler oder im Fachhandel für Autoteilezubehör nach den besten Produkten.

15 Stromlaufpläne

Sicherungen und Sicherungshalter

Damit Sie die Elektrik Ihres Autos einfach, zuverlässig und sicher nutzen können, gibt es Schaltstellen, Leitungsstränge und Sicherheitsvorkehrungen. Prüfen Sie vor jeder Fehlersuche immer die verbauten Sicherungen (Bild 1). Überprüfen Sie auch, ob die Sicherungsbelegung bei Ihrem Fahrzeug identisch ist (siehe Fahrerhandbuch). Herstellerbedingt werden zwar bestimmte Belegungen ausgewählt, diese aber müssen nicht unbedingt Ihrer Variante entsprechen. Schließlich werden oft genug Ausstattungsvarianten ergänzt und erweitert. In den meisten Fällen erkennen Sie schon an der verbauten Sicherungsstärke, um welche Anschlussvariante es sich handelt. Vergessen Sie nicht, dass viele »Kleinsicherungen« durchaus im Sicherungskasten »A« zusätzlich abgesichert sein können! Solche Sicherungen werden auch »Vorsicherung« genannt. Die freien Sicherungsplätze und ihre Schaltfunktionen können sehr hilfreich bei der Erweiterung der Ausrüstung Ihres T6 sein.

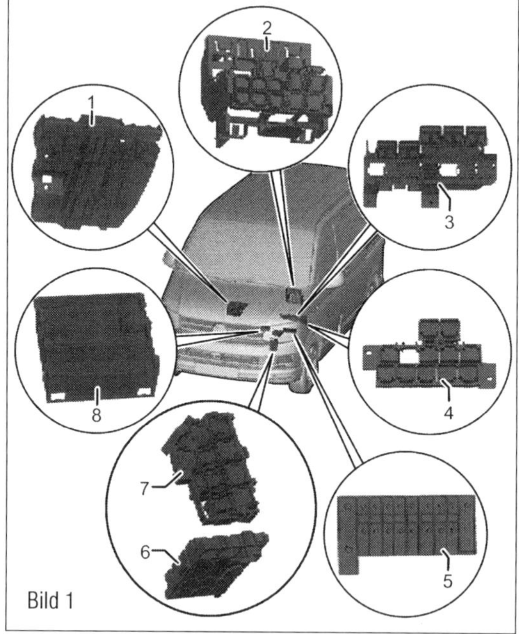

Bild 1
Sicherungskästen im T6.
1 Relaisträger und Sicherungshalter in der Mittelkonsole (SC, SD und SF)
2 Relaisträger Schalttafel Fahrerseite
3 Relaisträger und Sicherungshalter in der Sitzkiste vorn (SF)
4 Kupplungsstation in der Sitzkiste vorn links (SH)
5 Sicherungshalter (SA) (SB daneben)
6 Relaisträger in der E-Box
7 Relaisträger in der E-Box
8 Sicherungshalter (SD)

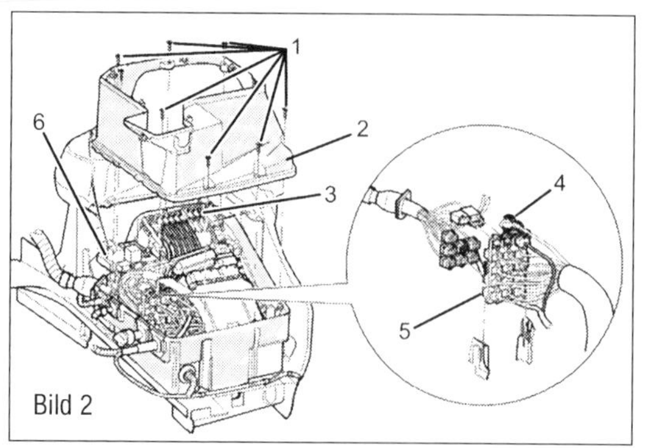

Bild 2
E-Box im Motorraum.
1 Befestigungsschrauben
2 E Box-Mittelteil
3 Leitung PIN 10
4 Verriegelung
5 Kupplungsstation
6 Relaisträger

Die E-Box im Motorraum (SA und SD)
Unter der Batterie. Hier sind die Halter A und B mit den Sicherungen SA und SD, sowie im Kasten selbst eine Reihe von Relais untergebracht. SA bezeichnet die Plätze für die Vorsicherungen, die als Streifensicherung ausgelegt sind. SD beinhaltet kleinere Stecksicherungen und einige Relaissteckplätze. Der Zugang ist nur für Sicherungen SD recht einfach möglich. Für den Zugang zu den Sicherungsplätzen SA ist der Ausbau der Batterie unumgänglich.

Die E-Box mittig im Fahrgastraum (SB und SC)
Eingebaut hinter der Abdeckung mittig unter der Schalttafel. Sicherungshalter B (SB) ist der obere der beiden Sicherungshalter. Sicherungshalter C (SC) ist der untere der beiden Sicherungshalter. Die Stecksicherungen sind recht gut vom Innenraum und mit wenig Demontageaufwand zugänglich.

Sicherungshalter F (SF)
In der Sitzkiste links (Fahrerseite) ist der Sicherungshalter F (Sicherungen SF) verbaut. Am gleichen Einbauort werden auch die Relaisträger für Sonderfahrzeuge und auch die so genannte Zweitbatterie verbaut. Dann finden Sie hier auch die Batterietrennrelais.

Relais und Sicherungsbelegungen
Die genaue Sicherungsbelegung ist von der Fahrzeugausstattung abhängig. Ein Schema ist als Aufkleber oder lose bei den Sicherungshaltern zu finden. Wir verweisen auf die aktuellen Belegungslisten in der Fahrzeugbedienungsanleitung. Sicherungen sind nach Steckplätzen nummeriert. Angegeben sind abgesicherter Verbraucher und der Stromstärke-Wert (in A), durch Farbe markiert. Die Bordelektrik steht, wie die Schaltpläne auch, im Laufe der Produktion einer stetigen Wandlung bevor. Die Dar-

stellung aller Varianten ist schon aus Aktualitätsgründen nicht möglich. VW weist schon zu Redaktionsschluss dieses Buches mehrere Varianten aus, sodass eine übergreifende Darstellung nicht sinnvoll ist.
Die Zuordnung ist nur über das VW-eigene Werkstattinformationssystem »Erwin« aktuell und sinnvoll möglich. Wer bei der Arbeit an einer Baugruppe die jeweiligen aktuellen Informationen zugrunde legen möchte, hat folgende Möglichkeiten:

- Man kann die Informationen aus dem Fahrzeugbordbuch entnehmen,
- kann sie direkt bestellen und kaufen über https://erwin.volkswagen.de/erWinVW/,
- oder per E-Mail: VWBestell@Bertelsmann.de,
- oder per Post: Volkswagen Distributions-Service arvato logistics services, Friedrich Menzefricke Straße 16-18, 33775 Versmold.

Kabelfarben und Kabelquerschnitt

Kabelfarbe
Im Schaltplan werden die Informationen über die Kabelfarbe und die Kabelstärke angegeben. Die Farben werden als Kürzel dargestellt. Farbangaben in Kombination stellen Kabelkennzeichnungen mit einer Farblinie dar. Die Kabelbezeichnung sw/ws ist beispielsweise die Bezeichnung für ein schwarzes Kabel mit einer weißen Linie. Die Grundfarbe des Kabels wird immer zuerst genannt.

Kürzel	Farbe
ws	Weiß
sw	Schwarz
ro	Rot
br	Braun
gn	Grün
bl	Blau
gr	Grau
li	Lila
ge	Gelb
or	Orange
rs	Rosa

Kabelquerschnitt
Auch der Kabel-(Leitungs)querschnitt ist im Schaltplan angegeben. Er wird durch eine Zahl über der Angabe der Kabelfarbe dargestellt. Beim Suchen der entsprechenden Anschlusskabel kann das die Arbeit sehr erleichtern.

Massepunkte am VW T6

Die Einbaulage der Massepunkte ist in der Übersicht recht gut zu erkennen. Prüfen Sie die Anschlüsse auf Korrosion und festen Sitz der Anschlusskabel zur Karosserie. Hier entstehen leicht Fehler, die nicht über das Diagnosesystem direkt erfasst werden können.

Massepunkte im Motorraum
Die genaue Positionierung im Bild 3 stellen wir Ihnen in der folgenden Tabelle für den Motorraum im Detail vor.

Massepunkt	Bemerkung
12	Massepunkt im Motorraum links
13	Massepunkt im Motorraum rechts
15	Massepunkt am Zylinderkopf
607	Massepunkt im Wasserkasten links
614	Massepunkt 2 im Motorraum rechts
624	Massepunkt neben Starterbatterie
640	Massepunkt 2 im Motorraum links
642	Massepunkt für EC-Lüfter
714	Massepunkt am Motor rechts

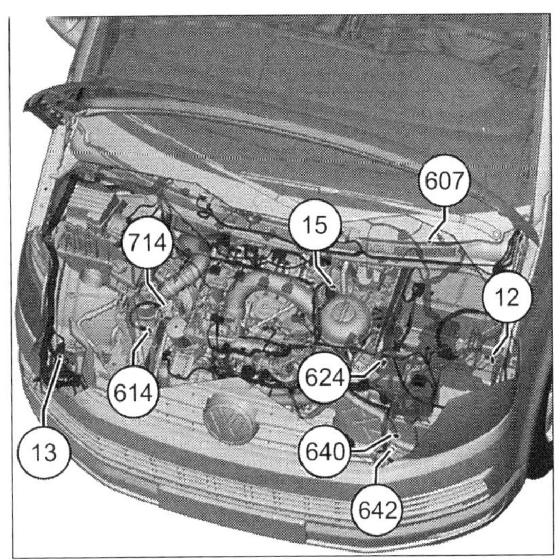

Bild 3
Massepunkte im Motorraum: Die Nummern bezeichnen die Masseanschlüsse in den Schaltplänen.

Bild 4
Massepunkte im Fahrgastraum vorne: Die Nummern bezeichnen die Masseanschlüsse in den Schaltplänen.

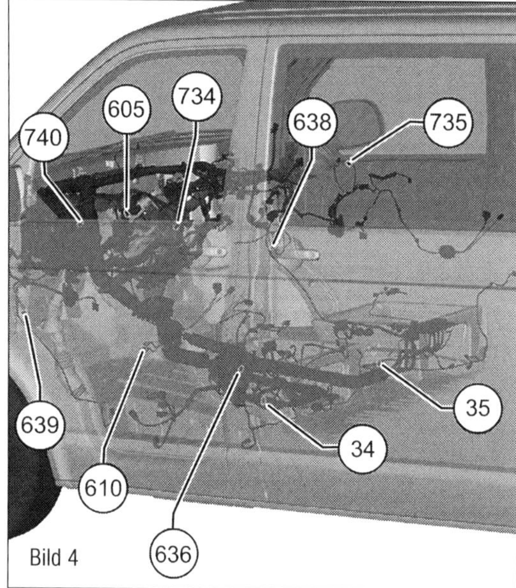

Bild 4

Bild 5
Massepunkte im Fahrgastraum hinten: Die Nummern bezeichnen die Masseanschlüsse in den Schaltplänen.

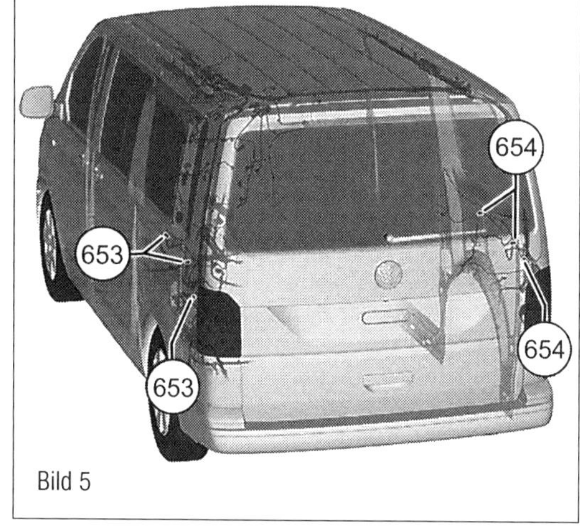

Bild 5

Bild 6
Massepunkte am Querträger hinten: Die Nummern bezeichnen die Masseanschlüsse in den Schaltplänen.

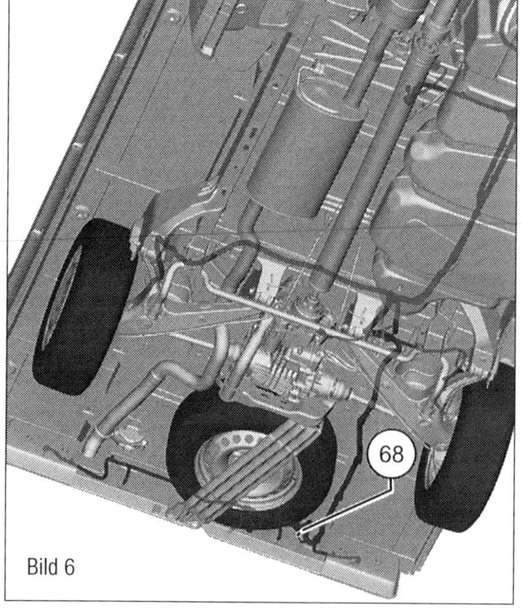

Bild 6

Massepunkte Fahrgastraum vorne
Die genaue Positionierung im Bild 4 stellen wir Ihnen in der folgenden Tabelle für den Fahrgastraum vorne im Detail vor.

Massepunkt	Bemerkung
34	Massepunkt unter Fahrersitz
35	Massepunkt unter Beifahrersitz
605	Massepunkt an der Lenksäule oben
610	Massepunkt (Audio) unter der Mittelkonsole vorn
636	Massepunkt für Bordnetzsteuergerät
638	Massepunkt an der A-Säule rechts
639	Massepunkt an der A-Säule links
734	Massepunkt in der Tür vorn links
735	Massepunkt in der Tür vorn rechts
740	Massepunkt 2 in der Tür vorn links

Massepunkte Fahrgastraum hinten
Die genaue Positionierung im Bild 5 stellen wir Ihnen in der folgenden Tabelle für den Fahrgastraum vorne im Detail vor.

Massepunkt	Bemerkung
653	Massepunkt an der D-Säule links
654	Massepunkt an der D-Säule rechts

Massepunkte am hinteren Querträger
Die genaue Positionierung im Bild 6 stellen wir Ihnen in der folgenden Tabelle für den Fahrgastraum vorne im Detail vor.

Massepunkt	Bemerkung
68	Massepunkt am Querträger hinten links

Kabelinstandsetzungsarbeiten

Reparatur von Airbag- und Gurtstrafferleitungen
Das Airbag- und Gurtstraffersystem kann ausfallen. Fehlerhafte Reparaturen am

Airbag- und Gurtstrafferleitungsstrang können zur Fehlfunktion des Insassenschutzes führen. Bei Reparaturen am Airbag- und Gurtstrafferleitungsstrang dürfen nur die dafür vorgesehenen Kontakte, Stecker und Leitungen verwendet werden. Leitungen des Airbag- und im Bereich von Quetschverbindern (Pfeil), größer als B = 100 mm ohne Verdrillung der Leitungen entstehen (Bild 8).

Reparaturmöglichkeiten CAN-Bus
Als CAN-Busleitung wird eine ungeschirmte Zweidrahtleitung (1) und (2) mit einem Querschnitt von 0,35 mm 2 oder 0,5 mm 2 verwendet. Die Farbcodierungen der CAN-Busleitungen entnehmen Sie der folgenden Tabelle:

CAN-High-Leitung, Antrieb	orange/schwarz
CAN-High-Leitung, Komfort	orange/grün
CAN-High-Leitung, Infotainment	orange/violett
CAN-Low-Leitung (alle)	orange/braun

Die Reparatur von CAN-Busleitungen kann sowohl mit Reparaturleitung in passendem Querschnitt als auch mit den gedrillten Leitungen »grün/gelb« bzw. »weiß/gelb« aus dem elektronischen Teilekatalog ausgeführt werden.
Bei Reparaturarbeiten (wie im Bild 8) müssen beide Busleitungen die gleiche Länge aufweisen. Beim Verdrillen der Leitungen (1) und (2) muss die Schlaglänge von A = 20 mm eingehalten werden. Es darf dabei kein Leitungsstück, zum Beispiel im Bereich von Quetschverbindern (Pfeil), größer als B = 50 mm ohne Verdrillung der Leitungen entstehen. Versehen Sie die Reparaturstelle mit gelbem Klebeband, um eine vorangegangene Reparatur zu kennzeichnen.

Messgeräte und Diagnosetester

Geeignete Messmittel in der Elektrik
Verwenden Sie nur geeignete Messmittel wie Multimeter und Mess- und Prüfsysteme. Prüflampen mit Glühlampe können Schäden in der Elektronik verursachen und können zudem keine Messwerte ausgeben.

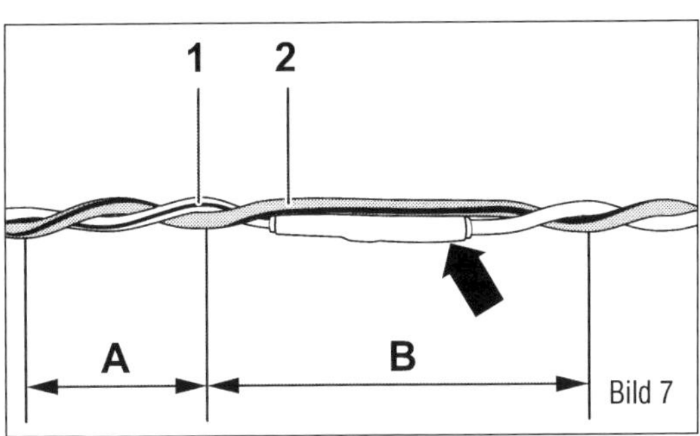

Bild 7
Reparatur am CAN-Bus.
1 und 2 Leitungen verdrillt,
A Verdrillungslänge 20 mm
B maximale gerade 50 mm

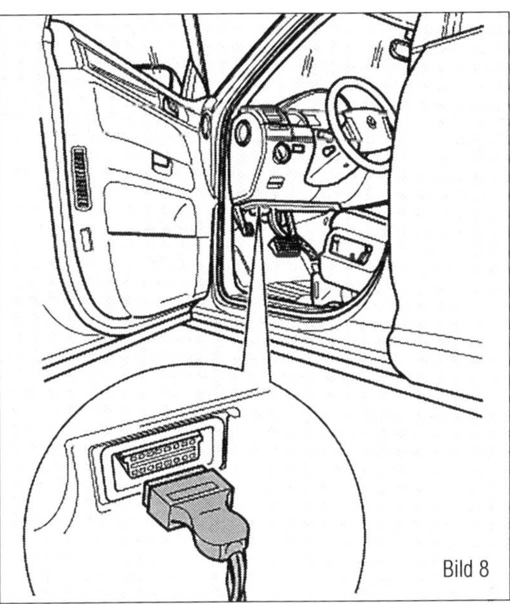
Bild 8
Anschluss an der OBD-Anschlussdose. Der Zugang ist von hieraus auf die einzelnen Steuergeräte möglich.

Vorgaben zur Diagnose am Fahrzeug
Vor unseren Hinweisen zum Umgang mit den Stromlauf- oder Schaltplänen möchten wir, weil dazu ein enger Zusammenhang besteht, nochmals kurz auf das Fahrzeugdiagnose-, Mess- und Informationssystem eingehen. Wird das Diagnose- und Informationssystem während einer Prüf- oder Messfahrt im Aktionsbereich eines Airbags deponiert, besteht im Falle einer Airbag-Auslösung das Risiko von schweren bis zu tödlichen Verletzungen!

Deshalb zu Prüf- oder Messfahrten stets einen Helfer mitnehmen, der auf einem Rücksitz das System bedient. Zum Anschließen des Diagnose- und Testsystems schreibt Volkswagen folgendes Vorgehen vor:
■ Die Handbremse anziehen.
Fahrzeug mit einem Erhaltungsladegerät versehen (Batterie laden).
■ Bei Fahrzeugen mit Automatikgetriebe den Wählhebel in die Stellung »P« oder »N« bringen.

■ Bei Fahrzeugen mit Schaltgetriebe den Schalthebel in die Leerlaufstellung bringen.

Schaltpläne

Zum Gebrauch der Stromlaufpläne

Die Bordelektrik wird in Aufbau und Vernetzung durch Stromlaufpläne (auch Schaltpläne genannt) dargestellt, die für die beiden Vans in gedruckter Form schon in der Grundausführung 1500 Seiten umfassen, also einen Ordner von ganz beträchtlichem Umfang füllen. Das Schaltplanangebot enthält neben den einzelnen Stromlaufplänen für die Basisausstattung, die Elektrik für jeden einzelnen Motor bis hin zu Sonderausstattungen (z. B. für Climatronic, Dämpfersteuerung, Einparkhilfe, Rückfahrkamera oder Autogasbetrieb) auch zeitliche Überarbeitungen. Es macht sachlich wenig Sinn und der begrenzte Umfang dieses Buches lässt das auch nicht zu, einzelne Stromlaufpläne aus der Fülle herauszugreifen und in diesem Ratgeber darzustellen. Wer bei der Arbeit an einer Baugruppe den jeweiligen aktuellen Schaltplan zugrunde legen möchte, hat folgende Möglichkeiten:

■ Man kann die Informationen aus dem Fahrzeugbordbuch entnehmen.
■ Kann sie direkt bestellen und kaufen über https://erwin.volkswagen.de/erWinVW/,
■ oder per E-Mail: VWBestell@Bertelsmann.de,
■ oder per Post: Volkswagen Distributions-Service arvato logistics services, Friedrich-Menzefricke-Straße 16-18, 33775 Versmold.

Für den Umgang mit den Schaltplänen geben wir nachstehend die grundsätzlichen Hinweise. Mit Bild 10 informieren wir über den Aufbau der Stromlaufpläne. Die Liste auf der übernächsten Seite fasst die häufig benutzten Klemmenbezeichnungen zusammen, wie wir sie im Kapitel »Elektrische Anlage« auch im Zusammenhang mit der Funktion von Sicherungen angegeben haben.

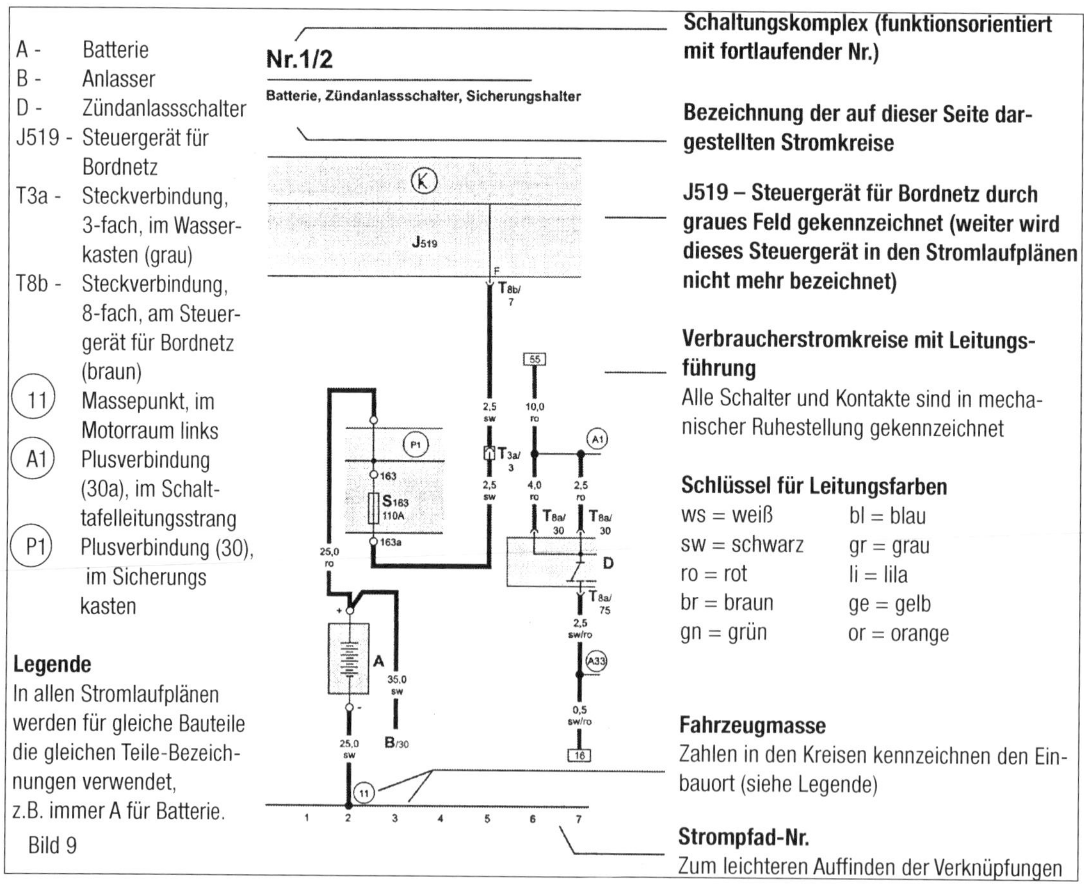

Bild 9

Bild 9
Aufbau der Stromlaufpläne.

Klemmenbezeichnungen nach Norm	
15	Geschaltetes Plus hinter Batterie (Ausgangskontakt vom Zündanlassschalter)
15a	Geschaltetes Plus vom Zündanlassschalter (hinter der Sicherung)
30	Ausgang direkt von Batterie-Plus
30a	Ausgang direkt von Batterie-Plus (hinter der Sicherung)
30al	Ausgeschaltetes Plus von Steuergerät für Bordnetz für Innenleuchte
31	Batterie-Minus oder Fahrzeugmasse
50	Ausgangskontakt vom Zündanlassschalter für Anlasser
54	Bremsleuchten
56	Ausgang von Lichtschalter für Abblendlicht und Fernlicht
56a	Fernlicht
56aL	Fernlicht links
56aR	Fernlicht rechts
56b	Abblendlicht
56bL	Abblendlicht links
56bR	Abblendlicht rechts
58	Stand- und Schlusslicht, Kennzeichenleuchte
58d	Beleuchtung von Schaltern und Schalttafeleinsatz (Beleuchtungsintensität einstellen)
58L	Standlicht, Schlusslicht und Parklicht links
58R	Standlicht, Schlusslicht und Parklicht rechts
49L	Blinker links
49R	Blinker rechts
49a	Blinkrelais Ausgang (nur konventionelle Blinkanlagen)
71	Eingang für Signalhorn
75	Ausgangskontakt vom Zündanlassschalter zum Ausschalten von Verbrauchern für Entlastung der Batterie beim Anlassen.
75a	Ausgeschaltetes Plus hinter dem Relais für Entlastung der Batterie beim Anlassen (hinter der Sicherung).
86s	Ausgeschaltetes Plus durch Zündanlassschalter beim vollständigen Herausziehen des Schlüssels aus dem Zündanlassschalter.
87	Ausgangskontakt vom Kraftstoffpumpenrelais oder vom Relais für Dieseldirekteinspritzanlage.
87a	Ausgangskontakt vom Kraftstoffpumpenrelais oder vom Relais für Dieseldirekteinspritzanlage hinter der Sicherung.
CAN-H. Antrieb	Datenbus zwischen Steuergeräte von Antrieb (Motor, autom. Getriebe, ABS, Diagnose-Interface für Datenbus...)
CAN-L. Antrieb	
CAN-H. Komfort	Komfort-Datenbus zwischen Steuergeräten von Komfortelektrik (Türsteuergeräte, Climatic, Steuergerät für Bordnetz, Diagnose-Interface für Datenbus...)
CAN-L. Komfort	
CAN-H - KI	Datenbus zwischen Schalttafeleinsatz und Diagnose-Interface für Datenbus.
CAN-L- KI	
CAN-H. Infotainment	Datenbus zwischen Diagnose-Interface für Datenbus und Radio Verstärker ...
CAN-L. Infotainment	
LIN-Bus	Datenbus zwischen Steuergerät für Bordnetz. Steuergerät für Wischermotor ...
K-Leitung	Reizleitung Diagnoseleitung Steuergeräte

Bild 10
Schaltzeichen für Stromlaufpläne 1.

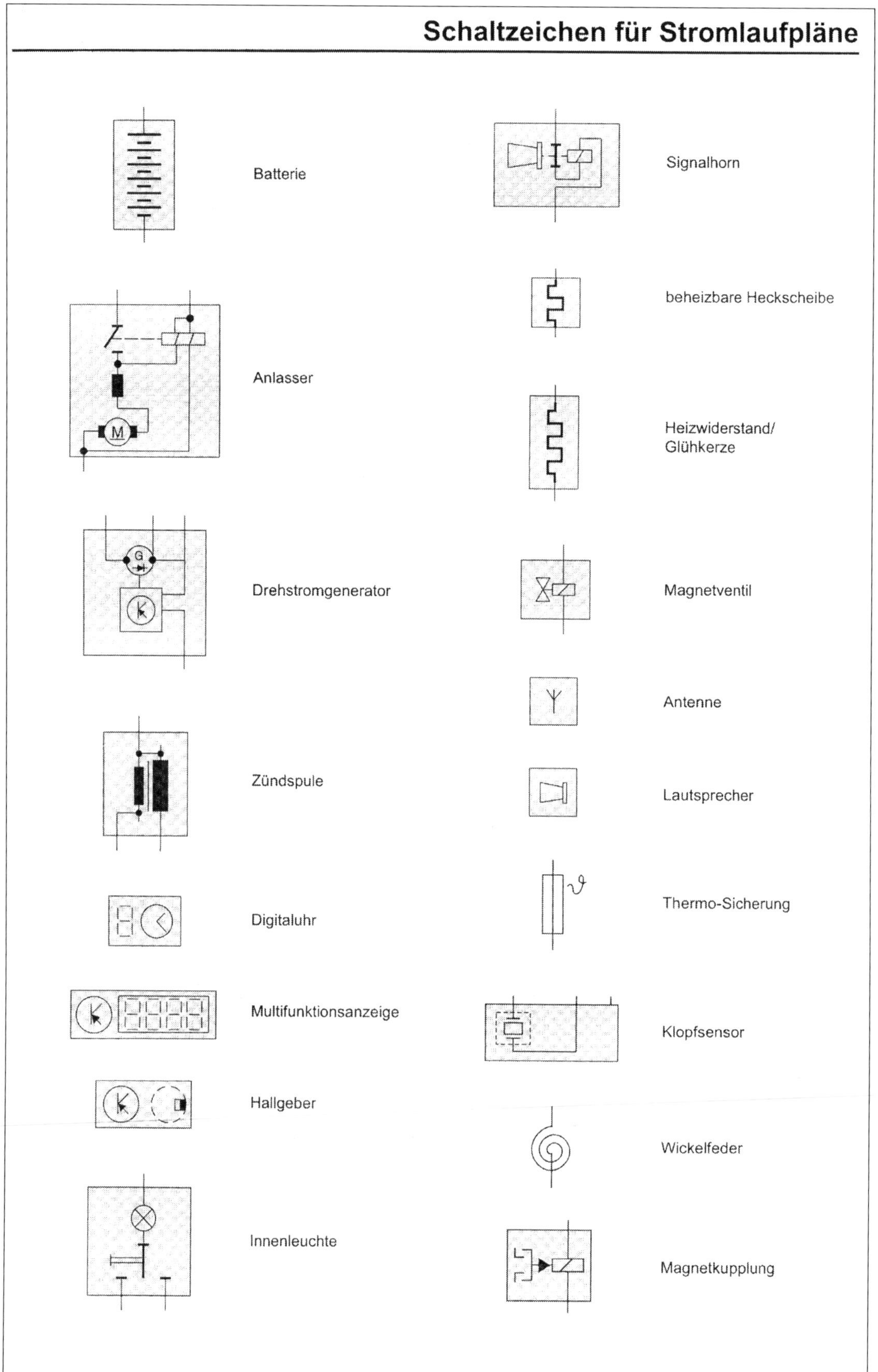

Schaltzeichen für Stromlaufpläne

Batterie

Anlasser

Drehstromgenerator

Zündspule

Digitaluhr

Multifunktionsanzeige

Hallgeber

Innenleuchte

Signalhorn

beheizbare Heckscheibe

Heizwiderstand/
Glühkerze

Magnetventil

Antenne

Lautsprecher

Thermo-Sicherung

Klopfsensor

Wickelfeder

Magnetkupplung

Bild 10

Schaltzeichen für Stromlaufpläne

- Steckverbindung im Leitungsstrang
- Steckverbindung am Bauteil
- Schraubverbindung am Bauteil
- Verbindung, nicht lösbar
- Interne Verbindung im Bauteil
- Sicherung
- Schalter, handbetätigt
- Tastenschalter, handbetätigt
- Schalter, mechanisch betätigt
- Schalter, druckbetätigt
- Schalter, temperaturabhängig
- Schalter, mehrpolig handbetätigt
- Widerstand
- Widerstand, veränderbar
- Widerstand, termperaturabhängig
- Glühlampe
- Glühlampe (Zweifadenlampe)
- Elektromotor
- Diodc
- Zenerdiode
- Leuchtdiode
- elektronisches Steuergerät/ Bauteil
- Relais (elektronisch gesteuert)
- Anzeigeinstrument
- Zigarrenanzünder
- Zündkerze
- Relais
- Abschirmung
- Spule
- Lambda-Sonde

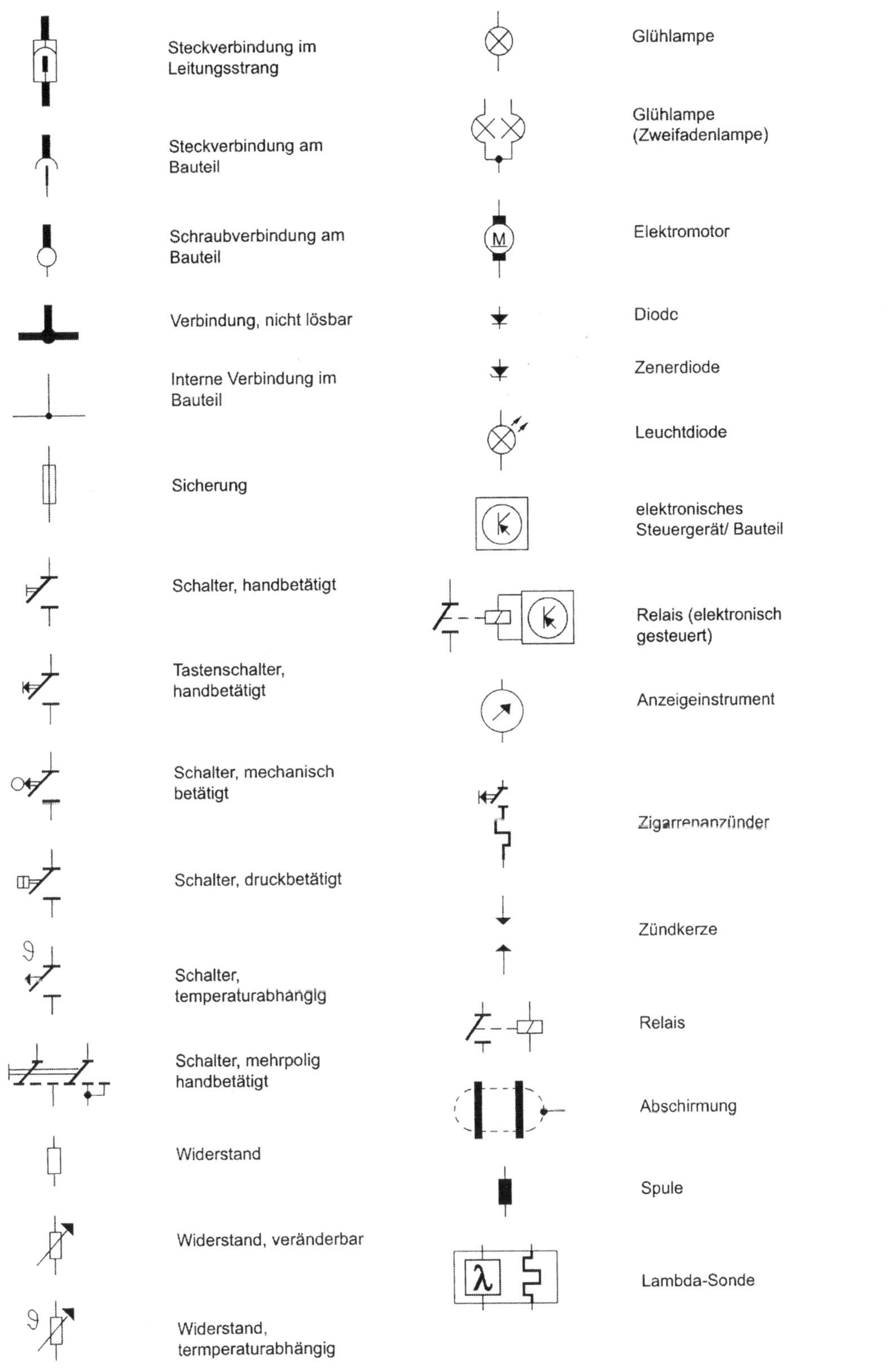

Bild 11

Bild 11
Schaltzeichen für Stromlaufpläne 2.

16 Technische Daten

Wie vieles bei Volkswagen entstammt auch die Motorisierung durch Kombinationen aus bewährten Komponenten der Großserie. VW kennzeichnet jeden Motortyp mit drei »Kennbuchstaben« und einer sechsstelligen »laufenden Nummer«. Wurden von einem Motortyp mehr als 999.999 Triebwerke hergestellt, wird die erste der sechs Stellen durch einen Buchstaben ersetzt. So ergeben sich auch bei gleichen Motoren unterschiedliche Motornummern.

Benzinmotoren (Ottomotoren) VW T6

Daten zu Motor und Antrieb

Modellbezeichnung	**2,0-l-TSI**	**2,0-l-TSI**
Motorkennbuchstaben (Baureihe EA888)	CJKA (150 kW/4200–6000 1/min)	CJKB (110 kW/3750–6000 1/min)
Einspritzsystem	Motronik ME (MED)	Motronik ME (MED)
Bohrung Ø mm	82,51	82,51
Hub mm	92,8	92,8
Kolbendurchmesser (Grund)	82,465	82,465
Kolbendurchmesser (Stufe 1)	keine Angabe	keine Angabe
Laufspiel	0,045-0,055	0,045-0,055
Stoßspiel 1. Ring	0,20-0,40	0,20-0,40
Stoßspiel 2. Ring	0,40-0,60	0,20-0,40
Stoßspiel Ölabstreifring	0,20-0,80	0,25-0,50
Höhenspiel 1. Ring	0,06-0,09	0,06-0,09
Höhenspiel 2. Ring	0,03-0,06	0,03-0,06
Pleuellagerspiel Kurbelwelle	0,02-0,06	0,02-0,06
Lagerspiel KW Hauptlager	0,017-0,15	0,017-0,15
Aufladesystem	Bypass Turbolader	Bypass Turbolader

Servicedaten

Modellbezeichnung	**2,0-l-TSI**	**2,0-l-TSI**
Nockenwellenantrieb	Kette	Kette
Ventilspiel	Hydro	Hydro
Ölfilter	Einsatz	Einsatz
Ölmenge mit Filter	5,7 l	5,7 l
Ölmenge Filter	ca. 0,5 l	ca. 0,5 l
Kühlmittelmenge	11,0 l	11,0 l
Getriebeöl 5-Gang-Schaltgetriebe	nicht verbaut	nicht verbaut
Getriebeöl 6-Gang-Schaltgetriebe	2,7 l	2,7 l
Getriebeöl DSG-Getriebe	G052-182**	G052-182**
Erstbefüllung	7,2 l bis 7,6 l	7,2 l bis 7,6 l
Wechsel	ca. 6,0 l	ca. 6,0 l
Getriebeöl Automatikgetriebe (Lebensdauerfüllung)	nicht verbaut	nicht verbaut
Winkelgetriebe vorne (Allrad)	1,2 l	1,2 l
Getriebeöl Hinterachsgetriebe (Allrad)	Markierung	Markierung
Bremsflüssigkeit	DOT 4	DOT 4
Servoflüssigkeit	G002000 **	G002000 **
Klimamittel	R134a (R1234yf)	600 g ± 15 g (530 g ± 15 g)
Klimamittel mi 2 Verdampfern	R134a (R1234yf)	900 g ± 15 g (830 g ± 15 g)
Klimaöl in cm³ (mit 2 Verdampfern)	mit Teilenummer des Kompressors anfragen!	

Dieselmotoren VW T6

Daten zu Motor und Antrieb

Modellbezeichnung	**2,0-l-TDI**	**2,0-l-TDI**
Motorkennbuchstaben (Leistung)	CAAA (62 kW/3500 1/min), CAAB (75 kW/3500 1/min), CAAC (103 kW/3500 1/min), CFCA (142 kW/4000 1/min)	CXEB (150 kW/4000 1/min), CXFA (110 kW/3250 1/min), CXGA (62 kW/2750 1/min), CXGB (75 kW/3000 1/min), CXHA (110 kW/3250–3750 1/min), CXGC (84 kW/3250–3750 1/min), CXHB (84 kW/3250–3750 1/min), CXEC (146 kW/4000 1/min)
Abgasnorm	Euro 5	Euro 6
Einspritzsystem	Commonrail	Commonrail
Bohrung Ø (mm)	81,01	81,03
Hub (mm)	95,50	95,50
Ovalität (maximal) (mm)	0,10	0,08
Kolbendurchmesser (Grund) (mm)	80,96 ± 0,04	80,90 bis 80,92 (mit Beschichtung)
Kolbendurchmesser (Stufe 1) (mm)	werkseitig nicht vorgesehen	werkseitig nicht vorgesehen
Laufspiel (mm)	0,04 bis 0,05	0,05 bis 0,08
Stoßspiel 1. Ring (mm)	0,20 bis 0,40 (max. 1,00)	0,30 bis 0,40 (max. 0,55)
Stoßspiel 2. Ring (mm)	0,20 bis 0,40 (max. 1,00)	0,20 bis 0,45 (max. 0,95)
Stoßspiel Ölabstreifring (mm)	0,25 bis 0,50 (max. 1,00)	0,25 bis 0,50 (max. 0,75)
Höhenspiel 1. Ring (mm)	0,06 bis 0,09 (max. 0,25)	0,06 bis 0,09 (max. 0,08)
Höhenspiel 2. Ring (mm)	0,05 bis 0,08 (max. 0,25)	0,05 bis 0,08 (max. 0,08)
Höhenspiel Ölabstreifring (mm)	0,03 bis 0,08 (max. 0,25)	0,03 bis 0,06 (max. 0,08)
Kolbenüberstand (mm)	0,91 bis 1,00 (Kopfdichtung 1 Kerbe) 1,01 bis 1,10 (Kopfdichtung 2 Kerben) 1,11 bis 1,20 (Kopfdichtung 3 Kerben)	0,91 bis 1,00 (Kopfdichtung 1 Kerbe) 1,01 bis 1,10 (Kopfdichtung 2 Kerben) 1,11 bis 1,20 (Kopfdichtung 3 Kerben)
Pleuellagerspiel Kurbelwelle (mm)	Max. 0,08	Max. 0,08
Lagerspiel KW Hauptlager Radial (mm)	0,03 bis 0,08 (max. 0,17)	0,03 bis 0,08 (max. 0,17)
Lagerspiel KW Axial (mm)	0,07 bis 0,17 (max. 0,37)	0,07 bis 0,17 (max., 0,37)
Aufladesystem	VTG Lader (CAAA, CAAB, CAAC) Biturbo (CFCA)	CXEB (Bi-Turbo), CXFA (Mono VTG Lader), CXGA (Mono VTG Lader), CXGB (Mono VTG Lader), CXHA (Mono VTG Lader), CXGC (Mono VTG Lader), CXHB (Mono VTG Lader), CXEC (Bi-Turbo)

Messen

Servicedaten

Daten zu Motor und Antrieb		
Modellbezeichnung	**2,0-l-TDI**	**2,0-l-TDI**
Nockenwellenantrieb	Zahnriemen	Zahnriemen
Ventilspiel	Hydrostößel	Hydrostößel
Ölfilter	Filtereinsatz (CAAA, CAAB, CAAC) Filterpatrone (CFCA)	Filtereinsatz
Ölmenge mit Filter (Liter)	7,0	7,4
Ölmenge Filter (Liter)	0,5	0,5
Kühlmittelmenge (Liter)	ca. 11,0*	ca. 11,0*
Getriebeöl 5-Gang-Schaltgetriebe (Liter)	2,0	,0
Getriebeöl 6-Gang-Schaltgetriebe (Liter)	2,7	2,7
Getriebeöl DSG-Getriebe	G052-182**	G052-182**
Erstbefüllung (Liter)	7,2 bis 7,6	7,2 bis 7,6
Wechsel (Liter)	ca. 6,0	ca. 6,0
Winkelgetriebe vorne (Allrad) (Liter)	1,2	1,2
Hinterachsgetriebeöl (Allrad) (Liter)	nach Markierung	nach Markierung
Bremsflüssigkeit	DOT 4	DOT 4
Servoflüssigkeit	G002000 **	G002000 **
Klimamittel R134a (R1234yf)	600 g ± 15 g (530 g ± 15 g)	600 g ± 15 g (530 g ± 15 g)
Klimamittel mit 2 Verdampfern R134a (R1234yf)	900 g ± 15 g (830 g ± 15 g)	900 g ± 15 g (830 g ± 15 g)
Klimaöl in cm³ (mit 2 Verdampfern)	mit Teilenummer des Kompressors anfragen!	

* Je nach Ausstattungsvariante
** aktuelle Herstellerfreigaben beachten (nachfragen)

17 Anzugs-drehmomente

In diesem Kapitel stellen wir Ihnen die Anzugsmomente für die wichtigsten Verschraubungen am Fahrzeug zur Verfügung. Diese sind zum einen alphabetisch und zum anderen nach den Motorkennbuchstaben sortiert. Natürlich konnten wir nur diese Motoren darstellen, deren Daten bis zum Redaktionsschluss bekannt waren. Alle Daten sollten Sie im Zweifel bei der Teilebestellung hinterfragen und wenn erforderlich korrigieren. Selbiges gilt auch für neue Motortypen. Übernehmen Sie niemals einfach Abmessungen eines anderen Motors, ohne diese zu überprüfen. Hier können leicht Schäden entstehen, die vermeidbar wären und oft recht teuer sind.

Motor T6

Daten zu Motor und Antrieb **Modellbezeichnung**	**2,0-l-MED-l-Benzin CJKA, CJKB**	**2,0-l-TDI-Diesel CAAA, CAAB, CAAC, CFCA**	**2,0-l-TDI-Diesel CXEB, CXFA, CXGA, CXGB, CXHA, CXGC, CXHB, CXEC**
Abgaskrümmer Stufe 1	5 Nm	23 Nm	18 Nm
Abgaskrümmer Stufe 2	12 Nm	--	--
Abgaskrümmer Stufe 3	16 Nm	--	--
Abgaskrümmer Stufe 4	25 Nm	--	--
Anlasser am Getriebe M10	40 Nm	40 Nm	40 Nm
Anlasser am Getriebe M12	75 Nm	75 Nm	75 Nm
Ansaugkrümmer Stufe 1	handfest	8 Nm	20 Nm
Ansaugkrümmer Stufe 2	9 Nm	--	--
Auspuffrohr (Kat am Turbolader)	40 Nm	8 Nm	8 Nm
Hauptlagerdeckel Stufe 1	handfest	handfest	handfest
Hauptlagerdeckel Stufe 2	65 Nm	65 Nm	65 Nm
Hauptlagerdeckel Stufe 3	90°	90°	90°
Hallgeber Nockenwelle	10 Nm	10 Nm	10 Nm
Hochdruckpumpe	20 Nm	20 Nm	20 Nm
Hochdruckpumpe Stufe 2 kurz	--	45°	45°
Hochdruckpumpe Stufe 2 lang	--	180°	90°
Klopfsensor	20 Nm	--	--
Klemmschraube Zahnriemenrolle Stufe 1	--	20 Nm	20 Nm
Klemmschraube Zahnriemenrolle Stufe 2	--	45°	45°
Kurbelwinkelsensor	10 Nm	5 Nm	5 Nm
Kraftstoffverteilerrohr M6	9 Nm	22 Nm	20 Nm
Kühlmitteltemperatursensor	geclipst	geclipst	8 Nm
Lambdasonde	55 Nm	50 Nm	50 Nm
Abgastemperatursonde	--	45 Nm	45 Nm
Nockenwellenlagergehäuse Stufe 1	8 Nm	10 Nm	handfest
Nockenwellenlagergehäuse Stufe 2	90°	--	10 Nm
Nockenwellenrad Zentralschraube	--	100 Nm	100 Nm
Nockenwellenrad Einstellschrauben Stufe 1	--	20 Nm	20 Nm
Nockenwellenrad Einstellschrauben Stufe 2	--	45°	45°
Ölablassschraube	30 Nm	30 Nm	30 Nm
Ölfilter	25 Nm	25 Nm	25 Nm
Öldruckschalter	20 Nm	22 Nm	20 Nm
Ölwannenschrauben Stufe 1	handfest	handfest	über Kreuz 5 Nm

Modellbezeichnung	2,0-l-MED-I-Benzin CJKA, CJKB	2,0-l-TDI-Diesel CAAA, CAAB, CAAC, CFCA	2,0-l-TDI-Diesel CXEB, CXFA, CXGA, CXGB, CXHA, CXGC, CXHB, CXEC
Ölwannenschrauben Stufe 2	8 Nm	--	über Kreuz 8 Nm
Ölwannenschrauben Stufe 3	45°	--	über Kreuz 13 Nm
Ölwannenschrauben 8 mm Stufe 2	--	40 Nm	40 Nm
Ölwannenschrauben 6 mm Stufe 2	--	15 Nm	--
Pleuellager Stufe 1 (7-mm-Bolzen)	--	--	--
Pleuellager Stufe 1 (8-mm-Bolzen)	--	30 Nm	30 Nm
Pleuellager Stufe 1 (9-mm-Bolzen)	45 Nm	--	--
Pleuellager Stufe 2	90°	90°	90°
Riemenscheibe 8 mm Stufe 1	--	10 Nm	10 Nm
Riemenscheibe 8 mm Stufe 2	--	90°	90°
Schwungrad Stufe 1	60 Nm	60 Nm	60 Nm
Schwungrad Stufe 2	90°	90°	90°
Unterdruckpumpe Benzinmotoren	--	--	--
Unterdruckpumpe Diesel	--	10 Nm	--
Ventil Nockenwellenverstellung	9 Nm	--	--
Wasserpumpe Stufe 1	9 Nm	15 Nm	20 Nm
Wasserpumpe Stufe 2	--	--	45°
Zentral-Riemenscheibe Stufe 1	150 Nm	180 Nm	180 Nm
Zentral-Riemenscheibe Stufe 2	90°	135°	135°
Zündkerzen	25 Nm	--	--
Glühkerzen	--	17 Nm	17 Nm
Zylinderkopf Stufe 1*	40 Nm	35 Nm	70 Nm
Zylinderkopf Stufe 2*	90°	60 Nm	90°
Zylinderkopf Stufe 3*	90°	90°	90°
Zylinderkopf Stufe 4*	--	90°	90°

Antrieb

Verschraubung	Anzugsdrehmoment
Abschirmblech Gelenkscheibe	9 Nm
Abschirmblech Gelenkwelle	20 Nm
Achsgetriebe hinten (Allrad) Stufe 1	90 Nm
Achsgetriebe hinten (Allrad) Stufe 2	90°
Aggregateträger an Aufbau Stufe 1	150 Nm
Aggregateträger an Aufbau Stufe 2	180°
Antriebswelle getriebeseitig Stufe 1	30 Nm über Kreuz
Antriebswelle getriebeseitig Stufe 2	90°
Antriebswelle radseitig mit Verrippung Stufe 1	200 Nm
Antriebswelle radseitig mit Verrippung Stufe 2	90°
Antriebswelle radseitig ohne Verrippung Stufe 1	200 Nm
Ausrücklager Schaltgetriebe (mit Sicherungsmittel)	12 Nm (18 Nm)
Bremssattel hinten Schraube M10 Sattelträger Stufe 1	90 Nm
Bremssattel hinten Schraube M10 Sattelträger Stufe 2	90°
Bremssattel hinten Schraube M8	35 Nm
Bremssattel vorne Führungsbolzen	30 Nm
Bremssattel vorne Rippschrauben Stufe 1	200 Nm
Bremssattel vorne Rippschrauben Stufe 2	45°
Fahrschemel hinten Stufe 1	50 Nm
Fahrschemel hinten Stufe 2	180°

Verschraubung	Anzugsdrehmoment
Fahrschemel vorne Stufe 1	150 Nm
Fahrschemel vorne Stufe 2	180°
Getriebe am Motor Schaltgetriebe M10x50	40 Nm
Getriebe am Motor Schaltgetriebe M12x70	80 Nm
Getriebe am Motor Schaltgetriebe M12x70	80 Nm
Kardan M8x30 Stufe 1	30 Nm
Kardan M8x30 Stufe 2	90°
Kardan M10x30 Stufe 1	50 Nm
Kardan M10x30 Stufe 2	90°
Kegelschraube Antriebswelle (Steckwelle)	25 Nm
Kupplung 6 Gang Schaltgetriebe 0A6 (M6)	13 Nm
Kupplung 6 Gang Schaltgetriebe 0A6 (M7)	22 Nm
Koppelstange Stabilisatorstrebe/Federbein Stufe 1	60 Nm
Koppelstange Stabilisatorstrebe/Federbein Stufe 2	45°
Lagerbock Hinterachse am Aggregat Stufe 1	90 Nm
Lagerbock Hinterachse am Aggregat Stufe 2	90°
Motorlager am Getriebe links Stufe 1	50 Nm
Motorlager am Getriebe links Stufe 2	90°
Motorlager am Rahmen links Stufe 1	20 Nm
Motorlager am Rahmen links Stufe 2	180°
Motorlager hinten (Fahrschemel) Stufe 1	20 Nm
Motorlager hinten (Fahrschemel) Stufe 2	180°
Motorlager rechts am Motor Stufe 1	40 Nm
Motorlager rechts am Motor Stufe 2	180°
Motorlager rechts am Rahmen kurz Stufe 1	90 Nm
Motorlager rechts am Rahmen kurz Stufe 2	90°
Motorlager rechts am Rahmen lang Stufe 1	50 Nm
Motorlager rechts am Rahmen lang Stufe 2	90°
Querlenker vorne Stufe 1	110 Nm
Querlenker vorne Stufe 2	120°
Radführungsbolzen unten Stufe 1	90 Nm
Radführungsbolzen unten Stufe 2	45°
Radschraube frontgetriebene Fahrzeuge M14	180 Nm
Schraube Querlenker hinten Stufe 1	130 Nm
Schraube Querlenker hinten Stufe 2	90°
Schraube Stoßdämpfer Achsschenkel Stufe 1	150 Nm
Schraube Stoßdämpfer Achsschenkel Stufe 2	90°
Schraube Stoßdämpfer oben hinten Stufe 1	80 Nm
Schraube Stoßdämpfer oben hinten Stufe 2	90°
Schraube Stoßdämpfer unten hinten Stufe 1	120 Nm
Schraube Stoßdämpfer unten hinten Stufe 2	180°
Sensor Neutralstellung (Start/Stopp)	5 Nm
Spureinstellschraube Achslenker hinten Stufe 1	100 Nm
Spureinstellschraube Achslenker hinten Stufe 2	180°
Spurstangenkopf Stufe 1	60 Nm
Spurstangenkopf Stufe 2	90°
Stützlager Kardanwelle Stufe 1	20 Nm
Stützlager Kardanwelle Stufe 2	90°
Winkelgetriebe vorne (Allrad) am Getriebe Stufe 1	40 Nm
Winkelgetriebe vorne (Allrad) am Getriebe Stufe 2	90°
Winkelgetriebe vorne (Allrad) Getriebeträger M10	40 Nm

Anzugsdrehmomente

Karosserie

Verschraubung	Anzugsdrehmoment
Anhängekupplung am Rahmen Stufe 1	90 Nm
Anhängekupplung am Rahmen Stufe 2	120°
Fensterheber Befestigungsschrauben	3,5 Nm
Geräuschdämmung von unten	2 Nm
Heckklappenscharnier	10 Nm
Heckklappenschloss	22 Nm
Heckklappenschloss Schließbügel	18 Nm
Kunststoffschrauben	8 Nm
Motorhaube Haubenscharnier	25 Nm
Motorhaube Haubenschloss	15 Nm
Spiegelbefestigungsschrauben	8 Nm
Stoßdämpfer hinten oben Stufe 1	50 Nm
Stoßdämpfer hinten oben Stufe 2	45°
Stoßdämpfer hinten unten Stufe 1	120 Nm
Stoßdämpfer vorne oben M14 x 1,5	80 Nm
Stoßdämpfer vorne oben Klemmung Stufe 1	75Nm
Stoßdämpfer vorne oben Klemmung Stufe 2	180°
Stoßdämpfer vorne oben Verschraubung Stufe 1	150 Nm
Stoßdämpfer vorne oben Verschraubung Stufe 2	90°
Türfangband	12 Nm
Türscharnier an der Karosserie	32 Nm
Türschloss Einbau in der Türe	20 Nm
Türschlossriegel (Bügel)	20 Nm

Elektrische Anlage

Verschraubung	Anzugsdrehmoment
Masseanschluss an der Batterie M6	6 Nm
Masseband am Getriebe	20 Nm
Massepunkte an der Karosserie M6	8 Nm
Massepunkte an der Karosserie M8	15 Nm
Plusanschluss am Anlasser M8	15 Nm
Plusanschluss am Generator	15 Nm
Plusanschluss am Sicherungskasten M5	4 Nm
Plusanschluss am Sicherungskasten M6	6 Nm
Plusanschluss an der Batterie M6	6 Nm

Sonstige Verschraubungen

Schraubengröße	M4	M5	M6	M8	M10	M12	M14	M16
Anzugsdrehmoment	0,5 Nm	3 Nm	10 Nm	20 Nm	45 Nm	60 Nm	100 Nm	200 Nm

Zeitfracht Medien GmbH
Ferdinand-Jühlke-Straße 7
99095 Erfurt, Deutschland
produktsicherheit@kolibri360.de